특징 3

1 개념 이해 문제 + 개념 체크 문제

- 쉬운 예시와 그림을 통하여 개념과 원리를 이해하고, 빈칸 채우기 문제, 단계별로 완성하기 문제 등으로 보다 쉽고 재미있게 개념을 익힐 수 있습니다.
- 개념 체크 문제를 통하여 중요한 개념을 한 번 더 확인하고, 암기할 수 있습니다.

2 기초 유형 연산 문제 세분화

- 연산 문제를 유형별로 더욱더 세분화하여 쉽게 연산력을 키울 수 있습니다.
- 개념을 더 정확하게 적용하는 연산 문제로 개념 적용력을 향상할 수 있습니다.

3 단원 마무리 평가 문제

- 개념을 학교 시험 문제에 적용할 수 있는 단원 마무리 평가 문제를 수록했습니다.
- 학교 시험을 준비하는 기본 문제로 수학 실력 향상을 테스트할 수 있습니다.

DREAMS COME TRUE

물이 강줄기를 따라 흐르는 것은
그것이 물의 흐름을 가장 쉽게 하는 자연의 순리이기 때문입니다.
최소 저항의 길이라는 이 길을
우리는 세상을 살아가면서 끊임없이 부딪히고, 또 이쪽저쪽 재며 갈등합니다.
순리대로 힘들이지 않고 가면 되는 길인 것 같지만 꼭 그렇지만은 않은가 봅니다.
모두가 으레 밟고 지나가는 이 길이 때로는 버거운 짐이라 느껴져
어떻게든 거슬러 보려고 하지만 바로 이 길만이 최소 저항의 길인 것입니다.

가장 자유로워야 할, 그리고 무한한 가능성을 알맞게 빚어나가야 할 나이에
여러 가지 족쇄에 얽매여 날개를 움츠러뜨린
이 땅의 수많은 수험생들 여러분,
내 앞에 놓인 이 길을 어차피 지나가야 하는 거라면
저 멀고 높은 곳을 목표로 삼아 한 번 멋지게 이뤄보는 것은 어떤가요?
현재가 불안한 사람일수록 앞날을 알고 싶어합니다.
그러나 미래를 아는 사람은 이 세상에 단 한 사람도 없습니다.
그런데 100%는 아니지만 조금이나마
미래를 알 수 있는 방법이 하나 있습니다.

그것은 자신의 현재를 살펴보는 것입니다.
현재에 충실한 것이 곧 내가 꿈꾸는 미래를 만들어 가는 것입니다.
내일을 염려하지 말고 오늘에 충실하면 됩니다.
스스로를 신뢰하고 긍정적인 사고로 전환하면 꿈꾸던 미래가 현실이 됩니다.
더 나은 내일을 위해 고전 분투하는 수험생들을 위해
오늘날의 교육 환경 모두를 개선하는 것은 역부족이지만,
뜻을 모으고, 머리를 맞대고, 마음의 정성을 쏟아
오로지 공부만을 위한 공부가 아닌 편안한 마음으로 볼 수 있는 교재,
노력한 만큼 뿌듯한 결과를 안겨줄 수 있는 교재를
만들어 드리기 위해 꾸준히 노력하겠습니다.

이 땅의 수험생 여러분께 진심으로 경의를 표합니다!!

수경출판사 임직원 올림

확률과 통계

구성과 특징

수력충전을 공부하면...

- 수학의 원리를 스스로 터득하여 자신감을 회복할 수 있습니다.
- 수학의 흥미를 잃은 학생에게 문제를 푸는 재미를 느끼게 합니다.
- 개념과 수능 수학 실력을 위한 연산 능력을 동시에 정복할 수 있습니다.

1 대단원 개념 – 한 눈에 보기

단원 전체 중요 개념의 A to Z를 연결하여 한 눈에 볼 수 있도록 정리하였습니다.

중복조합

서로 다른 n개에서 중복을 허용하여 r개를 택하는 조합으로, 기호로 ${}_n\mathrm{H}_r$과 같이 나타낸다.

중복조합의 수

서로 다른 n개에서 r개를 택하는 중복조합의 수는

${}_n\mathrm{H}_r = {}_{n+r-1}\mathrm{C}_r$

중복조합의 수 구하는 방법

(1) 조건이 주어질 때

① 일정 개수 이상 포함하는 조건 : 먼저 일정 개수만큼 택하고 나머지 개수만큼 중복조합을 이용한다.

② 적어도 ~개를 포함하는 조건 : ~개만큼 먼저 택하고 나머지 개수만큼 중복조합을 이용한다.

(2) 전개식에서 항의 개수 : $(x_1+x_2+x_3+\cdots+x_m)^n$의 전개식에서 서로 다른 항의 개수는 ${}_m\mathrm{H}_n$

이항정리

n이 자연수일 때, $(a+b)^n$의
수 있고, 이를 이항정리라 한다
$(a+b)^n$ 이항계
$={}_n\mathrm{C}_0a^n+{}_n\mathrm{C}_1a^{n-1}b^1+{}_n\mathrm{C}_2a$

- $(a+b)^n$의 전개식의 일
- $(a+b)^m(c+d)^n$의 전

$(a+b)^m$의 전개식의 일반
일반항을 각각 곱하여 구한

파스칼의 삼각형

$n=0, 1, 2, 3, \cdots$일 때, $(a+$
나열한 것을 파스칼의 삼각형이

$n=0$ 1

2 개념 정리

반드시 알아야 하는 기본적인 수학 개념과 원리가 쉽게 설명되어 있습니다.
실제 연산 문제에 유용하게 적용하는 수학적 내용들을 첨삭으로 자세히 설명하였습니다.

- 예 개념의 이해를 돕기 위한 적절한 예를 제시
- 주의 틀리기 쉬운 개념 짚어주기
- 참고 개념을 보충 설명하기

29 이항계수의 성질

n이 자연수일 때,

1. ${}_n\mathrm{C}_0+{}_n\mathrm{C}_1+{}_n\mathrm{C}_2+\cdots+{}_n\mathrm{C}_n=2^n$
2. ${}_n\mathrm{C}_0-{}_n\mathrm{C}_1+{}_n\mathrm{C}_2-\cdots+(-1)^n{}_n\mathrm{C}_n=0$
3. ${}_n\mathrm{C}_0+{}_n\mathrm{C}_2+{}_n\mathrm{C}_4+\cdots={}_n\mathrm{C}_1+{}_n\mathrm{C}_3+{}_n\mathrm{C}_5+\cdots=$

홀수 번째 항의 계수의 합 / 짝수 번째 항의 계수의 합

참고 $(1+x)^n={}_n\mathrm{C}_0+{}_n\mathrm{C}_1x+{}_n\mathrm{C}_2x^2+\cdots+{}_n\mathrm{C}_nx^n$에서

① $x=1$을 대입하면 ${}_n\mathrm{C}_0+{}_n\mathrm{C}_1+{}_n\mathrm{C}_2+\cdots+{}_n\mathrm{C}_n=2^n$

② $x=-1$을 대입하면 ${}_n\mathrm{C}_0-{}_n\mathrm{C}_1+{}_n\mathrm{C}_2-\cdots+(-1)^n{}_n\mathrm{C}_n=($

3 개념 이해 + 기초 유형 연산

유형별로 나누어 가장 기본적인 연산 문제를 반복적으로 풀 수 있어 개념을 확실하게 이해할 수 있도록 하였습니다.

- **빈칸 채우기**: 풀이 과정에 있는 빈칸 채우기를 통해 문제해결의 기본 원리를 터득할 수 있습니다.

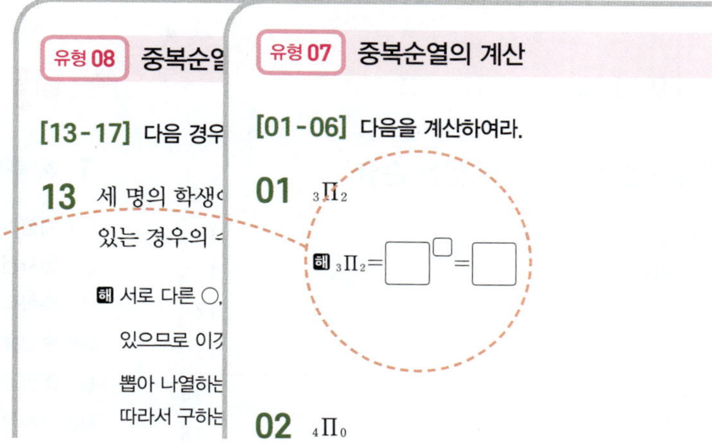

4 개념 체크

각 유형별 학습의 마지막에 개념을 다시 한 번 체크할 수 있는 코너입니다.
개념을 확실히 오래도록 기억할 수 있게 해줍니다.

12 서로 다른 7개에서 3개를 택하는 중복순열의 수

개념 체크
13 다음 빈칸에 알맞은 것을 써넣어라.
(1) [ ]: 서로 다른 n개에서 중복을 허용하여 r개를 택하여 일렬로 배열하는 것
(2) 중복순열의 수 : 중복순열의 가짓수 기호 [ ]
읽기 [ ]

5 단원 마무리 평가

공부한 단원 개념을 학교 시험에서 출제되는 기본 문제로 풀어보도록 구성했습니다.
따로따로 배웠던 개념과 원리를 여러 개념의 흐름 속에서 하나로 연결하는 능력을 향상시킬 수 있습니다.

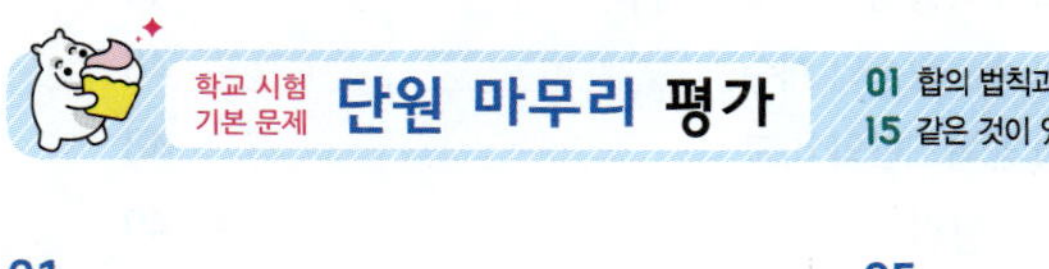

01
$_5\Pi_0 + _6\Pi_2$의 값은?
① 36 ② 37 ③ 41 ④ 42 ⑤ 51

02
4명의 친구가 점심으로 먹을 음식을 고르려고 한다.
선택할 수 있는 음식은 김밥, 햄버거, 파스타의

05
네 개의 숫자 3, 4, 5, 6
뽑아 만들 수 있는 네 자리
수의 개수는?
① 160 ② 176 ③

차례

* 새교육과정 학습에 반드시 필요한 기본 개념 수록

I 경우의 수

1. 중복순열과 같은 것이 있는 순열

* 01 합의 법칙과 곱의 법칙 ... 10
* 02 순열과 조합 ... 11
* 03 집합과 함수 ... 12
* 04 일대일함수와 일대일대응 ... 13
05 중복순열의 뜻 ... 14
06 중복순열의 수 ... 15
07 중복순열의 수 - 특별한 자리를 고정 ... 17
08 중복순열의 수 - 자연수의 개수 ... 18
09 중복순열의 수 - 함수의 개수 ... 19
10 중복순열의 수 - 신호의 개수 ... 21
11 중복순열의 수 - 집합의 결정 ... 22
12 같은 것이 있는 순열 ... 23
13 같은 것이 있는 순열 - 순서가 정해진 순열의 수 ... 25
14 같은 것이 있는 순열 - 자연수의 개수 ... 26
15 같은 것이 있는 순열 - 최단 거리로 가는 경우의 수 ... 30
• 단원 마무리 평가 ... 33

2. 중복조합

16 중복조합의 뜻 ... 36
17 중복조합의 수 ... 37
18 중복조합의 수 - 조건이 주어질 때 ... 40
19 중복조합의 수 - 전개식에서 항의 개수 ... 41
20 중복조합의 수 - 대소가 정해진 경우 ... 42
21 중복조합의 수 - 방정식의 해의 개수 ... 44
22 중복조합의 수 - 함수의 개수 ... 46
23 중복순열과 중복조합의 비교 ... 48
• 단원 마무리 평가 ... 49

3. 이항정리

24 이항정리 ... 52
25 $(a+b)^m(c+d)^n$의 전개식 ... 54
26 파스칼의 삼각형 ... 55
27 이항계수의 합 ... 56
28 이항계수의 합 - 전개식에서 계수의 합 ... 58
29 이항계수의 성질 ... 60
30 $(1+x)^n$의 전개식의 활용 ... 62
• 단원 마무리 평가 ... 64

II 확률

1. 확률의 뜻과 활용

01 시행과 사건 ... 70
02 합사건, 곱사건, 배반사건, 여사건 ... 72
03 수학적 확률 ... 75
04 순열을 이용하는 확률 ... 76
05 조합을 이용하는 확률 ... 79
06 통계적 확률 ... 81
07 기하적 확률 ... 82
08 확률의 기본 성질 ... 84
09 확률의 덧셈정리 ... 85
10 여사건의 확률 ... 88
11 여사건의 확률 - '이상', '이하', '아닌'의 조건이 있는 경우 ... 90
12 확률의 덧셈정리와 여사건의 확률 ... 91
• 단원 마무리 평가 ... 92

2. 조건부확률

13 조건부확률 ... 97
14 확률의 곱셈정리 ... 102
15 확률의 곱셈정리의 응용 ... 104
16 사건의 독립과 종속 ... 106
17 사건의 독립과 종속의 판정 ... 107
18 독립시행의 확률 ... 111
19 독립시행의 확률의 활용 ... 113
• 단원 마무리 평가 ... 116

Ⅲ 통계

1. 이산확률변수와 이항분포

*01 평균 124
*02 분산, 표준편차 125
03 확률변수 126
04 이산확률변수와 연속확률변수 129
05 확률질량함수 130
06 확률질량함수의 성질 133
07 이산확률변수의 확률과 확률질량함수의 성질 134
08 확률질량함수의 성질의 응용 135
09 이산확률변수의 기댓값(평균) 138
10 이산확률변수의 평균, 분산, 표준편차 139
11 이산확률변수 $aX+b$의 평균, 분산, 표준편차 141
12 이항분포 144
13 이항분포의 평균, 분산, 표준편차 – 확률변수 147
14 이항분포의 평균, 분산, 표준편차 – 확률변수 $aX+b$ 149
15 큰 수의 법칙 151
• 단원 마무리 평가 152

2. 연속확률변수와 정규분포

16 확률밀도함수 156
17 정규분포 158
18 정규분포곡선 159
19 정규분포곡선의 성질 160
20 정규분포에서의 확률 162
21 정규분포에서의 확률 구하는 순서 163
22 표준정규분포 164
23 표준정규분포에서의 확률 165
24 정규분포의 표준화 167
25 정규분포의 응용 169
26 이항분포와 정규분포의 관계 171
27 표준화하여 확률 비교하기 173
• 단원 마무리 평가 174

3. 통계적 추정

28 모집단과 표본 178
29 임의추출 179
30 모평균과 표본평균 180
31 표본평균의 평균, 분산, 표준편차 181
32 표본평균의 분포 184
33 표본평균의 확률 구하기 185
34 표본평균의 확률 – 미지수의 값 구하기 187
35 모비율과 표본비율 188
36 표본비율의 평균, 분산, 표준편차 189
37 표본비율의 분포 190
38 표본비율의 확률 191
39 모평균의 추정 192
40 모평균의 신뢰구간의 길이 194
41 모평균의 신뢰구간의 성질 195
42 모평균의 추정 – 표본의 크기 구하기 196
43 모비율의 추정 198
44 모비율의 신뢰구간의 길이 200
45 모비율의 신뢰구간의 성질 201
46 모비율의 추정 – 표본의 크기 구하기 202
• 단원 마무리 평가 203

〈개념 찾아보기〉 207

Day	학습 내용	페이지	틀린 문제 / 헷갈리는 문제 번호 적기	학습 날짜	복습 날짜
01	Ⅰ 경우의 수 01~04	10~13		월 일	월 일
02	05~08	14~18		월 일	월 일
03	09~11	19~22		월 일	월 일
04	12~15	23~32		월 일	월 일
05	단원 마무리 평가	33~35		월 일	월 일
06	16~18	36~40		월 일	월 일
07	19~21	41~45		월 일	월 일
08	22~23	46~48		월 일	월 일
09	단원 마무리 평가	49~51		월 일	월 일
10	24~25	52~54		월 일	월 일
11	26~28	55~59		월 일	월 일
12	29~30	60~63		월 일	월 일
13	단원 마무리 평가	64~66		월 일	월 일
14	Ⅱ 확률 01~04	70~78		월 일	월 일
15	05~08	79~84		월 일	월 일
16	09~12	85~91		월 일	월 일
17	단원 마무리 평가	92~96		월 일	월 일
18	13~15	97~105		월 일	월 일
19	16~19	106~115		월 일	월 일
20	단원 마무리 평가	116~120		월 일	월 일
21	Ⅲ 통계 01~04	124~129		월 일	월 일
22	05~08	130~137		월 일	월 일
23	09~11	138~143		월 일	월 일
24	12~15	144~151		월 일	월 일
25	단원 마무리 평가	152~155		월 일	월 일
26	16~19	156~161		월 일	월 일
27	20~23	162~166		월 일	월 일
28	24~27	167~173		월 일	월 일
29	단원 마무리 평가	174~177		월 일	월 일
30	28~30	178~180		월 일	월 일
31	31~34	181~187		월 일	월 일
32	35~38	188~191		월 일	월 일
33	39~42	192~197		월 일	월 일
34	43~46	198~202		월 일	월 일
35	단원 마무리 평가	203~206		월 일	월 일

I

경우의 수

1 중복순열과 같은 것이 있는 순열

01 합의 법칙과 곱의 법칙
02 순열과 조합
03 집합과 함수
04 일대일함수와 일대일대응
05 중복순열의 뜻
06 중복순열의 수
07 중복순열의 수 – 특정한 자리를 고정
08 중복순열의 수 – 자연수의 개수
09 중복순열의 수 – 함수의 개수
10 중복순열의 수 – 신호의 개수
11 중복순열의 수 – 집합의 결정
✓ 12 같은 것이 있는 순열
13 같은 것이 있는 순열 – 순서가 정해진 순열의 수
14 같은 것이 있는 순열 – 자연수의 개수
☆ 15 같은 것이 있는 순열 – 최단 거리로 가는 경우의 수

2 중복조합

✓ 16 중복조합의 뜻
17 중복조합의 수
18 중복조합의 수 – 조건이 주어질 때
19 중복조합의 수 – 전개식에서 항의 개수
20 중복조합의 수 – 대소가 정해진 경우
☆ 21 중복조합의 수 – 방정식의 해의 개수
22 중복조합의 수 – 함수의 개수
23 중복순열과 중복조합의 비교

3 이항정리

✓ 24 이항정리
25 $(a+b)^m(c+d)^n$의 전개식
26 파스칼의 삼각형
27 이항계수의 합
☆ 28 이항계수의 합 – 전개식에서 계수의 합
29 이항계수의 성질
30 $(1+x)^n$의 전개식의 활용

✓ 수능 BASIC ☆ 수능 BEST

I 경우의 수

★ 이전에 배웠던 개념

〈합의 법칙〉

두 사건 A, B가 동시에 일어나지 않을 때,
사건 A가 일어나는 경우의 수가 m,
사건 B가 일어나는 경우의 수가 n이면
사건 A 또는 B가 일어나는 경우의 수는
$m+n$

〈곱의 법칙〉

두 사건 A, B가 동시에 일어날 때,
사건 A가 일어나는 경우의 수가 m,
그 각각에 대하여 사건 B가 일어나는
경우의 수가 n이면
두 사건 A, B가 동시에 일어나는
경우의 수는 $m\times n$

1 중복순열과 같은 것이 있는 순열

중복순열

서로 다른 n개에서 중복을 허용하여 r개를 택하는 순열로,
기호로 ${}_n\Pi_r$과 같이 나타낸다.

중복순열의 수

서로 다른 n개에서 r개를 택하는 중복순열의 수는

$${}_n\Pi_r=n^r=\underbrace{n\times n\times\cdots\times n\times n}_{n\text{을 } r\text{번 곱한다.}}$$

(1) 특정한 자리를 고정

특정한 자리를 먼저 고정한 뒤, 나머지를 배열
전체 경우의 수에서 반대가 되는 경우의 수를 제외

(2) 자연수의 개수

0이 포함되지 않은 경우, 0이 포함된 경우 → 중복순열의 수를 이용

주의 맨 앞자리에는 0이 올 수 없다.

(3) 함수의 개수

정의역의 원소의 개수가 m, 공역의 원소의 개수가 n일 때

- 함수의 개수 : ${}_n\Pi_m$
- 일대일함수의 개수 : ${}_nP_m$ (단, $m\le n$)
- 일대일대응의 개수 : $n!$ 또는 ${}_nP_n$ (단, $m=n$)

(4) 신호의 개수

서로 다른 n개의 기호에서 중복을 허용하여 최대 r개까지 사용하여
만들 수 있는 신호 개수는 ${}_n\Pi_1+{}_n\Pi_2+\cdots+{}_n\Pi_r$

(5) 집합의 결정

전체집합 U의 각 원소는 다음 4개의 집합 중 하나에 속한다.
① $A\cap B^C$ ② $A\cap B$ ③ $A^C\cap B$ ④ $(A\cup B)^C$

같은 것이 있는 순열

n개 중에서 서로 같은 것이 p개, q개, $\cdots$, r개씩 있을 때,
n개를 모두 일렬로 나열하는 순열의 수는

$$\frac{n!}{p!\times q!\times\cdots\times r!}\ (\text{단, } p+q+\cdots+r=n)$$

(1) 순서가 정해진 순열의 수

순서가 정해진 문자를 모두 X로 바꾼 뒤,
같은 것이 있는 순열의 수를 이용

(2) 최단 거리로 가는 경우의 수

A지점에서 B지점까지
최단 거리로 갈 때,
P지점을 거쳐 가는 경우 :
(A지점에서 P지점까지 최단 거리로 가는 경우의 수)
×
(P지점에서 B지점까지 최단 거리로 가는 경우의 수)

2 중복조합

중복조합

서로 다른 n개에서 중복을 허용하여 r개를 택하는 조합으로, 기호로 ${}_n\mathrm{H}_r$과 같이 나타낸다.

중복조합의 수

서로 다른 n개에서 r개를 택하는 중복조합의 수는

${}_n\mathrm{H}_r={}_{n+r-1}\mathrm{C}_r$

중복조합의 수를 구하는 방법

(1) 조건이 주어질 때

① **일정 개수 이상 포함하는 조건 :** 먼저 일정 개수만큼 택하고 나머지 개수만큼 중복조합을 이용한다.

② **적어도 ~개를 포함하는 조건 :** ~개만큼 먼저 택하고 나머지 개수만큼 중복조합을 이용한다.

(2) **전개식에서 항의 개수 :** $(x_1+x_2+x_3+\cdots+x_m)^n$의 전개식에서 서로 다른 항의 개수는 ${}_m\mathrm{H}_n$

(3) **대소가 정해진 경우 :** 두 자연수 m, $n(m<n)$에 대하여 $m\le a\le b\le c\le d\le n$을 만족시키는 자연수 a, b, c, d의 순서쌍 (a, b, c, d)의 개수는 ${}_{n-m+1}\mathrm{H}_4$

(4) 방정식의 해의 개수

$x_1+x_2+x_3+\cdots+x_n=r$ (n, r은 자연수)에 대하여 해의 개수는 다음과 같다.

① 음이 아닌 정수인 해의 개수 : ${}_n\mathrm{H}_r$

② 자연수인 해의 개수 : ${}_n\mathrm{H}_{r-n}$ (단, $n\le r$)

(5) 함수의 개수

두 집합 X, Y의 원소의 개수가 각각 m, n이고, $f: X\longrightarrow Y$, $i\in X$, $j\in Y$일 때,

① $i<j$이면 $f(i)<f(j)$인 함수의 개수 : ${}_n\mathrm{C}_m$ (단, $m\le n$)

② $i<j$이면 $f(i)\le f(j)$인 함수의 개수 : ${}_n\mathrm{H}_m$

중복순열과 중복조합의 비교

n개 중에서 r개를 선택할 때, 각 경우에 대한 순서와 중복 여부에 대해 다시 한 번 확인하여 상황에 맞게 알맞은 경우의 수를 구한다.

고려할 점 \ 경우의 수	중복순열	중복조합
순서	○	×
중복	○	○
기호	${}_n\Pi_r$	${}_n\mathrm{H}_r$

3 이항정리

이항정리

n이 자연수일 때, $(a+b)^n$의 전개식은 다음과 같이 나타낼 수 있고, 이를 이항정리라 한다.

$$(a+b)^n$$
$$={}_n\mathrm{C}_0a^n+{}_n\mathrm{C}_1a^{n-1}b^1+{}_n\mathrm{C}_2a^{n-2}b^2+\cdots+{}_n\mathrm{C}_nb^n$$

(이항계수)

- **$(a+b)^n$의 전개식의 일반항 :** ${}_n\mathrm{C}_ra^{n-r}b^r$
- **$(a+b)^m(c+d)^n$의 전개식의 일반항**

  $(a+b)^m$의 전개식의 일반항과 $(c+d)^n$의 전개식의 일반항을 각각 곱하여 구한다.

파스칼의 삼각형

$n=0, 1, 2, 3, \cdots$일 때, $(a+b)^n$의 이항계수를 차례로 나열한 것을 파스칼의 삼각형이라 한다.

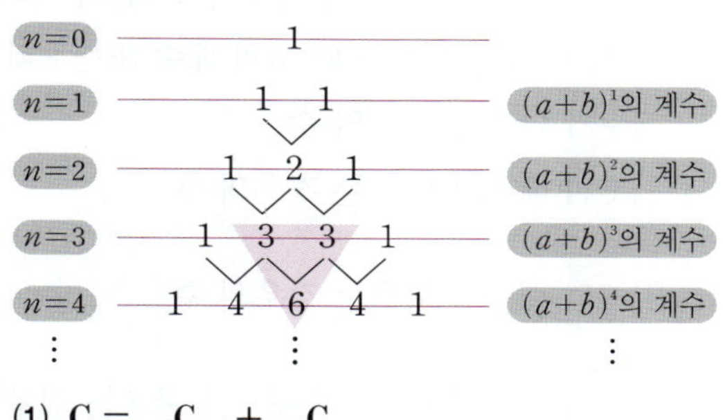

(1) ${}_n\mathrm{C}_r={}_{n-1}\mathrm{C}_{r-1}+{}_{n-1}\mathrm{C}_r$

(2) ${}_n\mathrm{C}_r={}_n\mathrm{C}_{n-r}$

이항계수의 성질

n이 자연수일 때,

1 ${}_n\mathrm{C}_0+{}_n\mathrm{C}_1+{}_n\mathrm{C}_2+\cdots+{}_n\mathrm{C}_n=2^n$

2 ${}_n\mathrm{C}_0-{}_n\mathrm{C}_1+{}_n\mathrm{C}_2-\cdots+(-1)^n{}_n\mathrm{C}_n=0$

3 ${}_n\mathrm{C}_0+{}_n\mathrm{C}_2+{}_n\mathrm{C}_4+\cdots$ (홀수 번째 항의 계수의 합)

$={}_n\mathrm{C}_1+{}_n\mathrm{C}_3+{}_n\mathrm{C}_5+\cdots=2^{n-1}$ (짝수 번째 항의 계수의 합)

01 합의 법칙과 곱의 법칙

합의 법칙	곱의 법칙
두 사건 A, B가 동시에 일어나지 않을 때, • 사건 A가 일어나는 경우의 수가 m • 사건 B가 일어나는 경우의 수가 n 사건 A 또는 사건 B가 일어나는 경우의 수는 $\boldsymbol{m+n}$ 문장에 다음 말이 포함되어 있으면 합의 법칙을 이용한다. 또는, 이거나 참고 3개 이상의 사건에 대해서도 성립한다.	**두 사건 A, B가 동시에 일어날 때,** • 사건 A가 일어나는 경우의 수가 m • 그 각각에 대하여 사건 B가 일어나는 경우의 수가 n 두 사건 A, B가 동시에(잇달아/연달아) 일어나는 경우의 수는 $\boldsymbol{m\times n}$ 문장에 다음 말이 포함되어 있으면 곱의 법칙을 이용한다. 동시에, 그리고, ~하고 나서 참고 3개 이상의 사건에 대해서도 성립한다.

• 학교에서 도서관까지 가는 경우의 수

$3+2=5$

• 약수터까지 가는 경우의 수

$2\times3=6$

유형 01 합의 법칙, 곱의 법칙

[01-02] 경우의 수를 구하여라.

01 1에서 20까지의 자연수가 적힌 20장의 카드에서 한 장의 카드를 뽑을 때, 5의 배수 또는 8의 배수가 나오는 경우의 수

1) 5의 배수가 나오는 경우의 수

2) 8의 배수가 나오는 경우의 수

3) 5의 배수이면서 8의 배수가 나오는 경우의 수

4) 구하는 경우의 수가 나오는 경우의 수

02 1에서 15까지의 자연수가 적힌 15장의 카드에서 한 장의 카드를 뽑을 때, 3의 배수 또는 4의 배수가 나오는 경우의 수

1) 3의 배수가 나오는 경우의 수

2) 4의 배수가 나오는 경우의 수

3) 3의 배수이면서 4의 배수가 나오는 경우의 수

4) 구하는 경우의 수가 나오는 경우의 수

[03-04] 서로 다른 동전 2개와 주사위 1개를 던질 때, 경우의 수를 구하여라.

03 일어나는 모든 경우의 수

04 동전은 서로 같은 면이 나오고, 주사위는 소수의 눈이 나오는 경우의 수

[05-06] 물음에 답하여라.

05 40 이상의 두 자리 자연수 중에서 짝수의 개수

06 20 이상 70 미만의 두 자리 자연수 중에서 5의 배수의 개수

〈 정답과 해설 p. 12 〉

02 순열과 조합

(1) **순열**: 서로 다른 n개에서 r개를 택하여 일렬로 배열하는 것을 **n개에서 r개를 택하는 순열**이라 한다.

(2) 1부터 n까지의 자연수를 차례대로 곱한 것을 **n의 계승**이라 한다. $n!=n(n-1)(n-2)\times\cdots\times3\times2\times1$

$${}_nP_r=\underbrace{n(n-1)(n-2)\times\cdots\times(n-r+1)}_{r\text{개}}\ (0\le r\le n)$$

n부터 시작하여 1씩 작아지며 r개를 곱하는 거야.

㉮ 서로 다른 5개에서 3개를 택하면 순열의 수는 ${}_5P_3$

(3) **조합**: 서로 다른 n개에서 순서를 생각하지 않고 r개를 택하는 것을 **n개에서 r개를 택하는 조합**이라 한다.

$${}_nC_r=\frac{{}_nP_r}{r!}=\frac{n(n-1)(n-2)\times\cdots\times(n-r+1)}{r!}=\frac{n!}{r!(n-r)!}\ (0\le r\le n)$$

${}_nP_r$를 $r!$로 나눠주는 거야.

㉮ 서로 다른 5개에서 2개를 택하는 조합의 수는 ${}_5C_2$

(4) 조합의 수의 성질

① ${}_nC_n=1,\ {}_nC_0=1$

② ${}_nC_r=\frac{{}_nP_r}{r!}=\frac{n!}{r!(n-r)!}$ (단, $0\le r\le n$)

③ ${}_nC_r={}_nC_{n-r}$ (단, $0\le r\le n$)

n개에서 r개를 택하는 경우의 수는 n개에서 택하지 않을 $(n-r)$개를 정하는 경우의 수와 같다는 의미를 잘 이해해야 해.

⇨ ${}_nC_r={}_nC_s$이면 $s=r$ 또는 $s=n-r$이다.

④ ${}_nC_r={}_{n-1}C_{r-1}+{}_{n-1}C_r$ (단, $1\le r<n$)

유형 02 순열과 조합

[01-03] 남학생 4명과 여학생 3명을 일렬로 세우는 경우의 수를 구하려고 한다. ▢ 안에 알맞은 수를 써넣어라.

남학생끼리 이웃하지 않도록 서는 경우의 수

01 여학생 3명이 먼저 일렬로 서는 경우의 수는

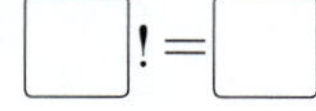

02 여학생을 세운 자리 사이사이와 양 끝의 4개의 자리에 남학생 4명을 세우는 경우의 수는

4개의 자리는 V로 표현해 보면 다음과 같습니다.
V 여 V 여 V 여 V

03 **01**과 **02**를 곱하면 구하는 경우의 수는

▢ × ▢ = ▢

[04-07] 남학생 4명과 여학생 3명이 있을 때, 다음 경우의 수를 구하여라.

04 남학생 2명, 여학생 2명을 뽑아 일렬로 세우는 방법의 수

05 남학생 2명, 여학생 2명을 뽑아 일렬로 세울 때, 남학생끼리 이웃하는 방법의 수

06 남학생 2명, 여학생 2명을 뽑아 일렬로 세울 때, 남학생은 남학생끼리, 여학생은 여학생끼리 이웃하는 방법의 수

07 남학생 2명, 여학생 2명을 뽑아 일렬로 세울 때, 남학생과 여학생이 교대로 서는 방법의 수

〈 정답과 해설 p. 12 〉

03 집합과 함수

(1) **집합**: 두 집합 A, B에 대하여

① **부분집합**: A의 모든 원소가 B에 속할 때,
A를 B의 **부분집합 $A \subset B$**라 한다.

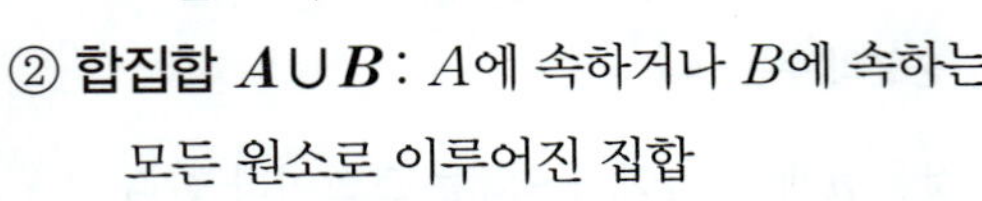

② **합집합 $A \cup B$**: A에 속하거나 B에 속하는 모든 원소로 이루어진 집합

③ **교집합 $A \cap B$**: A에 속하고 B에도 속하는 모든 원소로 이루어진 집합

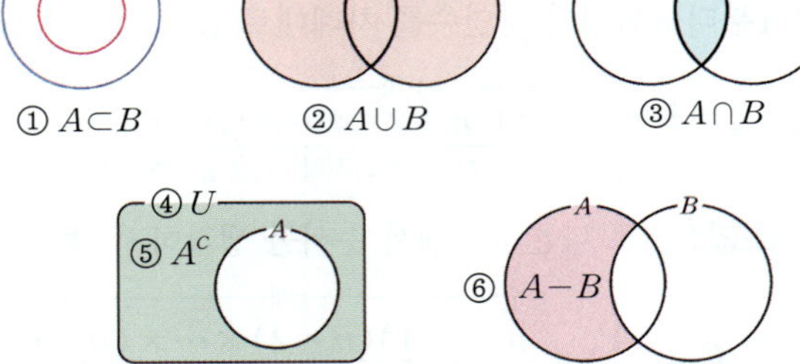

④ **전체집합 U**: 어떤 집합에 대하여 그 부분집합을 생각할 때, 처음에 주어진 집합

⑤ **여집합 A^C**: A가 전체집합 U의 부분집합일 때, U의 원소 중 A에 속하지 않는 모든 원소로 이루어진 집합

⑥ **차집합 $A-B$**: A에는 속하지만 B에는 속하지 않는 모든 원소로 이루어진 집합

(2) **함수**

함수 $f: X \longrightarrow Y$

① 정의역: 집합 X

② 공역: 집합 Y

③ 치역: 함숫값 전체의 집합 $\{f(x) \mid x \in X\}$

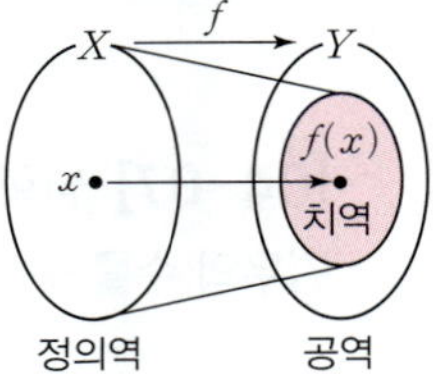

대응으로 주어지는 함수

① 정의역: $\{1, 2, 3\}$

② 공역: $\{a, b, c\}$

③ 치역: $\{a, b\}$

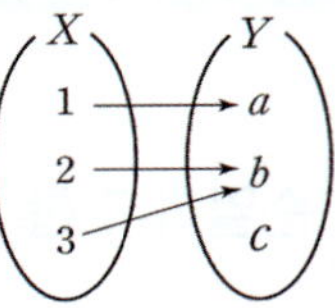

유형 03 집합

[01-02] 전체집합 U의 두 부분집합 A, B에 대하여 다음을 구하여라.

01

$U=\{1, 2, 3, 4, 5, 6, 7, 8\}$,
$A=\{2, 3, 4, 5\}$, $B=\{4, 5, 6\}$

1) A^C
2) B^C
3) $A-B$
4) $B-A$

02

$U=\{x \mid x$는 14 이하의 소수$\}$,
$A=\{2, 3, 11\}$, $B=\{3, 5, 13\}$

1) A^C
2) B^C
3) $A-B$
4) $B-A$

유형 04 함수

[03-05] 함수의 치역이 $\{-3, -2, -1, 0, 1, 2, 3\}$일 때, 정의역을 구하여라.

03 $y=x-1$

04 $y=-2x^2+3$ (단, $x \geq 0$)

05 $y=|x-2|-6$ (단, $x \geq 0$)

〈 정답과 해설 p. 13 〉

04 일대일함수와 일대일대응

(1) 일대일함수

① 함수 $f : X \longrightarrow Y$에서 정의역 X의 임의의 두 원소 x_1, x_2에 대하여

$x_1 \neq x_2$이면 $f(x_1) \neq f(x_2)$ … ★

함수 f를 **일대일함수**라 한다.

② 대응이 중복되지 않는다.

③ 대응이 없는 공역의 원소가 있을 수 있다.

④ 정의역의 서로 다른 두 원소에 대응하는 공역의 원소가 다르다.

⑤ 치역과 공역이 같지 않을 수 있다.

예

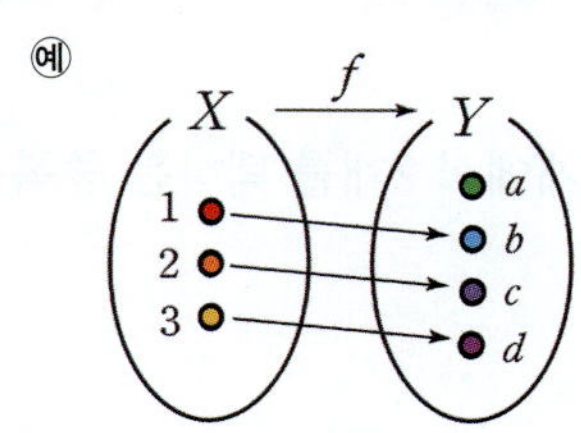

참고 명제 ★의 대우 '$f(x_1)=f(x_2)$이면 $x_1=x_2$'가 성립해도 함수 f는 일대일함수이다.

(2) 일대일대응

① 일대일함수 $f : X \longrightarrow Y$에서 치역과 공역이 같으면 함수 f를 **일대일대응**이라 한다.

② 대응이 중복되지 않는다.

③ 대응이 없는 공역의 원소가 없다.

④ 정의역의 서로 다른 두 원소에 대응하는 공역의 원소가 다르다.

⑤ 치역과 공역이 같다.

예

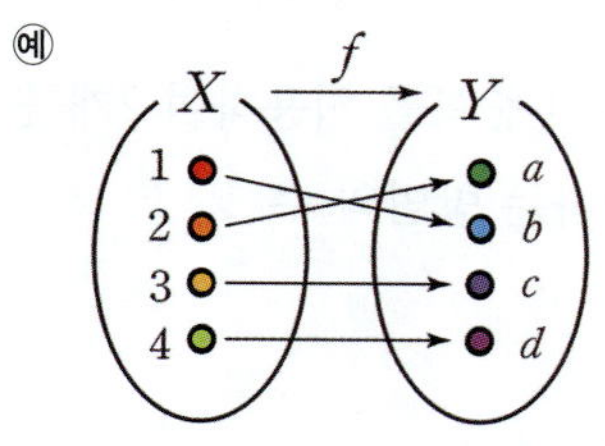

주의 일대일대응인 함수는 일대일함수이지만 일대일함수라고 해서 모두 일대일대응인 것은 아니다.

유형 05 일대일함수와 일대일대응

[01-03] 집합 X에서 집합 Y로의 대응이 〈보기〉와 같을 때, 해당하는 것만을 있는 대로 모두 골라 써라.

01

〈보기〉

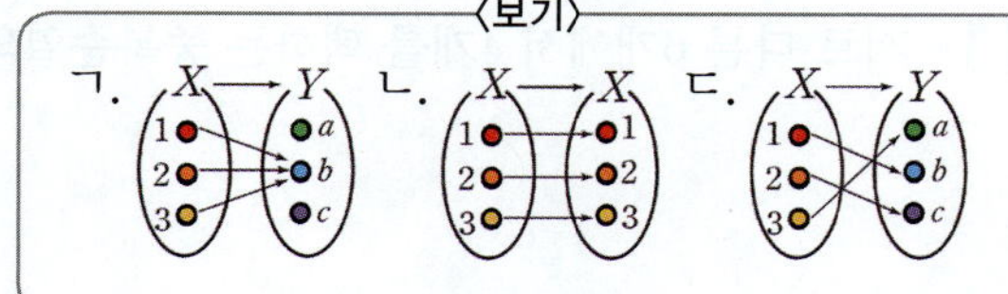

1) 일대일함수 (　　　　　)

2) 일대일대응 (　　　　　)

02

〈보기〉

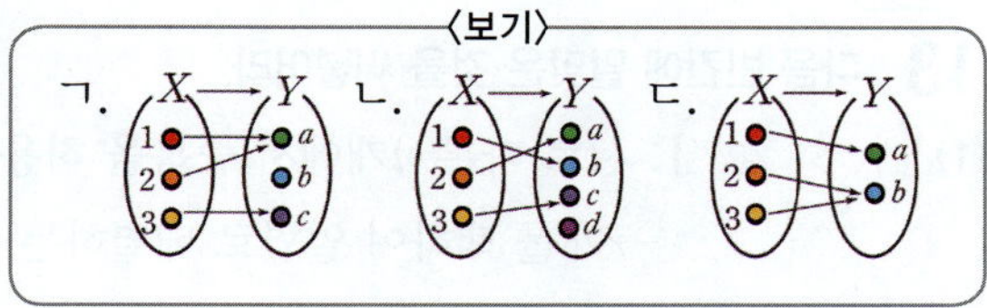

1) 일대일함수 (　　　　　)

2) 일대일대응 (　　　　　)

03

〈보기〉

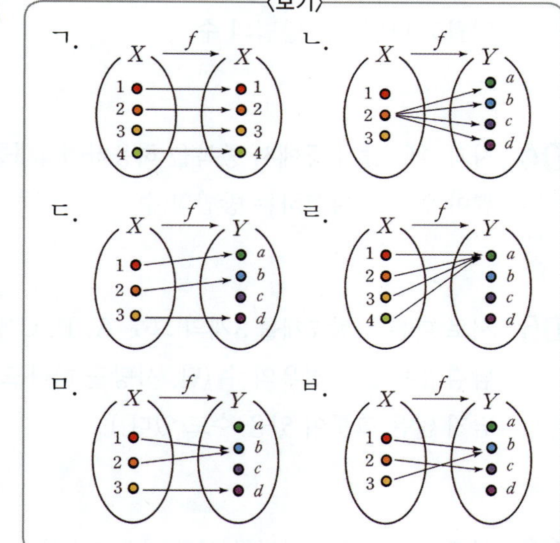

1) 일대일함수 (　　　　　)

2) 일대일대응 (　　　　　)

〈정답과 해설 p. 13〉

05 중복순열의 뜻

(1) **중복순열** : 서로 다른 n개에서 중복을 허용하여 r개를 택하여 일렬로 배열하는 것

(2) **중복순열의 수** : 중복순열의 가짓수 기호 $_{n}\Pi_{r}$ 읽기 **n 파이 r**

주의 $_{n}\Pi_{r}$에서 중복을 허용하므로 $r \geq n$일 수도 있다.

$_{n}\Pi_{r}$ — 일렬로 배열 / 서로 다른 것의 개수 / 택하는 것의 개수

유형 06 중복순열의 기호 표현

[01-06] 다음을 중복순열 기호로 나타내어라.

01 (가), (나), (다) 중에서 중복을 허용하여 2개를 뽑아 일렬로 나열하는 방법의 수

답 $_{3}\Pi_{\square}$

02 1, 2, 3 중에서 중복을 허용하여 3개를 뽑아 일렬로 나열하는 방법의 수

03 a, b, c, d 중에서 중복을 허용하여 2개를 뽑아 일렬로 나열하는 방법의 수

04 사과, 배, 딸기 중에서 중복을 허용하여 4개를 뽑아 일렬로 나열하는 방법의 수

05 서로 다른 사탕 7개를 3개의 그릇 A, B, C에 남김없이 담는 경우의 수 (단, 사탕을 하나도 담지 않은 그릇이 있을 수도 있다.)

06 서로 다른 3통의 편지를 서로 다른 5개의 우체통에 넣는 방법의 수

어떤 것을 n으로 놓을지, 어떤 것을 r로 놓을지 파악이 어렵다면 중복이 가능한 것의 개수를 n으로 놓으면 된다.

[07-12] 다음을 기호 $_{n}\Pi_{r}$로 나타내어라.

07 서로 다른 3개에서 5개를 택하는 중복순열의 수

답 $_{\square}\Pi_{5}$

08 서로 다른 4개에서 2개를 택하는 중복순열의 수

09 서로 다른 7개에서 10개를 택하는 중복순열의 수

10 서로 다른 4개에서 5개를 택하는 중복순열의 수

11 서로 다른 6개에서 4개를 택하는 중복순열의 수

12 서로 다른 7개에서 3개를 택하는 중복순열의 수

개념 체크

13 **다음 빈칸에 알맞은 것을 써넣어라.**

(1) [　　　　] : 서로 다른 n개에서 중복을 허용하여 r개를 택하여 일렬로 배열하는 것

(2) 중복순열의 수 : 중복순열의 가짓수 기호 [　　　　]
읽기 [　　　　]

〈정답과 해설 p. 13~14〉

06 중복순열의 수

✪ 서로 다른 n개에서 r개를 택하는 중복순열의 수는 ${}_n\Pi_r = \underbrace{n \times n \times \cdots \times n}_{r\text{개}} = n^r$

예) 서로 다른 2개에서 3개를 택하는 중복순열의 수는 ${}_2\Pi_3 = 2 \times 2 \times 2 = 2^3 = 8$

유형 07 중복순열의 계산

[01-06] 다음을 계산하여라.

01 ${}_3\Pi_2$

해 ${}_3\Pi_2 = \square^{\square} = \square$

02 ${}_4\Pi_0$

03 ${}_3\Pi_3$

04 ${}_2\Pi_4$

05 ${}_3\Pi_5$

06 ${}_7\Pi_1$

[07-12] 다음 등식을 만족시키는 자연수 n 또는 r의 값을 구하여라.

07 ${}_n\Pi_2 = 225$

해 ${}_n\Pi_2 = n^2 = 225 = 15^{\square}$

$\therefore n = \square$

08 ${}_n\Pi_3 = 216$

09 ${}_{13}\Pi_r = 169$

10 ${}_2\Pi_r = 32$

11 ${}_3\Pi_r = 243$

12 ${}_n\Pi_r = 256$ (단, $15 < n < 20$)

〈정답과 해설 p. 14〉

유형 08 중복순열을 이용한 경우의 수

[13-17] 다음 경우의 수를 구하여라.

13 세 명의 학생이 ○, × 문제에 답할 때 나올 수 있는 경우의 수

해 서로 다른 ○, ×에 대하여 세 사람이 각자 답할 수 있으므로 이것은 □개 중 중복을 허용하여 3개를 뽑아 나열하는 것과 같다.
따라서 구하는 경우의 수는
$\square\Pi\square = \square^{\square} = \square$

14 다섯 명의 학생이 ○, × 문제에 답할 때 나올 수 있는 경우의 수

15 3명의 학생이 A, B, C 세 모둠 중 어느 하나를 선택하는 경우의 수

16 3명의 학생이 A, B, C, D 네 모둠 중 어느 하나를 선택하는 경우의 수

17 서로 다른 3장의 편지를 A, B, C, D 네 편지 봉투 중 어느 하나를 선택하여 넣는 경우의 수

[18-21] 다음 조건을 만족시키는 n의 값을 구하여라.

18 서로 다른 4통의 편지를 서로 다른 n개의 우체통에 넣는 경우의 수가 256이다.

해 서로 다른 n개의 우체통에 서로 다른 4통의 편지를 넣는 경우의 수가 256이므로
$\square\Pi\square = 256$, $\square^4 = 4^{\square}$
$\therefore n = \square$

19 어느 동아리에서 2명의 후보 A, B가 회장 선거에 출마하였을 때, n명의 동아리 회원이 1명의 후보에게 각각 기명으로 투표하는 경우의 수가 512이다. (단, 기권이나 무효표는 없다.)

기명 투표는 선거인이 어느 후보에게 투표를 하였는지 밝히는 경우이므로 선거인이 어느 후보를 뽑았는지 구분이 된다. 기명 투표에 대한 문제가 나오면 중복순열을 이용한다.

20 n명이 가위바위보를 한 번 할 때, 나오는 모든 경우의 수가 81이다.

21 n명의 학생이 각각 검도, 태권도, 볼링, 테니스 중에서 1가지씩 택하여 방과 후 체육 활동을 하는 경우의 수가 1024이다.

n이 미지수로 나온다고 무조건 ${}_n\Pi_r$의 n자리에 놓으면 안된다. 문제에서 제시된 정보 중 중복이 가능한 것의 개수를 Π의 왼쪽에 놓으면 된다.

개념 체크

22 다음 빈칸에 알맞은 것을 써넣어라.

• 중복순열의 수
서로 다른 n개에서 r개를 택하는 중복순열의 수는
${}_n\Pi_r = n \times n \times \cdots \times n = [\quad]$

〈 정답과 해설 p. 14~15 〉

07 중복순열의 수 – 특정한 자리를 고정

특정한 자리를 고정하는 중복순열의 수 구하기

① 특정한 자리를 먼저 고정하여 경우의 수를 구한 뒤, 나머지를 배열하는 경우의 수를 구한다.

② 모든 경우의 수에서 반대가 되는 경우의 수를 빼서 경우의 수를 구한다.

유형 09 특정한 자리를 고정하는 중복순열의 수

[01-07] 다음 경우의 수를 구하여라.

01 5개의 문자 e, f, g, h, i에서 중복을 허용하여 3개를 택하여 일렬로 배열할 때, 모음으로 시작하도록 배열하는 경우의 수

해 맨 앞자리에 올 수 있는 문자는 e, i의 2가지

나머지 자리에 5개의 문자 e, f, g, h, i에서 중복을

(허용하여 , 허용하지 않고) $3-\square=\square$(개)를

택하여 일렬로 배열하는 경우의 수는

$\square\Pi\square=\square^{\square}=\square$

따라서 구하는 경우의 수는 $2\times\square=\square$

02 7개의 문자 i, k, l, m, n, o, p에서 중복을 허용하여 3개를 택하여 일렬로 배열할 때, 모음으로 시작하도록 배열하는 경우의 수

03 8개의 문자 a, b, c, d, e, f, g, h에서 중복을 허용하여 4개를 택하여 일렬로 배열할 때, 모음으로 시작하도록 배열하는 경우의 수

04 5개의 문자 A, B, C, D, E에서 중복을 허용하여 4개를 택하여 일렬로 배열할 때, 마지막에 문자 C가 오도록 배열하는 경우의 수

05 4명의 학생이 각각 오징어튀김, 순대꼬치, 떡꼬치 중에서 1개씩 주문할 때, 적어도 1명의 학생이 떡꼬치를 주문하는 경우의 수
(단, 1명도 주문하지 않는 메뉴가 있을 수 있다.)

해 (i) 4명의 학생이 주문하는 모든 경우의 수

4명의 학생이 각각 $\square$개의 메뉴 중에서 1개씩

주문하는 경우의 수는 $\square\Pi\square=\square^{\square}=\square$

(ii) 어느 1명도 떡꼬치를 주문하지 않는 경우의 수

4명의 학생이 떡꼬치를 제외한

$\square-1=\square$(개)의 메뉴 중에서 1개씩

주문하는 경우의 수는 $\square\Pi\square=\square^{\square}=\square$

(i), (ii)에 의하여 구하는 경우의 수는

((i)의 경우의 수) − ((ii)의 경우의 수) = $\square$

06 서로 다른 연필 7자루를 서로 다른 2개의 필통에 나누어 담을 때, 각 필통에 적어도 1자루의 연필을 담는 경우의 수

각 필통에 적어도 1자루의 연필을 담는 경우의 반대는 1개의 필통에만 연필을 담는 경우이다.

07 5명의 후보 A, B, C, D, E가 출마한 선거에서 6명의 선거인이 1명의 후보에게 각각 기명으로 투표할 때, 적어도 1명의 선거인이 후보 A에게 투표하는 경우의 수 (단, 기권이나 무효표는 없다.)

개념 체크

08 다음 빈칸에 알맞은 것을 써넣어라.

• 특정한 자리를 고정하는 중복순열의 수 구하기

① 특정한 자리를 [   ] 고정하여 경우의 수를 구한다.

② 모든 경우의 수에서 반대가 되는 경우의 수를 [   ] 경우의 수를 구한다.

〈 정답과 해설 p. 15 〉

08 중복순열의 수 – 자연수의 개수 

자연수의 개수 구하는 순서

(i) 기준이 되는 자리에 올 수 있는 경우를 먼저 구한다.

(ii) 남은 자리에 나머지 숫자를 배열한다.

(iii) ((i)의 경우의 수) × ((ii)의 경우의 수)를 한다.

0이 포함되지 않은 경우

예 0을 포함하지 않고, 1, 2, 3, 4의 4개의 자연수가 주어진 경우 두 자리 자연수의 개수를 구하여라.
(단, 중복 허용)

(i)~(iii) 기준이 되는 자리로 구분할 것이 없음.
$_4\Pi_2 = 4 \times 4 = 16$(가지)

0이 포함된 경우

예 0을 포함하여 0, 1, 2, 3, 4의 5개의 자연수가 주어진 경우 세 자리 자연수의 개수를 구하여라.
(단, 중복 허용)

(i) 기준이 되는 자리: 맨 앞자리에는 0이 올 수 없으므로 가능한 경우의 수는 $5-1=4$(가지)

(ii) 나머지 자리에 대한 경우의 수:
$_5\Pi_2 = 5 \times 5 = 25$(가지)

(iii) $4 \times 25 = 100$(가지)

유형 10 0이 포함되지 않은 경우

[01-05] 다음 경우의 수를 구하여라.

01 중복을 허용하여 두 개의 숫자 1, 2로 만들 수 있는 두 자리의 자연수

02 중복을 허용하여 세 개의 숫자 1, 2, 3으로 만들 수 있는 두 자리 자연수의 개수

03 중복을 허용하여 세 개의 숫자 1, 2, 3으로 만들 수 있는 세 자리 자연수의 개수

04 중복을 허용하여 세 개의 숫자 1, 2, 3으로 만들 수 있는 네 자리 자연수의 개수

05 중복을 허용하여 세 개의 숫자 1, 2, 3으로 만들 수 있는 다섯 자리 자연수의 개수

유형 11 0이 포함되는 경우

[06-07] 다음 경우의 수를 구하여라.

06 중복을 허용하여 세 개의 숫자 0, 1, 2로 만들 수 있는 두 자리의 자연수

해 십의 자리에는 ☐이 올 수 없으므로 ☐가지, 일의 자리에는 0, 1, 2 중 어느 하나가 올 수 있으므로 ☐가지
따라서 구하는 경우의 수는 ☐

07 중복을 허용하여 네 개의 숫자 0, 1, 2, 3으로 만들 수 있는 세 자리 자연수의 개수

개념 체크

08 다음 빈칸에 알맞은 것을 써넣어라.

• 자연수의 개수 구하는 순서

(i) [ ]이 되는 자리에 오는 숫자를 먼저 정한다.

(ii) 남은 자리에 [ ] 숫자를 배열한다.

(ii) ((i)의 경우의 수) ◯ ((ii)의 경우의 수)를 구한다.

< 정답과 해설 p. 16 >

09 중복순열의 수 – 함수의 개수

✪ 두 집합 $X=\{x_1, x_2, x_3, \cdots, x_m\}$, $Y=\{y_1, y_2, y_3, \cdots, y_n\}$에 대하여 X에서 Y로의 여러 종류의 함수의 개수는 다음과 같다.

함수의 개수	일대일함수의 개수	일대일대응의 개수
${}_n\Pi_m$	${}_nP_m$ (단, $m\le n$)	$n!$ 또는 ${}_nP_n$ (단, $m=n$)
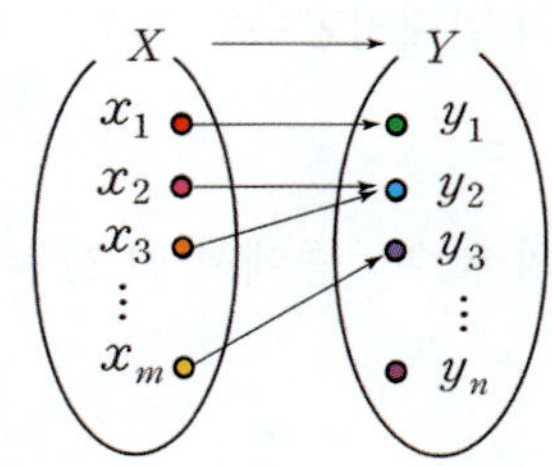	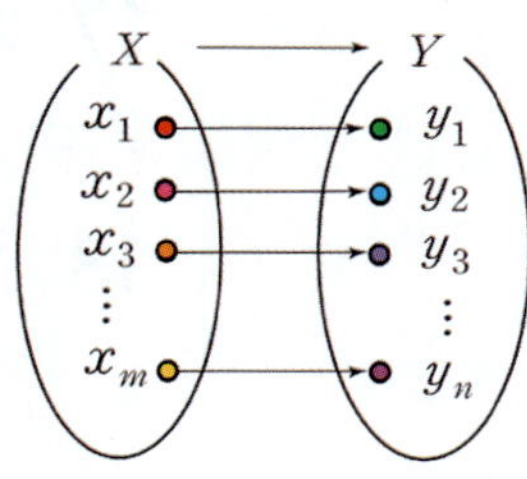	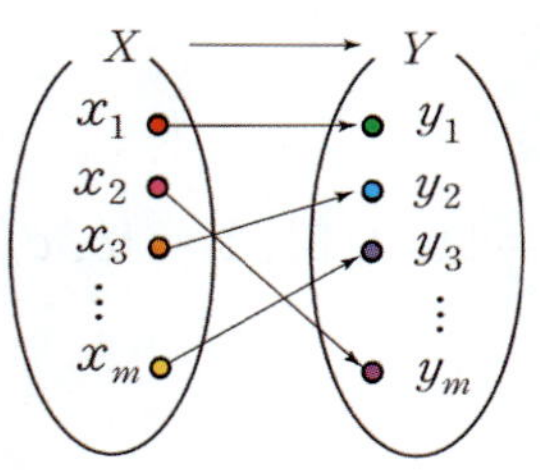
집합 X에서 집합 Y로 원소를 선택할 때, 중복하여 택할 수 있다.	집합 X에서 집합 Y로 원소를 선택할 때, 중복하여 택할 수 없다.	$m=n$이다.

유형 12 함수의 개수

[01-04] 다음 경우의 수를 구하여라.

01 두 집합 $X=\{1, 2\}$, $Y=\{a, b, c\}$에 대하여 집합 X에서 Y로의 함수의 개수

02 두 집합 $X=\{1, 2, 3, 4\}$, $Y=\{a, b, c\}$에 대하여 집합 X에서 Y로의 함수의 개수

03 두 집합 $X=\{a, b, c\}$, $Y=\{1, 2, 3, 4\}$에 대하여 집합 X에서 Y로의 함수의 개수

04 두 집합 $X=\{1, 2, 3, 4, 5\}$, $Y=\{a, b, c\}$에 대하여 집합 X에서 Y로의 함수의 개수

유형 13 일대일함수의 개수

[05-08] 다음 경우의 수를 구하여라.

05 두 집합 $X=\{1, 2\}$, $Y=\{a, b, c\}$에 대하여 집합 X에서 Y로의 일대일함수의 개수

06 두 집합 $X=\{1, 2, 3\}$, $Y=\{a, b, c, d\}$에 대하여 집합 X에서 Y로의 일대일함수의 개수

07 두 집합 $X=\{1, 2, 3, 4, 5\}$, $Y=\{a, b, c, d, e\}$에 대하여 집합 X에서 Y로의 일대일함수의 개수

08 두 집합 $X=\{a, b, c, d\}$, $Y=\{1, 2, 3, 4, 5, 6\}$에 대하여 집합 X에서 Y로의 일대일함수의 개수

〈 정답과 해설 p. 16 〉

유형 14 일대일대응의 개수

[09-12] 다음 두 집합 X, Y에 대하여 X에서 Y로의 일대일대응의 개수를 $n!$로 나타내어라. (단, n은 자연수)

09 $X=\{1, 2\}$, $Y=\{a, b\}$

10 $X=\{1, 2, 3\}$, $Y=\{b, c, d\}$

11 $X=\{1, 2, 3, 4, 5\}$, $Y=\{a, b, c, d, e\}$

12 $X=\{a, b, c, d, e, f\}$, $Y=\{1, 2, 3, 4, 5, 6\}$

[13-15] 두 집합 $X=\{1, 2, 3\}$, $Y=\{a, b, c, d, e\}$에 대하여 다음을 ${}_n\Pi_m$ 또는 ${}_nP_m$으로 나타내어라.
(단, m, n은 자연수)

13 X에서 Y로의 함수의 개수

14 X에서 Y로의 일대일함수의 개수

15 X에서 Y로의 함수 f 중에서 $f(1)=c$인 함수의 개수

해 $f(1)=c$로 정해졌으므로 집합 Y의 원소 a, b, c, d, e의 5개에서 중복을 허용하여
$3-\square=\square$(개)를 택하여 집합 X의 나머지 원소 2, 3에 대응시키면 된다.
따라서 구하는 함수의 개수는 서로 다른 $\square$개에서 중복을 (허용하여 , 허용하지 않고) $\square$개를 택하여 나열하는 경우의 수와 같으므로
$\square\Pi\square$

[16-18] 두 집합 $X=\{1, 2, 3, 4\}$, $Y=\{a, b, c, d, e\}$에 대하여 다음을 ${}_n\Pi_m$ 또는 ${}_nP_m$으로 나타내어라.
(단, m, n은 자연수)

16 X에서 Y로의 함수의 개수

17 X에서 Y로의 일대일함수의 개수

18 X에서 Y로의 함수 f 중에서 $f(2)=e$인 함수의 개수

[19-21] 다음 물음에 답하여라.

19 집합 $X=\{1, 2, 3, 4\}$에 대하여 X에서 X로의 함수 f 중에서 $f(1)\neq3$인 함수의 개수를 구하여라.

해 $f(1)\neq3$이므로 $f(1)$이 될 수 있는 것은
$\square$, $\square$, $\square$의 3가지이다.
이때, $f(2)$, $f(3)$, $f(4)$를 정하는 경우의 수는
$\square\Pi\square=\square^{\square}=\square$
따라서 구하는 함수의 개수는 $3\times\square=\square$

20 집합 $X=\{1, 2, 3\}$에 대하여 X에서 X로의 함수 f 중에서 $f(2)\neq1$인 함수의 개수를 구하여라.

21 집합 $X=\{1, 2, 3, 4, 5\}$에 대하여 X에서 X로의 함수 f 중에서 $f(1)+f(3)=4$인 함수의 개수를 구하여라.

개념 체크

22 다음 빈칸에 알맞은 것을 써넣어라.

- 두 집합 $X=\{x_1, x_2, x_3, \cdots, x_m\}$, $Y=\{y_1, y_2, y_3, \cdots, y_n\}$에 대하여 X에서 Y로의 여러 종류의 함수의 개수는 다음과 같다.
  (1) 함수의 개수 : [ ]
  (2) 일대일함수의 개수 : [ ] (단, $m\leq n$)
  (3) 일대일대응의 개수 : [ ] (단, $m=n$)

< 정답과 해설 p. 16~17 >

10 중복순열의 수 – 신호의 개수

서로 다른 n개의 기호에서 중복을 허용하여 최대 r개까지 사용하여 만들 수 있는 신호의 개수는

$${}_{n}\Pi_{1} + {}_{n}\Pi_{2} + {}_{n}\Pi_{3} + \cdots + {}_{n}\Pi_{r-1} + {}_{n}\Pi_{r}$$

DAY 03

유형 15 신호의 개수

[01-04] 다음 주어진 기호를 일렬로 배열하여 신호를 만들 때, [ ] 안에 있는 조건을 만족시키는 서로 다른 신호의 개수를 구하여라.

01 기호 : ♡, ⊙

[1개 이상 3개 이하로 사용]

해 기호를 1개 사용하여 만들 수 있는 신호의 개수는

기호를 2개 사용하여 만들 수 있는 신호의 개수는

기호를 3개 사용하여 만들 수 있는 신호의 개수는

따라서 구하는 신호의 개수는

02 기호 : ▶, ☨

[2개 이상 3개 이하로 사용]

03 기호 : ☆, ◇, △

[2개 이상 4개 이하로 사용]

04 기호 : ♧, ♀, ♡, ♤

[2개 이상 3개 이하로 사용]

[05-07] 다음과 같이 서로 다른 깃발이 있을 때, [ ] 안에 있는 조건을 만족시키는 서로 다른 신호의 개수를 구하여라. (단, 깃발 2개를 동시에 들어 올리지 않는다.)

05 검은 깃발, 흰 깃발 각각 1개씩

[깃발을 6번 이하로 들어 올린다.]

해 깃발을 1번 들어 올려 만들 수 있는 신호의 개수는

$\square\Pi_{\square}=\square^{\square}=\square$

깃발을 2번 들어 올려 만들 수 있는 신호의 개수는

$\square\Pi_{\square}=\square^{\square}=\square$

⋮

깃발을 6번 들어 올려 만들 수 있는 신호의 개수는

$\square\Pi_{\square}=\square^{\square}=\square$

따라서 구하는 신호의 개수는 

참고 흰 깃발을 들어 올린 경우를 ▷, 검은 깃발을 들어 올린 경우를 ▶라 하자.

1번 들어 올림	▷ / ▶
2번 들어 올림	▷▷ / ▷▶ / ▶▷ / ▶▶
3번 들어 올림	▷▷▷ / ▷▷▶ / ▷▶▷ / ▶▷▷/ ⋯
⋮	
6번 들어 올림	▷▷▷▷▷▷ / ▷▷▷▷▷▶ / ⋯

06 검은 깃발, 빨간 깃발, 흰 깃발 각각 1개씩

[깃발을 5번 이하로 들어 올린다.]

07 4개의 서로 다른 색이 칠해진 깃발

[깃발을 5번 이하로 들어 올린다.]

개념 체크

08 다음 빈칸에 알맞은 것을 써넣어라.

서로 다른 n개의 기호에서 중복을 허용하여 최대 r개까지 사용하여 만들 수 있는 신호의 개수는

${}_{n}\Pi_{1}$+[ ]+[ ]+⋯+${}_{n}\Pi_{r-1}$+[ ]

〈정답과 해설 p. 17~18〉

11 중복순열의 수 – 집합의 결정

✪ 전체집합 U의 두 부분집합 A, B에 대하여 U의 각 원소는 네 개의 집합

$A\cap B^C$, $A\cap B$, $A^C\cap B$, $(A\cup B)^C$

중에서 하나에 속함을 이용한다.

① $A\cap B^C$	② $A\cap B$	③ $A^C\cap B$	④ $(A\cup B)^C$
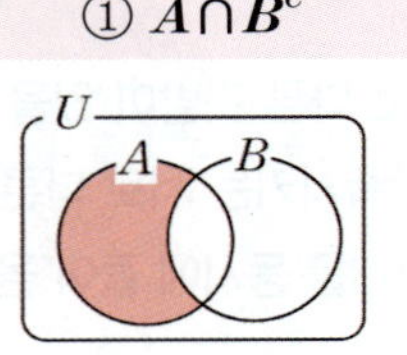	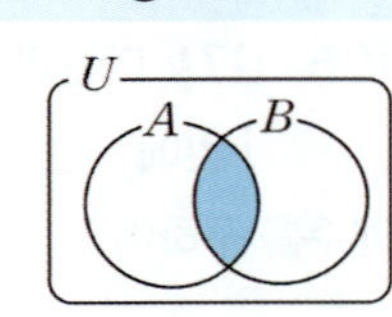	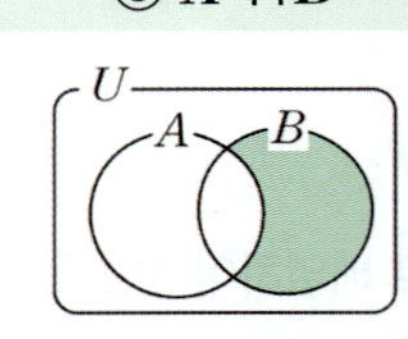	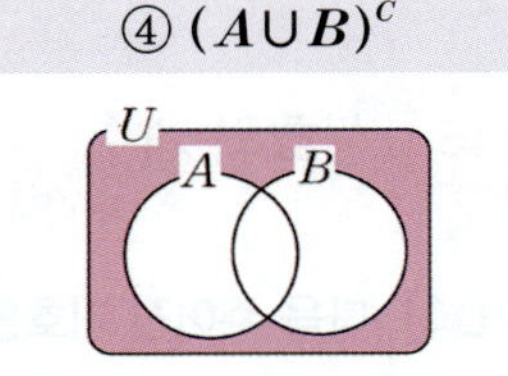

유형 16 집합의 결정

[01-07] 전체집합 U에 대하여 두 부분집합 A, B가 [ ] 안의 조건을 만족시킬 때, 두 집합 A, B를 정하는 경우의 수를 구하여라.

01 $U=\{1, 2, 3, 4\}$ [$A\cap B=\{1, 2\}$]

해 전체집합 U의 원소 중 1, 2를 제외한

원소 ☐, ☐는 (☐$)^C$에 속해야 한다.

즉, ☐개의 원소는 세 집합 $A\cap B^C$, $A^C\cap B$, $(A\cup B)^C$ 중에서 어느 하나의 원소이다.

따라서 구하는 경우의 수는 서로 다른 ☐개의 집합에서 중복을 (허용하여 , 허용하지 않고) ☐개를 택하여 일렬로 배열하는 경우의 수와

같으므로 ☐Π☐=☐$^{☐}$=☐

02 $U=\{1, 2, 3, 4, 5, 6\}$

[$A\cap B=\{3, 4\}$]

03 $U=\{a, b, c, d, e\}$

[$A\cap B^C=\{a, b, c\}$]

04 $U=\{a, b, c, d, e, f\}$

[$(A\cup B)^C=\{c, d\}$]

05 $U=\{1, 2, 3, 4, 5, 6, 7\}$

[$A\cap B=\{1, 5, 6, 7\}$]

06 $U=\{1, 2, 3, 4, 5, 6, 7, 8\}$

[$A-B=\{2, 3, 5\}$]

07 $U=\{1, 2, 3, 4, 5, 6, 7, 8, 9\}$

[$B-A=\{4, 8, 9\}$]

개념 체크

08 다음 빈칸에 알맞은 것을 써넣어라.

전체집합 U의 두 부분집합 A, B에 대하여 U의 각 원소는 네 개의 집합

$A\cap B^C$, [ ], $A^C\cap B$, [ ]

중에서 하나에 속함을 이용한다.

〈 정답과 해설 p. 18 〉

12 같은 것이 있는 순열

n개 중에서 서로 같은 것이 각각 p개, q개, $\cdots$, r개씩 있을 때, n개를 모두 일렬로 나열하는 순열의 수는

$$\frac{n!}{p!\times q!\times\cdots\times r!}\ (\text{단, } p+q+\cdots+r=n)$$

DAY 04

유형 17 같은 것이 있는 순열의 수

[01-05] 다음 경우의 수를 구하여라.

01 1, 1, 2를 일렬로 나열하는 방법의 수

해 1, 1, 2는 1을 2개 포함하므로 $\frac{3!}{\square}=\square$(가지)

02 a, b, b를 일렬로 나열하는 방법의 수

03 1, 3, 3, 3을 일렬로 나열하는 방법의 수

04 a, a, b, a를 일렬로 나열하는 방법의 수

05 1, 2, 3, 4, 4, 5를 일렬로 나열하는 방법의 수

[06-10] 다음 경우의 수를 구하여라.

06 1, 1, 2, 2를 일렬로 나열하는 방법의 수

해 1, 1, 2, 2는 1을 2개, 2를 2개 포함하므로

$\frac{4!}{2!\times\square}=\square$(가지)

07 a, a, b, b를 일렬로 나열하는 방법의 수

08 1, 2, 2, 3, 3을 일렬로 나열하는 방법의 수

09 a, b, c, c, c, d, e, e를 일렬로 나열하는 방법의 수

10 ㄱ, ㄱ, ㄷ, ㄹ, ㄹ, ㅅ, ㅅ, ㅅ을 일렬로 나열하는 방법의 수

〈정답과 해설 p. 19〉

유형 18 양 끝에 특정한 것이 오는 경우

[11-15] 다음 경우의 수를 구하여라.

11 ggooddd의 7개의 문자를 나열할 때, 양 끝에 모음이 오도록 일렬로 나열하는 방법의 수

해 모음 o, o를 양 끝에 고정시키면 g, g, d, d, d를 일렬로 나열하는 것과 같으므로 $\frac{\square}{2!\times 3!}=\square$(가지)이다.

12 student의 7개의 문자를 나열할 때, 양 끝에 모음이 오도록 일렬로 나열하는 방법의 수

13 ☆○△△☆○의 6개의 도형을 나열할 때, 양 끝에 ☆이 오도록 일렬로 나열하는 방법의 수

14 ㄱ, ㄴ, ㄴ, ㄴ, ㅏ, ㅏ, ㅏ의 7개의 문자를 나열할 때, 양 끝에 'ㅏ'가 오도록 일렬로 나열하는 방법의 수

15 ❀, ❀, ⊠, ⊠, ❋, ❋의 6개의 모양을 나열할 때, 양 끝에 ❋이 오도록 일렬로 나열하는 방법의 수

유형 19 이웃하거나 이웃하지 않는 경우

[16-19] 다음 경우의 수를 구하여라.

16 ★○○●★○의 6개의 도형을 나열할 때, ○끼리 이웃하도록 일렬로 나열하는 방법의 수

해 ○, ○, ○를 하나로 생각하여 A라 하면 A, ★, ●, ★을 나열하는 방법의 수는 $\frac{4!}{\square}=\square$(가지)이다.

17 chocolate의 9개의 문자를 나열할 때, 모음끼리 이웃하도록 나열하는 방법의 수

18 ㄹ, ㄹ, ㅁ, ㅁ, ㅗ, ㅛ, ㅏ, ㅑ의 8개의 문자를 나열할 때, 모음끼리 이웃하지 않도록 일렬로 나열하는 방법의 수

해 먼저 ㄹ, ㄹ, ㅁ, ㅁ을 일렬로 나열하는 방법의 수는 $\frac{4!}{2!\times 2!}=6$(가지)이다.

그 사이사이의 $\square$개의 자리에 모음 ㅗ, ㅛ, ㅏ, ㅑ를 넣는 방법의 수는 $\square$개 중 4개를 뽑아 일렬로 나열하는 것과 같으므로 ${}_5P_4=5\times4\times3\times2=\square$(가지)이다.

따라서 구하는 방법의 수는 $6\times\square=\square$(가지)

19 maximum의 7개의 문자를 나열할 때, 모음끼리 이웃하지 않도록 일렬로 나열하는 방법의 수

개념 체크

20 다음 빈칸에 알맞은 것을 써넣어라.

n개 중에서 서로 같은 것이 각각 p개, q개, $\cdots$, r개씩 있을 때, n개를 모두 일렬로 나열하는 순열의 수는

[   ] (단, $p+q+\cdots+r=n$)

< 정답과 해설 p. 19~20 >

13 같은 것이 있는 순열 – 순서가 정해진 순열의 수

✪ 순서가 정해진 순열의 수를 구하는 순서

(i) 순서가 정해져 있는 문자를 모두 X로 바꾼다.

(ii) 같은 것이 있는 순열의 수를 이용하여 경우의 수를 구한다.

예 **6개의 문자 a, b, c, d, e, f를 일렬로 배열할 때, 다음 경우의 수를 구해 보자.**

a, b는 이 순서대로 배열	a, b, c는 이 순서대로 배열
(i) a, b 대신 X, X로 바꾼다. (ii) 같은 것이 있는 6개의 문자 X, X, c, d, e, f를 일렬로 배열하면 $\frac{6!}{2!}$ 확인 앞에 있는 X 대신 a, 뒤에 있는 X 대신 b로 바꾸면 된다.	(i) a, b, c 대신 X, X, X로 바꾼다. (ii) 같은 것이 있는 6개의 문자 X, X, X, d, e, f를 일렬로 배열하면 $\frac{6!}{3!}$ 확인 앞에 있는 X 대신 a, 뒤에 있는 X 대신 b, 마지막에 있는 X 대신 c로 바꾸면 된다.

유형 20 순서가 정해진 순열의 수

[01-04] 다음 주어진 문자를 일렬로 배열할 때, [ ] 안의 문자는 그 순서대로 배열하는 경우의 수를 구하여라.

01 a, b, c, d, e [a, b]

해 (i) a, b 대신 ☐, ☐로 바꾼다.

(ii) 같은 것이 있는 5개의 문자 ☐, ☐, c, d, e를 일렬로 배열하면 $\frac{5!}{☐!}$ = ☐

02 a, b, c, d, e [a, b, c]

03 a, b, c, d, e, f [b, d, e]

04 a, b, c, d, e, f, g [a, c, e, f]

[05-07] 다음 주어진 문자를 일렬로 배열할 때, [ ] 안의 조건을 만족시키는 경우의 수를 구하여라.

05 student [e는 n보다 뒤에 오도록]

해 e, n을 모두 ☐로 바꾸면 s, t, u, d, ☐, ☐, t의 7개의 문자를 일렬로 배열한 후 첫 번째 ☐는 ☐, 두 번째 ☐는 ☐로 바꾸면 되므로

구하는 경우의 수는 $\frac{7!}{☐ \times ☐}$ = ☐

06 stress [t는 e보다 앞에 오도록]

07 momentum [o는 u보다 뒤에 오도록]

개념 체크

08 다음 빈칸에 알맞은 것을 써넣어라.

• 순서가 정해진 순열의 수를 구하는 순서

(i) 순서가 정해져 있는 [ ]를 모두 X로 바꾼다.

(ii) [ ]를 이용하여 경우의 수를 구한다.

〈정답과 해설 p. 20〉

14 같은 것이 있는 순열 – 자연수의 개수

같은 것이 있는 순열을 이용하는 경우 (0을 포함하지 않는 경우)	기준이 되는 자리를 먼저 고려해야 하는 경우 (0을 포함하는 경우)	가능한 숫자의 쌍을 먼저 고려해야 하는 경우
✪ 같은 것이 있는 순열을 이용하여 간단히 구할 수 있다. n개 중 서로 같은 것이 각각 p개, q개, $\cdots$, r개씩 있을 때, n개를 모두 일렬로 나열하는 순열의 수는 $\dfrac{n!}{p!\times q!\times\cdots\times r!}$ (단, $p+q+\cdots+r=n$) 참고 n개 중 n개를 선택하는 경우 (0은 포함하지 않는다.)	(i) 0, x_1, x_2, $\cdots$, x_m의 수를 배열할 때, 맨 앞자리에는 0이 올 수 없으므로 맨 앞자리에 올 수 있는 숫자는 나머지 x_1, x_2, $\cdots$, x_m이다. (ii) (i)에 대하여 같은 것이 있는 순열을 이용하여 경우의 수를 구한다. (iii) (ii)의 경우의 수를 모두 더하여 구하는 경우의 수를 구한다. 참고 n개 중 n개를 선택하는 경우 (0을 포함한다.)	0, x_1, x_2, $\cdots$, x_k 또는 x_1, x_2, $\cdots$, x_k에서 다음과 같은 순서로 구한다. (i) 가능한 숫자의 쌍을 먼저 구한다. (ii) 각 쌍마다 같은 것이 있는 순열을 이용하여 경우의 수를 구한다. (iii) (ii)의 경우의 수를 모두 더하여 구하는 경우의 수를 구한다. 참고 n개 중 k개를 선택하는 경우 (단, $n>k$)

유형 21 자연수의 개수 – 0을 포함하지 않은 경우

[01-06] 다음 경우의 수를 구하여라.

01 1, 2, 2, 3, 3을 모두 사용하여 만들 수 있는 다섯 자리 자연수의 개수

해 1, 2, 2, 3, 3을 나열하는 경우의 수와 같으므로

$$\frac{5!}{\square!\times\square!}=\square$$

02 1, 2, 2를 모두 사용하여 만들 수 있는 세 자리 정수의 개수

03 2, 2, 3, 4를 모두 사용하여 만들 수 있는 네 자리 정수의 개수

04 2, 2, 3, 4, 4를 모두 사용하여 만들 수 있는 다섯 자리 정수의 개수

05 5, 5, 6, 6, 7, 7을 모두 사용하여 만들 수 있는 여섯 자리 정수의 개수

06 1, 1, 2, 2, 2, 3, 3을 모두 사용하여 만들 수 있는 일곱 자리의 정수의 개수

유형 22 자연수의 개수 - 0을 포함하는 경우

[07-11] 다음 경우의 수를 구하여라.

07 0, 1, 1, 2, 2, 2, 3를 모두 사용하여 만들 수 있는 일곱 자리 정수의 개수

해 맨 앞자리에는 ☐ 이 올 수 없으므로
맨 앞자리에 올 수 있는 숫자는 1, 2, 3이다.

(i) 맨 앞자리에 1이 오는 경우 : 나머지 자리에 ☐, ☐, ☐, 2, 2, 3의 6개의 숫자를 일렬로 배열하는 경우의 수는

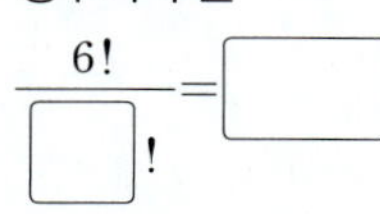

(ii) 맨 앞자리에 2가 오는 경우 : 나머지 자리에 ☐, ☐, ☐, 2, 2, 3의 6개의 숫자를 일렬로 배열하는 경우의 수는

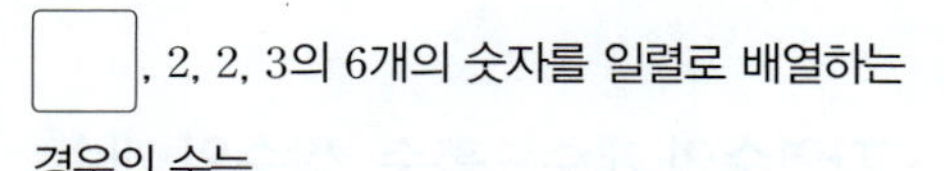

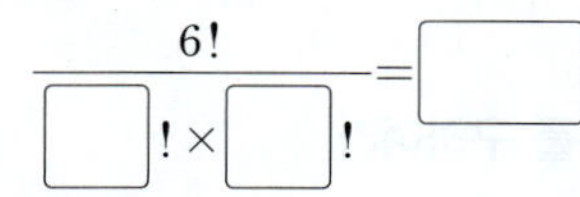

(iii) 맨 앞자리에 3이 오는 경우 : 나머지 자리에 ☐, ☐, ☐, 2, 2, 2의 6개의 숫자를 일렬로 배열하는 경우의 수는

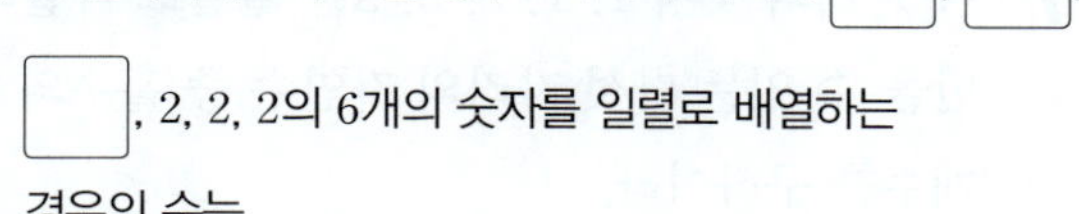

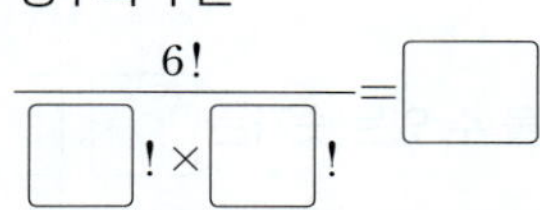

(i)~(iii)에 의하여 구하는 자연수의 개수는
☐ + ☐ + ☐ = ☐

[다른 풀이]
7개의 숫자를 일렬로 배열하는 경우의 수에서 맨 앞자리에 ☐ 이 오는 경우의 수를 빼면 된다. 즉,

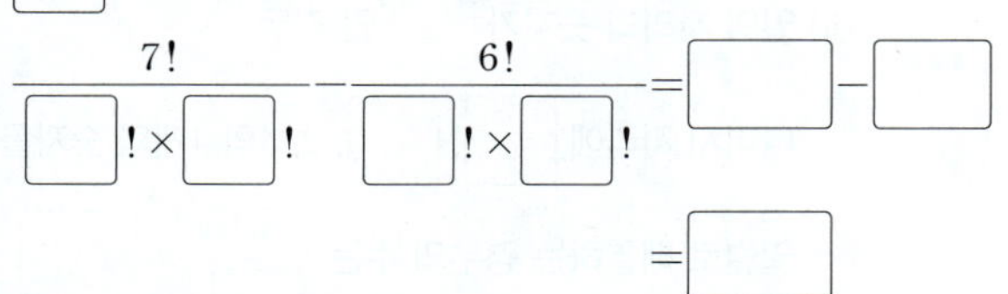

08 0, 1, 1, 2를 모두 사용하여 만들 수 있는 네 자리 정수의 개수

09 0, 3, 3, 3, 8을 모두 사용하여 만들 수 있는 다섯 자리 정수의 개수

10 0, 7, 7, 7, 9, 9를 모두 사용하여 만들 수 있는 여섯 자리 정수의 개수

11 0, 2, 3, 4, 4를 모두 사용하여 만들 수 있는 다섯 자리 정수의 개수

DAY 04

〈 정답과 해설 p. 20~22 〉

유형 23 자연수의 개수 – 가능한 숫자의 쌍을 먼저 고려해야 하는 경우

[12-16] 다음 경우의 수를 구하여라.

12 여섯 개의 숫자 1, 1, 1, 2, 3, 3에서 4개의 숫자를 택하여 만들 수 있는 네 자리 자연수의 개수

해 1, 1, 1, 2, 3, 3에서 4개의 숫자를 택하는 경우는
(1, 1, 1, 2), (1, 1, 1, 3), (1, 1, 2, 3), (1, 1, 3, 3), (1, 2, 3, 3)이 있다.
각 경우에 대하여 일렬로 배열하여 만들 수 있는 자연수의 개수를 구하면

(i) (1, 1, 1, 2)의 경우 : $\frac{4!}{\square!}=\square$

(ii) (1, 1, 1, $\square$)의 경우 : $\frac{4!}{\square!}=\square$

(iii) (1, 1, 2, 3)의 경우 : $\frac{4!}{\square!}=\square$

(iv) (1, 1, $\square$, 3)의 경우 : $\frac{4!}{\square!\times\square!}=\square$

(v) (1, 2, 3, $\square$)의 경우 : $\frac{4!}{\square!}=\square$

(i)~(v)에 의하여
$\square+\square+\square+\square+\square=\square$

13 여섯 개의 숫자 1, 1, 1, 1, 3, 3에서 4개의 숫자를 택하여 만들 수 있는 네 자리 자연수의 개수

14 여섯 개의 숫자 1, 1, 2, 2, 2, 3에서 4개의 숫자를 택하여 만들 수 있는 네 자리 자연수의 개수

15 일곱 개의 숫자 1, 1, 1, 2, 2, 2, 3에서 3개의 숫자를 택하여 만들 수 있는 세 자리 자연수의 개수

16 일곱 개의 숫자 1, 1, 2, 2, 3, 3, 3에서 3개의 숫자를 택하여 만들 수 있는 세 자리 자연수의 개수

유형 24 자연수의 개수 – 홀수, 짝수의 개수

[17-20] 다음 경우의 수를 구하여라.

17 다섯 개의 숫자 1, 1, 2, 3, 3을 일렬로 나열하여 만들 수 있는 다섯 자리의 자연수 중 홀수의 개수를 구하여라.

해 홀수의 일의 자리에 올 수 있는 숫자는 $\square$, $\square$이다.

(i) 일의 자리의 숫자가 $\square$인 경우
나머지 자리에 $\square$, $\square$, 3, 3의 4개의 숫자를 일렬로 배열하는 경우의 수는 $\frac{4!}{\square!}=\square$

(ii) 일의 자리의 숫자가 $\square$인 경우
나머지 자리에 $\square$, $\square$, 2, 3의 4개의 숫자를 일렬로 배열하는 경우의 수는 $\frac{4!}{\square!}=\square$

(i), (ii)에 의하여 구하는 자연수의 개수는
$\square+\square=\square$

18 다섯 개의 숫자 1, 1, 1, 2, 3을 일렬로 나열하여 만들 수 있는 다섯 자리의 자연수 중 홀수의 개수를 구하여라.

19 다섯 개의 숫자 1, 2, 2, 3, 4를 일렬로 나열하여 만들 수 있는 다섯 자리의 자연수 중 짝수의 개수를 구하여라.

20 여섯 개의 숫자 4, 4, 5, 6, 7, 8을 일렬로 나열하여 만들 수 있는 여섯 자리의 자연수 중 짝수의 개수를 구하여라.

유형 25 자연수의 개수 – 배수의 개수

[21-23] 다음 경우의 수를 구하여라.

21 다섯 개의 숫자 1, 1, 2, 3, 3을 모두 사용하여 만들 수 있는 다섯 자리의 자연수 중 4의 배수의 개수를 구하여라.

해 4의 배수이려면 끝의 두 자리의 수가 00이거나 4의 배수여야 한다.

(i) 끝의 두 자리의 수가 12인 경우

나머지 자리에 □, □, □의 3개의 숫자를 일렬로 배열하는 경우의 수는 $\frac{3!}{\square!}=\square$

(ii) 끝의 두 자리의 수가 32인 경우

나머지 자리에 □, □, □의 3개의 숫자를 일렬로 배열하는 경우의 수는 $\frac{3!}{\square!}=\square$

(i), (ii)에 의하여 구하는 자연수의 개수는

□+□=□

22 다섯 개의 숫자 2, 3, 3, 3, 4를 모두 사용하여 만들 수 있는 다섯 자리의 자연수 중 4의 배수의 개수를 구하여라.

23 여섯 개의 숫자 1, 1, 2, 2, 3, 4를 모두 사용하여 만들 수 있는 여섯 자리의 자연수 중 4의 배수의 개수를 구하여라.

개념 체크

24 다음 빈칸에 알맞은 것을 써넣어라.

(1) 같은 것이 있는 순열을 이용하는 경우

(0을 포함하지 않는 경우)

[ ]을 이용하여 간단히 구할 수 있다.

(2) 기준이 되는 자리를 먼저 고려해야 하는 경우

(0을 포함하는 경우)

0을 포함하는 경우 다음과 같은 순서로 구한다.

(i) 0, x_1, x_2, $\cdots$, x_m의 수를 배열할 때, 맨 앞자리에는 [ ]이 올 수 없으므로 맨 앞자리에 올 수 있는 숫자는 나머지 x_1, x_2, $\cdots$, x_m이다.

(ii) (i)에 대하여 [ ]을 이용하여 경우의 수를 구한다.

(iii) (ii)의 경우의 수를 모두 [ ] 구하는 경우의 수를 구한다.

(3) 가능한 숫자의 쌍을 먼저 고려해야 하는 경우

0, x_1, x_2, $\cdots$, x_k 또는 x_1, x_2, $\cdots$, x_k에서 다음과 같은 순서로 구한다.

(i) 가능한 숫자의 [ ]을 먼저 구한다.

(ii) 각 쌍마다 [ ]을 이용하여 경우의 수를 구한다.

(iii) (ii)의 경우의 수를 모두 [ ] 구하는 경우의 수를 구한다.

〈정답과 해설 p. 22~24〉

15 같은 것이 있는 순열 - 최단 거리로 가는 경우의 수

A지점에서 B지점까지 가는 최단 거리

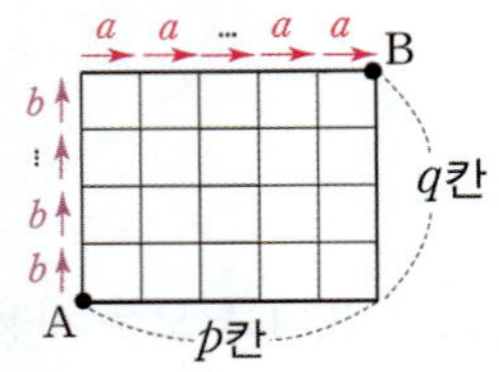

오른쪽으로 p칸, 위쪽으로 q칸 가야 하므로 최단 거리로 가는 경우의 수는

오른쪽, 위쪽으로 한 칸씩 이동하는 것을 각각 a, b라 하면 $a, a, \cdots, a, a, b, b, \cdots, b$를 일렬로 배열하는 경우의 수와 같다.

$\dfrac{(p+q)!}{p!\times q!}$

∴ (구하는 경우의 수)

$=\dfrac{(p+q)!}{p!\times q!}$

P지점을 거쳐 가는 최단 거리

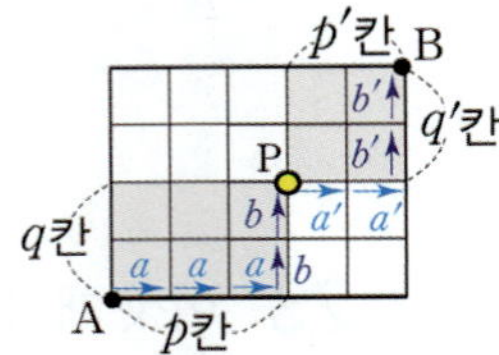

(i) A지점에서 P지점까지 최단 거리로 가는 경우의 수 $\dfrac{(p+q)!}{p!\times q!}$

(ii) P지점에서 B지점까지 최단 거리로 가는 경우의 수 $\dfrac{(p'+q')!}{p'!\times q'!}$

∴ (구하는 경우의 수)

$=(\text{i})\times(\text{ii})$

$=\dfrac{(p+q)!}{p!\times q!}\times\dfrac{(p'+q')!}{p'!\times q'!}$

장애물이 있는 경우의 최단 거리

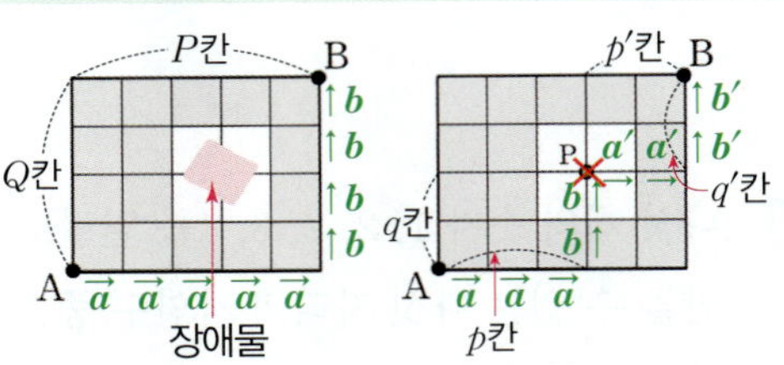

(전체 경우) − (점 P를 거치는 경우)

(i) A지점에서 B지점까지 최단 거리로 가는 경우의 수 $\dfrac{(P+Q)!}{P!\times Q!}$

(ii) A지점에서 P지점을 거쳐 B지점까지 최단 거리로 가는 경우의 수

$\dfrac{(p+q)!}{p!\times q!}\times\dfrac{(p'+q')!}{p'!\times q'!}$

∴ (구하는 경우의 수)

$=(\text{i})-(\text{ii})$

$=\dfrac{(P+Q)!}{P!\times Q!}-\dfrac{(p+q)!}{p!\times q!}\times\dfrac{(p'+q')!}{p'!\times q'!}$

유형 26 A지점에서 B지점까지 최단 거리

[01-04] 다음 각 그림에서 A지점에서 B지점까지 최단 거리로 가는 경우의 수를 구하여라.

01

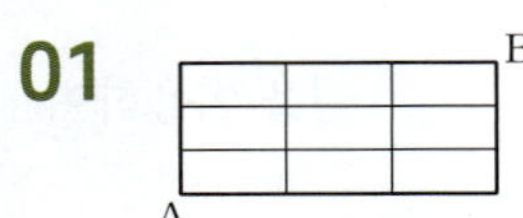

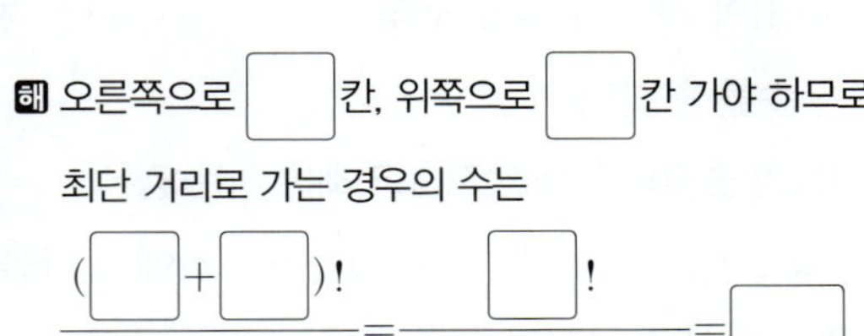

해 오른쪽으로 ☐칸, 위쪽으로 ☐칸 가야 하므로
최단 거리로 가는 경우의 수는
(☐+☐)! / ☐!×☐! = ☐! / ☐!×☐! = ☐

02

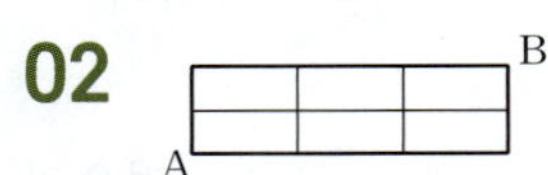

03

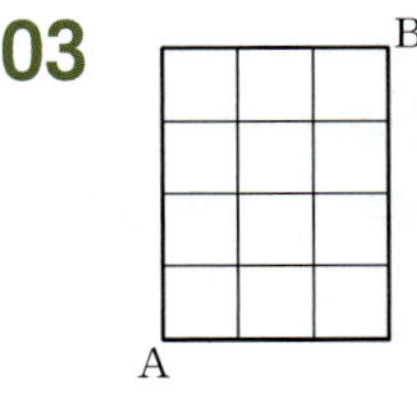

04

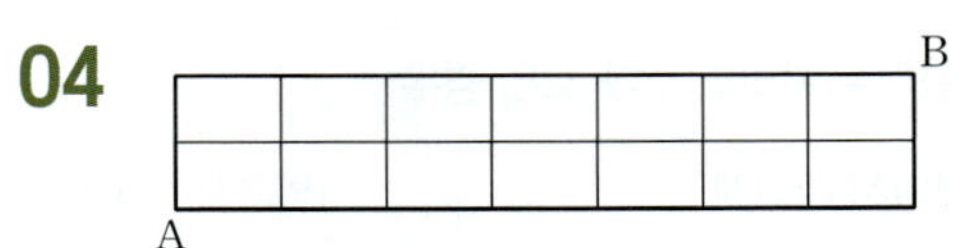

유형 27 P지점을 거쳐 가는 최단 거리

[05-08] 다음 각 그림에서 A지점에서 P지점을 거쳐 B지점까지 최단 거리로 가는 경우의 수를 구하여라.

05

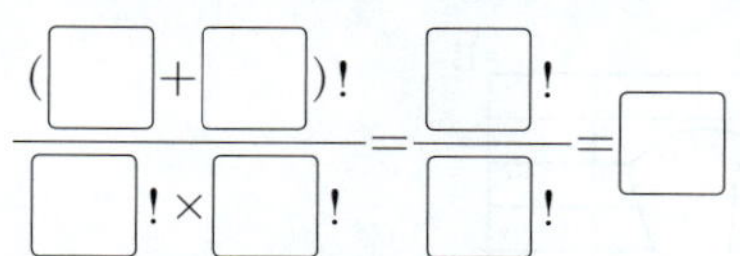

해 (i) A지점에서 P지점까지 최단 거리로 가는 경우의 수

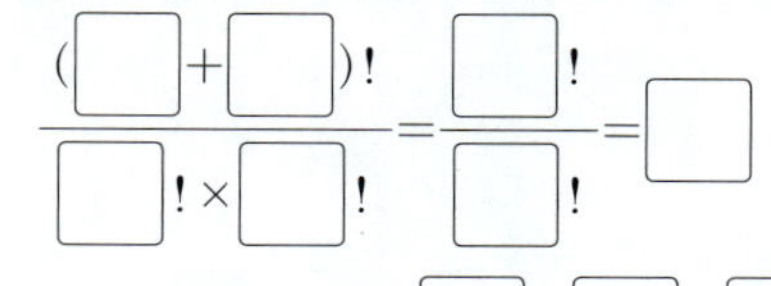

(ii) P지점에서 B지점까지 최단 거리로 가는 경우의 수

$$\frac{(\square+\square)!}{\square!\times\square!}=\frac{\square!}{\square!}=\square$$

∴ (구하는 경우의 수)$=\square\times\square=\square$

06

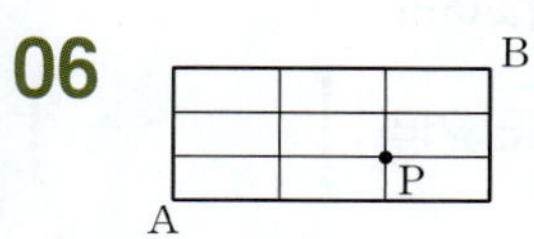

07

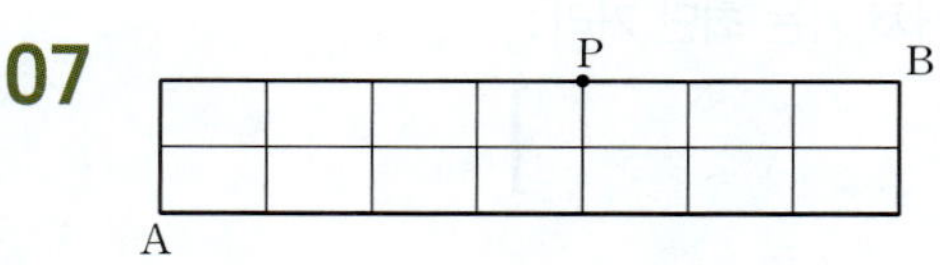

08

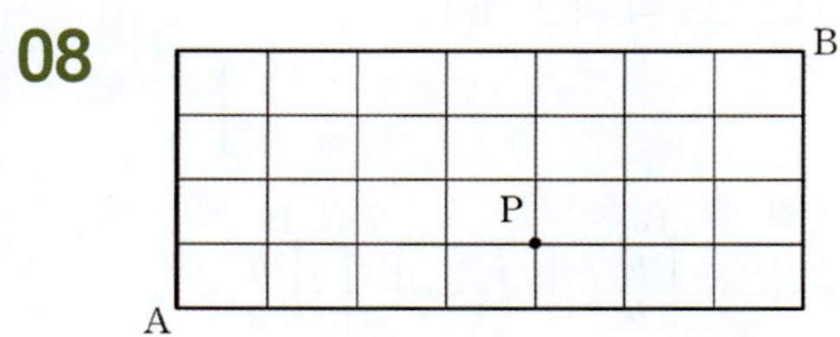

09 오른쪽 그림과 같은 도로망이 있을 때, A지점에서 P지점은 거치지 않고 Q지점은 거쳐 B지점까지 최단 거리로 가는 경우의 수를 구하여라.

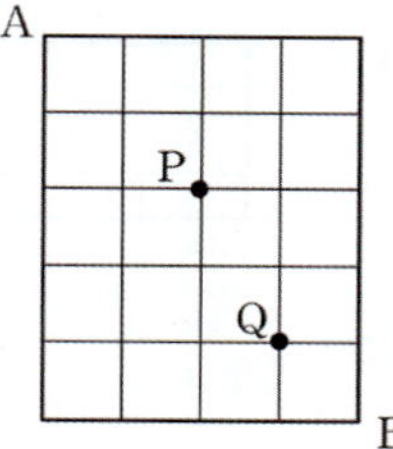

DAY 04

유형 28 장애물이 있는 경우의 최단 거리

[10-13] 다음 각 그림에서 A지점에서 B지점까지 최단 거리로 가는 경우의 수를 구하여라.

10

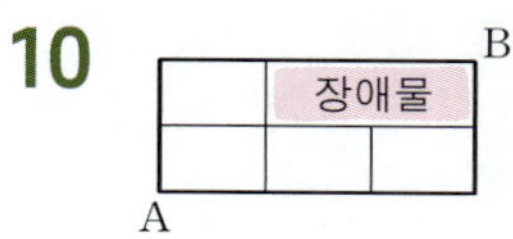

해 장애물을 피해 A지점에서 B지점까지 최단 거리로 가려면 다음의 두 지점 P_1, P_2를 거치는 두 가지 경우가 있다.

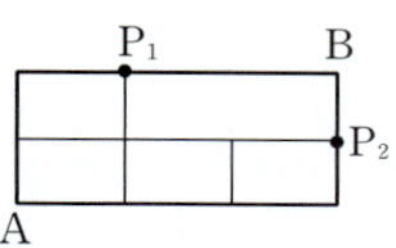

(i) P_1지점을 거쳐 최단 거리로 가는 경우의 수

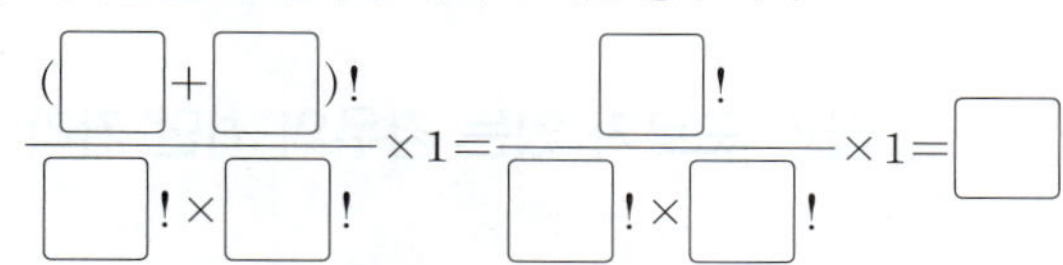

(ii) P_2지점을 거쳐 최단 거리로 가는 경우의 수

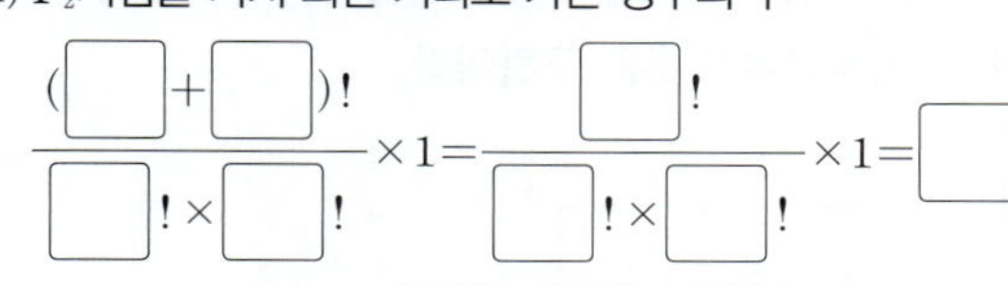

∴ (구하는 경우의 수)$=\square+\square=\square$

11

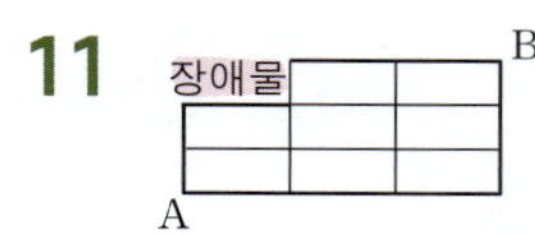

〈 정답과 해설 p. 24~25 〉

12

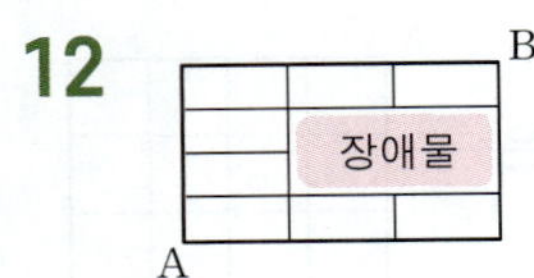

13

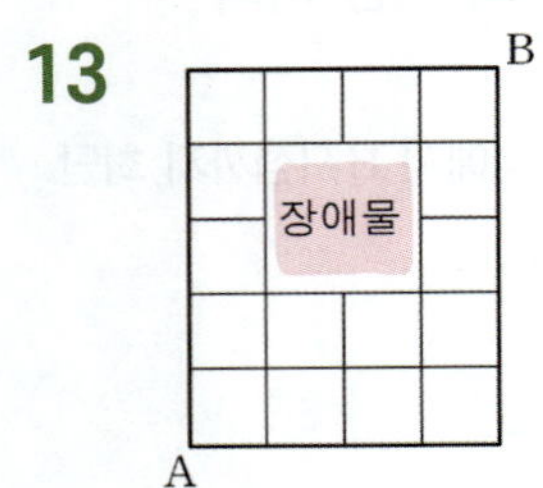

유형 29 끊긴 도로가 있는 경우의 최단 거리

[14-16] 다음 각 그림에서 A지점에서 B지점까지 최단 거리로 가는 경우의 수를 구하여라.

14

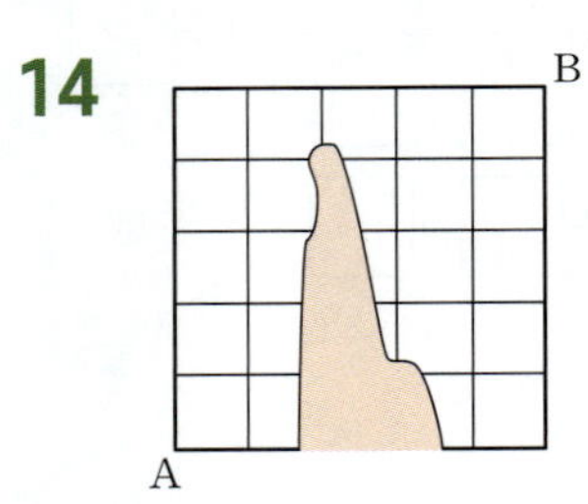

15

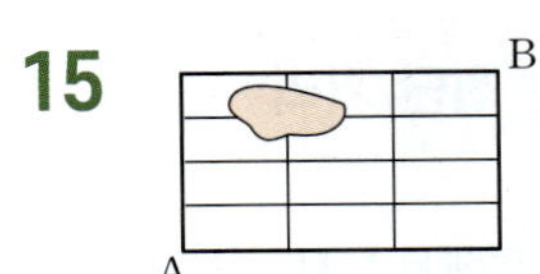

16

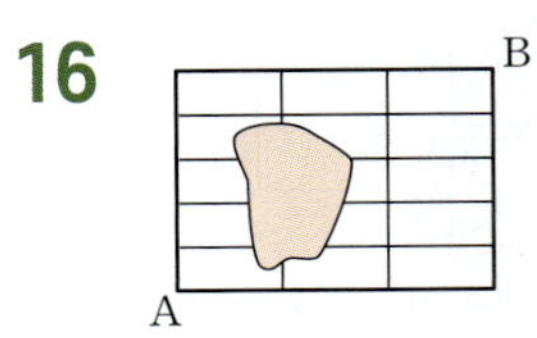

개념 체크

17 다음 빈칸에 알맞은 것을 써넣어라.

(1) A지점에서 B지점까지 가는 최단 거리 : [ ]

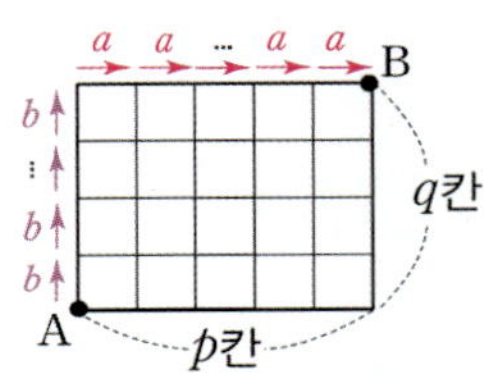

(2) P지점을 거쳐 가는 최단 거리 :

[ ]

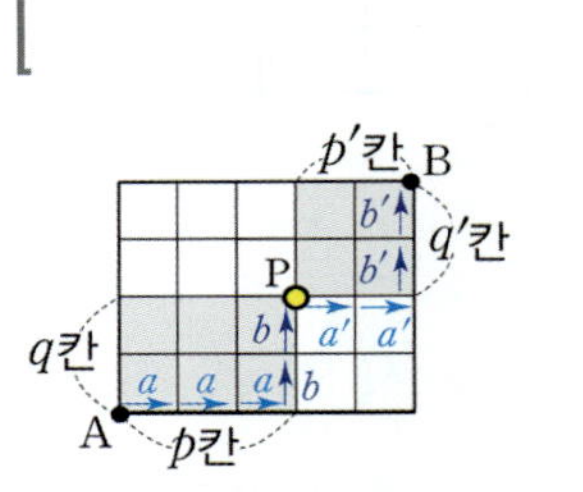

(3) 장애물이 있는 경우의 최단 거리 :

[ ]

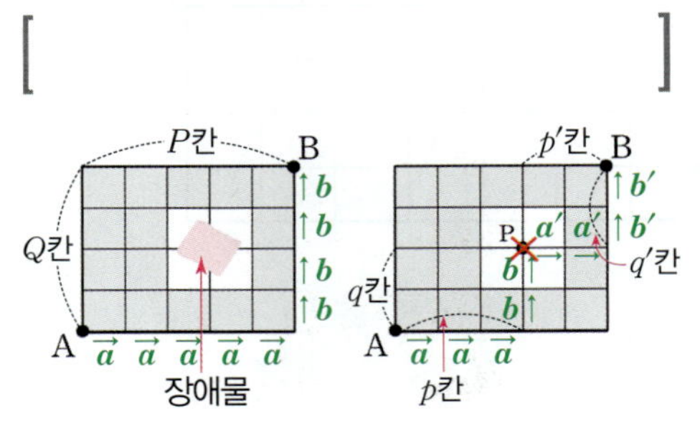

〈 정답과 해설 p. 25~26 〉

학교 시험 기본 문제 **단원 마무리 평가**

01 합의 법칙과 곱의 법칙 ~
15 같은 것이 있는 순열 - 최단 거리로 가는 경우의 수

DAY 05

01

${}_5\Pi_0+{}_6\Pi_2$의 값은?

① 36 ② 37 ③ 41 ④ 42 ⑤ 51

02

4명의 친구가 점심으로 먹을 음식을 고르려고 한다. 선택할 수 있는 음식은 김밥, 햄버거, 파스타의 3가지이며, 각 친구는 반드시 한 가지 음식을 선택해야 한다. 이때, 4명의 친구가 음식을 고르는 방법의 수는?

(단, 같은 음식을 여러 명이 선택해도 괜찮다.)

① 16 ② 27 ③ 64 ④ 81 ⑤ 96

03

3명의 주민이 1층에서 아파트 엘리베이터를 타고 올라갔다. 이들은 6층에서 9층까지 올라가는 동안 어느 한 층에서 내리며 9층에서는 엘리베이터에 남은 주민들이 모두 내린다고 한다. 이때, 내리는 모든 방법의 수는? (단, 중간에 타는 사람은 없으며 어느 한 층에서 모두 내릴 수도 있다.)

① 4 ② 16 ③ 32 ④ 64 ⑤ 128

04

오른쪽 그림과 같이 주머니 속에 0, 1, 2, 3이 각각 적혀 있는 공 4개가 들어 있다. 주머니에서 한 개의 공을 꺼내어 수를 읽고 다시 집어넣는 과정을 세 번 반복하여 만들어지는 세 자리의 자연수의 개수는?

① 40 ② 44 ③ 48 ④ 52 ⑤ 56

05

네 개의 숫자 3, 4, 5, 6 중에서 중복을 허용하여 4개를 뽑아 만들 수 있는 네 자리 자연수 중에서 4500보다 큰 수의 개수는?

① 160 ② 176 ③ 192 ④ 208 ⑤ 224

06

세 개의 숫자 1, 2, 3 중에서 중복을 허용하여 4개를 뽑아 네 자리 자연수를 만들 때, 1과 2가 모두 포함되어 있는 자연수의 개수를 구하여라.

07

두 집합 $X=\{1, 2, 3, 4\}$, $Y=\{6, 7, 8\}$에 대하여 X에서 Y로의 함수 f가 $f(3)=6$을 만족시킬 때, 함수 f의 개수는?

① 9 ② 18 ③ 27 ④ 36 ⑤ 45

08 계산 조심

두 집합 $X=\{1, 2, 3\}$, $Y=\{a, b, c\}$에 대하여 X에서 Y로의 모든 함수의 개수를 α, X에서 Y로의 모든 일대일대응의 개수를 β라 할 때, $\alpha+\beta$의 값은?

① 27 ② 29 ③ 31 ④ 33 ⑤ 35

〈 정답과 해설 p. 26~27 〉

09

어느 성에는 파란 깃발 5개와 흰 깃발 5개, 총 10개의 깃발이 있다. 이 중에서 깃발 5개를 선택한 뒤, 정해진 순서대로 게양하여 성의 상태를 나타낸다고 할 때, 가능한 성의 상태의 총 경우의 수는?

① 4　② 16　③ 32　④ 64　⑤ 128

파란 깃발은 B(Blue), 흰 깃발은 W(White)로 놓고 생각하면 BBWWB도 성의 상태를 나타낼 수 있다.

10

그림과 같이 5개의 전구가 일렬로 장치된 신호판이 있다. 이 전구의 켜짐과 꺼짐으로 어떤 신호를 만든다고 할 때, 최대 몇 가지의 신호를 만들 수 있는지 구하여라.

(단, 모두 꺼진 것은 신호에서 제외한다.)

11

두 문자 x, y를 1개 이상 3개 이하로 사용하여 만들 수 있는 서로 다른 신호의 개수는?

① 14　② 16　③ 18　④ 20　⑤ 24

12 생각 더하기

전체집합 $S=\{1, 2, 3, 4, 5, 6, 7\}$의 두 부분집합 A, B에 대하여 $A-B=\{3, 6\}$, $n(A\cup B)=5$가 성립하도록 하는 두 집합 A, B의 순서쌍 (A, B)의 개수는?

① 65　② 70　③ 75　④ 80　⑤ 85

13

success의 7개 문자를 일렬로 나열하는 방법의 수는?

① 360　② 420　③ 480　④ 540　⑤ 600

14

체육대회 응원 구호를 만들기 위해 8글자의 구호를 만들려고 한다. 준비된 알파벳 스티커는 A 스티커 2장, B 스티커 4장, C 스티커 2장이다. 이 스티커들을 모두 사용하여 만들 수 있는 서로 다른 응원 구호의 개수는?

① 380　② 420　③ 480　④ 540　⑤ 600

15

A, B, C, D, E, F의 6명을 일렬로 세울 때, A, D, F의 3명만 F, D, A의 순서대로 서게 되는 방법의 수는?

① 120　② 240　③ 360　④ 600　⑤ 720

16 생각 더하기

7장의 카드 ♣ ♣ ♣ ♠ ♠ ♥ ◆ 를 일렬로 배열할 때, 같은 모양의 카드는 이웃하지 않도록 배열하는 방법의 수는?

① 94　② 96　③ 98　④ 100　⑤ 102

17

다섯 개의 숫자 2, 2, 3, 3, 5를 모두 사용하여 만들 수 있는 다섯 자리의 정수의 개수는?

① 30 ② 35 ③ 40 ④ 45 ⑤ 50

18

여섯 개의 숫자 0, 3, 3, 5, 5, 5를 모두 사용하여 만들 수 있는 여섯 자리 자연수의 개수는?

① 44 ② 50 ③ 56 ④ 62 ⑤ 68

19 생각 더하기

0부터 9까지의 정수를 이용하여 0220, 4344, 0070과 같은 두 종류의 숫자로만 된 네 자릿수의 비밀번호를 만들려고 한다. 이때, 만들 수 있는 비밀번호는 모두 몇 개인지 구하여라.

20

여섯 개의 숫자 1, 2, 3, 3, 4, 5를 일렬로 배열하여 6자리의 정수를 만들 때, 4의 약수가 짝수 번째에 오는 경우의 수는?

① 16 ② 18 ③ 20 ④ 22 ⑤ 24

21

오른쪽 그림과 같은 도로망이 있다. A지점에서 P지점을 거쳐 B지점까지 최단 거리로 가는 경우의 수는?

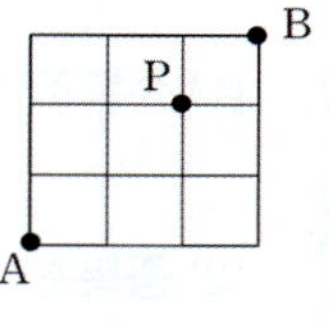

① 10 ② 12 ③ 14 ④ 16 ⑤ 18

22

오른쪽 그림과 같은 도로망이 있다. A지점을 출발하여 C지점을 지나지 않고 B지점까지 최단 거리로 가는 경우의 수는?

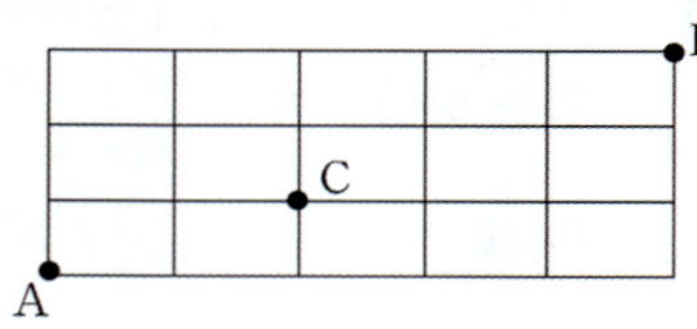

① 26 ② 28 ③ 30 ④ 32 ⑤ 34

23

오른쪽 그림과 같은 도로망이 있다. A지점에서 B지점까지 최단 거리로 가는 경우의 수는?

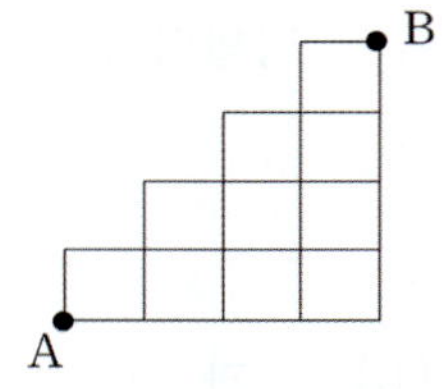

① 39 ② 40 ③ 41 ④ 42 ⑤ 43

24 생각 더하기

오른쪽 그림과 같은 도로망이 있다. A지점에서 B지점까지 최단 거리로 가는 경우의 수는?

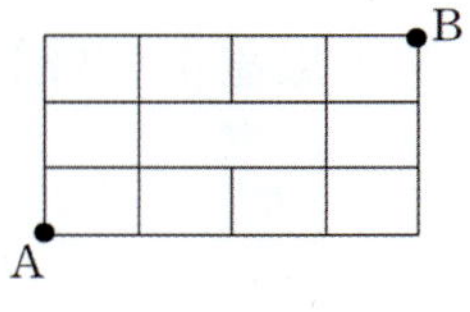

① 24 ② 26 ③ 28 ④ 30 ⑤ 32

〈 정답과 해설 p. 27~29 〉

16 중복조합의 뜻

서로 다른 n개에서 순서를 생각하지 않고 r개를 택하는 것을 n개에서 r개를 택하는 조합!

(1) **중복조합**: 서로 다른 n개에서 중복을 허용하여 r개를 택하는 조합을 서로 다른 n개에서 r개를 택하는 **중복조합**이라 한다.

(2) **중복조합의 수**: 중복조합의 가짓수 기호 ${}_{n}\mathrm{H}_{r}$ 읽기 **n 에이치 r**

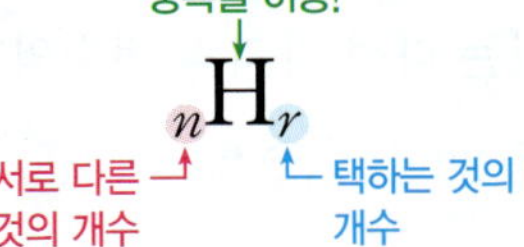

유형 30 중복조합의 기호 표현

[01-05] 다음을 중복조합 기호로 나타내어라.

01 ㈎, ㈏, ㈐ 중에서 중복을 허용하여 2개를 뽑는 방법의 수

답 ${}_{3}\mathrm{H}_{\square}$

02 1, 2, 3 중에서 중복을 허용하여 3개를 뽑는 방법의 수

03 a, b, c, d 중에서 중복을 허용하여 2개를 뽑는 방법의 수

04 사과, 귤, 배, 감, 딸기 중에서 중복을 허용하여 3개를 뽑는 방법의 수

05 3명의 학생에게 똑같은 볼펜 5자루를 나누어 주는 경우의 수 (단, 볼펜을 받지 못하는 학생이 있을 수 있다.)

어떤 것을 n으로 놓을지, 어떤 것을 r로 놓을지 파악이 어렵다면 서로 구분을 할 수 없는 것(서로 같은 종류)의 개수를 r로 놓으면 된다.

[06-11] 다음을 기호 ${}_{n}\mathrm{H}_{r}$로 나타내어라.

06 서로 다른 3개에서 5개를 택하는 중복조합의 수

답 ${}_{\square}\mathrm{H}_{5}$

07 서로 다른 4개에서 2개를 택하는 중복조합의 수

08 서로 다른 7개에서 10개를 택하는 중복조합의 수

09 서로 다른 4개에서 5개를 택하는 중복조합의 수

10 서로 다른 4개에서 6개를 택하는 중복조합의 수

${}_{n}\mathrm{H}_{r}$에서 중복을 허용하므로 $r>n$일 수도 있다.

11 서로 다른 3개에서 7개를 택하는 중복조합의 수

개념 체크

12 다음 빈칸에 알맞은 것을 써넣어라.

(1) [ ]: 서로 다른 n개에서 중복을 허용하여 r개를 택하는 조합을 서로 다른 n개에서 r개를 택하는 중복조합이라 한다.

(2) 중복조합의 수: 중복조합의 가짓수

기호 [ ] 읽기 [ ]

〈정답과 해설 p. 29〉

17 중복조합의 수

✪ 서로 다른 n개에서 r개를 택하는 중복조합의 수 : ${}_{n}\mathrm{H}_{r}={}_{n+r-1}\mathrm{C}_{r}$

예 서로 다른 3개에서 2개를 택하는 중복조합의 수는 ${}_{3}\mathrm{H}_{2}={}_{3+2-1}\mathrm{C}_{2}={}_{4}\mathrm{C}_{2}=\dfrac{4\times3}{2\times1}=6$

DAY 06

유형 31 중복조합의 계산

[01-05] 다음을 계산하여라.

01 ${}_{4}\mathrm{H}_{0}$

02 ${}_{3}\mathrm{H}_{2}$

03 ${}_{2}\mathrm{H}_{4}$

해 ${}_{2}\mathrm{H}_{4}={}_{2+4-1}\mathrm{C}_{4}={}_{\square}\mathrm{C}_{4}={}_{\square}\mathrm{C}_{1}=\square$

04 ${}_{5}\mathrm{H}_{5}$

05 ${}_{6}\mathrm{H}_{3}$

[06-10] 다음 등식을 만족시키는 자연수 n 또는 r의 값을 구하여라.

06 ${}_{n}\mathrm{H}_{2}=36$

07 ${}_{n}\mathrm{H}_{4}=15$

08 ${}_{5}\mathrm{H}_{3}={}_{n}\mathrm{C}_{3}$

09 ${}_{n}\mathrm{H}_{4}={}_{9}\mathrm{C}_{5}$

10 ${}_{n}\mathrm{H}_{6}={}_{10}\mathrm{C}_{4}$

〈 정답과 해설 p. 29~30 〉

유형 32 중복조합을 이용한 경우의 수

[11-16] 다음 경우의 수를 구하여라.

11 같은 종류의 연필 2자루를 5명의 학생에게 나누어 주는 경우의 수

해 같은 종류의 연필 2자루를 5명의 학생에게 나누어 주는 경우의 수는 서로 다른 5명의 학생 중 중복을 허용하여 2명을 택하는 경우의 수와 같으므로

${}_{5}\mathrm{H}_{\square}={}_{5+\square-1}\mathrm{C}_{\square}={}_{\square}\mathrm{C}_{\square}=\square$

12 학생 3명에게 같은 종류의 음료수 7개를 나누어 주는 방법의 수

13 1, 2, 3, 4에서 중복을 허용하여 2개의 수를 택하는 방법의 수

14 사과, 배, 감을 파는 과일 가게에서 8개의 과일을 사는 방법의 수

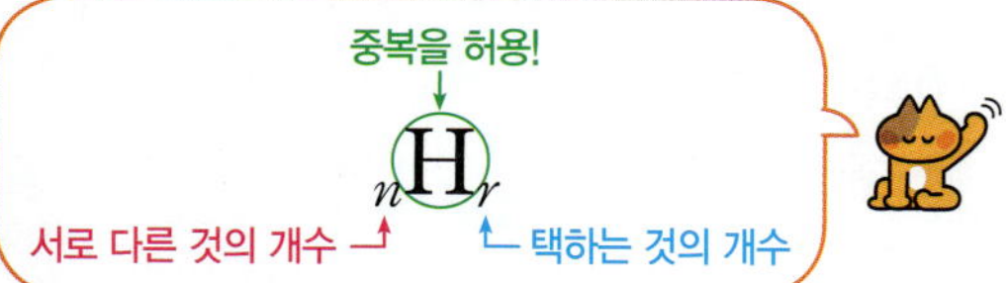

15 같은 금액의 상품권 10장을 4명의 학생에게 나누어 주는 경우의 수 (단, 상품권을 받지 못하는 학생이 있을 수 있다.)

16 3개의 수 11, 13, 15에서 중복을 허용하여 20개를 택하는 경우의 수

[17-19] 다음 경우의 수를 구하여라.

17 2명의 후보가 출마한 선거에서 10명의 선거인이 1명의 후보에게 각각 무기명으로 투표하는 경우의 수 (단, 기권이나 무효표는 없다.)

해 무기명 투표는 선거인이 어느 후보에게 투표를 하였는지 밝히지 않는 경우이므로 선거인이 어느 후보를 뽑았는지 구분이 되지 않는다. 즉, 2명의 후보에게 10명의 선거인이 각각 무기명으로 투표하는 경우의 수는 서로 다른 2명의 후보에서 중복을 (허용하여 , 허용하지 않고) 10명을 택하는 경우의 수와 같으므로

${}_{2}\mathrm{H}_{\square}={}_{2+\square-1}\mathrm{C}_{\square}={}_{\square}\mathrm{C}_{1}=\square$

무기명 투표에 대한 문제가 나오면 중복조합을 이용한다.

18 3명의 후보가 출마한 선거에서 12명의 선거인이 1명의 후보에게 각각 무기명으로 투표하는 경우의 수 (단, 기권이나 무효표는 없다.)

19 3명의 후보가 출마한 선거에서 13명의 선거인이 1명의 후보에게 각각 무기명으로 투표하는 경우의 수 (단, 기권이나 무효표는 없다.)

[20-23] 다음 경우의 수를 구하여라.

20 같은 종류의 초콜릿 7개를 서로 다른 4개의 접시에 나누어 담는 경우의 수

(단, 빈 접시가 있을 수 있다.)

어떤 것을 n으로 어떤 것을 r로 놓을지 어렵다면 서로 구분할 수 없는 것(서로 같은 종류)의 개수를 r로 놓으면 된다.

21 같은 종류의 초콜릿 8개를 서로 다른 4개의 접시에 나누어 담는 경우의 수

(단, 빈 접시가 있을 수 있다.)

22 같은 종류의 마시멜로 11개를 서로 다른 3개의 접시에 나누어 담는 경우의 수

(단, 빈 접시가 있을 수 있다.)

23 같은 종류의 쿠키 14개를 서로 다른 2개의 접시에 나누어 담는 경우의 수

(단, 빈 접시가 있을 수 있다.)

[24-26] 다음 경우의 수를 구하여라.

24 빨간색 볼펜 5자루와 파란색 볼펜 2자루를 3명의 학생에게 남김없이 나누어 주는 경우의 수 (단, 같은색 볼펜끼리는 서로 구별하지 않고, 볼펜을 1자루도 받지 못하는 학생이 있을 수 있다.)

해 빨간색 볼펜 5자루를 3명의 학생에게 나누어 주는 경우의 수는

$\square H_5 = {}_{\square+5-1}C_5 = {}_{\square}C_5 = {}_{\square}C_2$

$= \dfrac{\square \times \square}{2 \times 1} = \square$

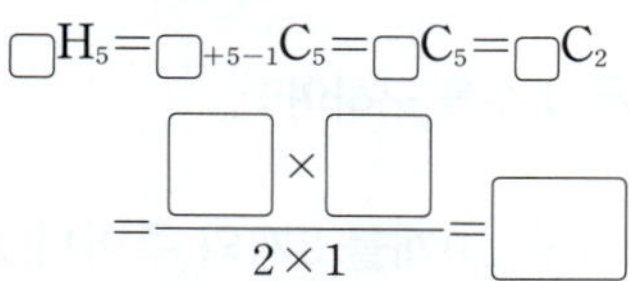

파란색 볼펜 2자루를 3명의 학생에게 나누어 주는 경우의 수는

$\square H_2 = {}_{\square+2-1}C_2 = {}_{\square}C_2 = \dfrac{\square \times \square}{2 \times 1} = \square$

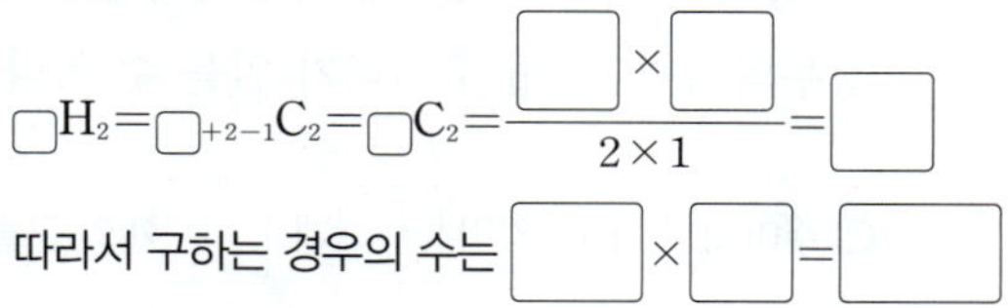

따라서 구하는 경우의 수는 $\square \times \square = \square$

25 같은 종류의 사탕 3개와 같은 종류의 젤리 4개를 2명의 학생에게 남김없이 나누어 주는 경우의 수 (단, 같은 종류의 간식끼리는 서로 구별하지 않고, 간식을 1개도 받지 못하는 학생이 있을 수 있다.)

26 같은 종류의 공책 4권과 같은 종류의 볼펜 4자루를 4명의 학생에게 남김없이 나누어 주는 경우의 수 (단, 같은 종류의 물품끼리는 서로 구별하지 않고, 물품을 1개도 받지 못하는 학생이 있을 수 있다.)

개념 체크

27 **다음 빈칸에 알맞은 것을 써넣어라.**

- 중복조합의 수

서로 다른 n개에서 r개를 택하는 중복조합의 수는

[ ]=[ ]

〈정답과 해설 p. 30~31〉

18 중복조합의 수 – 조건이 주어질 때

일정 개수 이상 포함하는 조건

일정 개수만큼 먼저 택하였다고 생각하고 나머지 개수만큼 택하는 중복조합의 수를 구한다.

적어도 ~개를 포함하는 조건

적어도 ~개만큼 먼저 택하였다고 생각하고 나머지 개수만큼 택하는 중복조합의 수를 구한다.

유형 33 일정 개수 이상 포함하는 중복조합의 수

[01-03] 다음 경우의 수를 구하여라.

01 같은 종류의 구슬 10개를 3개의 주머니 A, B, C에 나누어 담으려고 할 때, 주머니 A에는 3개 이상, 주머니 B에는 2개 이상의 구슬을 담는 경우의 수 (단, 빈 주머니가 있을 수 있다.)

해 주머니 A, B에 각각 ☐개, ☐개의 구슬을 먼저 담고, 나머지 10−☐−☐=☐(개)의 구슬을 나누어 담으면 된다.
즉, 구하는 경우의 수는 서로 다른 3개의 주머니에 같은 종류의 구슬 ☐개를 나누어 담는 경우의 수와 같다.
따라서 이는 서로 다른 3개의 주머니에서 중복을 (허용하여 , 허용하지 않고) ☐개를 택하는 경우의 수이므로
${}_3H_{\square}={}_{3+\square-1}C_{\square}={}_{\square}C_{\square}=\square$

02 같은 종류의 사탕 15개를 5개의 그릇 A, B, C, D, E에 나누어 담으려고 할 때, 그릇 C와 E에 각각 6개 이상의 사탕을 담는 경우의 수
(단, 빈 그릇이 있을 수 있다.)

03 흰 국화, 노란 국화, 분홍 국화, 주황 국화가 각각 17송이씩 들어 있는 바구니에서 17송이의 국화를 꺼내어 꽃다발을 만들려고 할 때, 각 색깔의 국화를 적어도 3송이씩 포함하는 경우의 수

유형 34 중복조합을 이용한 경우의 수

[04-06] 다음 경우의 수를 구하여라.

04 같은 종류의 초콜릿 7개를 서로 다른 4개의 접시에 적어도 1개씩 나누어 담는 경우의 수

해 모든 접시에 먼저 초콜릿 ☐개씩 나누어 담은 후 접시 4개에 남은 초콜릿 7−☐=☐(개)를 중복을 (허용하여 , 허용하지 않고) 나누어 주는 것과 같으므로 ${}_4H_{\square}={}_{4+\square-1}C_{\square}={}_{\square}C_{\square}=\square$

05 같은 종류의 음료수 9개를 학생 4명에게 적어도 한 개씩 나누어 주는 방법의 수

06 각각 같은 종류의 딸기 우유, 바나나 우유, 커피 우유 중에서 17개의 우유를 사려고 할 때, 각 종류의 우유를 적어도 2개씩 사는 경우의 수
(단, 각 종류의 우유는 17개 이상씩 있다.)

개념 체크

07 다음 빈칸에 알맞은 것을 써넣어라.

(1) 일정 개수 이상 포함하는 조건
일정 개수만큼 [ ] 택하였다고 생각하고
[ ] 개수만큼 택하는 중복조합의 수를 구한다.

(2) 적어도 ~개를 포함하는 조건
적어도 ~개만큼 [ ] 택하였다고 생각하고
[ ] 개수만큼 택하는 중복조합의 수를 구한다.

< 정답과 해설 p. 31 >

19 중복조합의 수 – 전개식에서 항의 개수

★ $(x_1+x_2+x_3+\cdots+x_m)^n$의 전개식에서 서로 다른 항의 개수 : ${}_m\mathrm{H}_n$

예 $(x_1+x_2+x_3)^2$의 전개식에서 서로 다른 항의 개수

$(x_1+x_2+x_3)^2=\underset{\text{(i)}}{(x_1+x_2+x_3)}\underset{\text{(ii)}}{(x_1+x_2+x_3)}$

(i)~(ii)의 2개의 인수에서 각각 x_1, x_2, x_3 중 한 개를 택하여 곱한 것이다.

따라서 구하는 서로 다른 항의 개수는 서로 다른 3개에서 중복을 허용하여 2개를 택하는 경우의 수와 같으므로

${}_3\mathrm{H}_2={}_{3+2-1}\mathrm{C}_2={}_4\mathrm{C}_2=\dfrac{4\times3}{2\times1}=6$

예 $(x_1+x_2)^3$의 전개식에서 서로 다른 항의 개수

$(x_1+x_2)^3=\underset{\text{(i)}}{(x_1+x_2)}\underset{\text{(ii)}}{(x_1+x_2)}\underset{\text{(iii)}}{(x_1+x_2)}$

(i)~(iii)의 3개의 인수에서 각각 x_1, x_2 중 한 개를 택하여 곱한 것이다.

따라서 구하는 서로 다른 항의 개수는 서로 다른 2개에서 중복을 허용하여 3개를 택하는 경우의 수와 같으므로

${}_2\mathrm{H}_3={}_{2+3-1}\mathrm{C}_3={}_4\mathrm{C}_3={}_4\mathrm{C}_1=4$

DAY 07

유형 35 전개식에서 항의 개수

[01-04] 다음 경우의 수를 구하여라.

01 $(x_1+x_2+x_3+x_4+x_5)^3$을 전개할 때 생기는 서로 다른 항의 개수

해 $(x_1+x_2+\cdots+x_5)^3$

$=\underset{\text{(i)}}{(x_1+x_2+\cdots+x_5)}\underset{\text{(ii)}}{(x_1+x_2+\cdots+x_5)}\underset{\text{(iii)}}{(x_1+x_2+\cdots+x_5)}$

(i)~(iii)의 ☐개의 인수에서 각각 x_1, x_2, x_3, x_4, x_5 중 한 개를 택하여 곱한 것이므로 구하는 경우의 수는

${}_{\square}\mathrm{H}_3={}_{\square+3-1}\mathrm{C}_3={}_{\square}\mathrm{C}_3=\square$

02 $(x_1+x_2+x_3+x_4)^3$을 전개할 때 생기는 서로 다른 항의 개수

03 $(x_1+x_2+x_3+\cdots+x_6)^2$을 전개할 때 생기는 서로 다른 항의 개수

04 $(x_1+x_2+x_3+\cdots+x_{12})^2$을 전개할 때 생기는 서로 다른 항의 개수

[05-08] 다음을 구하여라.

05 $(a+b)^2$을 전개할 때 생기는 서로 다른 항의 개수

06 $(a+b)^3$을 전개할 때 생기는 서로 다른 항의 개수

07 $(a+b+c)^2$을 전개할 때 생기는 서로 다른 항의 개수

08 $(x+y+z)^4$을 전개할 때 생기는 서로 다른 항의 개수

개념 체크

09 다음 빈칸에 알맞은 것을 써넣어라.

$(x_1+x_2+x_3+\cdots+x_m)^n$의 전개식에서 서로 다른 항의 개수 : [　　　]

〈 정답과 해설 p. 32 〉

20 중복조합의 수 – 대소가 정해진 경우

✪ 두 자연수 m, $n(m<n)$에 대하여 $m \le a \le b \le c \le d \le n$을 만족시키는 자연수 a, b, c, d의 순서쌍 (a, b, c, d)의 개수 : ${}_{n-m+1}\mathrm{H}_4$

예 $1 \le a \le b \le c \le d \le 5$를 만족시키는 자연수 a, b, c, d의 순서쌍 (a, b, c, d)의 개수

(i) $1 \le a \le b \le c \le d \le 5$를 만족시키는 자연수 a, b, c, d의 값은 1, 2, 3, 4, 5의 5개의 자연수에서 중복을 허용하여 4개를 택하여 크기가 작거나 같은 것부터 순서대로 대응시키면 된다.

(ii) 따라서 구하는 순서쌍 (a, b, c, d)의 개수는 서로 다른 5개에서 중복을 허용하여 4개를 택하는 경우의 수와 같으므로

$${}_5\mathrm{H}_4 = {}_{5+4-1}\mathrm{C}_4 = {}_8\mathrm{C}_4 = \frac{8 \times 7 \times 6 \times 5}{4 \times 3 \times 2 \times 1} = 70$$

예 $1 \le a \le b \le c \le 5$를 만족시키는 자연수 a, b, c의 순서쌍 (a, b, c)의 개수

(i) $1 \le a \le b \le c \le 5$를 만족시키는 자연수 a, b, c의 값은 1, 2, 3, 4, 5의 5개의 자연수에서 중복을 허용하여 3개를 택하여 크기가 작거나 같은 것부터 순서대로 대응시키면 된다.

(ii) 따라서 구하는 순서쌍 (a, b, c)의 개수는 서로 다른 5개에서 중복을 허용하여 3개를 택하는 경우의 수와 같으므로

$${}_5\mathrm{H}_3 = {}_{5+3-1}\mathrm{C}_3 = {}_7\mathrm{C}_3 = \frac{7 \times 6 \times 5}{3 \times 2 \times 1} = 35$$

유형 36 대소가 정해진 경우

[01-05] 다음 조건을 만족시키는 자연수에 대하여 [ ] 안의 순서쌍의 개수를 구하여라.

01 $1 \le a \le b \le c \le d \le 3$

[순서쌍 (a, b, c, d)의 개수]

해 $1 \le a \le b \le c \le d \le 3$을 만족시키는 자연수 a, b, c, d의 값은 □, □, □의 □개의 자연수에서 중복을 (허용하여 , 허용하지 않고) □개를 택하여 크기가 작거나 같은 것부터 순서대로 대응시키면 된다.

$\therefore$ □H_4=□$_{+4-1}\mathrm{C}_4$=□C_4=□C□=□

02 $3 \le a \le b \le c \le d \le 9$

[순서쌍 (a, b, c, d)의 개수]

03 $8 \le a \le b \le c \le d \le 11$

[순서쌍 (a, b, c, d)의 개수]

04 $10 \le a \le b \le c \le d \le 11$

[순서쌍 (a, b, c, d)의 개수]

05 $13 \le a \le b \le c \le d \le 16$

[순서쌍 (a, b, c, d)의 개수]

[06-08] 다음 조건을 만족시키는 자연수에 대하여 [ ] 안의 순서쌍의 개수를 구하여라.

06 $4 \le a \le b \le c \le 8$

[순서쌍 (a, b, c)의 개수]

07 $11 \le a \le b \le c \le 14$

[순서쌍 (a, b, c)의 개수]

08 $23 \le a \le b \le c \le 25$

[순서쌍 (a, b, c)의 개수]

[09-11] 다음 조건을 만족시키는 자연수에 대하여 [ ] 안의 순서쌍의 개수를 구하여라.

09 $1 \le a \le b \le 4 \le c \le d \le 7$

[순서쌍 (a, b, c, d)의 개수]

해 $1 \le a \le b \le 4$를 만족시키는 자연수 a, b의 값을 정하는 경우의 수는 $\square H_2 = {}_{\square+2-1}C_2 = {}_{\square}C_2 = \square$

$4 \le c \le d \le 7$을 만족시키는 자연수 c, d의 값을 정하는 경우의 수는 $\square H_2 = {}_{\square+2-1}C_2 = {}_{\square}C_2 = \square$

따라서 구하는 순서쌍 (a, b, c, d)의 개수는

$\square \times \square = \square$

10 $1 \le a \le b \le 6 \le c \le d \le 11$

[순서쌍 (a, b, c, d)의 개수]

11 $4 \le a \le b \le c \le 5 \le d \le e \le 12$

[순서쌍 (a, b, c, d, e)의 개수]

개념 체크

12 다음 빈칸에 알맞은 것을 써넣어라.

• 두 자연수 $m, n (m < n)$에 대하여 $m \le a \le b \le c \le d \le n$을 만족시키는 자연수 a, b, c, d의 순서쌍 (a, b, c, d)의 개수 : [ ]

〈 정답과 해설 p. 32~33 〉

21 중복조합의 수 – 방정식의 해의 개수

★ 방정식 $x_1+x_2+x_3+\cdots+x_n=r$ (n, r은 자연수)에 대하여 해의 개수는 다음과 같다.

음이 아닌 정수인 해의 개수

$${}_n\mathrm{H}_r$$

예 방정식 $x+y+z=4$의 음이 아닌 정수인 해 중의 한 해인 $x=2$, $y=1$, $z=1$을 2개의 x, 1개의 y, 1개의 z와 같이 생각하면 구하는 해의 개수는 3개의 문자 x, y, z에서 중복을 허용하여 4개를 택하는 경우의 수와 같으므로

${}_3\mathrm{H}_4={}_{3+4-1}\mathrm{C}_4$

$={}_6\mathrm{C}_4={}_6\mathrm{C}_2$

$=\dfrac{6\times5}{2\times1}=15$

자연수인 해의 개수

$${}_n\mathrm{H}_{r-n} \text{ (단, } n\le r\text{)}$$

예 방정식 $x+y+z=4$ ⋯ ㉠ 의 자연수인 해에 대하여
x, y, z가 자연수이면 $x\ge1$, $y\ge1$, $z\ge1$ 즉,
$x-1\ge0$, $y-1\ge0$, $z-1\ge0$은 모두 음이 아닌 정수이다.
$x-1=x'$, $y-1=y'$, $z-1=z'$이라 하면
$x=x'+1$, $y=y'+1$, $z=z'+1$이다.
이를 방정식 ㉠에 대입하면
$(x'+1)+(y'+1)+(z'+1)=4 \quad \therefore x'+y'+z'=1$
x', y', z'이 모두 음이 아닌 정수이므로 구하는 해의 개수는 3개의 문자 x', y', z'에서 중복을 허용하여 1개를 택하는 경우의 수와 같으므로
${}_3\mathrm{H}_1={}_{3+1-1}\mathrm{C}_1={}_3\mathrm{C}_1=3$

유형 37 음이 아닌 정수인 해의 개수

[01-06] 다음을 구하여라.

01 방정식 $x_1+x_2+x_3+\cdots+x_7=2$를 만족시키는 음이 아닌 정수인 해의 개수

해 $_{\square}\mathrm{H}_2={}_{\square+2-1}\mathrm{C}_2={}_{\square}\mathrm{C}_2=\square$

02 방정식 $x_1+x_2+x_3+\cdots+x_8=3$을 만족시키는 음이 아닌 정수인 해의 개수

03 방정식 $x+y+z=5$를 만족시키는 음이 아닌 정수인 해의 개수

04 방정식 $x+y+z=8$을 만족시키는 음이 아닌 정수인 해의 개수

05 방정식 $x+y+z+w=9$를 만족시키는 음이 아닌 정수인 해의 개수

06 방정식 $x+y+z+w=10$을 만족시키는 음이 아닌 정수인 해의 개수

유형 38 자연수인 해의 개수

[07-09] 방정식 $x_1+x_2+\cdots+x_n=r$을 만족시키는 자연수인 해 $(x_1, x_2, \cdots, x_n)$의 개수를 구하여라.
(단, n, r은 $n\le r$인 자연수)

07 $x_1+x_2+x_3+\cdots+x_7=10$

해 ${}_7\mathrm{H}_{\square}={}_{7+\square-1}\mathrm{C}_{\square}={}_{\square}\mathrm{C}_{\square}=\square=\square$

08 $x_1+x_2+x_3+\cdots+x_5=8$

09 $x_1+x_2+x_3+\cdots+x_6=9$

[10-13] 다음과 같은 방법으로 주어진 방정식을 만족시키는 자연수인 해의 개수를 구하여라.

10 방정식 $x_1+x_2+x_3+\cdots+x_7=9$를 만족시키는 자연수인 해의 개수

〈보기〉

방정식 $x_1+x_2+x_3+\cdots+x_7=9$를 만족시키는 자연수인 해의 개수는 $x_1=x_1'+\square$, $x_2=x_2'+\square$, $\cdots$, $x_7=x_7'+\square$이라 할 때, $x_1'+x_2'+\cdots+x_7'=\square$를 만족시키는 음이 아닌 정수인 해의 개수를 구하는 것과 같으므로 구하는 해의 개수는 ${}_{\square}\mathrm{H}_2={}_{\square+2-1}\mathrm{C}_2={}_{\square}\mathrm{C}_2=\square$

11 방정식 $x+y+z=8$을 만족시키는 자연수인 해의 개수

12 방정식 $x+y+z+w=9$를 만족시키는 자연수인 해의 개수

13 방정식 $x+y+z+w=10$을 만족시키는 자연수인 해의 개수

[14-17] 부등식을 만족시키는 정수에 대하여 [ ] 안의 순서쌍의 개수를 구하여라.

14 $3\le x+y+z\le 5$ [순서쌍 (x, y, z)]

해 (i) $x+y+z=3$을 만족시키는 순서쌍의 개수는

${}_3\mathrm{H}_{\square}={}_{3+\square-1}\mathrm{C}_{\square}={}_{\square}\mathrm{C}_{\square}={}_{\square}\mathrm{C}_{\square}=\square$

(ii) $x+y+z=\square$를 만족시키는 순서쌍의 개수는

${}_3\mathrm{H}_{\square}={}_{3+\square-1}\mathrm{C}_{\square}={}_{\square}\mathrm{C}_{\square}={}_{\square}\mathrm{C}_{\square}=\square$

(iii) $x+y+z=\square$를 만족시키는 순서쌍의 개수는

${}_3\mathrm{H}_{\square}={}_{3+\square-1}\mathrm{C}_{\square}={}_{\square}\mathrm{C}_{\square}={}_{\square}\mathrm{C}_{\square}=\square$

(i)~(iii)에 의하여 구하는 순서쌍 (x, y, z)의 개수는

$\square+\square+\square=\square$

15 $4\le x+y+z+w\le 6$ [순서쌍 (x, y, z, w)]

16 $x+y+z=10$, $x\ge 1$, $y\ge 1$, $z\ge 1$

[순서쌍 (x, y, z)]

해 $x=x'+\square$, $y=y'+\square$, $z=z'+\square$이라 하고, 방정식 $x+y+z=10$에 대입하여 정리하면

$x'+y'+z'=\square$ (단, x', y', z'은 음이 아닌 정수)

$\therefore$ ${}_3\mathrm{H}_{\square}={}_{3+\square-1}\mathrm{C}_{\square}={}_{\square}\mathrm{C}_{\square}={}_{\square}\mathrm{C}_{\square}=\square$

17 $x+y+z=9$, $x\ge -1$, $y\ge -2$, $z\ge -2$

[순서쌍 (x, y, z)]

개념 체크

18 **다음 빈칸에 알맞은 것을 써넣어라.**

방정식 $x_1+x_2+x_3+\cdots+x_n=r$ (n, r은 자연수)에 대하여 해의 개수는 다음과 같다.

(1) 음이 아닌 정수인 해의 개수 : [ ]

(2) 자연수인 해의 개수 : [ ] (단, $n\le r$)

〈정답과 해설 p. 33~34〉

22 중복조합의 수 – 함수의 개수

✪ 두 집합 X, Y의 원소의 개수가 각각 m, n이고, $f: X \longrightarrow Y$, $i \in X$, $j \in Y$일 때, 함수의 개수

$i < j$ 이면 $f(i) < f(j)$ 인 함수의 개수	$i < j$ 이면 $f(i) \le f(j)$ 인 함수의 개수
${}_n\mathrm{C}_m$ (단, $m \le n$) 집합 Y의 원소 n개에서 m개를 택하여 크기가 작은 것부터 순서대로 $f(1)$, $f(2)$, $\cdots$, $f(m)$에 대응시키는 조합의 수와 같다. 예 두 집합 $X=\{1, 2, 3, 4\}$, $Y=\{1, 2, 3, 4, 5\}$에 대하여 함수의 개수는 ${}_5\mathrm{C}_4={}_5\mathrm{C}_1=5$	${}_n\mathrm{H}_m$ 등호가 있으면 ${}_n\mathrm{H}_m$ 집합 Y의 원소 n개에서 중복을 허용하여 m개를 택하여 크기가 작거나 같은 것부터 순서대로 $f(1)$, $f(2)$, $\cdots$, $f(m)$에 대응시키는 중복조합의 수와 같다. 예 두 집합 $X=\{1, 2, 3, 4\}$, $Y=\{1, 2, 3, 4, 5\}$에 대하여 함수의 개수는 ${}_5\mathrm{H}_4={}_{5+4-1}\mathrm{C}_4={}_8\mathrm{C}_4=\frac{8\times7\times6\times5}{4\times3\times2\times1}=70$

유형 39 함수의 개수

[01-04] 두 집합 X, Y에 대하여 함수 $f: X \longrightarrow Y$, $i \in X$, $j \in Y$의 개수를 구하여라.

01 $X=\{1, 2, 3\}$, $Y=\{1, 2, 3, 4, 5\}$

1) $i<j$이면 $f(i)<f(j)$

2) $i<j$이면 $f(i)\le f(j)$

02 $X=\{1, 2\}$, $Y=\{1, 2, 3\}$

1) $i<j$이면 $f(i)<f(j)$

2) $i<j$이면 $f(i)\le f(j)$

03 $X=\{1, 2\}$, $Y=\{1, 2, 3, 4, 5, 6, 7\}$

1) $i<j$이면 $f(i)<f(j)$

2) $i<j$이면 $f(i)\le f(j)$

04 $X=\{1, 2, 3, 4\}$, $Y=\{1, 2, 3, 4, 5, 6\}$

1) $i<j$이면 $f(i)<f(j)$

2) $i<j$이면 $f(i)\le f(j)$

[05-08] 두 집합 X, Y에 대하여 함수 $f: X \longrightarrow Y$, $i \in X, j \in Y$의 개수를 구하여라.

05 $X=\{1, 2, 3\}, Y=\{1, 2, 3\}$

1) $i<j$이면 $f(i)<f(j)$

2) $i<j$이면 $f(i) \le f(j)$

06 $X=\{1, 2\}, Y=\{1, 2, 3, 4, 5\}$

1) $i<j$이면 $f(i)<f(j)$

2) $i<j$이면 $f(i) \le f(j)$

07 $X=\{1, 2, 3\}, Y=\{1, 2, 3, 4\}$

1) $i<j$이면 $f(i)>f(j)$

2) $i<j$이면 $f(i) \ge f(j)$

크기가 큰 것부터 순서대로 $f(1), f(2), \cdots, f(m)$에 대응시키는 것이다.

08 $X=\{1, 2, 3\}, Y=\{1, 2, 3, 4, 5, 6, 7\}$

1) $i<j$이면 $f(i)>f(j)$

2) $i<j$이면 $f(i) \ge f(j)$

[09-11] 다음을 구하여라.

09 집합 $A=\{1, 2, 3\}$에서 $B=\{1, 2, 3, 4\}$로의 함수 f 중에서 집합 A의 두 원소 x_1, x_2에 대하여 $x_1<x_2$이면 $f(x_1) \le f(x_2)$를 만족시키는 함수 f의 개수

10 집합 $A=\{1, 3, 5, 7\}$에서 $B=\{1, 2, 3, 4, 5\}$로의 함수 f 중에서 집합 A의 두 원소 x_1, x_2에 대하여 $x_1<x_2$이면 $f(x_1) \le f(x_2)$를 만족시키는 함수 f의 개수

11 집합 $A=\{1, 2, 3, 4, 5\}$에서 $B=\{1, 2, 3, 4\}$로의 함수 f 중에서 집합 A의 두 원소 x_1, x_2에 대하여 $x_1<x_2$이면 $f(x_1) \ge f(x_2)$를 만족시키는 함수 f의 개수

개념 체크

12 다음 빈칸에 알맞은 것을 써넣어라.

두 집합 X, Y의 원소의 개수가 각각 m, n이고, $f: X \longrightarrow Y$, $i \in X, j \in Y$일 때, 함수의 개수는 다음과 같다.

(1) $i<j$이면 $f(i)<f(j)$인 함수의 개수 : [　　　]
(단, $m \le n$)

(2) $i<j$이면 $f(i) \le f(j)$인 함수의 개수 : [　　　]

〈 정답과 해설 p. 34~35 〉

23 중복순열과 중복조합의 비교

✪ 다음 예시를 통하여 중복순열과 중복조합의 차이점을 꼭 알아두어야 한다.

예) 서로 다른 접시 A, B, C에 **초콜릿 4개 a, b, c, d**를 다음과 같이 나누어 담는 경우를 생각해 보자.

[그림 1]

A B C

[그림 2]

A B C

b, d

서로 다른 종류를 나누는 경우 – 중복순열 $_{n}\Pi_{r}=n^{r}$

(4개의 초콜릿이 서로 다른 종류인 경우)

[그림 1]과 [그림 2]는 각각의 접시에 담긴 초콜릿의 종류가 서로 다르므로 서로 다른 경우이다. 즉, 각각의 그릇에 담는 초콜릿의 개수가 같아도, 초콜릿의 종류에 따라 경우가 달라진다.
따라서 이는 순서를 생각하고 중복을 허용하는 것이므로 중복순열의 수에 의하여
$_{3}\Pi_{4}=3^{4}=81$

서로 같은 종류를 나누는 경우 – 중복조합 $_{n}H_{r}={}_{n+r-1}C_{r}$

(4개의 초콜릿이 서로 같은 종류인 경우)

[그림 1]과 [그림 2]는 각각의 접시에 담긴 초콜릿의 종류가 같으므로 모두 같은 경우이다. 즉, 각각의 그릇에 담는 초콜릿의 개수가 같으면 초콜릿의 종류가 같으므로 그 경우는 모두 같다.
따라서 이는 순서를 생각하지 않고 중복을 허용하는 것이므로 중복조합의 수에 의하여
$_{3}H_{4}={}_{3+4-1}C_{4}={}_{6}C_{4}={}_{6}C_{2}=15$

유형 40 중복순열과 중복조합의 비교

[01-06] 다음 경우의 수를 구하는 순열 또는 조합의 수 중 알맞은 것에 ○표 하여라.

01 학생 4명 중에서 대표 2명을 뽑는 경우의 수
($_{4}P_{2}$, $_{4}C_{2}$, $_{4}\Pi_{2}$, $_{4}H_{2}$)

02 학생 4명 중에서 회장, 부회장을 뽑는 경우의 수
($_{4}P_{2}$, $_{4}C_{2}$, $_{4}\Pi_{2}$, $_{4}H_{2}$)

03 서로 다른 편지 4개를 서로 다른 2개의 우체통에 넣는 경우의 수
($_{4}P_{2}$, $_{4}C_{2}$, $_{2}\Pi_{4}$, $_{2}H_{4}$)

04 학생 4명에게 같은 종류의 사탕 2개를 나누어 주는 경우의 수
($_{4}P_{2}$, $_{4}C_{2}$, $_{4}\Pi_{2}$, $_{4}H_{2}$)

05 같은 종류의 사탕 4개를 학생 2명에게 나누어 주는 경우의 수
($_{4}P_{2}$, $_{4}C_{2}$, $_{2}\Pi_{4}$, $_{2}H_{4}$)

06 같은 종류의 지우개 20개를 4명의 학생 A, B, C, D에게 남김없이 나누어 줄 때, C, D는 각각 3개, 5개 이상의 지우개를 받도록 나누어 주는 경우의 수 (단, 지우개를 받지 못하는 학생이 있을 수도 있다.)
($_{4}\Pi_{20}$, $_{12}H_{4}$, $_{12}\Pi_{4}$, $_{4}H_{12}$)

개념 체크

07 **빈칸에 알맞은 것을 써넣고, 알맞은 것에 ○표 하여라.**

• 중복순열과 중복조합의 차이점 알아두기

(1) 서로 다른 종류를 나누는 경우
– 중복 [   ] ($_{n}\Pi_{r}$, $_{n}H_{r}$)

(2) 서로 같은 종류를 나누는 경우
– 중복 [   ] ($_{n}\Pi_{r}$, $_{n}H_{r}$)

〈정답과 해설 p. 35〉

학교 시험 기본 문제 단원 마무리 평가

01 계산 조심

${}_{2}H_{4}=a$, ${}_{4}H_{3}=b$일 때, $a+b$의 값은?

① 23 ② 25 ③ 27 ④ 29 ⑤ 31

02

${}_{4}H_{16}={}_{n}C_{3}$을 만족시키는 자연수 n의 값은?

① 15 ② 16 ③ 17 ④ 18 ⑤ 19

03

자연수 r에 대하여 ${}_{3}H_{r}={}_{6}C_{2}$일 때, ${}_{4}H_{r}$의 값은?

① 7 ② 14 ③ 21 ④ 28 ⑤ 35

04

서로 다른 6개의 원소 중에서 중복을 허용하여 3개의 원소를 택하는 중복조합의 수는?

① 48 ② 50 ③ 52 ④ 54 ⑤ 56

05

15명의 학생이 3명의 반장 후보 중 한 명을 뽑는 투표를 하려고 한다. 무기명투표를 할 때, 각 후보가 얻을 수 있는 표의 수의 모든 경우의 수는?

(단, 무효나 기권은 없다.)

① 35 ② 126 ③ 136 ④ 252 ⑤ 364

06

빨간색 연필 5자루와 파란색 연필 3자루를 2명의 학생에게 남김없이 나누어 주는 경우의 수는?
(단, 같은 색의 연필은 서로 구별하지 않으며, 연필을 받지 못하는 학생이 있을 수 있다.)

① 18 ② 21 ③ 24 ④ 27 ⑤ 30

07

사육사가 육고기 열 덩이를 호랑이, 사자, 곰에게 나누어 주려고 한다. 모든 동물이 한 덩이 이상씩 받도록 나누는 방법의 수는?

① 33 ② 36 ③ 39 ④ 42 ⑤ 45

08 조건 확인!

4명의 학생에게 동일한 사과 7개를 나누어 주려고 한다. 모든 학생에게 적어도 한 개의 사과를 나누어 주는 방법의 수는?

① 16 ② 18 ③ 20 ④ 22 ⑤ 24

〈정답과 해설 p. 35~36〉

09 생각 더하기

선생님이 서로 구별되지 않는 8개의 책갈피를 4명의 학생에게 나누어 주려고 한다. 이때, 책갈피를 하나도 받지 못하는 학생이 생기는 경우의 수는?

① 100 ② 110 ③ 120 ④ 130 ⑤ 140

책갈피를 하나도 받지 못하는 학생이 생기는 사건의 여사건은 책갈피를 모든 학생이 1개 이상씩 받는 경우이다.

10

3개의 문자 x, y, z를 중복을 허용하여 만들 수 있는 6차 단항식은 xyz^4, x^2yz^3 등이다. 이때, 서로 다른 6차 단항식은 모두 몇 가지인가?

① 21 ② 28 ③ 36 ④ 45 ⑤ 55

11

$(a+b+c)^9$의 전개식에서 서로 다른 항의 개수는?

① 28 ② 36 ③ 45 ④ 55 ⑤ 66

12

$(a+b+c)^4(x+y)^3$의 전개식에서 서로 다른 항의 개수는?

① 48 ② 54 ③ 60 ④ 66 ⑤ 72

13

방정식 $a+b+c=6$에 대하여 음이 아닌 정수인 해의 개수를 x, 양의 정수인 해의 개수를 y라 할 때, $x-y$의 값은?

① 12 ② 14 ③ 16 ④ 18 ⑤ 20

14

방정식 $a+b+c+d=10$의 해 중에서 a, b, c, d가 모두 양의 정수인 해의 개수는?

① 84 ② 90 ③ 96 ④ 102 ⑤ 108

15

방정식 $x+y+z=k$를 만족시키는 음이 아닌 정수인 해의 개수가 105일 때, 자연수 k의 값은?

① 11 ② 12 ③ 13 ④ 14 ⑤ 15

16

$a\geq 0$, $b\geq 1$, $c\geq 2$, $d\geq 3$일 때, 방정식 $a+b+c+d=15$를 만족시키는 정수인 해의 개수는?

① 200 ② 205 ③ 210 ④ 215 ⑤ 220

17 계산 조심

방정식 $3x+y+z+w=10$을 만족시키는 자연수 x, y, z, w의 모든 순서쌍 (x, y, z, w)의 개수는?

① 18 ② 21 ③ 24 ④ 27 ⑤ 30

18

$5 \le a \le b \le c \le d \le 12$를 만족시키는 자연수 a, b, c, d의 모든 순서쌍 (a, b, c, d)의 개수는?

① 300 ② 330 ③ 360 ④ 390 ⑤ 420

19

정수 a, b에 대하여 $0<|a|\le b<8$을 만족시키는 모든 순서쌍 (a, b)의 개수는?

① 56 ② 58 ③ 60 ④ 62 ⑤ 64

20

부등식 $x+y+z<5$를 만족시키는 양의 정수인 해 x, y, z의 순서쌍 (x, y, z)의 개수는?

① 3 ② 4 ③ 5 ④ 6 ⑤ 7

21

두 집합 $X=\{1, 2, 3, 4\}$, $Y=\{5, 6, 7\}$에 대하여 다음 조건을 만족시키는 함수 $f: X \longrightarrow Y$의 개수는?

> $x_1 \in X$, $x_2 \in X$이고 $x_1<x_2$이면 $f(x_1) \le f(x_2)$

① 9 ② 12 ③ 15 ④ 18 ⑤ 21

DAY 09

22

두 집합 $A=\{1, 2, 3, 4, 5\}$, $B=\{1, 2\}$가 있다. $f: A \longrightarrow B$인 함수 중에서 $f(1)\le f(2)\le f(3)\le f(4)\le f(5)$를 만족시키는 함수의 개수를 구한 것은?

① 6 ② 9 ③ 12 ④ 15 ⑤ 18

23 생각 더하기

두 집합 $A=\{1, 2, \cdots, 8\}$, $B=\{1, 2, 3\}$에 대하여 함수 $f: A \longrightarrow B$를 정의한다.
이때, $x_1<x_2$이면 $f(x_1)\ge f(x_2)$를 만족시키는 함수 중 치역이 공역과 일치하는 것의 개수는?

① 18 ② 21 ③ 24 ④ 27 ⑤ 30

24

두 집합 $X=\{1, 2, 3, 4\}$, $Y=\{7, 8, 9, 10\}$에 대하여 X에서 Y로의 함수 f 중 다음 조건을 만족시키는 함수의 개수는?

> (가) $f(2)=8$
> (나) 집합 X의 임의의 두 원소 x_1, x_2에 대하여 $x_1<x_2$이면 $f(x_1)\le f(x_2)$

① 8 ② 12 ③ 16 ④ 20 ⑤ 24

가능한 $f(1)$의 값은 7, 8의 2가지이다.

< 정답과 해설 p. 36~37 >

24 이항정리

(1) **이항정리** : n이 자연수일 때, $(a+b)^n$의 전개식은 다음과 같이 나타낼 수 있고,
이를 **이항정리**라 한다.

$$(a+b)^n={}_n\mathrm{C}_0a^n+{}_n\mathrm{C}_1a^{n-1}b^1+{}_n\mathrm{C}_2a^{n-2}b^2+\cdots+{}_n\mathrm{C}_ra^{n-r}b^r+\cdots+{}_n\mathrm{C}_nb^n$$

(2) **이항계수** : 이항정리한 각 항의 계수 ${}_n\mathrm{C}_0$, ${}_n\mathrm{C}_1$, ${}_n\mathrm{C}_2$, $\cdots$, ${}_n\mathrm{C}_r$, $\cdots$, ${}_n\mathrm{C}_n$

(3) $(a+b)^n$의 전개식의 **일반항** : ${}_n\mathrm{C}_ra^{n-r}b^r$

${}_n\mathrm{C}_r={}_n\mathrm{C}_{n-r}$이므로 $a^{n-r}b^r$의 계수와 a^rb^{n-r}의 계수는 같다.

유형 41 이항정리를 이용한 $(a+b)^n$의 전개식

[01-04] 이항정리를 이용하여 다음 식을 전개하여라.

01 $(a+b)^2$

해 $(a+b)^2={}_2\mathrm{C}_0a^2+{}_2\mathrm{C}_1a^1b^1+{}_2\mathrm{C}_2b^2$
$=$ ☐

02 $(a+b)^3$

03 $(2x+y)^5$

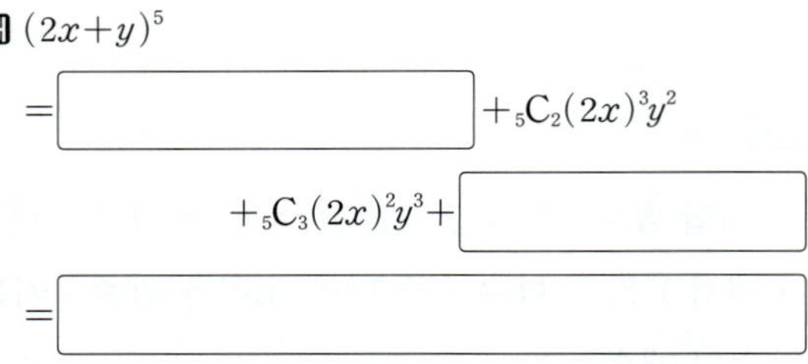

해 $(2x+y)^5$
$=$ ☐ $+{}_5\mathrm{C}_2(2x)^3y^2$
$+{}_5\mathrm{C}_3(2x)^2y^3+$ ☐
$=$ ☐

04 $(3a-b)^4$

[05-08] 이항정리를 이용하여 다음 식을 전개하여라.

05 $\left(x+\dfrac{1}{x}\right)^2$

해 $\left(x+\dfrac{1}{x}\right)^2={}_2\mathrm{C}_0x^2+{}_2\mathrm{C}_1x\times\dfrac{1}{x}+{}_2\mathrm{C}_2\left(\dfrac{1}{x}\right)^2$
$=$ ☐

06 $\left(x-\dfrac{1}{x}\right)^4$

07 $\left(2x+\dfrac{1}{x}\right)^3$

08 $\left(3x-\dfrac{2}{x}\right)^5$

유형 42 일반항과 계수

[09-13] 다음을 구하여라.

09 $(4a-b)^7$의 전개식의 일반항

10 $\left(3x-\frac{1}{x}\right)^7$의 전개식의 일반항

11 $(a+b)^8$의 전개식에서 a^3b^5의 계수

12 $(2x-y)^4$의 전개식에서 xy^3의 계수

13 $\left(x-\frac{1}{x}\right)^6$의 전개식에서 상수항

[14-16] 다음 물음에 답하여라.

14 $\left(x+\frac{1}{x^n}\right)^{10}$의 전개식에서 상수항이 존재하도록 하는 모든 자연수 n의 값의 합을 구하여라.

15 $(x^2+1)^n$의 전개식에서 x^4의 계수가 36일 때, 자연수 n의 값을 구하여라.

16 $\left(ax^3-\frac{1}{x}\right)^5$의 전개식에서 x^3의 계수가 -90일 때, 양수 a의 값을 구하여라.

개념 체크

17 **다음 빈칸에 알맞은 것을 써넣어라.**

(1) [　　　　]: n이 자연수일 때, $(a+b)^n$의 전개식은 다음과 같이 나타낼 수 있고, 이를 [　　　　]라 한다.

$$(a+b)^n={}_nC_0a^n+{}_nC_1a^{n-1}b^1+{}_nC_2a^{n-2}b^2+\cdots+{}_nC_ra^{n-r}b^r+\cdots+{}_nC_nb^n$$

(2) [　　　　]: 이항정리한 각 항의 계수
${}_nC_0,\ {}_nC_1,\ {}_nC_2,\ \cdots,\ {}_nC_r,\ \cdots,\ {}_nC_n$

(3) $(a+b)^n$의 전개식의 일반항 : [　　　　　]

〈 정답과 해설 p. 37~38 〉

25 $(a+b)^m(c+d)^n$의 전개식

★ $(a+b)^m(c+d)^n$의 전개식의 일반항은
$(a+b)^m$의 전개식의 일반항과 $(c+d)^n$의 전개식의 일반항을 각각 곱하여 구한다.

유형 43 $(a+b)^m(c+d)^n$의 전개식

[01-03] 다음을 구하여라.

01 $(x+1)^5(x+2)^3$의 전개식에서 x^7의 계수

해 $(x+1)^5$의 전개식의 일반항은

${}_5C_r x^{5-r}1^r=$ ☐,

$(x+2)^3$의 전개식의 일반항은 ${}_3C_s x^{3-s}2^s$이므로
$(x+1)^5(x+2)^3$의 전개식의 일반항은

${}_5C_r\times{}_3C_s 2^s x^{5-r}x^{3-s}=$ ☐ 이다.

이때, x^7항은 $8-r-s=$ ☐, 즉 $r+s=$ ☐ 일 때이다.

(i) $r=1,\ s=0$일 때 : ${}_5C_1\times{}_3C_0\times2^0=$ ☐

(ii) $r=0,\ s=1$일 때 : ${}_5C_0\times{}_3C_1\times2^1=$ ☐

따라서 x^7의 계수는

☐ + ☐ = ☐ 이다.

02 $(x-1)^3(x+3)^7$의 전개식에서 x^8의 계수

03 $(x+1)^4(x-2)^3$의 전개식에서 x^6의 계수

[04-06] 다음을 구하여라.

04 $(x^2+1)\left(x+\frac{1}{x}\right)^6$의 전개식에서 상수항

해 $\left(x+\frac{1}{x}\right)^6$의 전개식의 일반항은

${}_6C_r x^{6-r}\left(\frac{1}{x}\right)^r={}_6C_r x^{6-2r}$이다.

이때, $(x^2+1)\left(x+\frac{1}{x}\right)^6=x^2\left(x+\frac{1}{x}\right)^6+\left(x+\frac{1}{x}\right)^6$의

전개식에서 상수항은 x^2과 $\left(x+\frac{1}{x}\right)^6$의 ☐ 항,

1과 $\left(x+\frac{1}{x}\right)^6$의 ☐ 이 곱해질 때 생긴다.

(i) $\left(x+\frac{1}{x}\right)^6$의 ☐ 항은 $6-2r=$ ☐, 즉

$r=$ ☐ 일 때이므로 ${}_6C_4x^{-2}=$ ☐

(ii) $\left(x+\frac{1}{x}\right)^6$의 상수항은 $6-2r=$ ☐, 즉

$r=$ ☐ 일 때이므로 ${}_6C_3=$ ☐

따라서 구하는 상수항은 ☐ + ☐ = ☐

05 $(x+3)^5(y-2)^4$의 전개식에서 x^3y^2의 계수

06 $(x+1)^6(y-1)^5$의 전개식에서 x^4y^4의 계수

개념 체크

07 다음 빈칸에 알맞은 것을 써넣어라.
$(a+b)^m(c+d)^n$의 전개식의 일반항은
$(a+b)^m$의 전개식의 일반항과 [   ]의 일반항을
각각 곱하여 구한다.

〈 정답과 해설 p. 38~39 〉

26 파스칼의 삼각형

$n=0, 1, 2, 3, \cdots$일 때 $(a+b)^n$의 이항계수를 차례로 나열하면 다음과 같다.

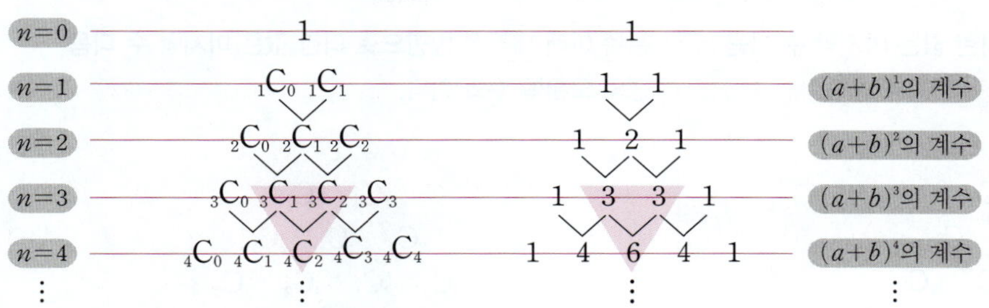

이와 같이 이항계수를 배열한 것을 **파스칼의 삼각형**이라 한다.

(1) 각 단계의 수는 그 위 단계의 이웃하는 두 수의 합과 같으므로 $_nC_r = {}_{n-1}C_{r-1} + {}_{n-1}C_r$이다.

(2) 배열이 좌우 대칭이므로 $_nC_r = {}_nC_{n-r}$이다.

DAY 11

유형 44 파스칼의 삼각형

[01-07] 다음을 $_nC_r$의 꼴로 나타내어라.

01 $_3C_2 + {}_3C_3$

해 $_3C_2 + {}_3C_3 =$ [ ]

02 $_4C_3 + {}_4C_4$

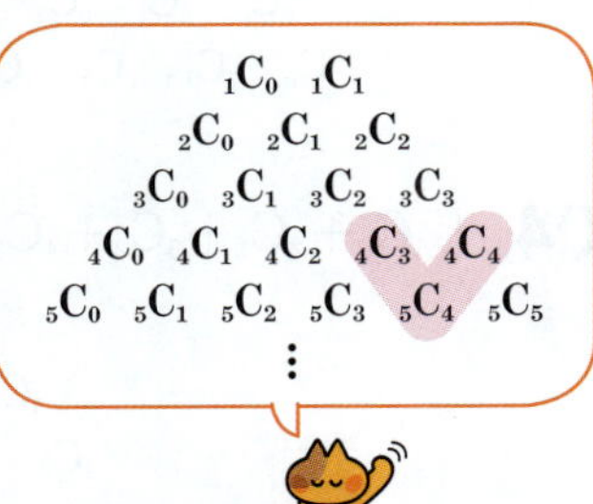

03 $_7C_4 + {}_7C_5$

04 $_2C_0 + {}_2C_1 + {}_3C_2$

05 $_6C_2 + {}_6C_3 + {}_7C_2$

06 $_3C_2 + {}_3C_1 + {}_4C_1 + {}_5C_1$

07 $_2C_0 + {}_2C_1 + {}_4C_2 + {}_4C_4$

개념 체크

08 다음 빈칸에 알맞은 것을 써넣어라.

파스칼의 삼각형에서

(1) 각 단계의 수는 그 위 단계의 이웃하는 두 수의 합과 같으므로

$_nC_r =$ [ ] + [ ]

(2) 배열이 좌우 대칭이므로 $_nC_r =$ [ ]

〈 정답과 해설 p. 39 〉

27 이항계수의 합

✪ 이항계수의 합은 ${}_{n-1}C_{r-1}+{}_{n-1}C_r={}_nC_r$임을 이용한다.

오른쪽 아래 대각선 방향으로 더한 값은 마지막 수 다음 행의 왼쪽 수와 같다.	왼쪽 아래 대각선 방향으로 더한 값은 마지막 수 다음 행의 오른쪽 수와 같다.

(왼쪽)

$$1$$
$${}_1C_0 \quad {}_1C_1$$
$${}_2C_0 \quad {}_2C_1 \quad {}_2C_2$$
$${}_3C_0 \quad {}_3C_1 \quad {}_3C_2 \quad {}_3C_3$$
$${}_4C_0 \quad {}_4C_1 \quad {}_4C_2 \quad {}_4C_3 \quad {}_4C_4$$
$${}_5C_0 \quad {}_5C_1 \quad {}_5C_2 \quad {}_5C_3 \quad {}_5C_4 \quad {}_5C_5$$
$$\vdots$$

⇨ ${}_2C_0+{}_3C_1+{}_4C_2={}_3C_0+{}_3C_1+{}_4C_2$
$={}_4C_1+{}_4C_2$
$={}_5C_2$

(오른쪽)

$$1$$
$${}_1C_0 \quad {}_1C_1$$
$${}_2C_0 \quad {}_2C_1 \quad {}_2C_2$$
$${}_3C_0 \quad {}_3C_1 \quad {}_3C_2 \quad {}_3C_3$$
$${}_4C_0 \quad {}_4C_1 \quad {}_4C_2 \quad {}_4C_3 \quad {}_4C_4$$
$${}_5C_0 \quad {}_5C_1 \quad {}_5C_2 \quad {}_5C_3 \quad {}_5C_4 \quad {}_5C_5$$
$$\vdots$$

⇨ ${}_1C_1+{}_2C_1+{}_3C_1={}_2C_2+{}_2C_1+{}_3C_1$
$={}_3C_2+{}_3C_1$
$={}_4C_2$

주의 ${}_nC_0=1$ 또는 ${}_nC_n=1$로 시작하여 오른쪽 / 왼쪽 아래 대각선 방향으로 더한 값에 대한 성질이다.

하키스틱은 이렇게 생겼어.

유형 45 이항계수의 합 – 하키스틱 패턴

[01-05] 파스칼의 삼각형에 [ ] 안의 값을 ◯로 묶고, 그 값과 같은 것을 ${}_nC_r$의 꼴로 나타내어라.

01 [${}_1C_0+{}_2C_1+{}_3C_2+{}_4C_3+{}_5C_4$]

$$1$$
$${}_1C_0 \quad {}_1C_1$$
$${}_2C_0 \quad {}_2C_1 \quad {}_2C_2$$
$${}_3C_0 \quad {}_3C_1 \quad {}_3C_2 \quad {}_3C_3$$
$${}_4C_0 \quad {}_4C_1 \quad {}_4C_2 \quad {}_4C_3 \quad {}_4C_4$$
$${}_5C_0 \quad {}_5C_1 \quad {}_5C_2 \quad {}_5C_3 \quad {}_5C_4 \quad {}_5C_5$$
$${}_6C_0 \quad {}_6C_1 \quad {}_6C_2 \quad {}_6C_3 \quad {}_6C_4 \quad {}_6C_5 \quad {}_6C_6$$

해 오른쪽 아래 대각선 방향으로 더한 값은 마지막 수 다음 [ ]의 [ ] 수와 같다. ∴ [ ]

02 [${}_2C_2+{}_3C_2+{}_4C_2+\cdots+{}_8C_2$]

$$1$$
$${}_1C_0 \quad {}_1C_1$$
$${}_2C_0 \quad {}_2C_1 \quad {}_2C_2$$
$${}_3C_0 \quad {}_3C_1 \quad {}_3C_2 \quad {}_3C_3$$
$${}_4C_0 \quad {}_4C_1 \quad {}_4C_2 \quad {}_4C_3 \quad {}_4C_4$$
$${}_5C_0 \quad {}_5C_1 \quad {}_5C_2 \quad {}_5C_3 \quad {}_5C_4 \quad {}_5C_5$$
$$\vdots$$
$${}_8C_0 \quad {}_8C_1 \quad {}_8C_2 \quad \cdots \quad {}_8C_5 \quad {}_8C_6 \quad {}_8C_7 \quad {}_8C_8$$
$${}_9C_0 \quad {}_9C_1 \quad {}_9C_2 \quad {}_9C_3 \quad \cdots \quad {}_9C_6 \quad {}_9C_7 \quad {}_9C_8 \quad {}_9C_9$$

03 [${}_3C_3+{}_4C_3+{}_5C_3+{}_6C_3+{}_7C_3$]

$$1$$
$${}_1C_0 \quad {}_1C_1$$
$${}_2C_0 \quad {}_2C_1 \quad {}_2C_2$$
$${}_3C_0 \quad {}_3C_1 \quad {}_3C_2 \quad {}_3C_3$$
$${}_4C_0 \quad {}_4C_1 \quad {}_4C_2 \quad {}_4C_3 \quad {}_4C_4$$
$${}_5C_0 \quad {}_5C_1 \quad {}_5C_2 \quad {}_5C_3 \quad {}_5C_4 \quad {}_5C_5$$
$${}_6C_0 \quad {}_6C_1 \quad {}_6C_2 \quad {}_6C_3 \quad {}_6C_4 \quad {}_6C_5 \quad {}_6C_6$$
$${}_7C_0 \quad {}_7C_1 \quad {}_7C_2 \quad {}_7C_3 \quad {}_7C_4 \quad {}_7C_5 \quad {}_7C_6 \quad {}_7C_7$$

04 [${}_1C_0+{}_2C_1+{}_3C_2+{}_4C_3+{}_5C_4$]

$$1$$
$${}_1C_0 \quad {}_1C_1$$
$${}_2C_0 \quad {}_2C_1 \quad {}_2C_2$$
$${}_3C_0 \quad {}_3C_1 \quad {}_3C_2 \quad {}_3C_3$$
$${}_4C_0 \quad {}_4C_1 \quad {}_4C_2 \quad {}_4C_3 \quad {}_4C_4$$
$${}_5C_0 \quad {}_5C_1 \quad {}_5C_2 \quad {}_5C_3 \quad {}_5C_4 \quad {}_5C_5$$

05 [${}_4C_0+{}_5C_1+{}_6C_2+{}_7C_3+{}_8C_4$]

$$1$$
$${}_1C_0 \quad {}_1C_1$$
$$\vdots$$
$${}_4C_0 \quad {}_4C_1 \quad {}_4C_2 \quad {}_4C_3 \quad {}_4C_4$$
$${}_5C_0 \quad {}_5C_1 \quad {}_5C_2 \quad {}_5C_3 \quad {}_5C_4 \quad {}_5C_5$$
$${}_6C_0 \quad {}_6C_1 \quad {}_6C_2 \quad {}_6C_3 \quad {}_6C_4 \quad {}_6C_5 \quad {}_6C_6$$
$${}_7C_0 \quad {}_7C_1 \quad {}_7C_2 \quad {}_7C_3 \quad {}_7C_4 \quad {}_7C_5 \quad {}_7C_6 \quad {}_7C_7$$
$${}_8C_0 \quad {}_8C_1 \quad {}_8C_2 \quad {}_8C_3 \quad {}_8C_4 \quad {}_8C_5 \quad {}_8C_6 \quad {}_8C_7 \quad {}_8C_8$$

유형 46 이항계수의 합 - n의 값 구하기

[06-10] 다음 조건을 만족시키는 자연수 n의 값을 구하여라.

$$\begin{array}{c} 1 \\ {}_1C_0 \quad {}_1C_1 \\ {}_2C_0 \quad {}_2C_1 \quad {}_2C_2 \\ {}_3C_0 \quad {}_3C_1 \quad {}_3C_2 \quad {}_3C_3 \\ {}_4C_0 \quad {}_4C_1 \quad {}_4C_2 \quad {}_4C_3 \quad {}_4C_4 \\ {}_5C_0 \quad {}_5C_1 \quad {}_5C_2 \quad {}_5C_3 \quad {}_5C_4 \quad {}_5C_5 \end{array}$$

06 ${}_1C_0+{}_2C_1+{}_3C_2+{}_4C_3+\cdots+{}_{17}C_{16}={}_nC_{16}$

07 ${}_6C_0+{}_7C_1+{}_8C_2+{}_9C_3+\cdots+{}_{16}C_{10}={}_nC_{10}$

08 ${}_7C_0+{}_8C_1+{}_9C_2+\cdots+{}_{19}C_{12}={}_nC_{12}$

09 ${}_3C_1+{}_4C_2+{}_5C_3+{}_6C_4+\cdots+{}_{11}C_9={}_nC_9-1$

10 ${}_4C_1+{}_5C_2+{}_6C_3+{}_7C_4+\cdots+{}_{13}C_{10}={}_nC_{10}-1$

[11-15] 다음 조건을 만족시키는 자연수 n의 값을 구하여라.

$$\begin{array}{c} 1 \\ {}_1C_0 \quad {}_1C_1 \\ {}_2C_0 \quad {}_2C_1 \quad {}_2C_2 \\ {}_3C_0 \quad {}_3C_1 \quad {}_3C_2 \quad {}_3C_3 \\ {}_4C_0 \quad {}_4C_1 \quad {}_4C_2 \quad {}_4C_3 \quad {}_4C_4 \\ {}_5C_0 \quad {}_5C_1 \quad {}_5C_2 \quad {}_5C_3 \quad {}_5C_4 \quad {}_5C_5 \end{array}$$

11 ${}_1C_1+{}_2C_1+{}_3C_1+{}_4C_1+\cdots+{}_{17}C_1={}_nC_2$

12 ${}_6C_6+{}_7C_6+{}_8C_6+{}_9C_6+\cdots+{}_{14}C_6={}_nC_7$

13 ${}_7C_7+{}_8C_7+{}_9C_7+\cdots+{}_{21}C_7={}_nC_8$

14 ${}_3C_2+{}_4C_2+{}_5C_2+{}_6C_2+\cdots+{}_{10}C_2={}_nC_3-1$

15 ${}_4C_3+{}_5C_3+{}_6C_3+{}_7C_3+\cdots+{}_{23}C_3={}_nC_4-1$

개념 체크

16 다음 빈칸에 알맞은 것을 써넣어라.

• 이항계수의 합

(1) 오른쪽 아래 대각선 방향으로 더한 값은 마지막 수 [　　] 행의 [　　　]와 같다.

(2) 왼쪽 아래 대각선 방향으로 더한 값은 마지막 수 [　　] 행의 [　　　]와 같다.

〈 정답과 해설 p. 39~41 〉

28 이항계수의 합 – 전개식에서 계수의 합

✪ $(1+x)^n$의 전개식에서 계수의 합

(i) x^k항은 $(1+x)^k$의 전개식부터 나온다.

(ii) $(1+x)^k$, $(1+x)^{k+1}$, $\cdots$, $(1+x)^n$의 각 전개식에서 나오는 x^k항의 계수를 더한다.

(iii) 이항계수의 합으로 나타낸다.

예 $(1+x)+(1+x)^2+(1+x)^3+(1+x)^4$의 전개식에서 x^3항은 $k=3$의 전개식부터 나온다.
즉, $(1+x)^3$, $(1+x)^4$의 각 전개식에서 나오는 x^3항의 계수는 ${}_3C_3$, ${}_4C_3$이므로
구하는 x^3의 계수는 ${}_3C_3+{}_4C_3={}_5C_4$

$(1+x)^n$의 전개식의 일반항은 ${}_nC_r 1^{n-r}x^r={}_nC_r x^r$임을 이용한다.

유형 47 이항계수의 합 – 전개식에서 계수의 합

[01-04] 전개식에서 [　　] 안의 항의 계수를 ${}_nC_r$의 꼴로 나타내어라.

01 $(1+x)+(1+x)^2+\cdots+(1+x)^5$ [x^2]

해 $(1+x)^n$의 전개식의 일반항은 ${}_nC_r 1^{n-r}x^r={}_nC_r x^r$이다.
x^2항은 $(1+x)^2$의 전개식부터 나오므로
$(1+x)^2$의 전개식에서 x^2의 계수는 ${}_2C_2$
$(1+x)^3$의 전개식에서 x^2의 계수는 ${}_3C_2$
$(1+x)^4$의 전개식에서 x^2의 계수는 ☐
$(1+x)^5$의 전개식에서 x^2의 계수는 ☐
따라서 구하는 x^2의 계수는
${}_2C_2+{}_3C_2+$☐$+$☐$=$☐

$(1+x)^n$의 전개식의 일반항에서 구하는 항의 계수를 찾은 후 이항계수의 합으로 나타낸다.
이때, 파스칼의 삼각형을 그려보면 더 쉽게 값을 구할 수 있다.

1
${}_1C_0$ ${}_1C_1$
${}_2C_0$ ${}_2C_1$ ${}_2C_2$
${}_3C_0$ ${}_3C_1$ ${}_3C_2$ ${}_3C_3$
${}_4C_0$ ${}_4C_1$ ${}_4C_2$ ${}_4C_3$ ${}_4C_4$
${}_5C_0$ ${}_5C_1$ ${}_5C_2$ ${}_5C_3$ ${}_5C_4$ ${}_5C_5$
${}_6C_0$ ${}_6C_1$ ${}_6C_2$ ${}_6C_3$ ${}_6C_4$ ${}_6C_5$ ${}_6C_6$

02 $(1+x)+(1+x)^2+\cdots+(1+x)^5$ [x^4]

해 $(1+x)^n$의 전개식의 일반항은 ${}_nC_r 1^{n-r}x^r={}_nC_r x^r$이다.
x^4항은 $(1+x)^4$의 전개식부터 나오므로
$(1+x)^4$의 전개식에서 x^4의 계수는 ${}_4C_4$
$(1+x)^5$의 전개식에서 x^4의 계수는 ☐
따라서 구하는 x^4의 계수는
${}_4C_4+$☐$=$☐

03 $(1+x)+(1+x)^2+(1+x)^3+(1+x)^4$ [x^2]

04 $(1+x)+(1+x)^2+\cdots+(1+x)^5$ [x^6]

x^6항의 계수가 나오려면 $(1+x)^6$, $(1+x)^7$, $\cdots$의 전개식이 있어야 한다.
치수가 6보다 작은 전개식에는 x^6항이 존재하지 않으므로 계수는 0이다.

[05-08] 전개식에서 [　　] 안의 항의 계수를 ${}_n\mathrm{C}_r$의 꼴로 나타내어라.

05 $(1+x)+(1+x)^2+\cdots+(1+x)^9$　　[x^5]

해 $(1+x)^n$의 전개식의 일반항은 ${}_n\mathrm{C}_r 1^{n-r}x^r={}_n\mathrm{C}_r x^r$이다.

x^5항은 $(1+x)^5$의 전개식부터 나오므로

$(1+x)^5$의 전개식에서 x^5의 계수는 ${}_5\mathrm{C}_5$

$(1+x)^6$의 전개식에서 x^5의 계수는 □

$(1+x)^7$의 전개식에서 x^5의 계수는 □

$(1+x)^8$의 전개식에서 x^5의 계수는 ${}_8\mathrm{C}_5$

$(1+x)^9$의 전개식에서 x^5의 계수는 □

따라서 구하는 x^5의 계수는

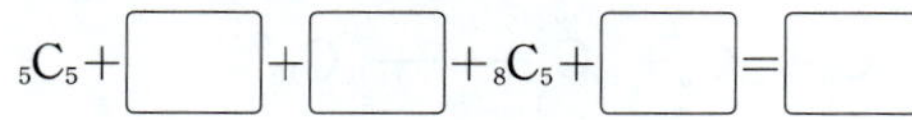

${}_5\mathrm{C}_5+$□$+$□$+{}_8\mathrm{C}_5+$□$=$□

06 $(1+x)+(1+x)^2+\cdots+(1+x)^8$　　[x^6]

07 $(1+x)+(1+x)^2+\cdots+(1+x)^{11}$　　[x^8]

08 $(1+x)+(1+x)^2+\cdots+(1+x)^{13}$　　[x^7]

$(1+x)^n$의 전개식의 일반항에서 구하는 항의 계수를 찾은 후 이항계수의 합으로 나타낸다.

[09-12] x에 대한 다음 항등식에 대하여 [　　] 안의 값을 ${}_n\mathrm{C}_r$의 꼴로 나타내어라. (단, $a_0, a_1, a_2, \cdots$는 상수이다.)

09 $(1+x)+(1+x)^2+\cdots+(1+x)^8$
$=a_0+a_1x+a_2x^2+\cdots+a_8x^8$　　[a_3]

해 주어진 항등식에서 a_3의 값은 $x^{□}$의 계수와 같다.

$(1+x)^n$의 전개식의 일반항은 ${}_n\mathrm{C}_r 1^{n-r}x^r={}_n\mathrm{C}_r x^r$이다.

$x^{□}$항은 $(1+x)^{□}$의 전개식부터 나오므로

$x^{□}$의 계수는

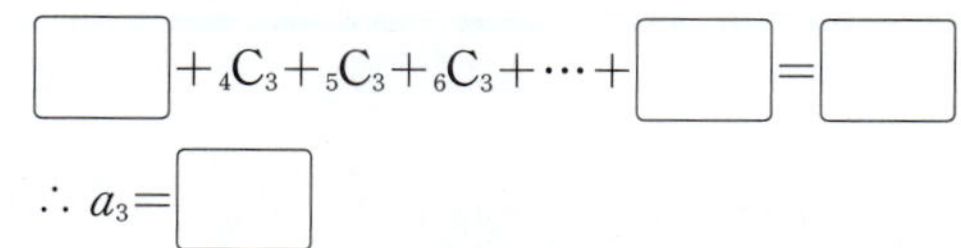

□$+{}_4\mathrm{C}_3+{}_5\mathrm{C}_3+{}_6\mathrm{C}_3+\cdots+$□$=$□

$\therefore a_3=$□

10 $(1+x)+(1+x)^2+\cdots+(1+x)^{12}$
$=a_0+a_1x+a_2x^2+\cdots+a_{12}x^{12}$　　[a_4]

11 $(1+x)+(1+x)^2+\cdots+(1+x)^{15}$
$=a_0+a_1x+a_2x^2+\cdots+a_{15}x^{15}$　　[a_{11}]

12 $(1+x)+(1+x)^2+\cdots+(1+x)^{23}$
$=a_0+a_1x+a_2x^2+\cdots+a_{23}x^{23}$　　[a_5]

개념 체크

13 다음 빈칸에 알맞은 것을 써넣어라.

• $(1+x)^n$의 전개식에서 계수의 합

(i) x^k항은 [　　　　]의 전개식부터 나온다.

(ii) [　　　　], $(1+x)^{k+1}$, $\cdots$, [　　　　]의 각 전개식에서 나오는 x^k항을 더한다.

(iii) 이항계수의 합으로 나타낸다.

DAY 11

〈 정답과 해설 p. 41~42 〉

29 이항계수의 성질

n이 자연수일 때,

1 $_{n}C_{0}+{_{n}C_{1}}+{_{n}C_{2}}+\cdots+{_{n}C_{n}}=2^{n}$

2 $_{n}C_{0}-{_{n}C_{1}}+{_{n}C_{2}}-\cdots+(-1)^{n}{_{n}C_{n}}=0$

3 $\underbrace{_{n}C_{0}+{_{n}C_{2}}+{_{n}C_{4}}+\cdots}_{\text{홀수 번째 항의 계수의 합}}=\underbrace{_{n}C_{1}+{_{n}C_{3}}+{_{n}C_{5}}+\cdots}_{\text{짝수 번째 항의 계수의 합}}=2^{n-1}$

$_{n}C_{0}$이 첫 번째이므로 홀수 번째 항이고, $_{n}C_{1}$이 두 번째이므로 짝수 번째 항이다.

참고 $(1+x)^{n}={_{n}C_{0}}+{_{n}C_{1}}x+{_{n}C_{2}}x^{2}+\cdots+{_{n}C_{n}}x^{n}$에서

① $x=1$을 대입하면 $_{n}C_{0}+{_{n}C_{1}}+{_{n}C_{2}}+\cdots+{_{n}C_{n}}=2^{n}$

② $x=-1$을 대입하면 $_{n}C_{0}-{_{n}C_{1}}+{_{n}C_{2}}-\cdots+(-1)^{n}{_{n}C_{n}}=0$

유형 48 이항계수의 성질

[01-04] 다음을 구하여라.

01 $_{3}C_{0}+{_{3}C_{1}}+{_{3}C_{2}}+{_{3}C_{3}}$

02 $_{5}C_{0}+{_{5}C_{1}}+{_{5}C_{2}}+\cdots+{_{5}C_{5}}$

03 $_{10}C_{0}-{_{10}C_{1}}+{_{10}C_{2}}-\cdots-{_{10}C_{9}}+{_{10}C_{10}}$

04 $_{20}C_{1}+{_{20}C_{2}}+{_{20}C_{3}}+\cdots+{_{20}C_{19}}$

[05-08] 다음을 구하여라.

05 $_{10}C_{0}+{_{10}C_{2}}+{_{10}C_{4}}+\cdots+{_{10}C_{10}}$

해 $_{10}C_{0}+{_{10}C_{1}}+{_{10}C_{2}}+\cdots+{_{10}C_{10}}=\square$ 이고,

$_{10}C_{0}-{_{10}C_{1}}+{_{10}C_{2}}-\cdots+{_{10}C_{10}}=\square$ 이므로

두 식을 더하면

$\square\,({_{10}C_{0}}+{_{10}C_{2}}+{_{10}C_{4}}+\cdots+{_{10}C_{10}})=2^{10}$

$\therefore\ {_{10}C_{0}}+{_{10}C_{2}}+{_{10}C_{4}}+\cdots+{_{10}C_{10}}=\square$

06 $_{9}C_{1}+{_{9}C_{3}}+{_{9}C_{5}}+\cdots+{_{9}C_{9}}$

07 $_{10}C_{1}-{_{10}C_{2}}+{_{10}C_{3}}-{_{10}C_{4}}+\cdots+{_{10}C_{9}}$

08 $_{15}C_{1}-{_{15}C_{2}}+{_{15}C_{3}}-{_{15}C_{4}}+\cdots-{_{15}C_{14}}$

유형 49 이항계수의 성질 - 부등식

[09-14] 다음 물음에 답하여라.

09 부등식

$100 < {}_nC_0 + {}_nC_1 + {}_nC_2 + {}_nC_3 + \cdots + {}_nC_n < 200$

을 만족시키는 자연수 n의 값을 구하여라.

해 ${}_nC_0 + {}_nC_1 + {}_nC_2 + {}_nC_3 + \cdots + {}_nC_n = \square$

이므로 주어진 부등식은 $100 < \square < 200$이다.

$2^7 = 128,\ 2^{\square} = \square$이므로 $n = \square$

10 부등식

$500 < {}_nC_0 + {}_nC_1 + {}_nC_2 + {}_nC_3 + \cdots + {}_nC_n < 600$

을 만족시키는 자연수 n의 값을 구하여라.

11 부등식

$1000 < {}_nC_0 + {}_nC_1 + {}_nC_2 + {}_nC_3 + \cdots + {}_nC_n < 2000$

을 만족시키는 자연수 n의 값을 구하여라.

12 ${}_{49}C_{25} + {}_{49}C_{26} + {}_{49}C_{27} + {}_{49}C_{28} + \cdots + {}_{49}C_{49}$의 값을 구하여라.

13 ${}_{99}C_0 + {}_{99}C_1 + {}_{99}C_2 + {}_{99}C_3 + \cdots + {}_{99}C_{49}$의 값을 구하여라.

14 ${}_nC_1 + {}_nC_2 + {}_nC_3 + {}_nC_4 + {}_nC_5 = 31$을 만족시키는 자연수 n의 값을 구하여라.

개념 체크

15 다음 빈칸에 알맞은 것을 써넣어라.

(1) ${}_nC_0 + {}_nC_1 + {}_nC_2 + \cdots + {}_nC_n =$ [ ]

(2) ${}_nC_0 - {}_nC_1 + {}_nC_2 - \cdots + (-1)^n {}_nC_n =$ [ ]

(3) ${}_nC_0 + {}_nC_2 + {}_nC_4 + \cdots = {}_nC_1 + {}_nC_3 + {}_nC_5 + \cdots$

$=$ [ ]

DAY 12

〈 정답과 해설 p. 42~43 〉

30 $(1+x)^n$의 전개식의 활용

✪ $(1+x)^n={}_nC_0+{}_nC_1x+{}_nC_2x^2+{}_nC_3x^3+\cdots+{}_nC_nx^n$의 x, n에 알맞은 수를 각각 대입하고 이항계수의 합과 성질을 활용한다.

(1) n의 값 구하기

x, n이 영향을 미치는 부분을 각각 살펴 보자.

$$(1+x)^n={}_nC_0+{}_nC_1x+{}_nC_2x^2+\cdots+{}_nC_nx^n$$

조합의 n에 영향 / 마지막 항의 x의 차수에 영향

$$(1+x)^n={}_nC_0+{}_nC_1x+{}_nC_2x^2+\cdots+{}_nC_nx^n$$

첫 번째 항에는 x가 없다.

x, n에 알맞은 수를 각각 대입한 뒤, 지수법칙을 이용하여 우변을 정리한다.

(2) 나머지 구하기

나누어지는 수를 $(1+x)^n$, 나누는 수를 x^2이라 하면

$$(1+x)^n={}_nC_0+{}_nC_1x+{}_nC_2x^2+\cdots+{}_nC_nx^n$$

주어진 수보다 1 작은 수가 x가 된다.

$$={}_nC_0+{}_nC_1x+x^2({}_nC_2+\cdots+{}_nC_nx^{n-2})$$

직접 값을 구하여 x^2으로 나누어 나머지를 구한다. / x^2으로 나누어떨어진다.

x, n에 알맞은 수를 각각 대입한 뒤, 나누는 수를 x의 거듭제곱으로 표현되지 않는 앞의 몇 항에 대하여 나머지를 구한다.

유형 50 n의 값 구하기

[01-06] 다음 등식을 만족시키는 n의 값을 구하여라.

01 ${}_7C_0+3\times{}_7C_1+3^2\times{}_7C_2+\cdots+3^7\times{}_7C_7=2^n$

해 $(1+x)^n$

$={}_nC_0+{}_nC_1x+{}_nC_2x^2+{}_nC_3x^3+\cdots+{}_nC_nx^n$ ⋯ ㉠

㉠의 양변에

$x=\square$, $n=\square$을 대입하면

$(1+\square)^{\square}$

$={}_7C_0+3\times{}_7C_1+3^2\times{}_7C_2+\cdots+3^7\times{}_7C_7$

$=\square^7=(\square^2)^7=2^{\square}$

$\therefore n=\square$

이항계수 ${}_nC_r$의 n에 수를 대입하고, 이항계수 ${}_nC_n$과 곱해지는 x의 거듭제곱이 x^n으로 끝남에 주의한다.

02 ${}_6C_0+6\times{}_6C_1+6^2\times{}_6C_2+\cdots+6^6\times{}_6C_6=7^n$

03 ${}_{11}C_0+3\times{}_{11}C_1+3^2\times{}_{11}C_2+\cdots+3^{11}\times{}_{11}C_{11}=2^n$

04 ${}_9C_0+7\times{}_9C_1+7^2\times{}_9C_2+\cdots+7^9\times{}_9C_9=2^n$

05 ${}_{10}C_0+3\times{}_{10}C_1+3^2\times{}_{10}C_2+\cdots+3^{10}\times{}_{10}C_{10}=2^n$

06 ${}_{13}C_0+15\times{}_{13}C_1+15^2\times{}_{13}C_2+\cdots+15^{13}\times{}_{13}C_{13}=2^n$

유형 51 나머지 구하기

[07-11] 다음 조건을 만족시키는 나머지를 구하여라.

07 11^{20}을 100으로 나누었을 때의 나머지

해 $(1+x)^n$

$={}_nC_0+{}_nC_1x+{}_nC_2x^2+{}_nC_3x^3+\cdots+{}_nC_nx^n$ ⋯ ㉠

㉠의 양변에 $x=\square$, $n=\square$을 대입하면

$(1+\square)^{\square}$

$={}_{\square}C_0+\square\times{}_{\square}C_1$

$+\underbrace{\square\times{}_{\square}C_2+\cdots+\square\times{}_{\square}C_{\square}}_{㉡}$

이때, ㉡의 식은 100으로 나누어떨어지므로

$11^{20}=1+10\times20+10^2({}_{\square}C_2+\cdots+10^{\square}\times{}_{\square}C_{\square})$

$=201+100\times({}_{\square}C_2+\cdots+10^{\square}\times{}_{\square}C_{\square})$

$=\square+100\times(\square+{}_{\square}C_2+\cdots+10^{\square}\times{}_{\square}C_{\square})$

따라서 구하는 나머지는 $\square$이다.

나누는 수로 묶이지 않는 처음 몇 항의 나머지를 구한다.

08 10^{15}을 81로 나누었을 때의 나머지

09 12^{20}을 121로 나누었을 때의 나머지

DAY 12

10 13^{23}을 144로 나누었을 때의 나머지

11 21^{20}을 400으로 나누었을 때의 나머지

개념 체크

12 다음 빈칸에 알맞은 것을 써넣어라.

• $(1+x)^n={}_nC_0+{}_nC_1x+{}_nC_2x^2+{}_nC_3x^3+\cdots+{}_nC_nx^n$의 [　　], [　　]에 알맞은 수를 각각 대입하고 이항계수의 합과 성질을 활용한다.

(1) n의 값 구하기 : x, n에 알맞은 수를 대입한 뒤 지수법칙을 이용하여 [　　]을 정리한다.

(2) 나머지 구하기 : x, n에 알맞은 수를 각각 대입한 뒤 나누는 수를 x의 거듭제곱으로 표현되지 않는 [　　　　]에 대하여 나머지를 구한다.

〈 정답과 해설 p. 43~44 〉

학교 시험 기본 문제 **단원 마무리 평가**

24 이항정리 ~ **30** $(1+x)^n$의 전개식의 활용

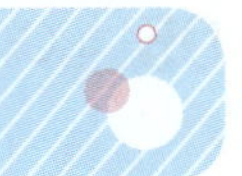

01

$(x-2y)^6$의 전개식에서 x^4y^2의 계수는?

① 52 ② 56 ③ 60 ④ 64 ⑤ 68

02

$(1+2x)^4$의 전개식에서 x^2의 계수와 x^3의 계수의 합은?

① 52 ② 56 ③ 60 ④ 64 ⑤ 68

03

$\left(x^2-\frac{2}{x}\right)^4$의 전개식에서 x^2의 계수를 a, $\frac{1}{x}$의 계수를 b라 할 때, $a+b$의 값은?

① -8 ② -4 ③ 0 ④ 4 ⑤ 8

04

$(x-\sqrt{3})^5$의 전개식에서 계수가 유리수인 모든 항의 계수의 합은?

① 72 ② 74 ③ 76 ④ 78 ⑤ 80

05

$\left(x-\frac{a}{x^2}\right)^7$의 전개식에서 x^4의 계수가 21일 때, 상수 a의 값은?

① -6 ② -3 ③ 0 ④ 3 ⑤ 6

06 조건 확인!

$\left(x^2+\frac{1}{x^5}\right)^n$을 전개할 때 상수항이 생기도록 하는 가장 작은 자연수는 n, 그때의 상수항을 a라 하자. $a+n$의 값은?

① 26 ② 27 ③ 28 ④ 29 ⑤ 30

07

x에 대한 다항식 $(x+1)^3(x+2)^4$의 전개식에서 일차항의 계수는?

① 64 ② 68 ③ 72 ④ 76 ⑤ 80

08 계산 조심 ☑

$(x+a)^4\left(x-\frac{1}{x^2}\right)^3$의 전개식에서 x^2의 계수가 -162일 때, 양수 a의 값을 구하여라.

09

${}_{n}C_{4}={}_{n-1}C_{5}+{}_{n-1}C_{6}$을 만족시키는 자연수 n의 값은?

① 6 ② 7 ③ 8 ④ 9 ⑤ 10

10

오른쪽 파스칼의 삼각형을 이용하여

${}_{2}C_{2}+{}_{3}C_{2}+{}_{4}C_{2}+\cdots+{}_{20}C_{2}$

를 간단히 하면?

$$1$$
$${}_{1}C_{0}\quad {}_{1}C_{1}$$
$${}_{2}C_{0}\quad {}_{2}C_{1}\quad {}_{2}C_{2}$$
$${}_{3}C_{0}\quad {}_{3}C_{1}\quad {}_{3}C_{2}\quad {}_{3}C_{3}$$
$${}_{4}C_{0}\quad {}_{4}C_{1}\quad {}_{4}C_{2}\quad {}_{4}C_{3}\quad {}_{4}C_{4}$$
$${}_{5}C_{0}\quad {}_{5}C_{1}\quad {}_{5}C_{2}\quad {}_{5}C_{3}\quad {}_{5}C_{4}\quad {}_{5}C_{5}$$
$$\vdots$$

① ${}_{20}C_{3}$ ② ${}_{20}C_{4}$ ③ ${}_{21}C_{2}$ ④ ${}_{21}C_{3}$ ⑤ ${}_{22}C_{2}$

11

오른쪽 그림과 같이 파스칼의 삼각형을 이용하여

${}_{3}C_{0}+{}_{4}C_{1}+{}_{5}C_{2}+\cdots+{}_{24}C_{21}$

의 값과 같은 것을 다음에서 고르면?

$$1$$
$${}_{1}C_{0}\quad {}_{1}C_{1}$$
$${}_{2}C_{0}\quad {}_{2}C_{1}\quad {}_{2}C_{2}$$
$${}_{3}C_{0}\quad {}_{3}C_{1}\quad {}_{3}C_{2}\quad {}_{3}C_{3}$$
$${}_{4}C_{0}\quad {}_{4}C_{1}\quad {}_{4}C_{2}\quad {}_{4}C_{3}\quad {}_{4}C_{4}$$
$${}_{5}C_{0}\quad {}_{5}C_{1}\quad {}_{5}C_{2}\quad {}_{5}C_{3}\quad {}_{5}C_{4}\quad {}_{5}C_{5}$$
$$\vdots$$

① ${}_{25}C_{3}$ ② ${}_{25}C_{4}$ ③ ${}_{25}C_{5}$ ④ ${}_{24}C_{5}$ ⑤ ${}_{24}C_{4}$

12

${}_{6}C_{0}+{}_{7}C_{1}+{}_{8}C_{2}+{}_{9}C_{3}+{}_{10}C_{4}+{}_{11}C_{5}$의 값과 같은 것은?

① ${}_{12}C_{5}$ ② ${}_{12}C_{6}$ ③ 2^{10} ④ ${}_{13}C_{4}$ ⑤ ${}_{13}C_{5}$

13

다음 그림과 같은 도로망에서 P지점부터 각 도로망을 따라 최단 거리로 A, B, C, D, E, F지점으로 가는 방법의 수를 각각 a, b, c, d, e, f라 할 때, $a+b+c+d+e+f$의 값은?

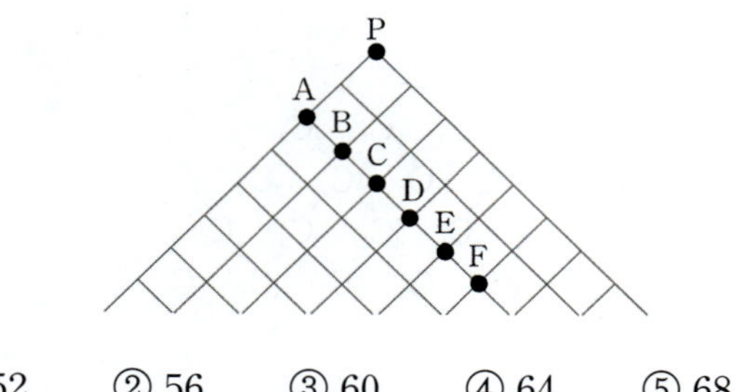

① 52 ② 56 ③ 60 ④ 64 ⑤ 68

DAY 13

14 생각 더하기

오른쪽 그림과 같은 통로의 맨 위에 32개의 공을 넣으면 D에는 몇 개의 공이 떨어질지 구하여라.

(단, 공은 갈림길에서 같은 개수로 나누어진다.)

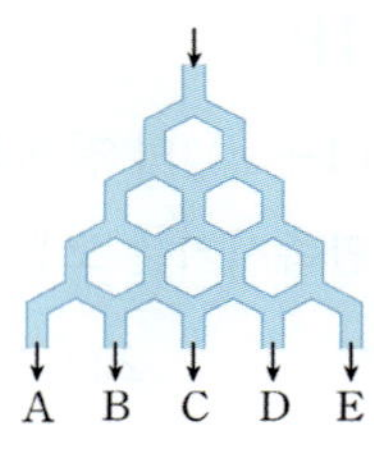

15

다음 그림과 같은 수의 배열을 파스칼의 삼각형이라 한다. 색칠한 부분의 모든 수들의 합은?

$${}_{1}C_{0}\quad {}_{1}C_{1}$$
$${}_{2}C_{0}\quad {}_{2}C_{1}\quad {}_{2}C_{2}$$
$${}_{3}C_{0}\quad {}_{3}C_{1}\quad {}_{3}C_{2}\quad {}_{3}C_{3}$$
$${}_{4}C_{0}\quad {}_{4}C_{1}\quad {}_{4}C_{2}\quad {}_{4}C_{3}\quad {}_{4}C_{4}$$
$$\vdots$$
$${}_{12}C_{0}\quad {}_{12}C_{1}\quad {}_{12}C_{2}\quad \cdots\quad {}_{12}C_{10}\quad {}_{12}C_{11}\quad {}_{12}C_{12}$$
$$\vdots$$

① 88 ② 89 ③ 90 ④ 91 ⑤ 92

16

${}_{n}C_{0}+{}_{n}C_{1}+{}_{n}C_{2}+{}_{n}C_{3}+\cdots+{}_{n}C_{n}=64$를 만족시키는 자연수 n의 값은?

① 4 ② 5 ③ 6 ④ 7 ⑤ 8

〈 정답과 해설 p. 44~45 〉

17 생각 더하기

다음 그림의 파스칼 삼각형을 이용하여

$({}_5C_0+{}_5C_5)+({}_6C_1+{}_6C_5)+({}_7C_2+{}_7C_5)$
$+({}_8C_3+{}_8C_5)+({}_9C_4+{}_9C_5)+2\times{}_{10}C_5$

와 같은 것을 구한 것은?

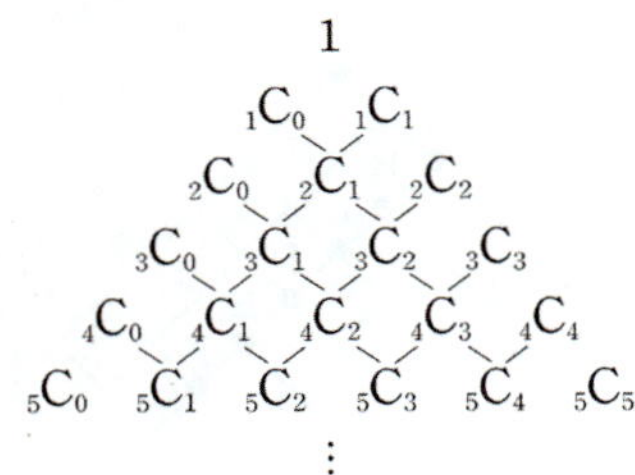

① ${}_{11}C_4$ ② ${}_{11}C_6$ ③ ${}_{12}C_5$ ④ ${}_{12}C_6$ ⑤ ${}_{12}C_8$

18

$(1+x)^n$의 전개식을 이용하여 다음 부등식을 만족시키는 모든 자연수 n의 값의 합을 구한 것은?

$$200<{}_nC_1+{}_nC_2+\cdots+{}_nC_n<1000$$

① 15 ② 17 ③ 24 ④ 27 ⑤ 30

19

전체집합 $U=\{1, 2, 3, \cdots, 7\}$에 대하여 집합 X는 집합 U의 부분집합이다. 집합 X의 원소의 개수가 홀수가 되도록 집합 X를 정하는 모든 경우의 수는?

① 16 ② 32 ③ 64 ④ 128 ⑤ 256

20 계산 조심

한 독서 동아리에 9명의 회원이 있다. 이 중에서 북토론회에 참가할 회원을 0명 이상 4명 이하로 뽑으려고 한다. 참가할 회원을 고르는 방법의 수는?

① 64 ② 128 ③ 256 ④ 512 ⑤ 1024

21

$\log_2({}_{19}C_{10}+{}_{19}C_{11}+{}_{19}C_{12}+\cdots+{}_{19}C_{19})$의 값은?

① 18 ② 19 ③ 20 ④ 21 ⑤ 22

22

$(1+x)^n$의 전개식을 이용하여

${}_{12}C_0-{}_{12}C_1\times2+{}_{12}C_2\times2^2-\cdots+{}_{12}C_{12}\times2^{12}$의 값을 구한 것은?

① -2^{11} ② -1 ③ 0 ④ 1 ⑤ 2^{13}

23

오늘부터 13^7일째 되는 날이 수요일이라 하면 14^7일째 되는 날은 무슨 요일인지 구하여라.

$14^7=(1+13)^7$이므로 이항정리를 이용하여 식을 정리한 뒤, 1주가 7일임을 활용한다.

24 생각 더하기

9^{25}의 일의 자리의 수를 a, 십의 자리의 수를 b, 백의 자리의 수를 c라 할 때, $a+b-c$의 값은?

① 11 ② 12 ③ 13 ④ 14 ⑤ 15

$9^{25}=(-1+10)^{25}$
$=-1+250-300\times10^2+m\times10^3$
이므로 일의 자리의 수, 십의 자리의 수, 백의 자리의 수를 구한다. (단, m은 정수)

〈 정답과 해설 p. 46 〉

Ⅱ

확률

1 확률의 뜻과 활용

01 시행과 사건
02 합사건, 곱사건, 배반사건, 여사건
✓ 03 수학적 확률
04 순열을 이용하는 확률
05 조합을 이용하는 확률
✓ 06 통계적 확률
07 기하적 확률
08 확률의 기본 성질
✓ 09 확률의 덧셈정리
10 여사건의 확률
11 여사건의 확률 – '이상', '이하', '아닌'을 포함하는 경우
12 확률의 덧셈정리와 여사건의 확률

2 조건부확률

☆ 13 조건부확률
14 확률의 곱셈정리
15 확률의 곱셈정리의 응용
16 사건의 독립과 종속
☆ 17 사건의 독립과 종속의 판정
☆ 18 독립시행의 확률
19 독립시행의 확률의 활용

✓ 수능 BASIC ☆ 수능 BEST

Ⅱ

확률

1 확률의 뜻과 활용

시행과 사건

- **시행 :** 주사위나 동전을 던지는 것과 같이 그 결과가 우연에 의하여 결정되고 같은 조건에서 여러 차례 반복할 수 있는 실험이나 관찰
- **표본공간 :** 어떤 시행에서 일어날 수 있는 모든 결과의 집합
- **사건 :** 표본공간의 부분집합 또는 시행의 구체적인 결과

합사건과 곱사건

- **합사건 :** A 또는 B가 일어나는 사건을 A와 B의 **합사건**이라 하고 기호로 $A\cup B$와 같이 나타낸다.

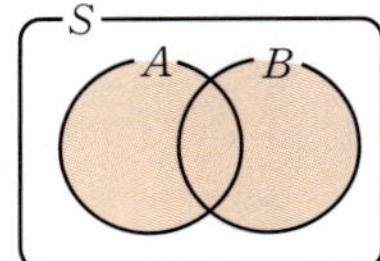

- **곱사건 :** A와 B가 동시에 일어나는 사건을 A와 B의 **곱사건**이라 하고 기호로 $A\cap B$와 같이 나타낸다.

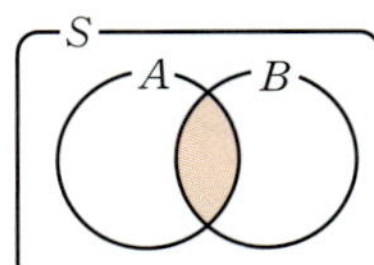

배반사건과 여사건

- **배반사건 :** A와 B가 동시에 일어나지 않을 때, 즉 $A\cap B=\varnothing$일 때, A와 B는 서로 배반이라 하고, 배반인 두 사건을 서로 **배반사건**이라 한다.

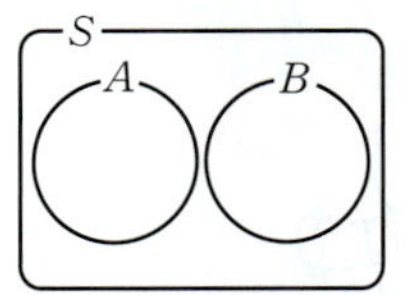

- **여사건 :** A가 일어나지 않는 사건을 A의 **여사건**이라 하고, 기호로 A^C와 같이 나타낸다.

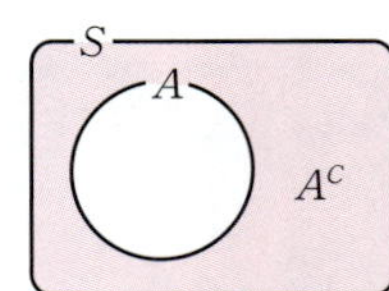

수학적 확률과 통계적 확률

- **수학적 확률**

표본공간 S가 m개의 근원사건으로 이루어져 있고, 각 근원사건이 일어날 가능성이 모두 같은 정도로 기대될 때, 사건 A가 r개의 근원사건으로 이루어져 있으면 사건 A가 일어날 수학적 확률은

$$\mathrm{P}(A)=\frac{(\text{사건 } A\text{가 일어나는 경우의 수})}{(\text{일어날 수 있는 모든 경우의 수})}=\frac{n(A)}{n(S)}=\frac{r}{m}$$

- **통계적 확률**

같은 시행을 n번 반복하여 사건 A가 일어난 횟수를 r_n이라 하면 시행 횟수 n이 충분히 커짐에 따라 그 상대도수 $\frac{r_n}{n}$이 일정한 값 p에 가까워진다고 알려져 있다.
이때, p를 사건 A의 **통계적 확률**이라고 한다.

$$\mathrm{P}(A)=\frac{(\text{사건 } A\text{가 일어난 횟수})}{(\text{전체 시행 횟수})}$$

확률의 기본 성질

표본공간이 S인 어떤 시행에서
(1) 임의의 사건 A에 대하여 $0\le \mathrm{P}(A)\le 1$
(2) 전사건 S에 대하여 $\mathrm{P}(S)=1$
(3) 공사건 $\varnothing$에 대하여 $\mathrm{P}(\varnothing)=0$

확률의 덧셈정리

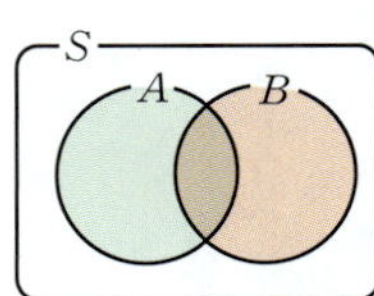

표본공간이 S인 임의의 두 사건 A, B에 대하여
(1) $\mathrm{P}(A\cup B)$
$=\mathrm{P}(A)+\mathrm{P}(B)-\mathrm{P}(A\cap B)$
(2) 두 사건 A, B가 서로 배반사건이면 → $A\cap B=\varnothing$

$\mathrm{P}(A\cup B)=\mathrm{P}(A)+\mathrm{P}(B)$
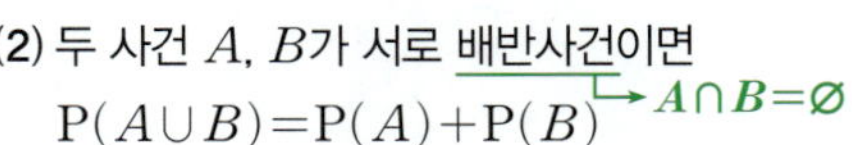

여사건의 확률

사건 A의 여사건 A^C에 대하여
$\mathrm{P}(A^C)=1-\mathrm{P}(A)$
(1) '적어도'를 포함하는 사건의 확률은 1에서 여사건의 확률을 뺀다.
(2) '적어도'라는 말이 없어도 구하고자 하는 사건의 경우의 수가 많으면 1에서 여사건의 확률을 빼는 것이 편리하다.

2 조건부확률

조건부확률

확률이 0이 아닌 사건 A가 일어났을 때, 사건 B가 일어날 확률을 사건 A가 일어났을 때의 사건 B의 조건부확률이라 하고, 기호 $\mathbf{P}(\boldsymbol{B}|\boldsymbol{A})$로 나타낸다.

사건 A가 일어났을 때, 사건 B의 조건부확률은

$\mathrm{P}(B|A)=\dfrac{\mathrm{P}(A\cap B)}{\mathrm{P}(A)}$ (단, $\mathrm{P}(A)>0$)

참고 $\mathrm{P}(B|A)$는 A를 새로운 표본공간으로 생각하고, $A\cap B$가 일어날 확률을 말한다. 따라서 조건부확률을 다음과 같이 구할 수도 있다.

$\mathrm{P}(B|A)=\dfrac{(\text{사건 } A\text{와 } B\text{가 동시에 일어나는 경우의 수})}{(\text{사건 } A\text{가 일어나는 경우의 수})}$

확률의 곱셈정리

두 사건 A, B에 대하여 $\mathrm{P}(A)>0$, $\mathrm{P}(B)>0$일 때, A, B가 동시에 일어날 확률은

$$\begin{aligned}\mathrm{P}(A\cap B)&=\mathrm{P}(A)\mathrm{P}(B|A)\\&=\mathrm{P}(B)\mathrm{P}(A|B)\end{aligned}$$

- **확률의 곱셈정리의 응용**

① $\mathrm{P}(B)=\mathrm{P}(A\cap B)+\mathrm{P}(A^c\cap B)$
$\quad=\mathrm{P}(A)\mathrm{P}(B|A)+\mathrm{P}(A^c)\mathrm{P}(B|A^c)$

② $\mathrm{P}(A|B)=\dfrac{\mathrm{P}(A\cap B)}{\mathrm{P}(B)}$
$\quad=\dfrac{\mathrm{P}(A)\mathrm{P}(B|A)}{\mathrm{P}(A\cap B)+\mathrm{P}(A^c\cap B)}$
$\quad=\dfrac{\mathrm{P}(A)\mathrm{P}(B|A)}{\mathrm{P}(A)\mathrm{P}(B|A)+\mathrm{P}(A^c)\mathrm{P}(B|A^c)}$

사건의 독립과 종속

- **독립** : 두 사건 A, B에 대하여 사건 A가 일어나거나 일어나지 않는 것이 사건 B가 일어날 확률에 영향을 주지 않을 때, 즉

$\mathrm{P}(B|A)=\mathrm{P}(B|A^C)=\mathrm{P}(B)$

일 때, 두 사건 A, B는 서로 독립이라 하고, 서로 독립인 두 사건을 독립사건이라 한다.

① 두 사건 A, B가 서로 독립이기 위한 필요충분조건은
$\mathrm{P}(A\cap B)=\mathrm{P}(A)\mathrm{P}(B)$
(단, $\mathrm{P}(A)>0$, $\mathrm{P}(B)>0$)

② 두 사건 A, B가 서로 독립이면, A와 B^C, A^C와 B, A^C와 B^C도 각각 서로 독립이다.

- **종속** : 두 사건 A, B가 서로 독립이 아닐 때, 즉, $\mathrm{P}(B|A)\neq\mathrm{P}(B|A^C)$ 또는 $\mathrm{P}(B|A)\neq\mathrm{P}(B)$ 일 때, 두 사건 A, B는 서로 종속이라 하고, 종속인 두 사건을 종속사건이라 한다.

독립시행의 확률

- **독립시행** : 동일한 시행을 반복할 때, 각 시행에서 일어나는 사건이 서로 독립이면 이런 시행을 독립시행이라 한다.

예 주사위 던지기, 동전 던지기, 농구 선수의 자유투, 사격 선수의 사격, 주머니에서 구슬을 뽑은 후 다시 넣고 또 뽑기(복원추출) 등

- **독립시행의 확률** : 어떤 시행에서 사건 A가 일어날 확률이 p로 일정할 때, 이 시행을 n회 반복한 독립시행에서 사건 A가 r회 일어날 확률은

${}_{n}\mathrm{C}_{r}p^{r}(1-p)^{n-r}$ $(r=0, 1, 2, \cdots, n)$

	배반사건	독립사건
정의	$A\cap B=\varnothing$	$\mathrm{P}(B\vert A)=\mathrm{P}(B\vert A^C)=\mathrm{P}(B)$
의미	두 사건 A, B는 동시에 일어나지 않는다.	두 사건 A, B는 서로 영향을 주지 않는다.
확률의 덧셈정리	$\mathrm{P}(A\cup B)=\mathrm{P}(A)+\mathrm{P}(B)$	$\mathrm{P}(A\cup B)=\mathrm{P}(A)+\mathrm{P}(B)-\mathrm{P}(A)\mathrm{P}(B)$
확률의 곱셈정리	$\mathrm{P}(A\cap B)=0$	$\mathrm{P}(A\cap B)=\mathrm{P}(A)\mathrm{P}(B)$
판단 방법	$A\cap B=\varnothing$	$\mathrm{P}(A\cap B)=\mathrm{P}(A)\mathrm{P}(B)$

01 시행과 사건

(1) **시행**: 주사위나 동전을 던지는 것과 같이 그 결과가 우연에 의하여 결정되고 같은 조건에서 여러 차례 반복할 수 있는 **실험이나 관찰**

(2) **표본공간**: 어떤 시행에서 일어날 수 있는 **모든 결과의 집합**

(3) **사건**: **표본공간의 부분집합**

(4) **근원사건**: **한 개의 원소로 이루어진 사건**

(5) **전사건**: 어떤 시행에서 **반드시 일어나는 사건**이며, 이는 표본공간과 같다.

(6) **공사건**: 어떤 시행에서 **절대로 일어나지 않는 사건**이며, 기호로 $\varnothing$과 같이 나타낸다.

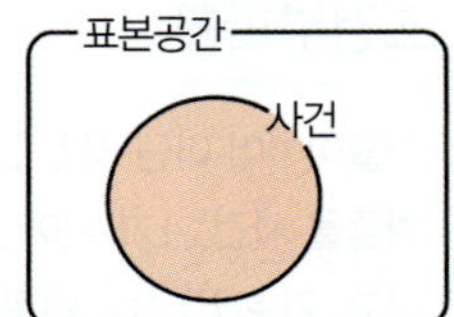

참고 표본공간(Sample space)은 일반적으로 S로 나타내고, 공집합이 아닌 경우만 생각한다.

유형 01 시행과 사건

[01-05] 한 개의 주사위를 던지는 시행에서 다음을 구하여라.

01 표본공간

해 한 개의 주사위를 던지는 시행에서 모든 경우는 1, 2, 3, 4, 5, 6이므로 표본공간을 S라 하면

$S=\{$ ☐ $\}$

02 홀수의 눈이 나오는 사건

해 홀수의 눈은 1, 3, 5이므로 홀수의 눈이 나오는 사건을 A라 하면 $A=\{$ ☐ $\}$

03 소수의 눈이 나오는 사건

해 소수의 눈은 ☐ 이므로 소수의 눈이 나오는 사건을 B라 하면 $B=\{$ ☐ $\}$

04 6의 약수의 눈이 나오는 사건

해 6의 약수의 눈은 ☐ 이므로 6의 약수의 눈이 나오는 사건을 C라 하면 $C=\{$ ☐ $\}$

05 근원사건

해 근원사건은 한 개의 ☐ 로 이루어진 사건이므로

☐, ☐, ☐, ☐, ☐, ☐ 이다.

[06-10] 서로 다른 두 개의 동전을 던지는 시행에서 동전의 앞면을 '앞', 뒷면을 '뒤'로 나타낼 때, 다음을 구하여라.

06 표본공간

07 서로 다른 면이 나오는 사건

08 서로 같은 면이 나오는 사건

09 뒷면이 나오지 않는 사건

10 근원사건

[11-13] 두 사람이 가위바위보를 하는 시행에서 다음을 구하여라.

11 표본공간

12 두 사람이 비기는 사건

13 두 사람이 다른 것을 내는 사건

[14-17] 1부터 7까지의 자연수 중에서 임의로 1개를 택하는 시행에서 다음을 구하여라.

14 표본공간

15 근원사건

16 짝수를 택하는 사건

17 소수를 택하는 사건

유형 02 근원사건, 전사건, 공사건

[18-22] 주어진 시행에서 다음 사건으로 알맞은 것에 ○표 하여라.

한 개의 주사위를 두 번 던지는 시행

18 나오는 두 눈의 수의 합이 12 이하인 사건
(근원사건 , 전사건 , 공사건)

19 나오는 두 눈의 수의 합이 12인 사건
(근원사건 , 전사건 , 공사건)

20 나오는 두 눈의 수의 차가 6인 사건
(근원사건 , 전사건 , 공사건)

21 나오는 두 눈의 수의 합이 2인 사건
(근원사건 , 전사건 , 공사건)

22 나오는 두 눈의 수의 합이 1 이하인 사건
(근원사건 , 전사건 , 공사건)

개념 체크

23 다음 빈칸에 알맞은 것을 써넣어라.

(1) 주사위나 동전을 던지는 것과 같이 그 결과가 우연에 의하여 결정되고 같은 조건에서 여러 차례 반복할 수 있는 실험이나 관찰을 [ ]이라 한다.

(2) 어떤 시행에서 일어날 수 있는 모든 결과의 집합을 [ ]이라 하고, 그 부분집합을 [ ]이라 한다.

(3) 한 개의 원소로 이루어진 사건을 [ ], 반드시 일어나는 사건을 [ ], 절대로 일어나지 않는 사건을 [ ]이라 하며, 기호로 [ ]과 같이 나타낸다.

〈 정답과 해설 p. 47 〉

02 합사건, 곱사건, 배반사건, 여사건

표본공간 S의 두 사건 A, B에 대하여

(1) **합사건**: A 또는 B가 일어나는 사건을 A와 B의 **합사건**이라 하고, 기호로 $\boldsymbol{A \cup B}$와 같이 나타낸다.

(2) **곱사건**: A와 B가 동시에 일어나는 사건을 A와 B의 **곱사건**이라 하고, 기호로 $\boldsymbol{A \cap B}$와 같이 나타낸다.

(3) **배반사건**: A와 B가 동시에 일어나지 않을 때, 즉 $\boldsymbol{A \cap B = \varnothing}$일 때, A와 B는 서로 배반이라 하고, 두 사건을 서로 **배반사건**이라 한다.

(4) **여사건**: A가 일어나지 않는 사건을 A의 **여사건**이라 하고, 기호로 $\boldsymbol{A^C}$와 같이 나타낸다.

(1) 합사건

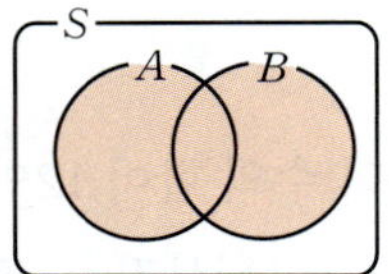

(2) 곱사건

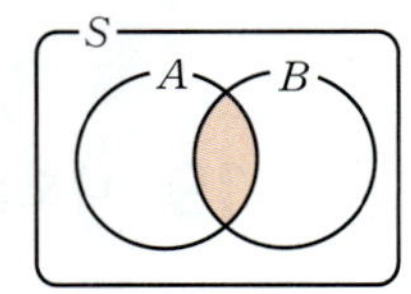

(3) 배반사건

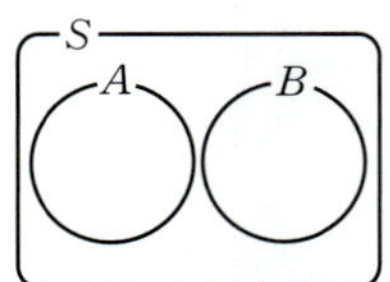

(4) 여사건

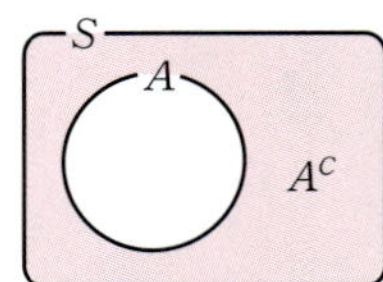

참고 ① $A \cap \varnothing = \varnothing$이므로 모든 사건과 공사건은 서로 배반사건이다.
② $A \cap A^C = \varnothing$이므로 A와 그 여사건 A^C는 서로 배반사건이다.
③ 사건 A와 서로 배반인 사건은 그 여사건 A^C의 부분집합이므로
(사건 A와 서로 배반인 사건의 개수)=(여사건 A^C의 부분집합의 개수)

유형 03 합사건, 곱사건, 여사건

[01-04] 주어진 시행에서 두 사건 A, B에 대하여 다음을 구하여라.

> 1부터 6까지의 자연수가 각각 적힌 6개의 공이 들어 있는 주머니에서 임의로 1개의 공을 꺼내는 시행에서 홀수가 적힌 공을 꺼내는 사건은 A, 소수가 적힌 공을 꺼내는 사건은 B

01 $A \cup B$

해 표본공간을 S라 하면 $S=\{\quad\}$이고,
$A=\{\quad\}$, $B=\{\quad\}$이므로
$A \cup B=\{\quad\}$

02 $A \cap B$

03 A^C

04 B^C

[05-10] 주어진 시행에서 두 사건 A, B에 대하여 다음을 구하여라.

> 한 개의 주사위를 던지는 시행에서 눈이 3의 배수인 사건은 A, 눈이 3 미만인 사건은 B

05 $A \cup B$

06 $A \cap B$

07 A^C

08 B^C

09 $A \cap B^C$

10 $A^C \cap B^C$

유형 04 배반사건

[11-14] 동전 두 개를 던지는 시행에서 모두 앞면이 나오는 사건을 A, 적어도 하나는 뒷면이 나오는 사건을 B라 할 때, 다음을 구하여라.

11 A

12 B

13 $A\cap B$

14 A와 B는 서로 배반사건인가?

[15-18] 1부터 10까지의 자연수가 각각 하나씩 적힌 10장의 카드에서 임의로 한 장의 카드를 뽑는 시행에서 소수가 적힌 카드를 뽑는 사건을 A, 8의 약수가 적힌 카드를 뽑는 사건을 B라 할 때, 다음을 구하여라.

15 A

16 B

17 $A\cap B$

18 A와 B는 서로 배반사건인가?

유형 05 배반사건의 개수

[19-21] 1부터 12까지의 자연수가 각각 하나씩 적힌 12장의 카드에서 임의로 한 장을 뽑을 때, 주어진 사건 A에 대하여 사건 A와 서로 배반인 사건의 개수를 구하여라.

19 카드에 적힌 수가 짝수인 사건을 A

20 카드에 적힌 수가 12의 약수인 사건을 A

21 카드에 적힌 수가 6과 서로소인 사건을 A

[22-24] 표본공간 $S=\{x\,|\,x$는 $10\le x\le 24$인 자연수$\}$의 세 사건 A, B, C가

$$A=\{10,\ 13,\ 16,\ 19,\ 22\},\ B=\{x\,|\,x\text{는 }5\text{의 배수}\},\ C=\{14,\ 18,\ 22\}$$

일 때, 다음을 구하여라.

22 두 사건 A, B와 모두 배반인 사건의 개수

23 두 사건 B, C와 모두 배반인 사건의 개수

24 세 사건 A, B, C와 모두 배반인 사건의 개수

DAY 14

〈정답과 해설 p. 47~48〉

유형 06 배반사건과 여사건

[25-28] 한 개의 주사위를 던지는 시행에서 짝수의 눈이 나오는 사건을 A, 홀수의 눈이 나오는 사건을 B라 할 때, 다음을 구하여라.

25 $A \cap B$

26 $A \cup B$

27 A^C

28 $(A \cup B)^C$

[29-32] 1부터 10까지의 자연수가 하나씩 적힌 10개의 공이 들어 있는 주머니에서 한 개의 공을 뽑는 시행에서 공에 적힌 수가 6의 약수인 사건을 A, 10의 약수인 사건을 B라 할 때, 다음을 구하여라.

29 $A \cap B$를 구하고, 배반사건인지 판단하여라.

30 $A \cup B$

31 B^C

32 $A^C \cup B^C$

[33-38] 1부터 10까지의 자연수가 각각 1개씩 적힌 10장의 카드 중에서 한 장의 카드를 뽑는 시행에서 소수가 나오는 사건을 A, 12의 약수가 나오는 사건을 B, 5의 배수가 나오는 사건을 C라 할 때, 다음을 구하여라.

33 A, B, C 중에서 서로 배반인 두 사건

34 $A \cup B$

35 $B \cup C$

36 A^C

37 C^C

38 $A^C \cap C^C$

개념 체크

39 다음 빈칸에 알맞은 것을 써넣어라.

표본공간 S의 두 사건 A, B에 대하여

(1) A 또는 B가 일어나는 사건을 A와 B의 [　　　　]이라 하고, 기호로 [　　　　]와 같이 나타낸다.

(2) A와 B가 동시에 일어나는 사건을 A와 B의 [　　　　]이라 하고, 기호로 [　　　　]와 같이 나타낸다.

(3) A와 B가 동시에 일어나지 않을 때, 즉 $A \cap B =$[　　]일 때, A와 B는 서로 배반이라 하고, 두 사건을 서로 [　　　　]이라 한다.

(4) A가 일어나지 않는 사건을 A의 [　　　　]이라 하고, 기호로 [　　　]와 같이 나타낸다.

〈 정답과 해설 p. 48~49 〉

03 수학적 확률

(1) **확률** : 어떤 시행에서 사건 A가 일어날 가능성을 수로 나타낸 것을 사건 A의 **확률**이라 하고, 기호로 $\mathrm{P}(A)$와 같이 나타낸다.

참고 $\mathrm{P}(A)$에서 P는 확률(Probability)의 첫 글자이다.

(2) **수학적 확률** : 어떤 시행의 표본공간 S의 각 근원사건이 일어날 가능성이 모두 같은 정도로 기대될 때, 사건 A가 일어날 확률 $\mathrm{P}(A)$를

$$\mathrm{P}(A)=\frac{n(A)}{n(S)}=\frac{(\text{사건 } A\text{의 원소의 개수})}{(\text{표본공간 } S\text{의 원소의 개수})}$$

로 정의하고, 이것을 사건 A가 일어날 **수학적 확률**이라 한다.

주사위를 던지는 시행에서 각 눈이 나올 가능성은 $\frac{1}{6}$로 기대돼.

유형 07 수학적 확률

[01-04] 서로 다른 두 개의 주사위를 던지는 시행에서 다음을 구하여라.

01 두 눈의 수의 합이 4 이하일 확률

02 두 눈의 수의 차가 3일 확률

03 두 눈의 수의 곱이 9의 배수일 확률

04 두 눈의 수가 서로 같을 확률

[05-07] 동전 한 개와 주사위 한 개를 동시에 던지는 시행에서 다음을 구하여라.

05 동전의 앞면과 주사위의 눈이 짝수일 확률

06 동전의 뒷면과 주사위의 눈이 3의 배수일 확률

07 동전의 앞면과 주사위의 눈이 소수일 확률

개념 체크

08 다음 빈칸에 알맞은 것을 써넣어라.

(1) 어떤 시행에서 사건 A가 일어날 가능성을 수로 나타낸 것을 사건 A의 [　　　]이라 하고, 기호로 [　　　]와 같이 나타낸다.

(2) 어떤 시행의 표본공간 S의 각 근원사건이 일어날 가능성이 모두 같은 정도로 기대될 때, 사건 A가 일어날 확률 $\mathrm{P}(A)$를 $\mathrm{P}(A)=\frac{[\quad\quad]}{n(S)}$로 정의하고, 이것을 사건 A가 일어날 [　　　　]이라 한다.

〈정답과 해설 p. 49~50〉

04 순열을 이용하는 확률

(1) 순열을 이용하는 확률

서로 다른 것을 일렬로 나열하는 사건의 확률은 순열을 이용하여 구한다.

서로 다른 n개에서 r개를 택하여 일렬로 나열하는 경우의 수는

$${}_{n}\mathrm{P}_{r}=n(n-1)(n-2)\times\cdots\times(n-r+1)=\frac{n!}{(n-r)!} \text{ (단, } 0\le r\le n)$$

(2) 중복순열을 이용하는 확률

중복을 허용하여 일렬로 나열하는 사건의 확률은 중복순열을 이용하여 구한다.

서로 다른 n개에서 r개를 택하는 중복순열의 수는 ${}_{n}\Pi_{r}=n^{r}$

(3) 같은 것이 있는 순열을 이용하는 확률

같은 것을 포함하여 일렬로 나열하는 사건의 확률은 같은 것이 있는 순열을 이용하여 구한다.

같은 것이 각각 p개, q개, $\cdots$, r개씩 있는 n개를 일렬로 나열하는 경우의 수는

$$\frac{n!}{p!\times q!\times\cdots\times r!} \text{ (단, } p+q+\cdots+r=n)$$

유형 08 순열을 이용하는 확률

[01-05] 다음 물음에 답하여라.

01 A, B, C를 포함한 10명의 학생 중에서 1등, 2등, 3등을 정할 때, A, B, C가 순서대로 1등, 2등, 3등을 할 확률을 구하여라.

해 10명의 학생 중에서 3명을 뽑아 일렬로 나열하는 경우의 수는 ${}_{10}\mathrm{P}_{3}=10\times9\times8=$ ☐ 이고,
A, B, C가 순서대로 1등, 2등, 3등을 하는 경우의 수는 ☐ 이다.
따라서 구하는 확률은 ☐

02 A를 포함한 5명의 학생 중에서 3명을 뽑아 일렬로 앉힐 때, A가 두 번째 자리에 앉을 확률을 구하여라.

03 A부터 K까지 11개의 알파벳 중에서 서로 다른 4개의 알파벳을 뽑아 한 줄로 나열할 때, 사전순으로 ABCD가 순서대로 뽑힐 확률을 구하여라.

04 1번부터 8번까지 번호가 각각 붙은 8개의 의자에 A, B를 포함 8명의 학생이 무작위로 앉는다. 두 학생 A, B가 나란히 앉을 확률을 구하여라.

05 1부터 7까지의 7개의 숫자 중에서 서로 다른 5개의 숫자를 뽑아 만들 수 있는 다섯 자리의 자연수 중에서 임의로 1개를 택할 때, 그 수가 짝수일 확률을 구하여라.

[06-08] 서로 다른 수학책 3권과 영어책 4권을 책꽂이에 일렬로 꽂으려고 한다. 다음을 구하여라.

06 수학책 3권이 이웃할 확률

해 먼저 7권의 책을 일렬로 꽂는 경우의 수는 ☐이다.
수학책 3권을 하나로 묶어서 나열하는 경우의 수는
총 ☐권을 일렬로 나열하는 것과 같으므로
☐이고, 수학책의 자리를 서로 바꾸는 경우의 수는
☐이다.
따라서 경우의 수는 ☐이므로 구하는 확률은
☐이다.

07 영어책끼리 이웃하지 않게 꽂을 확률

08 수학책은 수학책끼리, 영어책은 영어책끼리 꽂을 확률

[09-11] A, B, C, D, E의 5명이 긴 의자에 나란히 앉을 때, 다음을 구하여라.

09 A, D가 이웃하여 앉을 확률

10 C, E가 양 끝에 앉을 확률

11 B, E 사이에 2명이 앉을 확률

[12-13] 5개의 숫자 1, 2, 3, 4, 5를 모두 사용하여 다섯 자리의 자연수를 만들 때, 다음을 구하여라.

12 자연수가 32000보다 작을 확률

13 자연수가 43000보다 클 확률

[14-15] 세 자리의 자연수 중에서 임의로 하나를 택할 때, 다음을 각각 구하여라.

14 짝수일 확률

15 각 자리의 숫자가 모두 짝수일 확률

〈 정답과 해설 p. 50~51 〉

유형 09 중복순열을 이용하는 확률

[16-20] 다음 물음에 답하여라.

16 숫자 0, 1, 2, 3을 중복을 허용하여 사용해 4자리 암호를 만들 때, 모든 자릿수가 서로 다른 암호가 만들어질 확률을 구하여라.

17 숫자 1, 2, 3, 4, 5 중에서 중복을 허용하여 네 자리의 자연수를 만들 때, 숫자 2가 한 번만 포함되는 네 자리의 자연수가 만들어질 확률을 구하여라.

18 네 사람이 5개의 도시 중에서 임의로 각각 한 곳을 택하여 갈 때, 네 사람이 서로 다른 도시로 갈 확률을 구하여라.

19 두 집합

$$X=\{a,\ b,\ c\},\ Y=\{1,\ 3,\ 5,\ 7,\ 9\}$$

에 대하여 X에서 Y로의 함수 중에서 임의로 1개를 택할 때, 그 함수가 일대일함수일 확률을 구하여라.

20 집합 $X=\{a,\ b,\ c,\ d\}$에 대하여 X에서 X로의 함수 중에서 임의로 1개를 택할 때, 그 함수가 일대일대응일 확률을 구하여라.

유형 10 같은 것이 있는 순열을 이용하는 확률

[21-23] 다음 물음에 답하여라.

21 단어 LEVEL의 알파벳을 나열하는 모든 경우 중에서 L이 맨 앞에 오는 확률을 구하여라.

22 SUCCESS라는 단어의 알파벳을 일렬로 나열할 때, S로 시작하고 E로 끝날 확률을 구하여라.

23 6개의 숫자 1, 2, 3, 4, 4, 5를 일렬로 나열할 때, 짝수끼리 서로 이웃할 확률을 구하여라.

개념 체크

24 다음 빈칸에 알맞은 것을 써넣어라.

(1) 서로 다른 것을 일렬로 나열하는 사건의 확률은 [　　　]을 이용하여 구한다.
서로 다른 n개에서 r개를 택하여 일렬로 나열하는 경우의 수는 [　　　] (단, $0\le r\le n$)

(2) 중복을 허용하여 일렬로 나열하는 사건의 확률은 [　　　　]을 이용하여 구한다.
서로 다른 n개에서 r개를 택하는 중복순열의 수는 [　　　]

(3) 같은 것을 포함하여 일렬로 나열하는 사건의 확률은 같은 것이 있는 순열을 이용하여 구한다.
같은 것이 각각 p개, q개, $\cdots$, r개씩 있는 n개를 일렬로 나열하는 경우의 수는
[　　　　　　] (단, $p+q+\cdots+r=n$)

〈 정답과 해설 p. 51~52 〉

05 조합을 이용하는 확률

(1) 조합을 이용하는 확률

순서를 생각하지 않고 택하는 사건의 확률은 조합을 이용하여 구한다.

서로 다른 n개에서 순서를 생각하지 않고 r개를 택하는 경우의 수는

${}_{n}\mathrm{C}_{r}=\frac{{}_{n}\mathrm{P}_{r}}{r!}=\frac{n!}{r!(n-r)!}$ (단, $0\le r\le n$)

(2) 중복조합을 이용하는 확률

중복을 허용하여 순서를 생각하지 않고 택하는 사건의 확률은 중복조합을 이용하여 구한다.

서로 다른 n개에서 r개를 택하는 중복조합의 수는 ${}_{n}\mathrm{H}_{r}={}_{n+r-1}\mathrm{C}_{r}$

유형 11 조합을 이용하는 확률

[01-02] 1, 2, 3, 4, 5의 숫자가 각각 하나씩 적힌 5장의 카드가 들어 있는 상자가 있다. 다음을 구하여라.

01 카드를 두 장 뽑을 때, 카드에 적힌 숫자의 합이 짝수일 확률

해 전체 경우의 수는 5장 중 2장을 뽑으므로

[ ]이다.

이때, 카드에 적힌 숫자의 합이 짝수이려면

[ ]이거나

[ ]이어야 한다.

(i) 두 수가 모두 짝수인 경우의 수 : 2, 4의 [ ]

(ii) 두 수가 모두 홀수인 경우의 수 : 1, 3, 5 중에서 두 장을 뽑는 것이므로 [ ]$=3$

따라서 구하는 확률은 $\frac{1+3}{{}_{5}\mathrm{C}_{2}}=\frac{4}{10}=$[ ]이다.

02 세 장을 뽑을 때, 카드에 적힌 숫자의 곱이 홀수일 확률

[03-05] 빨간 공 3개와 파란 공 5개가 들어 있는 주머니가 있다. 다음을 구하여라.

03 3개의 공을 꺼낼 때, 모두 빨간 공이 나올 확률

DAY 15

04 3개의 공을 꺼낼 때, 빨간 공 1개와 파란 공 2개가 나올 확률

05 4개의 공을 꺼낼 때, 같은 색 공이 3개가 나올 확률

〈 정답과 해설 p. 52~53 〉

[06-07] 1부터 10까지의 자연수 중에서 임의로 6개의 서로 다른 수를 뽑을 때, 다음을 구하여라.

06 짝수를 두 개만 뽑을 확률

07 두 번째로 작은 수가 3일 확률

[08-09] 4개의 당첨 제비가 포함된 10개의 제비 중에서 3개의 제비를 뽑을 때, 다음을 구하여라.

08 당첨 제비가 1개 뽑힐 확률

09 당첨 제비가 2개 뽑힐 확률

유형 12 중복조합을 이용하는 확률

[10-12] 다음 물음에 답하여라.

10 같은 종류의 펜 5자루를 4명의 학생 A, B, C, D에게 나누어 줄 때, 학생 D가 적어도 2자루의 펜을 받을 확률을 구하여라. (단, 펜을 받지 못하는 학생이 있을 수도 있다.)

11 딸기맛, 포도맛, 복숭아맛, 사과맛, 레몬맛의 사탕이 각각 무수히 많이 들어 있는 주머니에서 3개를 동시에 꺼낼 때, 3개가 모두 다른 맛 사탕일 확률을 구하여라.

12 세 친구가 같은 종류의 과자 7개를 나누어 가질 때, 과자를 받지 못하는 사람이 없을 확률을 구하여라.

개념 체크

13 다음 빈칸에 알맞은 것을 써넣어라.

(1) 순서를 생각하지 않고 택하는 사건의 확률은 [　　　]을 이용하여 구한다.
서로 다른 n개에서 순서를 생각하지 않고 r개를 택하는 경우의 수는 [　　　] (단, $0\le r\le n$)

(2) 중복을 허용하여 순서를 생각하지 않고 택하는 사건의 확률은 [　　　]을 이용하여 구한다.
서로 다른 n개에서 r개를 택하는 중복조합의 수는 [　　　]

〈 정답과 해설 p. 53 〉

06 통계적 확률

같은 시행을 n번 반복하여 사건 A가 일어난 횟수를 r_n이라 하면 시행 횟수 n이 충분히 커짐에 따라 그 상대도수 $\frac{r_n}{n}$이 일정한 값 p에 가까워진다고 알려져 있다.

이때, p를 사건 A의 **통계적 확률**이라 한다. $\mathrm{P}(A)=\frac{(\text{사건 }A\text{가 일어난 횟수})}{(\text{전체 시행 횟수})}$

참고 자연 현상이나 사회 현상 중에는 어떤 근원사건들이 일어날 가능성이 서로 같은 정도로 기대되지 않는 경우가 흔히 있다. 이를테면 비가 올 가능성, 불량품이 나올 가능성 등은 수학적 확률로 정의할 수 없다. 그래서 통계적 확률이 필요한 것이며 시행 횟수 n을 한없이 크게 할 수 없으므로 n이 충분히 클 때의 상대도수 $\frac{r_n}{n}$을 통계적 확률 p로 간주한다.

유형 13 통계적 확률

[01-04] 다음 물음에 답하여라.

01 어느 농구 선수가 50번 슛을 시도했을 때 35번을 성공했다고 한다. 이 선수가 한 번 슛을 시도할 때, 성공할 확률을 구하여라.

02 어느 나라의 통계 결과에 따르면 새끼 돼지 500마리 중에서 출생 후 1년 이후에도 살아 있는 새끼 돼지는 492마리라고 한다. 이 나라에서 태어난 새끼 돼지 한 마리가 1년 이후에도 살아 있을 확률을 구하여라.

03 어떤 주사위 모양의 도형을 1000번 던졌을 때, 1의 눈이 612번 나왔다. 이 주사위 모양의 도형을 한 번 던질 때, 1의 눈이 나올 확률을 구하여라.

04 어떤 야구 선수가 125타석에서 안타를 39개 쳤다고 한다. 이 야구 선수가 한 타석에서 안타를 칠 확률을 구하여라.

[05-06] 다음 표는 어느 농구 선수가 10경기를 뛰고 나서 얻은 득점에 대한 기록이다. 물음에 답하여라.

	2점 슛	3점 슛
득점(점)	160	60
슛 성공률(%)	80	50

05 이 선수가 10경기에서 던진 2점 슛의 개수를 구하여라.

06 이 선수가 10경기에서 던진 3점 슛의 개수를 구하여라.

개념 체크

07 **다음 빈칸에 알맞은 것을 써넣어라.**
같은 시행을 n번 반복하여 사건 A가 일어난 횟수를 r_n이라 하면 시행 횟수 n이 충분히 커짐에 따라 그 상대도수 [ ]이 일정한 값 p에 가까워진다고 알려져 있다. 이때, p를 사건 A의 [ ]이라 한다.

〈 정답과 해설 p. 53~54 〉

DAY 15

07 기하적 확률

연속적인 변량을 크기로 갖는 표본공간의 영역 S 안에서 각각의 점을 택할 가능성이 같은 정도로 기대될 때, 영역 S에 포함되어 있는 영역 A에 대하여 영역 S에서 임의로 택한 점이 영역 A에 속할 확률은 다음과 같이 정의된다.

$$\mathrm{P}(A)=\frac{(\text{영역 } A\text{의 크기})}{(\text{영역 } S\text{의 크기})}$$

이것을 **기하적 확률**이라 한다.

길이, 넓이 등 근원사건의 개수가 무수히 많아서 그 수를 셀 수 없는 경우에는 기하적 확률을 사용해.

유형 14 기하적 확률

[01-02] 그림과 같이 반지름의 길이가 각각 2, 4이고 중심이 같은 두 원으로 이루어진 과녁에 총을 쏠 때, 다음을 구하여라. (단, 총알은 반드시 과녁을 맞히고, 경계선에 맞지 않는다.)

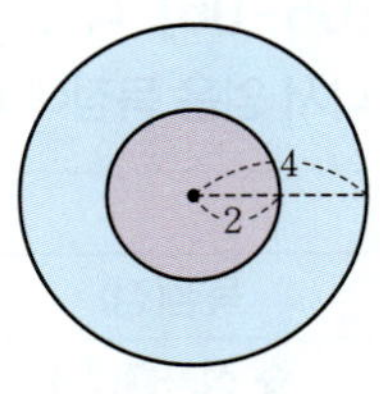

01 보라색으로 색칠한 안쪽 과녁판을 맞힐 확률을 구하여라.

02 파란색으로 색칠한 바깥쪽 과녁판을 맞힐 확률을 구하여라.

[03-05] 그림과 같이 한 변의 길이가 2인 정사각형에 각각 내접하는 원, 외접하는 원이 있다. 정사각형에 외접하는 원의 내부에서 임의의 점 P를 택할 때, 다음을 구하여라.

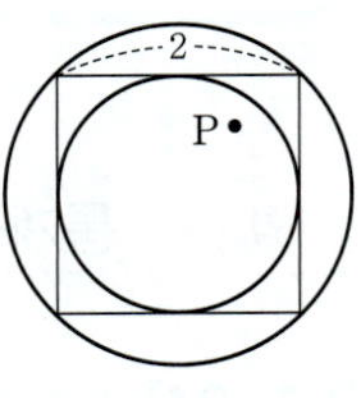

03 점 P가 정사각형의 내부에 있을 확률을 구하여라.

04 점 P가 오른쪽 그림의 색칠한 부분에 있을 확률을 구하여라.

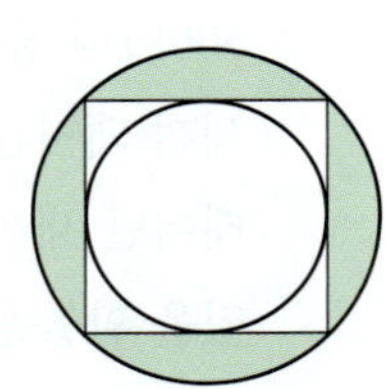

05 점 P가 오른쪽 그림의 색칠한 부분에 있을 확률을 구하여라.

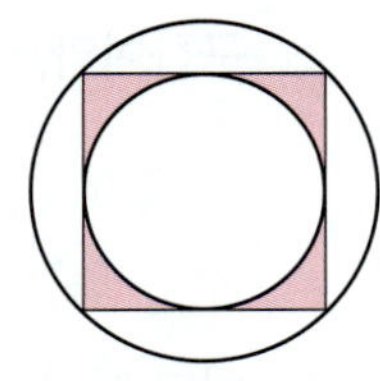

[06-08] 다음 물음에 답하여라.

06 오른쪽 그림과 같이 사각형의 내부를 9등분한 도형이 있다. 이 사각형의 내부 및 경계 위에 임의의 점 P를 잡을 때, 그 점이 색칠한 부분에 있을 확률을 구하여라.

07 오른쪽 그림과 같이 중심이 O이고 반지름의 길이가 5인 원의 내부 및 경계 위에 임의의 점 P를 잡을 때, $1 \le \overline{OP} \le 3$일 확률을 구하여라.

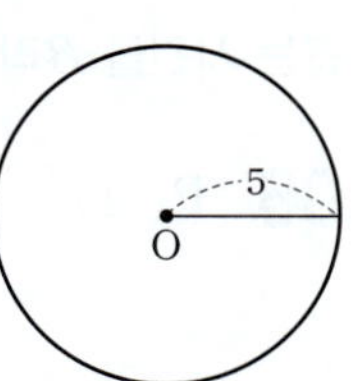

08 오른쪽 그림과 같이 반지름의 길이가 $\sqrt{2}$이고 중심각이 90°인 부채꼴의 내부에 정사각형이 내접하고 있다. 부채꼴의 내부 및 경계 위에 임의의 점 P를 잡을 때, 그 점이 색칠한 부분에 있을 확률을 구하여라.

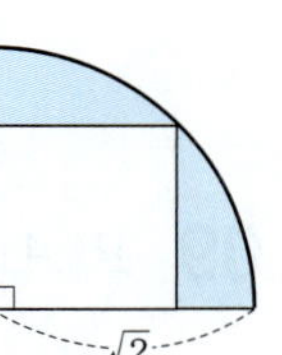

[09-10] 다음 물음에 답하여라.

09 오른쪽 그림과 같이 원주를 8등분한 8개의 점이 있다. 이 중에서 세 점을 택하여 삼각형을 만들 때, 이 삼각형이 직각삼각형이 될 확률을 구하여라.

해 만들 수 있는 삼각형의 개수, 즉 8개의 점에서 3개의 점을 택하는 방법의 수는 $_8C_{\square}=\square$이다.

직각삼각형은 빗변이 외접원의 지름이 되는 성질을 이용하면 하나의 지름에서 만들 수 있는 직각삼각형의 개수는 $\square$이고, 원주 위의 8개의 점들 중 두 개를 연결하여 만들 수 있는 지름의 개수는 $\square$이므로 가능한 직각삼각형의 개수는 $\square$이다.

따라서 구하는 확률은 $\square$이다.

10 오른쪽 그림과 같이 한 변의 길이가 2인 정사각형 ABCD의 내부에 임의로 점 P를 잡을 때, 삼각형 PBC가 예각삼각형이 될 확률을 구하여라.

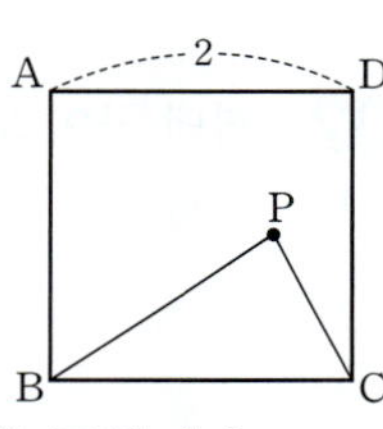

개념 체크

11 다음 빈칸에 알맞은 것을 써넣어라.

연속적인 변량을 크기로 갖는 표본공간의 영역 S 안에서 각각의 점을 택할 가능성이 같은 정도로 기대될 때, 영역 S에 포함되어 있는 영역 A에 대하여 영역 S에서 임의로 택한 점이 영역 A에 속할 확률은

$$P(A)=\frac{(\text{영역 [\qquad]의 크기})}{(\text{영역 [\qquad]의 크기})}$$

로 정의하고, 이것을 [　　　　　]이라 한다.

DAY 15

〈 정답과 해설 p. 54~55 〉

08 확률의 기본 성질

표본공간이 S인 어떤 시행에서

(1) 임의의 사건 A에 대하여 $0 \le \mathrm{P}(A) \le 1$

(2) 반드시 일어나는 **전사건** S에 대하여

$$\mathrm{P}(S)=\frac{n(S)}{n(S)}=1$$

(3) 절대로 일어나지 않는 **공사건** $\varnothing$ 에 대하여

$$\mathrm{P}(\varnothing)=\frac{n(\varnothing)}{n(S)}=0$$

표본공간 S의 임의의 사건 A에 대하여
$\varnothing \subset A \subset S$이므로
$0 \le n(A) \le n(S)$
부등식의 각 변을 $n(S)$로 나누면
$0 \le \frac{n(A)}{n(S)} \le 1$
$\therefore 0 \le \mathrm{P}(A) \le 1$

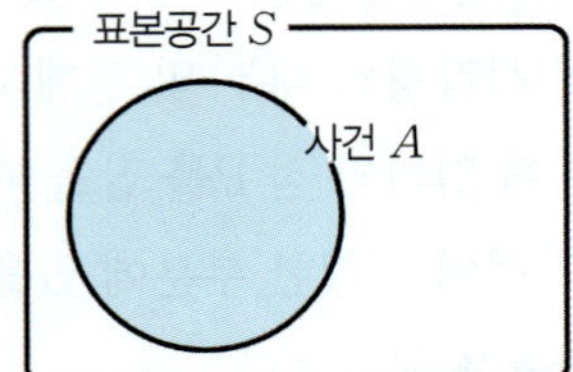

유형 15 확률의 기본 성질

[01-03] 빨간 공 5개와 흰 공 3개가 들어 있는 주머니에서 임의로 한 개의 공을 꺼낼 때, 다음을 구하여라.

01 꺼낸 공이 빨간 공일 확률

02 꺼낸 공이 노란 공일 확률

03 꺼낸 공이 빨간 공 또는 흰 공일 확률

[04-05] 주사위 한 개를 던지는 시행에서 다음을 구하여라.

04 6 이하의 눈이 나올 확률

05 7의 눈이 나올 확률

[06-09] 자음 ㄱ, ㄴ, ㄷ, ⋯, ㅌ, ㅍ, ㅎ이 각각 적힌 14장의 카드와 모음 ㅏ, ㅑ, ㅓ, ㅕ, ㅗ, ㅛ, ㅜ, ㅠ, ㅡ, ㅣ가 각각 적힌 10장의 카드에서 임의로 한 장을 뽑는 시행에서 모음이 적힌 카드를 뽑는 사건을 A, 자음이 적힌 카드를 뽑는 사건을 B라 할 때, 다음을 구하여라.

06 $\mathrm{P}(A)$

07 $\mathrm{P}(B)$

08 $\mathrm{P}(A \cup B)$

09 $\mathrm{P}(A \cap B)$

개념 체크

10 다음 빈칸에 알맞은 것을 써넣어라.

표본공간이 S인 어떤 시행에서

(1) 임의의 사건 A에 대하여 [ ] $\le \mathrm{P}(A) \le 1$

(2) 전사건 S에 대하여 $\mathrm{P}(S)=$[ ]

(3) 공사건 $\varnothing$에 대하여 $\mathrm{P}(\varnothing)=$[ ]

〈 정답과 해설 p. 55 〉

09 확률의 덧셈정리

표본공간 S의 두 사건 A, B에 대하여 다음이 성립한다.

$$\mathbf{P}(A\cup B)=\mathbf{P}(A)+\mathbf{P}(B)-\mathbf{P}(A\cap B)$$

특히, 두 사건 A와 B가 서로 배반사건이면 ($A\cap B=\varnothing$)

$$\mathbf{P}(A\cup B)=\mathbf{P}(A)+\mathbf{P}(B)$$

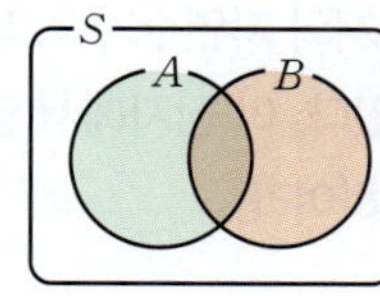

유형 16 확률의 덧셈정리

[01-03] 상자 안에 1부터 20까지의 자연수가 각각 하나씩 적힌 20장의 카드가 들어 있다. 이 상자에서 임의로 한 장의 카드를 꺼낼 때, 다음을 구하여라.

01 꺼낸 카드에 적힌 수가 2의 배수이거나 5의 배수일 확률

02 꺼낸 카드에 적힌 수가 3의 배수이거나 4의 배수일 확률

03 꺼낸 카드에 적힌 수가 5 이하이거나 10 이상일 확률

[04-07] 표본공간 S의 두 사건 A, B에 대하여 다음을 구하여라.

04 $S=A\cup B$, $\mathrm{P}(A)=0.7$, $\mathrm{P}(A\cap B)=0.2$일 때, $\mathrm{P}(B)$의 값

05 $S=A\cup B$, $\mathrm{P}(B)=0.5$, $\mathrm{P}(A\cap B)=0.4$일 때, $\mathrm{P}(A)$의 값

06 $S=A\cup B$, $\mathrm{P}(A)=0.6$, $\mathrm{P}(B)=0.5$일 때, $\mathrm{P}(A\cap B)$의 값

07 $S=A\cup B$, $\mathrm{P}(A\cap B)=0.2$일 때, $\mathrm{P}(A)+\mathrm{P}(B)$의 값

DAY 16

〈정답과 해설 p. 55~56〉

유형 17 확률의 덧셈정리 – 배반사건인 경우

[08-11] 상자 안에 1부터 10까지의 자연수가 각각 하나씩 적힌 10장의 카드가 들어 있다. 이 상자에서 임의로 한 장의 카드를 꺼낼 때, 다음을 구하여라.

08 꺼낸 카드에 적힌 수가 1 이하이거나 9 이상일 확률

09 꺼낸 카드에 적힌 수가 소수이거나 4의 배수일 확률

10 꺼낸 카드에 적힌 수가 3의 배수이거나 5의 배수일 확률

11 꺼낸 카드에 적힌 수가 2와 서로소이거나 2의 배수일 확률

[12-13] 표본공간 S의 두 사건 A, B에 대하여 다음을 구하여라.

12 $S=A\cup B$, $\mathrm{P}(A\cap B)=0$, $\mathrm{P}(A)=0.4$일 때, $\mathrm{P}(B)$의 값

13 $S=A\cup B$, $A\cap B=\varnothing$, $\mathrm{P}(B)=0.8$일 때, $\mathrm{P}(A)$의 값

[14-15] 다음 물음에 답하여라.

14 흰 공이 3개, 검은 공이 2개 들어 있는 주머니에서 2개의 공을 동시에 꺼낼 때, 같은 색의 공이 나올 확률을 구하여라.

15 도넛 5개와 쿠키 4개가 들어 있는 상자에서 3개를 동시에 꺼낼 때, 3개가 모두 도넛 또는 모두 쿠키일 확률을 구하여라.

유형 18 확률의 최댓값과 최솟값

[16-18] 두 사건 A, B에 대하여 $\mathrm{P}(A\cap B)$의 최솟값을 구하여라.

16 $\mathrm{P}(A)=\frac{1}{2}$, $\mathrm{P}(B)=\frac{3}{5}$

해 $\mathrm{P}(A\cup B)=\mathrm{P}(A)+\mathrm{P}(B)-\mathrm{P}(A\cap B)$이므로

$\mathrm{P}(A\cap B)=\mathrm{P}(A)+\mathrm{P}(B)-\boxed{}$

$=\frac{1}{2}+\frac{3}{5}-\mathrm{P}(A\cup B)$

$=\boxed{}-\mathrm{P}(A\cup B)$

따라서 $\mathrm{P}(A\cap B)$가 최소일 때는 $\mathrm{P}(A\cup B)$가 $\boxed{}$일 때이다.

$\mathrm{P}(A\cup B)\le\boxed{}$이므로

$\mathrm{P}(A\cup B)$의 최댓값은 $\boxed{}$이다.

따라서 $\mathrm{P}(A\cup B)=\boxed{}$일 때

$\mathrm{P}(A\cap B)$는 최솟값 $\boxed{}$을 가진다.

17 $\mathrm{P}(A)=\frac{4}{7}$, $\mathrm{P}(B)=\frac{3}{4}$

18 $\mathrm{P}(A)=\frac{2}{3}$, $\mathrm{P}(B)=\frac{5}{6}$

[19-21] 두 사건 A, B에 대하여 $\mathrm{P}(A\cap B)$의 최댓값을 구하여라.

19 $\mathrm{P}(A)=\frac{7}{8}$, $\mathrm{P}(B)=\frac{5}{6}$

20 $\mathrm{P}(A)=\frac{8}{11}$, $\mathrm{P}(B)=\frac{3}{10}$

21 $\mathrm{P}(A)=\frac{2}{3}$, $\mathrm{P}(B)=\frac{5}{12}$

개념 체크

22 다음 빈칸에 알맞은 것을 써넣어라.

표본공간 S의 두 사건 A, B에 대하여

(1) $\mathrm{P}(A\cup B)=[\quad\quad]+[\quad\quad]-[\quad\quad\quad]$

(2) 두 사건 A와 B가 서로 배반사건이면

$\mathrm{P}(A\cup B)=[\quad\quad]+[\quad\quad]$

DAY 16

〈 정답과 해설 p. 56~57 〉

10 여사건의 확률

표본공간 S의 사건 A와 그 여사건 A^C에 대하여

$$\mathbf{P}(A^C)=1-\mathbf{P}(A)$$

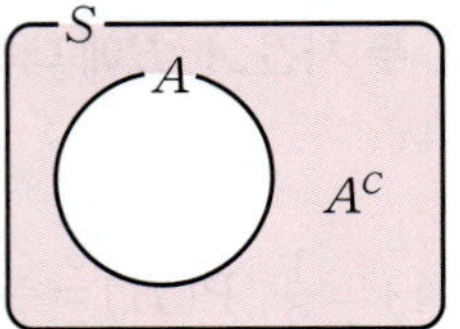

참고 사건 A와 그 여사건 A^C는 서로 배반사건이므로 확률의 덧셈정리에 의하여

$\mathrm{P}(A\cup A^C)=\mathrm{P}(A)+\mathrm{P}(A^C)$

이때, $\mathrm{P}(A\cup A^C)=\mathrm{P}(S)=1$이므로 $\mathrm{P}(A)+\mathrm{P}(A^C)=1$, 즉 $\mathrm{P}(A^C)=1-\mathrm{P}(A)$

유형 19 '적어도'를 포함하지 않은 경우

[01-02] 남학생 4명과 여학생 6명이 있을 때, 다음을 구하여라.

01 대표 3명을 뽑을 때, 여학생이 포함될 확률

해 전체 경우의 수는 10명 중 대표 3명을 뽑는 것이므로

☐이다.

이때, 여학생이 포함되는 사건은 남학생만 3명 뽑는 사건의 여사건이므로

(구하는 확률)$=1-$(남학생만 3명 뽑을 확률)

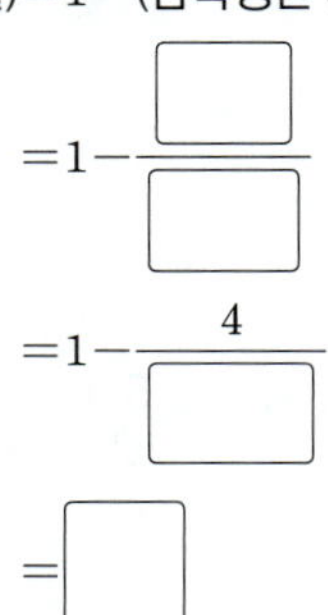

$=1-\dfrac{☐}{☐}$

$=1-\dfrac{4}{☐}$

$=☐$

02 대표 4명을 뽑을 때, 남학생이 포함될 확률

[03-04] 두 개의 주사위를 동시에 던질 때, 다음을 구하여라.

03 서로 다른 눈이 나올 확률

04 나오는 두 눈의 수의 곱이 짝수일 확률

05 집합 $X=\{2, 3, 4, 5\}$에 대하여 X에서 X로의 함수 중에서 임의로 하나를 택할 때, 이 함수의 치역의 모든 원소의 곱이 짝수일 확률을 구하여라.

유형 20 '적어도'를 포함하는 경우

[06-07] 남학생 3명과 여학생 2명을 일렬로 세우려고 할 때, 다음을 구하여라.

06 적어도 한쪽 끝에는 남학생을 세울 확률

해 (적어도 한쪽 끝에는 남학생을 세울 확률)

=1−(양 끝에 모두 [ ]을 세울 확률)

여학생 2명을 양 끝에 세우는 방법의 수는 [ ]이고,

그 사이에 남학생 3명을 세우는 방법의 수는

[ ]이다.

∴ (구하는 확률)$=1-\frac{\square}{5!}=\square$

07 적어도 한쪽 끝에는 여학생을 세울 확률

[08-09] 4개의 당첨 제비가 포함된 10개의 제비 중에서 4개의 제비를 뽑을 때, 다음을 구하여라.

08 적어도 1개가 당첨 제비일 확률

09 적어도 2개가 당첨 제비일 확률

[10-11] 흰 공이 5개, 검은 공이 4개 들어 있는 주머니가 있을 때, 다음을 구하여라.

10 3개의 공을 동시에 꺼낼 때, 적어도 한 개가 흰 공일 확률

11 4개의 공을 동시에 꺼낼 때, 적어도 한 개가 검은 공일 확률

DAY 16

[12-13] 다음 확률을 구하여라.

12 서로 다른 3개의 동전을 동시에 던질 때, 적어도 하나는 뒷면이 나올 확률

13 어느 공장에서 생산된 10개의 제품 중에는 2개의 불량품이 있다. 이 10개의 제품 중에서 임의로 3개를 꺼낼 때, 적어도 한 개의 불량품이 나올 확률

개념 체크

14 다음 빈칸에 알맞은 것을 써넣어라.

표본공간 S의 사건 A와 그 여사건 A^C에 대하여

$\mathrm{P}(A^C)=1-$[ ]

〈정답과 해설 p. 57~58〉

11 여사건의 확률 – '이상', '이하', '아닌'의 조건이 있는 경우

(1) (k개 이상일 확률) $=1-$(k개 미만일 확률)
(2) (k개 이하일 확률) $=1-$(k개 초과일 확률)
(3) (■가 아닐 확률) $=1-$(■일 확률)

유형 21 '이상', '이하'를 포함하는 경우

[01-02] 5개의 동전을 동시에 던질 때, 다음을 구하여라.

01 앞면이 1개 이상일 확률

해 (앞면이 1개 이상일 확률)
$=1-$(앞면이 1개 [ ]일 확률)
$=1-$(앞면이 [ ]개 나올 확률)
$=1-$[ ]$=$[ ]

02 뒷면이 2개 이상일 확률

[03-06] 다음 확률을 구하여라.

03 검은 구슬 6개와 흰 구슬 4개가 들어 있는 주머니에서 임의로 4개의 구슬을 꺼낼 때, 검은 구슬이 3개 이하일 확률

04 주사위 2개를 동시에 던질 때, 나오는 두 눈의 수의 차가 2 이상일 확률

05 5개의 숫자 1, 3, 5, 7, 9 중 3개를 뽑아 세 자리의 자연수를 만들 때, 그 수가 590 이하일 확률

06 어떤 학생이 ○, ×로 답하는 8개의 문제에 임의로 답하여 3문제 이상 맞힐 확률

유형 22 '아닌'을 포함하는 경우

[07-08] 다음 확률을 구하여라.

07 1부터 70까지의 자연수가 각각 하나씩 적힌 70개의 공이 들어 있는 상자에서 임의로 한 개의 공을 꺼낼 때, 꺼낸 공에 적힌 수가 8의 배수가 아닐 확률

08 부모님 두 분을 포함한 7명이 일렬로 앉아 가족사진을 찍을 때, 부모님 두 분이 서로 이웃하지 않을 확률

개념 체크

09 다음 빈칸에 알맞은 것을 써넣어라.

(1) (k개 이상일 확률)$=1-$(k개 [ ]일 확률)
(2) (k개 이하일 확률)$=1-$(k개 [ ]일 확률)
(3) (■가 아닐 확률)$=$[ ]$-$(■일 확률)

〈 정답과 해설 p. 58~59 〉

12 확률의 덧셈정리와 여사건의 확률

표본공간 S의 두 사건 A, B에 대하여 다음이 성립한다.

A, B가 모두 일어나지 않을 확률	**A가 일어나지 않거나 B가 일어나지 않을 확률**
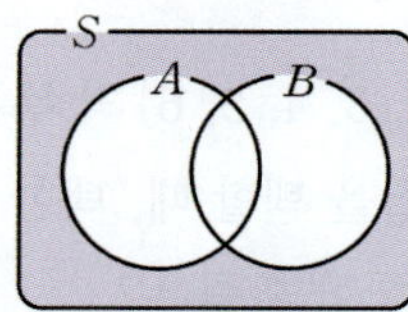	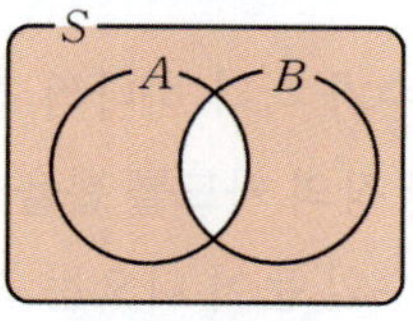
$A\cup B$의 여사건 $(A\cup B)^C=A^C\cap B^C$이므로 $\mathrm{P}((A\cup B)^C)=1-\mathrm{P}(A\cup B)$에서 $\mathbf{P(A^C\cap B^C)=1-P(A\cup B)}$	$A\cap B$의 여사건 $(A\cap B)^C=A^C\cup B^C$이므로 $\mathrm{P}((A\cap B)^C)=1-\mathrm{P}(A\cap B)$에서 $\mathbf{P(A^C\cup B^C)=1-P(A\cap B)}$

또한, 확률의 덧셈정리에 의해 다음이 성립한다.

- $\mathrm{P}(A^C\cup B^C)=\mathrm{P}(A^C)+\mathrm{P}(B^C)-\mathrm{P}(A^C\cap B^C)$
- $\mathrm{P}(A^C\cap B^C)=\mathrm{P}(A^C)+\mathrm{P}(B^C)-\mathrm{P}(A^C\cup B^C)$

드모르간의 법칙
- $(A\cup B)^C=A^C\cap B^C$
- $(A\cap B)^C=A^C\cup B^C$

DAY 16

유형 23 확률의 덧셈정리와 여사건의 확률

[01-03] 두 사건 A, B에 대하여

$$\mathrm{P}(A^C)=\frac{1}{3},\ \mathrm{P}(B)=\frac{3}{4},\ \mathrm{P}(A^C\cap B^C)=\frac{1}{6}$$

일 때, 다음을 구하여라.

01 $\mathrm{P}(A\cup B)$

02 $\mathrm{P}(B^C)$

03 $\mathrm{P}(A^C\cup B^C)$

[04-06] 두 사건 A, B에 대하여

$$\mathrm{P}(A)=\frac{1}{2},\ \mathrm{P}(B^C)=\frac{5}{9},\ \mathrm{P}(A\cap B)=\frac{1}{6}$$

일 때, 다음을 구하여라.

04 $\mathrm{P}(A^C\cup B^C)$

05 $\mathrm{P}(A\cup B)$

06 $\mathrm{P}(A^C\cap B^C)$

[07-08] 1부터 60까지의 자연수 중에서 임의로 한 개의 수를 택할 때, 다음 확률을 구하여라.

07 2의 배수가 아니거나 5의 배수가 아닐 확률

08 2의 배수도 아니고 5의 배수도 아닐 확률

개념 체크

09 다음 빈칸에 알맞은 것을 써넣어라.

표본공간 S의 두 사건 A, B에 대하여

(1) A, B가 모두 일어나지 않을 확률 :

$\mathrm{P}(A^C\cap B^C)=1-$[　　　　　]

(2) A가 일어나지 않거나 B가 일어나지 않을 확률 :

$\mathrm{P}(A^C\cup B^C)=1-$[　　　　　]

〈 정답과 해설 p. 59~60 〉

학교 시험 기본 문제 **단원 마무리 평가**

01 시행과 사건 ~ **12** 확률의 덧셈정리와 여사건의 확률

01

1부터 10까지의 자연수가 각각 하나씩 적힌 10장의 카드 중에서 임의로 한 장의 카드를 뽑을 때, 3의 배수가 나오는 사건을 A, 소수의 눈이 나오는 사건을 B라 하자. 다음 중 옳은 것은?

① $A\cup B=\{2, 3, 5, 6, 7\}$
② $A\cap B=\{3, 9\}$
③ $n(B^C)=5$
④ $A\cap B^C=\{6, 9\}$
⑤ $A^C\cap B=\{1, 2, 4, 5, 7, 8, 10\}$

02

한 개의 주사위를 던지는 시행에서 짝수의 눈이 나오는 사건을 A, 홀수의 눈이 나오는 사건을 B, 5의 약수의 눈이 나오는 사건을 C라 할 때, 서로 배반사건인 것을 〈보기〉에서 있는 대로 고른 것은?

〈보기〉
ㄱ. A와 B　　ㄴ. B와 C　　ㄷ. A와 C

① ㄱ　② ㄷ　③ ㄱ, ㄴ
④ ㄱ, ㄷ　⑤ ㄱ, ㄴ, ㄷ

03

표본공간 $S=\{x\,|\,x$는 9 이하의 자연수$\}$에 대하여 두 사건 A, B가

$A=\{1, 3, 5, 7\}$, $B=\{2, 4\}$

이다. A, B와 모두 배반인 사건의 개수를 구하여라.

04

서로 다른 두 개의 주사위를 동시에 던질 때, 나오는 두 눈의 수의 차가 2일 확률은?

① $\frac{1}{9}$　② $\frac{1}{6}$　③ $\frac{2}{9}$　④ $\frac{5}{18}$　⑤ $\frac{1}{3}$

05

사건 $A=\{1, 2, 3, 4, 5, 6\}$의 부분집합 중에서 임의로 하나의 부분집합을 택할 때, 택한 부분집합이 6의 약수를 모두 포함할 확률은?

① $\frac{1}{32}$　② $\frac{1}{16}$　③ $\frac{1}{8}$　④ $\frac{1}{4}$　⑤ $\frac{1}{2}$

부분집합이 6의 약수를 모두 포함하려면 1, 2, 3, 6을 모두 포함하는 부분집합을 구해야 한다.

06

한 개의 주사위를 두 번 던져서 나오는 눈의 수를 순서대로 a, b라 할 때, 이차방정식 $x^2-ax+b=0$이 서로 다른 두 실근을 가질 확률을 구하여라.

07 생각 더하기

방정식 $x+y=100$을 만족시키는 두 자연수 x, y의 순서쌍 (x, y) 중에서 임의로 한 개를 택할 때, $xy\geq 2400$일 확률은?

① $\frac{2}{11}$　② $\frac{7}{33}$　③ $\frac{8}{33}$　④ $\frac{3}{11}$　⑤ $\frac{10}{33}$

$x+y=100$을 만족시키는 두 자연수 x, y의 순서쌍 (x, y)의 개수는 (1, 99), (2, 98), (3, 97), …, (99, 1)의 99이다.

08

3명의 여학생과 4명의 남학생이 일렬로 설 때, 양 끝에 여학생이 서게 될 확률을 구하여라.

09

서로 다른 종류의 사탕 2개와 서로 다른 종류의 초콜릿 3개를 일렬로 진열할 때, 사탕끼리 이웃하여 나열하게 되는 확률은?

① $\frac{1}{5}$ ② $\frac{3}{10}$ ③ $\frac{2}{5}$ ④ $\frac{1}{2}$ ⑤ $\frac{3}{5}$

10

honest에 있는 6개의 문자를 일렬로 나열할 때, h와 t 사이에 2개의 문자가 있을 확률은?

① $\frac{1}{5}$ ② $\frac{4}{15}$ ③ $\frac{1}{3}$ ④ $\frac{2}{5}$ ⑤ $\frac{7}{15}$

11

네 개의 숫자 1, 3, 5, 7 중에서 서로 다른 3개의 숫자를 택하여 세 자리 자연수를 만들 때, 만든 자연수가 3의 배수일 확률을 $\frac{q}{p}$라 하자. $p+q$의 값은?

(단, p와 q는 서로소인 자연수이다.)

① 3 ② 4 ③ 5 ④ 6 ⑤ 7

자연수가 3의 배수이려면 각 자리의 숫자의 합이 3의 배수여야 한다.

12

두 집합 $X=\{1, 2, 3\}$, $Y=\{5, 6, 7, 8\}$에 대하여 X에서 Y로의 함수 중에서 임의로 1개를 택할 때, 그 함수가 일대일함수일 확률은?

① $\frac{1}{4}$ ② $\frac{5}{16}$ ③ $\frac{3}{8}$ ④ $\frac{7}{16}$ ⑤ $\frac{1}{2}$

13

다섯 개의 숫자 1, 2, 3, 4, 5 중에서 중복을 허용하여 3개를 뽑아 세 자리 자연수를 만들 때, 그 자연수가 홀수일 확률은?

① $\frac{3}{10}$ ② $\frac{2}{5}$ ③ $\frac{1}{2}$ ④ $\frac{3}{5}$ ⑤ $\frac{7}{10}$

14 계산 조심

6개의 동아리에 4명의 학생이 가입하려고 한다. 이때 4명의 학생이 서로 다른 동아리에 가입할 확률을 p라 하면 $36p$의 값은?

① 2 ② 4 ③ 6 ④ 8 ⑤ 10

DAY 17

15

집합 $X=\{1, 2, 3, 4\}$에 대하여 $f: X \longrightarrow X$를 만들 때, 함수 f가 $f(1)=f(4)$를 만족시킬 확률은?

① $\frac{1}{8}$ ② $\frac{1}{4}$ ③ $\frac{3}{8}$ ④ $\frac{1}{2}$ ⑤ $\frac{5}{8}$

16

geology에 있는 7개의 문자를 일렬로 나열할 때, 같은 문자끼리 서로 이웃하도록 나열할 확률은?

① $\frac{1}{21}$ ② $\frac{2}{21}$ ③ $\frac{1}{7}$ ④ $\frac{4}{21}$ ⑤ $\frac{5}{21}$

〈 정답과 해설 p. 60~62 〉

17

여섯 개의 숫자 1, 1, 2, 2, 3, 3을 모두 사용하여 만들 수 있는 여섯 자리의 자연수 중에서 임의로 1개를 택할 때, 그 수가 짝수일 확률은?

① $\frac{1}{9}$ ② $\frac{2}{9}$ ③ $\frac{1}{3}$ ④ $\frac{4}{9}$ ⑤ $\frac{5}{9}$

18

집합 $A=\{0,\ 1,\ 2\}$에 대하여 A에서 A로의 함수 f를 만들 때, 이 함수가

$$f(0)+f(1)+f(2)=1$$

을 만족시킬 확률은?

① $\frac{1}{18}$ ② $\frac{1}{9}$ ③ $\frac{1}{6}$ ④ $\frac{2}{9}$ ⑤ $\frac{5}{18}$

19

흰 공 3개, 검은 공 5개가 들어 있는 주머니에서 임의로 4개의 공을 동시에 꺼낼 때, 흰 공 2개, 검은 공 2개를 꺼낼 확률은?

① $\frac{5}{14}$ ② $\frac{3}{7}$ ③ $\frac{1}{2}$ ④ $\frac{4}{7}$ ⑤ $\frac{9}{14}$

20 조건 확인!

A, B, C를 포함한 서로 다른 교과서 7권 중에서 임의로 3권을 선택할 때, A, B는 포함되고 C는 포함되지 않을 확률은?

① $\frac{4}{35}$ ② $\frac{1}{7}$ ③ $\frac{6}{35}$ ④ $\frac{1}{5}$ ⑤ $\frac{8}{35}$

21

1부터 12까지의 자연수가 각각 하나씩 적힌 12개의 공이 들어 있는 주머니에서 임의로 3개의 공을 동시에 꺼낼 때, 꺼낸 공에 적힌 수 중에서 가장 작은 수가 6일 확률은?

① $\frac{1}{44}$ ② $\frac{1}{22}$ ③ $\frac{3}{44}$ ④ $\frac{1}{11}$ ⑤ $\frac{5}{44}$

22

어느 수학 동아리에 가입한 학생 10명 중에서 임의로 대표 2명을 뽑을 때, 여학생 2명이 뽑힐 확률이 $\frac{2}{15}$이다. 이 동아리에 가입한 여학생의 수는?

① 4 ② 5 ③ 6 ④ 7 ⑤ 8

23

오른쪽 그림과 같이 반원 위에 있는 6개의 점 중에서 임의로 3개의 점을 택하여 삼각형을 만들려고 한다. 만들어진 삼각형이 직각삼각형일 확률은?

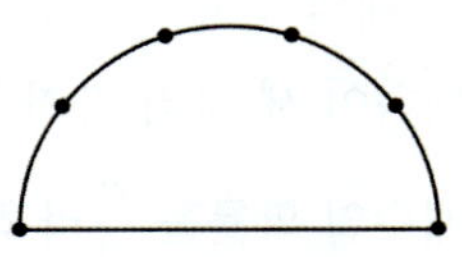

① $\frac{1}{5}$ ② $\frac{3}{10}$ ③ $\frac{2}{5}$ ④ $\frac{1}{2}$ ⑤ $\frac{3}{5}$

24

두 집합 $X=\{a,\ b,\ c\}$, $Y=\{1,\ 2,\ 3,\ 4,\ 5\}$에 대하여 X에서 Y로의 함수 f 중에서 임의로 1개를 택할 때, 그 함수가 $f(a)\le f(b)\le f(c)$를 만족시킬 확률은?

① $\frac{1}{5}$ ② $\frac{11}{50}$ ③ $\frac{6}{25}$ ④ $\frac{13}{50}$ ⑤ $\frac{7}{25}$

25

방정식 $x+y+z=9$를 만족시키는 음의 아닌 정수 x, y, z의 순서쌍 (x, y, z) 중에서 임의로 1개를 택할 때, $x=2$일 확률은?

① $\frac{6}{55}$ ② $\frac{7}{55}$ ③ $\frac{8}{55}$ ④ $\frac{9}{55}$ ⑤ $\frac{2}{11}$

26

흰색 탁구공과 주황색 탁구공을 합하여 8개의 탁구공이 들어 있는 주머니가 있다. 이 주머니에서 임의로 2개의 탁구공을 꺼내어 색을 확인하고 다시 넣는 시행을 여러 번 반복하였더니 7번의 시행 중 3번 꼴로 서로 다른 색의 탁구공이 나왔다. 이때, 주머니에는 흰색 탁구공이 몇 개 들어 있다고 볼 수 있는지 구하여라.

(단, 흰색 탁구공은 주황색 탁구공보다 많다.)

27

오른쪽 그림과 같이 중심이 같고 반지름의 길이가 각각 3, 6인 두 원으로 이루어진 과녁에 다트를 던질 때, 다트가 색칠한 부분에 맞을 확률을 구하여라. (단, 다트는 과녁을 벗어나지 않고, 경계선에 맞지 않는다.)

28 생각 더하기

표본공간 S의 임의의 두 사건 A, B에 대하여 옳은 것만을 〈보기〉에서 있는 대로 고른 것은?

〈보기〉

ㄱ. $0 \le \mathrm{P}(A \cap B) \le 1$

ㄴ. $\mathrm{P}(A)+\mathrm{P}(B)=1$이면 A와 B는 배반사건이다.

ㄷ. $0 \le \mathrm{P}(A)+\mathrm{P}(B) \le 2$

① ㄱ ② ㄴ ③ ㄱ, ㄴ

④ ㄱ, ㄷ ⑤ ㄱ, ㄴ, ㄷ

29

두 사건 A, B에 대하여

$$\mathrm{P}(A^C)=\frac{7}{10},\ \mathrm{P}(B)=\frac{2}{5},\ \mathrm{P}(A \cup B)=\frac{1}{2}$$

일 때, $\mathrm{P}(A \cap B)$의 값은?

① $\frac{1}{5}$ ② $\frac{3}{10}$ ③ $\frac{2}{5}$ ④ $\frac{1}{2}$ ⑤ $\frac{3}{5}$

30

두 사건 A, B가 배반사건이고

$$\mathrm{P}(A)=\frac{1}{6},\ \mathrm{P}(A^C \cap B^C)=\frac{1}{3}$$

일 때, $\mathrm{P}(B)$의 값은?

① $\frac{1}{6}$ ② $\frac{1}{3}$ ③ $\frac{1}{2}$ ④ $\frac{2}{3}$ ⑤ $\frac{5}{6}$

DAY 17

31

두 사건 A, B가 배반사건이고

$$\mathrm{P}(A \cup B)=\frac{7}{8},\ \frac{1}{4} \le \mathrm{P}(A) \le \frac{1}{2}$$

일 때, $\mathrm{P}(B)$의 최솟값은?

① $\frac{1}{8}$ ② $\frac{1}{4}$ ③ $\frac{3}{8}$ ④ $\frac{1}{2}$ ⑤ $\frac{5}{8}$

32

A, B를 포함하여 서로 다른 8개의 모자 중에서 4개를 택할 때, A 또는 B를 포함하여 택할 확률은?

① $\frac{9}{14}$ ② $\frac{19}{28}$ ③ $\frac{5}{7}$ ④ $\frac{21}{28}$ ⑤ $\frac{11}{14}$

〈 정답과 해설 p. 62~64 〉

33

파란색 신발 4켤레, 빨간색 신발 6켤레가 들어 있는 신발장에서 임의로 3켤레의 신발을 동시에 꺼낼 때, 모두 같은 색의 신발을 꺼낼 확률은?

① $\frac{1}{15}$ ② $\frac{2}{15}$ ③ $\frac{1}{5}$ ④ $\frac{4}{15}$ ⑤ $\frac{1}{3}$

파란색 신발만 3켤레 꺼내는 경우와 빨간색 신발만 3켤레 꺼내는 경우는 동시에 일어날 수 없으므로 합의 법칙을 이용한다.

34

한 개의 주사위를 2번 던져서 나오는 눈의 수를 차례로 a, b라 할 때, $a+b=3$ 또는 $a+b=6$일 확률은?

① $\frac{1}{6}$ ② $\frac{7}{36}$ ③ $\frac{2}{9}$ ④ $\frac{1}{4}$ ⑤ $\frac{5}{18}$

35 조건 확인!

1부터 25까지의 자연수가 각각 하나씩 적힌 25장의 카드가 있다. 이 중에서 임의로 한 장의 카드를 뽑을 때, 뽑힌 카드에 적힌 수가 2의 배수도 아니고 5의 배수도 아닐 확률은?

① $\frac{3}{10}$ ② $\frac{7}{20}$ ③ $\frac{2}{5}$ ④ $\frac{9}{20}$ ⑤ $\frac{1}{2}$

36

여섯 개의 문자 a, b, c, d, e, f를 일렬로 나열할 때, a와 b가 이웃하지 않을 확률은?

① $\frac{2}{9}$ ② $\frac{1}{3}$ ③ $\frac{4}{9}$ ④ $\frac{5}{9}$ ⑤ $\frac{2}{3}$

37

주머니에 숫자 1, 3, 5, 7, 9가 하나씩 적혀 있는 5개의 공이 들어 있다. 이 주머니에서 임의로 2개의 공을 동시에 꺼낼 때, 9의 약수가 적힌 공이 적어도 한 개 나올 확률은?

① $\frac{1}{2}$ ② $\frac{3}{5}$ ③ $\frac{7}{10}$ ④ $\frac{4}{5}$ ⑤ $\frac{9}{10}$

38

빨간 구슬 6개, 노란 구슬 4개가 들어 있는 주머니에서 임의로 3개의 구슬을 동시에 꺼낼 때, 빨간 구슬이 2개 이하일 확률은?

① $\frac{1}{6}$ ② $\frac{1}{3}$ ③ $\frac{1}{2}$ ④ $\frac{2}{3}$ ⑤ $\frac{5}{6}$

39

네 개의 숫자 1, 2, 3, 4 중에서 서로 다른 세 개의 숫자를 이용하여 세 자리 자연수를 만들 때, 세 자리 자연수가 350 이하일 확률은?

① $\frac{1}{4}$ ② $\frac{7}{12}$ ③ $\frac{2}{3}$ ④ $\frac{3}{4}$ ⑤ $\frac{5}{6}$

40 생각 더하기

50원짜리 동전 2개, 100원짜리 동전 3개, 500원짜리 동전 2개가 들어 있는 주머니에서 임의로 3개의 동전을 동시에 꺼낼 때, 꺼낸 동전의 금액의 합이 1000원 미만일 확률을 구하여라.

〈 정답과 해설 p. 64~65 〉

13 조건부확률

(1) **조건부확률**: 표본공간 S의 두 사건 A, B에 대하여
확률이 0이 아닌 **사건 A가 일어났다고 가정할 때 사건 B가 일어날 확률을**
사건 A가 일어났을 때의 사건 B의 **조건부확률**이라 한다.

기호 $\mathbf{P(B|A)}$ 읽기 **P B 바 A** (bar)

사건 B가 일어날 확률
$$P(B|A)$$
사건 A가 일어났다고 가정할 때

(2) 사건 A가 일어났을 때의 사건 B의 조건부확률은 $\mathbf{P(B|A)=\dfrac{P(A\cap B)}{P(A)}}$ (단, $P(A)>0$)

두 사건의 곱사건의 확률 / bar 오른쪽 사건의 확률

참고 ① $P(B|A)$는 A를 새로운 표본공간으로 생각하여 사건 $A\cap B$가 일어날 확률을 말한다.

즉, $P(B|A)=\dfrac{n(A\cap B)}{n(A)}=\dfrac{\frac{n(A\cap B)}{n(S)}}{\frac{n(A)}{n(S)}}=\dfrac{P(A\cap B)}{P(A)}$

② 사건 B가 일어났을 때의 사건 A의 조건부확률은 $P(A|B)=\dfrac{P(A\cap B)}{P(B)}$ (단, $P(B)>0$)

즉, 일반적으로 $P(B|A)\neq P(A|B)$이다.

유형 24 조건부확률의 계산

[01-03] 두 사건 A, B에 대하여
$$P(A)=\frac{1}{2},\ P(B)=\frac{3}{5},\ P(A\cap B)=\frac{1}{5}$$
일 때, 다음을 구하여라.

01 $P(A|B)$

02 $P(B|A)$

03 $P(B^C|A)$

해 $P(A\cap B^C)=P(A)-P(A\cap B)$
$=\frac{1}{2}-\square=\square$
이므로
$P(B^C|A)=\dfrac{\square}{P(A)}=\dfrac{\square}{\frac{1}{2}}=\square$

[04-06] 두 사건 A, B에 대하여
$$P(A)=\frac{3}{4},\ P(B)=\frac{2}{5},\ P(A\cap B)=\frac{1}{6}$$
일 때, 다음을 구하여라.

04 $P(A|B)$

05 $P(B|A)$

06 $P(B|A^C)$

DAY 18

〈 정답과 해설 p. 66 〉

[07-10] 다음을 구하여라.

07 두 사건 A, B에 대하여

$\mathrm{P}(A)=\frac{3}{10}$, $\mathrm{P}(B^C)=\frac{1}{2}$, $\mathrm{P}(A^C\cap B^C)=\frac{3}{10}$

일 때, $\mathrm{P}(A|B)$

08 두 사건 A, B에 대하여

$\mathrm{P}(A\cap B)=\frac{5}{16}$, $\mathrm{P}(A^C\cap B)=\frac{1}{8}$

일 때, $\mathrm{P}(A|B)-\mathrm{P}(A^C|B)$

두 사건 A, A^C는 서로 배반사건이므로
두 사건 $A\cap B$, $A^C\cap B$도 서로 배반사건이다.

09 두 사건 A, B에 대하여

$\mathrm{P}(A)=0.4$, $\mathrm{P}(B)=0.3$, $\mathrm{P}(B|A)=0.5$

일 때, $\mathrm{P}(A|B)$

10 두 사건 A, B에 대하여

$\mathrm{P}(A|B)=\frac{1}{2}$, $\mathrm{P}(A)=\frac{4}{9}$, $\mathrm{P}(B|A)=\frac{3}{4}$

일 때, $\mathrm{P}(B)$

유형 25 조건부확률의 계산 – 배반사건

[11-14] 두 사건 A, B에 대하여

$\mathrm{P}(A)=\frac{1}{5}$, $\mathrm{P}(B)=\frac{2}{3}$

일 때, 다음을 구하여라.

11 두 사건 A, B가 서로 배반사건일 때, $\mathrm{P}(A^C|B)$

해 두 사건 A, B가 서로 배반사건이므로

$A\cap B=\square$

즉, $\mathrm{P}(A\cap B)=\square$ 이므로

$$\mathrm{P}(A^C|B)=\frac{\mathrm{P}(B\cap A^C)}{\mathrm{P}(B)}=\frac{\mathrm{P}(B)-\mathrm{P}(\square)}{\mathrm{P}(B)}$$

$$=\frac{\square}{\frac{2}{3}}=\square$$

12 두 사건 A, B가 서로 배반사건일 때, $\mathrm{P}(B|A^C)$

13 두 사건 A, B가 서로 배반사건일 때, $\mathrm{P}(A|B^C)$

14 두 사건 A, B가 서로 배반사건일 때, $\mathrm{P}(B^C|A^C)$

유형 26 여러 가지 조건부확률

[15-17] 다음 물음에 답하여라.

15 한 개의 주사위를 던져서 홀수의 눈이 나왔을 때, 그 눈이 소수일 확률을 구하여라.

16 한 개의 주사위를 던져서 홀수의 눈이 나왔을 때, 그 눈의 수가 12의 약수일 확률을 구하여라.

17 100원짜리 동전 1개와 500원짜리 동전 2개를 동시에 던져 앞면이 1개 나왔을 때, 그것이 100원짜리 동전일 확률을 구하여라.

[18-20] 다음 물음에 답하여라.

18 빨간 구슬 5개, 파란 구슬 3개가 들어 있는 주머니에서 임의로 구슬을 비복원 추출로 한 개씩 두 번 꺼냈더니 모두 같은 색 구슬이 나왔을 때, 2개가 모두 파란 구슬일 확률을 구하여라.

해 같은 색 구슬이 나올 사건을 A, 2개 모두 파란색 구슬일 사건을 B라 하면 구하는 확률은

[　　　]이다.

이때, 같은 색 구슬인 경우는 두 개 모두 빨간색이거나 두 개 모두 파란색인 경우이므로

$\mathrm{P}(A)=\frac{5}{8}\times\frac{4}{7}+$[　　　]$=$[　　]

$\mathrm{P}(A\cap B)=$[　　]

$\therefore \mathrm{P}(B|A)=\frac{\mathrm{P}(A\cap B)}{\mathrm{P}(A)}=$[　　]

19 1, 2, 3, 4가 하나씩 적힌 빨간 카드 4장과 5, 6, 7이 하나씩 적힌 노란 카드 3장이 들어 있는 상자에서 한 장의 카드를 뽑았다. 뽑은 카드가 빨간 카드일 때, 그 카드에 짝수가 적혀 있을 확률을 구하여라.

20 10개의 제비 중에 1등 당첨제비는 1개, 2등 당첨제비는 3개가 들어 있는 주머니에서 2개를 뽑았더니 당첨제비가 나왔다. 이때, 당첨제비에 1등 당첨제비가 포함될 확률을 구하여라.

DAY 18

〈 정답과 해설 p. 66~68 〉

유형 27 조건부확률의 활용

[21-22] 다음 물음에 답하여라.

21 어느 마을에서는 전체 주민의 $\frac{4}{5}$가 환경 보호 운동에 참여하고, 환경 보호 운동에 참여하는 남자는 전체 주민의 $\frac{1}{4}$이라 한다.
이 마을에서 임의로 뽑은 한 명이 환경 보호 운동에 참여하는 주민일 때, 그 사람이 남자일 확률을 구하여라.

해 임의로 선택한 한 명이 환경보호 운동에 참여하는 사람인 사건을 A, 그 사람이 남자인 사건을 B라 하면

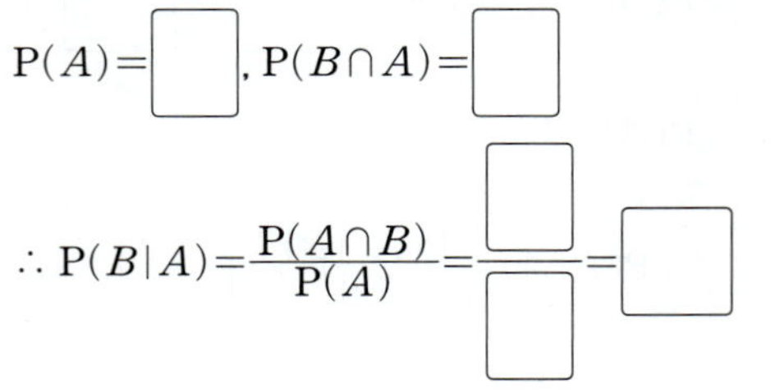

22 어느 도시에 거주하는 사람의 혈액형을 조사하였더니 AB형이 전체의 30 %이고 AB형인 남자는 전체의 12 %라 한다.
이 도시에 거주하는 사람 중에서 임의로 선택한 한 명이 AB형인 사람이었을 때, 그 사람이 남자일 확률을 구하여라.

[23-25] 어떤 회사는 두 종류의 휴대폰 A와 B를 서울과 부산에 있는 공장에서 생산한다. 다음 표는 이 두 지역의 공장에서 생산하는 휴대폰의 하루 생산량이다. 다음 물음에 답하여라.

(단위 : 만 대)

휴대폰 \ 공장	서울	부산	계
A	320	280	600
B	480	120	600
계	800	400	1200

23 하루 동안 생산된 휴대폰 중에서 한 개를 뽑았을 때, A휴대폰이 나왔다. 이 휴대폰이 서울에 있는 공장에서 생산한 휴대폰일 확률을 구하여라.

조건부확률 공식을 쓰면 식이 복잡하지만
표의 수치를 그대로 '사건의 경우의 수'로 해석하면
별도의 계산없이 확률을 구할 수 있다.

(단위 : 만 대)

휴대폰 \ 공장	서울	부산	계
A	320	280	600
B	480	120	600
계	800	400	1200

24 하루 동안 생산된 휴대폰 중에서 한 개를 뽑았을 때, A휴대폰이 나왔다. 이 휴대폰이 부산에 있는 공장에서 생산한 휴대폰일 확률을 구하여라.

25 하루 동안 생산된 휴대폰 중에서 한 개를 뽑았을 때, 부산에서 생산한 휴대폰이 나왔다.
이 휴대폰이 B휴대폰일 확률을 구하여라.

[26-28] 다음 표는 낚시 대회에 참가한 어느 낚시 동호회원의 낚시 조끼의 색을 조사한 것이다. 다음 물음에 답하여라.

(단위 : 명)

조끼 \ 성별	노란색	빨간색	계
남	15	20	35
여	3	7	10
계	18	27	45

26 이 낚시 동호회원 45명 중 임의로 택한 한 사람의 낚시 조끼가 노란색이었을 때, 그 사람이 여자일 확률

27 이 낚시 동호회원 45명 중 임의로 택한 한 사람의 낚시 조끼가 빨간색이었을 때, 그 사람이 남자일 확률

28 이 낚시 동호회원 45명 중 임의로 택한 한 사람이 남자였을 때, 그 사람의 조끼가 빨간색일 확률

[29-30] 나미는 외출을 하면 5번에 1번의 비율로 모자를 잃어버린다고 한다. 나미가 강남, 호동, 현빈의 집을 차례로 방문하였다가 모자를 잃어버리고 집에 돌아왔다. 다음을 구하여라.

29 나미가 강남이네 집에 모자를 두고 왔을 확률

$\mathrm{P}(E)=\mathrm{P}(A\cap E)+\mathrm{P}(B\cap E)+\mathrm{P}(C\cap E)$

30 나미가 현빈이네 집에 모자를 두고 왔을 확률

DAY 18

개념 체크

31 다음 빈칸에 알맞은 것을 써넣어라.

(1) 확률이 0이 아닌 사건 A가 일어났다고 가정할 때 사건 B가 일어날 확률을 사건 A가 일어났을 때의 사건 B의 [　　　　　]이라 하고, 기호로 [　　　　　]와 같이 나타내고, [　　　　　]라 읽는다.

(2) 사건 A가 일어났다고 가정할 때 사건 B가 일어날 확률은

[　　　　　]$=\dfrac{\mathrm{P}(A\cap B)}{\mathrm{P}(A)}$ (단, $\mathrm{P}(A)>0$)

〈 정답과 해설 p. 68~69 〉

14 확률의 곱셈정리

확률이 0이 아닌 두 사건 A, B에 대하여 A, B가 모두(잇달아) 일어날 확률은 다음과 같다.

$$\mathrm{P}(A\cap B)=\mathrm{P}(A)\mathrm{P}(B|A) \leftarrow \mathrm{P}(B|A)=\frac{\mathrm{P}(A\cap B)}{\mathrm{P}(A)}\text{의 양변에 }\mathrm{P}(A)\text{를 곱한 것이다.}$$

$$=\mathrm{P}(B)\mathrm{P}(A|B) \leftarrow \mathrm{P}(A|B)=\frac{\mathrm{P}(A\cap B)}{\mathrm{P}(B)}\text{의 양변에 }\mathrm{P}(B)\text{를 곱한 것이다.}$$

참고 (두 사건 A, B가 모두 일어날 확률)=(사건 A가 일어날 확률)×(사건 A가 일어났을 때, 사건 B가 일어날 확률)
=(사건 B가 일어날 확률)×(사건 B가 일어났을 때, 사건 A가 일어날 확률)

유형 28 확률의 곱셈정리의 계산

[01-03] 두 사건 A, B에 대하여

$$\mathrm{P}(A)=\frac{2}{5},\ \mathrm{P}(B)=\frac{3}{10},\ \mathrm{P}(B|A)=\frac{1}{2}$$

일 때, 다음을 구하여라.

01 $\mathrm{P}(A\cap B)$

02 $\mathrm{P}(A|B)$

03 $\dfrac{\mathrm{P}(B|A)}{\mathrm{P}(A|B)}$

[04-05] 두 사건 A, B에 대하여

$$\mathrm{P}(A)=0.5,\ \mathrm{P}(B)=0.4,\ \mathrm{P}(B|A)=0.4$$

일 때, 다음을 구하여라.

04 $\mathrm{P}(A\cap B)$

05 $\mathrm{P}(A|B)$

[06-07] 두 사건 A, B에 대하여

$$\mathrm{P}(A^C)=\frac{1}{2},\ \mathrm{P}(B)=\frac{1}{3},\ \mathrm{P}(A^C|B^C)=\frac{1}{2}$$

일 때, 다음을 구하여라.

06 $\mathrm{P}(A^C\cap B^C)$

07 $\mathrm{P}(B^C|A^C)$

유형 29 확률의 곱셈정리

[08-12] 다음 물음에 답하여라.

08 국내 여행지 8곳, 해외 여행지 5곳이 각각 적힌 카드가 상자에 들어 있다. 이 상자에서 한 장씩 2장을 차례로 꺼낼 때, 첫 번째로 국내 여행지가 적힌 카드를 꺼내고, 두 번째로 해외 여행지가 적힌 카드를 꺼낼 확률을 구하여라.

(단, 꺼낸 카드는 다시 넣지 않는다.)

해 첫 번째로 국내 여행지가 적힌 카드를 꺼낸 사건을 A, 두 번째로 해외 여행지가 적힌 카드를 꺼낸 사건을 B라 하면

첫 번째로 국내 여행지가 적힌 카드를 꺼낼 확률은

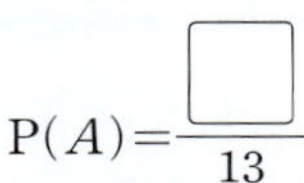

$\mathrm{P}(A)=\frac{\square}{13}$

첫 번째로 국내 여행지가 적힌 카드를 꺼냈을 때,
두 번째로 해외 여행지가 적힌 카드를 꺼낼 확률은

$\mathrm{P}(B|A)=\square$

따라서 구하는 확률은

$\mathrm{P}(A\cap B)=\mathrm{P}(A)\mathrm{P}(B|A)$

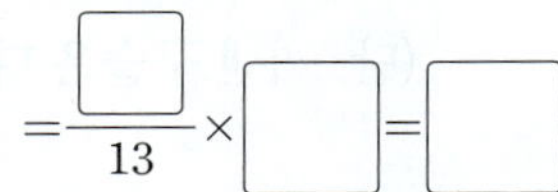

$=\frac{\square}{13}\times\square=\square$

09 상자에 초콜릿 맛 사탕이 5개, 바나나 맛 사탕이 7개, 딸기 맛 사탕이 8개 들어 있다. 두 사람 A, B가 이 상자에서 차례로 사탕을 1개씩 꺼낸다고 할 때, A가 꺼낸 사탕이 초콜릿 맛이고, B가 꺼낸 사탕이 딸기 맛일 확률을 구하여라.

(단, 꺼낸 사탕은 다시 넣지 않는다.)

10 진열대에 매운맛 감자칩 3개와 순한맛 감자칩 7개가 놓여 있다. 두 사람 A, B가 차례로 감자칩을 하나씩 택할 때, 두 사람 모두 매운맛을 택할 확률을 구하여라.

(단, 택한 감자칩은 다시 놓지 않는다.)

11 접시에 사과 맛 젤리 3개, 레몬 맛 젤리 5개, 민트 맛 젤리 2개가 놓여 있다. 두 사람 A, B가 차례로 젤리를 하나씩 택할 때, 두 사람이 같은 맛 젤리를 뽑을 확률을 구하여라.

(단, 택한 젤리는 다시 놓지 않는다.)

12 주머니에 들어 있는 15장의 카드 중 9장에는 ★ 표시가 되어 있다. 이 주머니에서 두 사람 A, B가 차례로 카드를 한 장씩 꺼낼 때, 적어도 한 사람은 ★ 표시가 된 카드를 꺼낼 확률을 구하여라. (단, 꺼낸 카드는 다시 넣지 않는다.)

확률의 곱셈정리를 이용하여 여사건의 확률을 구합니다.

DAY 18

개념 체크

13 다음 빈칸에 알맞은 것을 써넣어라.

확률이 0이 아닌 두 사건 A, B에 대하여
A, B가 모두 ([ ]) 일어날 확률은 다음과 같다.

(1) $\mathrm{P}(A\cap B)=\mathrm{P}(A)$[ ]

(2) $\mathrm{P}(A\cap B)=\mathrm{P}(B)$[ ]

〈 정답과 해설 p. 69~70 〉

15 확률의 곱셈정리의 응용

두 사건 A, B에 대하여 다음이 성립한다.

① **(사건 B가 일어날 확률)**

=(사건 A가 일어나고 사건 B가 일어날 확률) + (사건 A가 일어나지 않고 사건 B가 일어날 확률)

$$\Rightarrow \mathrm{P}(B)=\mathrm{P}(A\cap B)+\mathrm{P}(A^c\cap B)$$
$$=\mathrm{P}(A)\mathrm{P}(B|A)+\mathrm{P}(A^c)\mathrm{P}(B|A^c)$$

② **(사건 B가 일어났을 때, 사건 A가 일어날 확률)**

$$=\frac{(\text{두 사건 } A,\ B\text{가 모두 일어날 확률})}{(\text{사건}A\text{가 일어나고 사건 }B\text{가 일어날 확률})+(\text{사건 }A\text{가 일어나지 않고 사건 }B\text{가 일어날 확률})}$$

$$\Rightarrow \mathrm{P}(A|B)=\frac{\mathrm{P}(A\cap B)}{\mathrm{P}(B)}=\frac{\mathrm{P}(A)\mathrm{P}(B|A)}{\mathrm{P}(A\cap B)+\mathrm{P}(A^c\cap B)}$$
$$=\frac{\mathrm{P}(A)\mathrm{P}(B|A)}{\mathrm{P}(A)\mathrm{P}(B|A)+\mathrm{P}(A^c)\mathrm{P}(B|A^c)}$$

유형 30 확률의 곱셈정리의 응용

[01-02] 20개의 제비 가운데 4개가 당첨제비라 한다. 태양이와 바다의 순서로 한 번씩 제비를 뽑을 때, 다음 물음에 답하여라. (단, 한 번 뽑은 제비는 다시 넣지 않는다.)

01 태양이가 당첨될 확률을 구하여라.

02 바다가 당첨될 확률을 구하여라.

해 바다가 당첨되는 사건을 B라 하자.
사건 B가 일어나는 것은 태양이가 당첨되고 바다가 당첨되는 경우이거나, 태양이가 당첨되지 않고 바다가 당첨되는 경우이므로

$\mathrm{P}(A\cap B)=\mathrm{P}(A)\mathrm{P}(B|A)=\frac{4}{20}\times\frac{3}{19}=\square$

$\mathrm{P}(A^c\cap B)=\mathrm{P}(A^c)\mathrm{P}(B|A^c)$

$=\frac{16}{20}\times\square=\square$

$\therefore \mathrm{P}(B)=\mathrm{P}(A\cap B)+\mathrm{P}(A^c\cap B)$

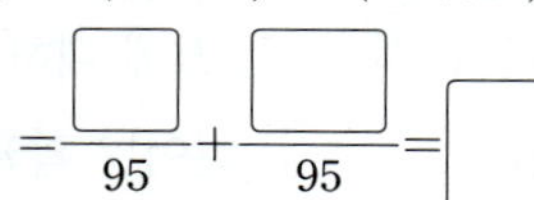

$=\frac{\square}{95}+\frac{\square}{95}=\square$

따라서 바다가 당첨될 확률은 $\square$이다.

[03-04] 다음 물음에 답하여라.

03 10개의 노란색 구슬과 90개의 흰 구슬이 들어 있는 추첨 기계에서 은지와 명석이가 공을 차례로 한 개씩 꺼낼 때, 명석이가 노란색 구슬을 꺼낼 확률을 구하여라.
(단, 꺼낸 구슬은 다시 넣지 않는다.)

04 연수가 수학 시험에서 2점 짜리 문제를 맞힐 확률은 $\frac{5}{6}$, 3점 짜리 문제를 맞힐 확률은 $\frac{5}{7}$, 4점 짜리 문제를 맞힐 확률은 $\frac{1}{3}$이다.
연수가 2점 짜리 문제 3개, 3점 짜리 문제 14개, 4점 짜리 문제 13개 중에서 임의로 한 문제를 풀 때, 그 문제를 맞힐 확률을 구하여라.

[05-06] 다음 물음에 답하여라.

05 어떤 회사에서 직원의 40 %는 대중교통을 이용하고, 나머지는 자가용을 이용한다. 비 오는 날에 대중교통 이용자가 우산을 가지고 올 확률은 90 %이고, 자가용 이용자가 우산을 가지고 올 확률은 50 %이다. 비 오는 날에 이 회사 직원 중 무작위로 한 명을 골랐을 때, 그 직원이 우산을 가지고 왔을 확률을 구하여라.

06 스마트폰 사용자 중 70 %는 안드로이드를 사용하고, 30 %는 아이폰을 사용한다. 특정 앱을 안드로이드 사용자의 60 %와 아이폰 사용자의 80 %가 설치했다면 스마트폰 사용자 중 무작위로 한 명을 골랐을 때, 그 사람이 해당 앱을 설치했을 확률을 구하여라.

유형 31 확률의 곱셈정리와 조건부확률

[07-09] 다음 물음에 답하여라.

07 자동차 시장의 점유율은 H사가 50 %, K사가 30 %, D사가 20 %이고, 각 회사의 자동차 중 소형차가 차지하는 비율은 H사가 60 %, K사가 50 %, D사가 40 %라고 한다. 어떤 사람이 소형차 한 대를 구입하였을 때, 그 소형차가 K사의 자동차일 확률을 구하여라.

해 H사, K사, D사의 자동차를 구입하는 사건을 각각 A, B, C라 하고, 소형차 한 대를 구입하는 사건을 E라 하면

$$\mathrm{P}(E)=\mathrm{P}(A\cap E)+\mathrm{P}(B\cap E)+\square$$
$$=0.5\times0.6+0.3\times0.5+\square\times\square$$
$$=0.30+\square+\square=\square$$

따라서 이 소형차가 K사의 자동차일 확률은

$$\mathrm{P}(\square)=\frac{\mathrm{P}(B\cap E)}{\mathrm{P}(E)}=\frac{0.15}{\square}=\frac{15}{\square}$$

08 상자 A에는 흰 공 3개와 검은 공 2개, 상자 B에는 흰 공 1개와 검은 공 4개가 들어 있다. 두 상자 중 하나를 임의로 선택한 뒤, 그 안에서 무작위로 공 한 개를 꺼낸다. 꺼낸 공이 흰 공일 때, 이 공이 상자 A에서 나왔을 확률을 구하여라.

09 어느 회사의 제품은 A, B, C 세 공장에서 생산한다. A는 전체 제품의 40 %를 생산하며 그중 5 %가 불량품이다. B는 전체 제품의 35 %를 생산하며 그중 4 %가 불량품이다. C는 전체 제품의 25 %를 생산하며 그중 2 %가 불량품이다. 이 회사의 제품 중 임의로 한 개의 제품을 선택했더니 불량품이었다. 이 불량품이 B공장에서 생산되었을 확률을 구하여라.

DAY 18

개념 체크

10 다음 빈칸에 알맞은 것을 써넣어라.

두 사건 A, B에 대하여

(1) $\mathrm{P}(B)=\mathrm{P}(A\cap B)+[\qquad]$
$\quad=\mathrm{P}(A)\mathrm{P}(B|A)+[\qquad]$

(2) $\mathrm{P}(A|B)=\dfrac{\mathrm{P}(A\cap B)}{\mathrm{P}(B)}$
$\quad=\dfrac{\mathrm{P}(A)[\qquad]}{\mathrm{P}(A\cap B)+\mathrm{P}(A^c\cap B)}$
$\quad=\dfrac{\mathrm{P}(A)\mathrm{P}(B|A)}{\mathrm{P}(A)\mathrm{P}(B|A)+[\qquad]}$

〈 정답과 해설 p. 70~71 〉

16 사건의 독립과 종속

(1) **독립** : 확률이 0이 아닌 두 사건 A, B에 대하여
사건 A가 일어나거나 일어나지 않는 것이 사건 B가 일어날 확률에 아무런 영향을 주지 않을 때, 즉
$\mathbf{P(B|A)=P(B|A^C)=P(B)}$ 또는 $\mathbf{P(A|B)=P(A|B^C)=P(A)}$
(사건 A가 일어났을 때, 사건 B가 일어날 확률)
=(사건 A가 일어나지 않을 때, 사건 B가 일어날 확률)=(사건 B가 일어날 확률)
일 때, 두 사건 A, B는 서로 **독립**이라 한다.

(2) **종속** : 두 사건 A, B가 서로 독립이 아닐 때, 즉
$\mathbf{P(B|A)\neq P(B)}$ 또는 $\mathbf{P(A|B)\neq P(A)}$
일 때, 두 사건 A, B는 서로 **종속**이라 한다.

유형 32 사건의 독립과 종속

[01-02] 흰 공 3개와 검은 공 4개가 들어 있는 주머니에서 임의로 공을 한 개씩 두 번 꺼낼 때, 첫 번째에 꺼낸 공이 흰 공인 사건을 A, 두 번째에 꺼낸 공이 흰 공인 사건을 B라 하자. 다음 물음에 답하여라.

01 꺼낸 공을 다시 넣는다고 하면 두 사건 A, B가 서로 독립인지 종속인지 구하여라.

해 첫 번째에 꺼낸 공을 다시 넣으므로 두 번째에 흰 공을 꺼낼 확률은 첫 번째에 꺼낸 공의 색깔에 영향을 (받는다. , 받지 않는다.)
즉, $P(B|A)=\square$, $P(B|A^C)=\square$이므로
$P(B|A)\bigcirc P(B|A^C)\bigcirc P(B)$
따라서 두 사건 A, B는 서로 (독립 , 종속)이다.

02 꺼낸 공을 다시 넣지 않는다고 하면 두 사건 A, B가 서로 독립인지 종속인지 구하여라.

해 첫 번째에 꺼낸 공을 다시 넣지 않았으므로 두 번째에 흰 공을 꺼낼 확률은 첫 번째에 꺼낸 공의 색깔에 영향을 (받는다. , 받지 않는다.)
즉, $P(B|A)=\square$, $P(B|A^C)=\square$이므로
$P(B|A)\bigcirc P(B)$
따라서 두 사건 A, B는 서로 (독립 , 종속)이다.

[03-04] 두 사건 A, B가 서로 독립이고

$$P(A)=\frac{3}{8},\ P(B)=\frac{1}{4}$$

일 때, 다음을 구하여라.

03 $P(B|A)$

04 $P(A|B)$

개념 체크

05 다음 빈칸에 알맞은 것을 써넣어라.

(1) 확률이 0이 아닌 두 사건 A, B에 대하여 사건 A가 일어나거나 일어나지 않는 것이 사건 B가 일어날 확률에 아무런 영향을 주지 않을 때, 즉
$P(B|A)=P(B|A^C)=$[ ] 또는
$P(A|B)=P(A|B^C)=$[ ]일 때,
두 사건 A, B는 서로 [ ]이라 한다.

(2) 두 사건 A, B가 서로 독립이 아닐 때, 즉
$P(B|A)\neq P(B)$ 또는 $P(A|B)\neq P(A)$일 때,
두 사건 A, B는 서로 [ ]이라 한다.

〈 정답과 해설 p. 72 〉

17 사건의 독립과 종속의 판정

두 사건 A, B가

(1) 서로 독립이기 위한 필요충분조건은 $\mathrm{P}(A\cap B)=\mathrm{P}(A)\mathrm{P}(B)$ (단, $\mathrm{P}(A)>0$, $\mathrm{P}(B)>0$)

두 사건 A와 B가 서로 독립이면 확률의 곱셈정리에 의하여 $\mathrm{P}(A\cap B)=\mathrm{P}(A)\mathrm{P}(B|A)=\mathrm{P}(A)\mathrm{P}(B)$

(2) 서로 종속이기 위한 필요충분조건은 $\mathrm{P}(A\cap B)\neq\mathrm{P}(A)\mathrm{P}(B)$

유형 33 사건의 독립과 종속의 판정

[01-03] **1부터 10까지의 자연수가 각각 하나씩 적힌 10장의 카드 중에서 임의로 한 장의 카드를 뽑을 때, 카드에 적힌 수가 짝수인 사건을 A, 5의 배수인 사건을 B, 소수인 사건을 C라 하자. 다음 각 사건의 독립과 종속을 판단하여라.**

01 A와 B

해 $A=\{2, 4, 6, 8, 10\}$, $B=\{\square\}$,

$C=\{\square\}$이므로

$\mathrm{P}(A)=\frac{5}{10}=\frac{1}{2}$, $\mathrm{P}(B)=\frac{\square}{10}=\square$,

$\mathrm{P}(C)=\frac{\square}{10}=\square$이다.

$A\cap B=\{\square\}$이므로

$\mathrm{P}(A\cap B)=\frac{1}{10}\bigcirc\mathrm{P}(A)\mathrm{P}(B)=\frac{1}{2}\times\square$

따라서 A와 B는 서로 $\square$이다.

02 B와 C

03 A와 C

[04-06] **한 개의 주사위를 한 번 던지는 시행에서 짝수의 눈이 나오는 사건을 A, 3의 배수의 눈이 나오는 사건을 B, 홀수의 눈이 나오는 사건을 C라 할 때, 다음 문장의 참, 거짓을 판단하여라.**

04 A와 B는 서로 독립이다.

05 B와 C는 서로 배반사건이다.

06 A와 C는 서로 종속이다.

DAY 19

〈 정답과 해설 p. 72 〉

유형 34 독립인 사건의 확률의 계산

[07-09] 두 사건 A, B가 서로 독립이고

$$\mathrm{P}(A)=\frac{1}{3},\ \mathrm{P}(B|A)=\frac{1}{4}$$

일 때, 다음을 구하여라.

07 $\mathrm{P}(B)$

08 $\mathrm{P}(A\cap B)$

09 $\mathrm{P}(A\cup B)$

[10-12] 두 사건 A와 B가 서로 독립이고,

$$\mathrm{P}(A)=0.25,\ \mathrm{P}(B)=0.5$$

일 때, 다음을 구하여라.

10 $\mathrm{P}(A\cap B)$

11 $\mathrm{P}(A\cup B)$

12 $\mathrm{P}(B|A)$

[13-15] 다음을 구하여라.

13 두 사건 A와 B가 서로 독립이고,

$$\mathrm{P}(A)=0.5,\ \mathrm{P}(A\cap B)=0.2$$

일 때, $\mathrm{P}(A\cup B)$의 값을 구하여라.

14 두 사건 A, B가 서로 독립이고

$$\mathrm{P}(A)=\frac{1}{3},\ \mathrm{P}(B)=\frac{1}{2}$$

일 때, $\mathrm{P}(A^C\cap B^C)$의 값을 구하여라.

15 두 사건 A, B가 서로 독립이고

$$\mathrm{P}(A\cup B)=0.7,\ \mathrm{P}(A\cap B)=0.2$$

일 때, $\mathrm{P}(A)$의 값을 모두 구하여라.

유형 35 독립과 종속의 성질

[16-21] 두 사건 A, B가 서로 독립일 때, 다음의 참, 거짓을 판단하여라.

16 A와 B^C는 서로 독립이다.

해 $\mathrm{P}(A\cap B^C)=\mathrm{P}(A)-\mathrm{P}(A\cap B)$

$=\mathrm{P}(A)-$ [ ]

(∵ A와 B가 서로 독립)

$=\mathrm{P}(A)\{1-$ [ ] $\}$

$=\mathrm{P}(A)$ [ ] (참)

17 A^C와 B는 서로 독립이다.

18 A^C와 B^C는 서로 독립이다.

19 $\mathrm{P}(A|B)=\mathrm{P}(A|B^C)$

20 $\mathrm{P}(A\cup B)=\mathrm{P}(A)+\mathrm{P}(B)$

21 $\mathrm{P}(A\cap B)=\mathrm{P}(A|B)\mathrm{P}(B|A)$

[22-24] 두 사건 A, B가 서로 독립이고

$$\mathrm{P}(A)=\frac{2}{7},\ \mathrm{P}(B)=\frac{4}{9}$$

일 때, 다음을 구하여라.

22 $\mathrm{P}(B^C|A)$

23 $\mathrm{P}(A^C|B^C)$

24 $\mathrm{P}(A^C\cap B)$

DAY 19

[25-26] 다음 문장의 참, 거짓을 판단하여라.

25 두 사건 A, B가 서로 독립이면
$\mathrm{P}(A|B^C)=1-\mathrm{P}(A^C|B)$이다.

26 두 사건 A, B가 서로 독립이면
$\{1-\mathrm{P}(A)\}\{1-\mathrm{P}(B)\}=1-\mathrm{P}(A\cup B)$이다.

〈 정답과 해설 p. 72~74 〉

유형 36 독립과 종속인 사건의 곱셈정리

[27-32] 다음 물음에 답하여라.

27 주머니 A에는 흰 공 3개, 검은 공 2개가 들어 있고, 주머니 B에는 흰 공 3개, 검은 공 4개가 들어 있다. 두 주머니에서 각각 공을 한 개씩 꺼낼 때, 모두 검은 공일 확률을 구하여라.

28 10개의 제비 중 2개의 당첨제비가 들어 있는 주머니에서 찬호, 종범이가 이 순서로 제비를 하나씩 뽑는다고 할 때, 두 명 모두 당첨제비를 뽑을 확률을 구하여라.

(단, 뽑은 제비는 다시 넣는다.)

29 A 주머니에는 1, 2, 3, 4, 5가 하나씩 적힌 5개의 공이, B 주머니에는 6, 7, 8, 9가 하나씩 적힌 4개의 공이 들어 있다. A, B에서 각각 임의로 공을 한 개씩 꺼낼 때, 공에 적힌 두 수의 합이 홀수일 확률을 구하여라.

30 어느 농구 팀의 두 선수 A, B가 자유투를 성공할 확률이 각각 0.8, 0.7이다. 이 선수들이 한 번씩 자유투를 던질 때, 적어도 한 명이 성공할 확률을 구하여라.

31 어느 농구 선수가 자유투를 두 번 던질 때, 첫 번째 자유투를 성공할 확률은 60 %이고, 첫 번째 자유투의 성공 여부와 상관없이 두 번째 자유투를 성공할 확률은 90 %라 한다.
이 선수가 두 번의 자유투를 던질 때, 적어도 한 번은 성공할 확률을 구하여라.

32 세 명의 축구 선수 A, B, C가 페널티 킥을 성공할 확률이 각각 0.7, 0.8, 0.9이고, 이들이 한 번씩 페널티 킥을 할 때, 한 명도 성공하지 못할 확률은 $\frac{k}{500}$이다. 이때, 상수 k의 값을 구하여라.

개념 체크

33 **다음 빈칸에 알맞은 것을 써넣어라.**

두 사건 A와 B가

(1) 서로 독립이기 위한 필요충분조건은

$\mathrm{P}(A\cap B)=$[　　　][　　　]

(2) 서로 종속이기 위한 필요충분조건은

$\mathrm{P}(A\cap B)$ ◯ $\mathrm{P}(A)\mathrm{P}(B)$

〈 정답과 해설 p. 74 〉

18 독립시행의 확률

(1) **독립시행** : 동전이나 주사위를 여러 번 던지는 경우와 같이 동일한 시행을 반복할 때, 각 시행에서 일어나는 사건이 서로 독립이면 이런 시행을 **독립시행**이라 한다.
각 시행의 결과가 다른 시행에 아무런 영향을 주지 않는 경우

(2) **독립시행의 확률** : 어떤 시행에서 사건 A가 일어날 확률이 $p(0<p<1)$일 때,
이 시행을 n번 반복하는 독립시행에서 사건 A가 r번 일어날 확률은
$\boldsymbol{{}_n\mathrm{C}_r p^r(1-p)^{n-r}}$ (단, $r=0, 1, 2, \cdots, n$)
${}_n\mathrm{C}_r$은 n번의 시행 중 사건 A가 일어날 시행 r번을 선택하는 경우의 수이다.

예 한 개의 주사위를 3번 던질 때, 1의 눈이 2번 나올 확률은 ${}_3\mathrm{C}_2\left(\frac{1}{6}\right)^2\left(\frac{5}{6}\right)^1=3\times\frac{1}{36}\times\frac{5}{6}=\frac{5}{72}$이다.

유형 37 독립시행의 판단

[01-04] 다음 각 시행이 독립시행인지, 아닌지를 판단하여라.

01 주사위 한 개를 4번 던지는 시행

02 주머니에 있는 공을 하나 꺼낸 후 넣지 않고 다시 하나를 꺼내는 시행

03 5개의 다트를 던지는 시행

04 6개의 동전을 동시에 던지는 시행

유형 38 독립시행의 확률

[05-07] 주사위를 한 번 던지는 시행에서 6의 약수의 눈이 나오는 사건을 A라 할 때, 다음을 구하여라.

05 $\mathrm{P}(A)$의 값을 구하여라.

해 $A=\{\square\}$이므로 $\mathrm{P}(A)=\frac{\square}{6}=\square$

06 주사위를 5번 던지는 시행에서 사건 A가 4번 일어날 확률을 구하여라.

07 주사위를 8번 던지는 시행에서 사건 A가 한 번도 일어나지 않을 확률을 구하여라.

DAY 19

〈 정답과 해설 p. 74 〉

[08-11] 어떤 양궁 선수가 과녁을 명중시킬 확률이 $\frac{4}{5}$라 한다. 이 선수가 5번 화살을 쏘았을 때, 다음 $\square$ 안에 알맞은 수를 써넣어라.

08 과녁을 4번 명중시킬 확률은

$_{\square}C_{\square}\left(\frac{4}{5}\right)^{\square}\times\left(\frac{1}{5}\right)^{\square}$이다.

09 한 번도 과녁을 명중시키지 못할 확률은

$\left(\square\right)^{5}$이다.

10 한 번 이상 과녁을 명중시킬 확률은

$1-\left(\square\right)^{5}$이다.

11 네 번 또는 다섯 번 과녁을 명중시킬 확률은

$_{\square}C_{4}\left(\frac{4}{5}\right)^{\square}\times\left(\frac{1}{5}\right)^{\square}+{}_{\square}C_{5}\left(\frac{4}{5}\right)^{\square}\times\left(\frac{1}{5}\right)^{\square}$

이다.

[12-13] 오른쪽 그림과 같이 5등분된 원판에 1, 2, 3, 4, 5가 적혀 있다. 이 원판에 화살을 6번 쏠 때, 다음을 구하여라. (단, 쏜 화살이 원판을 벗어나거나 경계선 위에 꽂히는 경우는 없다.)

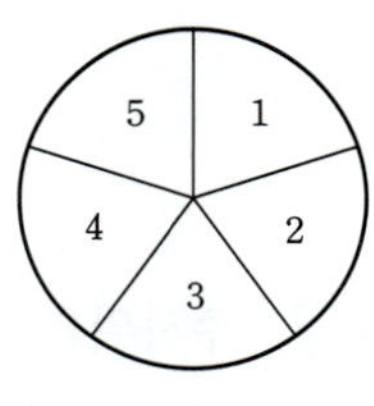

12 짝수가 적힌 영역을 5번 맞힐 확률을 식으로 써라.

13 홀수가 적힌 영역을 4번 맞힐 확률을 식으로 써라.

[14-15] 다음 물음에 답하여라.

14 평균적으로 5문제 중 3문제를 맞히는 학생이 6문제가 출제된 어떤 시험에서 4문제 이상을 맞힐 확률을 식으로 써라.

15 6개의 동전을 동시에 던질 때, 앞면의 개수가 뒷면의 개수보다 더 많을 확률을 구하여라.

개념 체크

16 다음 빈칸에 알맞은 것을 써넣어라.

(1) 동전이나 주사위를 여러 번 던지는 경우와 같이 동일한 시행을 반복할 때, 각 시행에서 일어나는 사건이 서로 독립이면 이런 시행을

[　　　　　]이라 한다.

(2) 어떤 시행에서 사건 A가 일어날 확률이 p일 때, 이 시행을 n번 반복하는 독립시행에서 사건 A가 r번 일어날 확률은

[　　　　　　　　] $(r=0,\ 1,\ 2,\ \cdots,\ n)$

〈 정답과 해설 p. 75 〉

19 독립시행의 확률의 활용

① 승패의 확률을 구해야 하는 경우	② 사건에 따라 시행 횟수가 다른 경우	③ 사건이 일어나는 횟수를 구해야 하는 경우
(r번을 이기면 우승하는 경기에서 **n번째에 승패가 결정될 확률**) $=${**$(n-1)$번째까지 $(r-1)$번 이길 독립시행의 확률**} $\times$(**n번째에서 이길 확률**)	사건에 따라 **경우를 나누어** 각각의 상황에서 일어나는 독립시행의 확률을 구한다.	방정식을 세워서 사건이 일어나는 **횟수를 구한 후** 독립시행의 확률을 이용한다.

유형 39 승패의 확률을 구해야 하는 경우

[01-02] 종수와 서현이가 가위바위보를 하여 먼저 3번 이기는 사람이 관문을 통과하는 게임을 하려고 한다. 한 번의 가위바위보에서 종수와 서현이가 이길 확률은 같고, 비기는 경우는 없을 때, 다음 물음에 답하여라.

01 가위바위보를 한 지 3번 만에 서현이가 먼저 관문을 통과할 확률을 구하여라.

02 가위바위보를 한 지 5번 만에 종수가 먼저 관문을 통과할 확률을 구하여라.

[03-04] 다음 물음에 답하여라.

03 실력이 같은 정도로 기대되는 두 팀 A, B가 5번 경기를 하여 먼저 3번을 이기는 팀이 우승하는 시합을 할 때, 5번째 경기에서 우승팀이 결정될 확률을 구하여라. (단, 비기는 경우는 없다.)

해 5번째 경기에서 우승팀이 결정되려면 우승팀은 4번째 경기까지 $\square$번 이기고 5번째 경기에서 이겨야 한다.

(i) A팀이 우승할 확률

$${}_4C_{\square}\left(\frac{1}{2}\right)^{\square}\left(\frac{1}{2}\right)^{\square}\times\frac{1}{2}=\square$$

(ii) B팀이 우승할 확률

$${}_4C_{\square}\left(\frac{1}{2}\right)^{\square}\left(\frac{1}{2}\right)^{\square}\times\frac{1}{2}=\square$$

(i), (ii)에서 구하는 확률은

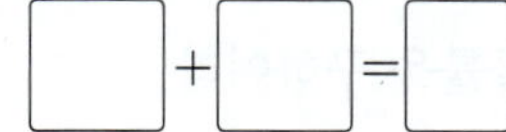

$\square+\square=\square$

04 갑과 을이 5전 3선승제의 게임을 하여 우승자를 가리기로 하였다. 두 사람이 이길 확률이 서로 같을 때, 갑이 4차전에서 우승할 확률을 구하여라. (단, 비기는 경우는 없다.)

DAY 19

〈 정답과 해설 p. 75~76 〉

[05-06] 프로 야구의 한국 시리즈에서는 두 팀이 경기하여 4번 먼저 이기는 팀이 우승한다. 올해 한국 시리즈에 진출한 A, B 두 팀의 승률이 모두 0.5이고, 비기는 경우는 없을 때, 다음 물음에 답하여라.

05 5번째 시합에서 한국 시리즈의 우승팀이 결정될 확률을 구하여라.

06 7번째 시합에서 한국 시리즈의 우승팀이 결정될 확률을 구하여라.

유형 40 사건에 따라 시행 횟수가 다른 경우

[07-11] 다음 물음에 답하여라.

07 한 개의 주사위를 던져서 소수의 눈이 나오면 한 개의 동전을 2번 던지고, 소수가 아닌 눈이 나오면 한 개의 동전을 4번 던질 때, 동전의 앞면이 2번 나올 확률을 구하여라.

해 한 개의 주사위를 던져서 소수의 눈이 나올 확률은

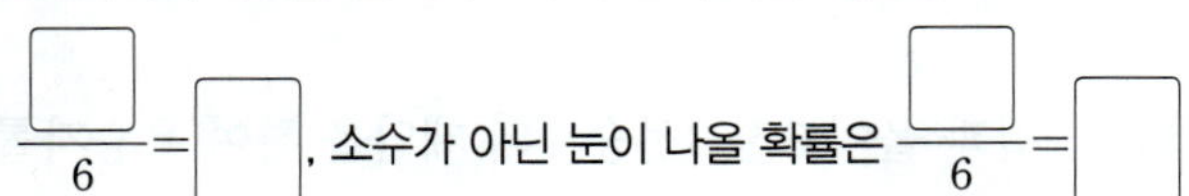

$\frac{\square}{6}=\square$, 소수가 아닌 눈이 나올 확률은 $\frac{\square}{6}=\square$

(i) 한 개의 주사위를 던져서 소수의 눈이 나오고, 한 개의 동전을 2번 던져서 앞면이 2번 나올 확률

$$\square\times{}_2\mathrm{C}_{\square}\left(\frac{1}{2}\right)^{\square}=\square\times\frac{1}{4}=\square$$

(ii) 한 개의 주사위를 던져서 소수가 아닌 눈이 나오고, 한 개의 동전을 4번 던져서 앞면이 2번 나올 확률

$$\square\times{}_4\mathrm{C}_2\left(\frac{1}{2}\right)^2\left(\frac{1}{2}\right)^{\square}=\square\times\frac{\square}{16}=\frac{\square}{16}$$

(i), (ii)에서 구하는 확률은 $\square+\frac{\square}{16}=\frac{\square}{16}$

08 한 개의 동전을 던져서 앞면이 나오면 한 개의 주사위를 3번 던지고, 뒷면이 나오면 한 개의 주사위를 4번 던질 때, 3의 배수의 눈이 2번 나올 확률을 구하여라.

09 한 개의 주사위를 던져서 5의 배수의 눈이 나오면 한 개의 동전을 3번 던지고, 5의 배수가 아닌 눈이 나오면 한 개의 동전을 5번 던질 때, 동전의 앞면이 2번 나올 확률을 구하여라.

10 흰 공 4개와 검은 공 3개가 들어 있는 주머니에서 임의로 2개의 공을 동시에 꺼내어 같은 색의 공이 나오면 한 개의 동전을 2번 던지고, 서로 다른 색의 공이 나오면 한 개의 동전을 3번 던질 때, 동전의 앞면이 2번 나올 확률을 구하여라.

11 1에서 7까지의 자연수가 각각 적힌 7장의 카드 중에서 임의로 한 장의 카드를 뽑을 때, 3의 배수가 적힌 카드가 나오면 한 개의 주사위를 3번 던지고, 3의 배수가 아닌 자연수가 적힌 카드가 나오면 한 개의 주사위를 4번 던질 때, 주사위의 소수의 눈이 한 번 나올 확률을 구하여라.

유형 41 사건이 일어나는 횟수를 구해야 하는 경우

[12-17] 다음 물음에 답하여라.

12 원점을 출발하여 수직선 위를 움직이는 점 P가 있다. 한 개의 동전을 던져서 앞면이 나오면 점 P를 양의 방향으로 1만큼, 뒷면이 나오면 점 P를 음의 방향으로 1만큼 움직인다. 동전을 5번 던졌을 때, 점 P가 수직선 위의 -1에 올 확률을 구하여라.

13 원점을 출발하여 수직선 위를 움직이는 점 P가 있다. 한 개의 주사위를 던져서 5의 약수의 눈이 나오면 점 P를 양의 방향으로 2만큼, 5의 약수가 아닌 눈이 나오면 점 P를 음의 방향으로 1만큼 움직인다. 주사위를 5번 던졌을 때, 점 P가 수직선 위의 -2에 올 확률을 구하여라.

14 한 개의 동전을 던져서 앞면이 나오면 6점, 뒷면이 나오면 3점을 얻을 때, 동전을 10번 던져서 얻은 점수의 합이 39점일 확률을 구하여라.

15 어떤 학생이 게임에서 이길 확률이 0.6이다. 이 학생이 이기면 5점, 지면 -3점을 얻을 때, 4번의 게임에서 얻은 점수의 합이 4점일 확률을 구하여라.

16 오른쪽 그림과 같이 한 변의 길이가 1인 정오각형 ABCDE의 변 위를 시계 반대 방향으로 움직이는 점 P가 꼭짓점 A에 있다. 한 개의 동전을 던져서 앞면이 나오면 1만큼, 뒷면이 나오면 2만큼 움직일 때, 동전을 5번 던져서 점 P가 점 B에 올 확률을 구하여라.

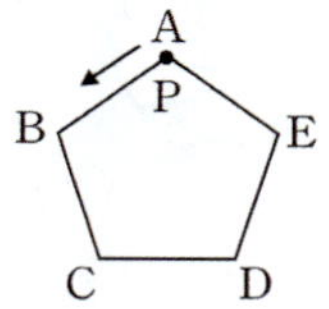

A
P
B
E
C
D

17 오른쪽 그림과 같이 한 변의 길이가 1인 정육각형의 변 위를 시계 방향으로 움직이는 점 P가 있다. 한 개의 주사위를 던져서 홀수의 눈이 나오면 1만큼, 짝수의 눈이 나오면 3만큼 움직일 때, 주사위를 8번 던져서 점 P가 처음 위치로 돌아올 확률을 구하여라.

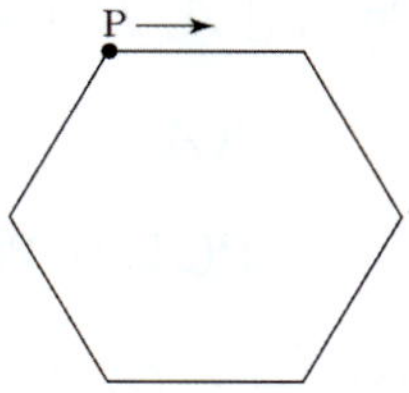

P

DAY 19

개념 체크

18 **다음 빈칸에 알맞은 것을 써넣어라.**

(1) 승패의 확률을 구해야 하는 경우
(r번을 이기면 우승하는 경기에서 n번째에 승패가 결정될 확률)
$=$ {([ ])번째까지 ([ ])번 이길 독립시행의 확률} $\times$ (n번째에서 이길 확률)

(2) 사건에 따라 시행 횟수가 다른 경우
사건에 따라 경우를 나누어 각각의 상황에서 일어나는 [ ]의 확률을 구한다.

(3) 사건이 일어나는 횟수를 구해야 하는 경우
[ ]을 세워서 사건이 일어나는 횟수를 구한 후 독립시행의 확률을 이용한다.

〈 정답과 해설 p. 76~78 〉

학교 시험 기본 문제 **단원 마무리 평가**

13 조건부확률 ~ 19 독립시행의 확률의 활용

01

두 사건 A, B에 대하여

$$\mathrm{P}(A^C)=0.6,\ \mathrm{P}(\mathrm{B})=0.5,\ \mathrm{P}(A\cup B)=0.7$$

일 때, $\mathrm{P}(A|B)$의 값은?

① $\frac{2}{5}$ ② $\frac{1}{2}$ ③ $\frac{3}{5}$ ④ $\frac{7}{10}$ ⑤ $\frac{4}{5}$

02

두 사건 A, B에 대하여

$$\mathrm{P}(A)=\frac{1}{4},\ \mathrm{P}(B^C)=\frac{2}{3},\ \mathrm{P}(B|A)=\frac{1}{3}$$

일 때, $\mathrm{P}(A|B)$의 값은?

① $\frac{1}{20}$ ② $\frac{1}{10}$ ③ $\frac{3}{20}$ ④ $\frac{1}{5}$ ⑤ $\frac{1}{4}$

03 계산 조심

두 사건 A, B가 서로 배반사건이고

$$\mathrm{P}(A)=\frac{2}{5},\ \mathrm{P}(B)=\frac{1}{2}$$

일 때, $\mathrm{P}(B|A^C)$의 값을 구하여라.

04

어느 학교의 학생 40명을 대상으로 연극에 대한 관람 희망 여부를 조사한 결과는 다음 표와 같다. 이 학생 중에서 임의로 선택한 1명이 연극 관람을 희망한 학생일 때, 그 학생이 남학생일 확률은?

(단위 : 명)

	남학생	여학생	계
희망	15	9	24
불희망	10	6	16
합계	25	15	40

① $\frac{1}{4}$ ② $\frac{3}{8}$ ③ $\frac{1}{2}$ ④ $\frac{5}{8}$ ⑤ $\frac{3}{4}$

05

어느 회사에서 부서 A에서 근무한 적이 있는 직원은 전체의 $\frac{2}{5}$이고, 부서 A에서 근무한 적이 있는 남성 직원은 전체의 $\frac{2}{7}$이다. 이 회사에서 임의로 뽑은 한 명이 부서 A에서 근무한 적이 있는 사람일 때, 그 사람이 남성 직원일 확률은?

① $\frac{2}{7}$ ② $\frac{3}{7}$ ③ $\frac{4}{7}$ ④ $\frac{5}{7}$ ⑤ $\frac{6}{7}$

06

서로 다른 두 개의 주사위 동시에 던져서 나오는 눈의 수를 각각 a, b라 하자. ab가 홀수일 때, $a+b$가 6의 배수일 확률은?

① $\frac{1}{6}$ ② $\frac{1}{3}$ ③ $\frac{1}{2}$ ④ $\frac{2}{3}$ ⑤ $\frac{5}{6}$

07

남학생이 15명, 여학생이 25명인 어느 학급에서 주번 2명을 뽑으려고 한다. 임의로 한 학생씩 차례대로 뽑을 때, 뽑힌 2명이 모두 여자일 확률은?

① $\frac{4}{13}$ ② $\frac{5}{13}$ ③ $\frac{6}{13}$ ④ $\frac{7}{13}$ ⑤ $\frac{8}{13}$

08 조건 확인!

딸기 주스 7개와 망고 주스 6개가 있다. 이 중에서 임의로 하나씩 차례로 두 개를 마실 때, 첫 번째에는 딸기 주스를, 두 번째에는 망고 주스를 마실 확률은?

① $\frac{7}{26}$ ② $\frac{4}{13}$ ③ $\frac{9}{26}$ ④ $\frac{5}{13}$ ⑤ $\frac{11}{26}$

09 조건 확인!

A 주머니에는 흰 공 3개와 검은 공 4개, B 주머니에는 흰 공 2개와 검은 공 5개가 들어 있다. 두 주머니 중 하나를 임의로 선택하여 공 1개를 꺼낸다. A 주머니를 선택하고 그 안에서 흰 공을 꺼낼 확률은?

① $\frac{1}{14}$ ② $\frac{1}{7}$ ③ $\frac{3}{14}$ ④ $\frac{2}{7}$ ⑤ $\frac{5}{14}$

10

당첨 쿠폰을 포함하여 10개의 쿠폰이 들어 있는 주머니에서 두 사람 아정, 정우가 이 순서대로 쿠폰을 임의로 1개씩 꺼낸다. 정우만 당첨될 확률이 $\frac{5}{18}$일 때, 당첨 쿠폰의 개수는?

(단, 꺼낸 쿠폰은 다시 넣지 않는다.)

① 2 ② 3 ③ 4 ④ 5 ⑤ 6

11

치즈 케이크 3개와 초코 케이크가 5개가 들어 있는 냉장고에서 수민이와 인철이가 이 순서대로 케이크를 임의로 1개씩 꺼낼 때, 인철이가 초코 케이크를 꺼낼 확률은? (단, 꺼낸 케이크는 다시 넣지 않는다.)

① $\frac{3}{8}$ ② $\frac{7}{16}$ ③ $\frac{1}{2}$ ④ $\frac{9}{16}$ ⑤ $\frac{5}{8}$

12

어느 학생이 독감 예방 주사를 접종했을 때 독감에 걸릴 확률은 $\frac{1}{20}$이고, 독감 예방 주사를 접종하지 않았을 때 독감에 걸릴 확률은 $\frac{1}{12}$이라 한다.
이 학생이 독감 예방 주사를 접종했을 확률이 80 % 일 때, 이 학생이 독감에 걸릴 확률을 구하여라.

13

차윤이가 수학 문제의 정답을 맞힐 확률이 $\frac{4}{5}$이고, 영어 문제의 정답을 맞힐 확률이 $\frac{7}{10}$이다. 차윤이가 수학 문제 2개와 영어 문제 4개 중에서 임의로 한 문제를 풀 때, 이 문제의 정답을 맞힐 확률은?

① $\frac{7}{15}$ ② $\frac{8}{15}$ ③ $\frac{3}{5}$ ④ $\frac{2}{3}$ ⑤ $\frac{11}{15}$

14 생각 더하기

어느 축구팀은 이번 시즌에 A 경기장에서 전체의 30 %의 경기를 치르는 데 이 팀의 A 경기장에서의 승률이 80 %, 다른 경기장에서의 승률을 60 %이다. 이번 시즌의 어떤 경기에서 이 축구팀이 승리하였을 때, 그 경기장이 A 경기장이었을 확률은?

① $\frac{3}{11}$ ② $\frac{10}{33}$ ③ $\frac{1}{3}$ ④ $\frac{4}{11}$ ⑤ $\frac{13}{33}$

DAY 20

15

어느 제품을 생산하는 두 공장 A, B가 있다.
전체 생산량 70 %는 A 공장에서, 30 %는 B 공장에서 생산한다. 두 공장 A, B에서 생산된 제품의 불량률은 각각 2 %, 1 %이다. 생산된 제품 중 무작위로 한 개를 조사했더니 불량품이었을 때, 그 제품이 A 공장에서 생산되었을 확률은?

① $\frac{12}{17}$ ② $\frac{13}{17}$ ③ $\frac{14}{17}$ ④ $\frac{15}{17}$ ⑤ $\frac{16}{17}$

16

A 주머니에는 흰 공 3개와 검은 공 4개, B 주머니에는 흰 공 1개와 검은 공 3개가 들어 있다. 두 주머니 중 하나를 임의로 선택하여 공 2개를 동시에 꺼냈더니 흰 공 1개, 검은 공 1개가 나왔다. 이때, 선택한 주머니가 A 주머니였을 확률을 구하여라.

〈 정답과 해설 p. 78~80 〉

17

1부터 12까지의 자연수가 각각 하나씩 적힌 12장의 카드가 들어 있는 주머니에서 임의로 1장의 카드를 꺼낼 때, 꺼낸 카드에 적힌 수가 짝수인 사건을 A, 6 이하인 사건을 B, 10의 약수인 사건을 C라 하자. 서로 독립인 사건만을 〈보기〉에서 있는 대로 고른 것은?

〈보기〉

ㄱ. A와 B　　ㄴ. B와 C　　ㄷ. A와 C

① ㄱ　② ㄴ　③ ㄱ, ㄷ　④ ㄴ, ㄷ　⑤ ㄱ, ㄴ, ㄷ

18

두 사건 A, B에 대하여 $\mathrm{P}(A)=\frac{1}{3}$, $\mathrm{P}(B)=\frac{1}{2}$이고 $\mathrm{P}(A\cup B)=\frac{2}{3}$일 때, 두 사건 A, B가 서로 독립인지 종속인지 말하여라.

19 조건 확인!

어느 반 24명의 학생을 대상으로 배드민턴과 탁구를 쳐 본 경험이 있는지 조사하였다. 배드민턴을 쳐 본 경험이 있는 학생은 16명, 탁구를 쳐 본 경험이 있는 학생은 12명, 배드민턴과 탁구를 모두 쳐 본 경험이 있는 학생은 n명이었다. 배드민턴을 쳐 본 경험이 있는 사건을 A, 탁구를 쳐 본 경험이 있는 사건을 B라 하면 두 사건 A, B가 서로 독립일 때, 자연수 n의 값은?

① 7　② 8　③ 9　④ 10　⑤ 11

20

주사위를 하나 던질 때 나온 눈의 수가 짝수인 사건을 A, k 이하의 수인 사건을 B_k라 하자. 두 사건 A, B_k가 서로 독립이 되도록 하는 3 이하의 자연수 k의 값을 모두 구하여라.

21

두 사건 A, B에 대하여 옳은 것만을 〈보기〉에서 있는 대로 고른 것은? (단, $A\neq\varnothing$, $B\neq\varnothing$)

〈보기〉

ㄱ. A, B가 서로 독립이면 $\mathrm{P}(B|A)=\mathrm{P}(B|A^C)$이다.

ㄴ. A, B가 서로 독립이면 A^C, B^C도 서로 독립이다.

ㄷ. A, B가 서로 독립이면 A, B는 서로 배반사건이 아니다.

① ㄱ　② ㄴ　③ ㄱ, ㄷ　④ ㄴ, ㄷ　⑤ ㄱ, ㄴ, ㄷ

22

두 사건 A, B가 서로 독립이고

$$\mathrm{P}(A)=\frac{3}{4},\ \mathrm{P}(A\cup B)=\frac{11}{12}$$

일 때, $\mathrm{P}(B)$는?

① $\frac{2}{5}$　② $\frac{8}{15}$　③ $\frac{2}{3}$　④ $\frac{4}{5}$　⑤ $\frac{14}{15}$

23

두 사건 A, B가 서로 독립이고

$$\mathrm{P}(A)=\frac{1}{2}\mathrm{P}(B),\ \mathrm{P}(A\cap B)=\frac{2}{9}$$

일 때, $\mathrm{P}(A\cup B)$는?

① $\frac{5}{9}$　② $\frac{11}{18}$　③ $\frac{2}{3}$　④ $\frac{13}{18}$　⑤ $\frac{7}{9}$

24

두 사건 A, B가 서로 독립이고

$$\mathrm{P}(A)=\frac{3}{7},\ \mathrm{P}(B)=\frac{2}{3}$$

일 때, $\mathrm{P}(A\cup B^C)$는?

① $\frac{13}{21}$　② $\frac{2}{3}$　③ $\frac{5}{7}$　④ $\frac{16}{21}$　⑤ $\frac{17}{21}$

25

두 사건 A, B는 서로 독립이고 두 사건 B, C는 서로 배반사건이다.

$$\mathrm{P}(A\cap B)=\frac{1}{5},\ \mathrm{P}(B\cup C)=\frac{7}{10},\ \mathrm{P}(C)=\frac{2}{5}$$

일 때, $\mathrm{P}(A)$를 구하여라.

26

두 학생 A, B가 내일 매점에 갈 확률이 각각 0.5, 0.6이다. 내일 두 학생 중 적어도 한 명은 매점에 갈 확률은? (단, 두 학생의 매점 방문 여부는 서로 독립이다.)

① 0.5 ② 0.6 ③ 0.7 ④ 0.8 ⑤ 0.9

27

A 상자에는 노란색 구슬 2개와 파란색 구슬 4개, B 상자에는 노란색 구슬 3개와 파란색 구슬 2개가 들어 있다. 두 상자에서 각각 임의로 1개씩 구슬을 꺼냈을 때, 두 구슬이 모두 노란색일 확률은?

① $\frac{1}{10}$ ② $\frac{1}{5}$ ③ $\frac{3}{10}$ ④ $\frac{2}{5}$ ⑤ $\frac{1}{2}$

사건을 어떻게 지정하는지에 따라 문제가 손쉽게 풀린다.

28

다음은 어느 음식점에서 손님 200명을 대상으로 나이와 더 선호하는 음식을 조사한 표이다.

(단위 : 명)

	자장면	짬뽕	합계
40대 미만	a	b	120
40대 이상	c	d	80
합계	100	100	200

40대 미만인 사건과 자장면을 선호하는 사건이 서로 독립일 때, 상수 a의 값을 구하여라.

29

동건이와 우빈이가 어느 요리 대회에서 예선을 통과할 확률이 각각 $\frac{3}{10}$, p이다. 두 사람 중 동건이만 예선을 통과할 확률이 $\frac{1}{4}$일 때, 우빈이만 예선을 통과할 확률을 구하여라. (단, 두 사람의 예선 통과 여부는 서로 독립이다.)

30

A 주머니에는 1부터 5까지의 자연수가 각각 하나씩 적힌 5장의 카드가, B 주머니에는 6부터 8까지의 자연수가 각각 하나씩 적힌 3장의 카드가 들어 있다. 두 주머니에서 각각 임의로 한 장의 카드를 꺼낼 때, 두 카드에 적힌 수의 합이 홀수일 확률은?

① $\frac{2}{5}$ ② $\frac{7}{15}$ ③ $\frac{8}{15}$ ④ $\frac{3}{5}$ ⑤ $\frac{2}{3}$

31

자유투 성공률이 $\frac{4}{5}$인 농구 선수가 자유투를 4번 던질 때, 1번 이상 성공할 확률을 구하여라.

(단, 공을 던지는 시행들은 서로 독립시행이다.)

32

주사위를 3번 던질 때, 3의 약수의 눈이 두 번 나올 확률은?

① $\frac{2}{9}$ ② $\frac{1}{3}$ ③ $\frac{4}{9}$ ④ $\frac{5}{9}$ ⑤ $\frac{2}{3}$

〈 정답과 해설 p. 81~83 〉

33

각 면에 숫자 1, 2, 3, 4가 각각 하나씩 적힌 정사면체의 모양의 주사위를 3번 던져서 바닥에 닿는 면에 적힌 숫자를 확인할 때, 확인한 수의 최댓값이 4가 될 확률은?

① $\frac{7}{16}$ ② $\frac{31}{64}$ ③ $\frac{17}{32}$ ④ $\frac{37}{64}$ ⑤ $\frac{5}{8}$

34

두 바둑 선수 A, B가 3번의 바둑 대국을 할 때, A 선수가 모두 이길 확률이 $\frac{1}{27}$이다. 두 바둑 선수가 4번의 바둑 대국을 할 때, B 선수가 2번 이길 확률을 구하여라. (단, 비기는 경우는 없고, 각 대국에서 A 선수가 B 선수를 이길 가능성은 모두 같은 정도로 기대된다.)

35

동전 2개를 동시에 던져 모두 앞면이 나오면 1점을 얻는 게임이 있다. 정원이와 진주 두 사람이 각각 동전 2개를 4번씩 던질 때, 두 사람의 점수의 비가 3 : 4로 진주가 이길 확률을 p라 하자. $2^{10} \times p$의 값은?

① $\frac{3}{16}$ ② $\frac{1}{4}$ ③ $\frac{5}{16}$ ④ $\frac{3}{8}$ ⑤ $\frac{7}{16}$

36

A, B를 포함하여 8개의 모자 중에서 4개를 택할 때, A 또는 B를 포함하여 택할 확률은?

① $\frac{9}{14}$ ② $\frac{19}{28}$ ③ $\frac{5}{7}$ ④ $\frac{21}{28}$ ⑤ $\frac{11}{14}$

37

오른쪽 그림과 같이 한 변의 길이가 1인 정오각형 ABCDE의 변 위를 시계바늘이 도는 방향으로 움직이는 점 P가 있다. 한 개의 동전을 던져서 앞면이 나오면 2만큼, 뒷면이 나오면 1만큼 움직일 때, 동전을 네 번 던져서 꼭짓점 A에서 출발한 점 P가 꼭짓점 E에 도착할 확률을 구하여라.

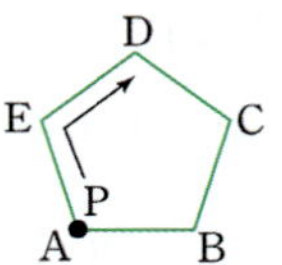

앞면이 x번, 뒷면이 y번 나온다고 하고,
① 동전을 네 번 던진 것
② 점 P가 점 A에서 출발하여 점 E에 도착할 때까지 움직인 거리는 6
임을 이용하여 연립방정식을 세운다.

38

한 개의 동전을 한 번 던져서 앞면이 나오면 한 개의 주사위를 3번 던지고, 뒷면이 나오면 한 개의 주사위를 4번 던질 때, 5 이상의 눈이 3번 나올 확률을 구하여라.

39

흰 공 3개와 검은 공 2개가 들어 있는 주머니에서 임의로 2개의 공을 동시에 꺼내어 서로 다른 색의 공이 나오면 한 개의 동전을 2번 던지고, 서로 같은 색의 공이 나오면 한 개의 동전을 3번 던질 때, 동전의 앞면이 1번 나올 확률을 구하여라.

40 생각 더하기

7번의 경기 중 먼저 4번을 이기면 우승을 하는 어느 테니스 대회에 두 선수 A, B가 결승전에 올라갔다. 두 선수 A와 B의 경기에서 선수 A가 선수 B를 이길 확률이 $\frac{3}{4}$일 때, 선수 A가 5번 이내의 경기에서 우승할 확률을 구하여라. (단, 비기는 경우는 없다.)

4번째 경기에서 이기는 경우와 5번째 경기에서 이기는 경우로 나누어서 확률을 구한다.

〈 정답과 해설 p. 83~84 〉

III

통계

1 이산확률변수와 이항분포

01 평균
02 분산, 표준편차
03 확률변수
04 이산확률변수와 연속확률변수
05 확률질량함수
06 확률질량함수의 성질
07 이산확률변수의 확률과 확률질량함수의 성질
08 확률질량함수의 성질의 응용
09 이산확률변수의 기댓값(평균)
10 이산확률변수의 평균, 분산, 표준편차
✓ 11 이산확률변수 $aX+b$의 평균, 분산, 표준편차
✓ 12 이항분포
13 이항분포의 평균, 분산, 표준편차 - 확률변수
14 이항분포의 평균, 분산, 표준편차 - 확률변수 $aX+b$
15 큰 수의 법칙

2 연속확률변수와 정규분포

16 확률밀도함수
✓ 17 정규분포
18 정규분포곡선
19 정규분포곡선의 성질
20 정규분포에서의 확률
21 정규분포에서의 확률 구하는 순서
☆ 22 표준정규분포
23 표준정규분포에서의 확률
24 표준정규분포의 표준화
25 정규분포의 응용
☆ 26 이항분포와 정규분포의 관계
27 표준화하여 확률 비교하기

3 통계적추정

28 모집단과 표본
29 임의추출
30 모평균과 표본평균
31 표본평균의 평균, 분산, 표준편차
32 표본평균의 분포
33 표본평균의 확률 구하기
34 표본평균의 확률 - 미지수의 값 구하기
35 모비율과 표본비율
36 표본비율의 평균, 분산, 표준편차
37 표본비율의 분포
38 표본비율의 확률
☆ 39 모평균의 추정
40 모평균의 신뢰구간의 길이
41 모평균의 신뢰구간의 성질
42 모평균의 추정 - 표본의 크기 구하기
43 모비율의 추정
44 모비율의 신뢰구간의 길이
45 모비율의 신뢰구간의 성질
46 모비율의 추정 - 표본의 크기 구하기

✓ 수능 BASIC ☆ 수능 BEST

통계

1 이산확률분포

이산확률분포

- **확률변수** : 어떤 시행에서 표본공간의 각 원소에 하나의 실수가 대응되는 관계
- **$P(X=x)$** : 확률변수 X가 어떤 값 x를 가질 확률
- **이산확률변수** : 가질 수 있는 값이 유한개이거나 무한히 많더라도 자연수와 같이 셀 수 있는 확률변수
- **확률질량함수** : 이산확률변수 X가 가질 수 있는 모든 값이 $x_1, x_2, x_3, \cdots, x_n$이고 이들 각각의 값을 가질 확률 $p_1, p_2, p_3, \cdots, p_n$이 주어질 때, 이들의 대응 관계를 나타낸 함수
  $\mathbf{P(X=x_i)=p_i\ (i=1, 2, 3, \cdots, n)}$
- **확률분포** : 확률변수 X가 갖는 값과 X가 이 값을 가질 확률의 대응 관계

X	x_1	x_2	$\cdots$	x_n	합계
$P(X=x_i)$	p_1	p_2	$\cdots$	p_n	1

- **확률질량함수의 성질**
  이산확률변수 X의 확률질량함수
  $P(X=x_i)=p_i\ (i=1, 2, 3, \cdots, n)$에 대하여
  ① $0\le p_i\le 1$　　② $p_1+p_2+\cdots+p_n=1$
  ③ $P(x_i\le X\le x_j)$
  $=p_i+p_{i+1}+p_{i+2}+\cdots+p_j$ (단, $i\le j$)

이산확률변수의 기댓값, 분산, 표준편차

확률변수 X의 확률질량함수가 $P(X=x_i)=p_i$일 때,

- **기댓값(평균)** : $E(X)=x_1p_1+x_2p_2+\cdots+x_np_n$
- **분산** : $V(X)=E(X-m)^2=E(X^2)-\{E(X)\}^2$
- **표준편차** : $\sigma(X)=\sqrt{V(X)}$
- **확률변수 $aX+b$의 기댓값, 분산, 표준편차**
  확률변수 X와 두 상수 a, b에 대하여
  (1) $E(aX+b)=aE(X)+b$
  (2) $V(aX+b)=a^2V(X)$
  (3) $\sigma(aX+b)=|a|\sigma(X)$

이항분포

- **이항분포** : 시행을 반복하는 횟수가 n번이고, 한 번 시행할 때의 확률이 p로 일정한 확률분포
- **이항분포의 확률질량함수**
  $P(X=x)={}_nC_xp^xq^{n-x}$ (단, $q=1-p$, $x=0, 1, 2, \cdots, n$)

이항분포의 평균, 분산, 표준편차

확률변수 X가 이항분포 $B(n, p)$를 따를 때,
① $E(X)=np$
② $V(X)=npq$
③ $\sigma(X)=\sqrt{npq}$ (단, $q=1-p$)

2 연속확률분포

연속확률변수

어떤 범위에 속하는 모든 실숫값을 가지는 확률변수

확률밀도함수

$\alpha\le X\le\beta$에서 모든 실수 값을 가질 수 있는 연속확률변수 X에 대하여 $\alpha\le X\le\beta$에서 정의된 함수 $f(x)$가 다음을 만족할 때, X의 **확률밀도함수**라 한다.
① $f(x)\ge 0$
② $y=f(x)$의 그래프와 x축 및 두 직선 $x=\alpha$, $x=\beta$로 둘러싸인 도형의 넓이가 1이다.
③ $P(a\le X\le b)$는 $y=f(x)$의 그래프와 x축 및 두 직선 $x=a$, $x=b$로 둘러싸인 도형의 넓이와 같다.
(단, $\alpha\le a\le b\le\beta$)

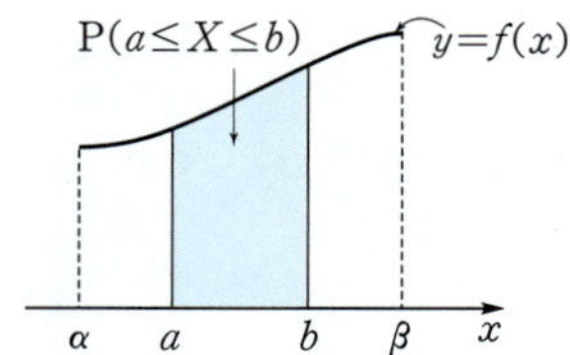

3 통계적 추정

정규분포

실수 전체의 집합에서 정의된 확률변수 X의 확률밀도함수 $f(x)$가 두 상수 m, $\sigma(\sigma>0)$에 대하여

$$f(x)=\frac{1}{\sqrt{2\pi}\sigma}e^{-\frac{(x-m)^2}{2\sigma^2}}$$

일 때, X의 확률분포를 **정규분포**라 한다. 기호 $\mathrm{N}(m, \sigma^2)$

정규분포 $\mathrm{N}(m, \sigma^2)$을 따르는 정규분포곡선의 성질

① 직선 $x=m$에 대하여 대칭인 종 모양의 곡선이다.
② 곡선과 x축 사이의 넓이는 1이고, 점근선은 x축이다.
③ 정규분포 곡선은 평균 m과 표준편차 σ의 값에 따라 그 모양과 위치가 정해진다.

σ는 일정, $m_1<m_2<m_3$	m은 일정, $\sigma_1<\sigma_2<\sigma_3$
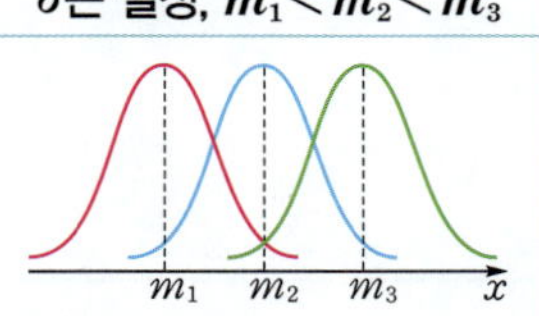	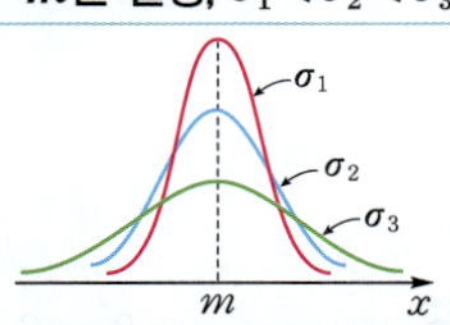
m이 클수록 대칭축이 오른쪽으로, m이 작을수록 대칭축이 왼쪽으로 이동한다. ⇨ 곡선의 모양은 같고, 대칭축의 위치가 다르다.	σ가 클수록 곡선의 가운데 부분의 높이는 낮아지고 모양은 옆으로 퍼지며, σ가 작을수록 곡선의 가운데 부분의 높이는 높아지고 모양은 옆으로 좁아진다. ⇨ 대칭축이 같고 높이가 다르다.

표준정규분포

- **표준정규분포** : 평균이 0, 분산이 1인 정규분포 $\mathrm{N}(0, 1)$
- **정규분포의 표준화** : 정규분포 $\mathrm{N}(m, \sigma^2)$을 따르는 확률변수 X에 대하여 $Z=\frac{X-m}{\sigma}$이라 하면 Z는 표준정규분포 $\mathrm{N}(0, 1)$을 따른다. 이와 같이 정규분포를 따르는 X를 표준정규분포를 따르는 확률변수 Z로 바꾸는 것을 **표준화**라 한다.

$$\mathrm{P}(a\le X\le b)=\mathrm{P}\left(\frac{a-m}{\sigma}\le Z\le\frac{b-m}{\sigma}\right)$$

이항분포와 정규분포의 관계

n이 충분히 크면, 이항분포 $\mathrm{B}(n, p)$는 정규분포 $\mathrm{N}(np, npq)$를 따른다. (단, $q=1-p$)

모집단과 표본

(1) **모집단** : 통계 조사에서 조사하고자 하는 대상 전체
(2) **전수조사** : 통계 조사에서 모집단 전체를 조사하는 것
(3) **표본** : 조사하기 위하여 뽑은 모집단의 일부분
(4) **표본조사** : 모집단의 일부분, 즉 표본을 조사하는 것
(5) **표본의 크기** : 표본조사에서 뽑은 표본의 개수

표본평균 $\overline{X}$의 분포

① 모평균이 m이고 모표준편차가 σ인 모집단에서 임의추출한 크기가 n인 표본의 표본평균을 $\overline{X}$라 할 때

$\mathrm{E}(\overline{X})=m$, $\mathrm{V}(\overline{X})=\frac{\sigma^2}{n}$, $\sigma(\overline{X})=\frac{\sigma}{\sqrt{n}}$

② 확률변수 X가 정규분포 $\mathrm{N}(m, \sigma^2)$을 따르면 크기가 n인 표본의 표본평균 $\overline{X}$는 정규분포 $\mathrm{N}\left(m, \frac{\sigma^2}{n}\right)$을 따른다.

모평균의 추정

정규분포 $\mathrm{N}(m, \sigma^2)$을 따르는 모집단에서 임의추출한 크기가 n인 표본의 표본평균 $\overline{X}$의 값이 $\overline{x}$이면 모평균 m에 대하여

(1) 신뢰구간 : $\overline{x}-k\times\frac{\sigma}{\sqrt{n}}\le m\le\overline{x}+k\times\frac{\sigma}{\sqrt{n}}$

신뢰도 95 %일 때, $k=1.96$, 신뢰도 99 %일 때, $k=2.58$

(2) 신뢰구간의 길이 : $2\times k\times\frac{\sigma}{\sqrt{n}}$

표본비율의 분포

모비율이 p인 모집단에서 크기가 n인 표본을 임의추출할 때, n이 충분히 크면 표본비율 $\hat{p}$은 근사적으로 정규분포 $\mathrm{N}\left(p, \frac{pq}{n}\right)$를 따른다. (단, $q=1-p$)

모비율의 추정

모집단에서 크기가 n인 표본을 임의추출하여 구한 표본비율이 $\hat{p}$일 때, n이 충분히 크면

(1) 신뢰구간 : $\hat{p}-k\times\sqrt{\frac{\hat{p}\hat{q}}{n}}\le p\le\hat{p}+k\times\sqrt{\frac{\hat{p}\hat{q}}{n}}$

신뢰도 95 %일 때, $k=1.96$, 신뢰도 99 %일 때, $k=2.58$

(2) 신뢰구간의 길이 : $2\times k\times\sqrt{\frac{\hat{p}\hat{q}}{n}}$ (단, $\hat{q}=1-\hat{p}$)

01 평균

(1) **변량** : 점수, 키, 몸무게처럼 조사하거나 관찰하여 얻은 수치

예) 세 과목의 점수 : 86점, 97점, 90점 ➡ 86, 97, 90
자료 변량

(2) **대푯값** : 자료 전체의 중심 경향이나 특징을 대표적으로 나타내는 값으로 평균, 중앙값, 최빈값 등이 있다.

(3) **평균** : 변량의 총합을 변량의 개수로 나눈 값

➡ $(\text{평균})=\dfrac{(\text{변량의 총합})}{(\text{변량의 개수})}$

예) 세 과목의 점수가 86점, 97점, 90점일 때, $(\text{세 과목의 평균})=\dfrac{86+97+90}{3}=91(\text{점})$

참고 평균은 대푯값으로 가장 많이 사용된다.

✪ 자료 4, 8, 6, 10의 평균 구하기

➡ $(\text{평균})=\dfrac{4+8+6+10}{4}=\dfrac{28}{4}=7$

(변량의 총합: 4+8+6+10, 변량의 개수: 4)

유형 01 평균 구하기

[01-07] 다음 자료의 평균을 구하여라.

01 1, 2, 3

해 변량이 1, 2, 3으로 3개이므로

$(\text{평균})=\dfrac{(\text{변량의 총합})}{(\text{변량의 개수})}$

$=\dfrac{1+\square+3}{3}=\dfrac{\square}{3}=\square$

02 20, 60, 40, 100

해 변량이 20, 60, 40, 100으로 4개이므로

$(\text{평균})=\dfrac{(\text{변량의 총합})}{(\text{변량의 개수})}$

$=\dfrac{20+60+\square+100}{\square}=\square$

03 4, 8, 8, 8, 12, 14

04 10, 20, 30, 40, 50, 60, 70

05 8, 2, 4, 7, 7, 6, 1

06 3, 4, 6, 7, 4, 8, 6, 10

07 2, 3, 5, 4, 10, 7, 9, 3, 2, 5

〈 정답과 해설 p. 85 〉

02 분산, 표준편차

(1) **분산**: 각 편차의 제곱의 총합을 변량의 개수로 나눈 값

즉, 편차의 제곱의 평균

참고 편차 : 각 변량에서 평균값을 뺀 값 편차들의 합은 0이다.

(변량)−(평균)=(편차)

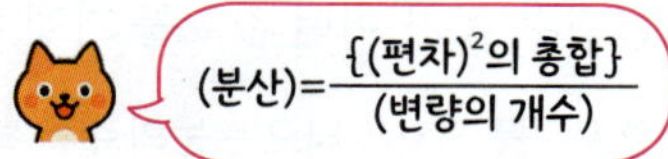

(2) **표준편차**: 분산의 음이 아닌 제곱근, 즉 (표준편차)=$\sqrt{(\text{분산})}$

유형 02 분산, 표준편차

[01-04] 표에서 변량의 분산, 표준편차를 다음 순서로 구하여라.

01

변량	A	B	C	D
편차	1	1	−1	−1

(i) $(\text{편차})^2$의 총합

해 $\{(\text{편차})^2\text{의 총합}\}=1^2+1^2+(-1)^2+(\square)^2$

$=\square$

(ii) (분산)

해 $(\text{분산})=\frac{\{(\text{편차})^2\text{의 총합}\}}{(\text{변량의 개수})}=\frac{\square}{4}=\square$

(iii) (표준편차)

해 $(\text{표준편차})=\sqrt{(\text{분산})}=\sqrt{\square}=\square$

$\therefore$ (분산)=$\square$, (표준편차)=$\square$

02

변량	A	B	C	D
편차	−3	1	−1	3

(i) $(\text{편차})^2$의 총합

(ii) (분산)

(iii) (표준편차)

03

변량	A	B	C	D	E
편차	4	0	−2	−4	2

(i) $(\text{편차})^2$의 총합

(ii) (분산)

(iii) (표준편차)

04

변량	A	B	C	D	E	F
편차	4	1	−2	−1	−1	−1

(i) $(\text{편차})^2$의 총합

(ii) (분산)

(iii) (표준편차)

〈 정답과 해설 p. 85 〉

03 확률변수

어떤 시행에서 표본공간의 각 원소에 하나의 실수가 대응되는 관계를 **확률변수**라 하고, 확률변수 X가 어떤 값 x를 가질 확률을 기호 $\mathrm{P}(X=x)$로 나타낸다.

예 주사위를 던져서 나오는 눈의 수를 확률변수 X라 하면 $\mathrm{P}(X=3)=\frac{1}{6}$이다.

참고 왜 함수가 아니라 변수라고 할까?
표본공간을 정의역으로 하고 실수 전체의 집합을 공역으로 하는 함수라고 볼 수도 있지만 변수의 역할이 크므로 확률변수라고 부른다.

보통 확률변수는 X, Y, Z 등으로 나타내고, 확률변수가 취할 수 있는 값은 x, y, z 등으로 나타낸다.

유형 03 확률변수 X가 가지는 값

[01-04] 다음 사건을 확률변수 X라 할 때, X가 가지는 값을 모두 구하여라.

01 한 개의 주사위를 던지는 시행에서 나오는 눈의 수

답 1, 2, ☐, ☐, 5, ☐

02 한 개의 동전을 두 번 던지는 시행에서 앞면이 나오는 횟수

03 흰 공 5개, 검은 공 3개가 들어 있는 주머니에서 동시에 3개의 공을 꺼낼 때 나오는 흰 공의 개수

04 1, 3, 5, 7, 9가 하나씩 적혀 있는 카드 중에서 한 장의 카드를 뽑았을 때 카드에 적혀 있는 숫자

[05-08] 다음 사건을 확률변수 X라 할 때, X가 가지는 값을 모두 구하여라.

05 한 개의 주사위를 던지는 시행에서 2의 배수가 나오는 눈의 수

답 ☐, ☐, ☐

06 네 개의 동전을 한 번에 던지는 시행에서 앞면이 나오는 횟수

07 당첨 제비 3개를 포함한 20개의 제비 중에서 3개의 제비를 동시에 뽑을 때, 뽑은 당첨 제비의 개수

당첨제비는 최소 0개 ~ 최대 3개가 나올 수 있습니다.

08 두 학생 A, B가 가위바위보를 5번 할 때, A가 이기는 횟수

유형 04 확률변수와 표본공간

[09-13] 한 개의 동전을 2번 던지는 시행에서 앞면을 H, 뒷면을 T라 할 때, 다음 물음에 답하여라.

09 표본공간 S를 구하여라.

답 $S=\{$HH, H[ ], [ ]H, [ ][ ]$\}$

10 앞면이 나오는 횟수를 X라 하면 X가 가질 수 있는 값을 구하여라.

답 [ ], [ ], [ ]

11 **10**의 각 값을 가질 확률을 $\mathrm{P}(X=x)$로 나타내어라.

답 $\mathrm{P}(X=$[ ]$)=$[ ], $\mathrm{P}(X=$[ ]$)=$[ ],
$\mathrm{P}(X=$[ ]$)=$[ ]

12 뒷면이 나오는 횟수를 X라 하면 X가 가질 수 있는 값을 구하여라.

답 [ ], [ ], [ ]

13 **12**의 각 값을 가질 확률을 $\mathrm{P}(X=x)$로 나타내어라.

답 $\mathrm{P}(X=$[ ]$)=$[ ], $\mathrm{P}(X=$[ ]$)=$[ ],
$\mathrm{P}(X=$[ ]$)=$[ ]

[14-18] 서로 다른 두 개의 주사위를 차례로 던져서 처음 나온 눈의 수와 나중에 나온 눈의 수를 각각 x, y라 할 때, 다음을 구하여라.

14 표본공간 S

답 $S=\{(1, 1), (1, 2), (1, 3), (1, 4), (1, 5), (1, 6),$
([ ], 1), ([ ], 2), ([ ], 3), ([ ], 4),
([ ], 5), ([ ], 6), ([ ], 1), ([ ], 2),
([ ], 3), ([ ], 4), ([ ], 5), ([ ], 6),
([ ], 1), ([ ], 2), ([ ], 3), ([ ], 4),
([ ], 5), ([ ], 6), ([ ], 1), ([ ], 2),
([ ], 3), ([ ], 4), ([ ], 5), ([ ], 6),
([ ], 1), ([ ], 2), ([ ], 3), ([ ], 4),
([ ], 5), ([ ], 6)$\}$

15 3의 배수의 눈이 나오는 주사위의 개수를 확률변수 X라 할 때, X가 가질 수 있는 값

16 **15**의 각 값을 가질 확률

17 5의 배수의 눈이 나오는 주사위의 개수를 확률변수 X라 할 때, X가 가질 수 있는 값

18 **17**의 각 값을 가질 확률

< 정답과 해설 p. 85~86 >

[19-21] 빨간 공 3개와 파란 공 2개가 들어 있는 주머니에서 임의로 2개의 공을 동시에 꺼내는 시행을 하려고 한다. 다음 물음에 답하여라.

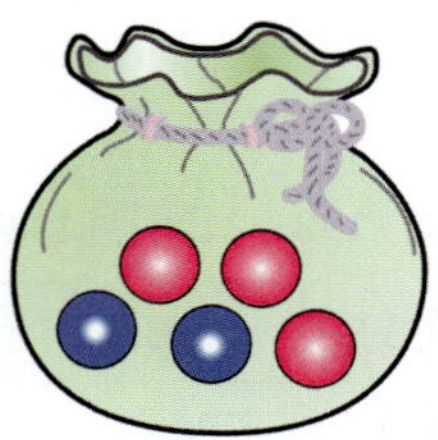

19 빨간 공을 R_1, R_2, R_3, 파란 공을 B_1, B_2라 하고, 이 시행의 표본공간 S를 구하여라.

답 $S=\{R_1R_2,\ R_1R_3,\ \boxed{},\ R_1B_1,\ R_2B_1,\ \boxed{},\ R_1B_2,\ R_2B_2,\ \boxed{},\ B_1B_2\}$

20 표본공간의 각 원소에 대하여 꺼낸 빨간 공의 개수를 확률변수 X라 할 때, 다음을 구하여라.

1) X가 가지는 값

2) $P(X=0)$

3) $P(X=1)$

4) $P(X=2)$

21 표본공간의 각 원소에 대하여 꺼낸 파란 공의 개수를 확률변수 X라 할 때, 다음을 구하여라.

1) X가 가지는 값

2) $P(X=0)$

3) $P(X=1)$

4) $P(X=2)$

[22-24] 노란 구슬 5개와 초록 구슬 4개가 들어 있는 주머니에서 임의로 3개의 구슬을 동시에 꺼내는 시행을 하려고 한다. 다음 물음에 답하여라.

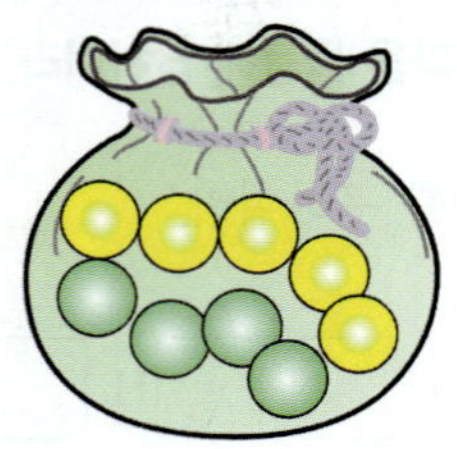

22 노란 구슬을 Y_1, Y_2, Y_3, Y_4, Y_5, 초록 구슬을 G_1, G_2, G_3, G_4라 하고, 이 시행의 표본공간 S에 대하여 $n(S)$를 구하여라.

23 표본공간의 각 원소에 대하여 꺼낸 노란 공의 개수를 확률변수 X라 할 때, 다음을 구하여라.

1) X가 가지는 값

2) $P(X=1)$

3) $P(X=3)$

24 표본공간의 각 원소에 대하여 꺼낸 초록 공의 개수를 확률변수 X라 할 때, 다음을 구하여라.

1) X가 가지는 값

2) $P(X=0)$

3) $P(X=2)$

개념 체크

25 다음 빈칸에 알맞은 것을 써넣어라.

(1) [　　　　　]: 어떤 시행에서 표본공간의 각 원소에 하나의 실수가 대응되는 관계

(2) $P(X=x)$: 확률변수 X가 어떤 값 x를 가질 [　　　]을 기호로 나타낸 것

< 정답과 해설 p. 86~87 >

04 이산확률변수와 연속확률변수

이산확률변수	연속확률변수
• 유한개의 값이나 무한히 많더라도 자연수와 같이 일일이 셀 수 있는 값을 가질 수 있는 확률변수 • x_1, x_2, x_3, $\cdots$, x_n과 같이 표현한다.	• 어떤 범위에 속하는 모든 실숫값을 가질 수 있는 확률변수 • $\alpha \leq X \leq \beta$와 같이 표현한다.
예) 특정한 물체의 개수, 앞면이 나온 동전의 개수, 2의 배수인 주사위의 눈의 수 등 0, 1, 2, 3, $\cdots$과 같이 셀 수 있는 값	예) 넓이가 1 이상 3 이하인 삼각형의 세 변의 길이의 합, 어느 반 학생들의 수면 시간 등 어떤 범위에 속하는 연속적인 실숫값

유형 05 이산확률변수와 연속확률변수의 판정

[01-05] 다음 주어진 확률변수가 이산확률변수인지 연속확률변수인지를 판정하여라.

01 한 개의 동전을 3번 던질 때 앞면이 나오는 횟수

02 성인 남자의 2분 동안의 혈압

03 3분 간격으로 운행되는 버스를 기다리는 시간

04 성공률이 80 %인 농구선수가 5번의 슛을 던질 때 성공한 횟수

05 고등학교 학생 300명의 독서 시간

[06-11] 다음과 같은 확률변수 X가 이산확률변수인 것은 '이산', 연속확률변수인 것은 '연속'을 (　　) 안에 써넣어라.

06 네 개의 동전을 던질 때, 뒷면이 나온 동전의 개수 (　　　)

07 어느 고등학교 학생들의 발 크기 (　　　)

08 어느 고등학교 2학년 학생들의 수학 점수 (　　　)

09 어느 공장에서 생산된 제품의 불량품의 개수 (　　　)

10 어느 공장에서 생산된 핸드폰 배터리의 수명 (　　　)

11 어느 학교 교실의 실내 습도 (　　　)

개념 체크

12 **다음 빈칸에 알맞은 것을 써넣어라.**

(1) [　　　　　]: 유한개의 값이나 무한히 많더라도 자연수와 같이 일일이 [　　　　　]을 가질 수 있는 확률변수

(2) [　　　　　]: 어떤 [　　　]에 속하는 [　　　　　]을 가질 수 있는 확률변수

〈 정답과 해설 p. 87 〉

05 확률질량함수

(1) **확률질량함수** : 이산확률변수 X가 가질 수 있는 모든 값이 x_1, x_2, x_3, $\cdots$, x_n이고, 이들 각각의 값을 가질 확률 p_1, p_2, p_3, $\cdots$, p_n이 주어질 때, 이들의 대응 관계를 나타낸 함수

$$\mathrm{P}(X=x_i)=p_i\ (i=1,\ 2,\ 3,\ \cdots,\ n)$$

을 이산확률변수 X의 **확률질량함수**라 한다.

(2) **확률분포** : 확률변수 X가 갖는 값과 X가 이 값을 가질 확률의 대응 관계

이산확률변수 X에 대하여 x_i와 p_i의 대응 관계, 즉 확률분포를 표로 나타낼 수 있다.

X	x_1	x_2	$\cdots$	x_n	합계
$\mathrm{P}(X=x_i)$	p_1	p_2	$\cdots$	p_n	1

예 **딸기 3개, 복숭아 3개, 참외 2개가 들어 있는 상자에서 임의로 3개를 동시에 꺼낼 때, 꺼낸 복숭아의 수를 확률변수 X라 하자.**

확률변수 X가 가질 수 있는 값은 0, 1, 2, 3이다.

8개 중 임의로 3개를 동시에 꺼내는 경우의 수는 ${}_8\mathrm{C}_3$

꺼낸 것 중 복숭아가 x개인 경우의 수는 복숭아 3개 중에서 x개를 꺼내면 ${}_3\mathrm{C}_x$, 복숭아가 아닌 것 5개 중 $(3-x)$개를 꺼내면 ${}_5\mathrm{C}_{3-x}$이다.

따라서 이 경우의 수는 ${}_3\mathrm{C}_x\times{}_5\mathrm{C}_{3-x}$이므로 X의 확률질량함수는

$\mathrm{P}(X=x)=\dfrac{{}_3\mathrm{C}_x\times{}_5\mathrm{C}_{3-x}}{{}_8\mathrm{C}_3}$ $(x=0,\ 1,\ 2,\ 3)$이다.

$\mathrm{P}(X=0)=\dfrac{{}_3\mathrm{C}_0\times{}_5\mathrm{C}_3}{{}_8\mathrm{C}_3}=\dfrac{5}{28}$, $\mathrm{P}(X=1)=\dfrac{{}_3\mathrm{C}_1\times{}_5\mathrm{C}_2}{{}_8\mathrm{C}_3}=\dfrac{15}{28}$,

$\mathrm{P}(X=2)=\dfrac{{}_3\mathrm{C}_2\times{}_5\mathrm{C}_1}{{}_8\mathrm{C}_3}=\dfrac{15}{56}$, $\mathrm{P}(X=3)=\dfrac{{}_3\mathrm{C}_3\times{}_5\mathrm{C}_0}{{}_8\mathrm{C}_3}=\dfrac{1}{56}$

이므로 확률분포를 표로 나타내면 다음과 같다.

X	0	1	2	3	합계
$\mathrm{P}(X=x)$	$\frac{5}{28}$	$\frac{15}{28}$	$\frac{15}{56}$	$\frac{1}{56}$	1

유형 06 확률질량함수

[01-04] 다음 확률변수 X에 대하여 확률분포를 표로 나타내어라.

01 한 개의 주사위를 던지는 시행에서 나온 눈의 수의 약수의 개수

해 X가 가질 수 있는 값은 1, 2, ☐, ☐이고, X의 확률분포를 표로 나타내면 다음과 같다.

X	1	2	☐	☐	합계
$\mathrm{P}(X=x)$	☐	☐	☐	☐	1

02 남학생 3명, 여학생 3명 중에서 임의로 2명의 대표를 뽑을 때, 뽑힌 여학생의 수

X	0	1	2	합계
$\mathrm{P}(X=x)$				1

03 당첨 제비 5개를 포함한 40개의 제비 중에서 3개의 제비를 동시에 뽑을 때, 뽑은 당첨 제비의 개수

X	0	1	2	3	합계
$\mathrm{P}(X=x)$					1

04 0, 1, 1, 1, 2, 2, 2, 2, 3, 3의 숫자가 하나씩 적힌 10개의 공이 들어 있는 주머니에서 임의로 1개의 공을 꺼낼 때, 꺼낸 공에 적힌 수

X	0	1	2	3	합계
$\mathrm{P}(X=x)$					1

유형 07 확률질량함수와 확률분포를 표로 나타내기

[05-06] 한 개의 동전을 2번 던지는 시행에서 뒷면이 나오는 횟수를 확률변수 X라 할 때, 물음에 답하여라.

05 확률질량함수를 구하여라.

해 이 시행에서 나올 수 있는 경우는
(앞, 앞), (앞, 뒤), (뒤, 앞), (뒤, 뒤)
이므로 각 경우에서 뒷면이 나오는 횟수는
☐, ☐, ☐, ☐이다.
즉, X가 가질 수 있는 값은 ☐, ☐, ☐이고,
X는 셀 수 있는 값을 가지므로
(이산확률변수 , 연속확률변수)이다.
이때, 확률변수 X의 확률질량함수는

$$P(X=x)=\frac{{}_2C_x\times\square}{{}_2\Pi_2}\ (x=0,\ 1,\ 2)$$

06 확률분포를 표로 나타내어라.

X	0	1	2	합계
$P(X=x)$				1

해 $P(X=\square)=\square$,
$P(X=\square)=\square$,
$P(X=\square)=\square$

[07-08] 한 개의 동전을 2번 던지는 시행에서 앞면이 나오는 횟수를 확률변수 X라 할 때, 물음에 답하여라.

07 확률질량함수를 구하여라.

08 확률분포를 표로 나타내어라.

X	0	1	2	합계
$P(X=x)$				1

[09-10] 1에서 5까지의 자연수가 각각 적힌 5장의 카드 중에서 임의로 2장의 카드를 동시에 뽑을 때, 뽑은 카드에 적힌 두 수의 차를 확률변수 X라 하자. 다음 물음에 답하여라.

09 확률질량함수를 구하여라.

10 확률분포를 표로 나타내어라.

X	1	2	3	4	합계
$P(X=x)$					1

〈 정답과 해설 p. 87~88 〉

[11-12] 4개의 사과와 3개의 배가 들어 있는 과일 바구니에서 임의로 3개를 선택하려고 한다. 선택한 3개의 과일 중에서 사과의 개수를 확률변수 X라 할 때, 다음 물음에 답하여라.

11 X의 확률질량함수를 구하여라.

해 사과의 개수는 0, 1, 2, 3의 값을 취할 수 있으므로

$$P(X=x)=\frac{{}_4C_x\times\square}{{}_7C_3}\ (x=0,\ 1,\ 2,\ 3)$$

12 X의 확률분포를 표로 나타내어라.

[13-14] 5개의 제비 중에 2개의 당첨제비가 들어 있다. 임의로 뽑은 2개의 제비 중에 있는 당첨제비의 개수를 확률변수 X라 할 때, 다음 물음에 답하여라.

13 X의 확률질량함수를 구하여라.

14 X의 확률분포를 표로 나타내어라.

[15-16] 확률변수 X의 확률질량함수가 다음과 같을 때, X의 확률분포를 표로 나타내어라.

15 $P(X=x)=\begin{cases}\frac{1}{4}\ (x=0,\ 1)\\ \frac{1}{2}\ (x=2)\end{cases}$

X	0	1	2	합계
$P(X=x)$				1

16 $P(X=x)=\begin{cases}\frac{5}{12}\ (x=0)\\ \frac{1}{12}\ (x=1,\ 2,\ 3)\\ \frac{1}{3}\ (x=4)\end{cases}$

X	0	1	2	3	4	합계
$P(X=x)$						1

개념 체크

17 다음 빈칸에 알맞은 것을 써넣어라.

(1) [ ]: 이산확률변수 X가 가질 수 있는 모든 값이 $x_1,\ x_2,\ x_3,\ \cdots,\ x_n$이고, 이들 각각의 값을 가질 확률 $p_1,\ p_2,\ p_3,\ \cdots,\ p_n$이 주어질 때, 이들의 [ ]를 나타낸 함수
$P(X=x_i)=p_i\ (i=1,\ 2,\ 3,\ \cdots,\ n)$을
이산확률변수 X의 [ ]라 한다.

(2) [ ]: 확률변수 X가 갖는 값과 X가 이 값을 가질 [ ]의 대응 관계

〈 정답과 해설 p. 88 〉

06 확률질량함수의 성질

이산확률변수 X의 확률이 $\mathrm{P}(X=x_i)=p_i\ (i=1,\ 2,\ 3,\ \cdots,\ n)$일 때 확률의 기본성질에 의하여 다음이 성립한다.

1 $0 \le p_i \le 1$ (확률은 0보다 크거나 같고, 1보다 작거나 같다.)

2 $p_1+p_2+p_3+\cdots+p_n=1$ (확률의 총합은 반드시 1이다.)

3 $\mathrm{P}(x_i \le X \le x_j)=p_i+p_{i+1}+p_{i+2}+p_{i+3}+\cdots+p_j$ (단, $i \le j$)

(확률변수 X가 x_i 이상 x_j 이하의 값을 가질 확률은 확률변수 x_i부터 확률변수 x_j까지 각각의 확률의 합과 같다.)

유형 08 확률질량함수의 성질

[01-03] 확률변수 X의 확률질량함수가

$$\mathrm{P}(X=x)=kx\ (x=1,\ 2,\ 3)$$

일 때, 다음 물음에 답하여라. (단, k는 상수)

01 $x=1,\ 2,\ 3$을 각각 대입하여 확률을 구하여라.

해 $\mathrm{P}(X=1)=k$

$\mathrm{P}(X=2)=2k$

$\mathrm{P}(X=\square)=\square$

02 위의 확률질량함수의 성질 중 상수 k의 값을 구하기 위해 이용할 것에 ○표 하여라.

(1 , 2 , 3)

03 상수 k의 값을 구하여라.

해 확률질량함수의 성질에 의하여

$k+2k+\square=1$

$\therefore k=\dfrac{1}{\square}$

[04-05] 확률변수 X의 확률질량함수가 다음과 같을 때, 상수 k의 값을 구하여라.

04 $\mathrm{P}(X=x)=kx^2\ (x=1,\ 2,\ 3)$

05 $\mathrm{P}(X=x)=\dfrac{k}{x(x+1)}\ (x=1,\ 2,\ 3,\ \cdots,\ 10)$

[06-07] 확률변수 X의 확률분포를 표로 나타낸 것이 다음과 같을 때, 상수 a의 값을 구하여라.

06

X	-1	0	1	합계
$\mathrm{P}(X=x)$	$4a$	$3a$	$2a$	1

07

X	1	2	3	4	5	합계
$\mathrm{P}(X=x)$	a	$2a$	$3a$	$3a$	$\frac{1}{3}$	1

개념 체크

08 다음 빈칸에 알맞은 것을 써넣어라.

• 확률질량함수의 성질

① [ ] $\le p_i \le$ [ ]

② $p_1+p_2+p_3+\cdots+p_n=$ [ ]

③ $\mathrm{P}(x_i \le X \le x_j)$

$=$ [ ] (단, $i \le j$)

〈 정답과 해설 p. 89 〉

07 이산확률변수의 확률과 확률질량함수의 성질

✪ 이산확률변수 X에 대하여 다음 3가지 표현은 같은 것을 의미합니다.

① $\mathrm{P}(0\le X\le 1)$

② $\mathrm{P}(X=0$ 또는 $X=1)$

③ $\mathrm{P}(X=0)+\mathrm{P}(X=1)$ (단, X는 정수)

$\mathrm{P}(X$에 대한 식$)$에 대하여 X에 대한 식이 방정식이거나 부등식이면 해를 구한 뒤, $\mathrm{P}(X=\alpha)+\mathrm{P}(X=\beta)$ 등의 꼴로 나타냅니다.

유형 09 이산확률변수의 확률과 확률질량함수의 성질

[01-04] 확률변수 X의 확률분포가 아래와 같을 때, 다음을 구하여라.

X	0	1	2	3	합계
$\mathrm{P}(X=x)$	$\frac{1}{6}$	$\frac{1}{2}$	a	$\frac{1}{6}$	1

01 a의 값

02 $\mathrm{P}(1\le X\le 3)$

해 $\mathrm{P}(1\le X\le 3)$

$=\mathrm{P}(X=1$ 또는 $\square$ 또는 $\square)$

$=\mathrm{P}(X=1)+\square+\square$

$=\frac{3}{6}+\square+\square=\square$

확률변수 X가 a 이상 b 이하일 확률은 $\mathrm{P}(a\le X\le b)$와 같이 나타낸다.

03 $\mathrm{P}(0\le X\le 2)$

04 $\mathrm{P}(X^2-5X+6=0)$

[05-08] 확률변수 X의 확률분포가 아래와 같을 때, 다음을 구하여라.

X	-1	0	1	합계
$\mathrm{P}(X=x)$	$3a$	$2a$	a	1

05 a의 값

06 $\mathrm{P}(X^2=1)$

07 $\mathrm{P}(0\le X\le 1)$

08 $\mathrm{P}(X^3-X=0)$

개념 체크

09 다음 빈칸에 알맞은 것을 써넣어라.

이산확률변수 X에 대하여 다음 3가지 표현은 같은 것입니다.

① $\mathrm{P}(0\le X\le 1)$

② $\mathrm{P}(X=0$ 또는 $X=1)$

③ [ ] (단, X는 정수)

〈 정답과 해설 p. 89~90 〉

08 확률질량함수의 성질의 응용

(i) 주어진 문제에서 확률변수를 잘 파악한다.

(ii) 확률질량함수에 미지수가 포함되어 있으면 확률질량함수의 성질을 이용하여 미지수를 구하고, 확률질량함수를 정한다.

예 **3개의 복숭아와 4개의 자두가 들어 있는 상자에서 임의로 3개를 꺼낼 때, 나오는 복숭아의 개수를 구하여라.**

i) 복숭아의 개수를 확률변수 X라 하자.

ii) 꺼낸 복숭아, 자두의 개수를 각각 p, q라 하고 순서쌍 (p, q)로 나타내면 $(0, 3)$, $(1, 2)$, $(2, 1)$, $(3, 0)$

⇨ $X=0, 1, 2, 3$의 값을 가질 수 있다.

⇨ $\mathrm{P}(X=0)$, $\mathrm{P}(X=1)$, $\mathrm{P}(X=2)$, $\mathrm{P}(X=3)$의 값을 이용하여 문제에서 묻는 것을 구한다.

유형 10 확률질량함수의 성질의 응용 (1)

[01-05] 2개의 사과와 4개의 귤이 들어 있는 상자에서 임의로 3개를 꺼낼 때 나오는 귤의 개수를 확률변수 X라 하자. 다음 물음에 답하여라.

01 사과가 2개 있으므로 상자에서 3개를 꺼낼 때는 반드시 귤은 ☐개 이상 나오므로 확률변수 $X=$☐, ☐, ☐의 값을 가질 수 있다.

02 $\mathrm{P}(X=1)$을 구하여라.

03 $\mathrm{P}(X=2)$를 구하여라.

04 $\mathrm{P}(X=3)$을 구하여라.

05 $\mathrm{P}(X\le a)=\frac{4}{5}$일 때, 자연수 a의 값을 구하여라.

[06-11] 서로 다른 두 개의 주사위를 동시에 던질 때 나오는 눈의 수의 합을 확률변수 X라 하자. 다음 물음에 답하여라.

06 $\mathrm{P}(X=5)$를 구하여라.

07 $\mathrm{P}(X=6)$을 구하여라.

08 $\mathrm{P}(X=7)$을 구하여라.

09 $\mathrm{P}(X=8)$을 구하여라.

10 $\mathrm{P}(5\le X\le 8)$을 구하여라.

11 눈의 수의 합이 5 미만이거나 8 초과일 확률을 구하여라.

해 여사건의 확률에 의하여

$\mathrm{P}(X<5 \text{ 또는 } x>8)=1-\mathrm{P}(5\le X\le 8)$

$=1-$☐$=$☐

〈정답과 해설 p. 90〉

유형 11 확률질량함수의 성질의 응용 (2)

[12-14] 어느 고등학교 밴드부에는 1학년 학생 3명과 2학년 학생 4명이 있다. 여기서 임의로 3명의 학생을 뽑을 때, 뽑힌 2학년 학생의 수를 확률변수 X라 하자.
다음을 구하여라.

12 $\mathrm{P}(2\le X\le 3)$

해 $\mathrm{P}(2\le X\le 3)=\mathrm{P}(X=2)+\mathrm{P}(X=3)$

각각의 확률을 구하면

$\mathrm{P}(X=\square)=\dfrac{{}_3\mathrm{C}_1\times{}_4\mathrm{C}_\square}{{}_7\mathrm{C}_3}=\square$,

$\mathrm{P}(X=\square)=\dfrac{{}_3\mathrm{C}_0\times{}_4\mathrm{C}_\square}{{}_7\mathrm{C}_3}=\square$

따라서 구하는 확률은 $\square$

13 뽑힌 2학년 학생의 수가 1명 이하일 확률

해 여사건의 확률에 의하여

$\mathrm{P}(X\le 1)=1-\{\mathrm{P}(X=2)+\mathrm{P}(X=3)\}$

$=1-\square=\square$

14 $\mathrm{P}(1\le X\le 2)$

유형 12 확률질량함수의 성질을 이용하여 상수 k의 값 구하기

[15-17] 확률변수 X의 확률질량함수가 다음과 같을 때, 상수 k의 값을 구하여라. (단, $k\ne 0$)

15 $\mathrm{P}(X=x)=\begin{cases}\dfrac{3x+2}{k} & (x=0,\ 2)\\ \dfrac{5-x}{k} & (x=1,\ 3)\end{cases}$

해 확률변수 X가 가질 수 있는 값 0, 1, 2, 3에 대하여 각 값을 가질 확률은

$\mathrm{P}(X=0)=\dfrac{3\times\square+2}{k}=\dfrac{\square}{k}$,

$\mathrm{P}(X=2)=\dfrac{3\times\square+2}{k}=\dfrac{\square}{k}$,

$\mathrm{P}(X=1)=\dfrac{5-\square}{k}=\dfrac{\square}{k}$,

$\mathrm{P}(X=3)=\dfrac{5-\square}{k}=\dfrac{\square}{k}$

이고, 확률의 총합은 $\square$이므로

$\dfrac{\square}{k}+\dfrac{\square}{k}+\dfrac{\square}{k}+\dfrac{\square}{k}=\dfrac{\square}{k}=\square$

$\therefore k=\square$

16 $\mathrm{P}(X=x)=\begin{cases}\dfrac{4x+3}{k} & (x=0,\ 3,\ 4)\\ \dfrac{6-x}{k} & (x=1,\ 2,\ 5)\end{cases}$

17 $\mathrm{P}(X=x)=\dfrac{k}{2^x}\ (x=1,\ 2,\ 3)$

유형 13 확률질량함수가 복잡할 때, k의 값 구하기

[18-19] 다음 물음에 답하여라.

18 확률변수 X의 확률질량함수가

$$P(X=x)=\frac{k}{x(x+2)}\ (x=1,\ 2,\ 3,\ 4,\ 5)$$

일 때, $P(|X-1|>3)$을 구하여라.

(단, k는 상수)

1) k의 값을 구하여라.

해 $\frac{k}{1\times3}+\frac{k}{2\times4}+\frac{k}{3\times5}+\frac{k}{4\times6}+\frac{k}{5\times7}=1$이므로

$\boxed{}\left\{\left(1-\frac{1}{3}\right)+\left(\frac{1}{2}-\frac{1}{4}\right)+\left(\frac{1}{3}-\frac{1}{5}\right)+\left(\frac{1}{4}-\frac{1}{6}\right)+\left(\frac{1}{5}-\frac{1}{7}\right)\right\}=1$

$\boxed{}\times\frac{50}{42}=1\quad \therefore k=\boxed{}$

2) $P(|X-1|>3)$을 구하여라.

해 $P(|X-1|>3)=P(X=5)$

$=\boxed{}\times\frac{1}{5\times7}=\boxed{}$

19 확률변수 X의 확률질량함수가

$$P(X=x)=\frac{k}{x(x+1)}\ (x=1,\ 2,\ 3,\ 4,\ 5,\ 6)$$

일 때, $P(X=6)$을 구하여라. (단, k는 상수)

1) k의 값을 구하여라.

2) $P(X=6)$을 구하여라.

유형 14 $P(X^2+pX+q\le0)$ 꼴의 값 구하기

DAY 22

[20-21] 다음 물음에 답하여라.

20 0, 1, 2의 숫자가 각각 하나씩 적혀 있는 3장의 카드 중에서 임의로 뽑은 두 장의 카드에 적혀 있는 두 수의 차를 확률변수 X라 할 때, $P(X^2-X\le0)$을 구하여라.

21 확률변수 X의 확률질량함수가

$$P(X=x)=\frac{x}{15}\ (x=1,\ 2,\ 3,\ 4,\ 5)$$

일 때, $P(X^2-6X+8\le0)$을 구하여라.

개념 체크

22 다음 빈칸에 알맞은 것을 써넣어라.

① 주어진 문제에서 [ ]를 잘 파악한다.

② 확률질량함수에 미지수가 포함되어 있으면 [ ]의 성질을 이용하여 미지수를 구하고, [ ]를 정한다.

〈 정답과 해설 p. 90~91 〉

09 이산확률변수의 기댓값(평균)

✪ 확률질량함수가 $\mathrm{P}(X=x_i)=p_i$ $(i=1, 2, 3, \cdots, n)$일 때,
이산확률변수 X의 기댓값 $\mathrm{E}(X)$와 평균 m은 서로 같고, 다음과 같이 구한다.
$\mathrm{E}(X)=x_1p_1+x_2p_2+x_3p_3+\cdots+x_np_n=m$

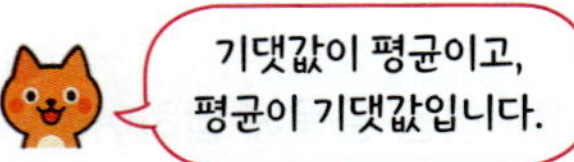

기댓값이 평균이고,
평균이 기댓값입니다.

유형 15 기댓값

[01-04] 다음을 확률변수 X라 할 때, 기댓값을 구하여라.

01 서로 다른 두 개의 주사위를 동시에 던질 때 나오는 두 눈의 수의 차

1) 확률분포를 표로 나타내어라.

X	0	1	2	3	4	5	합계
$\mathrm{P}(X=x)$							1

2) 기댓값을 구하여라.

02 100원짜리 동전 2개와 500원짜리 동전 1개를 동시에 던져서 앞면이 나오면 그 동전을 갖는다고 할 때, 한 번 시행하여 받을 수 있는 금액

1) 확률분포를 표로 나타내어라.

X	0	100	200	500	600	700	합계
$\mathrm{P}(X=x)$							1

2) 기댓값을 구하여라.

03 어느 슈퍼에서 행운권 100장에 대한 상금과 행운권 장수를 다음 표와 같이 준비했을 때, 행운권 1장으로 받을 수 있는 상금

상금(원)	장수
5000000	1
50000	10
5000	30
0	59

1) 확률분포를 표로 나타내어라.

X	5000000	50000	5000	0	합계
$\mathrm{P}(X=x)$					1

2) 기댓값을 구하여라.

04 1이 적힌 카드가 1장, 2가 적힌 카드가 2장, 3이 적힌 카드가 3장, $\cdots$, 5가 적힌 카드가 5장 들어 있는 주머니에서 임의로 한 장의 카드를 꺼낼 때, 카드에 적힌 숫자

1) 확률분포를 표로 나타내어라.

X	1	2	3	4	5	합계
$\mathrm{P}(X=x)$						1

2) 기댓값을 구하여라.

개념 체크

05 다음 값과 같은 것에 ○표 하여라.

이산확률변수 X의 기댓값 $\mathrm{E}(X)$와 평균 m은 서로 (같다 , 같지 않다).

〈 정답과 해설 p. 91~92 〉

10 이산확률변수의 평균, 분산, 표준편차

✪ 이산확률변수 X의 확률질량함수가 $\mathrm{P}(X=x_i)=p_i\ (i=1, 2, 3, \cdots, n)$이고, $\mathrm{E}(X)=m$일 때, 이산확률변수 X의 평균, 분산, 표준편차는 다음과 같다.

평균 $\mathrm{E}(X)$	분산 $\mathrm{V}(X)$	표준편차 $\sigma(X)$
$\mathrm{E}(X)$ $=m$ $=x_1p_1+x_2p_2+x_3p_3+\cdots+x_np_n$	$\mathrm{V}(X)$ $=\mathrm{E}((X-m)^2)=\mathrm{E}(X^2)-\{\mathrm{E}(X)\}^2$ 분산=(편차)²의 평균	$\sigma(X)=\sqrt{\mathrm{V}(X)}$

유형 16 확률분포가 주어진 경우 - 이산확률변수의 평균, 분산, 표준편차

[01-03] 확률변수 X의 확률분포를 나타낸 표가 다음과 같을 때, 다음을 구하여라.

X	1	2	3	합계
$\mathrm{P}(X=x)$	$\frac{1}{4}$	$\frac{1}{2}$	$\frac{1}{4}$	1

01 기댓값(평균) $\mathrm{E}(X)$

해 $\mathrm{E}(X)=x_1p_1+x_2p_2+x_3p_3$

$=1\times\frac{1}{4}+2\times\frac{1}{2}+\square\times\square=\square$

02 분산 $\mathrm{V}(X)$

해 $\mathrm{V}(X)=\mathrm{E}(X^2)-\{\mathrm{E}(X)\}^2$이므로

$\mathrm{E}(X^2)=x_1^2p_1+x_2^2p_2+x_3^2p_3$

$=1\times\frac{1}{4}+\square\times\frac{1}{2}+\square\times\frac{1}{4}=\frac{9}{2}$

$\therefore \mathrm{V}(X)=\mathrm{E}(X^2)-\{\mathrm{E}(X)\}^2$

$=\frac{9}{2}-\square^2=\square$

03 표준편차 $\sigma(X)$

해 $\sigma(X)=\sqrt{\mathrm{V}(X)}=\square$

[04-06] 확률변수 X의 확률분포를 나타낸 표가 다음과 같을 때, 다음을 구하여라.

X	0	1	2	합계
$\mathrm{P}(X=x)$	a	$\frac{1}{6}$	$\frac{1}{3}$	1

04 기댓값(평균) $\mathrm{E}(X)$

해 확률의 총합은 1이므로

$a+\frac{1}{6}+\frac{1}{3}=1$에서 $a=\square$

$\therefore \mathrm{E}(X)=0\times\square+1\times\frac{1}{6}+2\times\frac{1}{3}=\square$

05 분산 $\mathrm{V}(X)$

06 표준편차 $\sigma(X)$

〈 정답과 해설 p. 92~93 〉

유형 17 확률분포가 주어지지 않은 경우 - 이산확률변수의 평균, 분산, 표준편차

확률변수 X가 가질 수 있는 값과 그 값에 대한 확률을 먼저 구한다.

[07-08] 3개의 동전을 동시에 던질 때 나오는 앞면의 개수를 확률변수 X라 할 때, 다음을 구하여라.

07 확률변수 X의 평균

08 분산 및 표준편차

[09-10] 다음 물음에 답하여라.

09 한 개의 주사위를 던져 나온 눈의 수를 100배한 금액을 받기로 하였다. 한 개의 주사위를 던져서 받을 수 있는 금액을 확률변수 X라 할 때, X의 평균을 구하여라.

10 100원짜리 동전 1개와 500원짜리 동전 1개를 던져서 앞면이 나오면 그 동전을 받기로 하는 게임에서 받을 수 있는 금액의 기댓값을 구하여라.

[11-12] 다음 물음에 답하여라.

11 흰 공 4개와 검은 공 5개가 들어 있는 주머니에서 임의로 2개의 공을 동시에 꺼낸다고 한다. 꺼낸 공 중에서 흰 공의 개수의 기댓값을 구하여라.

해 흰 공의 개수 X는 ☐의 값을 가질 수 있고

각각의 확률을 구하면

$\mathrm{P}(X=0)=\dfrac{{}_5\mathrm{C}_2}{{}_9\mathrm{C}_2}=\dfrac{5}{18}$

$\mathrm{P}(X=1)=$ ☐ $=$ ☐

$\mathrm{P}(X=2)=$ ☐ $=$ ☐

따라서 X의 확률분포를 표로 나타내면 다음과 같다.

X	0	1	2	합계
$\mathrm{P}(X=x)$	$\frac{5}{18}$	☐	☐	1

$\therefore \mathrm{E}(X)=0\times\dfrac{5}{18}+1\times\dfrac{5}{9}+2\times\dfrac{1}{6}=$ ☐

12 한 개의 동전을 네 번 던질 때 앞면이 나오는 횟수를 확률변수 X라 할 때, X의 분산을 구하여라.

개념 체크

13 다음 빈칸에 알맞은 것을 써넣어라.

이산확률변수 X의 확률질량함수가

$\mathrm{P}(X=x_i)=p_i\ (i=1, 2, 3, \cdots, n)$일 때,

(1) 기댓값(평균)

$\mathrm{E}(X)=$[ ]

(2) 분산

$\mathrm{V}(X)=\mathrm{E}($[ ]$)$

$=\mathrm{E}($[ ]$)-\{\mathrm{E}($[ ]$)\}^2$

(3) 표준편차

$\sigma(X)=$[ ]

〈 정답과 해설 p. 93 〉

11 이산확률변수 $aX+b$의 평균, 분산, 표준편차

E(X), V(X), σ(X)를 먼저 구한 후 이를 이용한다.

✪ 이산확률변수 X와 상수 a, $b(a \neq 0)$에 대하여 다음이 성립한다.

평균(기댓값)	분산	표준편차
$\mathrm{E}(aX+b)=a\mathrm{E}(X)+b$	$\mathrm{V}(aX+b)=a^2\mathrm{V}(X)$	$\sigma(aX+b)=\lvert a\rvert\sigma(X)$

DAY 23

유형 18 이산확률변수 $aX+b$의 평균, 분산, 표준편차

[01-06] 확률변수 X에 대하여 $\mathrm{E}(X)=50$, $\mathrm{V}(X)=3$일 때, 다음 물음에 답하여라.

01 확률변수 $2X$의 평균, 분산, 표준편차를 구하여라.

1) $\mathrm{E}(2X)$
2) $\mathrm{V}(2X)$
3) $\sigma(2X)$

해 $\mathrm{E}(2X)=\square\mathrm{E}(X)=\square\times\square=\square$

$\mathrm{V}(2X)=\square^2\mathrm{V}(X)=\square\times\square=\square$

$\sigma(2X)=\square\sigma(X)=\square$

02 확률변수 $3X-1$의 평균, 분산, 표준편차를 구하여라.

1) $\mathrm{E}(3X-1)$
2) $\mathrm{V}(3X-1)$
3) $\sigma(3X-1)$

03 확률변수 $-3X+2$의 평균, 분산, 표준편차를 구하여라.

1) $\mathrm{E}(-3X+2)$
2) $\mathrm{V}(-3X+2)$
3) $\sigma(-3X+2)$

04 확률변수 $Y=2X-2$의 평균, 분산, 표준편차를 각각 구하여라.

1) $\mathrm{E}(Y)$
2) $\mathrm{V}(Y)$
3) $\sigma(Y)$

05 확률변수 $Y=\frac{1}{2}X+3$의 평균, 분산, 표준편차를 각각 구하여라.

1) $\mathrm{E}(Y)$
2) $\mathrm{V}(Y)$
3) $\sigma(Y)$

06 확률변수 $Y=-X+1$의 평균, 분산, 표준편차를 각각 구하여라.

1) $\mathrm{E}(Y)$
2) $\mathrm{V}(Y)$
3) $\sigma(Y)$

〈 정답과 해설 p. 94 〉

유형 19 확률분포가 주어지지 않은 경우

[07-11] 확률변수 X의 확률분포를 나타낸 표가 다음과 같을 때 다음을 구하여라.

X	2	3	4	합계
$\mathrm{P}(X=x)$	$\frac{1}{4}$	$\frac{1}{2}$	$\frac{1}{4}$	1

07 $\mathrm{E}(-X)$

08 $\mathrm{E}(4X-2)$

09 $\mathrm{V}(X)$

10 $\mathrm{V}(2X+4)$

11 $\sigma(-3X+3)$

유형 20 확률분포가 주어진 경우

[12-16] 확률변수 X의 확률분포를 나타낸 표가 다음과 같을 때 다음을 구하여라.

X	-1	0	1	합계
$\mathrm{P}(X=x)$	a	a	$2a$	1

12 $\mathrm{E}(X)$, $\mathrm{V}(X)$, $\sigma(X)$

해 확률의 총합은 1이므로 $a+a+2a=1$에서 $a=\square$

따라서 X의 확률분포를 나타낸 표는 다음과 같다.

X	-1	0	1	합계
$\mathrm{P}(X=x)$	$\square$	$\square$	$\square$	1

$\mathrm{E}(X)=-1\times\square+0\times\square+1\times\square=\square$

$\mathrm{V}(X)=\mathrm{E}(X^2)-\{\mathrm{E}(X)\}^2$

$=\{\square\}-(\square)^2$

$=\square$

$\sigma(X)=\sqrt{\square}=\square$

13 $\mathrm{E}(-2X)$

14 $\mathrm{V}(4X+9)$

15 $\sigma(-4X+4)$

16 $\sigma\left(\frac{3}{4}X-5\right)$

유형 21 평균, 분산이 주어진 경우

[17-19] 1부터 5까지의 자연수가 하나씩 적혀 있는 카드 중에서 한 장의 카드를 뽑을 때, 카드에 적혀 있는 수를 확률변수 X라 하자. $\mathrm{E}(X)=3$, $\mathrm{V}(X)=2$일 때, 다음을 구하여라.

17 확률변수 X의 확률분포표

X	1	2	3	4	5	합계
$\mathrm{P}(X=x)$						

18 $\mathrm{E}(4X+1)$

19 $\sigma(-9X+5)$

[20-22] 검은 공 3개, 흰 공 2개가 들어 있는 주머니에서 임의로 2개의 공을 꺼낼 때 나오는 흰 공의 개수를 확률변수 X라 하자. $\mathrm{E}(X)=\frac{4}{5}$, $\mathrm{V}(X)=\frac{9}{25}$일 때, 다음을 구하여라.

20 확률변수 X의 확률분포표

X	0	1	2	합계
$\mathrm{P}(X=x)$				

21 $\mathrm{E}(5X-3)$

22 $\mathrm{V}(-X+8)$

확률변수 X의 확률분포를 표로 나타내어 구한 후 $\mathrm{E}(X)$, $\mathrm{V}(X)$, $\sigma(X)$를 이용하여 구한다.

[23-24] 주어진 확률변수 X에 대하여 [ ] 안의 확률변수에 대한 평균, 분산, 표준편차를 각각 구하여라.

DAY 23

23 한 개의 주사위를 던져서 나오는 눈의 수를 3으로 나누었을 때의 나머지가 확률변수 X이다. [$Y=10X+3$]

해 확률변수 X가 가질 수 있는 값은 0, 1, 2이므로 확률분포를 표로 나타내면 다음과 같다.

X	0	1	2	합계
$\mathrm{P}(X=x)$	☐	☐	☐	1

$\mathrm{E}(X)=0\times\square+1\times\square+2\times\square=\square$

$\mathrm{E}(X^2)=0^2\times\square+1^2\times\square+2^2\times\square=\square$

$\mathrm{V}(X)=\mathrm{E}(X^2)-\{\mathrm{E}(X)\}^2=\square$

$\sigma(X)=\sqrt{\mathrm{V}(X)}=\frac{\square}{3}$

$\therefore \mathrm{E}(Y)=\mathrm{E}(10X+3)=\square\mathrm{E}(X)+3=\square$

$\mathrm{V}(Y)=\mathrm{V}(10X+3)=10^{\square}\mathrm{V}(X)=\square$

$\sigma(Y)=\sigma(10X+3)=|\square|\sigma(X)=\frac{\square}{3}$

24 1, 2, 2, 3, 3, 3의 숫자가 각각 하나씩 적힌 6장의 카드 중에서 1장을 뽑을 때, 뽑은 카드에 적힌 수가 확률변수 X이다. [$Y=6X+2$]

개념 체크

25 다음 값과 같은 것에 ○표 하여라.

(1) $\mathrm{E}(aX+b)$
($a\mathrm{E}(X)$, $a\mathrm{E}(X)+b$, $a\mathrm{E}(X)\times b$)

(2) $\mathrm{V}(aX+b)$
($a\mathrm{V}(X)$, $a^2\mathrm{V}(X)$, $a^3\mathrm{V}(X)$)

(3) $\sigma(aX+b)$
($|a|\sigma(X)+b$, $a\sigma(X)$, $|a|\sigma(X)$)

〈 정답과 해설 p. 94~95 〉

12 이항분포

★ **이항분포**: 한 번의 시행에서 사건 A가 일어날 확률이 p로 일정할 때, n번의 독립시행에서 사건 A가 일어나는 횟수를 확률변수 X라 하면 X가 가지는 값은 0, 1, …, n이며, X의 확률질량함수는

$$P(X=x)={}_{n}C_{x}p^{x}q^{n-x} \text{ (단, } q=1-p,\ x=0,\ 1,\ 2,\ \cdots,\ n)$$

이다. 이와 같은 확률분포를 **이항분포**라 하며 다음과 같이 나타낸다.

기호 $\mathbf{B}(n,\ p)$ 읽기 비 n p

시행 횟수
$\mathbf{B}(n,\ p)$
확률

유형 22 이항분포의 정의

[01-03] 다음 확률변수 X 중에서 그 확률분포가 이항분포인 것을 찾고, 이항분포이면 기호 $\mathbf{B}(n,\ p)$로 나타내어라. (단, n, p는 상수)

01 5개의 동전을 던질 때, 앞면이 나오는 동전의 개수 X

해 동전을 던지는 시행은 독립시행이고 앞면이 나오는 확률은 $\frac{1}{2}$로 일정하므로 X는 이항분포를 (따른다 , 따르지 않는다).

따라서 기호로 나타내면 B(☐, ☐)

02 주사위를 100번 던질 때, 3의 배수의 눈이 나오는 횟수 X

03 흰 공 3개와 검은 공 5개가 들어 있는 주머니에서 임의로 공 4개를 비복원추출로 꺼낼 때 나오는 검은 공의 개수 X

n과 p의 값만 알면 확률분포를 정확하게 계산할 수 있기 때문에 '이항분포'를 사용하면 사건을 예측하고 분석하는 데 보다 수월하다.

유형 23 이항분포와 확률질량함수

[04-06] 확률변수 X의 확률질량함수가 다음과 같을 때, 물음에 답하여라.

04 $P(X=x)={}_{10}C_{x}\left(\frac{1}{5}\right)^{x}\left(\frac{4}{5}\right)^{10-x}$

$(x=0,\ 1,\ 2,\ \cdots,\ 10)$

1) 사건이 일어날 확률이 ($\frac{1}{5}$, $\frac{4}{5}$)로 일정하다.

2) 기호로 나타내면 ($B\left(5,\ \frac{1}{5}\right)$, $B\left(10,\ \frac{1}{5}\right)$)이다.

05 $P(X=x)={}_{100}C_{x}\left(\frac{9}{13}\right)^{x}\left(\frac{4}{13}\right)^{100-x}$

$(x=0,\ 1,\ 2,\ \cdots,\ 100)$

1) 사건이 일어날 확률이 ☐로 일정하다.

2) 기호로 나타내면 ☐이다.

06 $P(X=x)={}_{360}C_{x}\left(\frac{1}{6}\right)^{x}\left(\frac{5}{6}\right)^{360-x}$

$(x=0,\ 1,\ 2,\ \cdots,\ 360)$

1) 사건이 일어날 확률이 ☐로 일정하다.

2) 기호로 나타내면 ☐이다.

유형 24 이항분포의 확률

[07-10] 확률변수 X가 다음과 같은 이항분포를 따를 때, 다음을 구하여라.

07 $B\left(12, \frac{1}{3}\right)$

1) X의 확률질량함수

$$P(X=x)={}_{\square}C_x\left(\frac{1}{3}\right)^x\left(\square\right)^{\square-x}$$

$(x=0,\ 1,\ 2,\ \cdots,\ 12)$

2) $P(X=2)={}_{\square}C_{\square}\left(\frac{1}{3}\right)^2\left(\square\right)^{\square}$

$$=\frac{11\times 2^{\square}}{3^{\square}}$$

08 $B\left(5, \frac{1}{8}\right)$

1) X의 확률질량함수

2) $P(X=2)$

09 $B\left(10, \frac{1}{5}\right)$

1) X의 확률질량함수

2) $P(X=2)$

10 $B\left(4, \frac{1}{7}\right)$

1) X의 확률질량함수

2) $P(X=2)$

[11-14] 확률변수 X가 다음과 같은 이항분포를 따를 때, $P(X=2)$를 구하여라.

11 $B\left(16, \frac{1}{4}\right)$

12 $B\left(20, \frac{1}{5}\right)$

13 $B\left(24, \frac{1}{8}\right)$

14 $B\left(72, \frac{1}{6}\right)$

유형 25 이항분포의 이용

[15-17] 한 개의 동전을 10번 던질 때 뒷면이 나오는 횟수를 확률변수 X라 할 때, 다음 물음에 답하여라.

15 확률변수 X가 따르는 이항분포를 기호로 나타내어라.

16 확률변수 X의 확률질량함수를 구하여라.

17 뒷면이 4번 나올 확률을 구하여라.

〈정답과 해설 p. 95~96〉

[18-20] 자유투 성공률이 70 %인 농구 선수가 자유투를 3번 시도한다. 이 선수가 자유투를 성공하는 횟수를 확률변수 X라 할 때, 물음에 답하여라.

18 확률변수 X가 따르는 이항분포를 기호로 나타내어라.

19 확률변수 X의 확률질량함수를 구하여라.

20 자유투를 2번 이상 성공할 확률을 구하여라.

[21-23] 페널티킥 성공률이 80 %인 축구 선수가 페널티킥을 4번 시도한다. 이 선수가 페널티킥을 성공하는 횟수를 확률변수 X라 할 때, 물음에 답하여라.

21 확률변수 X가 따르는 이항분포를 기호로 나타내어라.

22 확률변수 X의 확률질량함수를 구하여라.

23 페널티킥을 3번 이상 성공할 확률을 구하여라.

[24-26] 첫 서브가 들어갈 확률이 50 %인 테니스 선수가 첫 서브를 12번 시도한다. 첫 서브가 들어간 횟수를 확률변수 X라 할 때, 물음에 답하여라.

24 확률변수 X가 따르는 이항분포를 기호로 나타내어라.

25 확률변수 X의 확률질량함수를 구하여라.

26 첫 서브를 11번 이상 성공할 확률을 구하여라.

[27-30] 스트라이크 성공률이 40 %인 볼링 선수가 각 프레임의 첫 투구만 4번 던진다. 이 선수가 스트라이크를 성공하는 횟수를 확률변수 X라 할 때, 물음에 답하여라.

27 확률변수 X가 따르는 이항분포를 기호로 나타내어라.

28 확률변수 X의 확률질량함수를 구하여라.

29 스트라이크를 3번 이상 성공할 확률을 구하여라.

30 스트라이크를 2번 이상 성공할 확률을 구하여라.

개념 체크

31 다음 빈칸에 알맞은 것을 써넣어라.

한 번의 시행에서 사건 A가 일어날 확률이 p로 일정할 때, n번의 독립시행에서 사건 A가 일어나는 횟수를 확률변수 X라 하면 X가 가지는 값은 $0, 1, \cdots, n$이며, 그 확률질량함수는

$\mathrm{P}(X=x)=$[   ]

(단, $q=1-p$, $x=0, 1, 2, \cdots, n$)

이다. 이와 같은 확률분포를 [   ]라 하며 다음과 같이 나타낸다.

기호 [   ] 읽기 [   ]

< 정답과 해설 p. 96~97 >

13 이항분포의 평균, 분산, 표준편차 – 확률변수 

✪ 확률변수 X가 이항분포 $B(n, p)$를 따를 때, 다음이 성립한다. (단, $q=1-p$)

평균(기댓값)	분산	표준편차
$E(X)=np$	$V(X)=npq$	$\sigma(X)=\sqrt{npq}$

유형 26 이항분포가 주어진 경우 – 이항분포의 평균, 분산, 표준편차

[01-03] 다음 물음에 답하여라.

01 확률변수 X가 이항분포 $B\left(150, \frac{2}{5}\right)$를 따를 때, X의 평균과 분산 및 표준편차를 각각 구하여라.

해 확률변수 X가 이항분포 $B(n, p)$를 따를 때,
$E(X)=np$, $V(X)=np(1-p)$이므로
$B\left(150, \frac{2}{5}\right)$에서

$E(X)=150\times\square=\square$,

$V(X)=150\times\square\times\square=\square$,

$\sigma(X)=\sqrt{V(X)}=\square$

02 확률변수 X가 이항분포 $B(10, 0.2)$를 따를 때, $E(X)$, $V(X)$, $\sigma(X)$를 각각 구하여라.

03 확률변수 X가 이항분포 $B(n, p)$를 따를 때, 확률변수 X의 평균이 20, 분산이 16이라 한다. 이때, n과 p의 값을 각각 구하여라.

해 X의 평균이 20, 분산이 16이므로
$E(X)=np=20$이고, $V(X)=np(1-p)=16$에서

$\square(1-p)=16$, $1-p=\square$ $\quad\therefore p=\square$

이를 $np=20$에 대입하면

$n\times\square=20$ $\quad\therefore n=\square$

유형 27 이항분포가 주어진 경우 – X^2의 평균 구하기

[04-05] 물음에 답하여라.

04 이항분포 $B(100, p)$를 따르는 확률변수 X에 대하여 $E(X)=40$일 때, 다음을 구하여라.

1) $V(X)$

해 $E(X)=\square\times p=40$에서 $p=\square$

$\therefore V(X)=100\times\square\times\square=\square$

2) $E(X^2)$

해 $V(X)=E((X-m)^2)=E(X^2)-\{E(X)\}^2$이므로
$E(X^2)=V(X)+\{E(X)\}^2$
$=\square+\square^2=\square$

05 이항분포 $B(81, p)$를 따르는 확률변수 X에 대하여 $E(X)=45$일 때, 다음을 구하여라.

1) $V(X)$

2) $E(X^2)$

〈 정답과 해설 p. 97~98 〉

[06-09] 다음 조건을 만족시키는 확률변수 X에 대하여 [　　]을 구하여라.

06 이항분포 $\mathrm{B}(9,\ p)$를 따르고, $\mathrm{E}(X)=3$

[$\mathrm{E}(X^2)$]

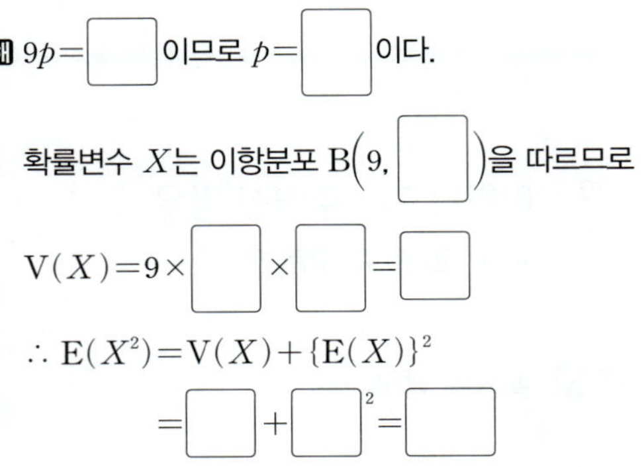
해 $9p=\square$이므로 $p=\square$이다.

확률변수 X는 이항분포 $\mathrm{B}(9,\ \square)$을 따르므로

$\mathrm{V}(X)=9\times\square\times\square=\square$

$\therefore\ \mathrm{E}(X^2)=\mathrm{V}(X)+\{\mathrm{E}(X)\}^2$

$=\square+\square^2=\square$

07 이항분포 $\mathrm{B}(n,\ p)$를 따르고, 확률변수의 평균이 25, 분산이 20

[n]

08 이항분포 $\mathrm{B}\left(n,\ \frac{2}{5}\right)$를 따르고, $\mathrm{V}(X)=12$

[$\mathrm{E}(X)$]

09 확률변수 X의 확률질량함수가

$\mathrm{P}(X=x)={}_{49}\mathrm{C}_x\frac{6^x}{7^{49}}\ (x=0,\ 1,\ 2,\ \cdots,\ 49)$

[$\mathrm{V}(X)$]

$\mathrm{P}(X=x)={}_{49}\mathrm{C}_x\left(\frac{6}{7}\right)^x\left(\frac{1}{7}\right)^{49-x}={}_{49}\mathrm{C}_x\frac{6^x}{7^{49}}$

유형 28 이항분포가 주어지지 않은 경우
- 이항분포의 평균, 분산, 표준편차

[10-11] 다음 물음에 답하여라.

10 한 개의 주사위를 30번 던져서 6의 눈이 나오는 횟수를 확률변수 X라 할 때, X의 평균, 분산, 표준편차를 각각 구하여라.

해 한 개의 주사위를 한 번 던질 때, 6의 눈이 나올 확률은 $\square$이므로 X는 이항분포 $\square$을 따른다.

따라서 평균, 분산, 표준편차를 구하면

$\mathrm{E}(X)=np=30\times\frac{1}{6}=\square$

$\mathrm{V}(X)=np(1-p)=5\times\frac{5}{6}=\square$

$\sigma(X)=\sqrt{\frac{25}{6}}=\frac{5}{\sqrt{6}}=\square$

11 타율이 3할인 야구 선수가 네 번의 타석에서 안타를 칠 횟수를 확률변수 X라 할 때, X의 평균, 분산, 표준편차를 각각 구하여라.

[12-13] 다음을 확률변수 X라 할 때, X의 평균, 분산, 표준편차를 각각 구하여라.

12 승률이 0.5인 바둑 기사가 다섯 번의 시합에서 이기는 횟수

13 두 사람 A, B가 가위바위보를 7번 할 때, A가 이기는 횟수

개념 체크

14 다음 빈칸에 알맞은 것을 써넣어라.

확률변수 X가 이항분포 $\mathrm{B}(n,\ p)$를 따를 때,

(1) $\mathrm{E}(X)=$[　　　]

(2) $\mathrm{V}(X)=$[　　　]

(3) $\sigma(X)=$[　　　] (단, $q=1-p$)

< 정답과 해설 p. 98~99 >

14 이항분포의 평균, 분산, 표준편차 - 확률변수 $aX+b$

✪ 확률변수 X가 이항분포 $\mathrm{B}(n,\ p)$를 따를 때, 확률변수 $aX+b$에 대하여 다음이 성립한다. (단, $q=1-p$)

평균(기댓값)	분산	표준편차
$\mathrm{E}(aX+b)=a\mathrm{E}(X)+b$ $=anp+b$	$\mathrm{V}(aX+b)=a^2\mathrm{V}(X)$ $=a^2npq$	$\sigma(aX+b)=\lvert a\rvert\sigma(X)$ $=\lvert a\rvert\sqrt{npq}$

유형 29 이항분포가 주어진 경우
- 이항분포의 평균, 분산, 표준편차

[01-02] 확률변수 X가 주어진 이항분포를 따를 때, 다음을 구하여라.

01 $\mathrm{B}\left(25,\ \frac{1}{5}\right)$

1) $\mathrm{E}(2X+3)$

2) $\mathrm{V}\left(\frac{1}{5}X+20\right)$

3) $\sigma(2X+100)$

02 $\mathrm{B}\left(32,\ \frac{1}{2}\right)$

1) $\mathrm{E}(-3X+4)$

2) $\mathrm{V}(-X)$

3) $\sigma\left(-\frac{1}{8}X+50\right)$

[03-04] 다음 물음에 답하여라.

03 확률변수 X가 이항분포 $\mathrm{B}(64,\ p)$를 따르고 $\mathrm{V}(3X+6)=63$일 때, $\mathrm{E}(3X+6)$을 구하여라. $\left(\text{단, } p>\frac{1}{2}\right)$

해 $\mathrm{V}(3X+6)=63$에서 $\square\ \mathrm{V}(X)=63$

$\therefore \mathrm{V}(X)=\square$

$64p(\square)=\square$

$64p^2-64p+\square=0$

$(8p-1)(\square)=0$

$\therefore p=\square\ \left(\because p>\frac{1}{2}\right)$

즉, $\mathrm{E}(X)=64\times\square=\square$이므로

$\mathrm{E}(3X+6)=3\mathrm{E}(X)+6$

$=3\times\square+6$

$=\square$

04 확률변수 X가 이항분포 $\mathrm{B}(49,\ p)$를 따르고 $\mathrm{V}(2X+5)=24$일 때, $\mathrm{E}(2X+5)$를 구하여라. $\left(\text{단, } p>\frac{1}{2}\right)$

〈 정답과 해설 p. 99 〉

유형 30 이항분포가 주어지지 않은 경우
– 이항분포의 평균, 분산, 표준편차

[05-08] 물음에 답하여라.

05 한 개의 주사위를 72번 던질 때, 4의 약수의 눈이 나오는 횟수를 확률변수 X라 하자. 이때, $\sigma(-3X+1)$을 구하여라.

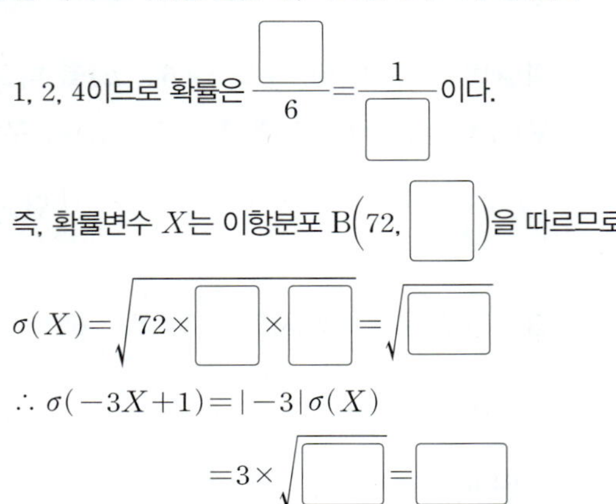

해 한 개의 주사위를 던질 때, 나오는 4의 약수의 눈은

1, 2, 4이므로 확률은 $\dfrac{\square}{6}=\dfrac{1}{\square}$이다.

즉, 확률변수 X는 이항분포 $\mathrm{B}\left(72, \square\right)$을 따르므로

$\sigma(X)=\sqrt{72\times\square\times\square}=\sqrt{\square}$

$\therefore \sigma(-3X+1)=|-3|\sigma(X)$

$=3\times\sqrt{\square}=\square$

06 당첨 제비 3개를 포함한 18개의 제비가 들어 있는 통에서 임의로 1개의 제비를 꺼내어 확인한 후 통에 다시 넣는 시행을 36번 반복할 때, 당첨 제비를 꺼낸 횟수를 확률변수 X라 하자. 이때, $\sigma(-4X+3)$을 구하여라.

이항분포가 주어지지 않은 경우 독립시행의 횟수 n과 사건이 발생할 확률 p를 구한 후 확률변수 X가 따르는 이항분포 $\mathrm{B}(n, p)$를 먼저 구한다.

07 10점 과녁을 맞힐 확률이 90 %인 양궁 선수가 화살을 100발 쏠 때, 10점 과녁을 맞힌 횟수를 확률변수 X라 하자. 이때, $\sigma(-5X+2)$를 구하여라.

08 서로 다른 세 개의 동전을 던지는 시행을 64번 반복할 때, 모두 앞면이 나오는 횟수를 확률변수 X라 하자. 이때, $\mathrm{E}(X^2)$을 구하여라.

$\mathrm{V}(X)=\mathrm{E}((X-m)^2)$
$=\mathrm{E}(X^2)-\{\mathrm{E}(X)\}^2$
이므로 $\mathrm{E}(X^2)=\mathrm{V}(X)+\{\mathrm{E}(X)\}^2$

[09-11] 불량인 전구 a개를 포함하여 총 N개의 전구가 들어 있는 상자에서 임의로 한 개의 전구를 꺼내어 확인하고 다시 넣는 시행을 n회 반복하자. 불량인 전구가 나오는 횟수를 확률변수 X라 할 때, [ ]를 구하여라.

09 $a=1,\ N=5,\ n=10$ [$\mathrm{V}(2X+1)$]

해 불량인 전구 1개를 포함하여 총 5개의 전구가 들어 있는 상자에서 임의로 한 개의 전구를 꺼낼 때, 불량인 전구가 나오는 확률은 $\dfrac{1}{\square}$이므로 확률변수 X는

이항분포 $\mathrm{B}\left(\square, \square\right)$을 따른다.

이때, $\mathrm{V}(X)=\square\times\square\times\square=\square$

$\therefore \mathrm{V}(2X+1)=\square\mathrm{V}(X)=4\times\square=\square$

10 $a=3,\ N=10,\ n=30$ [$\mathrm{V}(10X)$]

11 $a=5,\ N=25,\ n=50$ $\left[\ \mathrm{V}\left(\dfrac{1}{8}X-8\right)\ \right]$

개념 체크

12 다음 빈칸에 알맞은 것을 써넣어라.

확률변수 $aX+b$가 이항분포 $\mathrm{B}(n, p)$를 따를 때,

(1) $\mathrm{E}(aX+b)=a\mathrm{E}(X)+b=$[ ]

(2) $\mathrm{V}(aX+b)=a^2\mathrm{V}(X)=$[ ]

(3) $\sigma(aX+b)=|a|\sigma(X)=$[ ]

(단, $q=1-p$)

< 정답과 해설 p. 99~100 >

15 큰 수의 법칙

DAY 24

✪ 어떤 시행에서 사건 A가 일어날 수학적 확률이 p이고, n번의 독립시행에서 사건 A가 일어나는 횟수를 확률변수 X라 할 때, 상대도수 $\frac{X}{n}$는 n이 한없이 커질수록 p에 가까워진다. 이를 **큰 수의 법칙**이라 한다.

시행 횟수 n을 크게 할수록 상대도수, 즉 통계적 확률 $\frac{X}{n}$가 수학적 확률 p에 점점 가까워짐을 의미한다.

① 어떤 시행에 대하여 사건 A가 일어날 수학적 확률 : p
② n번의 독립시행에서 사건 A가 일어나는 횟수를 확률변수 : X
③ 상대도수 : $\frac{X}{n}$

n이 한없이 커질수록 → $\frac{X}{n} \to p$

충분히 작은 양수 h에 대하여 n의 값이 한없이 커질수록 확률 $\mathrm{P}\left(\left|\frac{X}{n}-p\right|<h\right)$는 1에 가까워진다고도 표현한다.

유형 31 큰 수의 법칙

[01-05] 다음 물음에 옳은 것은 ○표, 옳지 않은 것은 ×표를 (　　) 안에 써넣어라.

한 개의 주사위를 n번 던지는 독립시행에서 1의 눈이 나오는 횟수를 확률변수 X라 하면 주사위를 한 번 던져서 1의 눈이 나올 확률은 $\frac{1}{6}$이므로 X는 이항분포 $\mathrm{B}\left(n, \frac{1}{6}\right)$을 따른다.

01 주사위를 6번 던지면 1의 눈이 반드시 한 번 나온다. (　　)

02 주사위를 6번 던지면 1의 눈이 안나올 수도 있다. (　　)

03 주사위를 12번 던지면 1의 눈이 반드시 두 번 나온다. (　　)

04 주사위를 여러 번 던지면 1의 눈이 나오는 상대도수는 $\frac{1}{6}$에 가까워진다. (　　)

05 시행 횟수 n이 커질수록 상대도수 $\frac{X}{n}$가 점점 수학적 확률 $\frac{1}{6}$에 가까워진다. (　　)

사회 현상이나 자연 현상에 대하여 수학적 확률을 구하기 어려운 경우에는 시행 횟수를 충분히 크게 하여 통계적 확률을 대신 사용할 수 있다.

[06-07] 다음 조건을 만족시키는 자연수 n의 값의 범위를 구하여라.

06 동전을 여러 번 던졌더니 앞면이 $X=510$번 나왔다. 상대도수 $\frac{X}{n}$가 $0.48\le\frac{X}{n}\le0.52$이다.

해 $0.48\le\frac{X}{n}\le0.52$에서 $\frac{48}{100}\le\frac{510}{n}\le\frac{52}{100}$

부등식의 양변을 510으로 나누고, 역수를 취하면 부등호 방향이 바뀌므로

$\frac{510}{0.52}\le n\le$ [　　]

$\therefore$ $980.76\times\times\times\le n\le$ [　　]

따라서 가능한 자연수 n의 값의 범위는

[　　]

07 주사위를 여러 번 던졌더니 1이 나온 횟수가 330번이었다. 상대도수와 수학적 확률 $p=\frac{1}{6}$의 차이가 0.02 이하이다.

개념 체크

08 다음 빈칸에 알맞은 것을 써넣어라.

- 어떤 시행에서 사건 A가 일어날 수학적 확률이 p이고, n번의 독립시행에서 사건 A가 일어나는 횟수를 확률변수 X라 할 때, 상대도수 $\frac{X}{n}$는 n이 한없이 커질수록 [　　]에 가까워진다. 이를 [　　　　]이라 한다.

〈 정답과 해설 p. 100 〉

01

각 면에 1, 1, 1, 2, 2, 3의 숫자가 하나씩 적혀 있는 주사위를 한 번 던져서 나오는 눈의 수를 확률변수 X라 하자. X의 확률분포를 다음 표에 나타내어라.

X				합계
$\mathrm{P}(X=x)$				

02

사과 3개와 배 4개가 들어 있는 상자에서 임의로 2개를 꺼낼 때, 나오는 배의 개수를 확률변수 X라 하자. $\mathrm{P}(X=2)$는?

① $\frac{1}{7}$ ② $\frac{2}{7}$ ③ $\frac{3}{7}$ ④ $\frac{4}{7}$ ⑤ $\frac{5}{7}$

03

두 개의 주사위를 동시에 던져서 나오는 두 눈의 수의 합을 확률변수 X라 할 때, $\mathrm{P}(X=6)$은?

① $\frac{1}{12}$ ② $\frac{1}{9}$ ③ $\frac{5}{36}$ ④ $\frac{1}{6}$ ⑤ $\frac{7}{36}$

04

확률변수 X의 확률질량함수가

$$\mathrm{P}(X=x)=kx \ (x=1,\ 2,\ \cdots,\ 10)$$

일 때, 상수 k의 값은?

① $\frac{1}{55}$ ② $\frac{2}{55}$ ③ $\frac{3}{55}$ ④ $\frac{4}{55}$ ⑤ $\frac{1}{11}$

05

두 개의 동전을 던져 앞면이 나오는 동전의 개수를 확률변수 X라 할 때, X의 확률분포를 표로 나타내면 다음과 같다. 이때, 상수 a의 값은?

X	0	1	2	합계
$\mathrm{P}(X=x)$	$\frac{1}{4}$	a	$\frac{1}{4}$	1

① 0 ② $\frac{1}{4}$ ③ $\frac{1}{2}$ ④ $\frac{3}{4}$ ⑤ $\frac{7}{8}$

06

확률변수 X의 확률분포를 표로 나타내면 다음과 같을 때, $\mathrm{P}(X\geq 2)$는?

X	0	1	2	3	합계
$\mathrm{P}(X=x)$	$\frac{1}{8}$	$\frac{1}{4}$	$\frac{3}{8}$	$\frac{1}{4}$	1

① $\frac{1}{4}$ ② $\frac{3}{8}$ ③ $\frac{1}{2}$ ④ $\frac{5}{8}$ ⑤ $\frac{3}{4}$

07 계산 조심

확률변수 X의 확률분포를 표로 나타내면 다음과 같다. $\mathrm{P}(2\leq X\leq 3)=\frac{1}{3}$일 때, 두 상수 a, b에 대하여 $b-a$의 값은?

X	1	2	3	4	합계
$\mathrm{P}(X=x)$	$\frac{1}{12}$	a	$\frac{1}{8}$	b	1

① $\frac{1}{8}$ ② $\frac{1}{6}$ ③ $\frac{1}{4}$ ④ $\frac{3}{8}$ ⑤ $\frac{3}{4}$

08

당첨 제비 4개를 포함한 10개의 제비 중에서 3개의 제비를 동시에 뽑을 때, 뽑은 당첨 제비의 개수를 확률변수 X라 한다. $P(X\geq 1)$은?

① $\frac{1}{6}$ ② $\frac{1}{3}$ ③ $\frac{1}{2}$ ④ $\frac{2}{3}$ ⑤ $\frac{5}{6}$

09

어느 학생의 5회에 걸친 국어 수행평가 점수는 각각 1점, 5점, 3점, 2점, 4점이다. 이 학생의 국어 수행평가 점수의 분산은?

① 1 ② 2 ③ 3 ④ 4 ⑤ 5

10

확률변수 X의 확률분포를 표로 나타내면 다음과 같다. 확률변수 X의 평균은? (단, k는 상수이다.)

X	1	2	3	4	합계
$P(X=x)$	$\frac{1}{4}$	k	$\frac{1}{2}$	$\frac{1}{8}$	1

① $\frac{1}{2}$ ② 1 ③ $\frac{3}{2}$ ④ 2 ⑤ $\frac{5}{2}$

11

확률변수 X의 평균이 5이고 분산이 3일 때, X^2의 평균은?

① 24 ② 25 ③ 26 ④ 27 ⑤ 28

12

확률변수 X에 대하여 $E(X)=10$, $E(X^2)=108$일 때, 확률변수 X의 표준편차 $\sigma(X)$는?

① $\sqrt{2}$ ② $\sqrt{3}$ ③ $2\sqrt{2}$ ④ $2\sqrt{3}$ ⑤ $3\sqrt{3}$

13

이산확률변수 X가 갖는 값이 1, 2, 3, 4이고 X의 확률질량함수가 $P(X=x)=\frac{x}{10}$ $(x=1, 2, 3, 4)$일 때, $V(X)$는?

① $\frac{1}{2}$ ② 1 ③ $\frac{3}{2}$ ④ 2 ⑤ 4

14

확률변수 X의 확률분포를 표로 나타내면 다음과 같다. 확률변수 X의 표준편차 $\sigma(X)$는?(단, k는 상수이다.)

X	1	2	3	합계
$P(X=x)$	$\frac{3}{10}$	$\frac{3}{5}$	k	1

① $\frac{1}{5}$ ② $\frac{1}{4}$ ③ $\frac{2}{5}$ ④ $\frac{3}{5}$ ⑤ $\frac{3}{4}$

15

확률변수 X의 확률분포를 표로 나타내면 다음과 같다.

X	$-a$	0	a	합계
$P(X=x)$	$\frac{1}{4}$	$\frac{1}{4}$	b	1

$E(X)=\frac{1}{2}$일 때, X의 표준편차 $\sigma(X)$는?

(단, a, b는 상수이다.)

① $\frac{3}{2}$ ② $\frac{\sqrt{10}}{2}$ ③ $\frac{\sqrt{11}}{2}$ ④ $\sqrt{3}$ ⑤ $\sqrt{10}$

〈 정답과 해설 p. 100~102 〉

16

0부터 3까지의 숫자가 각각 적혀 있는 네 장의 카드 중에서 임의로 두 장을 동시에 뽑을 때, 카드에 적힌 두 수 중 큰 수를 확률변수 X라 한다. $\mathrm{V}(X)$는?

① $\frac{5}{9}$ ② $\frac{2}{3}$ ③ $\frac{7}{9}$ ④ $\frac{5}{6}$ ⑤ $\frac{8}{9}$

17 생각 더하기

50원짜리 동전 1개와 100원짜리 동전 2개를 던져서 앞면이 나오면 그 동전을 받는 놀이를 한다. 이때, 받을 수 있는 금액의 기댓값은?

① 75원 ② 100원 ③ 125원
④ 150원 ⑤ 175원

18 계산 조심

어떤 학교 축제에서 매점에서 사용할 수 있는 행운권 100장을 발행하였다. 행운권 한 장으로 받을 수 있는 상금을 X원이라 할 때, X의 기댓값은?

순위	상금	매수
1등	100,000원	1장
2등	10,000원	5장
3등	1,000원	20장
등외	0원	74장

① 1600원 ② 1700원 ③ 1800원
④ 5600원 ⑤ 5700원

19

확률변수 X에 대하여 $\mathrm{E}(X)=6$, $\mathrm{V}(X)=4$일 때, 확률변수 $2X+5$의 평균과 분산의 합은?

① 31 ② 32 ③ 33 ④ 34 ⑤ 35

20

두 확률변수 X, Y에 대하여

$$Y=\frac{1}{5}X-10,\ \mathrm{E}(Y)=-2,\ \mathrm{E}(Y^2)=5$$

가 성립한다. $\mathrm{E}(X)+\mathrm{V}(X)$는?

① 45 ② 50 ③ 55 ④ 60 ⑤ 65

21

평균이 50, 표준편차가 4인 확률변수 X가 있다. 이때, 확률변수 $Y=aX+b$의 평균과 분산이 각각 $\mathrm{E}(Y)=0$, $\mathrm{V}(Y)=1$이 되도록 하는 두 상수 a, b에 대하여 $2a-b$의 값은? (단, $a>0$)

① 13 ② 14 ③ 15 ④ 16 ⑤ 17

22

확률변수 X의 확률분포를 표로 나타내면 다음과 같다. $\mathrm{V}(-4X+3)$은? (단, a는 상수이다.)

X	1	2	4	합계
$\mathrm{P}(X=x)$	$2a$	$\frac{1}{4}$	a	1

① 20 ② 24 ③ 28 ④ 32 ⑤ 36

23

주사위를 한 번 던져서 나오는 눈의 수를 4로 나눈 나머지를 확률변수 X라 하자. $\mathrm{V}(6X+1)$은?

① 33 ② 34 ③ 35 ④ 36 ⑤ 37

24

한 개의 주사위를 5번 던져서 3의 배수의 눈이 나오는 횟수를 확률변수 X라 하면 X는 이항분포 $\mathrm{B}(a, b)$를 따른다. 이때, 두 상수 a, b에 대하여 $a+b$의 값은?

① 5 ② $\frac{16}{3}$ ③ $\frac{17}{3}$ ④ 6 ⑤ $\frac{19}{3}$

25

확률변수 X가 이항분포 $\mathrm{B}\left(10, \frac{1}{5}\right)$을 따를 때, $\mathrm{P}(X \le 9)$는?

① $\left(\frac{4}{5}\right)^9$ ② $\left(\frac{4}{5}\right)^{10}$ ③ $1-\left(\frac{1}{5}\right)^9$ ④ $1-\left(\frac{1}{5}\right)^{10}$ ⑤ $1-\left(\frac{1}{5}\right)^{11}$

26

확률변수 X가 이항분포 $\mathrm{B}\left(100, \frac{1}{2}\right)$을 따를 때, $\frac{\mathrm{P}(X=50)}{\mathrm{P}(X=51)}$은?

① $\frac{51}{50}$ ② $\frac{50}{49}$ ③ 1 ④ $\frac{49}{50}$ ⑤ $\frac{50}{51}$

27

이항분포 $\mathrm{B}\left(n, \frac{1}{2}\right)$을 따르는 확률변수 X가 $\mathrm{P}(X=1)=12\mathrm{P}(X=n)$을 만족시킬 때, 자연수 n의 값은?

① 9 ② 10 ③ 11 ④ 12 ⑤ 13

28

확률변수 X가 이항분포 $\mathrm{B}(10, p)$를 따르고, $\mathrm{E}(X)=4$일 때, $\mathrm{E}(X^2)$은?

① $\frac{86}{5}$ ② $\frac{88}{5}$ ③ 18 ④ $\frac{92}{5}$ ⑤ $\frac{94}{5}$

DAY 25

29

확률변수 X의 확률질량함수가

$$\mathrm{P}(X=x)={}_{240}\mathrm{C}_x \frac{3^x}{4^{240}} \; (x=0, 1, 2, \cdots, 240)$$

일 때, $\mathrm{V}(X)$는?

① 35 ② 40 ③ 45 ④ 50 ⑤ 55

30

확률변수 X가 이항분포 $\mathrm{B}(n, p)$를 따르고,

$$\mathrm{E}(X)=9, \; \mathrm{V}(X)=\frac{9}{4}$$

일 때, $\frac{\mathrm{P}(X=8)}{\mathrm{P}(X=4)}$은?

① 9 ② 27 ③ 64 ④ 81 ⑤ 100

31

한 개의 주사위를 180회 던져서 3의 눈이 나오는 횟수를 확률변수 X라 할 때, 확률변수 $2X-25$의 평균 m과 표준편차 σ에 대하여 $m-\sigma$의 값은?

① 15 ② 20 ③ 25 ④ 30 ⑤ 35

〈 정답과 해설 p. 102~104 〉

16 확률밀도함수

(1) **연속확률변수** : 확률변수 X가 어떤 범위에 속하는 모든 실수 값을 가질 때, X를 **연속확률변수**라 한다.

(2) **확률밀도함수와 그 성질**

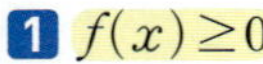

$\alpha \le X \le \beta$에서 모든 실수값을 가질 수 있는 연속확률변수 X에 대하여 $\alpha \le x \le \beta$에서 정의된 함수 $f(x)$가 다음 세 가지 성질을 만족시킬 때, 함수 $f(x)$를 확률변수 X의 **확률밀도함수**라 한다.

1 $f(x) \ge 0$

2 $y=f(x)$의 그래프와 x축 및 두 직선 $x=\alpha$, $x=\beta$로 둘러싸인 도형의 넓이가 1이다.

3 $\mathrm{P}(a \le X \le b)$는 함수 $y=f(x)$의 그래프와 x축 및 두 직선 $x=a$, $x=b$로 둘러싸인 도형의 넓이와 같다. (단, $\alpha \le a \le b \le \beta$)

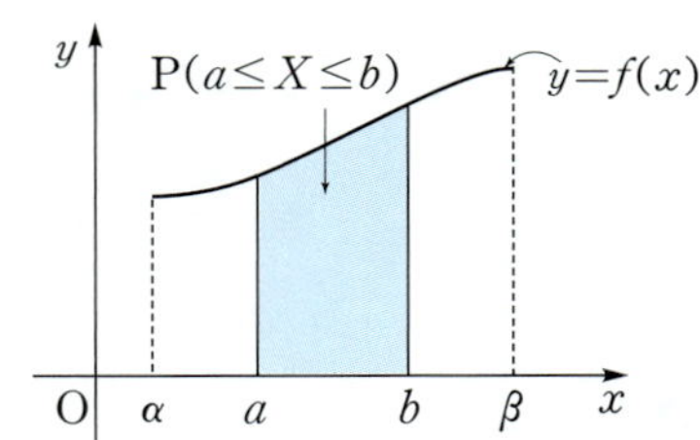

유형 32 연속확률변수

[01-04] 다음에 주어진 확률변수가 이산확률변수인지 연속확률변수인지를 판정하여라.

01 한 개의 동전을 3번 던질 때 앞면이 나오는 횟수

길이, 무게, 시간, 온도 등과 같이 어떤 범위에 속하는 모든 실수의 값을 연속적으로 갖는지 살펴본다.

02 어떤 공장에서 생산되는 휴대폰의 수명

03 어떤 기계에서 생산되는 제품 중 불량품의 개수

04 어느 고등학교 학생들의 한 달 동안 TV 시청 시간

유형 33 확률밀도함수

[05-06] 연속확률변수 X의 확률밀도함수 $f(x)$가 다음과 같을 때, [ ]을 구하여라.

05 $f(x)=\frac{1}{3}(-2 \le x \le 1)$ $\left[\mathrm{P}\left(X \ge \frac{1}{2}\right)\right]$

해 상수함수 $f(x)=\frac{1}{3}$ $(-2 \le x \le 1)$에 대하여

$f(x) \ge$ ☐ 이고, 구하는 확률은 함수 $y=f(x)$의 그래프와 x축 및 두 직선 $x=\frac{1}{2}$, $x=1$로 둘러싸인 부분의 넓이와 같으므로

$\mathrm{P}\left(X \ge \frac{1}{2}\right)$

$=\frac{1}{3} \times \left(1-☐\right)=☐$

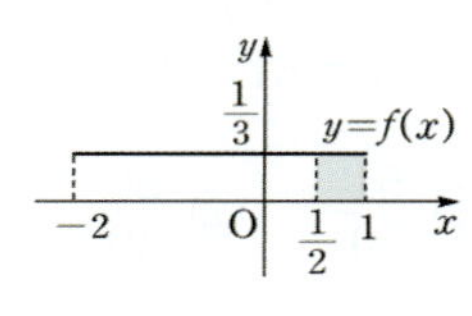

06 $f(x)=-2x+2$ $(0 \le x \le 1)$ $\left[\mathrm{P}\left(0 \le X \le \frac{3}{4}\right)\right]$

[07-08] 연속확률변수 X의 확률밀도함수가

$\boldsymbol{f(x)=kx}$ $\boldsymbol{(0 \le x \le 3)}$

일 때, 다음을 구하여라.

(단, k는 양수)

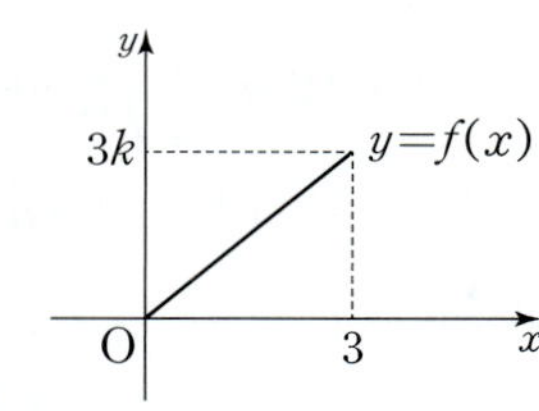

07 k의 값

08 $\mathrm{P}(0\le X\le 2)$

유형 34 **확률밀도함수의 성질**

[09-12] 그림은 $-1\le x\le 1$에서 정의된 연속확률변수 X의 확률밀도함수 $f(x)$의 그래프이다. 다음을 구하여라. (단, k는 양수)

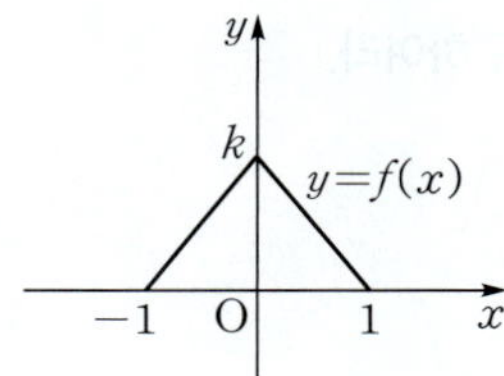

09 k의 값

확률밀도함수 $y=f(x)\,(a\le x\le b)$의 그래프와 x축 및 두 직선 $x=a, x=b$로 둘러싸인 부분의 넓이가 1임을 이용하여 식을 세운다.

10 함수 $f(x)$

11 $\mathrm{P}\left(0\le X\le \frac{1}{2}\right)$

12 $\mathrm{P}\left(-\frac{1}{2}\le X\le \frac{1}{2}\right)$

함수 $f(x)$의 그래프는 y축에 대하여 대칭이므로
$\mathrm{P}\left(-\frac{1}{2}\le X\le \frac{1}{2}\right)=2\mathrm{P}\left(0\le X\le \frac{1}{2}\right)$

[13-15] 연속확률변수 X의 확률밀도함수 $f(x)$의 그래프가 오른쪽 그림과 같을 때, 다음을 구하여라.

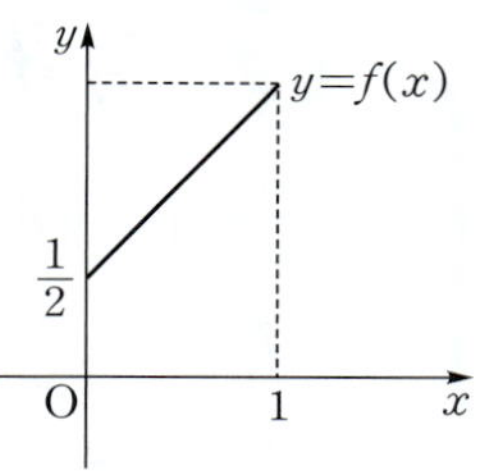

13 $f(x)$의 식을 구하여라.

14 $\mathrm{P}\left(\frac{1}{2}\le X\le 1\right)$

15 $\mathrm{P}\left(X\le \frac{1}{4}\right)$

개념 체크

16 다음 빈칸에 알맞은 것을 써넣어라.

(1) 확률변수 X가 어떤 범위에 속하는 모든 실수 값을 가질 때, X를 [ ]라 한다.

(2) $\alpha\le X\le\beta$에서 모든 실수값을 가질 수 있는 연속확률변수 X에 대하여 $\alpha\le x\le\beta$에서 정의된 함수 $f(x)$가 다음 세 가지 성질을 만족시킬 때, 함수 $f(x)$를 확률변수 X의 [ ]라 한다.

(i) $f(x)$[ ]0

(ii) $y=f(x)$의 그래프와 x축 및 두 직선 $x=\alpha$, $x=\beta$로 둘러싸인 도형의 넓이가 [ ]이다.

(iii) $\mathrm{P}(a\le X\le b)$는 함수 $y=f(x)$의 그래프와 x축 및 두 직선 $x=a$, $x=b$로 둘러싸인 도형의 [ ]와 같다. (단, $\alpha\le a\le b\le\beta$)

DAY 26

〈 정답과 해설 p. 105~106 〉

17 정규분포

실수 전체의 집합에서 정의된 연속확률변수 X의 확률밀도함수 $f(x)$가

$$f(x)=\frac{1}{\sqrt{2\pi}\sigma}e^{-\frac{(x-m)^2}{2\sigma^2}}$$ (m은 상수, σ는 양수, e는 2.718281…인 무리수)

일 때, X의 확률분포를 **정규분포**라 한다.

이때, 확률변수 X의 평균은 m, 표준편차는 σ임이 알려져 있다.

이와 같이 평균이 m, 표준편차가 σ인 정규분포를 다음과 같이 나타낸다.

기호 $\mathrm{N}(m, \sigma^2)$ **읽기** **N 엠 시그마 제곱**

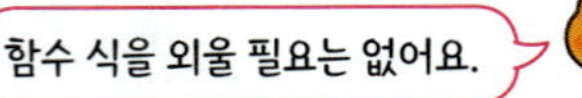

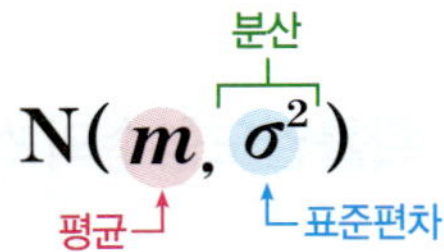

유형 35 정규분포

[01-04] 확률변수 X의 평균과 분산, 표준편차가 다음과 같을 때, X가 따르는 정규분포를 $\mathrm{N}(m, \sigma^2)$ 꼴로 나타내어라.

01 $\mathrm{E}(X)=5$, $\mathrm{V}(X)=6$

02 $\mathrm{E}(X)=3$, $\mathrm{V}(X)=2$

03 $\mathrm{E}(X)=3$, $\sigma(X)=3$

04 $\mathrm{E}(X)=1$, $\sigma(X)=2\sqrt{2}$

[05-09] 정규분포 $\mathrm{N}(m, \sigma^2)$에 대하여 평균, 분산, 표준편차를 각각 구하여라.

05 $\mathrm{N}(120, 4^2)$

06 $\mathrm{N}(-1, 1^2)$

07 $\mathrm{N}(5, 25)$

08 $\mathrm{N}(10, 6)$

09 $\mathrm{N}(11, 20)$

개념 체크

10 다음 빈칸에 알맞은 것을 써넣어라.

(1) 실수 전체의 집합에서 정의된 연속확률변수 X의 확률밀도함수 $f(x)$가

$$f(x)=\frac{1}{\sqrt{2\pi}\sigma}e^{-\frac{(x-m)^2}{2\sigma^2}}$$

(m은 상수, σ는 양수, e는 2.718281…인 무리수)

일 때, X의 확률분포를 [　　　　]라 한다.

(2) 평균이 m, 표준편차가 σ인 정규분포를 다음과 같이 나타낸다.

기호 [　　　　] **읽기** [　　　　　　]

〈 정답과 해설 p. 106 〉

18 정규분포곡선

정규분포 $\mathrm{N}(m, \sigma^2)$을 따르는 확률변수 X의 확률밀도함수 $f(x)$의 그래프는 다음 그림과 같고, 이 곡선을 **정규분포곡선**이라 한다.

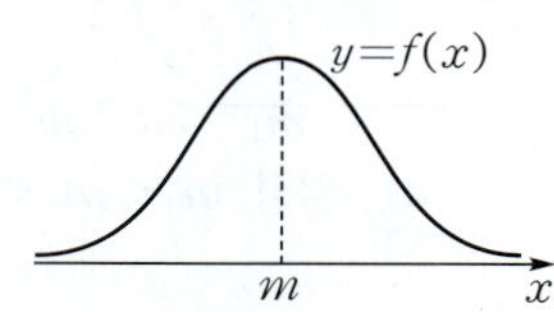

✪ 정규분포곡선의 특징

(1) 직선 $x=m$에 대하여 좌우대칭이다.
$\mathrm{P}(X\le m)=\mathrm{P}(X\ge m)$

(2) x축이 점근선인 종 모양의 곡선이다.

$\mathrm{P}(X\le a)=\mathrm{P}(X\ge b)$이면 $\frac{a+b}{2}=m$

DAY 26

유형 36 정규분포곡선

[01-04] 다음 확률밀도함수 $f(x)$의 그래프를 보고 확률변수 X의 평균을 구하여라.

01

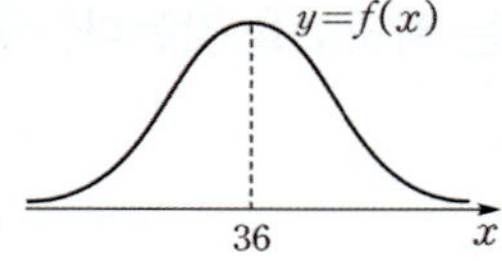

02

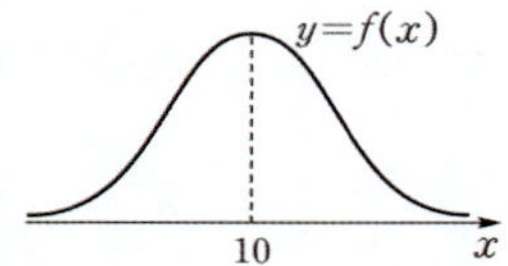

03

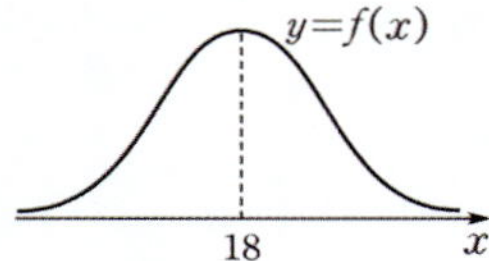

04

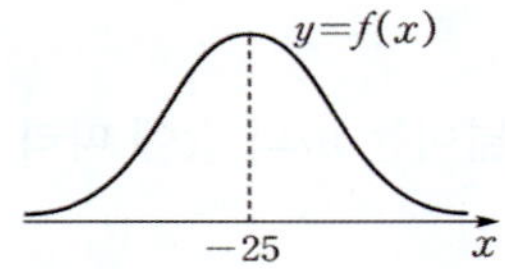

[05-09] 정규분포 $\mathrm{N}(16, 4^2)$을 따르는 확률변수 X의 정규분포곡선에 대한 설명이다. 옳으면 ○표, 옳지 않으면 ×표 하여라.

05 확률변수 X의 평균이 4이다. ( )

06 확률변수 X의 분산이 16이다. ( )

07 직선 $x=16$에 대하여 대칭인 곡선이다. ( )

08 y축이 점근선인 종 모양의 곡선이다. ( )

09 $\mathrm{P}(X\le 4)=\mathrm{P}(X\ge 4)$이다. ( )

개념 체크

10 다음 빈칸에 알맞은 것을 써넣어라.

- 정규분포 $\mathrm{N}(m, \sigma^2)$을 따르는 확률변수 X의 확률밀도함수 $f(x)$의 그래프를 [ ] 이라 한다.
- 정규분포곡선의 특징
  ① 직선 [ ]에 대하여 대칭이다.
  ② [ ]축이 점근선인 종 모양의 곡선이다.

〈 정답과 해설 p. 106 〉

19 정규분포곡선의 성질

1 곡선과 x축 사이의 넓이가 1이다. ← $P(X \leq m)=P(X \geq m)=0.5$

2 σ의 값이 일정할 때, m의 값이 달라지면
대칭축의 위치는 바뀌지만
곡선의 모양과 크기는 변하지 않는다.

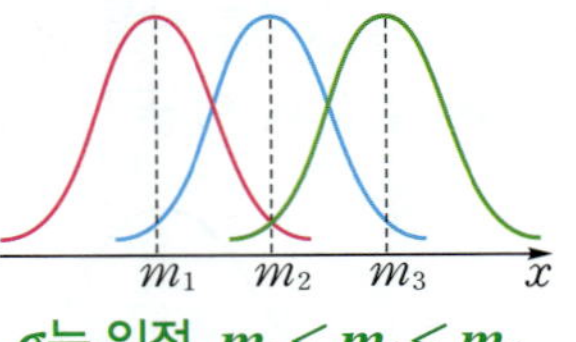

σ는 일정, $m_1<m_2<m_3$

3 m의 값이 일정할 때, σ의 값이 커지면
곡선의 가운데 부분의 높이는 낮아지고
양쪽으로 넓게 퍼진 모양이 된다. 폭이 넓어진다.

4 m의 값이 일정할 때, σ의 값이 작아지면
곡선의 가운데 부분의 높이는 높아지고
양쪽으로 좁게 퍼진 모양이 된다. 폭이 좁아진다.

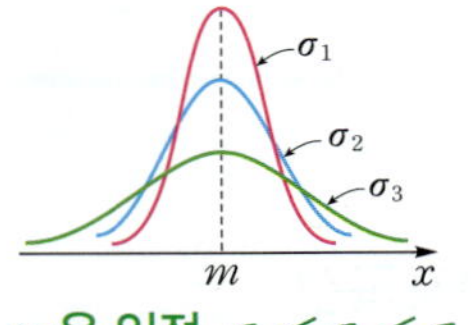

m은 일정, $\sigma_1<\sigma_2<\sigma_3$

유형 37 정규분포곡선의 성질

01 정규분포 $N(m, \sigma^2)$을 따르는 확률변수 X의 정규분포곡선에 대한 설명으로 옳은 것만을 〈보기〉에서 있는 대로 골라라.

〈보기〉

ㄱ. 곡선과 x축 사이의 넓이가 1이다.
ㄴ. σ의 값이 일정할 때, m의 값이 달라져도 대칭축의 위치는 바뀌지 않는다.
ㄷ. σ의 값이 일정할 때, m의 값이 달라져도 곡선의 모양과 크기는 변하지 않는다.
ㄹ. m의 값이 일정할 때, σ의 값이 커지면 곡선의 가운데 부분의 높이도 높아진다.
ㅁ. m의 값이 일정할 때, σ의 값이 작아지면 곡선이 양쪽으로 넓게 퍼진 모양이 된다.

[02-07] 다음은 정규분포 $N(m, \sigma^2)$을 따르는 확률변수 X의 확률밀도함수 $f(x)$의 그래프에 대한 설명이다. 참, 거짓을 판별하여라.

02 직선 $x=m$에 대하여 대칭이다.

03 $x=m$일 때, 그래프는 최댓값을 갖는다.

04 m이 일정할 때, σ의 값이 클수록 곡선의 가운데 부분은 높아진다.

05 σ의 값이 일정할 때, m의 값에 따라 대칭축의 위치는 바뀌지만 곡선의 모양과 크기는 같다.

06 x축이 점근선이다.

07 곡선과 x축 사이의 넓이는 m의 값에 따라 달라진다.

[08-09] 다음 그림은 A, B 두 학교의 수학성적을 나타내는 정규분포의 확률밀도함수의 그래프이다.

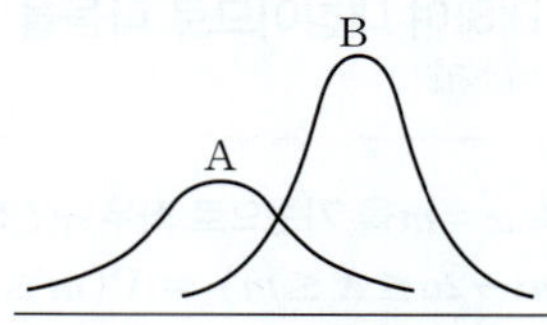

A, B 두 학교의 평균을 m_1, m_2, 표준편차를 σ_1, σ_2라 할 때, 물음에 답하여라.

08 m_1, m_2의 크기를 비교하여라.

09 σ_1, σ_2의 크기를 비교하여라.

[10-11] 다음 그림의 두 곡선 $y=f(x)$, $y=g(x)$는 각각 정규분포를 따르는 두 확률변수 X_1, X_2의 정규분포곡선이다. 〈보기〉에서 옳은 것만을 있는 대로 골라라.

10

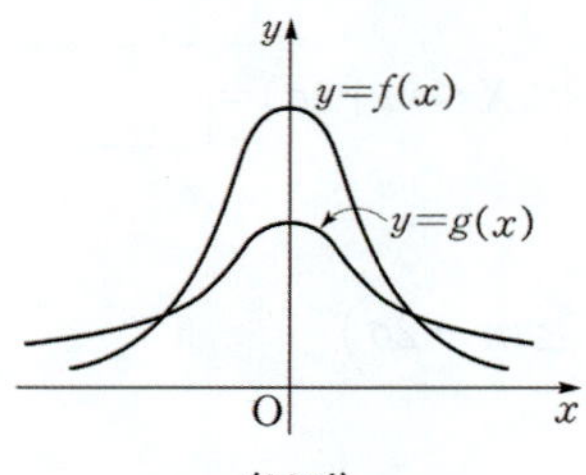

〈보기〉

ㄱ. $\mathrm{E}(X_1)<\mathrm{E}(X_2)$
ㄴ. $\sigma(X_1)>\sigma(X_2)$
ㄷ. $\mathrm{V}(X_1)=\mathrm{V}(X_2)$
ㄹ. $\mathrm{P}(X_1\le 0)=\mathrm{P}(X_2\ge 0)$

11

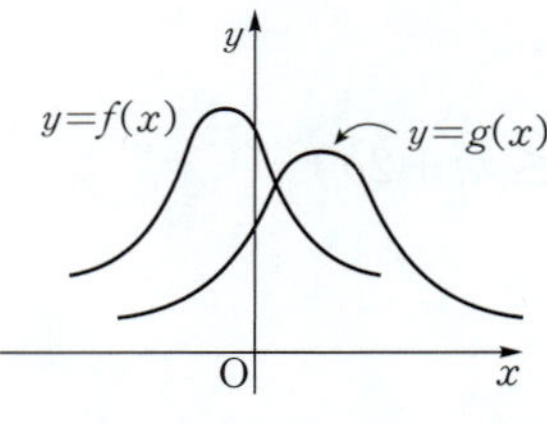

〈보기〉

ㄱ. $\mathrm{E}(X_1)>\mathrm{E}(X_2)$
ㄴ. $\sigma(X_1)=\sigma(X_2)$
ㄷ. $\mathrm{V}(X_1)<\mathrm{V}(X_2)$
ㄹ. $\mathrm{P}(X_1\le -2)=\mathrm{P}(X_2\ge -2)$

[12-14] 확률변수 X가 정규분포 $\mathrm{N}(m, \sigma^2)$을 따르고 다음을 만족시킬 때, 상수 m의 값을 구하여라.

12 $\mathrm{P}(X\le 2)=\mathrm{P}(X\ge 8)$

해 정규분포곡선은 직선 $x=m$에 대하여 대칭이므로

$m=\dfrac{2+8}{\square}=\square$

DAY 26

13 $\mathrm{P}(X\le 9)=\mathrm{P}(X\ge 13)$

14 $\mathrm{P}(X\le 4)=\mathrm{P}(X\ge 11)$

[15-16] 확률변수 X가 정규분포 $\mathrm{N}(3, 2^2)$을 따르고 다음을 만족시킬 때, 상수 a의 값을 구하여라.

15 $\mathrm{P}(X\le 5)=\mathrm{P}(X\ge a)$

해 정규분포곡선은 직선 $x=3$에 대하여 대칭이므로

$3=\dfrac{5+a}{\square}$, $a+5=\square$ $\quad\therefore a=\square$

16 $\mathrm{P}(X\le 2)=\mathrm{P}(X\ge -a)$

개념 체크

17 다음 빈칸에 알맞은 것을 써넣거나 알맞은 것에 ○표 하여라.

정규분포 $\mathrm{N}(m, \sigma^2)$을 따르는 확률변수 X의 정규분포곡선은 다음과 같은 성질이 있다.

(1) 곡선과 x축 사이의 넓이가 [　　]이다.

(2) σ의 값이 일정할 때, [　　]의 값이 달라지면 대칭축의 위치는 바뀌지만 곡선의 모양과 크기는 (변한다 , 변하지 않는다).

(3) m의 값이 일정할 때, σ의 값이 커지면 곡선의 가운데 부분의 높이는 (낮아지고 , 높아지고) 양쪽으로 (좁게 , 넓게) 퍼진 모양이 된다.

(4) m의 값이 일정할 때, σ의 값이 작아지면 곡선의 가운데 부분의 높이는 (낮아지고 , 높아지고) 양쪽으로 (좁게 , 넓게) 퍼진 모양이 된다.

〈 정답과 해설 p. 106~107 〉

20 정규분포에서의 확률

✪ 정규분포 $\mathrm{N}(m, \sigma^2)$을 따르는 확률변수 X의 정규분포곡선은 직선 $x=m$에 대하여 대칭이므로 다음을 알 수 있다.

$$\mathrm{P}(m-a\le X\le m) = \mathrm{P}(m\le X\le m+a) \text{ (단, } a>0)$$

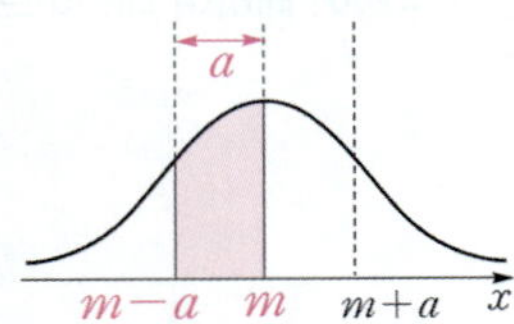

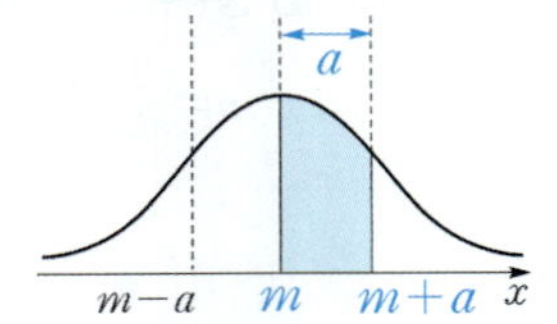

• 대칭축 $x=m$을 기준으로 좌우 구간의 확률은 같다.

$\mathrm{P}(m-2a\le X\le m) = \mathrm{P}(m\le X\le m+2a)$

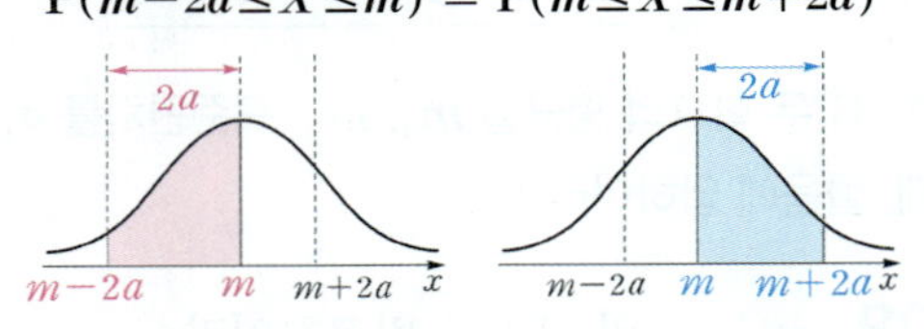

유형 38 정규분포의 확률 (1)

[01-04] 정규분포 $\mathrm{N}(m, \sigma^2)$을 따르는 확률변수 X에 대하여 $\mathrm{P}(m\le X\le m+\sigma)=a$일 때, 다음 확률을 a를 이용하여 나타내어라.

01 $\mathrm{P}(m-\sigma\le X\le m+\sigma)$

해 정규분포곡선은 ☐에 대하여 대칭이므로

$\mathrm{P}(m-\sigma\le X\le m+\sigma)$

$=$☐$\mathrm{P}($☐$\le X\le$☐$)$

$=$☐

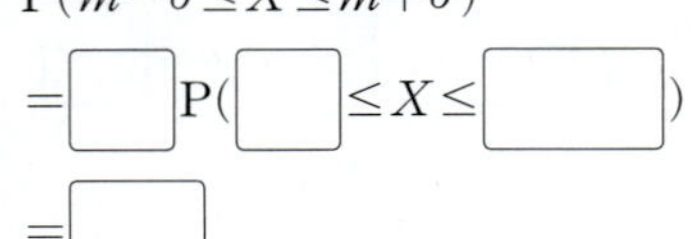

02 $\mathrm{P}(X\ge m+\sigma)$

03 $\mathrm{P}(m-\sigma\le X\le m)$

04 $\mathrm{P}(X\le m+\sigma)$

$\mathrm{P}(X\le m+\sigma)$
$=0.5+\mathrm{P}(m\le X\le m+\sigma)$

[05-09] 확률변수 X가 정규분포 $\mathrm{N}(m, \sigma^2)$을 따르고, $\mathrm{P}(m-2\sigma\le X\le m+2\sigma)=0.9544$일 때, 다음 확률을 구하여라.

05 $\mathrm{P}(m\le X\le m+2\sigma)$

해 정규분포곡선은 $x=m$에 대하여 대칭임을 이용한다.

$\mathrm{P}(m-2\sigma\le X\le m+2\sigma)$

$=2\mathrm{P}($☐$\le X\le m+2\sigma)$

$=0.9544$

$\therefore \mathrm{P}($☐$\le X\le m+2\sigma)=$☐

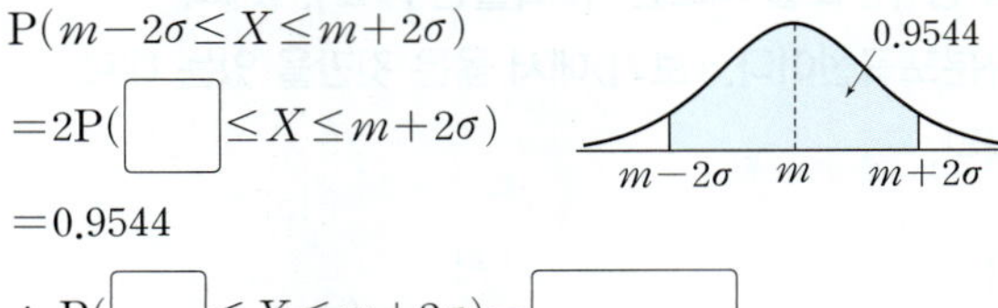

06 $\mathrm{P}(X\ge m-2\sigma)$

07 $\mathrm{P}(X\ge m+2\sigma)$

08 $\mathrm{P}(X\le m-2\sigma)$

09 $\mathrm{P}(X\le m+2\sigma)$

개념 체크

10 다음 빈칸에 알맞은 것을 써넣어라.

정규분포 $\mathrm{N}(m, \sigma^2)$을 따르는 확률변수 X의 정규분포곡선은 직선 $x=m$에 대하여 대칭이므로

$\mathrm{P}(m-a\le X\le m)=$[ ]

(단, $a>0$)

〈 정답과 해설 p. 107~108 〉

21 정규분포에서의 확률 구하는 순서

✪ 표를 이용하여 확률 구하는 순서

(i) 평균, 표준편차를 각각 나타낸다.

(ii) 문제에서 구하는 확률을 다음을 이용하여 간단하게 나타낸다. (단, $a>0$이고, X는 정규분포 $\mathrm{N}(m, \sigma^2)$을 따른다.

① $\mathrm{P}(X \ge m)=\mathrm{P}(X \le m)=0.5$

② $\mathrm{P}(m-a \le X \le m)=\mathrm{P}(m \le X \le m+a)$

③ $\mathrm{P}(m-a \le X \le m+a)=2\mathrm{P}(m \le X \le m+a)$

④ $\mathrm{P}(X \le m+a)=0.5+\mathrm{P}(m \le X \le m+a)$

(iii) 표에서 주어진 확률을 이용한다.

DAY 27

유형 39 정규분포의 확률 (2)

[01-03] 정규분포 $\mathrm{N}(m, \sigma^2)$을 따르는 확률변수 X에 대하여 $\mathrm{P}(m \le X \le x)$는 다음 표와 같을 때, [ ]를 구하여라.

x	$\mathrm{P}(m \le X \le x)$
$m+0.5\sigma$	0.1915
$m+\sigma$	0.3413
$m+1.5\sigma$	0.4332
$m+2\sigma$	0.4772

01 $\mathrm{N}(5, 2^2)$ [$\mathrm{P}(4 \le X \le 7)$]

해 $m=5$, $\sigma=2$이므로

$\mathrm{P}(4 \le X \le 7)$

$=\mathrm{P}(5-1 \le X \le 5+2)$

$=\mathrm{P}(m-0.5\sigma \le X \le m+\square)$

$=\mathrm{P}(m-0.5\sigma \le X \le m)+\mathrm{P}(m \le X \le m+\sigma)$

$=\mathrm{P}(m \le X \le \square)+\mathrm{P}(m \le X \le m+\sigma)$

$=\square+\square=\square$

02 $\mathrm{N}(7, 3^2)$ [$\mathrm{P}(1 \le X \le 13)$]

03 $\mathrm{N}(4, 1^2)$ [$\mathrm{P}(3 \le X \le 5.5)$]

[04-05] 확률변수 X가 정규분포 $\mathrm{N}(50, 8^2)$을 따를 때, $\mathrm{P}(X \le k)=0.1587$이라 한다. 오른쪽 표를 이용하여 다음을 구하여라. (단, k는 상수)

x	$\mathrm{P}(m \le X \le x)$
$m+\sigma$	0.3413
$m+2\sigma$	0.4772
$m+3\sigma$	0.4987

04 $\mathrm{P}(k \le X \le m)$

05 k의 값

개념 체크

06 다음 빈칸에 알맞은 것을 써넣어라.

• 표를 이용하여 확률 구하는 순서

(i) [ ], [ ]를 각각 나타낸다.

(ii) 문제에서 구하는 확률을 다음을 이용하여 간단하게 나타낸다. (단, $a>0$)

① $\mathrm{P}(X \ge m)=\mathrm{P}(X \le m)=0.5$

② $\mathrm{P}(m-a \le X \le m)=\mathrm{P}(m \le X \le [\quad])$

③ $\mathrm{P}(m-a \le X \le m+a)$
$=2\mathrm{P}(m \le X \le [\quad])$

④ $\mathrm{P}(X \le m+a)=0.5+\mathrm{P}(m \le X \le m+a)$

(iii) 표에서 주어진 확률을 이용한다.

〈정답과 해설 p. 108〉

22 표준정규분포

(1) 평균이 0이고, 분산이 1인 정규분포 N(0, 1)을 **표준정규분포**라 한다.
확률변수 Z가 표준정규분포 N(0, 1)을 따를 때, Z의 확률밀도함수는

$$f(z)=\frac{1}{\sqrt{2\pi}}e^{-\frac{z^2}{2}}$$

(2) 양수 z에 대하여 확률 $P(0\le Z\le z_0)$은
오른쪽 그림과 같이 색칠한 부분의 넓이와 같다.

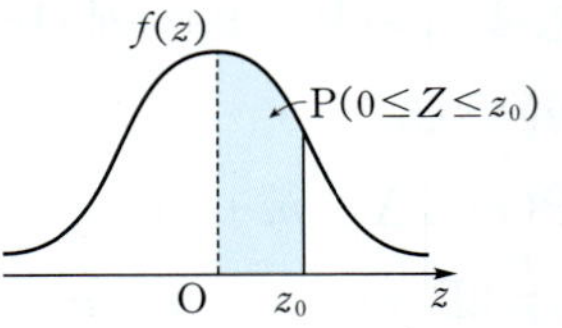

f(z)
P(0≤Z≤z₀)
O
z₀
z

x 대신 미지수 z를 사용한 거니까 겁먹지 말자.

표준정규분포를 따르는 확률변수는 보통 Z로 나타낸다.

(3) (2)의 값은 표준정규분포표에서 찾을 수 있다.
예 $P(0\le Z\le 2.00)=0.4772$
$P(0\le Z\le 2.22)=0.4868$

z	0.00	0.01	0.02	…
⋮				
2.0	0.4772			
2.1				
2.2			0.4868	
⋮				

유형 40 표준정규분포

[01-04] 확률변수 Z가 표준정규분포 N(0, 1)을 따를 때, 오른쪽 표준정규분포표를 이용하여 상수 a의 값을 구하여라.

z	$P(0\le Z\le z)$
0.5	0.1915
1.0	0.3413
1.5	0.4332
2.0	0.4772

01 $P(0\le Z\le a)=0.3413$

02 $P(0\le Z\le 0.5)=a$

03 $P(a\le Z\le 1.5)=0.4332$

04 $P(0\le Z\le a)=0.4772$

[05-08] 확률변수 Z가 표준정규분포 N(0, 1)을 따를 때, 오른쪽 표준정규분포표를 이용하여 상수 a의 값을 구하여라.

z	$P(0\le Z\le z)$
0.25	0.1
0.52	0.2
0.84	0.3
1.28	0.4

05 $P(a\le Z\le 0.52)=0.2$

06 $P(0\le Z\le a)=0.3$

07 $P(0\le Z\le 0.25)=a$

08 $P(0\le Z\le a)=0.4$

개념 체크

09 다음 빈칸에 알맞은 것을 써넣어라.

(1) 평균이 0이고, 분산이 1인 정규분포 N(0, 1)을
[ ]라 한다.

(2) 양수 z에 대하여
확률 $P(0\le Z\le z_0)$은
오른쪽 그림과 같이
[ ] 부분의 넓이와 같다.

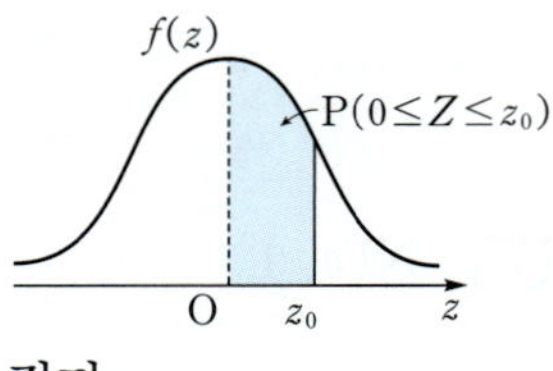

f(z)
P(0≤Z≤z₀)
O
z₀
z

(3) (2)의 값은 [ ]에서 찾을 수 있다.

〈정답과 해설 p. 108〉

23 표준정규분포에서의 확률

✪ 표준정규분포를 따르는 확률변수 Z의 정규분포곡선은 직선 $z=0$에 대하여 대칭이므로 다음이 성립한다.

(단, $0<a<b$)

1 $\mathrm{P}(Z\geq 0)=\mathrm{P}(Z\leq 0)=0.5$

2 $\mathrm{P}(-a\leq Z\leq 0)=\mathrm{P}(0\leq Z\leq a)$

3 $\mathrm{P}(a\leq Z\leq b)=\mathrm{P}(0\leq Z\leq b)-\mathrm{P}(0\leq Z\leq a)$

4 $\mathrm{P}(Z\geq a)=\mathrm{P}(Z\geq 0)-\mathrm{P}(0\leq Z\leq a)$
$=0.5-\mathrm{P}(0\leq Z\leq a)$

5 $\mathrm{P}(Z\leq a)=\mathrm{P}(Z\leq 0)+\mathrm{P}(0\leq Z\leq a)$
$=0.5+\mathrm{P}(0\leq Z\leq a)$

6 $\mathrm{P}(-a\leq Z\leq b)=\mathrm{P}(-a\leq Z\leq 0)+\mathrm{P}(0\leq Z\leq b)$
$=\mathrm{P}(0\leq Z\leq a)+\mathrm{P}(0\leq Z\leq b)$

표준정규분포표가 $\mathrm{P}(0\leq Z\leq z)$의 값을 구하여 나타낸 것이므로 $\mathrm{P}(0\leq Z\leq z)$ 꼴을 이용할 수 있도록 식을 변형해야 한다.

DAY 27

유형 41 표준정규분포에서의 확률

[01-06] 확률변수 Z의 표준정규분포곡선을 보고 해당하는 공식을 1~6에서 찾아 써라.

01

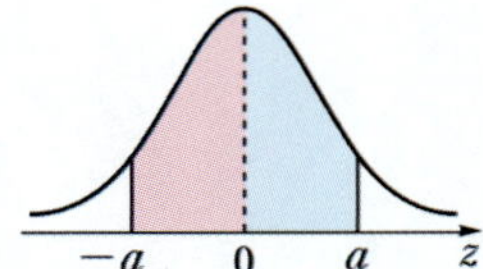

02

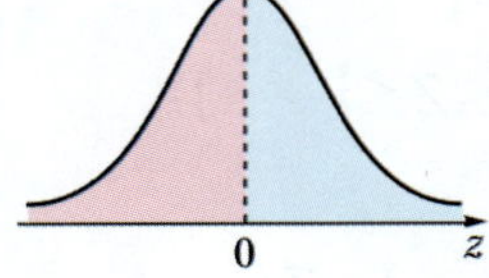

03

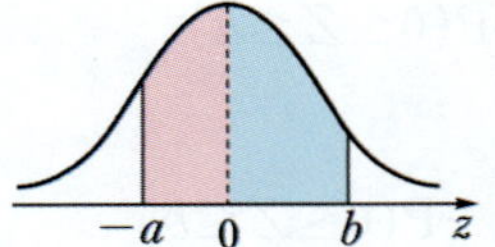

04

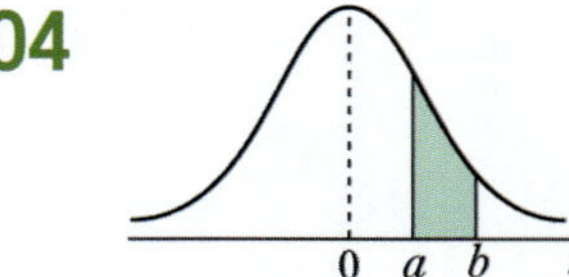

05

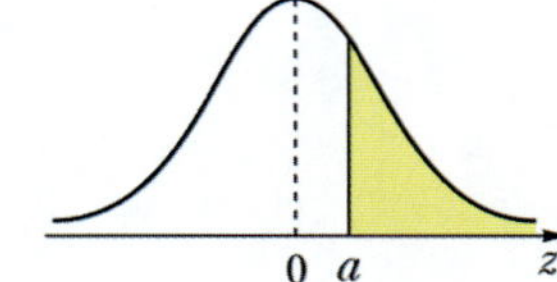

06

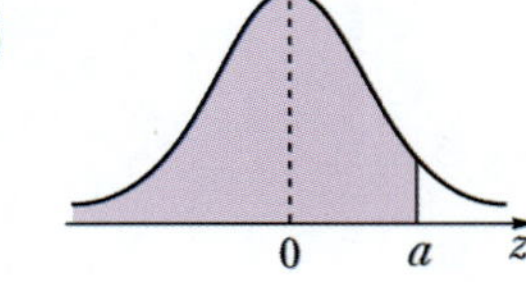

〈 정답과 해설 p. 108 〉

[07-13] 확률변수 Z가 표준정규분포 $\mathrm{N}(0, 1)$을 따를 때, 오른쪽 표준정규분포표를 이용하여 다음을 구하여라.

z	$\mathrm{P}(0 \le Z \le z)$
0.5	0.1915
1.0	0.3413
1.5	0.4332
2.0	0.4772
2.5	0.4938
3.0	0.4987

07 $\mathrm{P}(Z \le 2)$

08 $\mathrm{P}(-1.5 \le Z \le 1.5)$

09 $\mathrm{P}(Z \le -0.5)$

10 $\mathrm{P}(Z \ge 2)$

11 $\mathrm{P}(-1.5 \le Z \le 2.5)$

12 $\mathrm{P}(Z \ge -3)$

13 $\mathrm{P}(-2 \le Z \le 3)$

개념 체크

14 다음 빈칸에 알맞은 것을 써넣어라.

(1) $\mathrm{P}(Z \ge 0) = \mathrm{P}(Z \le 0) = [\quad]$

(2) $\mathrm{P}(-a \le Z \le 0) = \mathrm{P}(0 \le Z \le [\quad])$

(3) $\mathrm{P}(a \le Z \le b)$

$= \mathrm{P}(0 \le Z \le b) - \mathrm{P}([\quad] \le Z \le a)$

(4) $\mathrm{P}(Z \ge a) = \mathrm{P}(Z \ge [\quad]) - \mathrm{P}(0 \le Z \le a)$

$= [\quad] - \mathrm{P}(0 \le Z \le a)$

(5) $\mathrm{P}(Z \le a) = \mathrm{P}(Z \le [\quad]) + \mathrm{P}(0 \le Z \le a)$

$= [\quad] + \mathrm{P}(0 \le Z \le a)$

(6) $\mathrm{P}(-a \le Z \le b)$

$= \mathrm{P}([\quad] \le Z \le 0) + \mathrm{P}(0 \le Z \le b)$

$= \mathrm{P}([\quad] \le Z \le a) + \mathrm{P}(0 \le Z \le b)$

(단, $0 < a < b$)

〈 정답과 해설 p. 108~109 〉

24 정규분포의 표준화

(1) 확률변수 X가 정규분포 $\mathrm{N}(m, \sigma^2)$을 따를 때, 확률변수 $Z=\frac{X-m}{\sigma}$은 표준정규분포 $\mathrm{N}(0, 1)$을 따른다.

(2) **표준화**: 정규분포 $\mathrm{N}(m, \sigma^2)$을 따르는 확률변수 X를 표준정규분포 $\mathrm{N}(0, 1)$을 따르는 확률변수 $Z=\frac{X-m}{\sigma}$으로 바꾸는 것을 **표준화**라 한다.

표준화를 하면 평균이 0, 표준편차가 1이 되니까 확률의 계산이 쉬어진다.

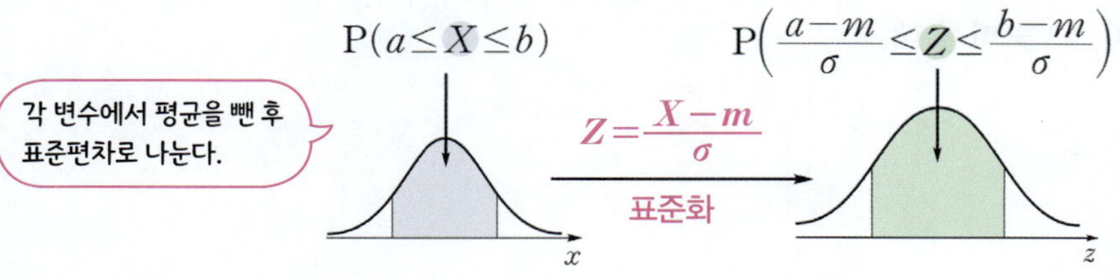

$\mathrm{P}(a\le X\le b)$
$\mathrm{P}\left(\frac{a-m}{\sigma}\le Z\le \frac{b-m}{\sigma}\right)$
각 변수에서 평균을 뺀 후 표준편차로 나눈다.
$Z=\frac{X-m}{\sigma}$
표준화
x
z

유형 42 정규분포의 표준화

[01-06] 확률변수 X가 다음의 정규분포를 따를 때, 표준정규분포 $\mathrm{N}(0, 1)$을 따르는 확률변수 Z로 표준화하는 식을 구하여라.

01 $\mathrm{N}(12, 4)$

해 $\mathrm{N}(12, 4)=\mathrm{N}(12, 2^2)$이므로 $Z=$ ☐

02 $\mathrm{N}(50, 100)$

03 $\mathrm{N}(24, 16)$

04 $\mathrm{N}\left(73, \frac{1}{4}\right)$

05 $\mathrm{N}(3.5, 0.01)$

06 $\mathrm{N}(3, 3)$

[07-10] 다음의 주어진 확률을 표준정규분포 $\mathrm{N}(0, 1)$을 따르는 확률변수 Z로 표준화하여라.

07 확률변수 X가 정규분포 $\mathrm{N}(6, 3^2)$을 따를 때, $\mathrm{P}(3\le X\le 6)$

해 $\mathrm{P}\left(\frac{3-6}{3}\le \frac{X-\square}{3}\le \frac{6-\square}{3}\right)$
$=\mathrm{P}(-1\le Z\le \square)$

08 확률변수 X가 정규분포 $\mathrm{N}(100, 25)$를 따를 때, $\mathrm{P}(80\le X\le 120)$

〈 정답과 해설 p. 109 〉

09 확률변수 X가 정규분포 $\mathrm{N}(50,\ 16)$을 따를 때, $\mathrm{P}(54 \le X \le 62)$

10 확률변수 X가 정규분포 $\mathrm{N}(10,\ 4)$를 따를 때, $\mathrm{P}(3 \le X \le 12)$

유형 43 표준정규분포표를 이용하기

[11-13] 확률변수 X가 정규분포 $\mathrm{N}(150,\ 20^2)$을 따를 때, 오른쪽 표준정규분포표를 이용하여 다음 확률을 구하여라.

z	$\mathrm{P}(0 \le Z \le z)$
1.0	0.3413
2.0	0.4772
3.0	0.4987

11 $\mathrm{P}(X \ge 110)$

12 $\mathrm{P}(X \le 210)$

13 $\mathrm{P}(170 \le X \le 190)$

[14-16] 오른쪽 표준정규분포표를 이용하여 다음 물음에 답하여라.

z	$\mathrm{P}(0 \le Z \le z)$
1.0	0.3413
1.5	0.4332
2.0	0.4772

14 확률변수 X가 정규분포 $\mathrm{N}(30,\ 10^2)$을 따를 때, $\mathrm{P}(30 \le X \le a) = 0.4332$를 만족시키는 상수 a의 값을 구하여라.

15 확률변수 X가 정규분포 $\mathrm{N}(36,\ 4^2)$을 따를 때, $\mathrm{P}(X \le a) = 0.1587$을 만족시키는 상수 a의 값을 구하여라.

해 $\mathrm{P}(X \le a) = 0.1587$에서

$$\mathrm{P}\left(Z \le \frac{a-36}{4}\right) = 0.1587 = 0.5 - \square$$
$$= 0.5 - \mathrm{P}(0 \le Z \le \square)$$
$$= 0.5 - \mathrm{P}(\square \le Z \le 0)$$
$$= \mathrm{P}(Z \le \square)$$

$\frac{a-36}{4} = \square$ $\quad \therefore a = \square$

16 확률변수 X가 정규분포 $\mathrm{N}(50,\ 5^2)$을 따를 때, $\mathrm{P}(45 \le X \le a) = 0.8185$를 만족시키는 상수 a의 값을 구하여라.

개념 체크

17 다음 빈칸에 알맞은 것을 써넣어라.

정규분포 $\mathrm{N}(m,\ \sigma^2)$을 따르는 확률변수 X를 표준정규분포 $\mathrm{N}(0,\ 1)$을 따르는 확률변수 $Z = [\qquad]$으로 바꾸는 것을 [   ]라 한다.

〈 정답과 해설 p. 109~110 〉

25 정규분포의 응용

★ **표준정규분포의 응용 문제 풀이 순서**

(i) 주어진 상황에서 정규분포를 찾는다.

(ii) 확률변수 X를 먼저 정한다.

(iii) 찾으려는 확률변수의 범위를 나타낸다.

(iv) 확률변수 X를 표준화하여 확률을 구한다.

주어진 상황에서 무엇을 확률변수 X로 둘 건지가 가장 중요하다.

DAY 28

유형 44 정규분포의 응용 – 확률 구하기

[01-03] 오른쪽 표준정규분포표를 이용하여 다음 물음에 답하여라.

z	$\mathrm{P}(0\le Z\le z)$
0.5	0.1915
1.0	0.3413
1.5	0.4332
2.0	0.4772

01 어느 과수원에서 수확한 포도 한 송이의 무게는 평균이 300 g이고 표준편차가 25 g인 정규분포를 따른다고 한다. 포도 한 송이를 택할 때, 무게가 350 g 이상일 확률을 구하여라.

해 포도 한 송이의 무게를 확률변수 X라 하면

X는 정규분포 $\mathrm{N}(\square, \square)$을 따른다.

$\mathrm{P}(X\ge 350)=\mathrm{P}\left(Z\ge \square\right)=\mathrm{P}(Z\ge \square)$

$=\square$

02 어느 고등학교 학생의 몸무게가 평균이 72 kg, 표준편차가 5 kg인 정규분포를 따른다고 한다. 학생 한 명을 택할 때, 무게가 79.5 kg 이하일 확률을 구하여라.

03 집에서 학교까지의 통학 시간을 X분이라 하면 확률변수 X는 정규분포 $\mathrm{N}(30, 5^2)$을 따른다. 수업 시작 20분 전에 집에서 출발할 때, 지각할 확률을 구하여라.

유형 45 정규분포의 응용 – 미지수의 값 구하기

[04-06] 어느 고등학교 학생 1000명의 키의 분포는 평균이 170 cm이고 표준편차가 5 cm인 정규분포를 따른다고 한다. 오른쪽 표준정규분포표를 이용하여 다음 물음에 답하여라.

z	$\mathrm{P}(0\le Z\le z)$
0.25	0.1
0.52	0.2
0.84	0.3
1.28	0.4

04 키가 172.6 cm 이상 176.4 cm 이하인 학생의 수를 구하여라.

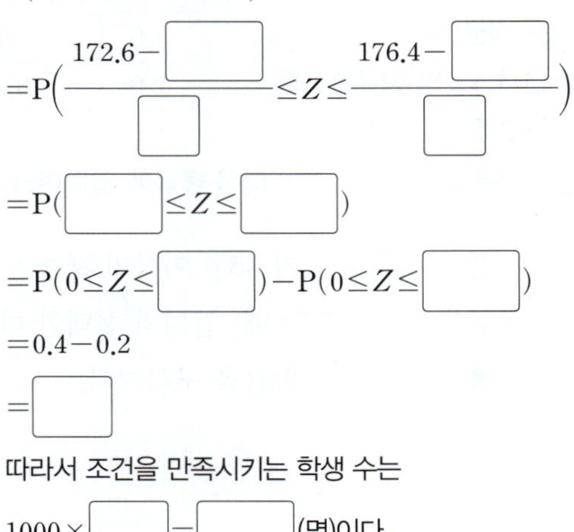

해 학생들의 키를 확률변수 X라 하면 X는 정규분포 $\mathrm{N}(170, 5^2)$을 따르므로 한 명을 뽑았을 때, 키가 172.6 cm 이상 176.4 cm 이하인 학생일 확률은

$\mathrm{P}(172.6\le X\le 176.4)$

$=\mathrm{P}\left(\dfrac{172.6-\square}{\square}\le Z\le \dfrac{176.4-\square}{\square}\right)$

$=\mathrm{P}(\square\le Z\le \square)$

$=\mathrm{P}(0\le Z\le \square)-\mathrm{P}(0\le Z\le \square)$

$=0.4-0.2$

$=\square$

따라서 조건을 만족시키는 학생 수는

$1000\times\square=\square$(명)이다.

〈정답과 해설 p. 110〉

05 키가 큰 학생부터 200번째인 학생의 키를 구하여라.

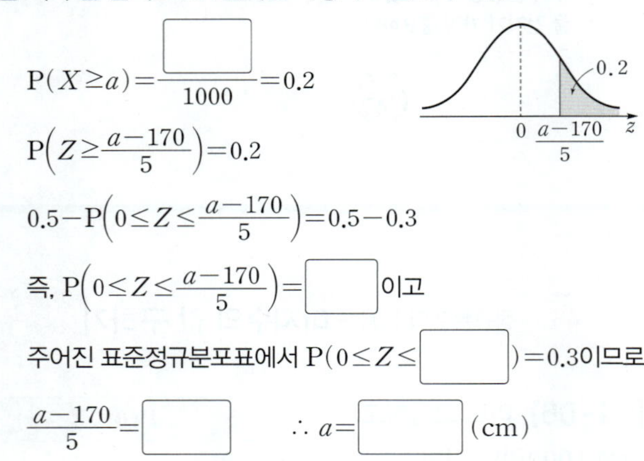

해 키가 큰 순서로 200번째인 학생의 키를 a라 하면

$\mathrm{P}(X \geq a)=\frac{\square}{1000}=0.2$

$\mathrm{P}\left(Z \geq \frac{a-170}{5}\right)=0.2$

$0.5-\mathrm{P}\left(0 \leq Z \leq \frac{a-170}{5}\right)=0.5-0.3$

즉, $\mathrm{P}\left(0 \leq Z \leq \frac{a-170}{5}\right)=\square$ 이고

주어진 표준정규분포표에서 $\mathrm{P}(0 \leq Z \leq \square)=0.3$이므로

$\frac{a-170}{5}=\square \qquad \therefore a=\square\ (\mathrm{cm})$

06 키가 큰 학생부터 100번째인 학생의 키를 구하여라.

> 최솟값을 a로 놓고 표준정규분포표를 이용하여 $\mathrm{P}(X \geq a)=\frac{k}{100}$를 만족시키는 a의 값을 구한다.

유형 46 정규분포의 응용 – 불량품 개수 구하기

[07-08] 어느 공장에서 생산되는 제품 4000개의 무게는 평균 30 g, 표준편차 5 g인 정규분포를 따른다고 한다. 오른쪽 표준정규분포표를 이용하여 다음 물음에 답하여라.

z	$\mathrm{P}(0 \leq Z \leq z)$
1.0	0.3413
1.5	0.4332
2.0	0.4772

07 제품 하나의 무게가 35 g 이상인 제품을 불량품으로 판정할 때, 임의의 선택한 하나의 제품이 불량품일 확률을 구하여라.

08 제품 하나의 무게가 35 g 이상인 제품을 불량품으로 판정할 때, 제품 4000개에 포함된 불량품의 개수를 구하여라.

(단, 소수점 아래 첫째 자리에서 반올림한다.)

유형 47 정규분포의 응용 – 최저 점수 구하기

[09-12] 55명을 뽑는 어느 회사 입사 시험에 응시한 1000명의 성적이 평균 180점, 표준편차 10점인 정규분포를 따른다고 한다. 다음 물음에 답하여라.

(단, $\mathrm{P}(0 \leq Z \leq 1.6)=0.445$)

09 시험 성적을 확률변수 X라 하면 X가 따르는 확률분포를 $\mathrm{N}(m, \sigma^2)$ 꼴로 나타내어라.

10 이 시험에 합격하기 위한 점수의 최솟값을 a라 할 때, $\mathrm{P}(X \geq a)$의 값을 구하여라. (단, a는 상수)

해 이 시험에서 합격하기 위한 점수의 최솟값을 a라 하면

$\mathrm{P}(X \geq a)=\frac{\square}{1000}=\square$

11 $\mathrm{P}(X \geq a)$를 표준화하여라.

12 합격하기 위한 점수의 최솟값 a를 구하여라.

(단, a는 상수)

개념 체크

13 알맞은 것에 ○표 하여라.

• 표준정규분포의 응용 문제 풀이 순서

(i) 주어진 상황에서 (이항분포 , 정규분포)를 찾는다.

(ii) (확률변수 , 미지수) X를 먼저 정한다.

(iii) 찾으려는 확률변수의 범위를 나타낸다.

(iv) 확률변수 X를 (일반화 , 표준화)하여 확률을 구한다.

〈 정답과 해설 p. 111 〉

26 이항분포와 정규분포의 관계

(1) 확률변수 X가 이항분포 $\mathrm{B}(n, p)$를 따를 때, n이 충분히 크면 X는 근사적으로 정규분포 $\mathrm{N}(np, npq)$를 따른다. (단, $q=1-p$)
(시행 횟수: n, 확률: p / 평균: np, 분산: npq)

> n이 충분히 크다는 것은 일반적으로 $np\geq5$, $nq\geq5$일 때이다.

(2) 한 개의 주사위를 n번 던져서 1의 눈이 나오는 횟수를 확률변수 X라 하면 X는 이항분포 $\mathrm{B}\left(n, \frac{1}{6}\right)$을 따른다.

$n=10$, 30, 50일 때의 이항분포 $\mathrm{B}\left(n, \frac{1}{6}\right)$의 그래프는 오른쪽 그림과 같이 n이 커지면 정규분포의 그래프에 가까워짐을 알 수 있다.

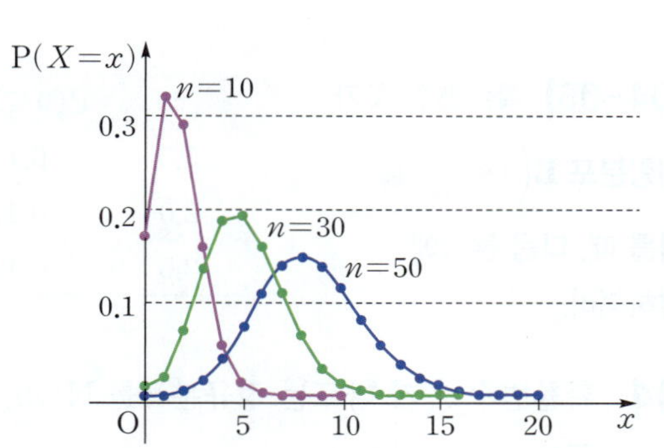

예 확률변수 X가 이항분포 $\mathrm{B}\left(100, \frac{1}{5}\right)$을 따를 때,

$\mathrm{E}(X)=100\times\frac{1}{5}=20$, $\mathrm{V}(X)=100\times\frac{1}{5}\times\frac{4}{5}=16$

이때, 100은 충분히 큰 수이므로 확률변수 X는 근사적으로 정규분포 $\mathrm{N}(20, 4^2)$을 따른다.

따라서 $Z=\frac{X-20}{4}$으로 놓으면 확률변수 Z는 표준정규분포 $\mathrm{N}(0, 1)$을 따른다.

유형 48 이항분포와 정규분포의 관계

01 이항분포 $\mathrm{B}\left(400, \frac{1}{4}\right)$을 따르는 확률변수 X에 대하여 다음 □ 안에 알맞은 수를 써넣어라.

확률변수 X에 대하여
$\mathrm{E}(X)=$□, $\mathrm{V}(X)=$□
이므로 X는 정규분포 N(□, □)를 따른다.
따라서 $\mathrm{P}(X\geq175)$를 표준화하면
□이다.

> 이항분포 $\mathrm{B}(n, p)$
> ↓ n이 충분히 크면
> 정규분포 $\mathrm{N}(np, npq)$
> ↓ 표준화 $Z=\frac{X-m}{\sigma}$ 하면
> 표준정규분포 $\mathrm{N}(0, 1)$

[02-03] 표준정규분포표를 이용하여 다음 물음에 답하여라.

z	$\mathrm{P}(0\leq Z\leq z)$
1.5	0.4332
2.0	0.4772
2.5	0.4938
3.0	0.4987

02 한 개의 주사위를 720번 던질 때, 6의 눈이 나오는 횟수가 90회 이상 140회 이하일 확률을 구하여라.

해 주사위를 던지는 시행은 독립시행이고, 한 번의 시행에서 6의 눈이 나올 확률은 $\frac{1}{6}$이므로 6의 눈이 나오는 횟수를 X라 하면
X는 이항분포 □$\left(720, \frac{1}{6}\right)$을 따른다.
즉, X는 정규분포
$\mathrm{N}\left(720\times\frac{1}{6}, 720\times\frac{1}{6}\times\square\right)=\mathrm{N}(\square, \square)$을
따른다.
따라서 구하는 확률은
$\mathrm{P}(90\leq X\leq140)$
$=\mathrm{P}\left(\frac{90-120}{10}\leq Z\leq\square\right)$
$=\mathrm{P}(-3\leq Z\leq2)$
$=\mathrm{P}(0\leq Z\leq3)+\mathrm{P}(0\leq Z\leq\square)$
$=0.4987+\square=\square$

〈정답과 해설 p. 111〉

03 한 개의 주사위를 400번 던질 때, 짝수의 눈이 나오는 횟수가 185회 이하일 확률을 구하여라.

[04-06] 확률변수 X가 이항분포 $B\left(18, \frac{2}{3}\right)$를 따르를 때, 다음 물음에 답하여라.

z	$P(0\leq Z\leq z)$
1.5	0.4332
2.0	0.4772
2.5	0.4938

04 확률변수 X가 따르는 정규분포를 $N(m, \sigma^2)$ 꼴로 나타내어라.

05 $P(16\leq X\leq 17)$

06 $P(X\leq 15)$

유형 49 이항분포와 정규분포의 관계의 활용

[07-09] 어느 학교 학생들을 대상으로 선호하는 체험학습 장소를 조사하였더니 학생들의 40 %는 놀이동산을 골랐다. 이 학교 학생 150명을 임의로 골라 선호하는 체험학습 장소를 조사하였을 때, 다음 물음에 답하여라.

z	$P(0\leq Z\leq z)$
0.5	0.1915
1.0	0.3413
1.5	0.4332

07 놀이동산을 선호하는 학생의 수가 63명 이상일 확률을 구하여라.

08 놀이동산을 선호하는 학생의 수가 60명 이상 66명 이하일 확률을 구하여라.

09 놀이동산을 선호하는 학생의 수가 51명 이하일 확률을 구하여라.

[10-11] 표준정규분포표를 이용하여 다음 물음에 답하여라.

z	$P(0\leq Z\leq z)$
0.5	0.1915
1.0	0.3413
1.5	0.4332

10 어느 도시에 살고 있는 직장인 중에서 60 %는 대중교통을 이용한다. 이 도시에서 직장인 600명을 임의로 선택하여 이용하는 교통 수단을 조사하였을 때, 대중교통을 이용하는 사람의 수가 342명 이상일 확률을 구하여라.

11 어떤 병을 말기에 발견하면 치료하여 완전히 낫게 될 확률이 0.2라고 한다. 이 병을 말기에 발견한 100명의 환자들이 치료받을 때 16명 이상 24명 이하로 완전히 낫게 될 확률을 구하여라.

개념 체크

12 다음 빈칸에 알맞은 것을 써넣어라.

확률변수 X가 이항분포 $B(n, p)$를 따를 때, n이 충분히 크면 X는 근사적으로 정규분포 N([　　], [　　])를 따른다. (단, $q=1-p$)

〈 정답과 해설 p. 112 〉

27 표준화하여 확률 비교하기

두 확률변수 X, Y가 각각 정규분포 $\mathrm{N}(m_X,\ \sigma_X{}^2)$, $\mathrm{N}(m_Y,\ \sigma_Y{}^2)$을 따를 때,

$$Z_X=\frac{X-m_X}{\sigma_X},\quad Z_Y=\frac{Y-m_Y}{\sigma_Y}$$

로 X, Y를 각각 표준화하여 확률을 비교한다.

예 두 확률변수 X, Y가 각각 정규분포 $\mathrm{N}(80,\ 5^2)$, $\mathrm{N}(81,\ 4^2)$을 따른다고 하자.

X, Y를 각각 표준화하면 $Z_X=\frac{X-80}{5}$, $Z_Y=\frac{Y-81}{4}$이므로

표준정규분포표를 이용하여 확률을 비교할 수 있다.

m_X, σ_X는 기호가 복잡해 보이지만 확률변수 X에 대한 평균과 표준편차임을 나타낸다.

DAY 28

유형 50 표준화하여 확률 비교하기

[01-04] 상현이네 반 전체 학생의 국어, 영어, 수학 성적의 평균, 표준편차와 상현이의 성적은 다음 표와 같다. 각 과목의 성적은 정규분포를 따른다고 할 때, 다음 물음에 답하여라.

구분 \ 과목	국어	영어	수학
평균	75	55	55
표준편차	5	10	7
상현이의 성적	82	80	76

01 상현이의 국어 성적을 확률변수 X_A라 하고 성적을 표준화하여라.

해 확률변수 X_A는 정규분포 $\mathrm{N}(75,\ 5^2)$을 따르므로

$Z_A=\frac{\square}{5}$로 놓자.

$\mathrm{P}(X_A\geq 82)=\mathrm{P}\left(Z_A\geq\frac{\square}{5}\right)=\mathrm{P}(Z_A\geq\square)$

02 상현이의 영어 성적을 확률변수 X_B라 하고 성적을 표준화하여라.

해 확률변수 X_B는 정규분포 □을 따르므로

$Z_B=\square$로 놓자.

$\mathrm{P}(X_B\geq 80)=\mathrm{P}\left(Z_B\geq\frac{\square}{10}\right)=\mathrm{P}(Z_B\geq\square)$

03 상현이의 수학 성적을 확률변수 X_C라 하고 성적을 표준화하여라.

해 확률변수 X_C는 정규분포 □을 따르므로

$Z_C=\square$로 놓자.

$\mathrm{P}(X_C\geq 76)=\mathrm{P}\left(Z_C\geq\frac{\square}{7}\right)=\mathrm{P}(Z_C\geq\square)$

04 상현이의 성적과 반 전체의 성적을 비교할 때, 세 과목 중 상현이가 상대적으로 성적이 가장 좋은 과목을 구하여라.

해 정규분포곡선을 그리면 오른쪽 그림과 같다. 상대적으로 성적이 좋으려면 상위권에 속해야 하고, 이는 표준정규분포곡선과 각각의 직선 $z=1.4$, $z=2.5$, $z=3$으로 둘러싸인 넓이가 가장 (커야 , 작아야) 한다.

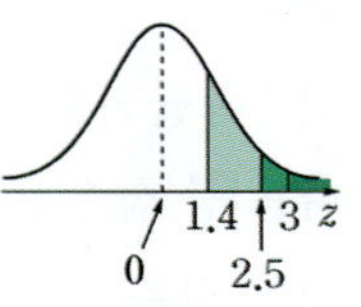

따라서 넓이가 가장 (큰 , 작은) 확률을 갖는 과목은 □ 이므로 상대적으로 성적이 가장 좋은 과목은 □이다.

개념 체크

05 다음 빈칸에 알맞은 것을 써넣어라.

두 확률변수 X, Y가 각각 정규분포 $\mathrm{N}(m_X,\ \sigma_X{}^2)$, $\mathrm{N}(m_Y,\ \sigma_Y{}^2)$을 따를 때,

$Z_X=[\qquad]$, $Z_Y=[\qquad]$

로 X, Y를 각각 표준화하여 확률을 비교한다.

〈정답과 해설 p. 112~113〉

학교 시험 기본 문제 **단원 마무리 평가**

16 확률밀도함수 ~ **27** 표준화하여 확률 비교하기

01

다음 중 연속확률변수가 아닌 것은?

① 마을 주민들의 하루 물 소비량
② 대학생들의 스마트폰 하루 사용 시간
③ 자동차가 도로를 지나가는 시간 간격
④ 한 마을의 가구당 자녀 수
⑤ 비 오는 날의 강수량

02

구간 $[0, 3]$에서 정의된 연속확률변수 X의 확률밀도함수 $f(x)$가 $f(x)=k$이다. 상수 k의 값을 구하여라.

03

연속확률변수 X의 확률밀도함수 $f(x)$가
$f(x)=2k(x-1)\,(2\le x\le 4)$일 때, 상수 k의 값은?

① $\frac{1}{16}$ ② $\frac{1}{8}$ ③ $\frac{3}{16}$ ④ $\frac{1}{4}$ ⑤ $\frac{5}{16}$

04

연속확률변수 X의 확률밀도함수를 $f(x)$라 할 때, 다음 중 함수 $y=f(x)\,(-1\le x\le 1)$의 그래프가 될 수 있는 것은?

①
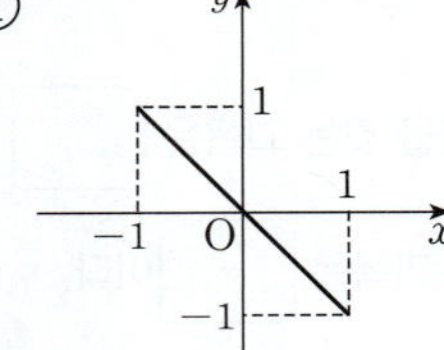

②
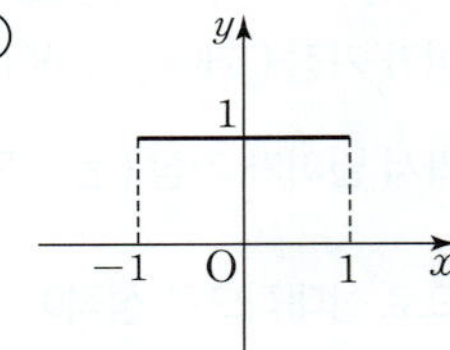

③
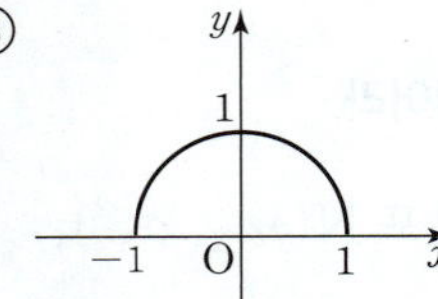

④
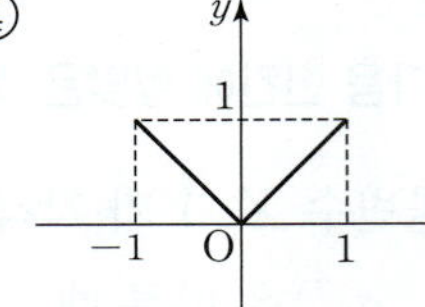

⑤
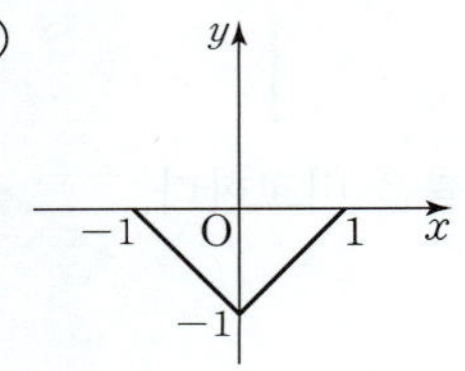

05

연속확률변수 X의 확률밀도함수 $y=f(x)$의 그래프가 오른쪽 그림과 같을 때, $\mathrm{P}(1\le X\le 3)$은?

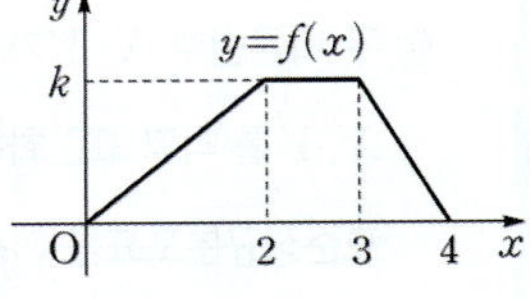

① $\frac{3}{10}$ ② $\frac{2}{5}$ ③ $\frac{1}{2}$ ④ $\frac{3}{5}$ ⑤ $\frac{7}{10}$

06 조건 확인!

연속확률변수 X의 확률밀도함수 $f(x)$가

$$f(x)=1-\frac{x}{4}\ (1\le x\le 3)$$

일 때, $\mathrm{P}(X\ge k)=\frac{5}{9}$를 만족시키는 상수 k의 값은?

① $\frac{4}{3}$ ② $\frac{3}{2}$ ③ $\frac{5}{3}$ ④ $\frac{11}{6}$ ⑤ 2

07

연속확률변수 X의 확률밀도함수 $f(x)$가

$$f(x)=\begin{cases} x & (0\le x\le 1) \\ 2-x & (1\le x\le 2) \\ 0 & (x<0 \text{ 또는 } x>2) \end{cases}$$

일 때, $\mathrm{P}\left(\frac{1}{2}\le X\le \frac{3}{2}\right)$의 값은?

① $\frac{1}{5}$ ② $\frac{1}{4}$ ③ $\frac{1}{2}$ ④ $\frac{3}{5}$ ⑤ $\frac{3}{4}$

08

확률변수 X가 정규분포 $\mathrm{N}(m, 4)$를 따를 때,

$$\mathrm{P}(X\ge -3)=\mathrm{P}(X\le 9)$$

를 만족시키는 상수 m의 값은?

① $\frac{5}{2}$ ② 3 ③ $\frac{7}{2}$ ④ 4 ⑤ $\frac{9}{2}$

09

두 학교 A, B를 다니는 학생들의 하루 평균 공부 시간은 각각 정규분포를 따른다고 한다.

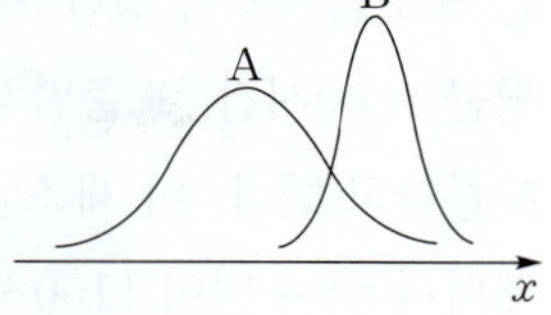

두 정규분포곡선은 오른쪽 그림과 같고, 두 학교 A, B를 다니는 학생들의 하루 평균 공부 시간의 평균을 각각 m_1, m_2, 표준편차를 각각 σ_1, σ_2라 할 때, 다음 중 옳은 것은?

① $m_1<m_2$, $\sigma_1>\sigma_2$　② $m_1<m_2$, $\sigma_1<\sigma_2$
③ $m_1>m_2$, $\sigma_1>\sigma_2$　④ $m_1>m_2$, $\sigma_1<\sigma_2$
⑤ $m_1=m_2$, $\sigma_1=\sigma_2$

10

확률변수 X가 정규분포 $\mathrm{N}(64,\ 4^2)$을 따를 때, $\mathrm{P}(a-3\le X\le a+1)$의 값이 최대가 되도록 하는 상수 a의 값을 구하여라.

11

확률변수 X가 정규분포 $\mathrm{N}(30,\ 3^2)$을 따를 때, $\mathrm{P}(36\le X\le 39)$의 값을 오른쪽 표를 이용하여 구하여라.

x	$\mathrm{P}(m\le X\le x)$
$m+\sigma$	0.3413
$m+2\sigma$	0.4772
$m+3\sigma$	0.4987

12

확률변수 X가 정규분포 $\mathrm{N}(m,\ \sigma^2)$을 따른다. $\mathrm{V}(X)=4$이고, $\mathrm{P}(X\le 40)=\mathrm{P}(X\ge 60)$일 때, $\mathrm{P}(46\le X\le 52)$의 값을 오른쪽 표를 이용하여 구여라.

x	$\mathrm{P}(m\le X\le x)$
$m+\sigma$	0.3413
$m+2\sigma$	0.4772
$m+3\sigma$	0.4987

13

확률변수 X가 정규분포 $\mathrm{N}(m,\ \sigma^2)$을 따를 때, $\mathrm{P}(X\ge m+1.2\sigma)=0.1151$이다. X의 평균이 60, 표준편차가 5일 때, $\mathrm{P}(X\ge a)=0.8849$를 만족시키는 상수 a의 값은?

① 52　② 53　③ 54　④ 55　⑤ 56

DAY 29

14

다음 □ 안에 알맞은 수를 모두 더하면?

> 확률변수 X가 정규분포 $\mathrm{N}(18,\ 4^2)$을 따를 때,
> 확률변수 $Z=\dfrac{X-18}{4}$은 표준정규분포 N(□, □)을 따르므로 $\mathrm{P}(10\le X\le 22)=\mathrm{P}(\square\le Z\le 1)$이다.

① -2　② -1　③ 0　④ 1　⑤ 2

15

두 확률변수 X, Y가 각각 정규분포 $\mathrm{N}(20,\ 2^2)$, $\mathrm{N}(40,\ 4^2)$을 따르고 $\mathrm{P}(30\le X\le 34)=\mathrm{P}(60\le Y\le k)$일 때, 상수 k의 값은?

① 62　② 64　③ 66　④ 68　⑤ 70

16 조건 확인!

확률변수 k가 표준정규분포 $\mathrm{N}(0,\ 1)$을 따를 때, 확률변수 k가 이차방정식 $x^2+kx+1=0$이 실근을 가질 확률은? (단, 확률변수 X가 $\mathrm{N}(m,\ \sigma^2)$을 따를 때, $\mathrm{P}(|X-m|\le\sigma)=0.683$, $\mathrm{P}(|X-m|\le 2\sigma)=0.954$)

① 0.023　② 0.046　③ 0.092
④ 0.317　⑤ 0.634

〈 정답과 해설 p. 113~115 〉

17

확률변수 X가 정규분포 $N(18, 3^2)$을 따를 때, 다음 중 가장 작은 값은? (단, $P(-1 \le Z \le 1) > 0.5$)

① $P(12 \le X \le 18)$　② $P(15 \le X \le 21)$
③ $P(18 \le X \le 21)$　④ $P(X \le 15)$
⑤ $P(X \ge 18)$

18

정규분포 $N(50, 10^2)$을 따르는 확률변수 X에 대하여 확률변수 Y가 $Y=2X-1$일 때, $P(Y \le 89)$의 값을 오른쪽 표준정규분포표를 이용하여 구하여라.

z	$P(0 \le Z \le z)$
0.5	0.1915
1.0	0.3413
2.0	0.4772

19

확률변수 X가 정규분포 $N(80, 6^2)$을 따를 때, $P(74 \le X \le a) = 0.8185$를 만족시키는 실수 a의 값을 오른쪽 표준정규분포표를 이용하여 구하여라.

z	$P(0 \le Z \le z)$
1.0	0.3413
2.0	0.4772
3.0	0.4987

20

어느 마라톤 대회의 참가자들이 20 km 지점을 통과하는 데 걸린 시간은 평균이 150분, 표준편차가 4분인 정규분포를 따른다고 한다.
오른쪽 표준정규분포표를 이용하여 이 대회에서 임의로 선택한 참가자의 기록이 154분 이하일 확률을 구하여라.

z	$P(0 \le Z \le z)$
0.5	0.1915
1.0	0.3413
2.0	0.4772

21

한 제조업체에서 생산하는 리튬이온 배터리의 수명은 평균 1000시간, 표준편차 50시간인 정규분포를 따른다고 한다. 이 제조업체에서 생산한 10000개의 배터리 중 수명이 1150시간 이상인 배터리의 개수는?
(단, $P(|Z| \le 3) = 0.9974$)

① 10　② 13　③ 20　④ 23　⑤ 25

22

어느 도시의 성인 남성 500명의 체중은 평균 70 kg, 표준편차 5 kg인 정규분포를 따른다고 한다. 이 도시에 체중이 75 kg 이상인 성인 남성은 몇 명인가?
(단, $P(|Z| \le 1) = 0.68$)

① 80명　② 85명　③ 90명　④ 95명　⑤ 100명

23

어떤 대학에서 1000명의 학생을 대상으로 성적 우수 장학생 250명을 선발하려고 한다. 이 학생들의 성적은 평균이 85점, 표준편차가 5점일 때, 장학금을 받기 위한 최저 점수를 오른쪽 표준정규분포표를 이용하여 구한 것은?

z	$P(0 \le Z \le z)$
0.5	0.19
0.6	0.22
0.7	0.25
0.8	0.28

① 88점　② 88.5점　③ 89점
④ 89.5점　⑤ 90점

24

2000명이 참가한 국제 피아노 콩쿠르에서 연주 점수는 평균이 74점, 표준편차가 10점인 정규분포를 따른다고 한다. 이 대회에서 상위 20위 안에 들기 위해서는 몇 점 이상 받아야 하는가? (단, $P(0 \le Z \le 1.96) = 0.475$, $P(0 \le Z \le 2.33) = 0.490$)

① 95.3점　② 95.8점　③ 96.3점
④ 96.8점　⑤ 97.3점

25 조건 확인!

학생 500명에 대하여 1분 동안 한 윗몸일으키기 횟수를 측정한 결과 평균 45회, 표준편차 4회인 정규분포를 따른다고 한다. 이때, 300등을 한 학생의 윗몸일으키기 횟수를 오른쪽 표준정규분포표를 이용하여 구한 것은?

z	$\mathrm{P}(0 \le Z \le z)$
0.25	0.1
0.52	0.2
1.28	0.4

① 40 ② 41 ③ 42 ④ 43 ⑤ 44

26

이항분포 $\mathrm{B}\left(320, \frac{1}{4}\right)$을 따르는 확률변수 X가 근사적으로 정규분포 $\mathrm{N}(m, \sigma^2)$을 따른다. 두 상수 m, σ에 대하여 $m+\sigma^2$의 값은? (단, $\sigma>0$)

① 60 ② 70 ③ 120 ④ 130 ⑤ 140

27

확률변수 X가 이항분포 $\mathrm{B}\left(450, \frac{1}{3}\right)$을 따를 때, $\mathrm{P}(140 \le X \le 170)$의 값은?

(단, $\mathrm{P}(0 \le Z \le 1)=0.3413$, $\mathrm{P}(0 \le Z \le 2)=0.4772$)

① 0.3413 ② 0.4772 ③ 0.6826
④ 0.8185 ⑤ 0.8413

28

확률변수 X에 대하여

$$\mathrm{P}(X=x)={}_{100}\mathrm{C}_x\left(\frac{1}{5}\right)^x\left(\frac{4}{5}\right)^{100-x}$$

$(x=0, 1, 2, \cdots, 100)$

일 때, $\mathrm{P}(16 \le X \le 24)$의 값은?

(단, $\mathrm{P}(0 \le Z \le 1)=0.3413$)

① 0.3413 ② 0.4772 ③ 0.6826
④ 0.8185 ⑤ 0.8413

29

한 개의 주사위를 180회 던질 때, 1의 눈이 40회 이상 나올 확률을 오른쪽 표준정규분포표를 이용하여 구한 것은?

z	$\mathrm{P}(0 \le Z \le z)$
0.5	0.1915
1.0	0.3413
2.0	0.4772

① 0.0228 ② 0.0668
③ 0.1587 ④ 0.3413
⑤ 0.4772

DAY 29

30

빨간 공과 파란 공이 동일하게 50개씩 들어 있는 상자에서 공을 하나 뽑아 색을 기록한 뒤 다시 넣는 과정을 100번 반복한다. 빨간 공이 나온 횟수를 X라 할 때, $\mathrm{P}(X \le 45)$를 오른쪽 표준정규분포표를 이용하여 구한 것은?

z	$\mathrm{P}(0 \le Z \le z)$
1.0	0.3413
2.0	0.4772
3.0	0.4987

① 0.0013 ② 0.0228 ③ 0.1587
④ 0.3413 ⑤ 0.4772

31

확률변수 X가 이항분포 $\mathrm{B}\left(648, \frac{8}{9}\right)$을 따를 때, $\mathrm{P}(X \le k)=0.8$을 만족시키는 상수 k의 값을 오른쪽 표준정규분포표를 이용하여 구한 것은?

z	$\mathrm{P}(0 \le Z \le z)$
0.52	0.2
0.84	0.3
1.28	0.4

① 582.36 ② 582.72 ③ 594.36
④ 594.72 ⑤ 606.36

32

어떤 제과점에서 만드는 크림빵 가운데 10 %가 중량 미달이라고 한다. 이 제과점에서 크림빵 400개의 무게를 조사했을 때, 중량 미달인 빵이 k개 이상일 확률이 0.9772이다. 오른쪽 표준정규분포표를 이용하여 실수 k의 값을 구한 것은?

z	$\mathrm{P}(0 \le Z \le z)$
0.5	0.1915
1.0	0.3413
2.0	0.4772

① 25 ② 26 ③ 27 ④ 28 ⑤ 29

〈 정답과 해설 p. 115~117 〉

28 모집단과 표본

모집단과 전수조사

① **모집단** : 통계 조사에서 조사의 대상이 되는 집단 전체

② **전수조사** : 모집단 전체를 조사하는 것

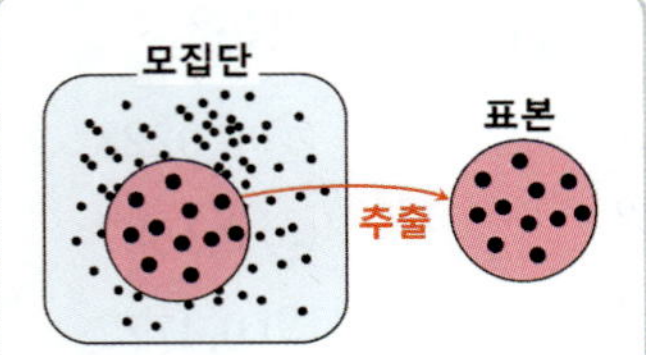

표본과 표본조사

① **표본** : 모집단에서 뽑은 일부분

② **표본조사** : 표본을 조사하는 것

③ **표본의 크기** : 표본에 포함된 대상의 개수

④ **추출** : 모집단에서 표본을 뽑는 것

유형 51 모집단과 표본

[01-03] 다음에서 모집단과 표본의 크기를 구하여라.

01 어느 여론 조사 기관에서 투표권을 가진 사람들을 대상으로 지지하는 후보자를 알아보기 위하여 1500명을 뽑아 조사하였다.

모집단 : (　　　　)

표본의 크기 : (　　　　)

02 어느 공장에서 생산하는 전구의 평균 수명을 알아보기 위하여 이 공장에서 임의추출한 100개의 전구를 뽑아 조사하였다.

모집단 : (　　　　)

표본의 크기 : (　　　　)

03 우리나라 방송사의 저녁 뉴스의 시청률을 알아보기 위하여 전국의 가구에서 2000세대를 뽑아 조사하였다.

모집단 : (　　　　)

표본의 크기 : (　　　　)

[04-07] 다음 조사 대상에 대해 전수조사와 표본조사 중 적합한 방법을 선택하여 써넣어라.

04 어느 도시의 미세먼지 농도 조사 (　　　　)

05 어느 고등학교 학생들의 시력 검사 (　　　　)

06 어느 회사에서 생산한 유심칩 불량 검사 (　　　　)

07 어느 아파트 단지의 각 가구의 일년 평균 전력 소비량 조사 (　　　　)

[08-09] 〈보기〉의 조사 대상에 대해 적합한 조사 방법에 해당되는 것을 있는 대로 골라라.

〈보기〉

ㄱ. 국내에서 생산되는 전기 자동차 배터리의 수명

ㄴ. 어느 학급의 중간고사 수학 성적

ㄷ. 전국에 등록된 자동차 대수 조사

ㄹ. 어느 지역에서 생산되는 사과의 당도

08 표본조사

09 전수조사

개념 체크

10 **다음 빈칸에 알맞은 것을 써넣어라.**

(1) 모집단과 전수조사

① [　　　　] : 통계 조사에서 조사의 대상이 되는 집단 전체

② [　　　　] : 모집단 전체를 조사하는 것

(2) 표본과 표본조사

① 표본 : 모집단에서 뽑은 일부분

② [　　　　] : 표본을 조사하는 것

③ [　　　　] : 표본에 포함된 대상의 개수

④ 추출 : [　　　　]에서 표본을 뽑는 것

〈 정답과 해설 p. 118 〉

29 임의추출

★ **임의추출** : 모집단에 속하는 각 대상이 같은 확률로 추출되도록 표본을 추출하는 방법
(추출: 모집단에서 표본을 뽑는 것)

(1) **복원추출** : 한 개의 자료를 추출한 후 **되돌려 놓고** 다시 추출하는 방법

(2) **비복원추출** : 한 개의 자료를 추출한 후 **되돌려 놓지 않고** 다시 추출하는 방법

특별한 언급이 없으면 임의추출은 복원추출로 생각한다.

유형 52 복원추출과 비복원추출

[01-03] 1, 2, 3, 4의 숫자가 각각 하나씩 적힌 4개의 공이 들어 있는 상자에서 크기가 2인 표본을 임의추출할 때, 그 경우의 수를 구하여라.

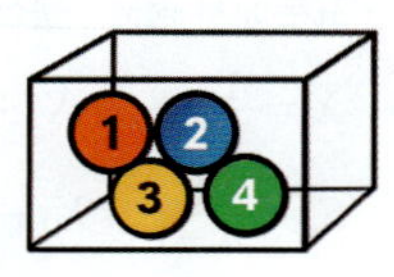

01 복원추출로 공을 하나씩 뽑는 경우의 수

해 크기가 2인 표본을 임의추출하려면 2번의 시행을 해야 한다.

step 1 1번째 시행 : 경우의 수는 4

step 2 뽑은 공을 다시 상자에 (넣는 , 넣지 않는) (복원추출 , 비복원추출)을 한다.

step 3 2번째 시행 : 경우의 수는 ☐

따라서 경우의 수는 4×☐

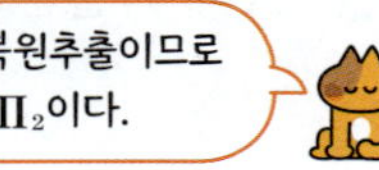
복원추출이므로
${}_4\Pi_2$이다.

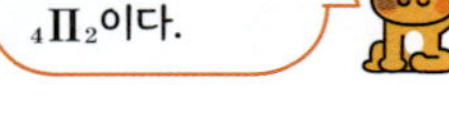

02 비복원추출로 공을 하나씩 뽑는 경우의 수

해 step 1 1번째 시행 : 경우의 수는 4

step 2 뽑은 공을 다시 상자에 (넣는 , 넣지 않는) (복원추출 , 비복원추출)을 한다.

step 3 2번째 시행 : 경우의 수는 ☐

따라서 경우의 수는 4×☐

비복원추출이므로
${}_4P_2$이다.

03 공을 동시에 뽑는 경우의 수

해 동시에 뽑으면 뽑는 순서가 영향을 끼치지 않는다는 의미이다.

따라서 (순열 , 조합)을 이용하여 경우의 수를 구하면 (${}_4P_2$, ${}_4C_2$)이다.

[04-06] 1, 2, 3, 4, 5, 6의 숫자가 각각 하나씩 적힌 6장의 카드가 들어 있는 상자에서 크기가 3인 표본을 임의추출할 때, 그 경우의 수를 구하여라.

04 복원추출로 카드를 한 장씩 뽑는 경우의 수

05 비복원추출로 카드를 한 장씩 뽑는 경우의 수

06 비복원추출로 카드를 동시에 뽑는 경우의 수

동시에 뽑으면 뽑는 순서가 영향을 끼치지 않는다는 의미이다.

개념 체크

07 다음 빈칸에 알맞은 것을 선택하거나 써넣어라.

• 임의추출 : 모집단에 속하는 각 대상이 (같은 , 다른) 확률로 추출되도록 표본을 추출하는 방법

(1) [   ] : 한 개의 자료를 추출한 후 되돌려 놓고 다시 추출하는 방법

(2) [   ] : 한 개의 자료를 추출한 후 되돌려 놓지 않고 다시 추출하는 방법

〈정답과 해설 p. 118〉

30 모평균과 표본평균

모집단의 특성을 나타내는 확률변수 X의 평균, 분산, 표준편차

모집단에서 조사하고자 하는 특성을 나타내는 확률변수를 X라 할 때, X의 평균, 분산, 표준편차를 각각 **모평균**, **모분산**, **모표준편차**라 한다.

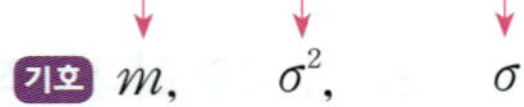

기호 m, σ^2, σ

모집단에서 크기가 n인 표본을 임의추출할 때, 이들의 평균, 분산, 표준편차

모집단에서 크기가 n인 표본 X_1, X_2, X_3, $\cdots$, X_n을 임의추출할 때, 이들의 평균, 분산, 표준편차를 각각 **표본평균**, **표본분산**, **표본표준편차**라 한다.

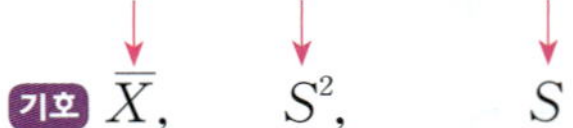

기호 $\overline{X}$, S^2, S

• 표본에서 평균 · 분산 구하기

$\overline{X}=\frac{1}{n}(X_1+X_2+X_3+\cdots+X_n)$ ← $\frac{\text{(표본의 합)}}{\text{(표본의 크기)}}$

$S^2=\frac{1}{n-1}\{(X_1-\overline{X})^2+(X_2-\overline{X})^2+\cdots+(X_n-\overline{X})^2\}$ ← $\frac{\text{(표본}-\text{표본평균)}^2\text{의 합}}{\text{(표본의 크기)}-1}$

$S=\sqrt{S^2}$ ← $\sqrt{\text{(표본분산)}}$

유형 53 모평균과 표본평균

[01-03] 모집단 $\{2, 4, 6\}$에서 크기가 2인 표본을 복원추출할 때, 두 숫자의 평균을 표본평균 $\overline{X}$라 한다. 다음 물음에 답하여라.

01 표본평균 $\overline{X}$를 구하여라.

해 모집단 $\{2, 4, 6\}$에서 임의추출한 크기가 $n=2$인 표본을 X_1과 X_2라 할 때, 각 표본에서 X_1, X_2의

표본평균 $\overline{X}=\frac{\square}{2}$를 구하면 다음과 같다.

(X_1, X_2)에 대하여

표본이 $(2, 2)$일 때, $\overline{X}=\square$

표본이 $(4, 4)$, $(4, 2)$일 때, $\overline{X}=\square$

표본이 $(2, 6)$ $(4, 4)$, $(6, 2)$일 때, $\overline{X}=\square$

표본이 $(4, 6)$, $(6, 4)$일 때, $\overline{X}=\square$

표본이 $(6, 6)$일 때, $\overline{X}=\square$

$\therefore$ $\overline{X}=\square$

02 표를 완성하여라.

$\overline{X}$	2	3	4	5	6	합계
$P(\overline{X}=x)$	$\frac{1}{9}$		$\frac{1}{3}$	$\frac{2}{9}$		1

03 표본평균 $\overline{X}$의 평균, 분산, 표준편차를 각각 구하여라.

[04-06] 1, 2의 숫자가 하나씩 적힌 2개의 구슬이 들어 있는 주머니에서 크기가 2인 표본을 한 번에 한 개씩 꺼내는 복원추출을 하려고 한다. 다음 물음에 답하여라.

04 표본평균 $\overline{X}$를 구하여라.

05 $\overline{X}$의 확률분포를 표로 나타내어라.

06 표본평균 $\overline{X}$의 평균, 분산, 표준편차를 각각 구하여라.

개념 체크

07 다음 빈칸에 알맞은 것을 써넣어라.

(1) 모집단의 특성을 나타내는 확률변수 X의 평균, 분산, 표준편차를 각각 [   ], [   ], [   ]라 한다. 기호 [   ], [   ], [   ]

(2) 모집단에서 크기가 n인 표본을 임의추출할 때, 이들의 평균, 분산, 표준편차를 각각 [   ], [   ], [   ]라 한다.
기호 $\overline{X}$, S^2, S

〈 정답과 해설 p. 118~119 〉

31 표본평균의 평균, 분산, 표준편차

✪ 모평균이 m, 모표준편차가 σ인 모집단에서 크기가 n인 표본을 임의추출할 때, 표본평균 $\overline{X}$에 대하여

$$\mathrm{E}(\overline{X})=m,\ \mathrm{V}(\overline{X})=\frac{\sigma^2}{n},\ \sigma(\overline{X})=\frac{\sigma}{\sqrt{n}}$$

예 표본평균의 평균, 분산, 표준편차 구하기

(i) 모집단의 평균과 분산 구하기

2, 4, 6의 숫자가 각각 하나씩 적힌 3장의 카드 중에서 임의로 1장을 뽑을 때, 카드에 적힌 수를 확률변수 X라 하자. 이때, X의 확률분포를 표로 나타내면 오른쪽과 같다.

X	2	4	6	합계
$\mathrm{P}(X=x)$	$\frac{1}{3}$	$\frac{1}{3}$	$\frac{1}{3}$	1

$\mathrm{E}(X)=2\times\frac{1}{3}+4\times\frac{1}{3}+6\times\frac{1}{3}=4$

$\mathrm{V}(X)=\mathrm{E}(X^2)-\{\mathrm{E}(X)\}^2=\frac{56}{3}-4^2=\frac{8}{3}$

→ $\mathrm{E}(X^2)=2^2\times\frac{1}{3}+4^2\times\frac{1}{3}+6^2\times\frac{1}{3}=\frac{56}{3}$

$\sigma(X)=\sqrt{\mathrm{V}(X)}=\sqrt{\frac{8}{3}}=\frac{2\sqrt{6}}{3}$

(ii) 모집단에서 복원추출로 표본평균 $\overline{X}$가 가지는 값을 구하자.

이 모집단에서 복원추출로 뽑은 2장의 카드에 적힌 수를 각각 크기가 2인 표본을 X_1, X_2라 하고, 이들의 평균을 표로 나타내면 오른쪽과 같다.

즉, X_1, X_2의 표본평균 $\overline{X}=\frac{X_1+X_2}{2}$가 가지는 값은 2, 3, 4, 5, 6이다.

X_1 \ X_2	2	4	6
2	2	3	4
4	3	4	5
6	4	5	6

(iii) 표본평균 $\overline{X}$에 대한 평균과 표준편차 구하기

이때, 각각의 값을 가질 확률을 구하여 $\overline{X}$의 확률분포를 표로 나타내면 오른쪽과 같다. 따라서 표본평균 $\overline{X}$의 평균, 분산, 표준편차를 각각 구하면

$\overline{X}$	2	3	4	5	6	합계
$\mathrm{P}(\overline{X}=\overline{x})$	$\frac{1}{9}$	$\frac{2}{9}$	$\frac{1}{3}$	$\frac{2}{9}$	$\frac{1}{9}$	1

$\mathrm{E}(\overline{X})=2\times\frac{1}{9}+3\times\frac{2}{9}+4\times\frac{1}{3}+5\times\frac{2}{9}+6\times\frac{1}{9}=4$

$\mathrm{V}(\overline{X})=\mathrm{E}(\overline{X}^2)-\{\mathrm{E}(\overline{X})\}^2=\frac{156}{9}-4^2=\frac{156}{9}-\frac{144}{9}=\frac{4}{3}$

→ $\mathrm{E}(\overline{X}^2)=2^2\times\frac{1}{9}+3^2\times\frac{2}{9}+4^2\times\frac{1}{3}+5^2\times\frac{2}{9}+6^2\times\frac{1}{9}=\frac{156}{9}$

$\sigma(\overline{X})=\sqrt{\frac{4}{3}}=\frac{2\sqrt{3}}{3}$

(iv) 일반적으로 다음이 성립함을 알 수 있다.

$\mathrm{E}(\overline{X})=m,\ \mathrm{V}(\overline{X})=\frac{\sigma^2}{n},\ \sigma(\overline{X})=\frac{\sigma}{\sqrt{n}}$

• **확률변수 X의 평균, 분산, 표준편차**
이산확률변수 X의 확률질량함수가 $\mathrm{P}(X=x_i)=p_i\ (i=1, 2, 3, \cdots, n)$일 때, X의 평균, 분산, 표준편차는 $\mathrm{E}(X)=x_1p_1+x_2p_2+x_3p_3+\cdots+x_np_n$, $\mathrm{V}(X)=\mathrm{E}(X^2)-\{\mathrm{E}(X)\}^2$, $\sigma(X)=\sqrt{\mathrm{V}(X)}$이다.

DAY 31

유형 54 모집단의 확률분포가 주어진 경우

[01-05] **1, 2, 3의 숫자가 각각 하나씩 적힌 카드 3장이 들어 있는 상자에서 임의추출한 한 장의 카드에 적힌 숫자를 확률변수 X라 할 때, 모집단의 확률분포는 다음 표와 같다. 다음 물음에 답하여라. (단, 복원추출한다.)**

X	1	2	3	합계
$P(X=x)$	$\frac{1}{3}$	$\frac{1}{3}$	$\frac{1}{3}$	1

01 모평균 m, 모분산 σ^2, 모표준편차 σ를 각각 구하여라.

해 $m=E(X)$
$=\frac{1+2+3}{3}$
$=2$
$\sigma^2=1\times\frac{1}{3}+4\times\frac{1}{3}+9\times\frac{1}{3}-4$
$=\square$
$\sigma=\sigma(X)$
$=\square$

02 이 모집단에서 임의추출한 크기가 $n=2$인 표본을 X_1과 X_2라 할 때, 각 표본에서 (X_1, X_2)의 표본평균 $\overline{X}=\frac{X_1+X_2}{2}$를 구하면 다음 표와 같다. 빈칸에 알맞은 수를 써넣어라.

(X_1, X_2)	(1, 1)	(1, 2)	(1, 3)	(2, 1)	(2, 2)	(2, 3)	(3, 1)	(3, 2)	(3, 3)
$\overline{X}$	1	$\frac{3}{2}$	2	$\frac{3}{2}$		$\frac{5}{2}$		$\frac{5}{2}$	

03 02를 이용하여 표본평균 $\overline{X}$의 확률분포를 표로 나타내면 다음과 같다. 빈칸에 알맞은 수를 써넣어라.

$\overline{X}$	1	$\frac{3}{2}$	2	$\frac{5}{2}$	3	합계
$P(\overline{X}=\overline{x})$	$\frac{1}{9}$	$\frac{2}{9}$				1

04 표본평균 $\overline{X}$에 대하여 $E(\overline{X})$, $V(\overline{X})$, $\sigma(\overline{X})$를 각각 구하여라.

해 $E(\overline{X})=1\times\frac{1}{9}+\frac{3}{2}\times\frac{2}{9}+\square$
$+\square+\square=\square$
$V(\overline{X})=\left\{1^2\times\frac{1}{9}+\left(\frac{3}{2}\right)^2\times\frac{2}{9}+2^2\times\frac{1}{3}\right.$
$\left.+\square+\square\right\}-\square$
$=\frac{13}{3}-\square=\square$
$\sigma(\overline{X})=\square$

05 04의 결과를 m, σ^2, σ를 이용하여 나타내어라.

해 $E(\overline{X})=\square$, $V(\overline{X})=\frac{\sigma^2}{\square}$, $\sigma(\overline{X})=\frac{\sigma}{\square}$

[06-08] 모평균이 30, 모분산이 81인 모집단에서 크기가 9인 표본을 임의추출할 때, 표본평균 $\overline{X}$에 대하여 다음을 구하여라.

06 $E(\overline{X})$

07 $V(\overline{X})$

08 $\sigma(\overline{X})$

유형 55 모평균, 모표준편차가 주어진 경우

[09-10] 모평균이 20이고 모표준편차가 8인 모집단에 대하여 다음 물음에 답하여라.

09 임의추출한 크기가 25인 표본의 표본평균 $\overline{X}$의 평균과 표준편차를 구하여라.

10 임의추출한 크기가 100인 표본의 표본평균 $\overline{X}$의 평균과 표준편차를 구하여라.

[11-12] 다음 물음에 답하여라.

11 모평균이 10, 모표준편차가 3인 모집단에서 임의추출한 크기가 4인 표본의 표본평균 $\overline{X}$의 평균과 분산 및 표준편차를 구하여라.

1) $E(\overline{X})=$ □

2) $V(\overline{X})=$ □

3) $\sigma(\overline{X})=$ □

12 모평균이 40이고 모분산이 4인 모집단에서 임의추출한 크기가 25인 표본의 표본평균 $\overline{X}$의 평균과 분산 및 표준편차를 구하여라.

1) $E(\overline{X})=$ □

2) $V(\overline{X})=$ □

3) $\sigma(\overline{X})=$ □

개념 체크

13 다음 빈칸에 알맞은 것을 써넣어라.

모평균이 m이고 모표준편차가 σ인 모집단에서 임의추출한 크기가 n인 표본의 표본평균 $\overline{X}$에 대하여

$E(\overline{X})=$[ ], $V(\overline{X})=$[ ], $\sigma(\overline{X})=$[ ]

〈 정답과 해설 p. 119~120 〉

32 표본평균의 분포

모평균이 m, 모표준편차가 σ인 모집단에서 크기가 n인 표본을 임의추출할 때, 표본평균 $\overline{X}$에 대하여 다음이 성립한다.

(1) 모집단이 정규분포 $\mathrm{N}(m, \sigma^2)$을 따르면 표본평균 $\overline{X}$는 정규분포 $\mathrm{N}\left(m, \frac{\sigma^2}{n}\right)$을 따른다.

정규분포를 따름을 이용하여 표본평균을 표준화한 후 표준정규분포표를 이용하여 확률을 쉽게 구한다.

(2) 모집단이 정규분포를 따르지 않아도 표본의 크기 n이 충분히 크면 표본평균 $\overline{X}$는 근사적으로 정규분포 $\mathrm{N}\left(m, \frac{\sigma^2}{n}\right)$을 따른다.

정확하고 엄밀하게 같지는 않지만 참값에 근접한 값이다.

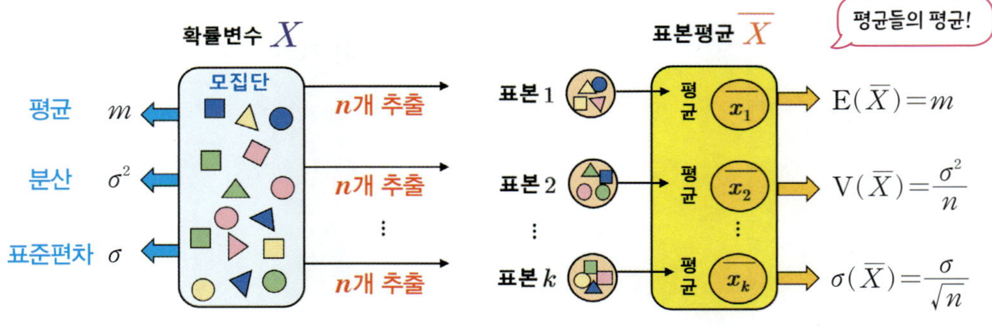

유형 56 표본평균의 분포

[01-05] 정규분포 $\mathrm{N}(64, 4^2)$을 따르는 모집단에서 크기가 16인 표본을 임의추출할 때, 표본평균 $\overline{X}$에 대하여 다음을 구하여라.

01 $\overline{X}$의 평균

02 $\overline{X}$의 분산

03 $\overline{X}$가 따르는 정규분포

유형 57 정규분포가 주어진 경우

[04-06] 다음 물음에 답하여라.

04 정규분포 $\mathrm{N}(80, 25)$를 따르는 모집단에서 임의추출한 크기가 100인 표본의 표본평균 $\overline{X}$의 확률분포를 구하여라.

05 정규분포 $\mathrm{N}(50, \sigma^2)$을 따르는 모집단에서 크기가 25인 표본을 임의추출할 때 표본평균 $\overline{X}$에 대하여 $\sigma(\overline{X})=2$가 성립한다. 이때, $\sigma(X)$의 값을 구하여라.

06 정규분포 $\mathrm{N}(30, 144)$를 따르는 모집단에서 크기가 n인 표본을 임의추출할 때 표본평균 $\overline{X}$에 대하여 $\sigma(\overline{X})=2$가 성립한다. 이때, n의 값을 구하여라.

해 $\sigma^2=144$이므로 $\sigma=$ ☐ 이고,

$\sigma(\overline{X})=\frac{☐}{\sqrt{n}}=2$이므로 $\sqrt{n}=$ ☐

$\therefore n=$ ☐

개념 체크

07 **다음 빈칸에 알맞은 것을 써넣어라.**

모평균이 m, 모표준편차가 σ인 모집단에서 크기가 n인 표본을 임의추출할 때, 표본평균 $\overline{X}$에 대하여 모집단이 정규분포 $\mathrm{N}(m, \sigma^2)$을 따르면 표본평균 $\overline{X}$는 정규분포 [ ]을 따른다.

〈 정답과 해설 p. 120 〉

33 표본평균의 확률 구하기

✪ 확률변수 X가 정규분포 $\mathrm{N}(m, \sigma^2)$을 따르면 크기가 n인 표본의 표본평균 $\overline{X}$는 정규분포 $\mathrm{N}\left(m, \frac{\sigma^2}{n}\right)$을 따름을 이용하여 **표본평균 $\overline{X}$를 표준화한 후 확률을 구한다.**

n이 충분히 크면 표본평균 $\overline{X}$는 정규분포 $\mathrm{N}\left(m, \frac{\sigma^2}{n}\right)$을 따르므로 표준화 $Z=\frac{\overline{X}-m}{\frac{\sigma}{\sqrt{n}}}$을 하여 확률을 쉽게 구한다.

유형 58 표본평균의 확률

[01-03] $\mathrm{P}(0\le Z\le 3)=0.4987$을 이용하여 다음 물음에 답하여라.

01 정규분포 $\mathrm{N}(50, 10^2)$을 따르는 모집단에서 크기가 25인 표본을 임의추출할 때, 표본평균 $\overline{X}$가 56 이하일 확률을 구하여라.

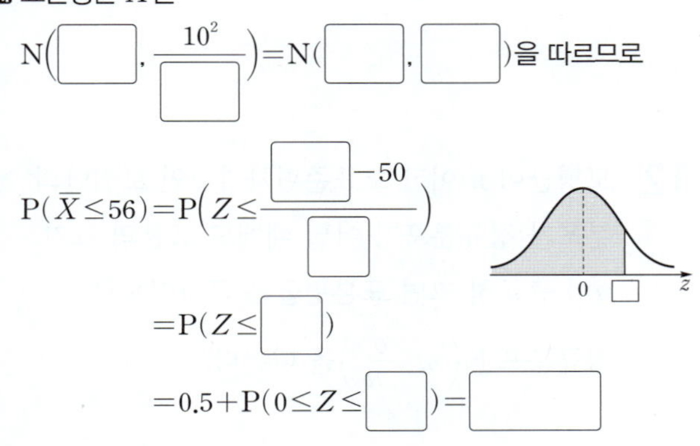

해 표본평균 $\overline{X}$는

$\mathrm{N}\left(\square, \frac{10^2}{\square}\right)=\mathrm{N}(\square, \square)$을 따르므로

$\mathrm{P}(\overline{X}\le 56)=\mathrm{P}\left(Z\le\frac{\square-50}{\square}\right)$

$=\mathrm{P}(Z\le\square)$

$=0.5+\mathrm{P}(0\le Z\le\square)=\square$

02 정규분포 $\mathrm{N}(230, 30^2)$을 따르는 모집단에서 크기가 100인 표본을 임의추출할 때, 표본평균 $\overline{X}$가 221 이하일 확률을 구하여라.

03 정규분포 $\mathrm{N}(100, 18^2)$을 따르는 모집단에서 크기가 9인 표본을 임의추출할 때, 표본평균 $\overline{X}$가 82 이상 118 이하일 확률을 구하여라.

[04-06] 어느 농장에서 재배하는 감자의 무게는 평균이 200 g이고 표준편차가 20 g인 정규분포를 따른다고 한다. 이 감자 중에서 임의추출한 16개의 표본의 표본평균을 $\overline{X}$라 할 때, 오른쪽 표준정규분포표를 이용하여 다음을 구하여라.

z	$\mathrm{P}(0\le Z\le z)$
1.0	0.3413
2.0	0.4772
3.0	0.4987

04 $\mathrm{P}(195\le\overline{X}\le 210)$

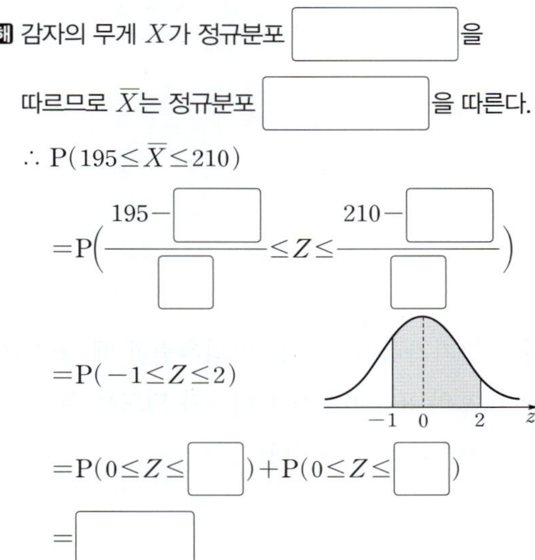

해 감자의 무게 X가 정규분포 $\square$을 따르므로 $\overline{X}$는 정규분포 $\square$을 따른다.

$\therefore \mathrm{P}(195\le\overline{X}\le 210)$

$=\mathrm{P}\left(\frac{195-\square}{\square}\le Z\le\frac{210-\square}{\square}\right)$

$=\mathrm{P}(-1\le Z\le 2)$

$=\mathrm{P}(0\le Z\le\square)+\mathrm{P}(0\le Z\le\square)$

$=\square$

05 $\mathrm{P}(\overline{X}\le 185)$

06 $\mathrm{P}(\overline{X}\ge 185)$

DAY 31

〈 정답과 해설 p. 120~121 〉

[07-09] 정규분포 $\mathrm{N}(4, 4)$를 따르는 모집단에 대하여 다음 물음에 답하여라.

07 크기가 4인 표본을 임의추출할 때, 표본평균 $\overline{X}$가 6 이상일 확률을 구하여라.

(단, $\mathrm{P}(0 \le Z \le 2) = 0.4772$)

해 표본평균 $\overline{X}$는 정규분포 $\mathrm{N}\left(4, \frac{4}{4}\right) = \mathrm{N}(4, 1^2)$을 따르므로

$\mathrm{P}(\overline{X} \ge 6)$

$= \mathrm{P}\left(Z \ge \boxed{}\right)$

$= \mathrm{P}(Z \ge \boxed{})$

$= \boxed{} - \mathrm{P}(0 \le Z \le 2)$

$= \boxed{} - 0.4772 = \boxed{}$

08 크기가 n인 표본을 임의추출할 때, 표본평균 $\overline{X}$의 표준편차가 1 이하가 되도록 하는 n의 최솟값을 구하여라.

09 크기가 n인 표본을 임의추출할 때, 표본평균 $\overline{X}$의 표준편차가 $\frac{1}{4}$ 이하가 되도록 하는 n의 최솟값을 구하여라.

[10-12] 다음의 참, 거짓을 판정하여라.

10 표본의 크기가 커질수록 표본평균의 평균은 작아진다.

11 표본의 크기가 커질수록 표본평균의 표준편차는 작아진다.

12 모평균이 m이고 모표준편차가 σ인 모집단의 분포가 정규분포가 아닐 때에도 표본의 크기 n이 충분히 크면 표본평균은 근사적으로 정규분포 $\mathrm{N}\left(m, \frac{\sigma^2}{n}\right)$을 따른다.

개념 체크

13 다음 빈칸에 알맞은 것을 써넣어라.

모평균이 m이고 모표준편차가 σ인 모집단에서 임의추출한 크기가 n인 표본의 표본평균 $\overline{X}$에 대하여

(1) 모집단이 정규분포 $\mathrm{N}(m, \sigma^2)$을 따를 때, $\overline{X}$는 정규분포 [ ]을 따른다.

(2) 모집단의 분포가 정규분포가 아닐 때에도 표본의 크기 n이 충분히 크면 $\overline{X}$는 근사적으로 정규분포 [ ]을 따른다.

〈 정답과 해설 p. 121 〉

34 표본평균의 확률 – 미지수의 값 구하기

✪ 확률변수 X가 정규분포 $\mathrm{N}(m, \sigma^2)$을 따를 때, $\mathrm{P}(m \le X \le a) = \mathrm{P}(0 \le Z \le b)$이면 $\frac{a-m}{\sigma} = b$임을 이용하여 표본평균 $\overline{X}$를 표준화한 후 미지수의 값을 구한다.

유형 59 표본평균의 확률 – 미지수의 값 구하기

[01-02] 어느 아이스크림 가게에서 판매하는 아이스크림 1개의 무게는 평균이 345 g, 표준편차가 40 g인 정규분포를 따른다고 한다. 이 가게에서 판매하는 아이스크림 중에서 임의추출한 n개의 무게의 평균을 $\overline{X}$라 할 때, 다음을 구하여라.

01 표본평균 $\overline{X}$가 따르는 정규분포

해 모집단이 정규분포 $\mathrm{N}(345, 40^2)$을 따르고, 표본의 크기가 [ ]이므로 표본평균 $\overline{X}$는 정규분포 [ ]을 따른다.

02 $\mathrm{P}(315 \le \overline{X} \le 375) = 0.9974$일 때, n의 값

z	$\mathrm{P}(0 \le Z \le z)$
0.5	0.1915
1.0	0.3413
1.5	0.4332
2.0	0.4772
2.5	0.4938
3.0	0.4987

해 $\mathrm{P}(315 \le \overline{X} \le 375) = 0.9974$에서 표본평균 $\overline{X}$를 표준화하면

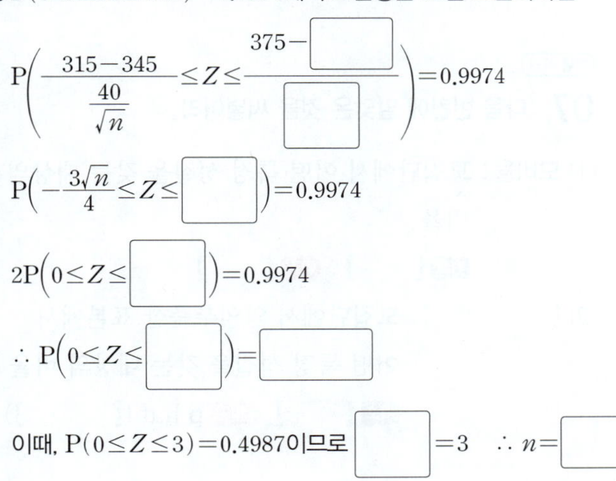

$\mathrm{P}\left(\frac{315-345}{\frac{40}{\sqrt{n}}} \le Z \le \frac{375-\square}{\square}\right) = 0.9974$

$\mathrm{P}\left(-\frac{3\sqrt{n}}{4} \le Z \le \square\right) = 0.9974$

$2\mathrm{P}\left(0 \le Z \le \square\right) = 0.9974$

$\therefore \mathrm{P}\left(0 \le Z \le \square\right) = \square$

이때, $\mathrm{P}(0 \le Z \le 3) = 0.4987$이므로 $\square = 3$ $\quad \therefore n = \square$

[03-04] 다음 물음에 답하여라.

03 구내식당을 이용하는 어느 회사의 직장인의 월 식대는 평균이 10만 원, 표준편차가 1.2만 원인 정규분포를 따른다고 한다. 구내식당을 이용하는 이 회사의 직장인 중에서 임의추출한 n명의 월 식대의 평균을 $\overline{X}$만 원이라 할 때, $\mathrm{P}(\overline{X} \ge 9.5) = 0.9938$이다. 이때, n의 값을 오른쪽의 표준정규분포표를 이용하여 구하여라.

z	$\mathrm{P}(0 \le Z \le z)$
1.0	0.3413
1.5	0.4332
2.0	0.4772
2.5	0.4938

04 어느 화장품 회사에서 생산하는 향수 1병의 용량은 평균이 80 mL, 표준편차가 15 mL인 정규분포를 따른다고 한다. 이 화장품 회사에서 생산한 향수 중에서 임의추출한 100병의 용량의 평균을 $\overline{X}$라 할 때, $\mathrm{P}(\overline{X} \le k) = 0.0668$이다. 이때, k의 값을 오른쪽의 표준정규분포표를 이용하여 구하여라.

z	$\mathrm{P}(0 \le Z \le z)$
0.5	0.1915
1.0	0.3413
1.5	0.4332
2.0	0.4772

개념 체크

05 다음 빈칸에 알맞은 것을 써넣어라.

확률변수 X가 정규분포 $\mathrm{N}(m, \sigma^2)$을 따를 때, $\mathrm{P}(m \le X \le a) = \mathrm{P}(0 \le Z \le b)$이면

[   ] $= b$

임을 이용하여 표본평균 $\overline{X}$를 표준화한 후 미지수의 값을 구한다.

〈 정답과 해설 p. 121~122 〉

DAY 31

35 모비율과 표본비율

모비율	표본비율
모집단에서 어떤 특정 성질을 갖는 대상의 비율 기호 p 읽기 피	모집단에서 임의추출한 표본에서 어떤 특정 성질을 갖는 대상의 비율 기호 $\hat{p}$ 읽기 p hat (피햇)

크기가 n인 표본에서 특정 성질을 갖는 대상의 수를 확률변수 X라 하면 표본비율은 $\hat{p}=\frac{X}{n}$이다.

유형 60 모비율과 표본비율

[01-02] 어느 고등학교의 전체 학생 500명 중 MBTI가 ISTP인 학생은 100명이다. 이 학교 학생 중 100명을 임의추출하여 조사한 결과 MBTI가 ISTP인 학생이 10명일 때, 다음을 구하여라.

01 MBTI가 ISTP인 학생의 모비율 p

해 $p=\frac{100}{500}=\square$

02 MBTI가 ISTP인 학생의 표본비율 $\hat{p}$

해 크기가 100인 표본 중에서 ISTP인 학생 수를

확률변수 X라 하면 $\hat{p}=\frac{X}{n}=\frac{\square}{100}=\square$

[03-04] 어느 도시에 고등학생이 2435명 있으며 이 중 1170명이 여학생이라고 한다. 이 도시에 살고 있는 고등학생 300명을 임의추출하여 조사한 결과 여학생이 141명일 때, 다음을 구하여라.

03 여학생의 모비율 p

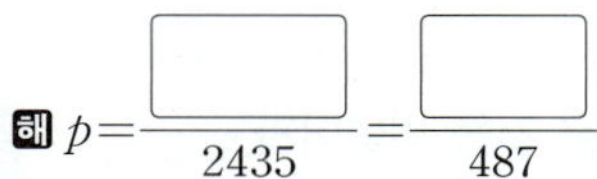

해 $p=\frac{\square}{2435}=\frac{\square}{487}$

04 여학생의 표본비율 $\hat{p}$

해 크기가 300인 표본 중에서 여학생 수를 확률변수 X라

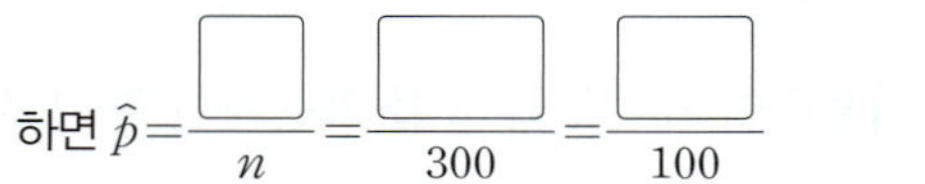

하면 $\hat{p}=\frac{\square}{n}=\frac{\square}{300}=\frac{\square}{100}$

[05-06] 다음 물음에 답하여라.

05 어느 고등학교 600명 중 임의추출한 50명을 대상으로 온라인 게임 사용 시간을 조사한 결과 12명의 학생이 한 시간 이하로 게임을 한다고 대답하였다. 이 학교의 학생 중 한 시간 이하로 게임을 하는 학생의 표본비율을 구하여라.

$\hat{p}=\frac{X}{n}$에서 X가 확률변수이므로 $\hat{p}$도 확률변수이다.

06 인구가 5만 명인 어느 도시에 어떤 시설물을 건설하려고 400명을 임의추출하여 찬반 여론 조사를 하였더니 시설물 건설에 240명이 찬성을 하였다. 찬성하는 사람의 표본비율을 구하여라.

개념 체크

07 다음 빈칸에 알맞은 것을 써넣어라.

(1) 모비율 : 모집단에서 어떤 특정 성질을 갖는 대상의 비율

기호 [ ] 읽기 [ ]

(2) [ ] : 모집단에서 임의추출한 표본에서 어떤 특정 성질을 갖는 대상의 비율

기호 [ ] 읽기 p hat ([ ])

〈 정답과 해설 p. 122 〉

36 표본비율의 평균, 분산, 표준편차

✪ 모비율이 p인 모집단에서 크기가 n인 표본을 임의추출할 때, 표본비율 $\hat{p}$에 대하여

$$E(\hat{p})=p,$$

$$V(\hat{p})=\frac{pq}{n},$$

$$\sigma(\hat{p})=\sqrt{\frac{pq}{n}}\text{ (단, }q=1-p)$$

표본비율 $\hat{p}=\frac{X}{n}$는 이항분포 $B(n, p)$를 따르므로 표본비율의 평균은 p, 분산은 $\frac{pq}{n}$, 표준편차는 $\sqrt{\frac{pq}{n}}$

표본비율은 $\hat{p}=\frac{X}{n}$로 정의되고, 확률변수 X는 크기가 n인 표본에서 어떤 특성을 가지는 대상의 개수이므로 X는 $0, 1, 2, \cdots, n$의 값을 가질 수 있다.

유형 61 표본비율의 평균, 분산, 표준편차

[01-04] 모비율이 0.2인 모집단에서 크기가 다음과 같은 표본을 임의추출하여 구한 표본비율을 $\hat{p}$이라 할 때, $\hat{p}$의 평균과 표준편차를 각각 구하여라.

01 크기가 100인 표본

해 $p=0.2$이므로 $q=1-p=\square$

$E(\hat{p})=p=\square$

$\sigma(\hat{p})=\sqrt{\frac{pq}{n}}$

$=\sqrt{\frac{0.2\times\square}{100}}$

$=\sqrt{\frac{\square}{10000}}=\frac{\square}{100}=\square$

02 크기가 500인 표본

03 크기가 1000인 표본

04 크기가 2500인 표본

[05-07] 모비율이 $\frac{1}{3}$인 모집단에서 크기가 다음과 같은 표본을 임의추출할 때, 표본비율 $\hat{p}$에 대하여 $E(\hat{p})$, $V(\hat{p})$, $\sigma(\hat{p})$을 각각 구하여라.

05 크기가 18인 표본

해 $p=\frac{1}{3}$이므로 $q=1-p=\square$

$E(\hat{p})=p=\square$

$V(\hat{p})=\frac{pq}{n}=\frac{\frac{1}{3}\times\square}{18}=\square$

$\sigma(\hat{p})=\sqrt{\frac{pq}{n}}=\sqrt{\square}=\square$

06 크기가 32인 표본

07 크기가 72인 표본

개념 체크

08 다음 빈칸에 알맞은 것을 써넣어라.

모비율이 p인 모집단에서 크기가 n인 표본을 임의추출할 때, 표본비율 $\hat{p}$에 대하여

$E(\hat{p})=$[ ], $V(\hat{p})=\frac{[\quad]}{n}$,

$\sigma(\hat{p})=$[ ] (단, $q=$[ ])

〈 정답과 해설 p. 122~123 〉

37 표본비율의 분포

★ 표본비율 $\hat{p}$의 평균 $E(\hat{p})=p$, 분산 $V(\hat{p})=\frac{pq}{n}$이면 $\hat{p}$이 근사적으로 정규분포 $N\left(p, \frac{pq}{n}\right)$를 따른다.

(단, $q=1-p$)

유형 62 표본비율의 분포

[01-04] 모비율이 0.8인 모집단에서 크기가 다음과 같은 표본을 임의추출할 때, 표본비율 $\hat{p}$에 대하여 $\hat{p}$이 근사적으로 따르는 정규분포를 기호로 나타내어라.

01 크기가 100인 표본

해 $E(\hat{p})=\square$

$V(\hat{p})=\frac{0.8\times0.2}{100}=\frac{16}{10000}=\left(\frac{\square}{100}\right)^2$

$=\square^2$

이므로 $N(\square, \square^2)$이다.

02 크기가 900인 표본

03 크기가 1600인 표본

04 크기가 2500인 표본

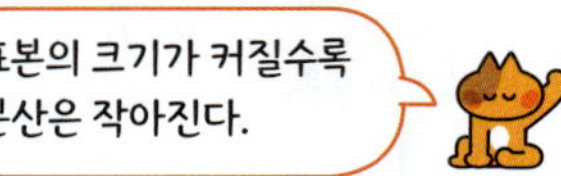

표본의 크기가 커질수록
분산은 작아진다.

[05-07] 어느 대기업에서 직원 중 20 %는 정기적으로 운동을 한다고 한다. 이 대기업에서 400명을 임의추출한다고 할 때, 다음 물음에 답하여라.

05 표본의 크기를 구하여라.

06 모비율 p를 구하여라.

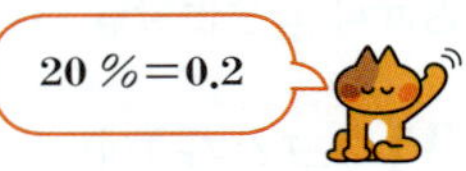

07 표본비율 $\hat{p}$의 분포를 구하여라.

[08-10] 어느 공장에서 생산하는 제품의 불량률은 10 %이다. 이 공장에서 생산한 제품 중 100개를 임의추출한다고 할 때, 다음 물음에 답하여라.

08 표본의 크기를 구하여라.

09 모비율 p를 구하여라.

10 표본비율 $\hat{p}$의 분포를 구하여라.

개념 체크

11 다음 빈칸에 알맞은 것을 써넣어라.

표본비율 $\hat{p}$의 평균 $E(\hat{p})=p$, 분산 $V(\hat{p})=\frac{pq}{n}$이면 $\hat{p}$이 근사적으로 정규분포 [ ]를 따른다.

〈정답과 해설 p. 123〉

38 표본비율의 확률

✪ 표본비율 $\hat{p}$의 평균 $\mathrm{E}(\hat{p})=p$, 분산 $\mathrm{V}(\hat{p})=\frac{pq}{n}$이면 $\hat{p}$이 근사적으로 정규분포 $\mathrm{N}\left(p, \frac{pq}{n}\right)$를 따름을 이용하여 $\hat{p}$을 표준화한 후 표본비율의 확률을 구한다. (단, $q=1-p$)

표본의 크기 n이 충분히 클 때, 확률변수 $Z=\frac{\hat{p}-p}{\sqrt{\frac{pq}{n}}}$는 근사적으로 표준정규분포 $\mathrm{N}(0, 1)$을 따른다.

유형 63 표본비율의 확률

[01-03] 어느 고등학교에서 전체 학생의 50 %가 걸어서 통학을 한다고 한다. 이 고등학교의 학생 중에서 64명을 임의추출한다고 할 때, 다음을 구하여라.

01 표본비율 $\hat{p}$의 분포를 구하여라.

50 % $=\frac{50}{100}=\frac{1}{2}$

해 $\mathrm{E}(\hat{p})=0.5$

$\mathrm{V}(\hat{p})=\frac{pq}{n}=\frac{0.5\times0.5}{64}=\frac{\frac{1}{2}\times\frac{1}{2}}{8\times8}=\left(\frac{1}{\square}\right)^2$

이므로 정규분포 $\mathrm{N}\left(\square, \left(\frac{1}{\square}\right)^2\right)$을 따른다.

02 걸어서 통학하는 학생의 비율이 60 % 이상일 확률을 구하여라.(단, $\mathrm{P}(0\le Z\le1.6)=0.4452$)

해 $Z=\frac{\hat{p}-0.5}{\frac{1}{\square}}$로 놓으면 확률변수 Z는 표준정규분포 $\mathrm{N}(0, 1)$을 따르므로 구하는 확률은

$\mathrm{P}(\hat{p}\ge0.6)$

$=\mathrm{P}\left(Z\ge\frac{0.6-\square}{\square}\right)$

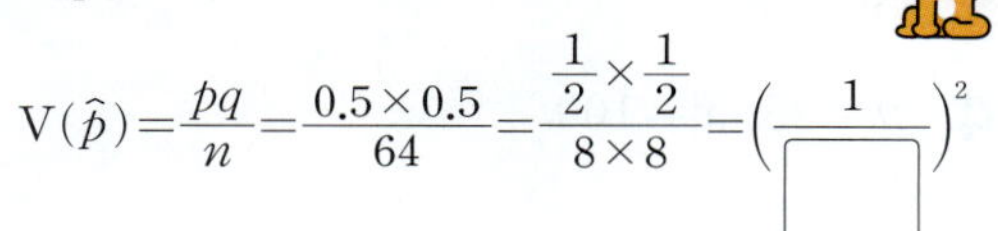

$=\mathrm{P}(Z\ge1.6)=0.5-\square=\square$

03 걸어서 통학하는 학생의 비율이 40 % 이상이고, 57.5 % 이하일 확률을 구하여라.
(단, $\mathrm{P}(0\le Z\le1.6)=0.4452$,
$\mathrm{P}(0\le Z\le1.2)=0.3849$)

[04-06] 오른쪽 표준정규분포표를 보고, 다음을 구하여라.

z	$\mathrm{P}(0\le Z\le z)$
1.0	0.3413
2.0	0.4772

04 인터넷 여행 동호회에서 지난해에 통영을 다녀온 회원은 전체의 5 %라 한다. 이 동호회 회원 475명 중 지난해 통영을 다녀온 회원의 비율이 6 % 이하일 확률을 구하여라.

05 20**년에 우리나라에서 65세 이상의 노인 인구가 전체 인구의 20 %에 이를 것이라고 한다. 20**년에 우리나라 사람 중에서 임의추출한 100명 중 65세 이상의 노인의 비율이 28 % 이상일 확률을 구하여라.

06 어느 고등학교의 대학 진학률이 80 %라 한다. 이 고등학교에서 임의추출한 학생 100명을 대상으로 대학 진학률을 조사하였을 때, 84명 이상 진학할 확률을 구하여라.

개념 체크

07 다음 빈칸에 알맞은 것을 써넣어라.

표본비율 $\hat{p}$의 평균 $\mathrm{E}(\hat{p})=p$, 분산 $\mathrm{V}(\hat{p})=\frac{pq}{n}$이면 $\hat{p}$이 근사적으로 정규분포 [　　　　] 를 따름을 이용하여 $\hat{p}$을 표준화한 후 확률을 구한다. (단, $q=1-p$)

〈정답과 해설 p. 123~124〉

39 모평균의 추정

(1) **추정**: 표본으로부터 얻은 정보를 이용하여 모평균, 모표준편차와 같은 모집단의 특성을 나타내는 값을 추측하는 것

(2) **모평균에 대한 신뢰구간**

정규분포 $\mathrm{N}(m, \sigma^2)$을 따르는 모집단에서 크기가 n인 표본을 임의추출할 때, 표본평균 $\overline{X}$의 값이 $\overline{x}$이면 신뢰도에 따른 **모평균 m에 대한 신뢰구간**은 다음과 같다.

① 신뢰도 95 %의 신뢰구간: $\overline{x}-1.96\dfrac{\sigma}{\sqrt{n}} \le m \le \overline{x}+1.96\dfrac{\sigma}{\sqrt{n}}$

→ $\mathrm{P}(|Z| \le 1.96)=0.95$로 신뢰도 95 %의 신뢰도 계수는 1.96이다.

② 신뢰도 99 %의 신뢰구간: $\overline{x}-2.58\dfrac{\sigma}{\sqrt{n}} \le m \le \overline{x}+2.58\dfrac{\sigma}{\sqrt{n}}$

→ $\mathrm{P}(|Z| \le 2.58)=0.99$로 신뢰도 99 %의 신뢰도 계수는 2.58이다.

신뢰도란?
크기가 n인 표본을 여러 번 임의추출하여 신뢰구간을 구하는 것을 반복할 때, 구한 신뢰구간 중에서 약 95 % 또는 99 %는 모평균 m을 포함한다는 뜻이다.

유형 64 모평균의 추정

[01-03] 정규분포 $\mathrm{N}(m, 3^2)$을 따르는 모집단에서 임의추출한 표본의 크기가 n, 표본평균 $\overline{X}$의 값 $\overline{x}$가 다음과 같을 때, 모평균 m에 대한 신뢰도 95 %의 신뢰구간을 구하여라. (단, $\mathrm{P}(|Z| \le 1.96)=0.95$)

01 $n=4$, $\overline{x}=45$

해 $\overline{x}-1.96\times\dfrac{3}{\sqrt{4}} \le m \le \overline{x}+1.96\times$ ☐ 에서

$\overline{x}=$ ☐ 이므로

$45-2.94 \le m \le$ ☐ + ☐

∴ ☐ $\le m \le$ ☐

02 $n=16$, $\overline{x}=50$

03 $n=36$, $\overline{x}=70$

[04-06] 정규분포 $\mathrm{N}(m, 8^2)$을 따르는 모집단에서 임의추출한 표본의 크기가 n, 표본평균 $\overline{X}$의 값 $\overline{x}$가 다음과 같을 때, 모평균 m에 대한 신뢰도 99 %의 신뢰구간을 구하여라. (단, $\mathrm{P}(|Z| \le 2.58)=0.99$)

04 $n=25$, $\overline{x}=100$

05 $n=64$, $\overline{x}=200$

06 $n=100$, $\overline{x}=350$

[07-08] 정규분포 $N(m, 4^2)$을 따르는 모집단에서 크기가 1600인 표본을 임의추출할 때, 다음을 추정하여라.
(단, $P(|Z| \le 1.96) = 0.95$, $P(|Z| \le 2.58) = 0.99$)

07 모평균 m의 신뢰도 95 %의 신뢰구간

해 신뢰도 95 %의 신뢰구간은

$\overline{X} - 1.96\frac{\sigma}{\sqrt{n}} \le m \le \overline{X} + 1.96\frac{\sigma}{\sqrt{n}}$이므로

$\overline{X} - 1.96 \times \frac{4}{\sqrt{1600}} \le m \le \overline{X} +$ [ ]

$\therefore \overline{X} - 0.196 \le m \le$ [ ]

08 모평균 m의 신뢰도 99 %의 신뢰구간

[09-10] 표준편차가 2인 정규분포를 따르는 모집단에서 크기가 16인 표본을 임의추출할 때, 다음을 구하여라.
(단, $P(|Z| \le 1.96) = 0.95$, $P(|Z| \le 2.58) = 0.99$)

09 표본평균이 20일 때, 모평균 m의 신뢰도 95 %의 신뢰구간

10 표본평균이 50일 때, 모평균 m의 신뢰도 99 %의 신뢰구간

[11-12] 다음 물음에 답하여라.

11 어느 시험에 응시한 사람들의 점수는 평균이 m점이고 표준편차가 10점인 정규분포를 따른다고 한다. 이 시험에 응시한 사람 중 100명을 임의로 추출하여 점수를 조사하였더니 평균이 62점이었다. 전체 응시자의 평균 점수 m을 신뢰도 95 %로 추정할 때, 신뢰구간을 구하여라. (단, $P(|Z| \le 1.96) = 0.95$)

해 $\overline{x} = 62$, $n = 100$, $\sigma = 10$이므로 신뢰도 95 %의 신뢰구간은

$\overline{x} - 1.96\frac{\sigma}{\sqrt{n}} \le m \le \overline{x} + 1.96\frac{\sigma}{\sqrt{n}}$에서

$62 - 1.96 \times \frac{10}{\sqrt{100}} \le m \le$ [ ] $+ 1.96 \times$ [ ]

$62 - 1.96 \le m \le$ [ ] $+$ [ ]

$\therefore$ [ ] $\le m \le$ [ ]

표본의 크기가 30 이상으로 충분히 크므로 모표준편차 대신 표본표준편차를 사용할 수 있다.

12 어느 고등학교에서 81명의 학생을 임의추출하여 수학 점수를 조사하였더니 평균이 70점이고 표준편차가 15점이었다. 전체 학생의 평균 점수를 신뢰도 99 %로 추정할 때, 신뢰구간을 구하여라. (단, $P(|Z| \le 1.96) = 0.95$, $P(|Z| \le 2.58) = 0.99$)

개념 체크

13 다음 빈칸에 알맞은 것을 써넣어라.

정규분포 $N(m, \sigma^2)$을 따르는 모집단에서 크기가 n인 표본을 임의추출할 때, 표본평균 $\overline{X}$의 값이 $\overline{x}$이면 신뢰도에 따른 모평균 m에 대한 신뢰구간은 다음과 같다.

① 신뢰도 95 %의 신뢰구간:

[ ]

② 신뢰도 99 %의 신뢰구간:

[ ]

〈 정답과 해설 p. 124~125 〉

40 모평균의 신뢰구간의 길이

정규분포 $\mathrm{N}(m, \sigma^2)$을 따르는 모집단에서 크기가 n인 표본을 임의추출할 때, 신뢰도에 따른 **모평균 m에 대한 신뢰구간의 길이는** 다음과 같다.

(1) **신뢰도 95 %의 신뢰구간의 길이: $2\times1.96\dfrac{\sigma}{\sqrt{n}}$**

신뢰구간이 $\bar{x}-1.96\dfrac{\sigma}{\sqrt{n}}\le m\le\bar{x}+1.96\dfrac{\sigma}{\sqrt{n}}$이므로

(신뢰구간의 길이) $=\left(\bar{x}+1.96\dfrac{\sigma}{\sqrt{n}}\right)-\left(\bar{x}-1.96\dfrac{\sigma}{\sqrt{n}}\right)$

(2) **신뢰도 99 %의 신뢰구간의 길이: $2\times2.58\dfrac{\sigma}{\sqrt{n}}$**

신뢰구간이 $\bar{x}-2.58\dfrac{\sigma}{\sqrt{n}}\le m\le\bar{x}+2.58\dfrac{\sigma}{\sqrt{n}}$이므로

(신뢰구간의 길이) $=\left(\bar{x}+2.58\dfrac{\sigma}{\sqrt{n}}\right)-\left(\bar{x}-2.58\dfrac{\sigma}{\sqrt{n}}\right)$

유형 65 모평균의 신뢰구간의 길이

[01-02] 정규분포 $\mathrm{N}(m, 4^2)$을 따르는 어느 모집단에서 크기가 64인 표본을 임의추출할 때, 다음 물음에 답하여라.

01 모평균 m을 신뢰도 95 %로 추정한 신뢰구간의 길이를 구하여라. (단, $\mathrm{P}(|Z|\le1.96)=0.95$)

해 신뢰도 95 %로 추정한 모평균의 신뢰구간의 길이는

$2\times1.96\times\dfrac{\sigma}{\sqrt{n}}=2\times1.96\times\square=\square$

02 모평균 m을 신뢰도 99 %로 추정한 신뢰구간의 길이를 구하여라. (단, $\mathrm{P}(|Z|\le2.58)=0.99$)

모평균 m의 신뢰구간이 $a\le m\le b$일 때, $b-a$의 값을 신뢰구간의 길이라 한다.

[03-04] 정규분포를 따르는 어느 모집단에서 임의추출한 표본 900개의 표준편차가 3일 때, 다음 물음에 답하여라.

03 모평균 m을 신뢰도 95 %로 추정한 신뢰구간의 길이를 구하여라. (단, $\mathrm{P}(|Z|\le1.96)=0.95$)

표본의 크기가 30 이상으로 충분히 크므로 모표준편차 대신 표본표준편차를 사용할 수 있다.

04 모평균 m을 신뢰도 99 %로 추정한 신뢰구간의 길이를 구하여라. (단, $\mathrm{P}(|Z|\le2.58)=0.99$)

개념 체크

05 **다음 빈칸에 알맞은 것을 써넣어라.**

정규분포 $\mathrm{N}(m, \sigma^2)$을 따르는 모집단에서 크기가 n인 표본을 임의추출할 때, 신뢰도에 따른 모평균 m에 대한 신뢰구간의 길이는 다음과 같다.

(1) 신뢰도 95 %의 신뢰구간의 길이: [ ]

(2) 신뢰도 99 %의 신뢰구간의 길이: [ ]

〈 정답과 해설 p. 125 〉

41 모평균의 신뢰구간의 성질

(1) 정규분포 $\mathrm{N}(m, \sigma^2)$을 따르는 모집단에서 크기가 n인 표본을 임의추출할 때,
모평균 m에 대한 신뢰도 α %의 신뢰구간을 $a \le m \le b$라 하면 신뢰구간의 길이는

$$b-a=2\times \underset{\text{신뢰도 계수}}{\underline{k}}\times\frac{\sigma}{\sqrt{n}}\ \left(\text{단, } \mathrm{P}(|Z|\le k)=\frac{\alpha}{100}\right)$$

신뢰도가 높아지면 신뢰도 계수도 커진다.

(2) 신뢰구간의 성질

① 표본의 크기가 일정할 때,	신뢰도가 높아지면 신뢰구간의 길이는 길어진다. 신뢰도가 낮아지면 신뢰구간의 길이는 짧아진다.	$b-a=2\times k\times\frac{\sigma}{\sqrt{n}}$
② 신뢰도가 일정할 때,	표본의 크기가 커지면 신뢰구간의 길이는 짧아진다. 표본의 크기가 작아지면 신뢰구간의 길이는 길어진다.	$b-a=2\times k\times\frac{\sigma}{\sqrt{n}}$

DAY 33

유형 66 신뢰구간의 성질

[01-04] 다음의 참, 거짓을 판정하여라.

01 표본의 크기가 일정할 때, 신뢰도가 높아지면 신뢰구간의 길이는 길어진다.

02 신뢰도가 일정할 때, 표본의 크기가 커지면 신뢰구간의 길이는 짧아진다.

03 신뢰도를 낮추면서 표본의 크기를 크게 하면 신뢰구간의 길이는 커진다.

04 신뢰도가 일정할 때, 표본의 크기가 $9n$일 때의 신뢰구간의 길이는 표본의 크기가 n일 때의 신뢰구간의 길이의 $\frac{1}{9}$배이다.

개념 체크

05 다음 빈칸에 알맞은 것을 써넣거나 알맞은 것에 ○표 하여라.

(1) 정규분포 $\mathrm{N}(m, \sigma^2)$을 따르는 모집단에서 크기가 n인 표본을 임의추출할 때, 모평균 m에 대한 신뢰도 α %의 신뢰구간을 $a \le m \le b$라 하면 신뢰구간의 길이는

$b-a=$[   ] $\left(\text{단, } \mathrm{P}(|Z|\le k)=\frac{\alpha}{100}\right)$

(2) 신뢰구간의 성질

① 표본의 크기가 일정할 때,
신뢰도가 높아지면 신뢰구간의 길이는 (짧아진다 , 길어진다).
신뢰도가 낮아지면 신뢰구간의 길이는 (짧아진다 , 길어진다).

② 신뢰도가 일정할 때,
표본의 크기가 커지면 신뢰구간의 길이는 (짧아진다 , 길어진다).
표본의 크기가 작아지면 신뢰구간의 길이는 (짧아진다 , 길어진다).

〈정답과 해설 p. 125~126〉

42 모평균의 추정 – 표본의 크기 구하기

✪ 신뢰구간에 대한 식을 세운 후 주어진 신뢰구간과 비교하여 표본의 크기 n의 값을 구한다.

예 정규분포 $\mathrm{N}(m, \sigma^2)$을 따르는 모집단에서 크기가 n인 표본을 임의추출할 때, 모평균 m에 대한 신뢰도 α %의 신뢰구간을 $a \le m \le b$라 하면 신뢰구간의 길이는

$b-a=2\times k\times\dfrac{\sigma}{\sqrt{n}}$ $\left(단, \mathrm{P}(|Z|\le k)=\dfrac{\alpha}{100}\right)$

신뢰구간의 길이가 1 이하가 되도록 하는 n의 최솟값을 구하라고 하면 부등식

$2\times k\times\dfrac{\sigma}{\sqrt{n}}\le 1$

의 해를 구하면 된다.

유형 67 모평균의 추정 – 표본의 크기 구하기

[01-02] 다음 물음에 답하여라.

01 정규분포 $\mathrm{N}(m, 5^2)$을 따르는 모집단에서 크기가 n인 표본을 임의추출하여 신뢰도 95 %로 모평균 m을 추정할 때, 신뢰구간의 길이가 1 이하가 되도록 하는 n의 최솟값을 구하여라. (단, $\mathrm{P}(|Z|\le 1.96)=0.95$)

해 신뢰도 95 %로 추정한 모평균의 신뢰구간의 길이가 1 이하라 하므로

$2\times 1.96\times\dfrac{5}{\sqrt{n}}\le 1$에서 $\sqrt{n}\ge$ ☐

$\therefore n\ge($ ☐ $)^2=$ ☐

따라서 표본의 크기의 최솟값은 ☐이다.

02 정규분포 $\mathrm{N}(m, 6^2)$을 따르는 모집단에서 크기가 n인 표본을 임의추출하여 신뢰도 99 %로 모평균 m을 추정할 때, 신뢰구간의 길이가 3 이하가 되도록 하는 n의 최솟값을 구하여라.

(단, $\mathrm{P}(|Z|\le 2.58)=0.99$)

[03-04] 다음 물음에 답하여라.

03 정규분포를 따르는 모집단에서 크기가 n인 표본을 임의추출하여 모평균을 추정한 신뢰구간의 길이를 h라 하자. 같은 신뢰도로 모평균을 추정할 때 신뢰구간의 길이를 $\dfrac{h}{3}$로 하기 위하여 필요한 표본의 크기를 구하여라.

해 $2\times k\times\dfrac{\sigma}{\sqrt{n}}=h$에서 양변에 $\dfrac{1}{3}$을 곱하면

$\dfrac{h}{3}=\dfrac{1}{3}\times 2\times k\times\dfrac{\sigma}{\sqrt{n}}=2\times k\times$ ☐ 이므로

필요한 표본의 크기는 ☐이다.

04 정규분포 $\mathrm{N}(m, \sigma^2)$을 따르는 모집단에서 크기가 n인 표본을 임의추출하여 모평균 m을 추정한 신뢰구간의 길이를 h라 하자. 같은 신뢰도로 모평균을 추정할 때, 신뢰구간의 길이를 $\dfrac{h}{4}$로 하기 위하여 필요한 표본의 크기를 구하여라.

유형 68 모평균의 추정 - 표본의 크기의 최솟값

[05-09] 정규분포를 따르는 모집단의 표준편차가 $\frac{1}{2}$이고, 모집단에서 16개의 표본을 임의로 추출하여 모평균을 추정하였을 때, 신뢰구간의 길이가 2라 한다. 다음을 구하여라.

05 표본의 크기 : □

06 신뢰구간의 길이 : □

07 $P(|Z| \leq k) = \frac{\alpha}{100}$라 놓고, 신뢰도 α %로 모평균의 추정하는 신뢰구간의 길이를 나타내는 식

해 신뢰도 α %로 모평균을 추정할 때, 신뢰구간의 길이를 나타내는 식을 구하면

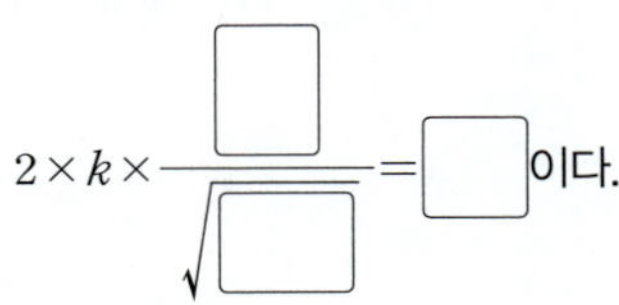

08 k의 값 : □

09 같은 신뢰도로 모평균을 추정할 때, 신뢰구간의 길이가 $\frac{1}{2}$ 이하가 되도록 하는 표본의 크기의 최솟값

해 표본의 크기를 n이라 하고, 같은 신뢰도로 모평균을 추정할 때, 신뢰구간의 길이가 $\frac{1}{2}$ 이하가 되어야 하므로

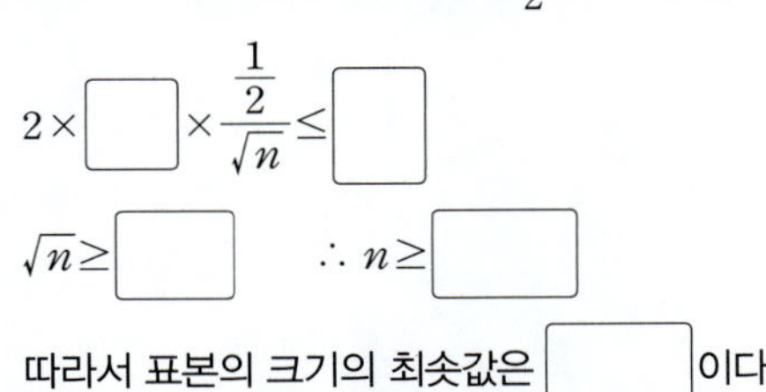

[10-12] 다음 조건을 만족시키는 표본의 크기의 최솟값을 구하여라.

10 정규분포를 따르는 모집단의 표준편차가 1이고, 모집단에서 25개의 표본을 임의로 추출하여 모평균을 추정하였을 때, 신뢰구간의 길이가 3이라 한다. 같은 신뢰도로 모평균을 추정할 때, 신뢰구간의 길이가 1 이하가 된다.

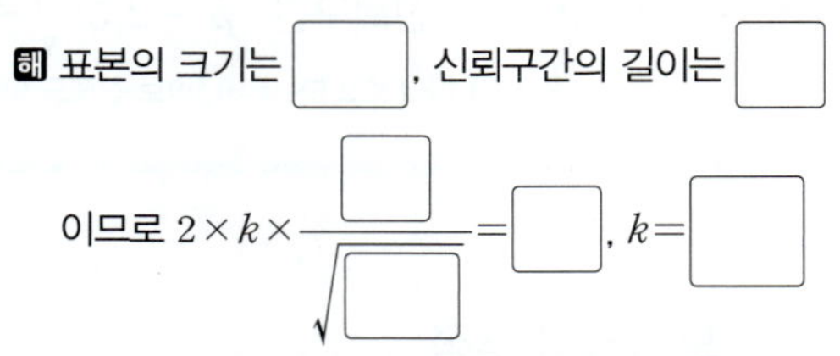

표본의 크기를 n이라 하고 같은 신뢰도로 모평균을 추정할 때, 신뢰구간의 길이가 1 이하가 되어야 하므로

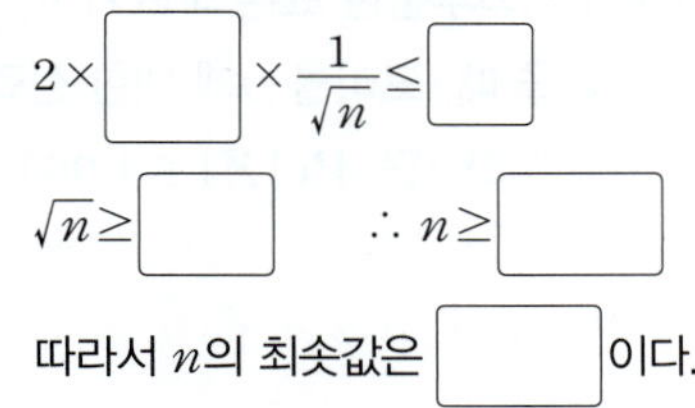

따라서 n의 최솟값은 □이다.

11 정규분포를 따르는 모집단의 표준편차가 2이고, 모집단에서 36개의 표본을 임의로 추출하여 모평균을 추정하였을 때, 신뢰구간의 길이가 1이라 한다. 같은 신뢰도로 모평균을 추정할 때, 신뢰구간의 길이가 $\frac{1}{3}$ 이하가 된다.

12 표준편차가 4인 정규분포를 따르는 모집단의 평균을 신뢰도 95 %로 추정하려고 한다. 모평균을 m, 표본평균 $\overline{X}$의 값을 $\overline{x}$라 하면 m과 $\overline{x}$의 차가 $\frac{1}{5}$ 이하가 된다. (단, $P(|Z| \leq 2) = 0.95$)

신뢰구간의 길이가 a 이하가 되려면 표본을 적어도 몇 개 조사해야 하는지 알아보는 것이다.

개념 체크

13 다음 빈칸에 알맞은 것을 써넣어라.

신뢰구간에 대한 [　　]을 세운 후 주어진 신뢰구간과 비교하여 표본의 크기 [　　]의 값을 구한다.

〈 정답과 해설 p. 126~127 〉

43 모비율의 추정

★ 모비율의 신뢰구간

모집단에서 크기가 n인 표본을 임의추출하여 구한 표본비율이 $\hat{p}$일 때, n이 충분히 크면 모비율 p에 대한 신뢰구간은 다음과 같다. (단, $\hat{q}=1-\hat{p}$)

(1) 신뢰도 95 %의 신뢰구간: $\hat{p}-1.96\sqrt{\frac{\hat{p}\hat{q}}{n}}\le p\le\hat{p}+1.96\sqrt{\frac{\hat{p}\hat{q}}{n}}$

→ $\mathrm{P}(|Z|\le1.96)=0.95$로 신뢰도 95 %의 신뢰도 계수는 1.96이다.

(2) 신뢰도 99 %의 신뢰구간: $\hat{p}-2.58\sqrt{\frac{\hat{p}\hat{q}}{n}}\le p\le\hat{p}+2.58\sqrt{\frac{\hat{p}\hat{q}}{n}}$

→ $\mathrm{P}(|Z|\le2.58)=0.99$로 신뢰도 99 %의 신뢰도 계수는 2.58이다.

표본평균을 이용하여 모평균을 추정할 수 있는 것과 같이 표본비율을 이용하여 모비율을 추정할 수 있다.

유형 69 모비율의 추정

[01-03] 모집단에서 임의추출한 표본의 크기 n, 표본비율 $\hat{p}$이 다음과 같을 때, 모비율 p에 대한 신뢰도 95 %의 신뢰구간을 구하여라. (단, $\mathrm{P}(|Z|\le1.96)=0.95$)

01 $n=900$, $\hat{p}=0.1$

해 $\hat{p}=0.1$이므로 $\hat{q}=1-\hat{p}=\square$

$0.1-1.96\times\sqrt{\frac{0.1\times0.9}{900}}\le p\le\square+1.96\times\sqrt{\frac{0.1\times\square}{\square}}$

$0.1-0.0196\le p\le\square+\square$

$\therefore 0.0804\le p\le\square$

02 $n=100$, $\hat{p}=0.2$

03 $n=400$, $\hat{p}=0.5$

[04-06] 모집단에서 임의추출한 표본의 크기 n, 표본비율 $\hat{p}$이 다음과 같을 때, 모비율 p에 대한 신뢰도 99 %의 신뢰구간을 구하여라. (단, $\mathrm{P}(|Z|\le2.58)=0.99$)

04 $n=900$, $\hat{p}=0.9$

05 $n=600$, $\hat{p}=0.4$

06 $n=2100$, $\hat{p}=0.3$

[07-08] **어느 고등학교 학생 100명을 대상으로 ○○ 패드를 가지고 있는 비율을 조사한 결과 20명이 가지고 있는 것으로 나타났을 때, 다음을 구하여라.**

(단, $\mathrm{P}(|Z|\le 1.96)=0.95$, $\mathrm{P}(|Z|\le 2.58)=0.99$)

07 ○○ 패드를 가지고 있는 비율에 대한 신뢰도 95 %의 신뢰구간

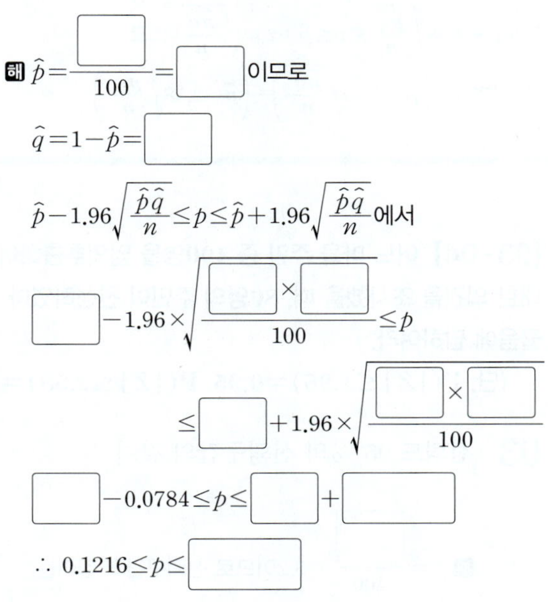

해 $\hat{p}=\frac{\square}{100}=\square$ 이므로
$\hat{q}=1-\hat{p}=\square$
$\hat{p}-1.96\sqrt{\frac{\hat{p}\hat{q}}{n}}\le p\le \hat{p}+1.96\sqrt{\frac{\hat{p}\hat{q}}{n}}$ 에서
$\square-1.96\times\sqrt{\frac{\square\times\square}{100}}\le p$
$\le\square+1.96\times\sqrt{\frac{\square\times\square}{100}}$
$\square-0.0784\le p\le\square+\square$
$\therefore\ 0.1216\le p\le\square$

08 ○○ 패드를 가지고 있는 비율에 대한 신뢰도 99 %의 신뢰구간

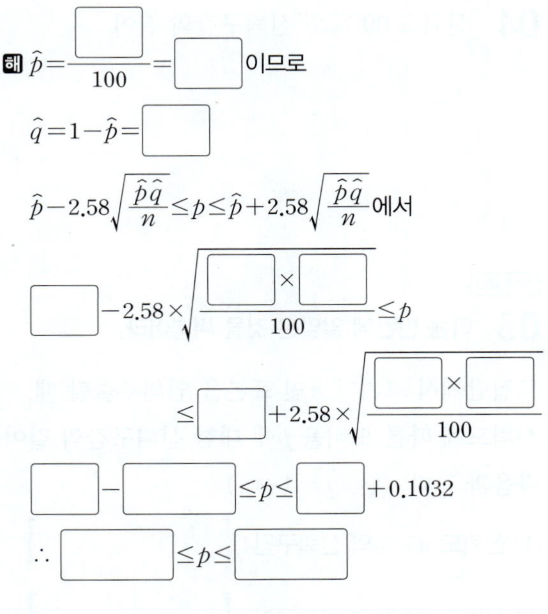

해 $\hat{p}=\frac{\square}{100}=\square$ 이므로
$\hat{q}=1-\hat{p}=\square$
$\hat{p}-2.58\sqrt{\frac{\hat{p}\hat{q}}{n}}\le p\le \hat{p}+2.58\sqrt{\frac{\hat{p}\hat{q}}{n}}$ 에서
$\square-2.58\times\sqrt{\frac{\square\times\square}{100}}\le p$
$\le\square+2.58\times\sqrt{\frac{\square\times\square}{100}}$
$\square-\square\le p\le\square+0.1032$
$\therefore\ \square\le p\le\square$

[09-10] **다음 물음에 답하여라.**

09 어떤 선거구의 유권자 중에서 100명을 임의로 추출하여 조사하였더니 입후보자 A에 대한 지지자가 50명이었다. 이 선거구 유권자의 A에 대한 지지율에 대하여 신뢰도 95 %의 신뢰구간을 구하여라.

(단, $\mathrm{P}(|Z|\le 1.96)=0.95$)

10 어느 가전 제품 회사에서 새로운 디자인에 대한 선호도를 알아보기 위하여 400명을 임의추출하여 조사하였더니 이들 중 360명이 새로운 디자인을 선호하였다. 이때, 전체 국민 중에서 새로운 디자인을 선호하는 비율에 대하여 신뢰도 99 %의 신뢰구간을 구하여라.

(단, $\mathrm{P}(|Z|\le 2.58)=0.99$)

개념 체크

11 **다음 빈칸에 알맞은 것을 써넣어라.**

모집단에서 크기가 n인 표본을 임의추출하여 구한 표본비율이 $\hat{p}$일 때, n이 충분히 크면 모비율 p에 대한 신뢰구간은 다음과 같다. (단, $\hat{q}=1-\hat{p}$)

① 신뢰도 95 %의 신뢰구간 :

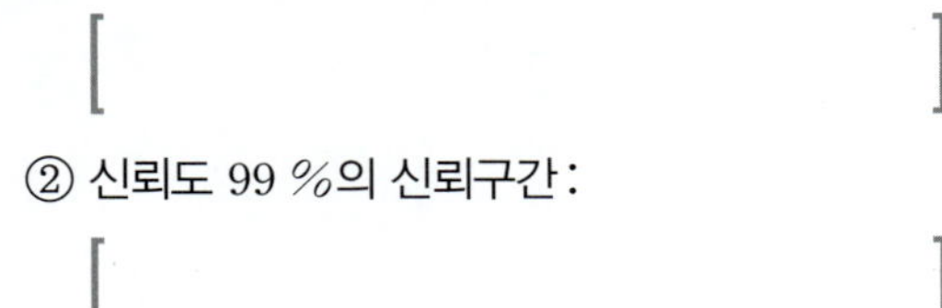

② 신뢰도 99 %의 신뢰구간 :

[ ]

< 정답과 해설 p. 127~128 >

44 모비율의 신뢰구간의 길이

모집단에서 크기가 n인 표본을 임의추출할 때, 신뢰도에 따른 **모비율 p에 대한 신뢰구간의 길이**는 다음과 같다.

(단, $\hat{q}=1-\hat{p}$)

(1) 신뢰도 95 %의 신뢰구간의 길이 : $2\times1.96\sqrt{\dfrac{\hat{p}\hat{q}}{n}}$

신뢰구간이 $\hat{p}-1.96\sqrt{\dfrac{\hat{p}\hat{q}}{n}}\le p\le\hat{p}+1.96\sqrt{\dfrac{\hat{p}\hat{q}}{n}}$이므로

(신뢰구간의 길이) $=\left(\hat{p}+1.96\sqrt{\dfrac{\hat{p}\hat{q}}{n}}\right)-\left(\hat{p}-1.96\sqrt{\dfrac{\hat{p}\hat{q}}{n}}\right)$

(2) 신뢰도 99 %의 신뢰구간의 길이 : $2\times2.58\sqrt{\dfrac{\hat{p}\hat{q}}{n}}$

신뢰구간이 $\hat{p}-2.58\sqrt{\dfrac{\hat{p}\hat{q}}{n}}\le p\le\hat{p}+2.58\sqrt{\dfrac{\hat{p}\hat{q}}{n}}$이므로

(신뢰구간의 길이) $=\left(\hat{p}+2.58\sqrt{\dfrac{\hat{p}\hat{q}}{n}}\right)-\left(\hat{p}-2.58\sqrt{\dfrac{\hat{p}\hat{q}}{n}}\right)$

유형 70 모비율의 신뢰구간의 길이

[01-02] 모집단에서 크기가 100인 표본을 임의추출하여 구한 표본비율이 $\hat{p}$일 때, 다음과 같은 신뢰도로 추정한 모비율 p에 대한 신뢰구간의 길이를 구하여라.

(단, $\mathrm{P}(|Z|\le1.96)=0.95$, $\mathrm{P}(|Z|\le2.58)=0.99$)

01 $\hat{p}=0.5$, 신뢰도 95 %

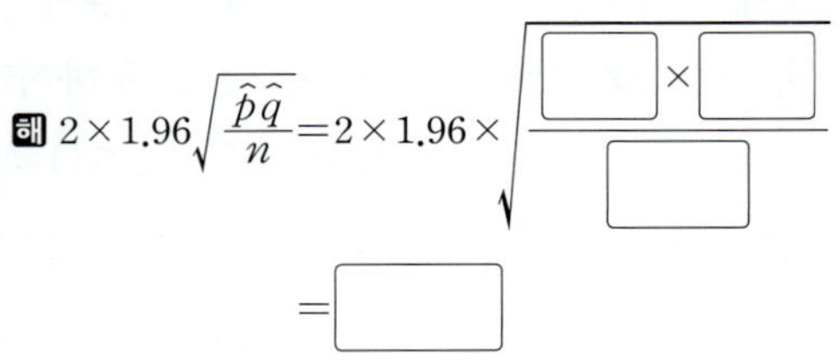

해 $2\times1.96\sqrt{\dfrac{\hat{p}\hat{q}}{n}}=2\times1.96\times\sqrt{\dfrac{\square\times\square}{\square}}$

$=\square$

02 $\hat{p}=0.5$, 신뢰도 99 %

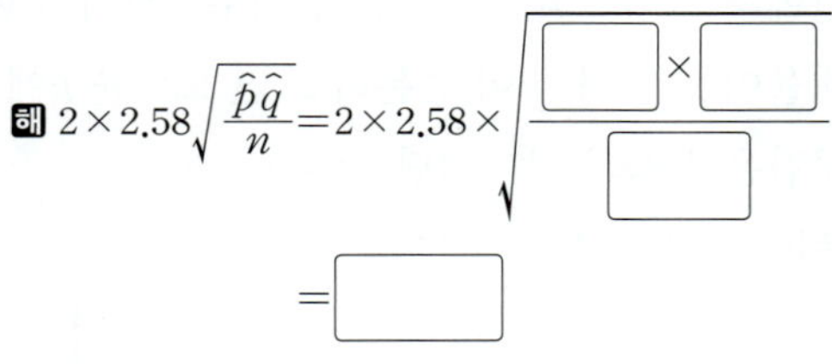

해 $2\times2.58\sqrt{\dfrac{\hat{p}\hat{q}}{n}}=2\times2.58\times\sqrt{\dfrac{\square\times\square}{\square}}$

$=\square$

[03-04] 어느 마을 주민 중 400명을 임의추출하여 A에 대한 의견을 조사했을 때, 80명의 주민이 찬성하였다. 다음 물음에 답하여라.

(단, $\mathrm{P}(|Z|\le1.96)=0.95$, $\mathrm{P}(|Z|\le2.58)=0.99$)

03 신뢰도 95 %의 신뢰구간의 길이

해 $\hat{p}=\dfrac{\square}{400}=0.2$이므로 신뢰구간의 길이는

$2\times1.96\times\sqrt{\dfrac{\square\times\square}{\square}}=\square$

04 신뢰도 99 %의 신뢰구간의 길이

개념 체크

05 다음 빈칸에 알맞은 것을 써넣어라.

모집단에서 크기가 n인 표본을 임의추출할 때, 신뢰도에 따른 모비율 p에 대한 신뢰구간의 길이는 다음과 같다. (단, $\hat{q}=1-\hat{p}$)

(1) 신뢰도 95 %의 신뢰구간 : [ ]

(2) 신뢰도 99 %의 신뢰구간 : [ ]

〈 정답과 해설 p. 128 〉

45 모비율의 신뢰구간의 성질

(1) 모집단에서 크기가 n인 표본을 임의추출할 때, 모비율 p에 대한 신뢰도 α %의 신뢰구간을 $a \le p \le b$라 하면 신뢰구간의 길이는

$$b-a=2\times k\times\sqrt{\frac{\hat{p}\hat{q}}{n}}\left(\text{단, } \mathrm{P}(|Z|\le k)=\frac{\alpha}{100}\right)$$

(2) 신뢰구간의 성질

① 표본의 크기가 일정할 때,	신뢰도가 높아지면 신뢰구간의 길이는 길어진다. 신뢰도가 낮아지면 신뢰구간의 길이는 짧아진다.	$b-a=2\times k\times\sqrt{\frac{\hat{p}\hat{q}}{n}}$
② 신뢰도가 일정할 때,	표본의 크기가 커지면 신뢰구간의 길이는 짧아진다. 표본의 크기가 작아지면 신뢰구간의 길이는 길어진다.	$b-a=2\times k\times\sqrt{\frac{\hat{p}\hat{q}}{n}}$

유형 71 신뢰구간의 성질

[01-04] 다음의 참, 거짓을 판정하여라.

01 표본의 크기가 일정할 때, 신뢰도가 높아지면 신뢰구간의 길이는 길어진다.

02 신뢰도가 일정할 때, 표본의 크기가 커지면 신뢰구간의 길이는 짧아진다.

03 신뢰도를 낮추면서 표본의 크기를 크게 하면 신뢰구간의 길이는 커진다.

04 신뢰도가 일정할 때, 표본의 크기가 $16n$일 때의 신뢰구간의 길이는 표본의 크기가 n일 때의 신뢰구간의 길이의 $\frac{1}{16}$배이다.

개념 체크

05 다음 빈칸에 알맞은 것을 써넣거나, 알맞은 것에 ○표 하여라.

(1) 모집단에서 크기가 n인 표본을 임의추출할 때, 모비율 p에 대한 신뢰도 α %의 신뢰구간을 $a \le p \le b$라 하면 신뢰구간의 길이는

$b-a=[\qquad\qquad]\left(\text{단, } \mathrm{P}(|Z|\le k)=\frac{\alpha}{100}\right)$

(2) 신뢰구간의 성질

① 표본의 크기가 일정할 때,
신뢰도가 높아지면 신뢰구간의 길이는
(짧아진다 , 길어진다).
신뢰도가 낮아지면 신뢰구간의 길이는
(짧아진다 , 길어진다).

② 신뢰도가 일정할 때,
표본의 크기가 커지면 신뢰구간의 길이는
(짧아진다 , 길어진다).
표본의 크기가 작아지면 신뢰구간의 길이는
(짧아진다 , 길어진다).

〈정답과 해설 p. 128〉

46 모비율의 추정 – 표본의 크기 구하기

✪ 신뢰구간에 대한 식을 세운 후 주어진 신뢰구간과 비교하여 표본의 크기 n의 값을 구한다.

예 모집단에서 크기가 n인 표본을 임의추출할 때, 모비율 p에 대한 신뢰도 α %의 신뢰구간을 $a \le p \le b$라 하면 신뢰구간의 길이는

$$b-a=2\times k\times\sqrt{\frac{\hat{p}\hat{q}}{n}}\left(\text{단, } \mathrm{P}(|Z|\le k)=\frac{\alpha}{100}\right)$$

신뢰구간의 길이가 1 이하가 되도록 하는 n의 최솟값을 구하라고 하면 부등식 $2\times k\times\sqrt{\frac{\hat{p}\hat{q}}{n}}\le 1$의 해를 구하면 된다.

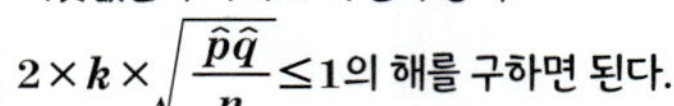

유형 72 모비율의 추정 – 표본의 크기 구하기

[01-03] 어느 신도시의 창업률을 조사하기 위해 100명을 임의추출하여 조사하였더니 그 중 10명이 창업자라 할 때, 다음 물음에 답하여라.
(단, $\mathrm{P}(|Z|\le 1.96)=0.95$, $\mathrm{P}(|Z|\le 2.58)=0.99$)

01 신뢰도 99 %로 추정한 신뢰구간의 길이

해 표본 100명 중에서 10명이 창업자이므로 표본비율

$\hat{p}=\square=\square$, $\hat{q}=1-\hat{p}=\square$

따라서 신뢰구간의 길이는

$2\times 2.58\sqrt{\frac{\hat{p}\hat{q}}{n}}=2\times 2.58\times\square=\square$

02 크기가 n인 표본을 임의추출하여 신뢰도 95 %로 추정한 신뢰구간의 길이

해 $2\times 1.96\sqrt{\frac{\hat{p}\hat{q}}{n}}=2\times 1.96\times\sqrt{\frac{0.1\times 0.9}{\square}}=2\times 1.96\times\frac{\square}{\sqrt{n}}$

03 신뢰구간의 길이를 0.05 이하가 되도록 하는 표본의 크기의 최솟값을 구하여라.

해 $2\times 2.58\times\sqrt{\frac{0.1\times 0.9}{n}}\le 0.05$, $2\times 2.58\times\frac{\square}{\sqrt{n}}\le 0.05$

$\sqrt{n}\ge 2\times 2.58\times\frac{\square}{0.05}$, $\sqrt{n}\ge\square$

$\therefore n\ge\square$

따라서 n의 최솟값은 $\square$이다.

[04-06] 어느 고등학교 학생 중 100명의 학생을 임의추출하여 자전거로 통학하는 학생의 수를 조사하였더니 20명이었다. 다음 물음에 답하여라.
(단, $\mathrm{P}(|Z|\le 1.96)=0.95$, $\mathrm{P}(|Z|\le 2.58)=0.99$)

04 신뢰도 95 %로 추정한 신뢰구간의 길이

05 크기가 n인 표본을 임의추출하여 신뢰도 99 %로 추정한 신뢰구간의 길이

06 신뢰구간의 길이를 0.08 이하가 되도록 하는 표본의 크기의 최솟값을 구하여라.
(단, $\mathrm{P}(|Z|\le 1.96)=0.95$)

개념 체크

07 다음 빈칸에 알맞은 것을 써넣어라.

신뢰구간에 대한 [　　]을 세운 후 주어진 신뢰구간과 비교하여 표본의 크기 [　　]의 값을 구한다.

〈 정답과 해설 p. 129 〉

01

〈보기〉의 조사 대상에 대해 표본조사 방법에 해당하는 것을 있는 대로 고른 것은?

〈보기〉
ㄱ. 전국 고등학생의 키 평균 조사
ㄴ. 특정 학생의 생활 습관 분석
ㄷ. 휴대폰 배터리 수명 테스트
ㄹ. 한 반 학생들의 시험 점수 조사

① ㄱ, ㄴ ② ㄱ, ㄷ ③ ㄴ, ㄷ
④ ㄴ, ㄹ ⑤ ㄷ, ㄹ

02

1부터 5까지의 숫자를 각각 적은 다섯 개의 제비가 들어 있는 주머니에서 크기가 2인 표본을 추출하려고 한다. 다음 각 경우에 표본을 추출하는 방법의 수의 합을 구하여라.

(가) 복원추출하는 경우
(나) 한꺼번에 2개를 추출하는 경우

03

1, 3, 5, 7, 9의 숫자가 각각 적혀 있는 다섯 장의 카드가 있다. 이 중에서 비복원추출에 의하여 크기가 2인 표본을 임의추출할 때, 표본평균 $\overline{X}$의 확률분포에서 $a+b$의 값을 구하여라.

$\overline{X}$	2	3	4	5	6	7	8	합계
$\mathrm{P}(\overline{X}=\overline{x})$		a	$\frac{1}{5}$		b		$\frac{1}{10}$	1

04

정규분포 $\mathrm{N}(10, 4^2)$을 따르는 모집단에서 크기가 100인 표본을 임의추출하여 구한 표본평균을 $\overline{X}$라 할 때, $\mathrm{E}(\overline{X})+\sigma(\overline{X})$의 값을 구하여라.

05

모표준편차가 4인 모집단에서 크기가 n인 표본을 임의추출할 때, 표본평균 $\overline{X}$의 표준편차가 0.4 이하가 되도록 하는 자연수 n의 최솟값을 구하여라.

06 조건 확인!

모집단의 확률변수 X의 확률분포를 표로 나타내면 다음과 같다.

X	3	4	5	합계
$\mathrm{P}(X=x)$	$\frac{1}{4}$	a	$\frac{1}{4}$	1

이 모집단에서 크기가 4인 표본을 임의추출할 때, 표본평균 $\overline{X}$의 평균을 구하여라.

07

모집단의 확률변수 X의 확률질량함수가

$$\mathrm{P}(X=x)=\frac{x}{8}\ (x=1,\ 3,\ 4)$$

이다. 이 모집단에서 크기가 9인 표본을 임의추출할 때, 표본평균 $\overline{X}$에 대하여 $\sigma(12\overline{X})$의 값은?

① $\sqrt{13}$ ② $\sqrt{14}$ ③ $\sqrt{15}$ ④ 4 ⑤ $\sqrt{17}$

08

모집단의 확률변수 X의 확률분포를 표로 나타내면 다음과 같다. 이 모집단에서 크기가 n인 표본을 임의추출하여 구한 표본평균 $\overline{X}$의 분산이 $\frac{1}{4}$일 때, 자연수 n의 값을 구하여라.

X	0	1	2	3	합계
$\mathrm{P}(X=x)$	$\frac{1}{8}$	$\frac{3}{8}$	$\frac{3}{8}$	$\frac{1}{8}$	1

〈 정답과 해설 p. 129~130 〉

09 생각 더하기

100원짜리 동전 1개와 500원짜리 동전 n개가 들어 있는 주머니에서 1개의 동전을 임의추출할 때, 동전의 금액의 평균을 $\overline{X}$라 하면 $\mathrm{E}(\overline{X})=450$이다. 이때, $\mathrm{V}(\overline{X})$의 값은?

① 8500 ② 8750 ③ 9000
④ 9250 ⑤ 9500

10

숫자 1, 3, 5, 7, 9가 하나씩 적힌 카드가 각각 10장씩 들어 있는 주머니가 있다. 이 주머니에서 4장의 카드를 임의추출할 때, 카드에 적힌 숫자의 평균을 $\overline{X}$라 하자. 이때, $\mathrm{E}(2\overline{X}+3)+\mathrm{V}(3\overline{X})$의 값은?

① 28 ② 29 ③ 30 ④ 31 ⑤ 32

11

정규분포 $\mathrm{N}(m,\ \sigma^2)$을 따르는 모집단에서 크기가 24인 표본을 임의추출할 때, 표본평균 $\overline{X}$는 정규분포 $\mathrm{N}\left(80,\ \frac{8}{3}\right)$을 따른다. 두 상수 m, σ에 대하여 $m+\sigma$의 값은?

① 82 ② 84 ③ 86 ④ 88 ⑤ 90

12

모평균이 98, 모표준편차가 28인 정규분포를 따르는 모집단에서 크기가 16인 표본을 임의로 추출할 때, 오른쪽 표준정규분포표를 이용하여 표본평균이 91 이상 112 이하일 확률을 구한 것은?

z	$\mathrm{P}(0\le Z\le z)$
1.0	0.3413
1.5	0.4332
2.0	0.4772

① 0.3413 ② 0.4332 ③ 0.4772
④ 0.7745 ⑤ 0.8185

13

모평균이 450, 모표준편차가 40인 정규분포를 따르는 모집단에서 임의추출된 크기 100인 표본의 평균 $\overline{X}$에 대하여 $\mathrm{P}(\overline{X}\ge 452)$의 값은?

(단, $\mathrm{P}(0\le Z\le 0.5)=0.1915$)

① 0.1915 ② 0.3085 ③ 0.4537
④ 0.6351 ⑤ 0.8195

14

한 항공사의 국제선 비행시간은 평균이 3200분, 표준편차가 80분인 정규분포를 따른다고 한다. 이 항공사에서 임의로 64편의 국제선 비행시간을 조사했을 때, 표본의 평균 비행시간이 3180분 이하일 확률을 오른쪽 표준정규분포표를 이용하여 구한 것은?

z	$\mathrm{P}(0\le Z\le z)$
1.0	0.3413
2.0	0.4772
3.0	0.4987

① 0.0228 ② 0.2157 ③ 0.3413
④ 0.4772 ⑤ 0.4987

15

정규분포 $\mathrm{N}(600,\ 18^2)$을 따르는 모집단에서 크기가 n인 표본을 임의추출할 때, 표본평균 $\overline{X}$에 대하여 $\mathrm{P}(\overline{X}\ge 606)=0.0013$이다. 이때, 오른쪽 표준정규분포표를 이용하여 n의 값을 구하여라.

z	$\mathrm{P}(0\le Z\le z)$
1.0	0.3413
2.0	0.4772
3.0	0.4987

16

정규분포 $\mathrm{N}(m,\ 8^2)$을 따르는 모집단에서 크기가 64인 표본을 임의추출할 때, 표본평균 $\overline{X}$에 대하여 $\mathrm{P}(\overline{X}\ge 92)=0.9772$이다. 이때, 오른쪽 표준정규분포표를 이용하여 m의 값을 구하여라.

z	$\mathrm{P}(0\le Z\le z)$
1.0	0.3413
2.0	0.4772
3.0	0.4987

17

숫자 4, 5, 6, 7이 하나씩 적힌 공이 각각 40개, 30개, 20개, 10개 들어 있는 주머니가 있다. 이 주머니에서 복원추출한 144개의 공에 적힌 숫자의 평균을 $\overline{X}$라 할 때, $\mathrm{P}(\overline{X} \geq k)=0.1587$을 만족시키는 상수 k의 값은?

(단, $\mathrm{P}(0 \leq Z \leq 1)=0.3413$)

① $\frac{29}{6}$ ② $\frac{59}{12}$ ③ 5 ④ $\frac{61}{12}$ ⑤ $\frac{31}{6}$

18

정규분포 $\mathrm{N}(200, 9^2)$을 따르는 모집단에서 크기가 324인 표본을 임의추출할 때, 표본평균 $\overline{X}$가 k 이하일 확률이 0.017 이하가 되도록 하는 실수 k의 최댓값은?

(단, $\mathrm{P}(0 \leq Z \leq 2.12)=0.483$)

① 196.94 ② 197.94 ③ 197.98
④ 198.94 ⑤ 198.98

19

정규분포 $\mathrm{N}(m, 5^2)$을 따르는 모집단에서 표본의 크기가 25인 표본을 임의추출하여 구한 표본평균이 165일 때, 모평균 m을 신뢰도 95 %로 추정한 신뢰구간은? (단, $\mathrm{P}(|Z| \leq 1.96)=0.95$)

① $163.04 \leq m \leq 166.04$
② $163.04 \leq m \leq 166.96$
③ $164.04 \leq m \leq 165.04$
④ $164.96 \leq m \leq 166.04$
⑤ $165.96 \leq m \leq 166.04$

20

어떤 논에서 자란 벼 이삭 1024개를 임의추출하여 그 낟알을 조사했더니 한 이삭당 낟알 수는 평균 90알, 표준편차 16알인 정규분포를 따른다. 이 논에서 자란 벼 이삭 전체의 한 이삭당 낟알 수를 신뢰도 95 %로 추정한 신뢰구간이 $89.02 \leq m \leq a$일 때, a의 값은?

(단, $\mathrm{P}(|Z| \leq 1.96)=0.95$)

① 89.98 ② 90.52 ③ 90.98
④ 91.52 ⑤ 91.98

21

어느 회사에서 생산하는 LED 전구의 수명은 정규분포를 따른다고 한다. 이 회사에서 생산한 전구 576개를 임의추출하여 조사한 결과, 전구의 평균 수명은 9년이고 표준편차는 2년이었다. 이 회사에서 생산한 전구의 평균 수명 m에 대한 신뢰도 99 %의 신뢰구간을 구하여라. (단, $\mathrm{P}(|Z| \leq 2.58)=0.99$)

22

어느 마을 주민들이 한 달 동안 적립하는 마트 포인트는 표준편차가 10인 정규분포를 따른다고 한다. 이 마을 주민 중 임의로 n명을 뽑아 한 달 동안 적립하는 마트 포인트를 조사하였더니 평균이 15였다.
이 마을 주민들이 한 달 동안 적립하는 마트 포인트의 평균 m을 신뢰도 95 %로 추정한 신뢰구간이 $13.04 \leq m \leq 16.96$일 때, 정수 n의 값을 구하여라.

(단, $\mathrm{P}(|Z| \leq 1.96)=0.95$)

23

우리나라 국민의 1인당 연간 독서량은 표준편차가 5권인 정규분포를 따른다. 우리나라 국민 중 임의로 n명을 뽑아 조사한 1인당 연간 독서량의 평균이 11.6권일 때, 우리나라 국민 전체의 1인당 연간 독서량의 평균 m을 신뢰도 99 %로 추정한 신뢰구간이 $10.74 \leq m \leq 12.46$이었다. 이때, 표본의 크기 n의 값은? (단, $\mathrm{P}(|Z| \leq 2.58)=0.99$)

① 121 ② 144 ③ 169 ④ 196 ⑤ 225

24

정규분포 $\mathrm{N}(m, 100)$을 따르는 어떤 모집단에서 크기가 900인 표본을 추출하여 평균을 구하였더니 k이었다. 신뢰도 99 %로 모평균을 추정할 때, 신뢰구간의 길이는? (단, $\mathrm{P}(|Z| \leq 2.58)=0.99$)

① 1.72 ② 1.96 ③ 2.58 ④ 3.92 ⑤ 5.16

DAY 35

〈 정답과 해설 p. 130~133 〉

25 생각 더하기

정규분포 $\mathrm{N}(m, \sigma^2)$을 따르는 모집단에서 임의추출한 표본의 평균 $\overline{X}$로부터 모평균 m을 추정할 때, 신뢰구간의 길이는 표본의 크기 n과 신뢰도 α %에 따라 변한다. 다음 중 신뢰구간의 길이가 가장 긴 것은?

① $n=100$, $\alpha=90$　② $n=100$, $\alpha=94$
③ $n=150$, $\alpha=94$　④ $n=200$, $\alpha=90$
⑤ $n=200$, $\alpha=94$

26

모집단이 정규분포 $\mathrm{N}(120, 10^2)$을 따를 때, 이 모집단에서 크기가 25인 표본의 평균 $\overline{X}$에 대하여 $\mathrm{P}(|\overline{X}-120|\le a)=0.99$를 만족시키는 상수 a의 값을 구하여라. (단, $\mathrm{P}(|Z|\le 2.58)=0.99$)

27

어느 앱의 알림 클릭률이 $\frac{1}{3}$이라 한다. 이 앱 사용자 중 임의로 n명을 뽑아 알림 클릭 여부를 조사했더니, 클릭한 비율 $\hat{p}$의 표준편차가 $\frac{1}{21}$이라 한다. 이때, 자연수 n의 값은?

① 94　② 98　③ 102　④ 106　⑤ 110

28

모비율이 0.4인 모집단에서 크기가 600인 표본을 임의추출하여 구한 표본비율 $\hat{p}$이 근사적으로 따르는 정규분포를 $\mathrm{N}(m, \sigma^2)$ 꼴로 나타낼 때, $m+\sigma$의 값은?

① 0.42　② 0.44　③ 0.46　④ 0.48　⑤ 0.5

29

어느 학교의 교복 셔츠는 제작 과정에서 2 %가 불량품이 나온다고 한다. 이 학교 교복 셔츠 400벌을 임의로 추출하여 조사했을 때, 불량품의 비율이 2.7 % 이하일 확률은? (단, $\mathrm{P}(0\le Z\le 1)=0.3413$)

① 0.6826　② 0.6587　③ 0.7881
④ 0.8413　⑤ 0.9332

30 조건 확인!

어느 고등학교 학생들의 20 %가 아침 운동에 참여한다고 한다. 임의추출한 100명의 학생 중에서 아침 운동에 참여한 학생이 20명 이상 30명 이하일 확률은? (단, $\mathrm{P}(0\le Z\le 2.5)=0.4938$)

① 0.0062　② 0.2469　③ 0.4938
④ 0.9876　⑤ 0.9938

31

어느 회사에서 새로 개발한 다이어트 프로그램의 효과를 검증하기 위해 임의추출된 600명을 대상으로 3개월간 진행한 결과 240명이 목표 감량에 성공하였다. 이 프로그램의 성공률을 신뢰도 99 %로 추정하는 신뢰구간을 $[a, b]$와 같이 나타내어라.

(단, $\mathrm{P}(|Z|\le 2.58)=0.99$)

32

모집단에서 크기가 25인 표본을 임의추출하여 구한 표본비율이 0.5일 때, 모비율 p에 대한 신뢰도 95 %의 신뢰구간의 길이는? (단, $\mathrm{P}(|Z|\le 1.96)=0.95$)

① 0.196　② 0.258　③ 0.392
④ 0.516　⑤ 0.588

〈 정답과 해설 p. 133 〉

〈개념 찾아보기〉

I 경우의 수

	개념	학습 내용	페이지
I-1 중복순열과 같은 것이 있는 순열	01 합의 법칙과 곱의 법칙	01 합의 법칙, 곱의 법칙	10
	02 순열과 조합	02 순열과 조합	11
	03 집합과 함수	03 집합 04 함수	12
	04 일대일함수와 일대일대응	05 일대일함수와 일대일대응	13
	05 중복순열의 뜻	06 중복순열의 기호 표현	14
	06 중복순열의 수	07 중복순열의 계산 08 중복순열을 이용한 경우의 수	15
	07 중복순열의 수 – 특별한 자리를 고정	09 특정한 자리를 고정하는 중복순열의 수	17
	08 중복순열의 수 – 자연수의 개수	10 0이 포함되지 않은 경우 11 0이 포함되는 경우	18
	09 중복순열의 수 – 함수의 개수	12 함수의 개수 13 일대일함수의 개수 14 일대일대응의 개수	19
	10 중복순열의 수 – 신호의 개수	15 신호의 개수	21
	11 중복순열의 수 – 집합의 결정	16 집합의 결정	22
	12 같은 것이 있는 순열	17 같은 것이 있는 순열의 수 18 양 끝에 특정한 것이 오는 경우 19 이웃하거나 이웃하지 않는 경우	23
	13 같은 것이 있는 순열 – 순서가 정해진 순열의 수	20 순서가 정해진 순열의 수	25
	14 같은 것이 있는 순열 – 자연수의 개수	21 자연수의 개수 – 0을 포함하지 않은 경우 22 자연수의 개수 – 0을 포함하는 경우 23 자연수의 개수 – 가능한 숫자의 쌍을 먼저 고려해야 하는 경우 24 자연수의 개수 – 홀수, 짝수의 개수 25 자연수의 개수 – 배수의 개수	26
	15 같은 것이 있는 순열 – 최단 거리로 가는 경우의 수	26 A지점에서 B지점까지 최단 거리 27 P지점을 거쳐 가는 최단 거리 28 장애물이 있는 경우의 최단 거리 29 끊긴 도로가 있는 경우의 최단 거리	30
	학교 시험 기본 문제	단원 마무리 평가 – 01 합의 법칙과 곱의 법칙 ~ 15 같은 것이 있는 순열 – 최단 거리로 가는 경우의 수	33
I-2 중복조합	16 중복조합의 뜻	30 중복조합의 기호 표현	36
	17 중복조합의 수	31 중복조합의 계산 32 중복조합을 이용한 경우의 수	37
	18 중복조합의 수 – 조건이 주어질 때	33 일정 개수 이상 포함하는 중복조합의 수 34 중복조합을 이용한 경우의 수	40
	19 중복조합의 수 – 전개식에서 항의 개수	35 전개식에서 항의 개수	41
	20 중복조합의 수 – 대소가 정해진 경우	36 대소가 정해진 경우	42
	21 중복조합의 수 – 방정식의 해의 개수	37 음이 아닌 정수인 해의 개수 38 자연수인 해의 개수	44
	22 중복조합의 수 – 함수의 개수	39 함수의 개수	46
	23 중복순열과 중복조합의 비교	40 중복순열과 중복조합의 비교	48
	학교 시험 기본 문제	단원 마무리 평가 – 16 중복조합의 뜻 ~ 23 중복순열과 중복조합의 비교	49
I-3 이항정리	24 이항정리	41 이항정리를 이용한 $(a+b)^n$의 전개식 42 일반항과 계수	52
	25 $(a+b)^m(c+d)^n$의 전개식	43 $(a+b)^m(c+d)^n$의 전개식	54
	26 파스칼의 삼각형	44 파스칼의 삼각형	55
	27 이항계수의 합	45 이항계수의 합 – 하키스틱 패턴 46 이항계수의 합 – n의 값 구하기	56
	28 이항계수의 합 – 전개식에서 계수의 합	47 이항계수의 합 – 전개식에서 계수의 합	58
	29 이항계수의 성질	48 이항계수의 성질 49 이항계수의 성질 – 부등식	60
	30 $(1+x)^n$의 전개식의 활용	50 n의 값 구하기 51 나머지 구하기	62
	학교 시험 기본 문제	단원 마무리 평가 – 24 이항정리 ~ 30 $(1+x)^n$의 전개식의 활용	64

	개념	학습 내용	페이지
Ⅱ 확률 Ⅱ-1 확률의 뜻과 활용	01 시행과 사건	01 시행과 사건 02 근원사건, 전사건, 공사건	70
	02 합사건, 곱사건, 배반사건, 여사건	03 합사건, 곱사건, 여사건 04 배반사건 05 배반사건의 개수 06 배반사건과 여사건	72
	03 수학적 확률	07 수학적 확률	75
	04 순열을 이용하는 확률	08 순열을 이용하는 확률 09 중복순열을 이용하는 확률 10 같은 것이 있는 순열을 이용하는 확률	76
	05 조합을 이용하는 확률	11 조합을 이용하는 확률 12 중복조합을 이용하는 확률	79
	06 통계적 확률	13 통계적 확률	81
	07 기하적 확률	14 기하적 확률	82
	08 확률의 기본 성질	15 확률의 기본 성질	84
	09 확률의 덧셈정리	16 확률의 덧셈정리 17 확률의 덧셈정리 – 배반사건인 경우 18 확률의 최댓값과 최솟값	85
	10 여사건의 확률	19 '적어도'를 포함하지 않은 경우 20 '적어도'를 포함하는 경우	88
	11 여사건의 확률 – '이상', '이하', '아닌'의 조건이 있는 경우	21 '이상', '이하'를 포함하는 경우 22 '아닌'을 포함하는 경우	90
	12 확률의 덧셈정리와 여사건의 확률	23 확률의 덧셈정리와 여사건의 확률	91
	학교 시험 기본 문제	단원 마무리 평가 – 01 시행과 사건 ~ 12 확률의 덧셈정리와 여사건의 확률	92
Ⅱ-2 조건부확률	13 조건부확률	24 조건부확률의 계산 25 조건부확률의 계산 – 배반사건 26 여러 가지 조건부확률 27 조건부확률의 활용	97
	14 확률의 곱셈정리	28 확률의 곱셈정리의 계산 29 확률의 곱셈정리	102
	15 확률의 곱셈정리의 응용	30 확률의 곱셈정리의 응용 31 확률의 곱셈정리와 조건부확률	104
	16 사건의 독립과 종속	32 사건의 독립과 종속	106
	17 사건의 독립과 종속의 판정	33 사건의 독립과 종속의 판정 34 독립인 사건의 확률의 계산 35 독립과 종속의 성질 36 독립과 종속인 사건의 곱셈정리	107
	18 독립시행의 확률	37 독립시행의 판단 38 독립시행의 확률	111
	19 독립시행의 확률의 활용	39 승패의 확률을 구해야 하는 경우 40 사건에 따라 시행 횟수가 다른 경우 41 사건이 일어나는 횟수를 구해야 하는 경우	113
	학교 시험 기본 문제	단원 마무리 평가 – 13 조건부확률 ~ 19 독립시행의 확률의 활용	116
Ⅲ 통계 Ⅲ-1 이산확률변수와 이항분포	01 평균	01 평균 구하기	124
	02 분산, 표준편차	02 분산, 표준편차	125
	03 확률변수	03 확률변수 X가 가지는 값 04 확률변수와 표본공간	126
	04 이산확률변수와 연속확률변수	05 이산확률변수와 연속확률변수의 판정	129
	05 확률질량함수	06 확률질량함수 07 확률질량함수와 확률분포를 표로 나타내기	130
	06 확률질량함수의 성질	08 확률질량함수의 성질	133
	07 이산확률변수의 확률과 확률질량함수의 성질	09 이산확률변수의 확률과 확률질량함수의 성질	134
	08 확률질량함수의 성질의 응용	10 확률질량함수의 성질의 응용 (1) 11 확률질량함수의 성질의 응용 (2) 12 확률질량함수의 성질을 이용하여 상수 k의 값 구하기 13 확률질량함수가 복잡할 때, k의 값 구하기 14 $\mathrm{P}(X^2+pX+q\leq 0)$ 꼴의 값 구하기	135
	09 이산확률변수의 기댓값(평균)	15 기댓값	138
	10 이산확률변수의 평균, 분산, 표준편차	16 확률분포가 주어진 경우 – 이산확률변수의 평균, 분산, 표준편차 17 확률분포가 주어지지 않은 경우 – 이산확률변수의 평균, 분산, 표준편차	139
	11 이산확률변수 $aX+b$의 평균, 분산, 표준편차	18 이산확률변수 $aX+b$의 평균, 분산, 표준편차 19 확률분포가 주어지지 않은 경우 20 확률분포가 주어진 경우 21 평균, 분산이 주어진 경우	141
	12 이항분포	22 이항분포의 정의 23 이항분포와 확률질량함수 24 이항분포의 확률 25 이항분포의 이용	144
	13 이항분포의 평균, 분산, 표준편차 – 확률변수	26 이항분포가 주어진 경우 – 이항분포의 평균, 분산, 표준편차 27 이항분포가 주어진 경우 – X^2의 평균 구하기 28 이항분포가 주어지지 않은 경우 – 이항분포의 평균, 분산, 표준편차	147

	개념	학습 내용	페이지
	14 이항분포의 평균, 분산, 표준편차 – 확률변수 $aX+b$	29 이항분포가 주어진 경우 – 이항분포의 평균, 분산, 표준편차 30 이항분포가 주어지지 않은 경우 – 이항분포의 평균, 분산, 표준편차	149
	15 큰 수의 법칙	31 큰 수의 법칙	151
	학교 시험 기본 문제	단원 마무리 평가 – 01 평균 ~ 15 큰 수의 법칙	152
Ⅲ–2 연속확률변수와 정규분포	16 확률밀도함수	32 연속확률변수 33 확률밀도함수 34 확률밀도함수의 성질	156
	17 정규분포	35 정규분포	158
	18 정규분포곡선	36 정규분포곡선	159
	19 정규분포곡선의 성질	37 정규분포곡선의 성질	160
	20 정규분포에서의 확률	38 정규분포의 확률 (1)	162
	21 정규분포에서의 확률 구하는 순서	39 정규분포의 확률 (2)	163
	22 표준정규분포	40 표준정규분포	164
	23 표준정규분포에서의 확률	41 표준정규분포에서의 확률	165
	24 정규분포의 표준화	42 정규분포의 표준화 43 표준정규분포를 이용하기	167
	25 정규분포의 응용	44 정규분포의 응용 – 확률 구하기 45 정규분포의 응용 – 미지수의 값 구하기 46 정규분포의 응용 – 불량품 개수 구하기 47 정규분포의 응용 – 최저 점수 구하기	169
	26 이항분포와 정규분포의 관계	48 이항분포와 정규분포의 관계 49 이항분포와 정규분포의 관계의 활용	171
	27 표준화하여 확률 비교하기	50 표준화하여 확률 비교하기	173
	학교 시험 기본 문제	단원 마무리 평가 – 16 확률밀도함수 ~ 27 표준화하여 확률 비교하기	174
Ⅲ–3 통계적 추정	28 모집단과 표본	51 모집단과 표본	178
	29 임의추출	52 복원추출과 비복원추출	179
	30 모평균과 표본평균	53 모평균과 표본평균	180
	31 표본평균의 평균, 분산, 표준편차	54 모집단의 확률분포가 주어진 경우 55 모평균, 모표준편차가 주어진 경우	181
	32 표본평균의 분포	56 표본평균의 분포 57 정규분포가 주어진 경우	184
	33 표본평균의 확률 구하기	58 표본평균의 확률	185
	34 표본평균의 확률 – 미지수의 값 구하기	59 표본평균의 확률 – 미지수의 값 구하기	187
	35 모비율과 표본비율	60 모비율과 표본비율	188
	36 표본비율의 평균, 분산, 표준편차	61 표본비율의 평균, 분산, 표준편차	189
	37 표본비율의 분포	62 표본비율의 분포	190
	38 표본비율의 확률	63 표본비율의 확률	191
	39 모평균의 추정	64 모평균의 추정	192
	40 모평균의 신뢰구간의 길이	65 모평균의 신뢰구간의 길이	194
	41 모평균의 신뢰구간의 성질	66 신뢰구간의 성질	195
	42 모평균의 추정 – 표본의 크기 구하기	67 모평균의 추정 – 표본의 크기 구하기 68 모평균의 추정 – 표본의 크기의 최솟값	196
	43 모비율의 추정	69 모비율의 추정	198
	44 모비율의 신뢰구간의 길이	70 모비율의 신뢰구간의 길이	200
	45 모비율의 신뢰구간의 성질	71 신뢰구간의 성질	201
	46 모비율의 추정 – 표본의 크기 구하기	72 모비율의 추정 – 표본의 크기 구하기	202
	학교 시험 기본 문제	단원 마무리 평가 – 28 모집단과 표본 ~ 46 모비율의 추정 – 표본의 크기 구하기	203

My Best friend
수경출판사 · 자이스토리

나만의 학습 계획표를 올려 주세요.

나만의 학습 계획표를 작성하고, 사진을 찍어
인스타그램 또는 블로그에 올려 주세요.

★ 필수 해시태그 - #수경출판사 #자이스토리 #수능기출문제집 #학습 계획표

★ 참여해 주신 분께: **바나나우유 기프티콘 증정**

QR코드를 스캔하여 개인 정보 및 작성한 게시물의 URL을 입력합니다.

수경 Mania가 되어 주세요.

인스타그램, 카페, 블로그 등에
수경출판사 교재로 공부하는 모습,
학습 후기, 교재 사진을 올려 주세요.

★ 참여해 주신 분께: **3,000원 편의점 기프티콘 증정**

★ 우수 후기 작성자: **강남인강 1년 수강권 증정**

QR코드를 스캔하여 개인 정보 및 작성한 게시물의 URL을 입력합니다.

수험장 생생체험단 모집

자이스토리 교재에 실릴 수능 문제에
대한 나만의 풀이 비법을 전수해 주세요.

★ 대상: **수능을 지원한 고3 및 N수생**
(성적 우수자 우선 선발)

★ 생생체험단 선정 수험생:
문항당 소정의 원고료 **증정**

QR코드를 스캔하여
해당 링크로 이동합니다.

교재 평가 설문지를 작성해 주세요.

수경출판사 교재 학습 후기, 교재 평가 설문지를 작성해 주세요.
[학생, 선생님 모두 가능]

★ 참여해 주신 분께: **2,000원 편의점 기프티콘 증정**

★ 우수 후기 작성자: **강남인강 1년 수강권 증정**

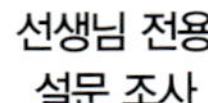
선생님 전용
설문 조사

QR코드를 스캔하여 해당 링크에 들어가서 설문 조사를 진행합니다.

학생 전용
설문 조사

---

*자세한 사항은 해당 QR코드를 스캔하거나, 홈페이지 이벤트 공지글을 참고해 주세요.
*이벤트의 내용이나 상품이 변경될 수 있으며, 변경 시 홈페이지에 공지됩니다.

[해설편]

확률과 통계

자이스토리 · 수경출판사

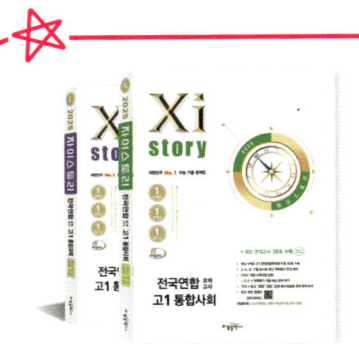

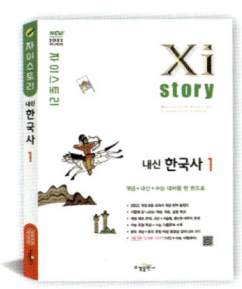

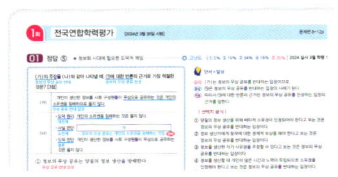

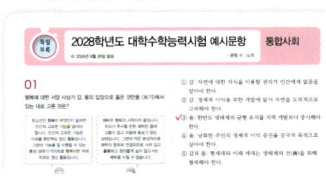

차례

빠른 정답 찾기 2

Ⅰ 경우의 수

1. 중복순열과 같은 것이 있는 순열 12
2. 중복조합 29
3. 이항정리 37

Ⅱ 확률

1. 확률의 뜻과 활용 47
2. 조건부확률 66

Ⅲ 통계

1. 이산확률변수와 이항분포 85
2. 연속확률변수와 정규분포 105
3. 통계적 추정 118

수력충전 · 빠른 정답

I-1 중복순열과 같은 것이 있는 순열

01 합의 법칙과 곱의 법칙 ▸ p.10

01 1) 4가지 2) 2가지 3) 0가지 4) 6가지
02 1) 5가지 2) 3가지 3) 1가지 4) 7가지 **03** 24가지
04 6가지 **05** 30개 **06** 10개

02 순열과 조합 ▸ p.11

01 3, 6 **02** 4, 4, 24 **03** 6, 24, 144 **04** 432
05 216 **06** 144 **07** 144

03 집합과 함수 ▸ p.12

01 1) $\{1, 6, 7, 8\}$ 2) $\{1, 2, 3, 7, 8\}$ 3) $\{2, 3\}$ 4) $\{6\}$
02 1) $\{5, 7, 13\}$ 2) $\{2, 7, 11\}$ 3) $\{2, 11\}$ 4) $\{5, 13\}$
03 $\{-2, -1, \cdots, 3, 4\}$
04 $\left\{\sqrt{3}, \sqrt{\frac{5}{2}}, \sqrt{2}, \sqrt{\frac{3}{2}}, 1, \sqrt{\frac{1}{2}}, 0\right\}$
05 $\{5, 6, 7, \cdots, 10, 11\}$

04 일대일함수와 일대일대응 ▸ p.13

01 1) ㄴ, ㄷ 2) ㄴ, ㄷ **02** 1) ㄴ 2) ×
03 1) ㄱ, ㄷ 2) ㄱ

05 중복순열의 뜻 ▸ p.14

01 ${}_3\Pi_2$ **02** ${}_3\Pi_3$ **03** ${}_4\Pi_2$ **04** ${}_3\Pi_4$ **05** ${}_3\Pi_7$
06 ${}_5\Pi_3$ **07** ${}_3\Pi_5$ **08** ${}_4\Pi_2$ **09** ${}_7\Pi_{10}$ **10** ${}_4\Pi_5$
11 ${}_6\Pi_4$ **12** ${}_7\Pi_3$ **13** (1) 중복순열 (2) ${}_n\Pi_r$, n 파이 r

06 중복순열의 수 ▸ p.15~16

01 9 **02** 1 **03** 27 **04** 16 **05** 243 **06** 7
07 $n=15$ **08** $n=6$ **09** $r=2$ **10** $r=5$
11 $r=5$ **12** $n=16$, $r=2$ **13** 8 **14** 32 **15** 27
16 64 **17** 64 **18** 4 **19** 9 **20** 4 **21** 5
22 n^r

07 중복순열의 수 – 특정한 자리를 고정 ▸ p.17

01 50 **02** 98 **03** 1024 **04** 125 **05** 65
06 126 **07** 11529 **08** 먼저, 빼서

08 중복순열의 수 – 자연수의 개수 ▸ p.18

01 4 **02** 9 **03** 27 **04** 81 **05** 243 **06** 6
07 48 **08** 기준, 나머지, ×

09 중복순열의 수 – 함수의 개수 ▸ p.19~20

01 9 **02** 81 **03** 64 **04** 243 **05** 6 **06** 24
07 120 **08** 360 **09** 2! **10** 3! **11** 5! **12** 6!
13 ${}_5\Pi_3$ **14** ${}_5P_3$ **15** ${}_5\Pi_2$ **16** ${}_5\Pi_4$ **17** ${}_5P_4$ **18** ${}_5\Pi_3$
19 192 **20** 18 **21** 375 **22** (1) ${}_n\Pi_m$ (2) ${}_nP_m$ (3) $n!$

10 중복순열의 수 – 신호의 개수 ▸ p.21

01 14 **02** 12 **03** 117 **04** 80 **05** 126
06 363 **07** 1364 **08** ${}_n\Pi_2$, ${}_n\Pi_3$, ${}_n\Pi_r$

11 중복순열의 수 – 집합의 결정 ▸ p.22

01 9 **02** 81 **03** 9 **04** 81 **05** 27 **06** 243
07 729 **08** $A\cap B$, $(A\cup B)^C$

12 같은 것이 있는 순열 ▸ p.23~24

01 3 **02** 3 **03** 4 **04** 4 **05** 360 **06** 6
07 6 **08** 30 **09** 3360 **10** 1680 **11** 10
12 120 **13** 6 **14** 20 **15** 6 **16** 12
17 4320 **18** 720 **19** 240 **20** $\dfrac{n!}{p!\times q!\times\cdots\times r!}$

13 같은 것이 있는 순열 – 순서가 정해진 순열의 수 ▸ p.25

01 60 **02** 20 **03** 120 **04** 210 **05** 1260
06 60 **07** 3360 **08** 문자, 같은 것이 있는 순열의 수

14 같은 것이 있는 순열 – 자연수의 개수 ▸ p.26~29

01 30 **02** 3 **03** 12 **04** 30 **05** 90 **06** 210
07 360 **08** 9 **09** 16 **10** 50 **11** 48 **12** 38
13 11 **14** 38 **15** 20 **16** 25 **17** 24 **18** 16
19 36 **20** 240 **21** 6 **22** 4 **23** 48
24 (1) 같은 것이 있는 순열 (2) 0, 같은 것이 있는 순열, 더하여
(3) 쌍, 같은 것이 있는 순열, 더하여

15 같은 것이 있는 순열 – 최단 거리로 가는 경우의 수
▸ p.30~32

01 20　02 10　03 35　04 36　05 9　06 9
07 15　08 100　09 34　10 7　11 19　12 17
13 66　14 6　15 23　16 10

17 (1) $\frac{(p+q)!}{p!\times q!}$　(2) $\frac{(p+q)!}{p!\times q!}\times\frac{(p'+q')!}{p'!\times q'!}$

(3) $\frac{(P+Q)!}{P!\times Q!}-\frac{(p+q)!}{p!\times q!}\times\frac{(p'+q')!}{p'!\times q'!}$

단원 마무리 평가 [01~15]
▸ 문제편 p.33~35

01 ②　02 ④　03 ④　04 ③　05 ①　06 50　07 ③
08 ④　09 ③　10 31　11 ①　12 ④　13 ②　14 ②
15 ①　16 ②　17 ①　18 ②　19 630　20 ②　21 ②
22 ①　23 ④　24 ②

I-2 중복조합

16 중복조합의 뜻
▸ p.36

01 $_3H_2$　02 $_3H_3$　03 $_4H_2$　04 $_5H_3$　05 $_3H_5$
06 $_3H_5$　07 $_4H_2$　08 $_7H_{10}$　09 $_4H_5$　10 $_4H_6$
11 $_3H_7$　12 (1) 중복조합　(2) $_nH_r$, n 에이치 r

17 중복조합의 수
▸ p.37~39

01 1　02 6　03 5　04 126　05 56　06 8
07 3　08 7　09 6　10 5　11 15　12 36
13 10　14 45　15 286　16 231　17 11　18 91
19 105　20 120　21 165　22 78　23 15　24 126
25 20　26 1225　27 $_nH_r$, $_{n+r-1}C_r$

18 중복조합의 수 – 조건이 주어질 때
▸ p.40

01 21　02 35　03 56　04 20　05 56　06 78
07 (1) 먼저, 나머지　(2) 먼저, 나머지

19 중복조합의 수 – 전개식에서 항의 개수
▸ p.41

01 35　02 20　03 21　04 78　05 3　06 4
07 6　08 15　09 $_mH_n$

20 중복조합의 수 – 대소가 정해진 경우
▸ p.42~43

01 15　02 210　03 35　04 5　05 35　06 35
07 20　08 10　09 100　10 441　11 144
12 $_{n-m+1}H_4$

21 중복조합의 수 – 방정식의 해의 개수
▸ p.44~45

01 28　02 120　03 21　04 45　05 220
06 286　07 84　08 35　09 56　10 28
11 21　12 56　13 84　14 46　15 175
16 36　17 120　18 (1) $_nH_r$　(2) $_nH_{r-n}$

22 중복조합의 수 – 함수의 개수
▸ p.46~47

01 1) 10　2) 35　02 1) 3　2) 6　03 1) 21　2) 28
04 1) 15　2) 126　05 1) 1　2) 10　06 1) 10　2) 15
07 1) 4　2) 20　08 1) 35　2) 84　09 20　10 70
11 56　12 (1) $_nC_m$　(2) $_nH_m$

23 중복순열과 중복조합의 비교
▸ p.48

01 $_4C_2$에 ○표　02 $_4P_2$에 ○표　03 $_2\Pi_4$에 ○표
04 $_4H_2$에 ○표　05 $_2H_4$에 ○표　06 $_4H_{12}$에 ○표
07 (1) 순열, $_n\Pi_r$에 ○표　(2) 조합, $_nH_r$에 ○표

단원 마무리 평가 [16~23]
▸ 문제편 p.49~51

01 ②　02 ⑤　03 ⑤　04 ⑤　05 ③　06 ③　07 ②
08 ③　09 ④　10 ②　11 ④　12 ③　13 ④　14 ①
15 ③　16 ⑤　17 ①　18 ②　19 ①　20 ②　21 ③
22 ①　23 ②　24 ②

I-3 이항정리

24 이항정리
▸ p.52~53

01 $a^2+2ab+b^2$　02 $a^3+3a^2b+3ab^2+b^3$
03 $32x^5+80x^4y+80x^3y^2+40x^2y^3+10xy^4+y^5$
04 $81a^4-108a^3b+54a^2b^2-12ab^3+b^4$　05 $x^2+2+\frac{1}{x^2}$
06 $x^4-4x^2+6-\frac{4}{x^2}+\frac{1}{x^4}$　07 $8x^3+12x+\frac{6}{x}+\frac{1}{x^3}$
08 $243x^5-810x^3+1080x-\frac{720}{x}+\frac{240}{x^3}-\frac{32}{x^5}$
09 $_7C_r4^{7-r}(-1)^ra^{7-r}b^r$　10 $_7C_r3^{7-r}(-1)^rx^{7-2r}$　11 56
12 −8　13 −20　14 14　15 9　16 3
17 (1) 이항정리, 이항정리　(2) 이항계수　(3) $_nC_ra^{n-r}b^r$

25 $(a+b)^m(c+d)^n$의 전개식 ▸ p.54

01 11　02 129　03 -2　04 35　05 2160
06 -75　07 $(c+d)^n$

26 파스칼의 삼각형 ▸ p.55

01 ${}_4C_3$　02 ${}_5C_4$　03 ${}_8C_5$　04 ${}_4C_2$　05 ${}_8C_3$
06 ${}_6C_2$　07 ${}_5C_2$　08 (1) ${}_{n-1}C_{r-1}$, ${}_{n-1}C_r$　(2) ${}_nC_{n-r}$

27 이항계수의 합 ▸ p.56~57

01 풀이 참조, ${}_6C_4$　02 풀이 참조, ${}_9C_3$　03 풀이 참조, ${}_8C_4$
04 풀이 참조, ${}_6C_4$　05 풀이 참조, ${}_9C_4$　06 18　07 17
08 20　09 12　10 14　11 18　12 15　13 22
14 11　15 24　16 (1) 다음, 왼쪽 수　(2) 다음, 오른쪽 수

28 이항계수의 합 – 전개식에서 계수의 합 ▸ p.58~59

01 ${}_6C_3$　02 ${}_6C_5$　03 ${}_5C_3$　04 0　05 ${}_{10}C_6$
06 ${}_9C_7$　07 ${}_{12}C_9$　08 ${}_{14}C_8$　09 ${}_9C_4$　10 ${}_{13}C_5$
11 ${}_{16}C_{12}$　12 ${}_{24}C_6$　13 $(1+x)^k$, $(1+x)^k$, $(1+x)^n$

29 이항계수의 성질 ▸ p.60~61

01 8　02 32　03 0　04 $2^{20}-2$　05 2^9　06 2^8
07 2　08 0　09 7　10 9　11 10　12 2^{48}
13 2^{98}　14 5　15 (1) 2^n　(2) 0　(3) 2^{n-1}

30 $(1+x)^n$의 전개식의 활용 ▸ p.62~63

01 14　02 6　03 22　04 27　05 20　06 52
07 1　08 55　09 100　10 133　11 1
12 x, n / (1) 우변　(2) 앞의 몇 항

단원 마무리 평가 [24~30] ▸ 문제편 p.64~66

01 ③　02 ②　03 ①　04 ③　05 ②　06 ③　07 ⑤
08 3　09 ⑤　10 ④　11 ②　12 ①　13 ②
14 8개　15 ③　16 ③　17 ④　18 ②　19 ③　20 ③
21 ①　22 ④　23 목요일　24 ①

Ⅱ-1 확률의 뜻과 활용

01 시행과 사건 ▸ p.70~71

01 $\{1, 2, 3, 4, 5, 6\}$　02 $\{1, 3, 5\}$　03 $\{2, 3, 5\}$
04 $\{1, 2, 3, 6\}$　05 $\{1\}$, $\{2\}$, $\{3\}$, $\{4\}$, $\{5\}$, $\{6\}$
06 {(앞, 앞), (앞, 뒤), (뒤, 앞), (뒤, 뒤)}
07 {(앞, 뒤), (뒤, 앞)}　08 {(앞, 앞), (뒤, 뒤)}
09 {(앞, 앞)}　10 {(앞, 앞)}, {(앞, 뒤)}, {(뒤, 앞)}, {(뒤, 뒤)}
11 {(가위, 가위), (가위, 바위), (가위, 보), (바위, 가위), (바위, 바위), (바위, 보), (보, 가위), (보, 바위), (보, 보)}
12 {(가위, 가위), (바위, 바위), (보, 보)}
13 {(가위, 바위), (가위, 보), (바위, 가위), (바위, 보), (보, 가위), (보, 바위)}
14 $\{1, 2, 3, 4, 5, 6, 7\}$
15 $\{1\}$, $\{2\}$, $\{3\}$, $\{4\}$, $\{5\}$, $\{6\}$, $\{7\}$　16 $\{2, 4, 6\}$
17 $\{2, 3, 5, 7\}$　18 전사건에 ○표　19 근원사건에 ○표
20 공사건에 ○표　21 근원사건에 ○표　22 공사건에 ○표
23 (1) 시행　(2) 표본공간, 사건　(3) 근원사건, 전사건, 공사건, $\varnothing$

02 합사건, 곱사건, 배반사건, 여사건 ▸ p.72~74

01 $\{1, 2, 3, 5\}$　02 $\{3, 5\}$　03 $\{2, 4, 6\}$
04 $\{1, 4, 6\}$　05 $\{1, 2, 3, 6\}$　06 $\varnothing$
07 $\{1, 2, 4, 5\}$　08 $\{3, 4, 5, 6\}$　09 $\{3, 6\}$
10 $\{4, 5\}$　11 {(앞, 앞)}　12 {(앞, 뒤), (뒤, 앞), (뒤, 뒤)}
13 $\varnothing$　14 배반사건이다.　15 $\{2, 3, 5, 7\}$
16 $\{1, 2, 4, 8\}$　17 $\{2\}$　18 배반사건이 아니다.
19 64　20 64　21 256　22 256　23 512
24 64　25 $\varnothing$　26 $\{1, 2, 3, 4, 5, 6\}$　27 $\{1, 3, 5\}$
28 $\varnothing$　29 $A\cap B=\{1, 2\}$, 배반사건이 아니다.
30 $\{1, 2, 3, 5, 6, 10\}$　31 $\{3, 4, 6, 7, 8, 9\}$
32 $\{3, 4, 5, 6, 7, 8, 9, 10\}$　33 B와 C
34 $\{1, 2, 3, 4, 5, 6, 7\}$　35 $\{1, 2, 3, 4, 5, 6, 10\}$
36 $\{1, 4, 6, 8, 9, 10\}$　37 $\{1, 2, 3, 4, 6, 7, 8, 9\}$
38 $\{1, 4, 6, 8, 9\}$
39 (1) 합사건, $A\cup B$　(2) 곱사건, $A\cap B$　(3) $\varnothing$, 배반사건
(4) 여사건, A^C

03 수학적 확률 ▸ p.75

01 $\frac{1}{6}$　02 $\frac{1}{6}$　03 $\frac{1}{9}$　04 $\frac{1}{6}$　05 $\frac{1}{4}$　06 $\frac{1}{6}$
07 $\frac{1}{4}$　08 (1) 확률, $\mathrm{P}(A)$　(2) $n(A)$, 수학적 확률

04 순열을 이용하는 확률 ▸ p.76~78

01 $\frac{1}{720}$　02 $\frac{1}{5}$　03 $\frac{1}{7920}$　04 $\frac{1}{4}$　05 $\frac{3}{7}$
06 $\frac{1}{7}$　07 $\frac{1}{35}$　08 $\frac{2}{35}$　09 $\frac{2}{5}$　10 $\frac{1}{10}$
11 $\frac{1}{5}$　12 $\frac{9}{20}$　13 $\frac{3}{10}$　14 $\frac{1}{2}$　15 $\frac{1}{9}$

16 $\frac{3}{32}$ 17 $\frac{256}{625}$ 18 $\frac{24}{125}$ 19 $\frac{12}{25}$ 20 $\frac{3}{32}$

21 $\frac{2}{5}$ 22 $\frac{1}{14}$ 23 $\frac{1}{5}$

24 (1) 순열, ${}_n\mathrm{P}_r$ (2) 중복순열, ${}_n\Pi_r$ (또는 n^r)

(3) $\frac{n!}{p!\times q!\times\cdots\times r!}$

05 조합을 이용하는 확률 ▸ p.79~80

01 $\frac{2}{5}$ 02 $\frac{1}{10}$ 03 $\frac{1}{56}$ 04 $\frac{15}{28}$ 05 $\frac{1}{2}$

06 $\frac{5}{21}$ 07 $\frac{1}{3}$ 08 $\frac{1}{2}$ 09 $\frac{3}{10}$ 10 $\frac{5}{14}$

11 $\frac{2}{7}$ 12 $\frac{5}{12}$ 13 (1) 조합, ${}_n\mathrm{C}_r$ (2) 중복조합, ${}_n\mathrm{H}_r$

06 통계적 확률 ▸ p.81

01 $\frac{7}{10}$ 02 $\frac{123}{125}$ 03 $\frac{153}{250}$ 04 $\frac{39}{125}$ 05 100

06 40 07 $\frac{r_n}{n}$, 통계적 확률

07 기하적 확률 ▸ p.82~83

01 $\frac{1}{4}$ 02 $\frac{3}{4}$ 03 $\frac{2}{\pi}$ 04 $1-\frac{2}{\pi}$ 05 $\frac{2}{\pi}-\frac{1}{2}$

06 $\frac{1}{9}$ 07 $\frac{8}{25}$ 08 $1-\frac{2}{\pi}$ 09 $\frac{3}{7}$ 10 $1-\frac{\pi}{8}$

11 (위에서부터) A, S, 기하적 확률

08 확률의 기본 성질 ▸ p.84

01 $\frac{5}{8}$ 02 0 03 1 04 1 05 0 06 $\frac{5}{12}$

07 $\frac{7}{12}$ 08 1 09 0 10 (1) 0 (2) 1 (3) 0

09 확률의 덧셈정리 ▸ p.85~87

01 $\frac{3}{5}$ 02 $\frac{1}{2}$ 03 $\frac{4}{5}$ 04 0.5 05 0.9

06 0.1 07 1.2 08 $\frac{3}{10}$ 09 $\frac{3}{5}$ 10 $\frac{1}{2}$ 11 1

12 0.6 13 0.2 14 $\frac{2}{5}$ 15 $\frac{1}{6}$ 16 $\frac{1}{10}$

17 $\frac{9}{28}$ 18 $\frac{1}{2}$ 19 $\frac{5}{6}$ 20 $\frac{3}{10}$ 21 $\frac{5}{12}$

22 (1) $\mathrm{P}(A)$, $\mathrm{P}(B)$, $\mathrm{P}(A\cap B)$ (2) $\mathrm{P}(A)$, $\mathrm{P}(B)$

10 여사건의 확률 ▸ p.88~89

01 $\frac{29}{30}$ 02 $\frac{13}{14}$ 03 $\frac{5}{6}$ 04 $\frac{3}{4}$ 05 $\frac{15}{16}$

06 $\frac{9}{10}$ 07 $\frac{7}{10}$ 08 $\frac{13}{14}$ 09 $\frac{23}{42}$ 10 $\frac{20}{21}$

11 $\frac{121}{126}$ 12 $\frac{7}{8}$ 13 $\frac{8}{15}$ 14 $\mathrm{P}(A)$

11 여사건의 확률 – '이상', '이하', '아닌'의 조건이 있는 경우 ▸ p.90

01 $\frac{31}{32}$ 02 $\frac{13}{16}$ 03 $\frac{13}{14}$ 04 $\frac{5}{9}$ 05 $\frac{11}{20}$

06 $\frac{219}{256}$ 07 $\frac{31}{35}$ 08 $\frac{5}{7}$ 09 (1) 미만 (2) 초과 (3) 1

12 확률의 덧셈정리와 여사건의 확률 ▸ p.91

01 $\frac{5}{6}$ 02 $\frac{1}{4}$ 03 $\frac{5}{12}$ 04 $\frac{5}{6}$ 05 $\frac{7}{9}$ 06 $\frac{2}{9}$

07 $\frac{9}{10}$ 08 $\frac{2}{5}$ 09 (1) $\mathrm{P}(A\cup B)$ (2) $\mathrm{P}(A\cap B)$

단원 마무리 평가 [01~12] ▸ 문제편 p.92~96

01 ④ 02 ④ 03 8 04 ③ 05 ② 06 $\frac{17}{36}$ 07 ②

08 $\frac{1}{7}$ 09 ③ 10 ① 11 ① 12 ③ 13 ④ 14 ⑤

15 ② 16 ② 17 ③ 18 ② 19 ② 20 ① 21 ③

22 ① 23 ① 24 ⑤ 25 ③ 26 6개 27 $\frac{3}{4}$ 28 ④

29 ① 30 ③ 31 ③ 32 ⑤ 33 ③ 34 ② 35 ③

36 ⑤ 37 ⑤ 38 ⑤ 39 ④ 40 $\frac{6}{7}$

Ⅱ-2 조건부확률

13 조건부확률 ▸ p.97~101

01 $\frac{1}{3}$ 02 $\frac{2}{5}$ 03 $\frac{3}{5}$ 04 $\frac{5}{12}$ 05 $\frac{2}{9}$

06 $\frac{14}{15}$ 07 $\frac{1}{5}$ 08 $\frac{3}{7}$ 09 $\frac{2}{3}$ 10 $\frac{2}{3}$ 11 1

12 $\frac{5}{6}$ 13 $\frac{3}{5}$ 14 $\frac{1}{6}$ 15 $\frac{2}{3}$ 16 $\frac{2}{3}$ 17 $\frac{1}{3}$

18 $\frac{3}{13}$ 19 $\frac{1}{2}$ 20 $\frac{3}{10}$ 21 $\frac{5}{16}$ 22 $\frac{2}{5}$

23 $\frac{8}{15}$ 24 $\frac{7}{15}$ 25 $\frac{3}{10}$ 26 $\frac{1}{6}$ 27 $\frac{20}{27}$

28 $\frac{4}{7}$ 29 $\frac{25}{61}$ 30 $\frac{16}{61}$

31 (1) 조건부확률, $\mathrm{P}(B|A)$, P B 바 A (2) $\mathrm{P}(B|A)$

14 확률의 곱셈정리 ▸ p.102~103

01 $\frac{1}{5}$ 02 $\frac{2}{3}$ 03 $\frac{3}{4}$ 04 0.2 05 0.5 06 $\frac{1}{3}$

07 $\frac{2}{3}$ 08 $\frac{10}{39}$ 09 $\frac{2}{19}$ 10 $\frac{1}{15}$ 11 $\frac{14}{45}$

12 $\frac{6}{7}$ 13 잇달아 / (1) $P(B|A)$ (2) $P(A|B)$

15 확률의 곱셈정리의 응용

▸ p.104~105

01 $\frac{1}{5}$ 02 $\frac{1}{5}$ 03 $\frac{1}{10}$ 04 $\frac{101}{180}$

05 $\frac{33}{50}$ (또는 66 %) 06 $\frac{33}{50}$ (또는 66 %) 07 $\frac{15}{53}$

08 $\frac{3}{4}$ 09 $\frac{14}{39}$

10 (1) $P(A^C \cap B)$, $P(A^C)P(B|A^C)$
(2) $P(B|A)$, $P(A^C)P(B|A^C)$

16 사건의 독립과 종속

▸ p.106

01 독립 02 종속 03 $\frac{1}{4}$ 04 $\frac{3}{8}$

05 (1) $P(B)$, $P(A)$, 독립 (2) 종속

17 사건의 독립과 종속의 판정

▸ p.107~110

01 독립 02 종속 03 종속 04 참 05 거짓

06 참 07 $\frac{1}{4}$ 08 $\frac{1}{12}$ 09 $\frac{1}{2}$ 10 0.125

11 0.625 12 0.5 13 0.7 14 $\frac{1}{3}$ 15 $\frac{1}{2}$ 또는 $\frac{2}{5}$

16 참 17 참 18 참 19 참 20 거짓

21 참 22 $\frac{5}{9}$ 23 $\frac{5}{7}$ 24 $\frac{20}{63}$ 25 참

26 참 27 $\frac{8}{35}$ 28 $\frac{1}{25}$ 29 $\frac{1}{2}$ 30 0.94

31 0.96 32 3 33 (1) $P(A)$, $P(B)$ (2) $\neq$

18 독립시행의 확률

▸ p.111~112

01 독립시행 02 독립시행이 아니다. 03 독립시행

04 독립시행 05 $\frac{2}{3}$ 06 $\frac{80}{243}$ 07 $\frac{1}{3^8}$

08 5, 4, 4, 1 09 $\frac{1}{5}$ 10 $\frac{1}{5}$ 11 5, 4, 1, 5, 5, 0

12 예 ${}_6C_5\left(\frac{2}{5}\right)^5\left(\frac{3}{5}\right)^1$

13 예 ${}_6C_4\left(\frac{3}{5}\right)^4\left(\frac{2}{5}\right)^2$

14 예 ${}_6C_4\left(\frac{3}{5}\right)^4\left(\frac{2}{5}\right)^2+{}_6C_5\left(\frac{3}{5}\right)^5\left(\frac{2}{5}\right)^1+{}_6C_6\left(\frac{3}{5}\right)^6$

15 $\frac{11}{32}$ 16 (1) 독립시행 (2) ${}_nC_r p^r(1-p)^{n-r}$

19 독립시행의 확률의 활용

▸ p.113~115

01 $\frac{1}{8}$ 02 $\frac{3}{16}$ 03 $\frac{3}{8}$ 04 $\frac{3}{16}$ 05 $\frac{1}{4}$

06 $\frac{5}{16}$ 07 $\frac{5}{16}$ 08 $\frac{7}{27}$ 09 $\frac{31}{96}$ 10 $\frac{9}{28}$

11 $\frac{2}{7}$ 12 $\frac{5}{16}$ 13 $\frac{80}{243}$ 14 $\frac{15}{128}$

15 0.3456 16 $\frac{5}{32}$ 17 $\frac{85}{256}$

18 (1) $n-1$, $r-1$ (2) 독립시행 (3) 방정식

단원 마무리 평가 [13~19]

▸ 문제편 p.116~120

01 ① 02 ⑤ 03 $\frac{5}{6}$ 04 ④ 05 ④ 06 ② 07 ②

08 ① 09 ③ 10 ④ 11 ⑤ 12 $\frac{17}{300}$ 13 ⑤ 14 ④

15 ③ 16 $\frac{8}{15}$ 17 ③ 18 독립 19 ② 20 2 21 ⑤

22 ③ 23 ⑤ 24 ① 25 $\frac{2}{3}$ 26 ④ 27 ② 28 60

29 $\frac{7}{60}$ 30 ③ 31 $\frac{624}{625}$ 32 ① 33 ④ 34 $\frac{8}{27}$ 35 ①

36 ⑤ 37 $\frac{3}{8}$ 38 $\frac{11}{162}$ 39 $\frac{9}{20}$ 40 $\frac{81}{128}$

Ⅲ-1 이산확률변수와 이항분포

01 평균

▸ p.124

01 2 02 55 03 9 04 40 05 5 06 6

07 5

02 분산, 표준편차

▸ p.125

01 (분산)$=1$, (표준편차)$=1$ 02 (분산)$=5$, (표준편차)$=\sqrt{5}$

03 (분산)$=8$, (표준편차)$=2\sqrt{2}$ 04 (분산)$=4$, (표준편차)$=2$

03 확률변수

▸ p.126~128

01 1, 2, 3, 4, 5, 6 02 0, 1, 2 03 0, 1, 2, 3

04 1, 3, 5, 7, 9 05 2, 4, 6 06 0, 1, 2, 3, 4

07 0, 1, 2, 3 08 0, 1, 2, 3, 4, 5

09 $S=\{HH, HT, TH, TT\}$ 10 0, 1, 2

11 $P(X=0)=\frac{1}{4}$, $P(X=1)=\frac{1}{2}$, $P(X=2)=\frac{1}{4}$

12 0, 1, 2

13 $P(X=0)=\frac{1}{4}$, $P(X=1)=\frac{1}{2}$, $P(X=2)=\frac{1}{4}$

14 $S=\{(1,1), (1,2), (1,3), (1,4), (1,5), (1,6),$
$(2,1), (2,2), (2,3), (2,4), (2,5), (2,6),$
$(3,1), (3,2), (3,3), (3,4), (3,5), (3,6),$
$(4,1), (4,2), (4,3), (4,4), (4,5), (4,6),$
$(5,1), (5,2), (5,3), (5,4), (5,5), (5,6),$
$(6,1), (6,2), (6,3), (6,4), (6,5), (6,6)\}$

15 0, 1, 2

16 $P(X=0)=\frac{4}{9}$, $P(X=1)=\frac{4}{9}$, $P(X=2)=\frac{1}{9}$

17 0, 1, 2

18 $P(X=0)=\frac{25}{36}$, $P(X=1)=\frac{5}{18}$, $P(X=2)=\frac{1}{36}$

19 $S=\{R_1R_2, R_1R_3, R_2R_3, R_1B_1, R_2B_1, R_3B_1, R_1B_2, R_2B_2, R_3B_2, B_1B_2\}$

20 1) 0, 1, 2 2) $\frac{1}{10}$ 3) $\frac{3}{5}$ 4) $\frac{3}{10}$

21 1) 0, 1, 2 2) $\frac{3}{10}$ 3) $\frac{3}{5}$ 4) $\frac{1}{10}$ 22 84

23 1) 0, 1, 2, 3 2) $\frac{5}{14}$ 3) $\frac{5}{42}$

24 1) 0, 1, 2, 3 2) $\frac{5}{42}$ 3) $\frac{5}{14}$ 25 (1) 확률변수 (2) 확률

04 이산확률변수와 연속확률변수 ▸ p.129

01 이산확률변수 02 연속확률변수 03 연속확률변수
04 이산확률변수 05 연속확률변수 06 이산
07 연속 08 이산 09 이산 10 연속 11 연속
12 (1) 이산확률변수, 셀 수 있는 값
(2) 연속확률변수, 범위, 모든 실숫값

05 확률질량함수 ▸ p.130~132

01 해설 참조 02 해설 참조 03 해설 참조

04 해설 참조 05 $P(X=x)=\frac{{}_2C_x\times{}_2C_{2-x}}{{}_2\Pi_2}$ $(x=0, 1, 2)$

06 해설 참조 07 $P(X=x)=\frac{{}_2C_x\times{}_2C_{2-x}}{{}_2\Pi_2}$ $(x=0, 1, 2)$

08 해설 참조 09 $P(X=x)=\frac{5-x}{{}_5C_2}$ $(x=1, 2, 3, 4)$

10 해설 참조 11 $P(X=x)=\frac{{}_4C_x\times{}_3C_{3-x}}{{}_7C_3}$ $(x=0, 1, 2, 3)$

12 해설 참조 13 $P(X=x)=\frac{{}_2C_x\times{}_3C_{2-x}}{{}_5C_2}$ $(x=0, 1, 2)$

14 해설 참조 15 해설 참조 16 해설 참조

17 (1) 확률질량함수, 대응 관계, 확률질량함수 (2) 확률분포, 확률

06 확률질량함수의 성질 ▸ p.133

01 $P(X=1)=k$, $P(X=2)=2k$, $P(X=3)=3k$

02 **2**에 ○표 03 $\frac{1}{6}$ 04 $\frac{1}{14}$ 05 $\frac{11}{10}$ 06 $\frac{1}{9}$

07 $\frac{2}{27}$ 08 ① 0, 1 ② 1 ③ $p_i+p_{i+1}+p_{i+2}+p_{i+3}+\cdots+p_j$

07 이산확률변수의 확률과 확률질량함수의 성질 ▸ p.134

01 $\frac{1}{6}$ 02 $\frac{5}{6}$ 03 $\frac{5}{6}$ 04 $\frac{1}{3}$ 05 $\frac{1}{6}$ 06 $\frac{2}{3}$

07 $\frac{1}{2}$ 08 1 09 $P(X=0)+P(X=1)$

08 확률질량함수의 성질의 응용 ▸ p.135~137

01 1, 1, 2, 3 02 $\frac{1}{5}$ 03 $\frac{3}{5}$ 04 $\frac{1}{5}$ 05 2

06 $\frac{1}{9}$ 07 $\frac{5}{36}$ 08 $\frac{1}{6}$ 09 $\frac{5}{36}$ 10 $\frac{5}{9}$

11 $\frac{4}{9}$ 12 $\frac{22}{35}$ 13 $\frac{13}{35}$ 14 $\frac{6}{7}$ 15 16

16 47 17 $\frac{8}{7}$ 18 1) $\frac{42}{25}$ 2) $\frac{6}{125}$

19 1) $\frac{7}{6}$ 2) $\frac{1}{36}$ 20 $\frac{2}{3}$ 21 $\frac{3}{5}$

22 ① 확률변수 ② 확률질량함수, 확률질량함수

09 이산확률변수의 기댓값(평균) ▸ p.138

01 1) 해설 참조 2) $\frac{35}{18}$ 02 1) 해설 참조 2) 350

03 1) 해설 참조 2) 56500 04 1) 해설 참조 2) $\frac{11}{3}$

05 같다에 ○표

10 이산확률변수의 평균, 분산, 표준편차 ▸ p.139~140

01 2 02 $\frac{1}{2}$ 03 $\frac{\sqrt{2}}{2}$ 04 $\frac{5}{6}$ 05 $\frac{29}{36}$

06 $\frac{\sqrt{29}}{6}$ 07 $\frac{3}{2}$ 08 분산 : $\frac{3}{4}$, 표준편차 : $\frac{\sqrt{3}}{2}$

09 350 10 300 11 $\frac{8}{9}$ 12 1

13 (1) $x_1p_1+x_2p_2+\cdots+x_np_n$ (2) $(X-m)^2$, X^2, X
(3) $\sqrt{V(X)}$

11 이산확률변수 $aX+b$의 평균, 분산, 표준편차 ▸ p.141~143

01 1) $E(2X)=100$ 2) $V(2X)=12$ 3) $\sigma(2X)=2\sqrt{3}$

02 1) $E(3X-1)=149$ 2) $V(3X-1)=27$
3) $\sigma(3X-1)=3\sqrt{3}$

03 1) $E(-3X+2)=-148$ 2) $V(-3X+2)=27$
3) $\sigma(-3X+2)=3\sqrt{3}$

04 1) $E(Y)=98$ 2) $V(Y)=12$ 3) $\sigma(Y)=2\sqrt{3}$

05 1) $E(Y)=28$ 2) $V(Y)=\frac{3}{4}$ 3) $\sigma(Y)=\frac{\sqrt{3}}{2}$

06 1) $E(Y)=-49$ 2) $V(Y)=3$ 3) $\sigma(Y)=\sqrt{3}$

07 -3 **08** 10 **09** $\frac{1}{2}$ **10** 2 **11** $\frac{3\sqrt{2}}{2}$

12 $E(X)=\frac{1}{4}$, $V(X)=\frac{11}{16}$, $\sigma(X)=\frac{\sqrt{11}}{4}$ **13** $-\frac{1}{2}$

14 11 **15** $\sqrt{11}$ **16** $\frac{3\sqrt{11}}{16}$ **17** 풀이 참조

18 13 **19** $9\sqrt{2}$ **20** 풀이 참조 **21** 1 **22** $\frac{9}{25}$

23 $E(Y)=13$, $V(Y)=\frac{200}{3}$, $\sigma(Y)=\frac{10\sqrt{6}}{3}$

24 $E(Y)=16$, $V(Y)=20$, $\sigma(Y)=2\sqrt{5}$

25 (1) $aE(X)+b$에 ○표 (2) $a^2V(X)$에 ○표
(3) $|a|\sigma(X)$에 ○표

12 이항분포 ▸ p.144~146

01 이항분포이다. / $B\left(5, \frac{1}{2}\right)$

02 이항분포이다. / $B\left(100, \frac{1}{3}\right)$ **03** 이항분포가 아니다.

04 1) $\frac{1}{5}$에 ○표 2) $B\left(10, \frac{1}{5}\right)$에 ○표

05 1) $\frac{9}{13}$ 2) $B\left(100, \frac{9}{13}\right)$ **06** 1) $\frac{1}{6}$ 2) $B\left(360, \frac{1}{6}\right)$

07 1) ${}_{12}C_x\left(\frac{1}{3}\right)^x\left(\frac{2}{3}\right)^{12-x}$ $(x=0, 1, 2, \cdots, 12)$ 2) $\frac{11\times2^{11}}{3^{11}}$

08 1) ${}_5C_x\left(\frac{1}{8}\right)^x\left(\frac{7}{8}\right)^{5-x}$ $(x=0, 1, 2, \cdots, 5)$ 2) $\frac{5\times7^3}{2^{14}}$

09 1) ${}_{10}C_x\left(\frac{1}{5}\right)^x\left(\frac{4}{5}\right)^{10-x}$ $(x=0, 1, 2, \cdots, 10)$ 2) $\frac{2^{16}\times3^2}{5^9}$

10 1) ${}_4C_x\left(\frac{1}{7}\right)^x\left(\frac{6}{7}\right)^{4-x}$ $(x=0, 1, 2, 3, 4)$ 2) $\frac{6^3}{7^4}$

11 $\frac{5\times3^{15}}{2^{29}}$ **12** $\frac{19\times2^{37}}{5^{19}}$ **13** $\frac{3\times23\times7^{22}}{2^{70}}$

14 $\frac{71\times5^{70}}{6^{70}}$ **15** $B\left(10, \frac{1}{2}\right)$

16 $P(X=x)={}_{10}C_x\left(\frac{1}{2}\right)^{10}$ $(x=0, 1, 2, \cdots, 10)$

17 $\frac{105}{512}$ **18** $B\left(3, \frac{7}{10}\right)$

19 $P(X=x)={}_3C_x\left(\frac{7}{10}\right)^x\left(\frac{3}{10}\right)^{3-x}$ $(x=0, 1, 2, 3)$

20 $\frac{98}{125}$ **21** $B\left(4, \frac{4}{5}\right)$

22 $P(X=x)={}_4C_x\left(\frac{4}{5}\right)^x\left(\frac{1}{5}\right)^{4-x}$ $(x=0, 1, 2, 3, 4)$

23 $\frac{2^9}{5^4}$ **24** $B\left(12, \frac{1}{2}\right)$

25 $P(X=x)={}_{12}C_x\left(\frac{1}{2}\right)^{12}$ $(x=0, 1, 2, \cdots, 12)$

26 $\frac{13}{2^{12}}$ **27** $B\left(4, \frac{2}{5}\right)$

28 $P(X=x)={}_4C_x\left(\frac{2}{5}\right)^x\left(\frac{3}{5}\right)^{4-x}$ $(x=0, 1, 2, 3, 4)$

29 $\frac{7\times2^4}{5^4}$ **30** $\frac{41\times2^3}{5^4}$

31 ${}_nC_xp^xq^{n-x}$, 이항분포, $B(n, p)$, 비 n p

13 이항분포의 평균, 분산, 표준편차 – 확률변수 ▸ p.147~148

01 $E(X)=60$, $V(X)=36$, $\sigma(X)=6$

02 $E(X)=2$, $V(X)=1.6$, $\sigma(X)=\sqrt{1.6}$

03 $n=100$, $p=\frac{1}{5}$ **04** 1) 24 2) 1624

05 1) 20 2) 2045 **06** 11 **07** 125 **08** 20

09 6 **10** $E(X)=5$, $V(X)=\frac{25}{6}$, $\sigma(X)=\frac{5\sqrt{6}}{6}$

11 $E(X)=1.2$, $V(X)=0.84$, $\sigma(X)=\sqrt{0.84}$

12 $E(X)=\frac{5}{2}$, $V(X)=\frac{5}{4}$, $\sigma(X)=\frac{\sqrt{5}}{2}$

13 $E(X)=\frac{7}{3}$, $V(X)=\frac{14}{9}$, $\sigma(X)=\frac{\sqrt{14}}{3}$

14 (1) np (2) npq (3) $\sqrt{npq}$

14 이항분포의 평균, 분산, 표준편차 – 확률변수 $aX+b$ ▸ p.149~150

01 1) 13 2) $\frac{4}{25}$ 3) 4 **02** 1) -44 2) 8 3) $\frac{\sqrt{2}}{4}$

03 174 **04** 89 **05** $9\sqrt{2}$ **06** $4\sqrt{5}$ **07** 15

08 71 **09** $\frac{32}{5}$ **10** 630 **11** $\frac{1}{8}$

12 (1) $anp+b$ (2) a^2npq (3) $|a|\sqrt{npq}$

15 큰 수의 법칙 ▸ p.151

01 × **02** ○ **03** × **04** ○ **05** ○

06 $981\le n\le1062$ **07** $1768\le n\le2250$

08 p, 큰 수의 법칙

단원 마무리 평가 [01~15] ▸ 문제편 p.152~155

01 풀이 참조 **02** ② **03** ③ **04** ① **05** ③ **06** ④
07 ④ **08** ⑤ **09** ② **10** ⑤ **11** ⑤ **12** ③ **13** ②
14 ④ **15** ③ **16** ① **17** ③ **18** ② **19** ③ **20** ⑤
21 ① **22** ② **23** ① **24** ② **25** ④ **26** ① **27** ④
28 ④ **29** ③ **30** ④ **31** ③

Ⅲ-2 연속확률변수와 정규분포

16 확률밀도함수
▸ p.156~157

01 이산확률변수 02 연속확률변수 03 이산확률변수
04 연속확률변수 05 $\frac{1}{6}$ 06 $\frac{15}{16}$ 07 $\frac{2}{9}$ 08 $\frac{4}{9}$
09 1 10 $f(x)=\begin{cases} x+1 & (-1\le x<0) \\ -x+1 & (0\le x\le 1) \end{cases}$ 11 $\frac{3}{8}$
12 $\frac{3}{4}$ 13 $f(x)=x+\frac{1}{2}\ (0\le x\le 1)$ 14 $\frac{5}{8}$
15 $\frac{5}{32}$ 16 (1) 연속확률변수 (2) 확률밀도함수, $\ge$, 1, 넓이

17 정규분포
▸ p.158

01 $\mathrm{N}(5,\ 6)$ 02 $\mathrm{N}(3,\ 2)$ 03 $\mathrm{N}(3,\ 3^2)$
04 $\mathrm{N}(1,\ 8)$ 05 평균 120, 분산 16, 표준편차 4
06 평균 -1, 분산 1, 표준편차 1
07 평균 5, 분산 25, 표준편차 5
08 평균 10, 분산 6, 표준편차 $\sqrt{6}$
09 평균 11, 분산 20, 표준편차 $2\sqrt{5}$
10 (1) 정규분포 (2) $\mathrm{N}(m,\ \sigma^2)$, N 엠 시그마 제곱

18 정규분포곡선
▸ p.159

01 36 02 10 03 18 04 -25 05 × 06 ○
07 ○ 08 × 09 × 10 정규분포곡선, $x=m$, x

19 정규분포곡선의 성질
▸ p.160~161

01 ㄱ, ㄷ 02 참 03 참 04 거짓 05 참
06 참 07 거짓 08 $m_1<m_2$ 09 $\sigma_1>\sigma_2$ 10 ㄹ
11 ㄷ 12 5 13 11 14 $\frac{15}{2}$ 15 1 16 -4
17 (1) 1 (2) m, 변하지 않는다에 ○표
(3) 낮아지고에 ○표, 넓게에 ○표
(4) 높아지고에 ○표, 좁게에 ○표

20 정규분포에서의 확률
▸ p.162

01 $2a$ 02 $0.5-a$ 03 a 04 $0.5+a$
05 0.4772 06 0.9772 07 0.0228 08 0.0228
09 0.9772 10 $\mathrm{P}(m\le X\le m+a)$

21 정규분포에서의 확률 구하는 순서
▸ p.163

01 0.5328 02 0.9544 03 0.7745 04 0.3413
05 42 06 평균, 표준편차, $m+a$, $m+a$

22 표준정규분포
▸ p.164

01 1 02 0.1915 03 0 04 2 05 0
06 0.84 07 0.1 08 1.28
09 (1) 표준정규분포 (2) 색칠한 (3) 표준정규분포표

23 표준정규분포에서의 확률
▸ p.165~166

01 2 02 1 03 6 04 3 05 4 06 5
07 0.9772 08 0.8664 09 0.3085 10 0.0228
11 0.9270 12 0.9987 13 0.9759
14 (1) 0.5 (2) a (3) 0 (4) 0, 0.5 (5) 0, 0.5 (6) $-a$, 0

24 정규분포의 표준화
▸ p.167~168

01 $Z=\frac{X-12}{2}$ 02 $Z=\frac{X-50}{10}$ 03 $Z=\frac{X-24}{4}$
04 $Z=2(X-73)$ 05 $Z=\frac{X-3.5}{0.1}$ 06 $Z=\frac{X-3}{\sqrt{3}}$
07 $\mathrm{P}(-1\le Z\le 0)$ 08 $\mathrm{P}(-4\le Z\le 4)$ 09 $\mathrm{P}(1\le Z\le 3)$
10 $\mathrm{P}(-3.5\le Z\le 1)$ 11 0.9772 12 0.9987 13 0.1359
14 45 15 32 16 60 17 $\frac{X-m}{\sigma}$, 표준화

25 정규분포의 응용
▸ p.169~170

01 0.0228 02 0.9332 03 0.9772 04 200
05 174.2 cm 06 176.4 cm 07 0.1587 08 635
09 $\mathrm{N}(180,\ 10^2)$ 10 0.055 11 $\mathrm{P}\left(Z\ge\frac{a-180}{10}\right)$
12 196 13 정규분포에 ○표, 확률변수에 ○표, 표준화에 ○표

26 이항분포와 정규분포의 관계
▸ p.171~172

01 100, 75, 100, 75, $\mathrm{P}(Z\ge 1)$ 02 0.9759 03 0.0668
04 $\mathrm{N}(12,\ 2^2)$ 05 0.0166 06 0.9332 07 0.3085
08 0.3413 09 0.0668 10 0.9332 11 0.6826
12 np, npq

27 표준화하여 확률 비교하기
▸ p.173

01 $\mathrm{P}(Z_A\ge 1.4)$ 02 $\mathrm{P}(Z_B\ge 2.5)$ 03 $\mathrm{P}(Z_C\ge 3)$
04 수학 05 $\frac{X-m_X}{\sigma_X}$, $\frac{Y-m_Y}{\sigma_Y}$

단원 마무리 평가 [16~27]
▸ 문제편 p.174~177

01 ④ 02 $\frac{1}{3}$ 03 ② 04 ④ 05 ⑤ 06 ③ 07 ⑤
08 ② 09 ① 10 65 11 0.0215 12 0.8185

13 ③ 14 ② 15 ④ 16 ② 17 ④ 18 0.3085
19 92 20 0.8413 21 ② 22 ① 23 ② 24 ⑤
25 ⑤ 26 ⑤ 27 ④ 28 ③ 29 ① 30 ③ 31 ②
32 ④

Ⅲ-3 통계적 추정

28 모집단과 표본 ▸ p.178

01 모집단 : 예 투표권을 가진 사람들, 표본의 크기 : 1500
02 모집단 : 예 어느 공장에서 생산하는 전구, 표본의 크기 : 100
03 모집단 : 예 전국의 가구, 표본의 크기 : 2000
04 표본조사 05 전수조사 06 표본조사
07 전수조사 08 ㄱ, ㄹ 09 ㄴ, ㄷ
10 (1) 모집단, 전수조사 (2) 표본조사, 표본의 크기, 모집단

29 임의추출 ▸ p.179

01 4×4 02 4×3 03 ${}_4\mathrm{C}_2$ 04 216 05 120
06 20 07 같은에 ○표, (1) 복원추출 (2) 비복원추출

30 모평균과 표본평균 ▸ p.180

01 2, 3, 4, 5, 6

02

$\overline{X}$	2	3	4	5	6	합계
$P(\overline{X}=\overline{x})$	$\frac{1}{9}$	$\frac{2}{9}$	$\frac{1}{3}$	$\frac{2}{9}$	$\frac{1}{9}$	1

03 $E(\overline{X})=4$, $V(\overline{X})=\frac{4}{3}$, $\sigma(\overline{X})=\frac{2\sqrt{3}}{3}$

04 $\overline{X}=1, \frac{3}{2}, 2$

05

$\overline{X}$	1	$\frac{3}{2}$	2	합계
$P(\overline{X}=\overline{x})$	$\frac{1}{4}$	$\frac{1}{2}$	$\frac{1}{4}$	1

06 $E(\overline{X})=\frac{3}{2}$, $V(\overline{X})=\frac{1}{8}$, $\sigma(\overline{X})=\frac{\sqrt{2}}{4}$

07 (1) 모평균, 모분산, 모표준편차, m, σ^2, σ
(2) 표본평균, 표본분산, 표본표준편차

31 표본평균의 평균, 분산, 표준편차 ▸ p.181~183

01 $m=2$, $\sigma^2=\frac{2}{3}$, $\sigma=\frac{\sqrt{6}}{3}$

02

(X_1, X_2)	(1, 1)	(1, 2)	(1, 3)	(2, 1)	(2, 2)	(2, 3)	(3, 1)	(3, 2)	(3, 3)
$\overline{X}$	1	$\frac{3}{2}$	2	$\frac{3}{2}$	2	$\frac{5}{2}$	2	$\frac{5}{2}$	3

03

$\overline{X}$	1	$\frac{3}{2}$	2	$\frac{5}{2}$	3	합계
$P(\overline{X}=\overline{x})$	$\frac{1}{9}$	$\frac{2}{9}$	$\frac{1}{3}$	$\frac{2}{9}$	$\frac{1}{9}$	1

04 $E(\overline{X})=2$, $V(\overline{X})=\frac{1}{3}$, $\sigma(\overline{X})=\frac{\sqrt{3}}{3}$

05 $E(\overline{X})=m$, $V(\overline{X})=\frac{\sigma^2}{2}$, $\sigma(\overline{X})=\frac{\sigma}{\sqrt{2}}$ 06 30

07 9 08 3 09 $E(\overline{X})=20$, $\sigma(\overline{X})=\frac{8}{5}$

10 $E(\overline{X})=20$, $\sigma(\overline{X})=\frac{4}{5}$

11 1) $E(\overline{X})=10$ 2) $V(\overline{X})=\frac{9}{4}$ 3) $\sigma(\overline{X})=\frac{3}{2}$

12 1) $E(\overline{X})=40$ 2) $V(\overline{X})=\frac{4}{25}$ 3) $\sigma(\overline{X})=\frac{2}{5}$

13 m, $\frac{\sigma^2}{n}$, $\frac{\sigma}{\sqrt{n}}$

32 표본평균의 분포 ▸ p.184

01 64 02 1 03 $N(64, 1^2)$ 04 $N\left(80, \frac{1}{4}\right)$
05 10 06 36 07 $N\left(m, \frac{\sigma^2}{n}\right)$

33 표본평균의 확률 구하기 ▸ p.185~186

01 0.9987 02 0.0013 03 0.9974 04 0.8185
05 0.0013 06 0.9987 07 0.0228 08 4
09 64 10 거짓 11 참 12 참
13 (1) $N\left(m, \frac{\sigma^2}{n}\right)$ (2) $N\left(m, \frac{\sigma^2}{n}\right)$

34 표본평균의 확률 – 미지수의 값 구하기 ▸ p.187

01 $N\left(345, \left(\frac{40}{\sqrt{n}}\right)^2\right)$ 02 16 03 36 04 $\frac{311}{4}$

05 $\frac{a-m}{\sigma}$

35 모비율과 표본비율 ▸ p.188

01 $\frac{1}{5}$ 02 $\frac{1}{10}$ 03 $\frac{234}{487}$ 04 $\frac{47}{100}$ 05 $\frac{6}{25}$

06 $\frac{3}{5}$ 07 (1) p, 피 (2) 표본비율, $\hat{p}$, 피햇

36 표본비율의 평균, 분산, 표준편차 ▸ p.189

01 $E(\hat{p})=0.2$, $\sigma(\hat{p})=0.04$ 02 $E(\hat{p})=0.2$, $\sigma(\hat{p})=\frac{\sqrt{5}}{125}$

03 $E(\hat{p})=0.2$, $\sigma(\hat{p})=\frac{\sqrt{10}}{250}$ 04 $E(\hat{p})=0.2$, $\sigma(\hat{p})=\frac{1}{125}$

05 $E(\hat{p})=\frac{1}{3}$, $V(\hat{p})=\frac{1}{81}$, $\sigma(\hat{p})=\frac{1}{9}$

06 $E(\hat{p})=\frac{1}{3}$, $V(\hat{p})=\frac{1}{144}$, $\sigma(\hat{p})=\frac{1}{12}$

07 $E(\hat{p})=\frac{1}{3}$, $V(\hat{p})=\frac{1}{324}$, $\sigma(\hat{p})=\frac{1}{18}$

08 p, pq, $\sqrt{\frac{pq}{n}}$, $1-p$

37 표본비율의 분포 ▸ p.190

01 $N(0.8,\ 0.04^2)$ 02 $N\left(0.8,\ \left(\frac{1}{75}\right)^2\right)$ 03 $N(0.8,\ 0.01^2)$

04 $N(0.8,\ 0.008^2)$ 05 400 06 0.2 07 $N(0.2,\ 0.02^2)$

08 100 09 0.1 10 $N(0.1,\ 0.03^2)$ 11 $N\left(p,\ \frac{pq}{n}\right)$

38 표본비율의 확률 ▸ p.191

01 $N\left(0.5,\ \left(\frac{1}{16}\right)^2\right)$ 02 0.0548 03 0.8301

04 0.8413 05 0.0228 06 0.1587 07 $N\left(p,\ \frac{pq}{n}\right)$

39 모평균의 추정 ▸ p.192~193

01 $42.06\le m\le 47.94$ 02 $48.53\le m\le 51.47$

03 $69.02\le m\le 70.98$ 04 $95.872\le m\le 104.128$

05 $197.42\le m\le 202.58$ 06 $347.936\le m\le 352.064$

07 $\overline{X}-0.196\le m\le \overline{X}+0.196$

08 $\overline{X}-0.258\le m\le \overline{X}+0.258$

09 $19.02\le m\le 20.98$ 10 $48.71\le m\le 51.29$

11 $60.04\le m\le 63.96$ 12 $65.7\le m\le 74.3$

13 $\overline{x}-1.96\frac{\sigma}{\sqrt{n}}\le m\le \overline{x}+1.96\frac{\sigma}{\sqrt{n}}$,

$\overline{x}-2.58\frac{\sigma}{\sqrt{n}}\le m\le \overline{x}+2.58\frac{\sigma}{\sqrt{n}}$

40 모평균의 신뢰구간의 길이 ▸ p.194

01 1.96 02 2.58 03 0.392 04 0.516

05 (1) $2\times 1.96\frac{\sigma}{\sqrt{n}}$ (2) $2\times 2.58\frac{\sigma}{\sqrt{n}}$

41 모평균의 신뢰구간의 성질 ▸ p.195

01 참 02 참 03 거짓 04 거짓

05 (1) $2\times k\times\frac{\sigma}{\sqrt{n}}$

(2) 길어진다에 ○표, 짧아진다에 ○표,
짧아진다에 ○표, 길어진다에 ○표

42 모평균의 추정 – 표본의 크기 구하기 ▸ p.196~197

01 385 02 107 03 $9n$ 04 $16n$ 05 16

06 2 07 $2\times k\times\frac{\frac{1}{2}}{\sqrt{16}}=2$ 08 8 09 256

10 225 11 324 12 1600 13 식, n

43 모비율의 추정 ▸ p.198~199

01 $0.0804\le p\le 0.1196$ 02 $0.1216\le p\le 0.2784$

03 $0.451\le p\le 0.549$ 04 $0.8742\le p\le 0.9258$

05 $0.3484\le p\le 0.4516$ 06 $0.2742\le p\le 0.3258$

07 $0.1216\le p\le 0.2784$ 08 $0.0968\le p\le 0.3032$

09 $0.402\le p\le 0.598$ 10 $0.8613\le p\le 0.9387$

11 $\hat{p}-1.96\sqrt{\frac{\hat{p}\hat{q}}{n}}\le p\le \hat{p}+1.96\sqrt{\frac{\hat{p}\hat{q}}{n}}$,

$\hat{p}-2.58\sqrt{\frac{\hat{p}\hat{q}}{n}}\le p\le \hat{p}+2.58\sqrt{\frac{\hat{p}\hat{q}}{n}}$

44 모비율의 신뢰구간의 길이 ▸ p.200

01 0.196 02 0.258 03 0.0784 04 0.1032

05 (1) $2\times 1.96\sqrt{\frac{\hat{p}\hat{q}}{n}}$ (2) $2\times 2.58\sqrt{\frac{\hat{p}\hat{q}}{n}}$

45 모비율의 신뢰구간의 성질 ▸ p.201

01 참 02 참 03 거짓 04 거짓 05 (1) $2\times k\times\sqrt{\frac{\hat{p}\hat{q}}{n}}$

(2) 길어진다에 ○표, 짧아진다에 ○표,
짧아진다에 ○표, 길어진다에 ○표

46 모비율의 추정 – 표본의 크기 구하기 ▸ p.202

01 0.1548 02 $2\times 1.96\times\frac{0.3}{\sqrt{n}}$ 03 959 04 0.1568

05 $2\times 2.58\times\frac{0.4}{\sqrt{n}}$ 06 385 07 식, n

단원 마무리 평가 [28~46] ▸ 문제편 p.203~206

01 ② 02 35 03 $\frac{3}{10}$ 04 $\frac{52}{5}$ 05 100 06 4 07 ③

08 3 09 ② 10 ④ 11 ④ 12 ⑤ 13 ② 14 ①

15 81 16 94 17 ④ 18 ④ 19 ② 20 ③

21 $8.785\le m\le 9.215$ 22 100 23 ⑤ 24 ① 25 ②

26 5.16 27 ② 28 ① 29 ④ 30 ③

31 $[0.3484,\ 0.4516]$ 32 ③

Ⅰ-1 중복순열과 같은 것이 있는 순열

01 합의 법칙과 곱의 법칙 ▸ p.10

01 답 1) **4가지** 2) **2가지** 3) **0가지** 4) **6가지**

1) 20까지의 수 중 5의 배수는 5, 10, 15, 20으로 4가지이다.

2) 20까지의 수 중 8의 배수는 8, 16으로 2가지이다.

3) 20까지의 수 중 5의 배수이면서 8의 배수는 없으므로 0가지이다.

4) 구하는 경우의 수는 $4+2=6$(가지)

02 답 1) **5가지** 2) **3가지** 3) **1가지** 4) **7가지**

1) 15까지의 수 중 3의 배수는 3, 6, 9, 12, 15로 5가지이다.

2) 15까지의 수 중 4의 배수는 4, 8, 12로 3가지이다.

3) 15까지의 수 중 3의 배수이면서 4의 배수는 12로 1가지이다.

4) 구하는 경우의 수는 $5+3-1=7$(가지)

03 답 **24가지**

서로 다른 동전 2개와 주사위 1개를 던지므로 전체 경우의 수는 $2\times2\times6=24$(가지)이다.

04 답 **6가지**

동전이 앞면, 앞면 또는 뒷면, 뒷면으로 같은 면이 나오는 경우는 2가지이고, 주사위의 눈이 소수인 경우는 2, 3, 5로 3가지이므로

곱의 법칙에 의하여 $2\times3=6$(가지)이다.

05 답 **30개**

짝수는 일의 자리의 숫자가 0, 2, 4, 6, 8인 수이므로 5가지

십의 자리 숫자는 4, 5, 6, 7, 8, 9인 수이므로 6가지

따라서 40 이상의 두 자리 자연수 중에서 짝수의 개수는

$5\times6=30$(개)

06 답 **10개**

5의 배수는 일의 자리의 숫자가 0, 5인 수이므로 2가지,

십의 자리의 숫자는 2, 3, 4, 5, 6이므로 5가지

따라서 20 이상 70 미만인 두 자리 자연수 중에서 5의 배수의 개수는 $2\times5=10$(개)

02 순열과 조합 ▸ p.11

01 답 **3, 6**

02 답 **4, 4, 24**

03 답 **6, 24, 144**

04 답 **432**

남학생 4명 중에서 2명을 뽑는 방법의 수는

${}_4C_2=\frac{4\times3}{2\times1}=6$(가지)

여학생 3명 중에서 2명을 뽑는 방법의 수는

${}_3C_2={}_3C_1=3$(가지)

뽑힌 4명을 일렬로 세우는 방법의 수는 $4!=24$(가지)

따라서 구하는 방법의 수는 $6\times3\times24=432$(가지)이다.

05 답 **216**

남학생 4명 중에서 2명을 뽑는 방법의 수는

${}_4C_2=\frac{4\times3}{2\times1}=6$(가지)

여학생 3명 중에서 2명을 뽑는 방법의 수는

${}_3C_2={}_3C_1=3$(가지)

뽑힌 남학생 2명을 하나로 생각하면 3명을 일렬로 세우는 방법의 수는 $3!=6$(가지)이고 남학생 2명이 자리를 바꾸는 방법의 수는 2가지이다.

따라서 구하는 방법의 수는

$6\times3\times6\times2=216$(가지)

06 답 **144**

남학생 4명 중에서 2명을 뽑는 방법의 수는

${}_4C_2=\frac{4\times3}{2\times1}=6$(가지)

여학생 3명 중에서 2명을 뽑는 방법의 수는

${}_3C_2={}_3C_1=3$(가지)

뽑힌 남학생 2명, 여학생 2명을 각각 하나로 생각하면 2명을 일렬로 세우는 방법의 수는 $2!=2$(가지)이고 각각이 자리를 바꾸는 방법의 수는 $2!\times2!=4$(가지)이다.

따라서 구하는 방법의 수는 $6\times3\times2\times4=144$(가지)

07 답 **144**

남학생 4명 중에서 2명을 뽑는 방법의 수는

${}_4C_2=\frac{4\times3}{2\times1}=6$(가지)

여학생 3명 중에서 2명을 뽑는 방법의 수는

${}_3C_2={}_3C_1=3$(가지)

뽑힌 남학생 2명을 먼저 세우는 방법의 수는 2가지,

그 사이에 여학생을 세우는 방법의 수는

㉧㉥㉧㉥ 또는 ㉥㉧㉥㉧의 2가지이고,

여학생끼리 자리를 바꿀 수 있으므로

$2\times2=4$(가지)이다.

따라서 구하는 방법의 수는 $6\times3\times2\times4=144$(가지)

03 집합과 함수 ▸ p.12

01 답 1) $\{1, 6, 7, 8\}$ 2) $\{1, 2, 3, 7, 8\}$ 3) $\{2, 3\}$ 4) $\{6\}$

3) $A\cap B=\{4, 5\}$이므로

$A-B=A-(A\cap B)=\{2, 3\}$

4) $A\cap B=\{4, 5\}$이므로

$B-A=B-(A\cap B)=\{6\}$

02 답 1) $\{5, 7, 13\}$ 2) $\{2, 7, 11\}$ 3) $\{2, 11\}$ 4) $\{5, 13\}$

1) $U=\{x\,|\,x$는 14 이하의 소수$\}$

$=\{2, 3, 5, 7, 11, 13\}$

이므로 $A^C=\{5, 7, 13\}$

3) $A\cap B=\{3\}$이므로

$A-B=A-(A\cap B)=\{2, 11\}$

4) $A\cap B=\{3\}$이므로

$B-A=B-(A\cap B)=\{5, 13\}$

03 답 $\{-2, -1, \cdots, 3, 4\}$

04 답 $\left\{\sqrt{3}, \sqrt{\frac{5}{2}}, \sqrt{2}, \sqrt{\frac{3}{2}}, 1, \sqrt{\frac{1}{2}}, 0\right\}$

$-3=-2x^2+3$에서 $2x^2=6$

$x^2=3$ $\quad\therefore x=\sqrt{3}\ (\because x\geq 0)$

$-2=-2x^2+3$에서 $2x^2=5$

$x^2=\frac{5}{2}$ $\quad\therefore x=\sqrt{\frac{5}{2}}\ (\because x\geq 0)$

$-1=-2x^2+3$에서 $2x^2=4$

$x^2=2$ $\quad\therefore x=\sqrt{2}\ (\because x\geq 0)$

$0=-2x^2+3$에서 $2x^2=3$

$x^2=\frac{3}{2}$ $\quad\therefore x=\sqrt{\frac{3}{2}}\ (\because x\geq 0)$

$1=-2x^2+3$에서 $2x^2=2$

$x^2=1$ $\quad\therefore x=1\ (\because x\geq 0)$

$2=-2x^2+3$에서 $2x^2=1$

$x^2=\frac{1}{2}$ $\quad\therefore x=\sqrt{\frac{1}{2}}\ (\because x\geq 0)$

$3=-2x^2+3$에서 $2x^2=0$ $\quad\therefore x=0$

05 답 $\{5, 6, 7, \cdots, 10, 11\}$

$3=|x-2|$에서 $x-2=\pm 3$

$x=2\pm 3$ $\quad\therefore x=5\ (\because x\geq 0)$

$4=|x-2|$에서 $x-2=\pm 4$

$x=2\pm 4$ $\quad\therefore x=6\ (\because x\geq 0)$

$5=|x-2|$에서 $x-2=\pm 5$

$x=2\pm 5$ $\quad\therefore x=7\ (\because x\geq 0)$

$6=|x-2|$에서 $x-2=\pm 6$

$x=2\pm 6$ $\quad\therefore x=8\ (\because x\geq 0)$

$7=|x-2|$에서 $x-2=\pm 7$

$x=2\pm 7$ $\quad\therefore x=9\ (\because x\geq 0)$

$8=|x-2|$에서 $x-2=\pm 8$

$x=2\pm 8$ $\quad\therefore x=10\ (\because x\geq 0)$

$9=|x-2|$에서 $x-2=\pm 9$

$x=2\pm 9$ $\quad\therefore x=11\ (\because x\geq 0)$

04 일대일함수와 일대일대응 ▸ p.13

01 답 1) ㄴ, ㄷ 2) ㄴ, ㄷ

02 답 1) ㄴ 2) ×

03 답 1) ㄱ, ㄷ 2) ㄱ

05 중복순열의 뜻 ▸ p.14

01 답 $_3\Pi_2$

$_3\Pi_{\boxed{2}}$

02 답 $_3\Pi_3$

03 답 $_4\Pi_2$

04 답 $_3\Pi_4$

05 답 $_3\Pi_7$

06 답 $_5\Pi_3$

수력 UP

편지와 우체통

어떤 것을 n으로 놓을지, 어떤 것을 r로 놓을지 파악이 어렵고, 중복이 가능한 것의 개수도 애매하다면 그림을 직접 그려보면 판단하기가 쉽다.

중복을 허용하는 것이 편지인지, 우체통인지 직접 그려보자.

편지라면?

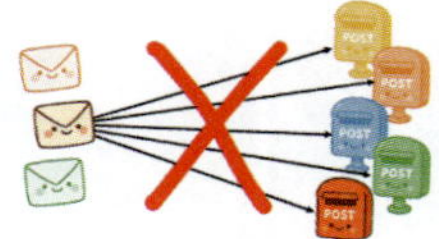

우체통이라면?

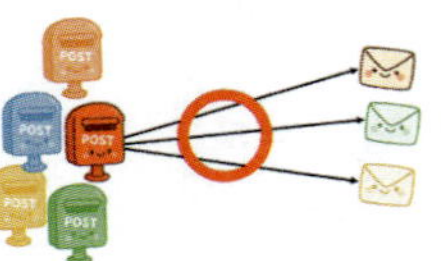

따라서 중복순열의 수 $_n\Pi_r$에서 중복을 허용할 수 있는 우체통의 개수가 Π의 왼쪽 자리에 오게 되므로 $_5\Pi_3$이다.

07 답 $_3\Pi_5$

$_{\boxed{3}}\Pi_5$

08 답 $_4\Pi_2$

09 답 $_7\Pi_{10}$

10 답 $_4\Pi_5$

11 답 $_6\Pi_4$

12 답 $_7\Pi_3$

13 답 (1) 중복순열 (2) $_n\Pi_r$, n 파이 r

06 중복순열의 수

▸ p.15~16

01 답 9

$_3\Pi_2=\boxed{3}^{\boxed{2}}=\boxed{9}$

02 답 1

$_4\Pi_0=4^0=1$

03 답 27

$_3\Pi_3=3^3=27$

04 답 16

$_2\Pi_4=2^4=16$

05 답 243

$_3\Pi_5=3^5=243$

06 답 7

$_7\Pi_1=7$

07 답 $n=15$

$_n\Pi_2=n^2=225=15^{\boxed{2}}$ $\quad\therefore n=\boxed{15}$

08 답 $n=6$

$_n\Pi_3=n^3=216=6^3$ $\quad\therefore n=6$

09 답 $r=2$

$_{13}\Pi_r=13^r=169=13^2$ $\quad\therefore r=2$

10 답 $r=5$

$_2\Pi_r=2^r=32=2^5$ $\quad\therefore r=5$

11 $r=5$

$_3\Pi_r=3^r=243=3^5$ $\quad\therefore r=5$

12 답 $n=16, r=2$

$_n\Pi_r=n^r=256=16^2$ ($\because 15<n<20$) $\quad\therefore n=16, r=2$

13 답 8

서로 다른 ○, ×에 대하여 세 사람이 각자 답할 수 있으므로 이것은 $\boxed{2}$개 중 중복을 허용하여 3개를 뽑아 나열하는 것과 같다.

따라서 구하는 경우의 수는 $_{\boxed{2}}\Pi_{\boxed{3}}=\boxed{2}^{\boxed{3}}=\boxed{8}$

14 답 32

서로 다른 ○, ×에 대하여 다섯 사람이 각자 답할 수 있으므로 이것은 2개 중 중복을 허용하여 5개를 뽑아 나열하는 것과 같다.

따라서 구하는 경우의 수는

$_2\Pi_5=2^5=32$

15 답 27

A, B, C 세 모둠 중 세 명의 학생들이 각각 선택할 모둠 세 개를 뽑아 나열하는 것과 같으므로 구하는 경우의 수는

$_3\Pi_3=3^3=27$

16 답 64

A, B, C, D 네 모둠 중 세 명의 학생들이 각각 선택할 모둠 세 개를 뽑아 나열하는 것과 같으므로 구하는 경우의 수는

$_4\Pi_3=4^3=64$

17 답 64

A, B, C, D 네 편지봉투 중 세 개를 뽑아 나열하는 것과 같으므로 구하는 경우의 수는

$_4\Pi_3=4^3=64$

수력 UP

편지봉투와 편지지

어떤 것을 n으로 놓을지, 어떤 것을 r로 놓을지 파악이 어렵고, 중복이 가능한 것의 개수도 애매하다면 그림을 직접 그려보면 판단하기가 쉽다.

중복을 허용하는 것이 편지지인지, 편지봉투인지 직접 그려보자.

편지지라면?

편지봉투라면?

따라서 중복순열의 수 $_n\Pi_r$에서 중복을 허용할 수 있는 편지봉투의 개수가 Π의 왼쪽 자리에 오게 되므로 $_4\Pi_3$이다.

18 답 4

서로 다른 n개의 우체통에 서로 다른 4통의 편지를 넣는 경우의 수가 256이므로

$_{\boxed{n}}\Pi_{\boxed{4}}=256$, $\boxed{n}^4=4^{\boxed{4}}$ $\quad\therefore n=\boxed{4}$

19 답 9

n명의 동아리 회원이 각각 2명의 후보 중에서 1명을 택하여 기명으로 투표하는 경우의 수가 512이므로

${}_2\Pi_n=2^n=512=2^9$

$\therefore n=9$

20 답 4

n명이 가위바위보를 한 번 할 때, 나오는 모든 경우의 수가 81이므로

${}_3\Pi_n=3^n=81=3^4$

$\therefore n=4$

21 답 5

n명의 학생이 각각 검도, 태권도, 볼링, 테니스 중에서 1가지씩 택하여 방과 후 체육 활동을 하는 경우의 수가 1024이므로

${}_4\Pi_n=4^n=1024=2^{10}=4^5$

$\therefore n=5$

22 답 n^r

07 중복순열의 수 – 특정한 자리를 고정

▸ p.17

01 답 50

맨 앞자리에 올 수 있는 문자는 e, i의 2가지

나머지 자리에 5개의 문자 e, f, g, h, i에서 중복을

(허용하여 , 허용하지 않고) $3-\boxed{1}=\boxed{2}$(개)를 택하여

일렬로 배열하는 경우의 수는

${}_{\boxed{5}}\Pi_{\boxed{2}}=\boxed{5}^{\boxed{2}}=\boxed{25}$

따라서 구하는 경우의 수는 $2\times\boxed{25}=\boxed{50}$

02 답 98

맨 앞자리에 올 수 있는 문자는 i, o의 2가지

나머지 자리에 7개의 문자 i, k, l, m, n, o, p에서 중복을 허용하여 $3-1=2$(개)를 택하여 일렬로 배열하는 경우의 수는

${}_7\Pi_2=7^2=49$

따라서 구하는 경우의 수는 $2\times49=98$

03 답 1024

맨 앞자리에 올 수 있는 문자는 a, e의 2가지

나머지 자리에 8개의 문자 a, b, c, d, e, f, g, h에서 중복을 허용하여 $4-1=3$(개)를 택하여 일렬로 배열하는 경우의 수는

${}_8\Pi_3=8^3=512$

따라서 구하는 경우의 수는 $2\times512=1024$

04 답 125

마지막에 문자 C가 오도록 하는 경우의 수는 1

나머지 자리에 5개의 문자 A, B, C, D, E에서 중복을 허용하여 $4-1=3$(개)를 택하여 일렬로 배열하는 경우의 수는

${}_5\Pi_3=5^3=125$

따라서 구하는 경우의 수는 $1\times125=125$

05 답 65

(i) 4명의 학생이 주문하는 모든 경우의 수

4명의 학생이 각각 $\boxed{3}$개의 메뉴 중에서 1개씩 주문하는 경우의 수는 ${}_{\boxed{3}}\Pi_{\boxed{4}}=\boxed{3}^{\boxed{4}}=\boxed{81}$

(ii) 어느 1명도 떡꼬치를 주문하지 않는 경우의 수

4명의 학생이 떡꼬치를 제외한

$\boxed{3}-1=\boxed{2}$(개)의 메뉴 중에서 1개씩 주문하는 경우의 수는 ${}_{\boxed{2}}\Pi_{\boxed{4}}=\boxed{2}^{\boxed{4}}=\boxed{16}$

(i), (ii)에 의하여 구하는 경우의 수는

((i)의 경우의 수)$-$((ii)의 경우의 수)$=\boxed{65}$

06 답 126

(i) 연필을 필통에 나누어 담는 모든 경우의 수

${}_2\Pi_7=2^7$

(ii) 1개의 필통에만 연필을 모두 담는 경우의 수

2

(i), (ii)에 의하여 구하는 경우의 수는

((i)의 경우의 수)$-$((ii)의 경우의 수)

$=2^7-2=2(2^6-1)$

$=126$

07 답 11529

(i) 6명의 선거인이 기명으로 투표하는 모든 경우의 수

${}_5\Pi_6=5^6$

(ii) 어느 1명의 선거인도 후보 A에게 투표하지 않는 경우의 수

${}_4\Pi_6=4^6$

(i), (ii)에 의하여 구하는 경우의 수는

((i)의 경우의 수)$-$((ii)의 경우의 수)

$=5^6-4^6=(5^3)^2-(4^3)^2$

$=(5^3+4^3)(5^3-4^3)$

$=(125+64)(125-64)$

$=189\times61$

$=11529$

08 답 먼저, 빼서

08 중복순열의 수 – 자연수의 개수

▸ p.18

01 답 **4**

중복을 허용하여 두 개의 숫자 1, 2 중 2개를 뽑아 나열하는 것과 같으므로 ${}_2\Pi_2=2^2=4$

02 답 **9**

중복을 허용하여 세 개의 숫자 1, 2, 3 중 2개를 뽑아 나열하는 것과 같으므로 ${}_3\Pi_2=3^2=9$

03 답 **27**

중복을 허용하여 세 개의 숫자 1, 2, 3 중 3개를 뽑아 나열하는 것과 같으므로 ${}_3\Pi_3=3^3=27$

04 답 **81**

중복을 허용하여 세 개의 숫자 1, 2, 3 중 4개를 뽑아 나열하는 것과 같으므로 ${}_3\Pi_4=3^4=81$

05 답 **243**

중복을 허용하여 세 개의 숫자 1, 2, 3 중 5개를 뽑아 나열하는 것과 같으므로 ${}_3\Pi_5=3^5=243$

06 답 **6**

십의 자리에는 [0]이 올 수 없으므로 [2]가지, 일의 자리에는 0, 1, 2 중 어느 하나가 올 수 있으므로 [3]가지

따라서 구하는 경우의 수는 [6]

07 답 **48**

백의 자리에는 0이 올 수 없으므로 3가지, 나머지 두 자리에는 0, 1, 2, 3 중 중복을 허용하여 2개를 뽑아 나열하는 것과 같으므로 ${}_4\Pi_2=4^2=16$(가지)이다.

따라서 구하는 경우의 수는 $3\times16=48$

08 답 **기준, 나머지, ×**

09 중복순열의 수 – 함수의 개수

▸ p.19~20

01 답 **9**

집합 X의 각 원소는 a, b, c 중 어느 하나에 대응되면 되고 이는 3개 중 중복을 허용하여 2개를 뽑아 나열하는 것과 같다.

따라서 함수의 개수는 ${}_3\Pi_2=3^2=9$

02 답 **81**

집합 X의 각 원소는 a, b, c 중 어느 하나에 대응되면 되고 이는 3개 중 중복을 허용하여 4개를 뽑아 나열하는 것과 같다.

따라서 함수의 개수는 ${}_3\Pi_4=3^4=81$

03 답 **64**

집합 X의 각 원소는 1, 2, 3, 4 중 어느 하나에 대응되면 되고 이는 4개 중 중복을 허용하여 3개를 뽑아 나열하는 것과 같다.

따라서 함수의 개수는 ${}_4\Pi_3=4^3=64$

04 답 **243**

집합 X의 각 원소는 a, b, c 중 어느 하나에 대응되면 되고 이는 3개 중 중복을 허용하여 5개를 뽑아 나열하는 것과 같다.

따라서 함수의 개수는 ${}_3\Pi_5=3^5=243$

05 답 **6**

집합 X의 각 원소는 a, b, c 중 어느 하나에 중복없이 대응되어야 하므로 이는 3개 중 중복없이 2개를 뽑아 나열하는 것과 같다.

따라서 일대일함수의 개수는 ${}_3P_2=3\times2=6$

06 답 **24**

집합 X의 각 원소는 a, b, c, d 중 어느 하나에 중복없이 대응되어야 하므로 이는 4개 중 중복없이 3개를 뽑아 나열하는 것과 같다.

따라서 일대일함수의 개수는 ${}_4P_3=4\times3\times2=24$

07 답 **120**

집합 X의 각 원소는 a, b, c, d, e 중 어느 하나에 중복없이 대응되어야 하므로 이는 5개 중 중복없이 5개를 뽑아 나열하는 것과 같다.

따라서 일대일함수의 개수는 ${}_5P_5=5\times4\times3\times2\times1=120$

08 답 **360**

집합 X의 각 원소는 1, 2, 3, 4, 5, 6 중 어느 하나에 중복없이 대응되어야 하므로 이는 6개 중 중복없이 4개를 뽑아 나열하는 것과 같다.

따라서 일대일함수의 개수는 ${}_6P_4=6\times5\times4\times3=360$

09 답 **2!**

10 답 **3!**

11 답 **5!**

12 답 **6!**

13 답 ${}_5\Pi_3$

14 답 ${}_5P_3$

15 답 $_5\Pi_2$

$f(1)=c$로 정해졌으므로 집합 Y의 원소 a, b, c, d, e의 5개에서 중복을 허용하여 $3-\boxed{1}=\boxed{2}$(개)를 택하여 집합 X의 나머지 원소 2, 3에 대응시키면 된다.

따라서 구하는 함수의 개수는 서로 다른 $\boxed{5}$개에서 중복을 (허용하여, 허용하지 않고) $\boxed{2}$개를 택하여 나열하는 경우의 수와 같으므로 $_{\boxed{5}}\Pi_{\boxed{2}}$

16 답 $_5\Pi_4$

17 답 $_5P_4$

18 답 $_5\Pi_3$

19 답 192

$f(1)\neq3$이므로 $f(1)$이 될 수 있는 것은

$\boxed{1}$, $\boxed{2}$, $\boxed{4}$의 3가지이다.

이때, $f(2)$, $f(3)$, $f(4)$를 정하는 경우의 수는

$_{\boxed{4}}\Pi_{\boxed{3}}=\boxed{4}^{\boxed{3}}=\boxed{64}$

따라서 구하는 함수의 개수는 $3\times\boxed{64}=\boxed{192}$

20 답 18

$f(2)\neq1$이므로 $f(2)$가 될 수 있는 것은 2, 3의 2가지이다.

이때, $f(1)$, $f(3)$의 값을 정하는 경우의 수는

$_3\Pi_2=3^2=9$

따라서 구하는 함수의 개수는 $2\times9=18$

21 답 375

$f(1)+f(3)=4$를 만족시키는 경우는

$f(1)=1$, $f(3)=3$ 또는 $f(1)=2$, $f(3)=2$ 또는 $f(1)=3$, $f(3)=1$의 3가지이다.

각각의 경우에 대하여 $f(2)$, $f(4)$, $f(5)$를 정하는 경우의 수는

$_5\Pi_3=5^3=125$

따라서 구하는 함수의 개수는 $3\times125=375$

22 답 (1) $_n\Pi_m$ (2) $_nP_m$ (3) $n!$

10 중복순열의 수 – 신호의 개수

▸ p.21

01 답 14

기호를 1개 사용하여 만들 수 있는 신호의 개수는

$_{\boxed{2}}\Pi_{\boxed{1}}=\boxed{2}^{\boxed{1}}=\boxed{2}$

기호를 2개 사용하여 만들 수 있는 신호의 개수는

$_{\boxed{2}}\Pi_{\boxed{2}}=\boxed{2}^{\boxed{2}}=\boxed{4}$

기호를 3개 사용하여 만들 수 있는 신호의 개수는

$_{\boxed{2}}\Pi_{\boxed{3}}=\boxed{2}^{\boxed{3}}=\boxed{8}$

따라서 구하는 신호의 개수는

$\boxed{2}+\boxed{4}+\boxed{8}=\boxed{14}$

02 답 12

기호를 2개 사용하여 만들 수 있는 신호의 개수는

$_2\Pi_2=2^2=4$

기호를 3개 사용하여 만들 수 있는 신호의 개수는

$_2\Pi_3=2^3=8$

따라서 구하는 신호의 개수는 $4+8=12$

03 답 117

기호를 2개 사용하여 만들 수 있는 신호의 개수는

$_3\Pi_2=3^2=9$

기호를 3개 사용하여 만들 수 있는 신호의 개수는

$_3\Pi_3=3^3=27$

기호를 4개 사용하여 만들 수 있는 신호의 개수는

$_3\Pi_4=3^4=81$

따라서 구하는 신호의 개수는 $9+27+81=117$

04 답 80

기호를 2개 사용하여 만들 수 있는 신호의 개수는

$_4\Pi_2=4^2=16$

기호를 3개 사용하여 만들 수 있는 신호의 개수는

$_4\Pi_3=4^3=64$

따라서 구하는 신호의 개수는 $16+64=80$

05 답 126

깃발을 1번 들어 올려 만들 수 있는 신호의 개수는

$_{\boxed{2}}\Pi_{\boxed{1}}=\boxed{2}^{\boxed{1}}=\boxed{2}$

깃발을 2번 들어 올려 만들 수 있는 신호의 개수는

$_{\boxed{2}}\Pi_{\boxed{2}}=\boxed{2}^{\boxed{2}}=\boxed{4}$

⋮

깃발을 6번 들어 올려 만들 수 있는 신호의 개수는

$_{\boxed{2}}\Pi_{\boxed{6}}=\boxed{2}^{\boxed{6}}=\boxed{64}$

따라서 구하는 신호의 개수는 $\boxed{126}$

06 답 363

깃발을 1번 들어 올려 만들 수 있는 신호의 개수는

$_3\Pi_1=3^1=3$

깃발을 2번 들어 올려 만들 수 있는 신호의 개수는

$_3\Pi_2=3^2=9$

⋮

깃발을 5번 들어 올려 만들 수 있는 신호의 개수는

${}_{3}\Pi_{5}=3^{5}=243$

따라서 구하는 신호의 개수는 $3+9+27+81+243=363$

07 답 **1364**

깃발을 1번 들어 올려 만들 수 있는 신호의 개수는

${}_{4}\Pi_{1}=4^{1}=4$

깃발을 2번 들어 올려 만들 수 있는 신호의 개수는

${}_{4}\Pi_{2}=4^{2}=16$

⋮

깃발을 5번 들어 올려 만들 수 있는 신호의 개수는

${}_{4}\Pi_{5}=4^{5}=1024$

따라서 구하는 신호의 개수는

$4+16+64+256+1024=1364$

08 답 ${}_{n}\Pi_{2}$, ${}_{n}\Pi_{3}$, ${}_{n}\Pi_{r}$

11 중복순열의 수 – 집합의 결정

▸ p.22

01 답 **9**

전체집합 U의 원소 중 1, 2를 제외한 원소 [3], [4]는

([$A\cap B$])^{C}에 속해야 한다.

즉, [2]개의 원소는 세 집합 $A\cap B^{C}$, $A^{C}\cap B$, $(A\cup B)^{C}$ 중에서 어느 하나의 원소이다.

따라서 구하는 경우의 수는 서로 다른 [3]개의 집합에서 중복을 ((허용하여), 허용하지 않고) [2]개를 택하여 일렬로 배열하는 경우의 수와 같으므로 ${}_{3}\Pi_{2}=3^{2}=9$

02 답 **81**

전체집합 U의 원소 중 3, 4를 제외한 원소 1, 2, 5, 6은

$(A\cap B)^{C}$에 속해야 한다.

즉, 4개의 원소는 세 집합 $A\cap B^{C}$, $A^{C}\cap B$, $(A\cup B)^{C}$ 중에서 어느 하나의 원소이다.

따라서 구하는 경우의 수는 서로 다른 3개의 집합에서 중복을 허용하여 4개를 택하여 일렬로 배열하는 경우의 수와 같으므로

${}_{3}\Pi_{4}=3^{4}=81$

03 답 **9**

전체집합 U의 원소 중 a, b, c를 제외한 원소 d, e는

$(A\cap B^{C})^{C}$에 속해야 한다.

즉, 2개의 원소는 세 집합 $A\cap B$, $A^{C}\cap B$, $(A\cup B)^{C}$ 중에서 어느 하나의 원소이다.

따라서 구하는 경우의 수는 서로 다른 3개의 집합에서 중복을 허용하여 2개를 택하여 일렬로 배열하는 경우의 수와 같으므로

${}_{3}\Pi_{2}=3^{2}=9$

04 답 **81**

전체집합 U의 원소 중 c, d를 제외한 원소 a, b, e, f는

$((A\cup B)^{C})^{C}$에 속해야 한다.

즉, 4개의 원소는 세 집합 $A\cap B^{C}$, $A\cap B$, $A^{C}\cap B$ 중에서 어느 하나의 원소이다.

따라서 구하는 경우의 수는 서로 다른 3개의 집합에서 중복을 허용하여 4개를 택하여 일렬로 배열하는 경우의 수와 같으므로

${}_{3}\Pi_{4}=3^{4}=81$

05 답 **27**

전체집합 U의 원소 중 1, 5, 6, 7을 제외한 원소 2, 3, 4는

$(A\cap B)^{C}$에 속해야 한다.

즉, 3개의 원소는 세 집합 $A\cap B^{C}$, $A^{C}\cap B$, $(A\cup B)^{C}$ 중에서 어느 하나의 원소이다.

따라서 구하는 경우의 수는 서로 다른 3개의 집합에서 중복을 허용하여 3개를 택하여 일렬로 배열하는 경우의 수와 같으므로

${}_{3}\Pi_{3}=3^{3}=27$

06 답 **243**

전체집합 U의 원소 중 2, 3, 5를 제외한 원소 1, 4, 6, 7, 8은

$(A-B)^{C}=(A\cap B^{C})^{C}$에 속해야 한다.

즉, 5개의 원소는 세 집합 $A\cap B$, $A^{C}\cap B$, $(A\cup B)^{C}$ 중에서 어느 하나의 원소이다.

따라서 구하는 경우의 수는 서로 다른 3개의 집합에서 중복을 허용하여 5개를 택하여 일렬로 배열하는 경우의 수와 같으므로

${}_{3}\Pi_{5}=3^{5}=243$

07 답 **729**

전체집합 U의 원소 중 4, 8, 9를 제외한 원소 1, 2, 3, 5, 6, 7은

$(B-A)^{C}=(B\cap A^{C})^{C}$에 속해야 한다.

즉, 6개의 원소는 세 집합 $A\cap B^{C}$, $A\cap B$, $(A\cup B)^{C}$ 중에서 어느 하나의 원소이다.

따라서 구하는 경우의 수는 서로 다른 3개의 집합에서 중복을 허용하여 6개를 택하여 일렬로 배열하는 경우의 수와 같으므로

${}_{3}\Pi_{6}=3^{6}=729$

08 답 $A\cap B$, $(A\cup B)^{C}$

12 같은 것이 있는 순열

▸ p.23~24

01 답 **3**

1, 1, 2는 1을 2개 포함하므로 $\frac{3!}{\boxed{2!}}=\boxed{3}$(가지)

02 답 **3**

a, b, b는 b를 2개 포함하므로 $\frac{3!}{2!}=3$(가지)

03 답 **4**

1, 3, 3, 3은 3을 3개 포함하므로 $\frac{4!}{3!}=4$(가지)

04 답 **4**

a, a, b, a는 a를 3개 포함하므로 $\frac{4!}{3!}=4$(가지)

05 답 **360**

1, 2, 3, 4, 4, 5는 4를 2개 포함하므로 $\frac{6!}{2!}=360$(가지)

06 답 **6**

1, 1, 2, 2는 1을 2개, 2를 2개 포함하므로

$\frac{4!}{2!\times\boxed{2!}}=\boxed{6}$(가지)

07 답 **6**

a, a, b, b는 a를 2개, b를 2개 포함하므로

$\frac{4!}{2!\times2!}=6$(가지)

08 답 **30**

1, 2, 2, 3, 3은 2를 2개, 3을 2개 포함하므로

$\frac{5!}{2!\times2!}=30$(가지)

09 답 **3360**

a, b, c, c, c, d, e, e는 c를 3개, e를 2개 포함하므로

$\frac{8!}{3!\times2!}=3360$(가지)

10 답 **1680**

ㄱ, ㄱ, ㄷ, ㄹ, ㄹ, ㅅ, ㅅ, ㅅ은 ㄱ을 2개, ㄹ을 2개, ㅅ을 3개 포함하므로 $\frac{8!}{2!\times2!\times3!}=1680$(가지)

11 답 **10**

모음 o, o를 양 끝에 고정시키면 g, g, d, d, d를 일렬로 나열하는 것과 같으므로 $\frac{\boxed{5!}}{2!\times3!}=\boxed{10}$(가지)이다.

12 답 **120**

모음 u, e를 양 끝에 배치하는 방법의 수는 2이고

s, t, d, n, t를 나열하는 방법은 $\frac{5!}{2!}=60$(가지)

따라서 구하는 방법의 수는 $2\times60=120$(가지)이다.

13 답 **6**

☆을 양 끝에 고정시키면 ○, △, △, ○를 일렬로 나열하는 것과 같으므로

$\frac{4!}{2!\times2!}=6$(가지)이다.

14 답 **20**

ㅏ를 양 끝에 고정시키면 ㄱ, ㄴ, ㄴ, ㄴ, ㅏ를 일렬로 나열하는 것과 같으므로

$\frac{5!}{3!}=20$(가지)이다.

15 **6**

❋을 양 끝에 고정시키면 ❀, ❀, ⊠, ⊠를 일렬로 나열하는 것과 같으므로

$\frac{4!}{2!\times2!}=6$(가지)이다.

16 답 **12**

○, ○, ○를 하나로 생각하여 A라 하면 A, ★, ●, ★을 나열하는 방법의 수는

$\frac{4!}{\boxed{2!}}=\boxed{12}$(가지)이다.

17 답 **4320**

모음 o, o, a, e를 하나로 생각하여 A라 하면

A, c, h, c, l, t를 나열하는 방법의 수는 $\frac{6!}{2!}=360$(가지)이다.

이때, 모음끼리 자리를 바꿀 수 있으므로 $\frac{4!}{2!}=12$(가지)

따라서 구하는 방법의 수는 $360\times12=4320$(가지)이다.

18 답 **720**

먼저 ㄹ, ㄹ, ㅁ, ㅁ을 일렬로 나열하는 방법의 수는

$\frac{4!}{2!\times2!}=6$(가지)이다.

그 사이사이의 $\boxed{5}$개의 자리에 모음 ㅗ, ㅛ, ㅏ, ㅑ를 넣는 방법의 수는 $\boxed{5}$개 중 4개를 뽑아 일렬로 나열하는 것과 같으므로 ${}_5P_4=5\times4\times3\times2=\boxed{120}$(가지)이다.

따라서 구하는 방법의 수는

$6\times\boxed{120}=\boxed{720}$(가지)

19 답 240

maximum에서 m, x, m, m을 먼저 일렬로 나열하는 방법의 수는 $\frac{4!}{3!}=4$(가지)

그 사이사이에 모음을 넣는 방법의 수는 5개 중 3개를 뽑아 일렬로 나열하는 것과 같으므로 ${}_5P_3=60$(가지)이다.

따라서 구하는 방법의 수는 $4\times60=240$(가지)이다.

20 답 $\frac{n!}{p!\times q!\times\cdots\times r!}$

13 같은 것이 있는 순열 – 순서가 정해진 순열의 수

▸ p.25

01 답 60

(i) a, b 대신 X, X로 바꾼다.

(ii) 같은 것이 있는 5개의 문자 X, X, c, d, e를 일렬로 배열하면 $\frac{5!}{2!}=60$

02 답 20

(i) a, b, c 대신 X, X, X로 바꾼다.

(ii) 같은 것이 있는 5개의 문자 X, X, X, d, e를 일렬로 배열하면 $\frac{5!}{3!}=20$

03 답 120

(i) b, d, e 대신 X, X, X로 바꾼다.

(ii) 같은 것이 있는 6개의 문자 X, X, X, a, c, f를 일렬로 배열하면 $\frac{6!}{3!}=120$

04 답 210

(i) a, c, e, f 대신 X, X, X, X로 바꾼다.

(ii) 같은 것이 있는 7개의 문자 X, X, X, X, b, d, g를 일렬로 배열하면 $\frac{7!}{4!}=210$

05 답 1260

e, n을 모두 X로 바꾸면 s, t, u, d, X, X, t의 7개의 문자를 일렬로 배열한 후 첫 번째 X는 n, 두 번째 X는 e로 바꾸면 되므로 구하는 경우의 수는

$\frac{7!}{2!\times2!}=1260$

06 답 60

t, e를 모두 X로 바꾸면 s, X, r, X, s, s의 6개의 문자를 일렬로 배열한 후 첫 번째 X는 t, 두 번째 X는 e로 바꾸면 되므로 구하는 경우의 수는

$\frac{6!}{2!\times3!}=60$

07 답 3360

o, u를 모두 X로 바꾸면 m, X, m, e, n, t, X, m의 8개의 문자를 일렬로 배열한 후 첫 번째 X는 u, 두 번째 X는 o로 바꾸면 되므로 구하는 경우의 수는

$\frac{8!}{2!\times3!}=3360$

08 답 문자, 같은 것이 있는 순열의 수

14 같은 것이 있는 순열 – 자연수의 개수

▸ p.26~29

01 답 30

1, 2, 2, 3, 3을 나열하는 경우의 수와 같으므로

$\frac{5!}{2!\times2!}=30$

02 답 3

1, 2, 2를 나열하는 방법의 수와 같으므로

$\frac{3!}{2!}=3$(개)

03 답 12

2, 2, 3, 4를 나열하는 방법의 수와 같으므로

$\frac{4!}{2!}=12$(개)

04 답 30

2, 2, 3, 4, 4를 나열하는 방법의 수와 같으므로

$\frac{5!}{2!\times2!}=30$(개)

05 답 90

5, 5, 6, 6, 7, 7을 나열하는 방법의 수와 같으므로

$\frac{6!}{2!\times2!\times2!}=90$(개)

06 답 210

1, 1, 2, 2, 2, 3, 3을 나열하는 방법의 수와 같으므로

$\frac{7!}{2!\times3!\times2!}=210$(개)

07 답 360

맨 앞자리에는 [0]이 올 수 없으므로

맨 앞자리에 올 수 있는 숫자는 1, 2, 3이다.

(i) 맨 앞자리에 1이 오는 경우 : 나머지 자리에 [0], [1], [2], 2, 2, 3의 6개의 숫자를 일렬로 배열하는 경우의 수는

$\frac{6!}{\boxed{3}!}=\boxed{120}$

(ii) 맨 앞자리에 2가 오는 경우 : 나머지 자리에 [0], [1], [1], 2, 2, 3의 6개의 숫자를 일렬로 배열하는 경우의 수는

$\frac{6!}{\boxed{2}!\times\boxed{2}!}=\boxed{180}$

(iii) 맨 앞자리에 3이 오는 경우 : 나머지 자리에 [0], [1], [1], 2, 2, 2의 6개의 숫자를 일렬로 배열하는 경우의 수는

$\frac{6!}{\boxed{2}!\times\boxed{3}!}=\boxed{60}$

(i)~(iii)에 의하여 구하는 자연수의 개수는

$\boxed{120}+\boxed{180}+\boxed{60}=\boxed{360}$

[다른 풀이]

7개의 숫자를 일렬로 배열하는 경우의 수에서 맨 앞자리에 [0]이 오는 경우의 수를 빼면 된다. 즉,

$\frac{7!}{\boxed{2}!\times\boxed{3}!}-\frac{6!}{\boxed{2}!\times\boxed{3}!}=\boxed{420}-\boxed{60}$

$=\boxed{360}$

08 답 9

(i) 첫째 자리에 1이 오는 경우

나머지 자리에 0, 1, 2를 나열하는 경우의 수와 같으므로

$3!=6$

(ii) 첫째 자리에 2가 오는 경우

나머지 자리에 0, 1, 1을 나열하는 경우의 수와 같으므로

$\frac{3!}{2!}=3$

따라서 구하는 정수의 개수는 $6+3=9$(개)이다.

[다른 풀이]

0, 1, 1, 2를 나열하는 경우의 수에서 첫째 자리에 0이 오는 경우의 수를 빼면 된다.

첫째 자리에 0이 오는 경우의 수는 나머지 자리에 1, 1, 2를 나열하는 경우의 수이므로 $\frac{3!}{2!}$

따라서 구하는 정수의 개수는

$\frac{4!}{2!}-\frac{3!}{2!}=12-3=9$

09 답 16

(i) 첫째 자리에 3이 오는 경우

0, 3, 3, 8을 나열하는 경우의 수와 같으므로

$\frac{4!}{2!}=12$

(ii) 첫째 자리에 8이 오는 경우

0, 3, 3, 3을 나열하는 경우의 수와 같으므로

$\frac{4!}{3!}=4$

따라서 구하는 정수의 개수는 $12+4=16$이다.

[다른 풀이]

0, 3, 3, 3, 8을 나열하는 경우의 수에서 첫째 자리에 0이 오는 경우의 수를 빼면 된다.

첫째 자리에 0이 오는 경우의 수는 나머지 자리에 3, 3, 3, 8을 나열하는 경우의 수이므로 $\frac{4!}{3!}$

따라서 구하는 정수의 개수는 $\frac{5!}{3!}-\frac{4!}{3!}=20-4=16$

10 답 50

(i) 첫째 자리에 7이 오는 경우

0, 7, 7, 9, 9를 나열하는 경우의 수와 같으므로

$\frac{5!}{2!\times2!}=30$

(ii) 첫째 자리에 9가 오는 경우

0, 7, 7, 7, 9를 나열하는 경우의 수와 같으므로

$\frac{5!}{3!}=20$

따라서 구하는 정수의 개수는 $30+20=50$

[다른 풀이]

0, 7, 7, 7, 9, 9를 나열하는 경우의 수에서 첫째 자리에 0이 오는 경우의 수를 빼면 된다.

첫째 자리에 0이 오는 경우의 수는 나머지 자리에 7, 7, 7, 9, 9를 나열하는 경우의 수이므로 $\frac{5!}{3!2!}$

따라서 구하는 정수의 개수는

$\frac{6!}{3!2!}-\frac{5!}{3!2!}=60-10=50$

11 답 48

(i) 첫째 자리에 2가 오는 경우

0, 3, 4, 4를 나열하는 경우의 수와 같으므로

$\frac{4!}{2!}=12$

(ii) 첫째 자리에 3이 오는 경우

0, 2, 4, 4를 나열하는 경우의 수와 같으므로

$\frac{4!}{2!}=12$

(iii) 첫째 자리에 4가 오는 경우

0, 2, 3, 4를 나열하는 경우의 수와 같으므로

$4!=24$

따라서 구하는 정수의 개수는

$12+12+24=48$

[다른 풀이]

0, 2, 3, 4, 4를 나열하는 경우의 수에서 첫째 자리에 0이 오는 경우의 수를 빼면 된다.

첫째 자리에 0이 오는 경우의 수는 나머지 자리에 2, 3, 4, 4를 나열하는 경우의 수이므로 $\frac{4!}{2!}$

따라서 구하는 정수의 개수는

$\frac{5!}{2!}-\frac{4!}{2!}=60-12=48$

12 답 38

1, 1, 1, 2, 3, 3에서 4개의 숫자를 택하는 경우는 (1, 1, 1, 2), (1, 1, 1, 3), (1, 1, 2, 3), (1, 1, 3, 3), (1, 2, 3, 3)이 있다.

각 경우에 대하여 일렬로 배열하여 만들 수 있는 자연수의 개수를 구하면

(i) (1, 1, 1, 2)의 경우 : $\frac{4!}{\boxed{3}!}=\boxed{4}$

(ii) (1, 1, 1, $\boxed{3}$)의 경우 : $\frac{4!}{\boxed{3}!}=\boxed{4}$

(iii) (1, 1, 2, 3)의 경우 : $\frac{4!}{\boxed{2}!}=\boxed{12}$

(iv) (1, 1, $\boxed{3}$, 3)의 경우 : $\frac{4!}{\boxed{2}!\times\boxed{2}!}=\boxed{6}$

(v) (1, 2, 3, $\boxed{3}$)의 경우 : $\frac{4!}{\boxed{2}!}=\boxed{12}$

(i)~(v)에 의하여

$\boxed{4}+\boxed{4}+\boxed{12}+\boxed{6}+\boxed{12}=\boxed{38}$

13 답 11

1, 1, 1, 1, 3, 3에서 4개의 숫자를 택하는 경우는

(1, 1, 1, 1), (1, 1, 1, 3), (1, 1, 3, 3)이 있다.

각 경우에 대하여 일렬로 배열하여 만들 수 있는 자연수의 개수를 구하면

(i) (1, 1, 1, 1)의 경우 : $\frac{4!}{4!}=1$

(ii) (1, 1, 1, 3)의 경우 : $\frac{4!}{3!}=4$

(iii) (1, 1, 3, 3)의 경우 : $\frac{4!}{2!\times2!}=6$

(i)~(iii)에 의하여 $1+4+6=11$

14 답 38

1, 1, 2, 2, 2, 3에서 4개의 숫자를 택하는 경우는

(1, 1, 2, 2), (1, 1, 2, 3), (1, 2, 2, 2), (1, 2, 2, 3), (2, 2, 2, 3)이 있다.

(i) (1, 1, 2, 2)의 경우 : $\frac{4!}{2!\times2!}=6$

(ii) (1, 1, 2, 3)의 경우 : $\frac{4!}{2!}=12$

(iii) (1, 2, 2, 2)의 경우 : $\frac{4!}{3!}=4$

(iv) (1, 2, 2, 3)의 경우 : $\frac{4!}{2!}=12$

(v) (2, 2, 2, 3)의 경우 : $\frac{4!}{3!}=4$

(i)~(v)에 의하여 $6+12+4+12+4=38$

15 답 20

1, 1, 1, 2, 2, 2, 3에서 3개의 숫자를 택하는 경우는

(1, 1, 1), (1, 1, 2), (1, 1, 3), (1, 2, 2), (1, 2, 3), (2, 2, 2), (2, 2, 3)이 있다.

(i) (1, 1, 1)의 경우 : $\frac{3!}{3!}=1$

(ii) (1, 1, 2)의 경우 : $\frac{3!}{2!}=3$

(iii) (1, 1, 3)의 경우 : $\frac{3!}{2!}=3$

(iv) (1, 2, 2)의 경우 : $\frac{3!}{2!}=3$

(v) (1, 2, 3)의 경우 : $3!=6$

(vi) (2, 2, 2)의 경우 : $\frac{3!}{3!}=1$

(vii) (2, 2, 3)의 경우 : $\frac{3!}{2!}=3$

(i)~(vii)에 의하여 $1+3+3+3+6+1+3=20$

16 답 25

1, 1, 2, 2, 3, 3, 3에서 3개의 숫자를 택하는 경우는

(1, 1, 2), (1, 1, 3), (1, 2, 2), (1, 2, 3), (1, 3, 3), (2, 2, 3), (2, 3, 3), (3, 3, 3)이 있다.

(i) (1, 1, 2)의 경우 : $\frac{3!}{2!}=3$

(ii) (1, 1, 3)의 경우 : $\frac{3!}{2!}=3$

(iii) (1, 2, 2)의 경우 : $\frac{3!}{2!}=3$

(iv) (1, 2, 3)의 경우 : $3!=6$

(v) (1, 3, 3)의 경우 : $\frac{3!}{2!}=3$

(vi) (2, 2, 3)의 경우 : $\frac{3!}{2!}=3$

(vii) (2, 3, 3)의 경우 : $\frac{3!}{2!}=3$

(viii) (3, 3, 3)의 경우 : $\frac{3!}{3!}=1$

(i)~(viii)에 의하여 $3+3+3+6+3+3+3+1=25$

17 답 24

홀수의 일의 자리에 올 수 있는 숫자는 $\boxed{1}$, $\boxed{3}$이다.

(i) 일의 자리의 숫자가 $\boxed{1}$인 경우

나머지 자리에 $\boxed{1}$, $\boxed{2}$, 3, 3의 4개의 숫자를 일렬로

배열하는 경우의 수는 $\frac{4!}{\boxed{2}!}=\boxed{12}$

(ii) 일의 자리의 숫자가 $\boxed{3}$인 경우

나머지 자리에 $\boxed{1}$, $\boxed{1}$, 2, 3의 4개의 숫자를 일렬로

배열하는 경우의 수는 $\frac{4!}{\boxed{2}!}=\boxed{12}$

(i), (ii)에 의하여 구하는 자연수의 개수는

$\boxed{12}+\boxed{12}=\boxed{24}$

18 답 16

홀수의 일의 자리에 올 수 있는 숫자는 1, 3이다.

(i) 일의 자리의 숫자가 1인 경우

나머지 자리에 1, 1, 2, 3의 4개의 숫자를 일렬로 배열하는 경우의 수는 $\frac{4!}{2!}=12$

(ii) 일의 자리의 숫자가 3인 경우

나머지 자리에 1, 1, 1, 2의 4개의 숫자를 일렬로 배열하는 경우의 수는 $\frac{4!}{3!}=4$

(i), (ii)에 의하여 구하는 자연수의 개수는

$12+4=16$

19 답 36

짝수의 일의 자리에 올 수 있는 숫자는 2, 4이다.

(i) 일의 자리의 숫자가 2인 경우

나머지 자리에 1, 2, 3, 4의 4개의 숫자를 일렬로 배열하는 경우의 수는 $4!=24$

(ii) 일의 자리의 숫자가 4인 경우

나머지 자리에 1, 2, 2, 3의 4개의 숫자를 일렬로 배열하는 경우의 수는 $\frac{4!}{2!}=12$

(i), (ii)에 의하여 구하는 자연수의 개수는

$24+12=36$

20 답 240

짝수의 일의 자리에 올 수 있는 숫자는 4, 6, 8이다.

(i) 일의 자리의 숫자가 4인 경우

나머지 자리에 4, 5, 6, 7, 8의 5개의 숫자를 일렬로 배열하는 경우의 수는 $5!=120$

(ii) 일의 자리의 숫자가 6인 경우

나머지 자리에 4, 4, 5, 7, 8의 5개의 숫자를 일렬로 배열하는 경우의 수는 $\frac{5!}{2!}=60$

(iii) 일의 자리의 숫자가 8인 경우

나머지 자리에 4, 4, 5, 6, 7의 5개의 숫자를 일렬로 배열하는 경우의 수는 $\frac{5!}{2!}=60$

(i)~(iii)에 의하여 구하는 자연수의 개수는

$120+60+60=240$

21 답 6

4의 배수이려면 끝의 두 자리의 수가 00이거나 4의 배수여야 한다.

(i) 끝의 두 자리의 수가 12인 경우

나머지 자리에 $\boxed{1}$, $\boxed{3}$, $\boxed{3}$의 3개의 숫자를 일렬로

배열하는 경우의 수는 $\frac{3!}{\boxed{2}!}=\boxed{3}$

(ii) 끝의 두 자리의 수가 32인 경우

나머지 자리에 $\boxed{1}$, $\boxed{1}$, $\boxed{3}$의 3개의 숫자를 일렬로

배열하는 경우의 수는 $\frac{3!}{\boxed{2}!}=\boxed{3}$

(i), (ii)에 의하여 구하는 자연수의 개수는

$\boxed{3}+\boxed{3}=\boxed{6}$

22 답 4

4의 배수이려면 끝의 두 자리의 수가 00이거나 4의 배수여야 한다.

(i) 끝의 두 자리의 수가 24인 경우

나머지 자리에 3, 3, 3의 3개의 숫자를 일렬로 배열하는 경우의 수는 $\frac{3!}{3!}=1$

(ii) 끝의 두 자리의 수가 32인 경우

나머지 자리에 3, 3, 4의 3개의 숫자를 일렬로 배열하는 경우의 수는 $\frac{3!}{2!}=3$

(i), (ii)에 의하여 구하는 자연수의 개수는

$1+3=4$

23 답 48

4의 배수이려면 끝의 두 자리의 수가 00이거나 4의 배수여야 한다.

(i) 끝의 두 자리의 수가 12인 경우

나머지 자리에 1, 2, 3, 4의 4개의 숫자를 일렬로 배열하는 경우의 수는 $4!=24$

(ii) 끝의 두 자리의 수가 24인 경우

나머지 자리에 1, 1, 2, 3의 4개의 숫자를 일렬로 배열하는 경우의 수는 $\frac{4!}{2!}=12$

(iii) 끝의 두 자리의 수가 32인 경우

나머지 자리에 1, 1, 2, 4의 4개의 숫자를 일렬로 배열하는 경우의 수는 $\frac{4!}{2!}=12$

(i)~(iii)에 의하여 구하는 자연수의 개수는

$24+12+12=48$

24 답 (1) 같은 것이 있는 순열

(2) 0, 같은 것이 있는 순열, 더하여

(3) 쌍, 같은 것이 있는 순열, 더하여

15 같은 것이 있는 순열 – 최단 거리로 가는 경우의 수

▸ p.30~32

01 답 20

오른쪽으로 [3]칸, 위쪽으로 [3]칸 가야 하므로

최단 거리로 가는 경우의 수는

$$\frac{(\boxed{3}+\boxed{3})!}{\boxed{3}!\times\boxed{3}!}=\frac{\boxed{6}!}{\boxed{3}!\times\boxed{3}!}=\boxed{20}$$

02 답 10

오른쪽으로 3칸, 위쪽으로 2칸 가야 하므로 최단 거리로 가는 경우의 수는 $\frac{5!}{3!\times2!}=10$

03 답 35

오른쪽으로 3칸, 위쪽으로 4칸 가야 하므로 최단 거리로 가는 경우의 수는 $\frac{7!}{3!\times4!}=35$

04 답 36

오른쪽으로 7칸, 위쪽으로 2칸 가야 하므로 최단 거리로 가는 경우의 수는 $\frac{9!}{7!\times2!}=36$

05 답 9

(i) A지점에서 P지점까지 최단 거리로 가는 경우의 수

$$\frac{(\boxed{1}+\boxed{2})!}{\boxed{1}!\times\boxed{2}!}=\frac{\boxed{3}!}{\boxed{2}!}=\boxed{3}$$

(ii) P지점에서 B지점까지 최단 거리로 가는 경우의 수

$$\frac{(\boxed{2}+\boxed{1})!}{\boxed{2}!\times\boxed{1}!}=\frac{\boxed{3}!}{\boxed{2}!}=\boxed{3}$$

∴ (구하는 경우의 수)$=\boxed{3}\times\boxed{3}=\boxed{9}$

06 답 9

(i) A지점에서 P지점까지 최단 거리로 가는 경우의 수

$\frac{3!}{2!}=3$

(ii) P지점에서 B지점까지 최단 거리로 가는 경우의 수

$\frac{3!}{2!}=3$

따라서 구하는 최단 거리의 수는 $3\times3=9$

07 답 15

(i) A지점에서 P지점까지 최단 거리로 가는 경우의 수

$\frac{6!}{4!\times2!}=15$

(ii) P지점에서 B지점까지 최단 거리로 가는 경우의 수

1

따라서 구하는 최단 거리의 수는 $15\times1=15$

08 답 100

(i) A지점에서 P지점까지 최단 거리로 가는 경우의 수

$\frac{5!}{4!}=5$

(ii) P지점에서 B지점까지 최단 거리로 가는 경우의 수

$\frac{6!}{3!\times3!}=20$

따라서 구하는 최단 거리의 수는 $5\times20=100$

09 답 34

(i) A지점에서 P지점을 거치지 않고 Q지점까지 최단 거리로 가는 경우의 수

$$\frac{(3+4)!}{3!\times4!}-\frac{(2+2)!}{2!\times2!}\times\frac{(1+2)!}{2!}$$

$$=\frac{7!}{3!\times4!}-\frac{4!}{2!\times2!}\times\frac{3!}{2!}$$

$$=35-6\times3=35-18=17$$

(ii) Q지점에서 B지점까지 최단 거리로 가는 경우의 수

$2!=2$

(i), (ii)에서 구하는 경우의 수는 $17\times2=34$

10 답 7

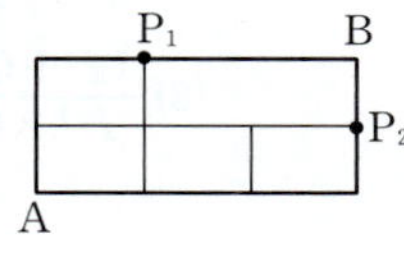

장애물을 피해 A지점에서 B지점까지 최단 거리로 가려면 오른쪽 그림의 두 지점 P_1, P_2를 거치는 두 가지 경우가 있다.

(i) P_1지점을 거쳐 최단 거리로 가는 경우의 수

$$\frac{(\boxed{1}+\boxed{2})!}{\boxed{1}!\times\boxed{2}!}\times1=\frac{\boxed{3}!}{\boxed{1}!\times\boxed{2}!}\times1=\boxed{3}$$

(ii) P_2지점을 거쳐 최단 거리로 가는 경우의 수

$$\frac{(\boxed{3}+\boxed{1})!}{\boxed{3}!\times\boxed{1}!}\times1=\frac{\boxed{4}!}{\boxed{3}!\times\boxed{1}!}\times1=\boxed{4}$$

$\therefore$ (구하는 경우의 수)$=\boxed{3}+\boxed{4}=\boxed{7}$

[다른 풀이]

A지점에서 B지점까지 최단 거리로 가는 경우의 수에서 오른쪽 그림의 점선을 지나는 경우의 수를 빼자.

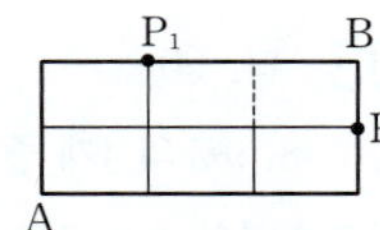

$$\frac{5!}{3!\times2!}-\frac{3!}{2!}\times1=10-3=7$$

11 답 19

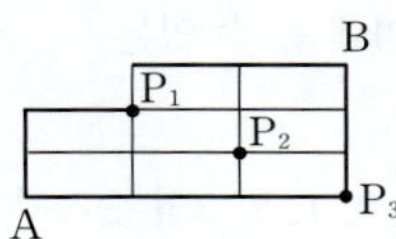

$A\longrightarrow P_1\longrightarrow B:\frac{3!}{2!}\times\frac{3!}{2!}=3\times3=9$

$A\longrightarrow P_2\longrightarrow B:\frac{3!}{2!}\times\frac{3!}{2!}=3\times3=9$

$A\longrightarrow P_3\longrightarrow B:1\times1=1$

따라서 A지점에서 B지점까지 최단 거리로 가는 경우의 수는

$9+9+1=19$

[다른 풀이]

A지점에서 B지점까지 최단 거리로 가는 경우의 수에서 오른쪽 그림의 점선을 지나는 경우의 수를 빼자.

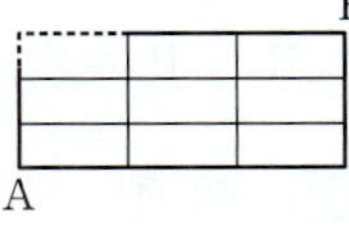

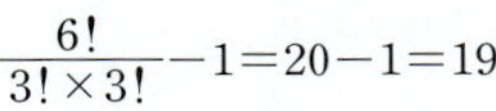

$$\frac{6!}{3!\times3!}-1=20-1=19$$

12 답 17

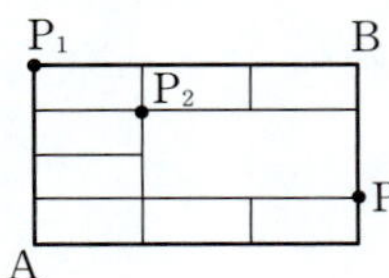

$A\longrightarrow P_1\longrightarrow B:\ 1\times1=1$

$A\longrightarrow P_2\longrightarrow B:\frac{4!}{3!}\times\frac{3!}{2!}=12$

$A\longrightarrow P_3\longrightarrow B:\frac{4!}{3!}\times1=4$

따라서 A지점에서 B지점까지 최단 거리로 가는 경우의 수는

$1+12+4=17$

13 답 66

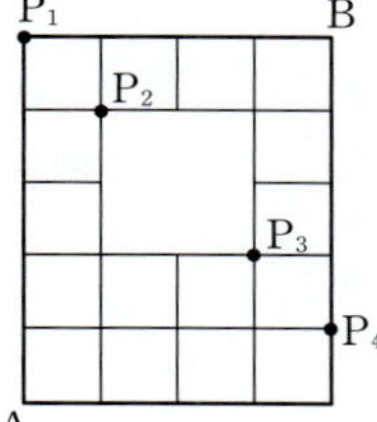

$A\longrightarrow P_1\longrightarrow B:1\times1=1$

$A\longrightarrow P_2\longrightarrow B:\frac{5!}{4!}\times\frac{4!}{3!}=20$

$A\longrightarrow P_3\longrightarrow B:\frac{5!}{3!\times2!}\times\frac{4!}{3!}=40$

$A\longrightarrow P_4\longrightarrow B:\frac{5!}{4!}\times1=5$

따라서 A지점에서 B지점까지 최단 거리로 가는 경우의 수는

$1+20+40+5=66$

수력 UP

• a 가지 → , ↑ b 가지, $(a+b)$ 가지 임을 이용하여 최단 거리로 가는 경우의 수를 구하자.

10

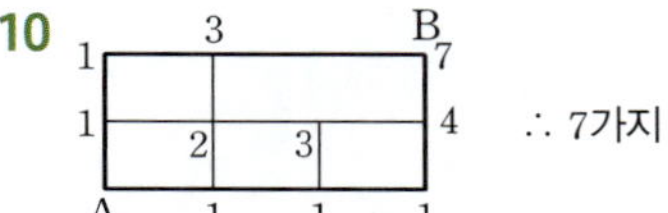

$\therefore$ 7가지

11

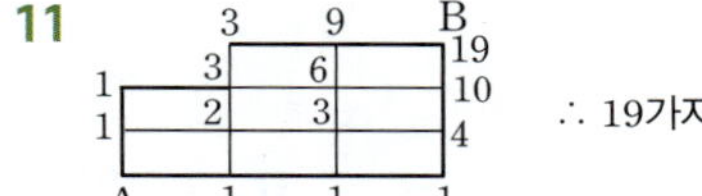

$\therefore$ 19가지

12

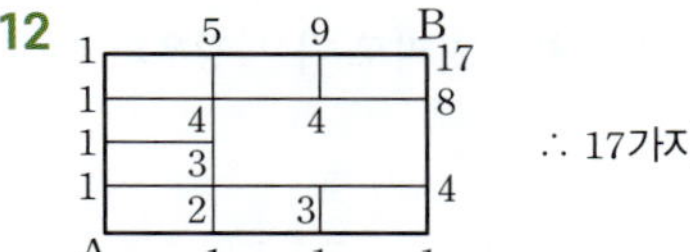

$\therefore$ 17가지

13

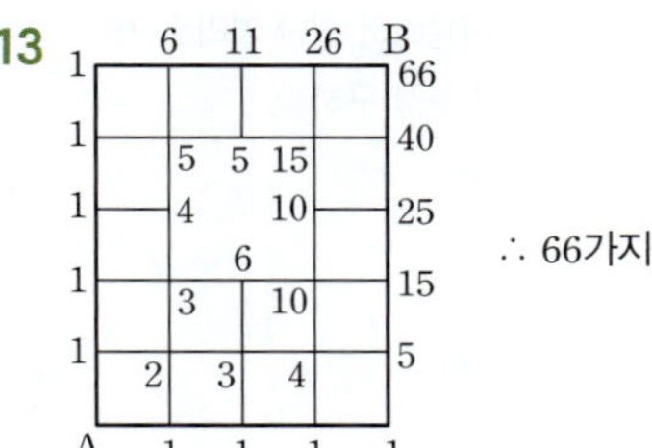

$\therefore$ 66가지

14 답 6

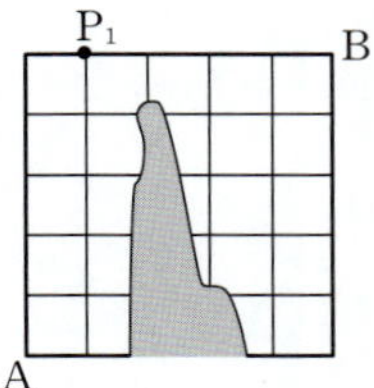

$A\longrightarrow P_1\longrightarrow B:\frac{6!}{5!}\times1=6$

따라서 A지점에서 B지점까지 최단 거리로 가는 경우의 수는 6

15 답 23

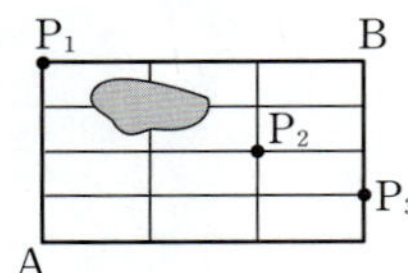

$A \longrightarrow P_1 \longrightarrow B$: $1\times1=1$

$A \longrightarrow P_2 \longrightarrow B$: $\frac{4!}{2!\times2!}\times\frac{3!}{2!}=18$

$A \longrightarrow P_3 \longrightarrow B$: $\frac{4!}{3!}\times1=4$

따라서 A지점에서 B지점까지 최단 거리로 가는 경우의 수는

$1+18+4=23$

[다른 풀이]

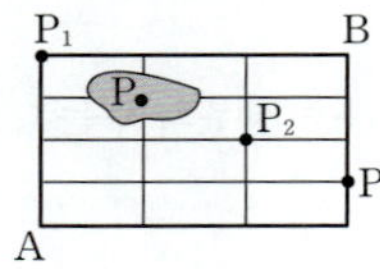

A지점에서 B지점까지 최단 거리로 가는 경우의 수에서 왼쪽 그림의 점 P를 지나는 최단 거리로 가는 경우의 수를 빼자.

$\frac{7!}{4!\times3!}-\frac{4!}{3!}\times\frac{3!}{2!}=35-4\times3=23$

16 답 10

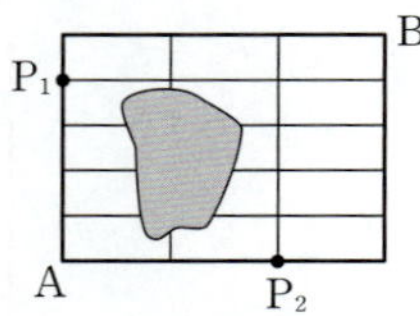

$A \longrightarrow P_1 \longrightarrow B$: $1\times\frac{4!}{3!}=4$, $A \longrightarrow P_2 \longrightarrow B$: $1\times\frac{6!}{5!}=6$

따라서 A지점에서 B지점까지 최단 거리로 가는 경우의 수는

$4+6=10$

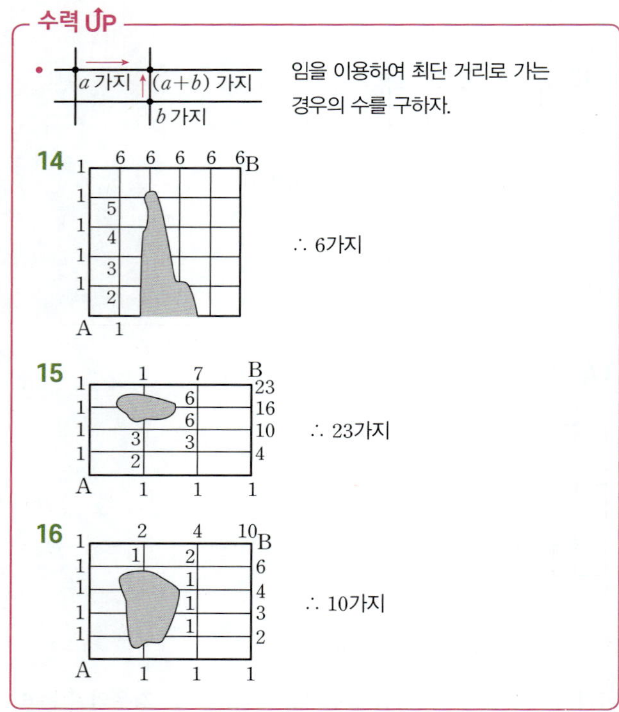

17 답

(1) $\frac{(p+q)!}{p!\times q!}$ (2) $\frac{(p+q)!}{p!\times q!}\times\frac{(p'+q')!}{p'!\times q'!}$

(3) $\frac{(P+Q)!}{P!\times Q!}-\frac{(p+q)!}{p!\times q!}\times\frac{(p'+q')!}{p'!\times q'!}$

단원 마무리 평가 [01~15]

▸ 문제편 p.33~35

01 답 ②

${}_5\Pi_0+{}_6\Pi_2=5^0+6^2=1+36=37$

02 답 ④

4명의 친구가 서로 다른 3개의 음식 중에 중복을 허용하여 선택할 수 있으므로 3개에서 4개를 택하는 중복순열의 수와 같다.

$\therefore {}_3\Pi_4=3^4=81$

03 답 ④

6, 7, 8, 9층의 4개 중 중복을 허용하여 3개를 선택하는 중복순열의 수이므로 ${}_4\Pi_3=4^3=64$

04 답 ③

백의 자리에는 0이 올 수 없으므로 백의 자리에 올 수 있는 숫자는 1, 2, 3의 3가지이다.

이 각각에 대하여 십의 자리, 일의 자리에는 0, 1, 2, 3의 숫자가 중복하여 올 수 있으므로 경우의 수는 ${}_4\Pi_2$

따라서 구하는 자연수의 개수는

$3\times{}_4\Pi_2=3\times4^2=48$

[다른 풀이]

(i) 네 개의 숫자에서 중복을 허용하여 세 개를 뽑아 나열하는 경우의 수는 ${}_4\Pi_3$이다.

(ii) 맨 앞자리에 0이 오는 경우의 수는 ${}_4\Pi_2$이다.

따라서 구하는 자연수의 개수는

((i)의 경우의 수) − ((ii)의 경우의 수)

$={}_4\Pi_3-{}_4\Pi_2=4^3-4^2=48$

05 답 ①

4500보다 큰 수의 개수는 다음과 같다.

(i) 45□□ 꼴인 경우 : ${}_4\Pi_2=4^2=16$

(ii) 46□□ 꼴인 경우 : ${}_4\Pi_2=4^2=16$

(iii) 5□□□ 꼴인 경우 : ${}_4\Pi_3=4^3=64$

(iv) 6□□□ 꼴인 경우 : ${}_4\Pi_3=4^3=64$

(i)~(iv)에 의하여

4500보다 큰 수의 개수는

$16+16+64+64=160$

06 답 50

세 개의 숫자 1, 2, 3 중에서 중복을 허용하여 4개를 뽑아 만들 수 있는 네 자리 자연수의 개수는 ${}_3\Pi_4=3^4=81$

(i) 1이 포함되지 않은 네 자리 자연수의 개수는

$${}_2\Pi_4=2^4=16$$

(ii) 2가 포함되지 않은 네 자리 자연수의 개수는

$${}_2\Pi_4=2^4=16$$

(iii) 1과 2가 모두 포함되지 않은 자연수의 개수는 1

(i)~(iii)에 의하여

구하는 자연수의 개수는 $81-(16+16-1)=50$

07 답 ③

$f(3)=6$이므로 집합 X에서 3을 제외한 각 원소 1, 2, 4에 대응하는 집합 Y의 원소를 순서대로 □, □, □에 배열하면 각 □에는 Y의 세 원소 중에서 임의의 원소가 들어갈 수 있다.

따라서 세 원소 6, 7, 8 중에서 중복을 허용하여 3개를 뽑는 중복순열의 수와 같으므로

구하는 함수 f의 개수는 ${}_3\Pi_3=3^3=27$

08 답 ④

(i) 모든 함수의 개수

집합 Y의 원소 3개에서 중복을 허용하여 3개를 택하는 중복순열의 수와 같으므로

$$\alpha={}_3\Pi_3=3^3=27$$

(ii) 일대일대응의 개수

$$\beta=3\times2\times1=6$$

(i), (ii)에서 $\alpha+\beta=27+6=33$

09 답 ③

파란 깃발은 B(Blue), 흰 깃발은 W(White)로 놓고, B 또는 W 5개로 된 문자를 만드는 경우의 수는 중복순열을 이용한다.

따라서 구하는 경우의 수는

$${}_2\Pi_5=2^5=32$$

10 답 31

한 개의 전구로 만들 수 있는 신호의 개수는 2이므로 다섯 개의 전구로 만들 수 있는 신호의 개수는 $2^5=32$

이때, 모두 꺼진 것은 신호에서 제외하므로 만들 수 있는 최대의 신호의 개수는 $32-1=31$

11 답 ①

문자 x, y에서 중복을 허용하여

(i) 1개를 사용하여 만들 수 있는 신호의 개수는

$${}_2\Pi_1=2^1=2$$

(ii) 2개를 사용하여 만들 수 있는 신호의 개수는

$${}_2\Pi_2=2^2=4$$

(iii) 3개를 사용하여 만들 수 있는 신호의 개수는

$${}_2\Pi_3=2^3=8$$

(i)~(iii)에 의하여 구하는 서로 다른 신호의 개수는

$2+4+8=14$

12 답 ④

$n(S)=7$, $n(A\cup B)=5$이므로 $n((A\cup B)^C)=7-5=2$

이때, $A-B=\{3, 6\}$이므로 $(A\cup B)^C$의 원소는 1, 2, 4, 5, 7 중 2개를 선택하면 된다.

5개의 원소 중에서 2개를 뽑는 경우의 수는 ${}_5C_2=10$

이 각각의 경우에 대하여 나머지 3개는 두 집합 $B-A$ 또는 $A\cap B$의 원소이므로 두 집합에서 중복을 허용하여 3개를 택해 일렬로 나열하는 경우의 수는 ${}_2\Pi_3=2^3=8$

따라서 구하는 순서쌍 (A, B)의 개수는 $10\times8=80$

[다른 풀이]

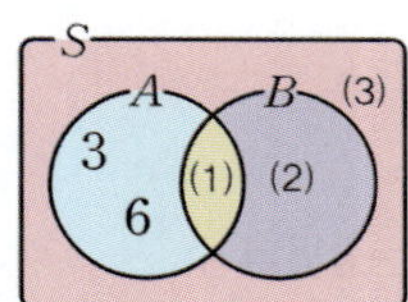

영역 (1)의 원소 개수	영역 (2)의 원소 개수	영역 (3)의 원소 개수	가능한 경우의 수
0	3	2	${}_5C_3={}_5C_2=10$
1	2	2	${}_5C_1\times{}_4C_2=5\times6=30$
2	1	2	${}_5C_2\times{}_3C_1=10\times3=30$
3	0	2	${}_5C_3={}_5C_2=10$

따라서 구하는 순서쌍 (A, B)의 개수는

$10+30+30+10=80$

13 답 ②

s, s, s, c, c, u, e의 문자 7개 중 s가 3개, c가 2개 있으므로

구하는 방법의 수는 $\dfrac{7!}{3!\times2!}=\dfrac{7\times6\times5\times4\times3\times2\times1}{3\times2\times1\times2\times1}=420$

14 답 ②

구하는 개수는 A, A, B, B, B, B, C, C를 일렬로 나열하는 방법의 수이므로

$$\frac{8!}{2!\times4!\times2!}=\frac{8\times7\times6\times5\times4\times3\times2\times1}{2\times1\times4\times3\times2\times1\times2\times1}=420$$

15 답 ①

F, D, A를 각각 X라 하자.

X, B, C, X, E, X를 배열한 후 X자리에 순서대로 F, D, A를 세우면 되므로 같은 것이 있는 순열을 이용한다.

따라서 A, B, C, D, E, F를 일렬로 세울 때, F, D, A의 순서대로 서게 되는 경우의 수는

$$\frac{6!}{3!}=\frac{6\times5\times4\times3\times2\times1}{3\times2\times1}=120$$

16 답 ②

7장의 카드를 일렬로 배열하는 방법의 수는

$\frac{7!}{3!\times 2!}=\frac{7\times6\times5\times4\times3\times2\times1}{3\times2\times1\times2\times1}=420$

(i) ♣이 이웃하게 배열하는 방법의 수

여사건인 ♣이 이웃하지 않게 배열하는 방법의 수를 구하여 제외하면 된다.

먼저 ♠, ♠, ♥, ◆를 배열하는 방법의 수는 $\frac{4!}{2!}=12$

양 끝과 사이사이의 5칸 중 3칸을 골라 ♣를 한 장씩 넣는 방법의 수는 ${}_5C_3={}_5C_2=10$

즉, ♣이 이웃하지 않게 배열하는 방법의 수는

$12\times10=120$

따라서 ♣이 이웃하는 방법의 수는 여사건을 이용하면

$420-120=300$

(ii) ♠이 이웃하게 배열하는 방법의 수

$\frac{6!}{3!}=\frac{6\times5\times4\times3\times2\times1}{3\times2\times1}=120$

(iii) ♣이 이웃하고, ♠이 이웃하게 배열하는 방법의 수

[♠, ♠]를 한 묶음으로 보고 배열하는 전체 방법의 수는

$\frac{6!}{3!}=120$

이때, ♣, ♣, ♣ 중 적어도 2개가 이웃하도록 배열하는 사건의 여사건인 ♣이 이웃하지 않게 배열하는 방법의 수를 구하여 제외하면 된다.

[♠, ♠]를 한 묶음으로 보고 [♠, ♠], ♥, ◆를 배열하는 방법의 수는 $3!=6$

양 끝과 사이사이의 4칸 중 3칸에 ♣를 한 장씩 넣어 배열하는 방법의 수는 ${}_4C_3={}_4C_1=4$

즉, ♣이 이웃하지 않게 배열하는 방법의 수는 $6\times4=24$

따라서 ♣끼리 이웃하고, ♠끼리 이웃하는 방법의 수는 여사건을 이용하면 $120-24=96$

(i)~(iii)에 의하여 구하는 방법의 수는

$420-(300+120-96)=96$

17 답 ①

2, 2, 3, 3, 5를 나열하는 방법의 수와 같으므로

$\frac{5!}{2!\times2!}=\frac{5\times4\times3\times2\times1}{2\times1\times2\times1}=30$

18 답 ②

맨 앞자리에 0이 오는 경우는 여섯 자리 자연수가 아니므로 구하는 자연수의 개수는

$\frac{6!}{3!\times2!}-\frac{5!}{3!\times2!}=\frac{6\times5\times4\times3\times2\times1}{3\times2\times1\times2\times1}-\frac{5\times4\times3\times2\times1}{3\times2\times1\times2\times1}$

$=60-10=50$

19 답 630

0부터 9까지의 10개의 숫자 중 두 종류의 숫자를 선택하는 방법의 수는 ${}_{10}C_2$이다.

이때, 선택한 숫자를 a, b라 하자.

(i) a, a, a, b 또는 b, b, b, a로 만들 수 있는 비밀번호의 개수는

$\frac{4!}{3!}+\frac{4!}{3!}=4+4=8$

(ii) a, a, b, b로 만들 수 있는 비밀번호의 개수는

$\frac{4!}{2!\times2!}=\frac{4\times3\times2\times1}{2\times1\times2\times1}=6$

(i), (ii)에 의하여 만들 수 있는 비밀번호의 개수는

${}_{10}C_2\times(8+6)=\frac{10\times9}{2\times1}\times14=630$

20 답 ②

4의 약수 1, 2, 4는 짝수 번째에 오므로

홀 (짝) 홀 (짝) 홀 (짝)

짝수 번째의 3개의 자리에 1, 2, 4를 놓는 방법의 수는 ${}_3P_3$

나머지 3개의 숫자 3, 3, 5를 남은 3개의 자리에 넣는 방법의 수는 $\frac{3!}{2!}$ $\quad\therefore {}_3P_3\times\frac{3!}{2!}=6\times3=18$

21 답 ②

A지점에서 P지점까지 최단 거리로 가는 경우의 수는

$\frac{4!}{2!\times2!}=6$

P지점에서 B지점까지 최단 거리로 가는 경우의 수는 $2!=2$

따라서 구하는 최단 거리로 가는 경우의 수는

$6\times2=12$

22 답 ①

A지점에서 B지점까지 최단 거리로 가는 경우의 수는

$\frac{8!}{5!\times3!}=\frac{8\times7\times6\times5\times4\times3\times2\times1}{5\times4\times3\times2\times1\times3\times2\times1}=56$

A지점에서 C지점을 거쳐서 B지점까지 최단 거리로 가는 경우의 수는

$\frac{3!}{2!}\times\frac{5!}{3!\times2!}=\frac{3\times2\times1}{2\times1}\times\frac{5\times4\times3\times2\times1}{3\times2\times1\times2\times1}$

$=3\times10=30$

따라서 구하는 최단 거리로 가는 경우의 수는

$56-30=26$

23 답 ④

오른쪽 그림에서

(i) A ⟶ P ⟶ B인 경우

$1\times1=1$

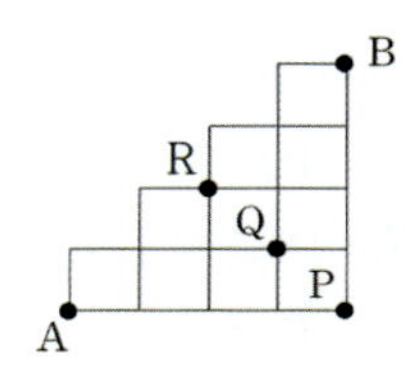

(ii) A ⟶ Q ⟶ B인 경우

$\frac{4!}{3!}\times\frac{4!}{3!}=4\times4=16$

(iii) A ⟶ R ⟶ B인 경우

$\left(\frac{4!}{2!\times2!}-1\right)\times\left(\frac{4!}{2!\times2!}-1\right)=5\times5=25$

(i)~(iii)에 의하여

$1+16+25=42$

수력 UP

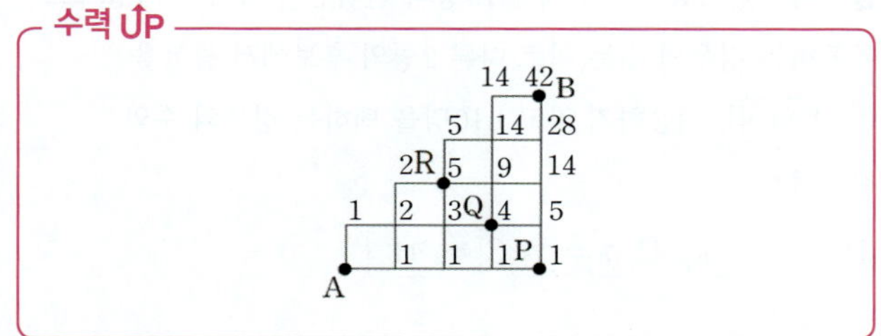

24 답 ②

다음 그림과 같이 가운데 도로 ― 를 하나 추가하면

(i) A ⟶ B인 경우

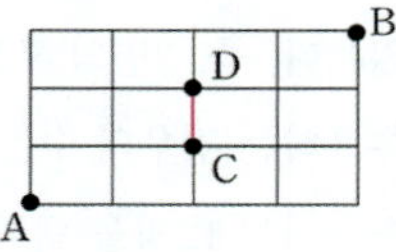

$\frac{7!}{4!\times3!}=\frac{7\times6\times5\times4\times3\times2\times1}{4\times3\times2\times1\times3\times2\times1}$

$=35$

(ii) A ⟶ C ⟶ D ⟶ B인 경우

$\frac{3!}{2!}\times1\times\frac{3!}{2!}=3\times3=9$

(i), (ii)에 의하여

$35-9=26$

[다른 풀이]

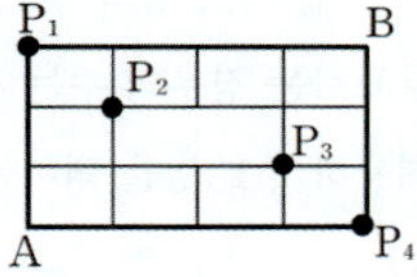

$A \longrightarrow P_1 \longrightarrow B : 1\times1=1$

$A \longrightarrow P_2 \longrightarrow B : \frac{3!}{2!}\times\frac{4!}{3!}=12$

$A \longrightarrow P_3 \longrightarrow B : \frac{4!}{3!}\times\frac{3!}{2!}=12$

$A \longrightarrow P_4 \longrightarrow B : 1\times1=1$

따라서 A지점에서 B지점까지 최단 거리로 가는 경우의 수는

$1+12+12+1=26$

수력 UP

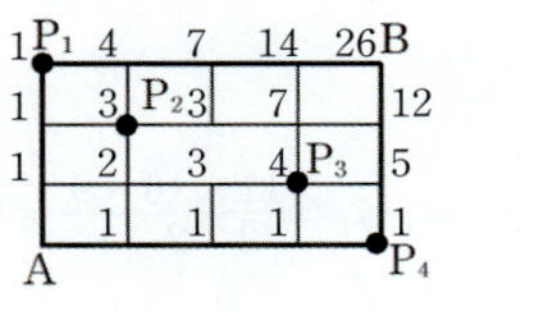

Ⅰ-2 중복조합

16 중복조합의 뜻

▸ p.36

01 답 $_3H_2$

$_3H_{\boxed{2}}$

02 답 $_3H_3$

03 답 $_4H_2$

04 답 $_5H_3$

05 답 $_3H_5$

06 답 $_3H_5$

$_{\boxed{3}}H_5$

07 답 $_4H_2$

08 답 $_7H_{10}$

09 답 $_4H_5$

10 답 $_4H_6$

11 답 $_3H_7$

12 답 (1) 중복조합 (2) $_nH_r$, n 에이치 r

17 중복조합의 수

▸ p.37~39

01 답 1

$_4H_0={}_{4+0-1}C_0={}_3C_0=1$

02 답 6

$_3H_2={}_{3+2-1}C_2={}_4C_2=\frac{4\times3}{2\times1}=6$

03 답 5

$_2H_4={}_{2+4-1}C_4={}_{\boxed{5}}C_4={}_{\boxed{5}}C_1=\boxed{5}$

04 답 126

$_5H_5={}_{5+5-1}C_5={}_9C_5={}_9C_4=\frac{9\times8\times7\times6}{4\times3\times2\times1}=126$

05 답 56

$_6H_3={}_{6+3-1}C_3={}_8C_3=\frac{8\times7\times6}{3\times2\times1}=56$

06 답 8

${}_{n}H_{2}={}_{n+2-1}C_{2}={}_{n+1}C_{2}=36$이므로

$\frac{(n+1)n}{2}=36 \Rightarrow n(n+1)=72=8\times9$

$\therefore n=8$

07 답 3

${}_{n}H_{4}={}_{n+4-1}C_{4}={}_{n+3}C_{4}=15$이므로

$\frac{n(n+1)(n+2)(n+3)}{4\times3\times2\times1}=15$

$n(n+1)(n+2)(n+3)=3\times4\times5\times6$

$\therefore n=3$

08 답 7

${}_{5}H_{3}={}_{5+3-1}C_{3}={}_{7}C_{3}$이고, ${}_{5}H_{3}={}_{n}C_{3}$이라 하므로

$n=7$

09 답 6

${}_{n}H_{4}={}_{n+4-1}C_{4}={}_{n+3}C_{4}$이고, ${}_{9}C_{5}={}_{9}C_{4}$이므로

$n+3=9$

$\therefore n=6$

10 답 5

${}_{n}H_{6}={}_{n+6-1}C_{6}={}_{n+5}C_{6}$이고, ${}_{10}C_{4}={}_{10}C_{6}$이므로

$n+5=10$

$\therefore n=5$

11 답 15

같은 종류의 연필 2자루를 5명의 학생에게 나누어 주는 경우의 수는 서로 다른 5명의 학생 중 중복을 허용하여 2명을 택하는 경우의 수와 같으므로

${}_{5}H_{\boxed{2}}={}_{5+\boxed{2}-1}C_{\boxed{2}}={}_{\boxed{6}}C_{\boxed{2}}=\boxed{15}$

12 답 36

${}_{3}H_{7}={}_{3+7-1}C_{7}={}_{9}C_{7}={}_{9}C_{2}=\frac{9\times8}{2\times1}=36$(가지)

13 답 10

${}_{4}H_{2}={}_{4+2-1}C_{2}={}_{5}C_{2}=\frac{5\times4}{2\times1}=10$(가지)

14 답 45

${}_{3}H_{8}={}_{3+8-1}C_{8}={}_{10}C_{8}={}_{10}C_{2}=\frac{10\times9}{2\times1}=45$(가지)

15 답 286

${}_{4}H_{10}={}_{4+10-1}C_{10}={}_{13}C_{10}={}_{13}C_{3}=\frac{13\times12\times11}{3\times2\times1}=286$

16 답 231

${}_{3}H_{20}={}_{3+20-1}C_{20}={}_{22}C_{20}={}_{22}C_{2}=\frac{22\times21}{2\times1}=231$

17 답 11

무기명 투표는 선거인이 어느 후보에게 투표를 하였는지 밝히지 않는 경우이므로 선거인이 어느 후보를 뽑았는지 구분이 되지 않는다. 즉, 2명의 후보에게 10명의 선거인이 각각 무기명으로 투표하는 경우의 수는 서로 다른 2명의 후보에서 중복을 (허용하여 , 허용하지 않고) 10명을 택하는 경우의 수와 같으므로

${}_{2}H_{\boxed{10}}={}_{2+\boxed{10}-1}C_{\boxed{10}}={}_{\boxed{11}}C_{1}=\boxed{11}$

18 답 91

무기명 투표는 선거인이 어느 후보에게 투표를 하였는지 밝히지 않는 경우이므로 선거인이 어느 후보를 뽑았는지 구분이 되지 않는다. 즉, 3명의 후보에게 12명의 선거인이 각각 무기명으로 투표하는 경우의 수는 서로 다른 3명의 후보에서 중복을 허용하여 12명을 택하는 경우의 수와 같으므로

${}_{3}H_{12}={}_{3+12-1}C_{12}={}_{14}C_{12}={}_{14}C_{2}=\frac{14\times13}{2\times1}=91$

19 답 105

무기명 투표는 선거인이 어느 후보에게 투표를 하였는지 밝히지 않는 경우이므로 선거인이 어느 후보를 뽑았는지 구분이 되지 않는다. 즉, 3명의 후보에게 13명의 선거인이 각각 무기명으로 투표하는 경우의 수는 서로 다른 3명의 후보에서 중복을 허용하여 13명을 택하는 경우의 수와 같으므로

${}_{3}H_{13}={}_{3+13-1}C_{13}={}_{15}C_{13}={}_{15}C_{2}=\frac{15\times14}{2\times1}=105$

20 답 120

${}_{4}H_{7}={}_{4+7-1}C_{7}={}_{10}C_{7}={}_{10}C_{3}=\frac{10\times9\times8}{3\times2\times1}=120$

21 답 165

${}_{4}H_{8}={}_{4+8-1}C_{8}={}_{11}C_{8}={}_{11}C_{3}=\frac{11\times10\times9}{3\times2\times1}=165$

22 답 78

${}_{3}H_{11}={}_{3+11-1}C_{11}={}_{13}C_{11}={}_{13}C_{2}=\frac{13\times12}{2\times1}=78$

23 답 15

${}_{2}H_{14}={}_{2+14-1}C_{14}={}_{15}C_{14}={}_{15}C_{1}=15$

24 답 126

빨간색 볼펜 5자루를 3명의 학생에게 나누어 주는 경우의 수는

$\boxed{3}H_5={}_{\boxed{3}+5-1}C_5={}_{\boxed{7}}C_5={}_{\boxed{7}}C_2=\frac{\boxed{7}\times\boxed{6}}{2\times1}=\boxed{21}$

파란색 볼펜 2자루를 3명의 학생에게 나누어 주는 경우의 수는

$\boxed{3}H_2={}_{\boxed{3}+2-1}C_2={}_{\boxed{4}}C_2=\frac{\boxed{4}\times\boxed{3}}{2\times1}=\boxed{6}$

따라서 구하는 경우의 수는 $\boxed{21}\times\boxed{6}=\boxed{126}$

25 답 20

같은 종류의 사탕 3개를 2명의 학생에게 나누어 주는 경우의 수는 ${}_2H_3={}_{2+3-1}C_3={}_4C_3={}_4C_1=4$

같은 종류의 젤리 4개를 2명의 학생에게 나누어 주는 경우의 수는 ${}_2H_4={}_{2+4-1}C_4={}_5C_4={}_5C_1=5$

따라서 구하는 경우의 수는 $4\times5=20$

26 답 1225

같은 종류의 공책 4권을 4명의 학생에게 나누어 주는 경우의 수는 ${}_4H_4={}_{4+4-1}C_4={}_7C_4={}_7C_3=\frac{7\times6\times5}{3\times2\times1}=35$

같은 종류의 볼펜 4자루를 4명의 학생에게 나누어 주는 경우의 수는 ${}_4H_4={}_{4+4-1}C_4={}_7C_4={}_7C_3=\frac{7\times6\times5}{3\times2\times1}=35$

따라서 구하는 경우의 수는 $35\times35=1225$

27 답 ${}_n\mathrm{H}_r$, ${}_{n+r-1}\mathrm{C}_r$

18 중복조합의 수 – 조건이 주어질 때 ▸ p.40

01 답 21

주머니 A, B에 각각 $\boxed{3}$개, $\boxed{2}$개의 구슬을 먼저 담고, 나머지 $10-\boxed{3}-\boxed{2}=\boxed{5}$(개)의 구슬을 나누어 담으면 된다.

즉, 구하는 경우의 수는 서로 다른 3개의 주머니에 같은 종류의 구슬 $\boxed{5}$개를 나누어 담는 경우의 수와 같다.

따라서 이는 서로 다른 3개의 주머니에서 중복을 (허용하여, 허용하지 않고) $\boxed{5}$개를 택하는 경우의 수이므로

${}_3H_{\boxed{5}}={}_{3+\boxed{5}-1}C_{\boxed{5}}={}_{\boxed{7}}C_{\boxed{2}}=\boxed{21}$

02 답 35

그릇 C와 E에 각각 6개 이상의 사탕을 담으려면 그릇 C, E에 각각 6개의 사탕을 먼저 담고, 나머지 $15-6-6=3$(개)의 사탕을 나누어 담으면 된다.

즉, 구하는 경우의 수는 서로 다른 5개의 그릇에 같은 종류의 사탕 3개를 나누어 담는 경우의 수와 같다.

따라서 이는 서로 다른 5개의 그릇에서 중복을 허용하여 3개를 택하는 경우의 수와 같으므로

${}_5H_3={}_{5+3-1}C_3={}_7C_3=\frac{7\times6\times5}{3\times2\times1}=35$

03 답 56

각 색깔의 국화를 적어도 3송이씩 포함하려면 각 색깔의 국화를 3송이씩 먼저 꺼내고 나머지 $17-3-3-3-3=5$(송이)의 국화를 꺼내면 된다.

따라서 구하는 경우의 수는 서로 다른 국화 4종류에서 중복을 허용하여 5송이를 선택하는 경우의 수와 같으므로

${}_4H_5={}_{4+5-1}C_5={}_8C_5={}_8C_3=\frac{8\times7\times6}{3\times2\times1}=56$

04 답 20

모든 접시에 먼저 초콜릿 $\boxed{1}$개씩 나누어 담은 후 접시 4개에 남은 초콜릿 $7-\boxed{4}=\boxed{3}$(개)를 중복을 (허용하여, 허용하지 않고) 나누어 주는 것과 같으므로

${}_4H_{\boxed{3}}={}_{4+\boxed{3}-1}C_{\boxed{3}}={}_{\boxed{6}}C_{\boxed{3}}=\boxed{20}$

05 답 56

같은 종류의 음료수 9개를 학생 4명에게 적어도 한 개씩 나누어 주는 것은 모두에게 먼저 한 개씩의 음료수를 나누어 주고, 학생 4명에게 남은 5개를 중복을 허용하여 나누어 주는 것과 같으므로

${}_4H_5={}_{4+5-1}C_5={}_8C_5={}_8C_3=\frac{8\times7\times6}{3\times2\times1}=56$

06 답 78

각 종류의 우유를 적어도 2개씩은 사려면 각 종류의 우유를 2개씩 먼저 사고 나머지 $17-2-2-2=11$(개)의 우유를 사면 된다. 즉, 3가지 종류의 우유 중 11개를 중복을 허용하여 선택하는 것과 같으므로

${}_3H_{11}={}_{3+11-1}C_{11}={}_{13}C_{11}={}_{13}C_2=\frac{13\times12}{2\times1}=78$

07 답 (1) 먼저, 나머지 (2) 먼저, 나머지

19 중복조합의 수 – 전개식에서 항의 개수 ▸ p.41

01 답 35

$(x_1+x_2+\cdots+x_5)^3$

$=\underline{(x_1+x_2+\cdots+x_5)}_{(\text{i})}\underline{(x_1+x_2+\cdots+x_5)}_{(\text{ii})}\underline{(x_1+x_2+\cdots+x_5)}_{(\text{iii})}$

(i)~(iii)의 $\boxed{3}$개의 인수에서 각각 x_1, x_2, x_3, x_4, x_5 중 한 개를 택하여 곱한 것이므로 구하는 경우의 수는

${}_{\boxed{5}}H_3={}_{\boxed{5}+3-1}C_3={}_{\boxed{7}}C_3=\boxed{35}$

02 답 20

$(x_1+x_2+x_3+x_4)^3$

$=\underline{(x_1+x_2+x_3+x_4)}_{(\text{i})}\underline{(x_1+x_2+x_3+x_4)}_{(\text{ii})}\underline{(x_1+x_2+x_3+x_4)}_{(\text{iii})}$

(i)~(iii)의 3개의 인수에서 각각 x_1, x_2, x_3, x_4 중 한 개를 택하여 곱한 것이므로 구하는 경우의 수는

${}_4H_3={}_{4+3-1}C_3={}_6C_3=\dfrac{6\times5\times4}{3\times2\times1}=20$

03 답 21

$(x_1+x_2+\cdots+x_6)^2$

$=\underline{(x_1+x_2+\cdots+x_6)}_{(\text{i})}\underline{(x_1+x_2+\cdots+x_6)}_{(\text{ii})}$

(i), (ii)의 2개의 인수에서 각각 x_1, x_2, x_3, $\cdots$, x_6 중 한 개를 택하여 곱한 것이므로 구하는 경우의 수는

${}_6H_2={}_{6+2-1}C_2={}_7C_2=\dfrac{7\times6}{2\times1}=21$

04 답 78

$(x_1+x_2+\cdots+x_{12})^2$

$=\underline{(x_1+x_2+\cdots+x_{12})}_{(\text{i})}\underline{(x_1+x_2+\cdots+x_{12})}_{(\text{ii})}$

(i), (ii)의 2개의 인수에서 각각 x_1, x_2, x_3, $\cdots$, x_{12} 중 한 개를 택하여 곱한 것이므로 구하는 경우의 수는

${}_{12}H_2={}_{12+2-1}C_2={}_{13}C_2=\dfrac{13\times12}{2\times1}=78$

05 답 3

${}_2H_2={}_{2+2-1}C_2={}_3C_2={}_3C_1=3$

06 답 4

${}_2H_3={}_{2+3-1}C_3={}_4C_3={}_4C_1=4$

07 답 6

${}_3H_2={}_{3+2-1}C_2={}_4C_2=\dfrac{4\times3}{2\times1}=6$

08 답 15

${}_3H_4={}_{3+4-1}C_4={}_6C_4={}_6C_2=\dfrac{6\times5}{2\times1}=15$

09 답 ${}_mH_n$

20 중복조합의 수 – 대소가 정해진 경우 ▸ p.42~43

01 답 15

$1\le a\le b\le c\le d\le3$을 만족시키는 자연수 a, b, c, d의 값은 $\boxed{1}$, $\boxed{2}$, $\boxed{3}$의 $\boxed{3}$개의 자연수에서 중복을 (허용하여, 허용하지 않고) $\boxed{4}$개를 택하여 크기가 작거나 같은 것부터 순서대로 대응시키면 된다.

$\therefore {}_{\boxed{3}}H_4={}_{\boxed{3}+4-1}C_4={}_{\boxed{6}}C_4={}_{\boxed{6}}C_{\boxed{2}}=\boxed{15}$

02 답 210

$3\le a\le b\le c\le d\le9$를 만족시키는 자연수 a, b, c, d의 값은 3, 4, $\cdots$, 9의 7개의 자연수에서 중복을 허용하여 4개를 택하여 크기가 작거나 같은 것부터 순서대로 대응시키면 된다.

$\therefore {}_7H_4={}_{7+4-1}C_4={}_{10}C_4=\dfrac{10\times9\times8\times7}{4\times3\times2\times1}=210$

03 답 35

$8\le a\le b\le c\le d\le11$을 만족시키는 자연수 a, b, c, d의 값은 8, 9, 10, 11의 4개의 자연수에서 중복을 허용하여 4개를 택하여 크기가 작거나 같은 것부터 순서대로 대응시키면 된다.

$\therefore {}_4H_4={}_{4+4-1}C_4={}_7C_4={}_7C_3=\dfrac{7\times6\times5}{3\times2\times1}=35$

04 답 5

$10\le a\le b\le c\le d\le11$을 만족시키는 자연수 a, b, c, d의 값은 10, 11의 2개의 자연수에서 중복을 허용하여 4개를 택하여 크기가 작거나 같은 것부터 순서대로 대응시키면 된다.

$\therefore {}_2H_4={}_{2+4-1}C_4={}_5C_4={}_5C_1=5$

05 답 35

$13\le a\le b\le c\le d\le16$을 만족시키는 자연수 a, b, c, d의 값은 13, 14, 15, 16의 4개의 자연수에서 중복을 허용하여 4개를 택하여 크기가 작거나 같은 것부터 순서대로 대응시키면 된다.

$\therefore {}_4H_4={}_{4+4-1}C_4={}_7C_4={}_7C_3=\dfrac{7\times6\times5}{3\times2\times1}=35$

06 답 35

$4 \le a \le b \le c \le 8$을 만족시키는 자연수 a, b, c의 값은 4, 5, ⋯, 8의 5개의 자연수에서 중복을 허용하여 3개를 택하여 크기가 작거나 같은 것부터 순서대로 대응시키면 된다.

$\therefore {}_5H_3 = {}_{5+3-1}C_3 = {}_7C_3 = \frac{7\times6\times5}{3\times2\times1} = 35$

07 답 20

$11 \le a \le b \le c \le 14$를 만족시키는 자연수 a, b, c의 값은 11, 12, 13, 14의 4개의 자연수에서 중복을 허용하여 3개를 택하여 크기가 작거나 같은 것부터 순서대로 대응시키면 된다.

$\therefore {}_4H_3 = {}_{4+3-1}C_3 = {}_6C_3 = \frac{6\times5\times4}{3\times2\times1} = 20$

08 답 10

$23 \le a \le b \le c \le 25$를 만족시키는 자연수 a, b, c의 값은 23, 24, 25의 3개의 자연수에서 중복을 허용하여 3개를 택하여 크기가 작거나 같은 것부터 순서대로 대응시키면 된다.

$\therefore {}_3H_3 = {}_{3+3-1}C_3 = {}_5C_3 = {}_5C_2 = \frac{5\times4}{2\times1} = 10$

09 답 100

$1 \le a \le b \le 4$를 만족시키는 자연수 a, b의 값을 정하는 경우의 수는 ${}_{\boxed{4}}H_2 = {}_{\boxed{4}+2-1}C_2 = {}_{\boxed{5}}C_2 = \boxed{10}$

$4 \le c \le d \le 7$을 만족시키는 자연수 c, d의 값을 정하는 경우의 수는 ${}_{\boxed{4}}H_2 = {}_{\boxed{4}+2-1}C_2 = {}_{\boxed{5}}C_2 = \boxed{10}$

따라서 구하는 순서쌍 (a, b, c, d)의 개수는

$\boxed{10} \times \boxed{10} = \boxed{100}$

10 답 441

$1 \le a \le b \le 6$을 만족시키는 자연수 a, b의 값을 정하는 경우의 수는 ${}_6H_2 = {}_{6+2-1}C_2 = {}_7C_2 = \frac{7\times6}{2\times1} = 21$

$6 \le c \le d \le 11$을 만족시키는 자연수 c, d의 값을 정하는 경우의 수는 ${}_6H_2 = {}_{6+2-1}C_2 = {}_7C_2 = \frac{7\times6}{2\times1} = 21$

따라서 구하는 순서쌍 (a, b, c, d)의 개수는

$21 \times 21 = 441$

11 답 144

$4 \le a \le b \le c \le 5$를 만족시키는 자연수 a, b, c의 값을 정하는 경우의 수는 ${}_2H_3 = {}_{2+3-1}C_3 = {}_4C_3 = {}_4C_1 = 4$

$5 \le d \le e \le 12$를 만족시키는 자연수 d, e의 값을 정하는 경우의 수는 ${}_8H_2 = {}_{8+2-1}C_2 = {}_9C_2 = \frac{9\times8}{2\times1} = 36$

따라서 구하는 순서쌍 (a, b, c, d, e)의 개수는

$4 \times 36 = 144$

12 답 ${}_{n-m+1}H_4$

21 중복조합의 수 – 방정식의 해의 개수

▸ p.44~45

01 답 28

${}_{\boxed{7}}H_2 = {}_{\boxed{7}+2-1}C_2 = {}_{\boxed{8}}C_2 = \boxed{28}$

02 답 120

${}_8H_3 = {}_{8+3-1}C_3 = {}_{10}C_3 = \frac{10\times9\times8}{3\times2\times1} = 120$

03 답 21

${}_3H_5 = {}_{3+5-1}C_5 = {}_7C_5 = {}_7C_2 = \frac{7\times6}{2\times1} = 21$

04 답 45

${}_3H_8 = {}_{3+8-1}C_8 = {}_{10}C_8 = {}_{10}C_2 = \frac{10\times9}{2\times1} = 45$

05 답 220

${}_4H_9 = {}_{4+9-1}C_9 = {}_{12}C_9 = {}_{12}C_3 = \frac{12\times11\times10}{3\times2\times1} = 220$

06 답 286

${}_4H_{10} = {}_{4+10-1}C_{10} = {}_{13}C_{10} = {}_{13}C_3 = \frac{13\times12\times11}{3\times2\times1} = 286$

07 답 84

${}_7H_{\boxed{3}} = {}_{7+\boxed{3}-1}C_{\boxed{3}} = {}_{\boxed{9}}C_{\boxed{3}} = \boxed{\frac{9\times8\times7}{3\times2\times1}} = \boxed{84}$

08 답 35

${}_5H_3 = {}_{5+3-1}C_3 = {}_7C_3 = \frac{7\times6\times5}{3\times2\times1} = 35$

09 답 56

${}_6H_3 = {}_{6+3-1}C_3 = {}_8C_3 = \frac{8\times7\times6}{3\times2\times1} = 56$

10 답 28

방정식 $x_1 + x_2 + x_3 + \cdots + x_7 = 9$를 만족시키는 자연수인 해의 개수는 $x_1 = x_1' + \boxed{1}$, $x_2 = x_2' + \boxed{1}$, ⋯, $x_7 = x_7' + \boxed{1}$이라 할 때, $x_1' + x_2' + \cdots + x_7' = \boxed{2}$를 만족시키는 음이 아닌 정수인 해의 개수를 구하는 것과 같으므로 구하는 해의 개수는

${}_{\boxed{7}}H_2 = {}_{\boxed{7}+2-1}C_2 = {}_{\boxed{8}}C_2 = \boxed{28}$

11 답 **21**

방정식 $x+y+z=8$을 만족시키는 자연수인 해의 개수는

$x=x'+1$, $y=y'+1$, $z=z'+1$이라 할 때

$x'+y'+z'=5$를 만족시키는 음이 아닌 정수인 해의 개수를 구하는 것과 같으므로 구하는 해의 개수는

${}_3H_5={}_{3+5-1}C_5={}_7C_5={}_7C_2=21$

12 답 **56**

방정식 $x+y+z+w=9$를 만족시키는 자연수인 해의 개수는

$x=x'+1$, $y=y'+1$, $z=z'+1$, $w=w'+1$이라 할 때

$x'+y'+z'+w'=5$를 만족시키는 음이 아닌 정수인 해의 개수를 구하는 것과 같으므로 구하는 해의 개수는

${}_4H_5={}_{4+5-1}C_5={}_8C_5={}_8C_3=56$

13 답 **84**

방정식 $x+y+z+w=10$을 만족시키는 자연수인 해의 개수는

$x=x'+1$, $y=y'+1$, $z=z'+1$, $w=w'+1$이라 할 때

$x'+y'+z'+w'=6$을 만족시키는 음이 아닌 정수인 해의 개수를 구하는 것과 같으므로 구하는 해의 개수는

${}_4H_6={}_{4+6-1}C_6={}_9C_6={}_9C_3=84$

14 답 **46**

(i) $x+y+z=3$을 만족시키는 순서쌍의 개수는

$${}_3H_{\boxed{3}}={}_{3+\boxed{3}-1}C_{\boxed{3}}={}_{\boxed{5}}C_{\boxed{3}}={}_{\boxed{5}}C_{\boxed{2}}=\boxed{10}$$

(ii) $x+y+z=\boxed{4}$를 만족시키는 순서쌍의 개수는

$${}_3H_{\boxed{4}}={}_{3+\boxed{4}-1}C_{\boxed{4}}={}_{\boxed{6}}C_{\boxed{4}}={}_{\boxed{6}}C_{\boxed{2}}=\boxed{15}$$

(iii) $x+y+z=\boxed{5}$를 만족시키는 순서쌍의 개수는

$${}_3H_{\boxed{5}}={}_{3+\boxed{5}-1}C_{\boxed{5}}={}_{\boxed{7}}C_{\boxed{5}}={}_{\boxed{7}}C_{\boxed{2}}=\boxed{21}$$

(i)~(iii)에 의하여 구하는 순서쌍 (x, y, z)의 개수는

$\boxed{10}+\boxed{15}+\boxed{21}=\boxed{46}$

15 답 **175**

(i) $x+y+z+w=4$를 만족시키는 순서쌍의 개수는

$${}_4H_4={}_{4+4-1}C_4={}_7C_4={}_7C_3=\frac{7\times6\times5}{3\times2\times1}=35$$

(ii) $x+y+z+w=5$를 만족시키는 순서쌍의 개수는

$${}_4H_5={}_{4+5-1}C_5={}_8C_5={}_8C_3=\frac{8\times7\times6}{3\times2\times1}=56$$

(iii) $x+y+z+w=6$을 만족시키는 순서쌍의 개수는

$${}_4H_6={}_{4+6-1}C_6={}_9C_6={}_9C_3=\frac{9\times8\times7}{3\times2\times1}=84$$

(i)~(iii)에 의하여 구하는 순서쌍 (x, y, z, w)의 개수는

$35+56+84=175$

16 답 **36**

$x=x'+\boxed{1}$, $y=y'+\boxed{1}$, $z=z'+\boxed{1}$이라 하고, 방정식

$x+y+z=10$에 대입하여 정리하면

$x'+y'+z'=\boxed{7}$ (단, x', y', z'은 음이 아닌 정수)

$\therefore {}_3H_{\boxed{7}}={}_{3+\boxed{7}-1}C_{\boxed{7}}={}_{\boxed{9}}C_{\boxed{7}}={}_{\boxed{9}}C_{\boxed{2}}=\boxed{36}$

17 답 **120**

$x=x'-1$, $y=y'-2$, $z=z'-2$라 하고, 방정식 $x+y+z=9$에 대입하여 정리하면

$x'+y'+z'=14$ (단, x', y', z'은 음이 아닌 정수)

$$\therefore {}_3H_{14}={}_{3+14-1}C_{14}={}_{16}C_{14}={}_{16}C_2=\frac{16\times15}{2\times1}=120$$

18 답 **(1) ${}_nH_r$ (2) ${}_nH_{r-n}$**

22 중복조합의 수 – 함수의 개수

▸ p.46~47

01 답 **1) 10 2) 35**

1) ${}_5C_3={}_5C_2=10$

2) ${}_5H_3={}_{5+3-1}C_3={}_7C_3=\frac{7\times6\times5}{3\times2\times1}=35$

02 답 **1) 3 2) 6**

1) ${}_3C_2={}_3C_1=3$

2) ${}_3H_2={}_{3+2-1}C_2={}_4C_2=6$

03 답 **1) 21 2) 28**

1) ${}_7C_2=21$

2) ${}_7H_2={}_{7+2-1}C_2={}_8C_2=28$

04 답 **1) 15 2) 126**

1) ${}_6C_4={}_6C_2=15$

2) ${}_6H_4={}_{6+4-1}C_4={}_9C_4=\frac{9\times8\times7\times6}{4\times3\times2\times1}=126$

05 답 **1) 1 2) 10**

1) ${}_3C_3=1$

2) ${}_3H_3={}_{3+3-1}C_3={}_5C_3={}_5C_2=10$

06 답 **1) 10 2) 15**

1) ${}_5C_2=10$

2) ${}_5H_2={}_{5+2-1}C_2={}_6C_2=15$

07 답 **1) 4 2) 20**

1) ${}_4C_3={}_4C_1=4$

2) ${}_4H_3={}_{4+3-1}C_3={}_6C_3=\frac{6\times5\times4}{3\times2\times1}=20$

08 답 1) 35 2) 84

1) ${}_7C_3=\frac{7\times6\times5}{3\times2\times1}=35$

2) ${}_7H_3={}_{7+3-1}C_3={}_9C_3=\frac{9\times8\times7}{3\times2\times1}=84$

09 답 20

$x_1<x_2$이면 $f(x_1)\le f(x_2)$를 만족시키려면 집합 B의 원소 1, 2, 3, 4 중에서 중복을 허용하여 3개를 택하고, 작은 수부터 차례로 집합 A의 원소 1, 2, 3에 대응시키면 된다.
따라서 함수 f의 개수는 공역의 원소 4개 중에서 중복을 허용하여 3개를 택하는 중복조합의 수와 같으므로
${}_4H_3={}_{4+3-1}C_3={}_6C_3=20$

10 답 70

$x_1<x_2$이면 $f(x_1)\le f(x_2)$를 만족시키려면
집합 B의 원소 1, 2, 3, 4, 5 중에서 중복을 허용하여 4개를 택하고, 작은 수부터 차례로 집합 A의 원소 1, 3, 5, 7에 대응시키면 된다.
따라서 함수 f의 개수는 공역의 원소 5개 중에서 중복을 허용하여 4개를 택하는 중복조합의 수와 같으므로
${}_5H_4={}_{5+4-1}C_4={}_8C_4=70$

11 답 56

$x_1<x_2$이면 $f(x_1)\ge f(x_2)$를 만족시키려면 집합 B의 원소 1, 2, 3, 4 중에서 중복을 허용하여 5개를 택하고, 큰 수부터 차례로 집합 A의 원소 1, 2, 3, 4, 5에 대응시키면 된다.
따라서 함수 f의 개수는 공역의 원소 4개 중에서 중복을 허용하여 5개를 택하는 중복조합의 수와 같으므로
${}_4H_5={}_{4+5-1}C_5={}_8C_5={}_8C_3=56$

12 답 (1) ${}_nC_m$ (2) ${}_nH_m$

23 중복순열과 중복조합의 비교 ▸ p.48

01 답 ${}_4C_2$에 ○표

02 답 ${}_4P_2$에 ○표

03 답 ${}_2\Pi_4$에 ○표

04 답 ${}_4H_2$에 ○표

05 답 ${}_2H_4$에 ○표

06 답 ${}_4H_{12}$에 ○표

C와 D가 각각 3개, 5개 이상의 지우개를 받으려면 C와 D에게 각각 3개, 5개의 지우개를 먼저 나누어 주고 나머지 $20-3-5=12$(개)의 지우개를 나누어 주면 되므로 구하는 경우의 수는 ${}_4H_{12}$

07 답 (1) 순열, ${}_n\Pi_r$에 ○표 (2) 조합, ${}_nH_r$에 ○표

단원 마무리 평가 [16~23] ▸ 문제편 p.49~51

01 답 ②

${}_2H_4={}_{2+4-1}C_4={}_5C_4={}_5C_1=5$ $\therefore a=5$

${}_4H_3={}_{4+3-1}C_3={}_6C_3=20$ $\therefore b=20$

$\therefore a+b=25$

02 답 ⑤

${}_4H_{16}={}_{4+16-1}C_{16}={}_{19}C_{16}={}_{19}C_3={}_nC_3$

$\therefore n=19$

03 답 ⑤

${}_3H_r={}_{r+2}C_r={}_{r+2}C_2={}_6C_2$, $r+2=6$ $\therefore r=4$

$\therefore {}_4H_r={}_4H_4={}_7C_4={}_7C_3=\frac{7\times6\times5}{3\times2\times1}=35$

04 답 ⑤

서로 다른 6개의 원소 중 중복을 허용하여 3개의 원소를 택하는 중복조합의 수는

${}_6H_3={}_{6+3-1}C_3={}_8C_3=\frac{8\times7\times6}{3\times2\times1}=56$

05 답 ③

서로 다른 3개 중 중복을 허용하여 15개를 택하는 중복조합의 수와 같으므로

${}_3H_{15}={}_{3+15-1}C_{15}={}_{17}C_{15}={}_{17}C_2=\frac{17\times16}{2\times1}=136$

06 답 ③

빨간색 연필 5자루를 2명의 학생에게 나누어 주는 경우의 수는
${}_2H_5={}_{2+5-1}C_5={}_6C_5={}_6C_1=6$
파란색 연필 3자루를 2명의 학생에게 나누어 주는 경우의 수는
${}_2H_3={}_{2+3-1}C_3={}_4C_3={}_4C_1=4$
$\therefore 6\times4=24$

07 답 ②

각 동물에게 한 덩이 이상씩 육고기를 나누어 주는 방법의 수는 일곱 덩이의 육고기를 각 동물에게 나누어 주는 방법의 수를 구하는 것과 같다.
따라서 서로 다른 3개에서 중복을 허용하여 7개를 뽑는 경우의 수와 같으므로

${}_3H_7={}_{3+7-1}C_7={}_9C_7={}_9C_2=\frac{9\times8}{2\times1}=36$

08 답 ③

모든 학생에게 적어도 한 개의 사과를 나누어 주어야 하므로 먼저 4명의 학생에게 사과를 한 개씩 나누어 주고 나머지 사과 $7-1-1-1-1=3$(개)를 중복을 허용하여 4명의 학생에게 나누어 주면 된다.

따라서 구하는 방법의 수는

$${}_4H_3={}_{4+3-1}C_3={}_6C_3=\frac{6\times5\times4}{3\times2\times1}=20$$

09 답 ④

8개의 책갈피를 4명의 학생에게 나누어 주는 경우의 수에서 4명의 학생이 책갈피를 1개 이상씩 받는 경우의 수를 제외시키면 된다.

$$\therefore {}_4H_8-{}_4H_4={}_{11}C_8-{}_7C_4={}_{11}C_3-{}_7C_3$$

$$=\frac{11\times10\times9}{3\times2\times1}-\frac{7\times6\times5}{3\times2\times1}=165-35=130$$

10 답 ②

계수가 1인 6차 단항식을 만드는 방법의 수는 x, y, z에서 중복을 허용하여 6개를 택하는 방법의 수와 같으므로

$${}_3H_6={}_{3+6-1}C_6={}_8C_6={}_8C_2=\frac{8\times7}{2\times1}=28$$

11 답 ④

구하는 서로 다른 항의 개수는

$${}_3H_9={}_{3+9-1}C_9={}_{11}C_9={}_{11}C_2=\frac{11\times10}{2\times1}=55$$

12 답 ③

$(a+b+c)^4$에서 서로 다른 항이 존재하는 경우의 수는 3개의 문자에서 중복을 허용하여 4개를 택하는 경우의 수와 같으므로

$${}_3H_4={}_{3+4-1}C_4={}_6C_4={}_6C_2=\frac{6\times5}{2\times1}=15$$

마찬가지 방법으로 $(x+y)^3$에서 서로 다른 항이 존재하는 경우의 수는 ${}_2H_3={}_{2+3-1}C_3={}_4C_3={}_4C_1=4$

$\therefore$ (구하는 경우의 수)$=15\times4=60$

13 답 ④

방정식 $a+b+c=6$에 대하여 음이 아닌 정수인 해의 개수는 세 개의 문자 a, b, c 중에서 중복을 허용하여 6개를 뽑는 중복조합의 수와 같으므로

$${}_3H_6={}_{3+6-1}C_6={}_8C_6={}_8C_2=\frac{8\times7}{2\times1}=28 \qquad \therefore x=28$$

또, 방정식 $a+b+c=6$의 양의 정수인 해의 개수는 $a=a'+1(a'\geq0)$, $b=b'+1(b'\geq0)$, $c=c'+1(c'\geq0)$이라 할 때 방정식 $a'+b'+c'=3$의 음이 아닌 정수인 해의 개수와 같으므로

$${}_3H_3={}_{3+3-1}C_3={}_5C_3={}_5C_2=\frac{5\times4}{2\times1}=10 \qquad \therefore y=10$$

$\therefore x-y=28-10=18$

14 답 ①

$${}_4H_6={}_{4+6-1}C_6={}_9C_6={}_9C_3=\frac{9\times8\times7}{3\times2\times1}=84$$

15 답 ③

$${}_3H_k={}_{3+k-1}C_k={}_{k+2}C_k={}_{k+2}C_2=\frac{(k+2)(k+1)}{2}=105$$

에서 $(k+2)(k+1)=210$이므로

$k^2+3k-208=0$, $(k+16)(k-13)=0$

$\therefore k=13$ ($\because$ k는 자연수)

16 답 ⑤

$b=b'+1(b'\geq0)$, $c=c'+2(c'\geq0)$, $d=d'+3(d'\geq0)$으로 놓으면 $a+b+c+d=15$에서 $a+b'+c'+d'=9$ ⋯ ㉠이다.

따라서 구하는 정수인 해의 개수는 방정식 ㉠을 만족시키는 음이 아닌 정수인 해의 개수와 같으므로

$${}_4H_9={}_{4+9-1}C_9={}_{12}C_9={}_{12}C_3=\frac{12\times11\times10}{3\times2\times1}=220$$

17 답 ①

$3x+y+z+w=10$에서 $y+z+w=10-3x$

$y=y'+1$, $z=z'+1$, $w=w'+1$(y', z', w'은 음이 아닌 정수)라 하면

$(y'+1)+(z'+1)+(w'+1)=10-3x$

$y'+z'+w'=7-3x$

(i) $x=1$일 때

방정식 $y'+z'+w'=4$를 만족시키는 음이 아닌 정수인 해 y', z', w'의 순서쌍 (y', z', w')의 개수는

$${}_3H_4={}_{3+4-1}C_4={}_6C_4={}_6C_2=\frac{6\times5}{2\times1}=15$$

(ii) $x=2$일 때

방정식 $y'+z'+w'=1$을 만족시키는 음이 아닌 정수인 해 y', z', w'의 순서쌍 (y', z', w')의 개수는

${}_3H_1={}_{3+1-1}C_1={}_3C_1=3$

(iii) $x\geq3$일 때

방정식 $y'+z'+w'=7-3x$를 만족시키는 음이 아닌 정수인 해 y', z', w'의 순서쌍 (y', z', w')은 존재하지 않는다.

(i)~(iii)에 의하여

구하는 모든 순서쌍 (x, y, z, w)의 개수는 $15+3=18$

18 답 ②

5부터 12까지의 8개의 수 중에서 중복을 허용하여 4개를 뽑는 경우의 수와 같으므로

$${}_8H_4={}_{8+4-1}C_4={}_{11}C_4=\frac{11\times10\times9\times8}{4\times3\times2\times1}=330$$

19 답 ①

$|a|$, b는 1 이상 7 이하의 자연수이므로 순서쌍 $(|a|, b)$의

개수는 ${}_7H_2={}_{7+2-1}C_2={}_8C_2=\frac{8\times7}{2\times1}=28$

이때, $|a|$에 대하여 a는 음의 정수 또는 양의 정수의 2개의 값을 가질 수 있다.

따라서 구하는 순서쌍 (a, b)의 개수는 $28\times2=56$

20 답 ②

x, y, z가 양의 정수인 해이므로 $x+y+z\geq3$

주어진 조건에 의하여 $3\leq x+y+z<5$를 만족시킨다.

즉, 방정식 $x+y+z=3$ 또는 $x+y+z=4$에 대하여 양의 정수인 해의 개수를 구하면 된다.

(i) $x+y+z=3$을 만족시키는 양의 정수인 해의 개수

방정식 $x+y+z=0$의 음이 아닌 정수인 해의 개수와

같으므로 ${}_3H_0={}_{3+0-1}C_0={}_2C_0=1$

(ii) $x+y+z=4$를 만족시키는 양의 정수인 해의 개수

방정식 $x+y+z=1$의 음이 아닌 정수인 해의 개수와

같으므로 ${}_3H_1={}_{3+1-1}C_1={}_3C_1=3$

(i), (ii)에 의하여 구하는 해의 개수는 $1+3=4$

21 답 ③

조건을 만족시키는 함수의 개수는 치역 Y의 서로 다른 3개의 원소 중에서 중복을 허용하여 4개를 택하는 중복조합의 수와

같으므로 ${}_3H_4={}_{3+4-1}C_4={}_6C_4={}_6C_2=\frac{6\times5}{2\times1}=15$

22 답 ①

정의역의 크기 순으로 치역의 순열이 정해지도록 되어 있으므로 치역 B의 2개의 원소 중에서 중복을 허용하여 5개를 택하면

되므로 ${}_2H_5={}_{2+5-1}C_5={}_6C_5={}_6C_1=6$

23 답 ②

주어진 조건에 의하여 집합 B의 원소 1, 2, 3에서 각 원소를 적어도 한 개씩 포함하여 8개를 순서없이 뽑으면 된다.

즉, 1, 2, 3을 미리 한 개씩 뽑아 놓고 나머지 5개를 중복을

허용하여 뽑으면 되므로 ${}_3H_5={}_{3+5-1}C_5={}_7C_5={}_7C_2=\frac{7\times6}{2\times1}=21$

24 답 ②

가능한 $f(1)$의 값의 경우의 수는 7, 8의 2이고,

$f(3)$, $f(4)$의 값은 공역 8, 9, 10 중에서 중복을 허용하여 2개를 택한 다음 작거나 같은 것부터 차례로 3, 4에 대응시키면 되므로 경우의 수는

${}_3H_2={}_{3+2-1}C_2={}_4C_2=\frac{4\times3}{2\times1}=6$

따라서 가능한 함수 f의 개수는 $2\times6=12$

I-3 이항정리

24 이항정리

▸ p.52~53

01 답 $a^2+2ab+b^2$

$$(a+b)^2={}_2C_0a^2+{}_2C_1a^1b^1+{}_2C_2b^2$$
$$=\boxed{a^2+2ab+b^2}$$

02 답 $a^3+3a^2b+3ab^2+b^3$

$$(a+b)^3={}_3C_0a^3+{}_3C_1a^{3-1}b^1+{}_3C_2a^{3-2}b^2+{}_3C_3b^3$$
$$=a^3+3a^2b+3ab^2+b^3$$

03 답 $32x^5+80x^4y+80x^3y^2+40x^2y^3+10xy^4+y^5$

$(2x+y)^5$

$$=\boxed{{}_5C_0(2x)^5+{}_5C_1(2x)^4y}+{}_5C_2(2x)^3y^2+{}_5C_3(2x)^2y^3$$
$$+\boxed{{}_5C_4(2x)y^4+{}_5C_5y^5}$$
$$=\boxed{32x^5+80x^4y+80x^3y^2+40x^2y^3+10xy^4+y^5}$$

04 답 $81a^4-108a^3b+54a^2b^2-12ab^3+b^4$

$(3a-b)^4$

$$={}_4C_0(3a)^4+{}_4C_1(3a)^3(-b)+{}_4C_2(3a)^2(-b)^2$$
$$+{}_4C_3(3a)(-b)^3+{}_4C_4(-b)^4$$
$$=81a^4-108a^3b+54a^2b^2-12ab^3+b^4$$

05 답 $x^2+2+\frac{1}{x^2}$

$$\left(x+\frac{1}{x}\right)^2={}_2C_0x^2+{}_2C_1x\times\frac{1}{x}+{}_2C_2\left(\frac{1}{x}\right)^2$$
$$=\boxed{x^2+2+\frac{1}{x^2}}$$

06 답 $x^4-4x^2+6-\frac{4}{x^2}+\frac{1}{x^4}$

$$\left(x-\frac{1}{x}\right)^4={}_4C_0x^4+{}_4C_1x^3\times\left(-\frac{1}{x}\right)+{}_4C_2x^2\times\left(-\frac{1}{x}\right)^2$$
$$+{}_4C_3x\times\left(-\frac{1}{x}\right)^3+{}_4C_4\left(-\frac{1}{x}\right)^4$$
$$=x^4-4x^2+6-\frac{4}{x^2}+\frac{1}{x^4}$$

07 답 $8x^3+12x+\frac{6}{x}+\frac{1}{x^3}$

$\left(2x+\frac{1}{x}\right)^3$

$$={}_3C_0(2x)^3+{}_3C_1(2x)^2\times\frac{1}{x}+{}_3C_22x\times\left(\frac{1}{x}\right)^2+{}_3C_3\left(\frac{1}{x}\right)^3$$
$$=8x^3+12x+\frac{6}{x}+\frac{1}{x^3}$$

08 답 $243x^5-810x^3+1080x-\frac{720}{x}+\frac{240}{x^3}-\frac{32}{x^5}$

$\left(3x-\frac{2}{x}\right)^5$

$={}_5C_0(3x)^5+{}_5C_1(3x)^4\times\left(-\frac{2}{x}\right)+{}_5C_2(3x)^3\times\left(-\frac{2}{x}\right)^2$

$+{}_5C_3(3x)^2\times\left(-\frac{2}{x}\right)^3+{}_5C_4 3x\times\left(-\frac{2}{x}\right)^4+{}_5C_5\left(-\frac{2}{x}\right)^5$

$=243x^5-810x^3+1080x-\frac{720}{x}+\frac{240}{x^3}-\frac{32}{x^5}$

09 답 ${}_7C_r4^{7-r}(-1)^ra^{7-r}b^r$

${}_7C_r(4a)^{7-r}(-b)^r={}_7C_r4^{7-r}(-1)^ra^{7-r}b^r$

10 답 ${}_7C_r3^{7-r}(-1)^rx^{7-2r}$

${}_7C_r(3x)^{7-r}\left(-\frac{1}{x}\right)^r={}_7C_r3^{7-r}(-1)^rx^{7-2r}$

11 답 56

$(a+b)^8$의 전개식의 일반항 ${}_8C_ra^{8-r}b^r$에서 $r=5$일 때, a^3b^5이 존재하므로 a^3b^5의 계수는 ${}_8C_5={}_8C_3=\frac{8\times7\times6}{3\times2\times1}=56$

12 답 -8

$(2x-y)^4$의 전개식의 일반항 ${}_4C_r(2x)^{4-r}(-y)^r$에서

xy^3은 $r=3$일 때로 ${}_4C_3(2x)(-y)^3$이다.

따라서 xy^3의 계수는 $(-2)\times{}_4C_3=(-2)\times{}_4C_1=-8$이다.

13 답 -20

$\left(x-\frac{1}{x}\right)^6$의 전개식의 일반항은

${}_6C_rx^{6-r}\left(-\frac{1}{x}\right)^r={}_6C_r(-1)^rx^{6-2r}$이므로 상수항은

$6-2r=0$, 즉 $r=3$일 때이다.

따라서 상수항은 ${}_6C_3(-1)^3=-\frac{6\times5\times4}{3\times2\times1}=-20$이다.

14 답 14

$\left(x+\frac{1}{x^n}\right)^{10}$의 전개식의 일반항이

${}_{10}C_rx^{10-r}\left(\frac{1}{x^n}\right)^r={}_{10}C_rx^{10-r}x^{-nr}={}_{10}C_rx^{10-r(n+1)}$

이때, 상수항이 존재하려면 $10-r(n+1)=0$이어야 한다.

즉, $10=r(n+1)$에서 r은 0부터 10까지의 값을 가질 수 있으므로 이를 만족하는 순서쌍 (r, n)은

$(1, 9)$, $(2, 4)$, $(5, 1)$이다.

따라서 구하는 n의 값의 합은

$9+4+1=14$

15 답 9

$(x^2+1)^n$의 전개식의 일반항은 $(1+x^2)^n$의 일반항과 같으므로

${}_nC_r1^{n-r}(x^2)^r={}_nC_rx^{2r}$

이때, x^4의 계수가 36이라 하므로

$2r=4$에서 $r=2$이고, ${}_nC_r={}_nC_2=36$이다.

$\frac{n(n-1)}{2}=36 \Rightarrow n(n-1)=72=9\times8 \quad \therefore n=9$

16 답 3

$\left(ax^3-\frac{1}{x}\right)^5$의 전개식의 일반항은

${}_5C_r(ax^3)^{5-r}\left(-\frac{1}{x}\right)^r={}_5C_ra^{5-r}x^{15-3r}(-1)^rx^{-r}$

$={}_5C_r(-1)^ra^{5-r}x^{15-4r}$

이때, x^3의 계수가 -90이라 하므로

$15-4r=3$에서 $r=3$

${}_5C_r(-1)^ra^{5-r}={}_5C_3(-1)^3a^2=-10a^2=-90$

$a^2=9 \quad \therefore a=3(\because a>0)$

17 답 (1) 이항정리, 이항정리 (2) 이항계수 (3) ${}_nC_ra^{n-r}b^r$

25 $(a+b)^m(c+d)^n$의 전개식

▸ p.54

01 11

$(x+1)^5$의 전개식의 일반항은 ${}_5C_rx^{5-r}1^r=$ [${}_5C_rx^{5-r}$],

$(x+2)^3$의 전개식의 일반항은 ${}_3C_sx^{3-s}2^s$이므로

$(x+1)^5(x+2)^3$의 전개식의 일반항은

${}_5C_r\times{}_3C_s2^sx^{5-r}x^{3-s}=$ [${}_5C_r\times{}_3C_s2^sx^{8-r-s}$]이다.

이때, x^7항은 $8-r-s=$ [7], 즉 $r+s=$ [1]일 때이다.

(i) $r=1$, $s=0$일 때 : ${}_5C_1\times{}_3C_0\times2^0=$ [5]

(ii) $r=0$, $s=1$일 때 : ${}_5C_0\times{}_3C_1\times2^1=$ [6]

따라서 x^7의 계수는 [5]+[6]=[11]이다.

02 답 129

$(x-1)^3$의 전개식의 일반항은 ${}_3C_rx^{3-r}(-1)^r$,

$(x+3)^7$의 전개식의 일반항은 ${}_7C_sx^{7-s}3^s$이므로

$(x-1)^3(x+3)^7$의 전개식의 일반항은

${}_3C_rx^{3-r}(-1)^r\times{}_7C_sx^{7-s}3^s={}_3C_r\times{}_7C_s(-1)^r3^sx^{10-r-s}$이다.

이때, x^8항은 $10-r-s=8$, 즉 $r+s=2$일 때이다.

(i) $r=0$, $s=2$일 때 : ${}_3C_0\times{}_7C_2\times(-1)^0\times3^2=189$

(ii) $r=1$, $s=1$일 때 : ${}_3C_1\times{}_7C_1\times(-1)^1\times3^1=-63$

(iii) $r=2$, $s=0$일 때 : ${}_3C_2\times{}_7C_0\times(-1)^2\times3^0=3$

따라서 x^8의 계수는 $189-63+3=129$이다.

03 답 -2

$(x+1)^4$의 전개식의 일반항은 ${}_4C_r x^{4-r}$,

$(x-2)^3$의 전개식의 일반항은 ${}_3C_s x^{3-s}(-2)^s$이므로

$(x+1)^4(x-2)^3$의 전개식의 일반항은

${}_4C_r x^{4-r}\times{}_3C_s x^{3-s}(-2)^s={}_4C_r\times{}_3C_s(-2)^s x^{7-r-s}$

이때, x^6항은 $7-r-s=6$, 즉 $r+s=1$일 때이다.

(i) $r=0$, $s=1$일 때, ${}_4C_0\times{}_3C_1\times(-2)^1=-6$

(ii) $r=1$, $s=0$일 때, ${}_4C_1\times{}_3C_0\times(-2)^0=4$

따라서 x^6의 계수는 $-6+4=-2$이다.

04 답 35

$\left(x+\dfrac{1}{x}\right)^6$의 전개식의 일반항은

${}_6C_r x^{6-r}\left(\dfrac{1}{x}\right)^r={}_6C_r x^{6-2r}$이다.

이때, $(x^2+1)\left(x+\dfrac{1}{x}\right)^6=x^2\left(x+\dfrac{1}{x}\right)^6+\left(x+\dfrac{1}{x}\right)^6$의

전개식에서 상수항은 x^2과 $\left(x+\dfrac{1}{x}\right)^6$의 $\boxed{\dfrac{1}{x^2}}$항,

1과 $\left(x+\dfrac{1}{x}\right)^6$의 $\boxed{\text{상수항}}$이 곱해질 때 생긴다.

(i) $\left(x+\dfrac{1}{x}\right)^6$의 $\boxed{\dfrac{1}{x^2}}$항은 $6-2r=\boxed{-2}$, 즉

$r=\boxed{4}$일 때이므로 ${}_6C_4x^{-2}=\boxed{\dfrac{15}{x^2}}$

(ii) $\left(x+\dfrac{1}{x}\right)^6$의 상수항은 $6-2r=\boxed{0}$, 즉

$r=\boxed{3}$일 때이므로 ${}_6C_3=\boxed{20}$

따라서 구하는 상수항은 $\boxed{15}+\boxed{20}=\boxed{35}$

05 답 2160

$(x+3)^5$의 전개식의 일반항은 ${}_5C_r x^{5-r}3^r$이고,

$(y-2)^4$의 전개식의 일반항은 ${}_4C_s y^{4-s}(-2)^s$이므로

$(x+3)^5(y-2)^4$의 전개식의 일반항은

${}_5C_r x^{5-r}3^r\times{}_4C_s y^{4-s}(-2)^s$

$={}_5C_r\times{}_4C_s\times3^r(-2)^s x^{5-r}y^{4-s}$

이때, x^3y^2항은 $5-r=3$, $4-s=2$, 즉 $r=2$, $s=2$일 때이다.

따라서 구하는 x^3y^2의 계수는

${}_5C_2\times{}_4C_2\times3^2\times(-2)^2=2160$

06 답 -75

$(x+1)^6$의 전개식의 일반항은 ${}_6C_r x^{6-r}$이고,

$(y-1)^5$의 전개식의 일반항은 ${}_5C_s y^{5-s}(-1)^s$이므로

$(x+1)^6(y-1)^5$의 전개식의 일반항은

${}_6C_r x^{6-r}\times{}_5C_s y^{5-s}(-1)^s={}_6C_r\times{}_5C_s(-1)^s x^{6-r}y^{5-s}$

이때, x^4y^4항은 $6-r=4$, $5-s=4$, 즉 $r=2$, $s=1$일 때이다.

따라서 구하는 x^4y^4의 계수는 ${}_6C_2\times{}_5C_1\times(-1)^1=-75$

07 답 $(c+d)^n$

26 파스칼의 삼각형 ▸ p.55

01 답 ${}_4C_3$

${}_3C_2+{}_3C_3=\boxed{{}_4C_3}$

02 답 ${}_5C_4$

${}_4C_3+{}_4C_4={}_5C_4$

03 답 ${}_8C_5$

${}_7C_4+{}_7C_5={}_8C_5$

04 답 ${}_4C_2$

$({}_2C_0+{}_2C_1)+{}_3C_2={}_3C_1+{}_3C_2={}_4C_2$

05 답 ${}_8C_3$

$({}_6C_2+{}_6C_3)+{}_7C_2={}_7C_3+{}_7C_2={}_8C_3$

06 답 ${}_6C_2$

$({}_3C_2+{}_3C_1)+{}_4C_1+{}_5C_1=({}_4C_2+{}_4C_1)+{}_5C_1$

$={}_5C_2+{}_5C_1$

$={}_6C_2$

07 답 ${}_5C_2$

$({}_2C_0+{}_2C_1)+{}_4C_2+{}_4C_4={}_3C_1+{}_4C_2+{}_4C_4$

$={}_3C_1+{}_4C_2+{}_3C_0$

$=({}_3C_0+{}_3C_1)+{}_4C_2$

$={}_4C_1+{}_4C_2$

$={}_5C_2$

08 답 (1) ${}_{n-1}C_{r-1}$, ${}_{n-1}C_r$ (2) ${}_nC_{n-r}$

27 이항계수의 합 ▸ p.56~57

01 답 풀이 참조, ${}_6C_4$

1

${}_1C_0$ ${}_1C_1$

${}_2C_0$ ${}_2C_1$ ${}_2C_2$

${}_3C_0$ ${}_3C_1$ ${}_3C_2$ ${}_3C_3$

${}_4C_0$ ${}_4C_1$ ${}_4C_2$ ${}_4C_3$ ${}_4C_4$

${}_5C_0$ ${}_5C_1$ ${}_5C_2$ ${}_5C_3$ ${}_5C_4$ ${}_5C_5$

${}_6C_0$ ${}_6C_1$ ${}_6C_2$ ${}_6C_3$ ${}_6C_4$ ${}_6C_5$ ${}_6C_6$

오른쪽 아래 대각선 방향으로 더한 값은 마지막 수 다음 $\boxed{\text{행}}$의 $\boxed{\text{왼쪽}}$ 수와 같다. $\therefore\ \boxed{{}_6C_4}$

02 답 풀이 참조, ${}_9C_3$

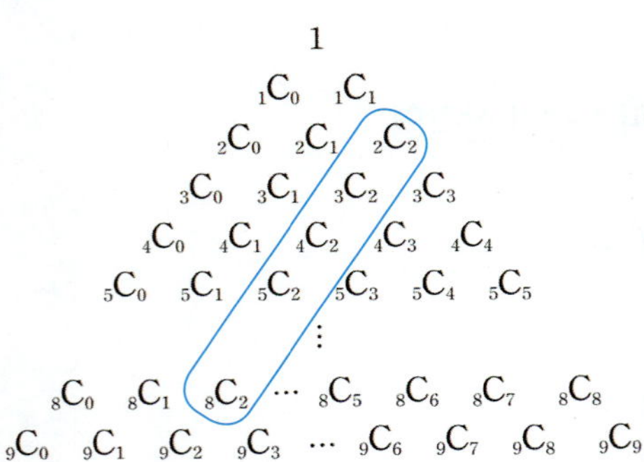

왼쪽 아래 대각선 방향으로 더한 값은 마지막 수 다음 행의 오른쪽 수와 같다.

$\therefore {}_2C_2+{}_3C_2+{}_4C_2+\cdots+{}_8C_2={}_9C_3$

03 답 풀이 참조, ${}_8C_4$

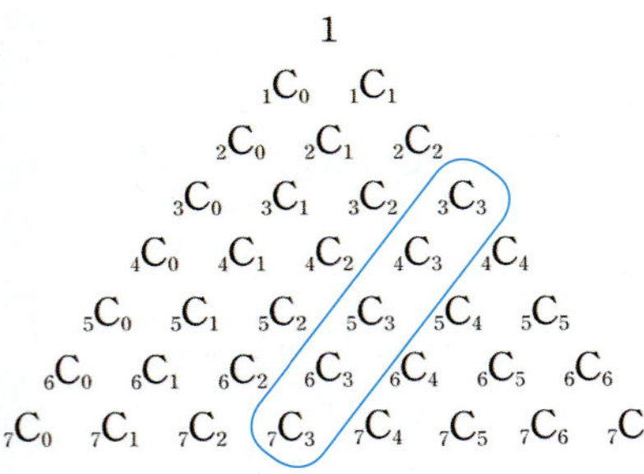

왼쪽 아래 대각선 방향으로 더한 값은 마지막 수 다음 행의 오른쪽 수와 같다.

$\therefore {}_3C_3+{}_4C_3+{}_5C_3+{}_6C_3+{}_7C_3={}_8C_4$

04 답 풀이 참조, ${}_6C_4$

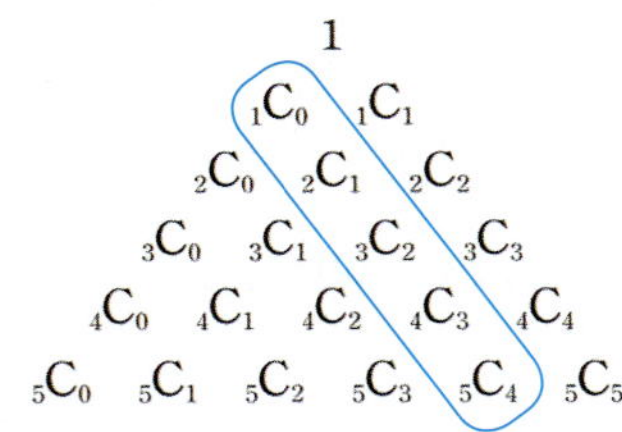

오른쪽 아래 대각선 방향으로 더한 값은 마지막 수 다음 행의 왼쪽 수와 같다.

$\therefore {}_1C_0+{}_2C_1+{}_3C_2+{}_4C_3+{}_5C_4={}_6C_4$

05 답 풀이 참조, ${}_9C_4$

$$1$$
$${}_1C_0 \quad {}_1C_1$$
$$\vdots$$
$${}_4C_0 \quad {}_4C_1 \quad {}_4C_2 \quad {}_4C_3 \quad {}_4C_4$$
$${}_5C_0 \quad {}_5C_1 \quad {}_5C_2 \quad {}_5C_3 \quad {}_5C_4 \quad {}_5C_5$$
$${}_6C_0 \quad {}_6C_1 \quad {}_6C_2 \quad {}_6C_3 \quad {}_6C_4 \quad {}_6C_5 \quad {}_6C_6$$
$${}_7C_0 \quad {}_7C_1 \quad {}_7C_2 \quad {}_7C_3 \quad {}_7C_4 \quad {}_7C_5 \quad {}_7C_6 \quad {}_7C_7$$
$${}_8C_0 \quad {}_8C_1 \quad {}_8C_2 \quad {}_8C_3 \quad {}_8C_4 \quad {}_8C_5 \quad {}_8C_6 \quad {}_8C_7 \quad {}_8C_8$$

오른쪽 아래 대각선 방향으로 더한 값은 마지막 수 다음 행의 왼쪽 수와 같다.

$\therefore {}_4C_0+{}_5C_1+{}_6C_2+{}_7C_3+{}_8C_4={}_9C_4$

06 답 18

오른쪽 아래 대각선 방향으로 더한 값은 마지막 수 다음 행의 왼쪽 수와 같으므로

${}_1C_0+{}_2C_1+{}_3C_2+{}_4C_3+\cdots+{}_{17}C_{16}={}_{18}C_{16}$ $\quad \therefore n=18$

07 답 17

오른쪽 아래 대각선 방향으로 더한 값은 마지막 수 다음 행의 왼쪽 수와 같으므로

${}_6C_0+{}_7C_1+{}_8C_2+{}_9C_3+\cdots+{}_{16}C_{10}={}_{17}C_{10}$ $\quad \therefore n=17$

08 답 20

오른쪽 아래 대각선 방향으로 더한 값은 마지막 수 다음 행의 왼쪽 수와 같으므로

${}_7C_0+{}_8C_1+{}_9C_2+\cdots+{}_{19}C_{12}={}_{20}C_{12}$

$\therefore n=20$

09 답 12

${}_2C_0+{}_3C_1+{}_4C_2+{}_5C_3+{}_6C_4+\cdots+{}_{11}C_9={}_{12}C_9$

이므로

$$\begin{aligned}{}_3C_1+{}_4C_2+{}_5C_3+{}_6C_4+\cdots+{}_{11}C_9&={}_{12}C_9-{}_2C_0\\&={}_{12}C_9-1\end{aligned}$$

$\therefore n=12$

10 답 14

${}_3C_0+{}_4C_1+{}_5C_2+{}_6C_3+{}_7C_4+\cdots+{}_{13}C_{10}={}_{14}C_{10}$

이므로

$$\begin{aligned}{}_4C_1+{}_5C_2+{}_6C_3+{}_7C_4+\cdots+{}_{13}C_{10}&={}_{14}C_{10}-{}_3C_0\\&={}_{14}C_{10}-1\end{aligned}$$

$\therefore n=14$

11 답 18

왼쪽 아래 대각선 방향으로 더한 값은 마지막 수 다음 행의 오른쪽 수와 같으므로

${}_1C_1+{}_2C_1+{}_3C_1+{}_4C_1+\cdots+{}_{17}C_1={}_{18}C_2$

$\therefore n=18$

12 답 15

왼쪽 아래 대각선 방향으로 더한 값은 마지막 수 다음 행의 오른쪽 수와 같으므로

${}_6C_6+{}_7C_6+{}_8C_6+{}_9C_6+\cdots+{}_{14}C_6={}_{15}C_7$

$\therefore n=15$

13 답 **22**

왼쪽 아래 대각선 방향으로 더한 값은 마지막 수 다음 행의 오른쪽 수와 같으므로

${}_7C_7+{}_8C_7+{}_9C_7+\cdots+{}_{21}C_7={}_{22}C_8$

$\therefore n=22$

14 답 **11**

${}_2C_2+{}_3C_2+{}_4C_2+{}_5C_2+{}_6C_2+\cdots+{}_{10}C_2={}_{11}C_3$

이므로

${}_3C_2+{}_4C_2+{}_5C_2+{}_6C_2+\cdots+{}_{10}C_2={}_{11}C_3-{}_2C_2={}_{11}C_3-1$

$\therefore n=11$

15 답 **24**

${}_3C_3+{}_4C_3+{}_5C_3+{}_6C_3+{}_7C_3+\cdots+{}_{23}C_3={}_{24}C_4$

이므로

${}_4C_3+{}_5C_3+{}_6C_3+{}_7C_3+\cdots+{}_{23}C_3={}_{24}C_4-{}_3C_3$

$={}_{24}C_4-1$

$\therefore n=24$

16 답 **(1) 다음, 왼쪽 수 (2) 다음, 오른쪽 수**

28 이항계수의 합 – 전개식에서 계수의 합

▸ p.58~59

01 답 ${}_6C_3$

$(1+x)^n$의 전개식의 일반항은 ${}_nC_r1^{n-r}x^r={}_nC_rx^r$이다.

x^2항은 $(1+x)^2$의 전개식부터 나오므로

$(1+x)^2$의 전개식에서 x^2의 계수는 ${}_2C_2$

$(1+x)^3$의 전개식에서 x^2의 계수는 ${}_3C_2$

$(1+x)^4$의 전개식에서 x^2의 계수는 $\boxed{{}_4C_2}$

$(1+x)^5$의 전개식에서 x^2의 계수는 $\boxed{{}_5C_2}$

따라서 구하는 x^2의 계수는

${}_2C_2+{}_3C_2+\boxed{{}_4C_2}+\boxed{{}_5C_2}=\boxed{{}_6C_3}$

02 답 ${}_6C_5$

$(1+x)^n$의 전개식의 일반항은 ${}_nC_r1^{n-r}x^r={}_nC_rx^r$이다.

x^4항은 $(1+x)^4$의 전개식부터 나오므로

$(1+x)^4$의 전개식에서 x^4의 계수는 ${}_4C_4$

$(1+x)^5$의 전개식에서 x^4의 계수는 $\boxed{{}_5C_4}$

따라서 구하는 x^4의 계수는

${}_4C_4+\boxed{{}_5C_4}=\boxed{{}_6C_5}$

03 답 ${}_5C_3$

$(1+x)^n$의 전개식의 일반항은 ${}_nC_r1^{n-r}x^r={}_nC_rx^r$이다.

x^2항은 $(1+x)^2$의 전개식부터 나오므로

$(1+x)^2$의 전개식에서 x^2의 계수는 ${}_2C_2$

$(1+x)^3$의 전개식에서 x^2의 계수는 ${}_3C_2$

$(1+x)^4$의 전개식에서 x^2의 계수는 ${}_4C_2$

따라서 구하는 x^2의 계수는

${}_2C_2+{}_3C_2+{}_4C_2={}_5C_3$

04 답 **0**

$(1+x)^n$의 전개식의 일반항은 ${}_nC_r1^{n-r}x^r={}_nC_rx^r$이다.

x^6항은 $(1+x)^6$의 전개식부터 나오므로

전개식에서 x^6의 계수는 0

05 답 ${}_{10}C_6$

$(1+x)^n$의 전개식의 일반항은 ${}_nC_r1^{n-r}x^r={}_nC_rx^r$이다.

x^5항은 $(1+x)^5$의 전개식부터 나오므로

$(1+x)^5$의 전개식에서 x^5의 계수는 ${}_5C_5$

$(1+x)^6$의 전개식에서 x^5의 계수는 $\boxed{{}_6C_5}$

$(1+x)^7$의 전개식에서 x^5의 계수는 $\boxed{{}_7C_5}$

$(1+x)^8$의 전개식에서 x^5의 계수는 ${}_8C_5$

$(1+x)^9$의 전개식에서 x^5의 계수는 $\boxed{{}_9C_5}$

따라서 구하는 x^5의 계수는

${}_5C_5+\boxed{{}_6C_5}+\boxed{{}_7C_5}+{}_8C_5+\boxed{{}_9C_5}=\boxed{{}_{10}C_6}$

06 답 ${}_9C_7$

$(1+x)^n$의 전개식의 일반항은 ${}_nC_r1^{n-r}x^r={}_nC_rx^r$이다.

x^6항은 $(1+x)^6$의 전개식부터 나오므로

$(1+x)^6$의 전개식에서 x^6의 계수는 ${}_6C_6$

$(1+x)^7$의 전개식에서 x^6의 계수는 ${}_7C_6$

$(1+x)^8$의 전개식에서 x^6의 계수는 ${}_8C_6$

따라서 구하는 x^6의 계수는

${}_6C_6+{}_7C_6+{}_8C_6={}_9C_7$

07 답 ${}_{12}C_9$

$(1+x)^n$의 전개식의 일반항은 ${}_nC_r1^{n-r}x^r={}_nC_rx^r$이다.

x^8항은 $(1+x)^8$의 전개식부터 나오므로

$(1+x)^8$의 전개식에서 x^8의 계수는 ${}_8C_8$

$(1+x)^9$의 전개식에서 x^8의 계수는 ${}_9C_8$

$(1+x)^{10}$의 전개식에서 x^8의 계수는 ${}_{10}C_8$

$(1+x)^{11}$의 전개식에서 x^8의 계수는 ${}_{11}C_8$

따라서 구하는 x^8의 계수는

${}_8C_8+{}_9C_8+{}_{10}C_8+{}_{11}C_8={}_{12}C_9$

08 답 ${}_{14}\mathrm{C}_8$

$(1+x)^n$의 전개식의 일반항은 ${}_n\mathrm{C}_r 1^{n-r}x^r = {}_n\mathrm{C}_r x^r$이다.

x^7항은 $(1+x)^7$의 전개식부터 나오므로

$(1+x)^7$의 전개식에서 x^7의 계수는 ${}_7\mathrm{C}_7$

$(1+x)^8$의 전개식에서 x^7의 계수는 ${}_8\mathrm{C}_7$

$(1+x)^9$의 전개식에서 x^7의 계수는 ${}_9\mathrm{C}_7$

⋮

$(1+x)^{13}$의 전개식에서 x^7의 계수는 ${}_{13}\mathrm{C}_7$

따라서 구하는 x^7의 계수는 ${}_7\mathrm{C}_7 + {}_8\mathrm{C}_7 + {}_9\mathrm{C}_7 + \cdots + {}_{13}\mathrm{C}_7 = {}_{14}\mathrm{C}_8$

09 답 ${}_9\mathrm{C}_4$

주어진 항등식에서 a_3의 값은 $x^{\boxed{3}}$의 계수와 같다.

$(1+x)^n$의 전개식의 일반항은 ${}_n\mathrm{C}_r 1^{n-r}x^r = {}_n\mathrm{C}_r x^r$이다.

$x^{\boxed{3}}$항은 $(1+x)^{\boxed{3}}$의 전개식부터 나오므로 $x^{\boxed{3}}$의 계수는

$\boxed{{}_3\mathrm{C}_3} + {}_4\mathrm{C}_3 + {}_5\mathrm{C}_3 + {}_6\mathrm{C}_3 + \cdots + \boxed{{}_8\mathrm{C}_3} = \boxed{{}_9\mathrm{C}_4}$ $\quad \therefore a_3 = \boxed{{}_9\mathrm{C}_4}$

10 답 ${}_{13}\mathrm{C}_5$

주어진 항등식에서 a_4의 값은 x^4의 계수와 같다.

$(1+x)^n$의 전개식의 일반항은 ${}_n\mathrm{C}_r 1^{n-r}x^r = {}_n\mathrm{C}_r x^r$이다.

x^4항은 $(1+x)^4$의 전개식부터 나오므로 x^4의 계수는

${}_4\mathrm{C}_4 + {}_5\mathrm{C}_4 + {}_6\mathrm{C}_4 + {}_7\mathrm{C}_4 + {}_8\mathrm{C}_4 + \cdots + {}_{12}\mathrm{C}_4 = {}_{13}\mathrm{C}_5$

$\therefore a_4 = {}_{13}\mathrm{C}_5$

11 답 ${}_{16}\mathrm{C}_{12}$

주어진 항등식에서 a_{11}의 값은 x^{11}의 계수와 같다.

$(1+x)^n$의 전개식의 일반항은 ${}_n\mathrm{C}_r 1^{n-r}x^r = {}_n\mathrm{C}_r x^r$이다.

x^{11}항은 $(1+x)^{11}$의 전개식부터 나오므로 x^{11}의 계수는

${}_{11}\mathrm{C}_{11} + {}_{12}\mathrm{C}_{11} + {}_{13}\mathrm{C}_{11} + {}_{14}\mathrm{C}_{11} + {}_{15}\mathrm{C}_{11} = {}_{16}\mathrm{C}_{12}$

$\therefore a_{11} = {}_{16}\mathrm{C}_{12}$

12 답 ${}_{24}\mathrm{C}_6$

주어진 항등식에서 a_5의 값은 x^5의 계수와 같다.

$(1+x)^n$의 전개식의 일반항은 ${}_n\mathrm{C}_r 1^{n-r}x^r = {}_n\mathrm{C}_r x^r$이다.

x^5항은 $(1+x)^5$의 전개식부터 나오므로 x^5의 계수는

${}_5\mathrm{C}_5 + {}_6\mathrm{C}_5 + {}_7\mathrm{C}_5 + {}_8\mathrm{C}_5 + \cdots + {}_{23}\mathrm{C}_5 = {}_{24}\mathrm{C}_6$

$\therefore a_5 = {}_{24}\mathrm{C}_6$

13 답 $(1+x)^k$, $(1+x)^k$, $(1+x)^n$

29 이항계수의 성질

▸ p.60~61

01 답 8

$(1+1)^3 = 2^3 = 8$

02 답 32

$(1+1)^5 = 2^5 = 32$

03 답 0

$(1-1)^{10} = 0$

04 답 $2^{20}-2$

${}_{20}\mathrm{C}_0 + {}_{20}\mathrm{C}_1 + {}_{20}\mathrm{C}_2 + \cdots + {}_{20}\mathrm{C}_{19} + {}_{20}\mathrm{C}_{20} = 2^{20}$이므로

${}_{20}\mathrm{C}_1 + {}_{20}\mathrm{C}_2 + {}_{20}\mathrm{C}_3 + \cdots + {}_{20}\mathrm{C}_{19} = 2^{20} - {}_{20}\mathrm{C}_0 - {}_{20}\mathrm{C}_{20}$

$= 2^{20} - 2$

05 답 2^9

${}_{10}\mathrm{C}_0 + {}_{10}\mathrm{C}_1 + {}_{10}\mathrm{C}_2 + \cdots + {}_{10}\mathrm{C}_{10} = \boxed{2^{10}}$이고,

${}_{10}\mathrm{C}_0 - {}_{10}\mathrm{C}_1 + {}_{10}\mathrm{C}_2 - \cdots + {}_{10}\mathrm{C}_{10} = \boxed{0}$이므로

두 식을 더하면

$\boxed{2}({}_{10}\mathrm{C}_0 + {}_{10}\mathrm{C}_2 + {}_{10}\mathrm{C}_4 + \cdots + {}_{10}\mathrm{C}_{10}) = 2^{10}$

$\therefore {}_{10}\mathrm{C}_0 + {}_{10}\mathrm{C}_2 + {}_{10}\mathrm{C}_4 + \cdots + {}_{10}\mathrm{C}_{10} = \boxed{2^9}$

06 답 2^8

${}_9\mathrm{C}_0 + {}_9\mathrm{C}_1 + {}_9\mathrm{C}_2 + \cdots + {}_9\mathrm{C}_9 = 2^9$이고

${}_9\mathrm{C}_0 - {}_9\mathrm{C}_1 + {}_9\mathrm{C}_2 - \cdots - {}_9\mathrm{C}_9 = 0$이므로

위의 식에서 아래의 식을 빼면

$2({}_9\mathrm{C}_1 + {}_9\mathrm{C}_3 + {}_9\mathrm{C}_5 + \cdots + {}_9\mathrm{C}_9) = 2^9$

$\therefore {}_9\mathrm{C}_1 + {}_9\mathrm{C}_3 + {}_9\mathrm{C}_5 + \cdots + {}_9\mathrm{C}_9 = 2^8$

07 답 2

${}_{10}\mathrm{C}_0 - {}_{10}\mathrm{C}_1 + {}_{10}\mathrm{C}_2 - \cdots + {}_{10}\mathrm{C}_{10} = 0$에서

$1 - {}_{10}\mathrm{C}_1 + {}_{10}\mathrm{C}_2 - \cdots - {}_{10}\mathrm{C}_9 + 1 = 0$

$\therefore {}_{10}\mathrm{C}_1 - {}_{10}\mathrm{C}_2 + {}_{10}\mathrm{C}_3 - {}_{10}\mathrm{C}_4 + \cdots + {}_{10}\mathrm{C}_9 = 2$

08 답 0

${}_{15}\mathrm{C}_0 - {}_{15}\mathrm{C}_1 + {}_{15}\mathrm{C}_2 - {}_{15}\mathrm{C}_3 + \cdots + {}_{15}\mathrm{C}_{14} - {}_{15}\mathrm{C}_{15} = 0$에서

$1 - {}_{15}\mathrm{C}_1 + {}_{15}\mathrm{C}_2 - {}_{15}\mathrm{C}_3 + \cdots + {}_{15}\mathrm{C}_{14} - 1 = 0$

$\therefore {}_{15}\mathrm{C}_1 - {}_{15}\mathrm{C}_2 + {}_{15}\mathrm{C}_3 - {}_{15}\mathrm{C}_4 + \cdots - {}_{15}\mathrm{C}_{14} = 0$

09 답 7

${}_n\mathrm{C}_0 + {}_n\mathrm{C}_1 + {}_n\mathrm{C}_2 + {}_n\mathrm{C}_3 + \cdots + {}_n\mathrm{C}_n = \boxed{2^n}$

이므로 주어진 부등식은 $100 < \boxed{2^n} < 200$이다.

$2^7 = 128$, $2^{\boxed{8}} = \boxed{256}$이므로 $n = \boxed{7}$

10 답 9

${}_n\mathrm{C}_0 + {}_n\mathrm{C}_1 + {}_n\mathrm{C}_2 + {}_n\mathrm{C}_3 + \cdots + {}_n\mathrm{C}_n = 2^n$

이므로 주어진 부등식은 $500 < 2^n < 600$이다.

$2^9 = 512$, $2^{10} = 1024$이므로 $n = 9$

11 답 **10**

${}_nC_0+{}_nC_1+{}_nC_2+{}_nC_3+\cdots+{}_nC_n=2^n$

이므로 주어진 부등식은 $1000<2^n<2000$이다.

$2^{10}=1024$, $2^{11}=2048$이므로 $n=10$

12 답 2^{48}

${}_nC_r={}_nC_{n-r}$이므로

${}_{49}C_{25}+{}_{49}C_{26}+{}_{49}C_{27}+{}_{49}C_{28}+\cdots+{}_{49}C_{49}$

$={}_{49}C_{24}+{}_{49}C_{23}+{}_{49}C_{22}+{}_{49}C_{21}+\cdots+{}_{49}C_0$

이고, ${}_{49}C_0+{}_{49}C_1+{}_{49}C_2+\cdots+{}_{49}C_{49}=2^{49}$이므로

$2({}_{49}C_{25}+{}_{49}C_{26}+{}_{49}C_{27}+{}_{49}C_{28}+\cdots+{}_{49}C_{49})=2^{49}$

$\therefore {}_{49}C_{25}+{}_{49}C_{26}+{}_{49}C_{27}+{}_{49}C_{28}+\cdots+{}_{49}C_{49}=2^{48}$

13 답 2^{98}

${}_nC_r={}_nC_{n-r}$이므로

${}_{99}C_0+{}_{99}C_1+{}_{99}C_2+{}_{99}C_3+\cdots+{}_{99}C_{49}$

$={}_{99}C_{99}+{}_{99}C_{98}+{}_{99}C_{97}+{}_{99}C_{96}+\cdots+{}_{99}C_{50}$

이고, ${}_{99}C_0+{}_{99}C_1+{}_{99}C_2+\cdots+{}_{99}C_{99}=2^{99}$이므로

$2({}_{99}C_0+{}_{99}C_1+{}_{99}C_2+{}_{99}C_3+\cdots+{}_{99}C_{49})=2^{99}$

$\therefore {}_{99}C_0+{}_{99}C_1+{}_{99}C_2+{}_{99}C_3+\cdots+{}_{99}C_{49}=2^{98}$

14 답 **5**

${}_nC_0+{}_nC_1+{}_nC_2+\cdots+{}_nC_n=2^n$이므로

주어진 식의 양변에 ${}_nC_0=1$을 더하면

${}_nC_0+({}_nC_1+{}_nC_2+{}_nC_3+{}_nC_4+{}_nC_5)=1+31=2^5$

$\therefore n=5$

15 답 **(1)** 2^n **(2)** 0 **(3)** 2^{n-1}

30 $(1+x)^n$의 전개식의 활용

▸ p.62~63

01 답 **14**

$(1+x)^n$

$={}_nC_0+{}_nC_1x+{}_nC_2x^2+{}_nC_3x^3+\cdots+{}_nC_nx^n$ ⋯ ㉠

㉠의 양변에

$x=\boxed{3}$, $n=\boxed{7}$을 대입하면

$(1+\boxed{3})^{\boxed{7}}$

$={}_7C_0+3\times{}_7C_1+3^2\times{}_7C_2+\cdots+3^7\times{}_7C_7$

$=\boxed{4}^7=(\boxed{2}^2)^7=2^{\boxed{14}}$

$\therefore n=\boxed{14}$

02 답 **6**

$(1+x)^n={}_nC_0+{}_nC_1x+{}_nC_2x^2+{}_nC_3x^3+\cdots+{}_nC_nx^n$ ⋯ ㉠

㉠의 양변에 $x=6$, $n=6$을 대입하면

$(1+6)^6={}_6C_0+6\times{}_6C_1+6^2\times{}_6C_2+\cdots+6^6\times{}_6C_6$

$=7^6=7^n$

$\therefore n=6$

03 답 **22**

$(1+x)^n={}_nC_0+{}_nC_1x+{}_nC_2x^2+{}_nC_3x^3+\cdots+{}_nC_nx^n$ ⋯ ㉠

㉠의 양변에 $x=3$, $n=11$을 대입하면

$(1+3)^{11}={}_{11}C_0+3\times{}_{11}C_1+3^2\times{}_{11}C_2+\cdots+3^{11}\times{}_{11}C_{11}$

$=4^{11}=(2^2)^{11}=2^{22}=2^n$

$\therefore n=22$

04 답 **27**

$(1+x)^n={}_nC_0+{}_nC_1x+{}_nC_2x^2+{}_nC_3x^3+\cdots+{}_nC_nx^n$ ⋯ ㉠

㉠의 양변에 $x=7$, $n=9$를 대입하면

$(1+7)^9={}_9C_0+7\times{}_9C_1+7^2\times{}_9C_2+\cdots+7^9\times{}_9C_9$

$=8^9=(2^3)^9=2^{27}=2^n$

$\therefore n=27$

05 답 **20**

$(1+x)^n={}_nC_0+{}_nC_1x+{}_nC_2x^2+{}_nC_3x^3+\cdots+{}_nC_nx^n$ ⋯ ㉠

㉠의 양변에 $x=3$, $n=10$을 대입하면

$(1+3)^{10}={}_{10}C_0+3\times{}_{10}C_1+3^2\times{}_{10}C_2+\cdots+3^{10}\times{}_{10}C_{10}$

$=4^{10}=(2^2)^{10}=2^{20}=2^n$

$\therefore n=20$

06 답 **52**

$(1+x)^n={}_nC_0+{}_nC_1x+{}_nC_2x^2+{}_nC_3x^3+\cdots+{}_nC_nx^n$ ⋯ ㉠

㉠의 양변에 $x=15$, $n=13$을 대입하면

$(1+15)^{13}={}_{13}C_0+15\times{}_{13}C_1+15^2\times{}_{13}C_2+\cdots+15^{13}\times{}_{13}C_{13}$

$=16^{13}=(2^4)^{13}=2^{52}=2^n$

$\therefore n=52$

07 답 **1**

$(1+x)^n$

$={}_nC_0+{}_nC_1x+{}_nC_2x^2+{}_nC_3x^3+\cdots+{}_nC_nx^n$ ⋯ ㉠

㉠의 양변에 $x=\boxed{10}$, $n=\boxed{20}$을 대입하면

$(1+\boxed{10})^{\boxed{20}}$

$={}_{\boxed{20}}C_0+\boxed{10}\times{}_{\boxed{20}}C_1$

$\underbrace{+\boxed{10^2}\times{}_{\boxed{20}}C_2+\cdots+\boxed{10^{20}}\times{}_{\boxed{20}}C_{\boxed{20}}}_{㉡}$

이때, ㉡의 식은 100으로 나누어떨어진다.

$11^{20}=1+10\times 20+10^2({}_{\boxed{20}}C_2+\cdots+10^{\boxed{18}}\times {}_{\boxed{20}}C_{\boxed{20}})$

$\quad=201+100\times({}_{\boxed{20}}C_2+\cdots+10^{\boxed{18}}\times {}_{\boxed{20}}C_{\boxed{20}})$

$\quad=\boxed{1}+100\times(\boxed{2}+{}_{\boxed{20}}C_2+\cdots+10^{\boxed{18}}\times {}_{\boxed{20}}C_{\boxed{20}})$

따라서 구하는 나머지는 $\boxed{1}$이다.

08 답 55

$(1+x)^n={}_nC_0+{}_nC_1x+{}_nC_2x^2+{}_nC_3x^3+\cdots+{}_nC_nx^n$ ⋯ ㉠

㉠의 양변에 $x=9$, $n=15$를 대입하면

$10^{15}={}_{15}C_0+9\times{}_{15}C_1+9^2\times{}_{15}C_2+\cdots+9^{15}\times{}_{15}C_{15}$

$\quad=1+9\times15+9^2({}_{15}C_2+\cdots+9^{13}\times{}_{15}C_{15})$

$\quad=136+81({}_{15}C_2+\cdots+9^{13}\times{}_{15}C_{15})$

$\quad=55+81(1+{}_{15}C_2+\cdots+9^{13}\times{}_{15}C_{15})$

따라서 구하는 나머지는 55이다.

09 답 100

$(1+x)^n={}_nC_0+{}_nC_1x+{}_nC_2x^2+{}_nC_3x^3+\cdots+{}_nC_nx^n$ ⋯ ㉠

㉠의 양변에 $x=11$, $n=20$을 대입하면

$12^{20}={}_{20}C_0+11\times{}_{20}C_1+11^2\times{}_{20}C_2+\cdots+11^{20}\times{}_{20}C_{20}$

$\quad=1+11\times20+11^2({}_{20}C_2+\cdots+11^{18}\times{}_{20}C_{20})$

$\quad=221+121({}_{20}C_2+\cdots+11^{18}\times{}_{20}C_{20})$

$\quad=100+121(1+{}_{20}C_2+\cdots+11^{18}\times{}_{20}C_{20})$

따라서 구하는 나머지는 100이다.

10 답 133

$(1+x)^n={}_nC_0+{}_nC_1x+{}_nC_2x^2+{}_nC_3x^3+\cdots+{}_nC_nx^n$ ⋯ ㉠

㉠의 양변에 $x=12$, $n=23$을 대입하면

$13^{23}={}_{23}C_0+12\times{}_{23}C_1+12^2\times{}_{23}C_2+\cdots+12^{23}\times{}_{23}C_{23}$

$\quad=1+12\times23+12^2({}_{23}C_2+\cdots+12^{21}\times{}_{23}C_{23})$

$\quad=277+144({}_{23}C_2+\cdots+12^{21}\times{}_{23}C_{23})$

$\quad=133+144(1+{}_{23}C_2+\cdots+12^{21}\times{}_{23}C_{23})$

따라서 구하는 나머지는 133이다.

11 답 1

$(1+x)^n={}_nC_0+{}_nC_1x+{}_nC_2x^2+{}_nC_3x^3+\cdots+{}_nC_nx^n$ ⋯ ㉠

㉠의 양변에 $x=20$, $n=20$을 대입하면

$21^{20}={}_{20}C_0+20\times{}_{20}C_1+20^2\times{}_{20}C_2+\cdots+20^{20}\times{}_{20}C_{20}$

$\quad=1+20\times20+20^2({}_{20}C_2+\cdots+20^{18}\times{}_{20}C_{20})$

$\quad=401+400({}_{20}C_2+\cdots+20^{18}\times{}_{20}C_{20})$

$\quad=1+400(1+{}_{20}C_2+\cdots+20^{18}\times{}_{20}C_{20})$

따라서 구하는 나머지는 1이다.

12 답 x, n, (1) 우변 (2) 앞의 몇 항

단원 마무리 평가 [24~30]

▸문제편 p.64~66

01 답 ③

$(x-2y)^6=\{x+(-2y)\}^6$의 전개식에서 일반항은

${}_6C_rx^{6-r}(-2y)^r={}_6C_rx^{6-r}\times(-2)^ry^r$

$\quad={}_6C_r\times(-2)^r\times x^{6-r}y^r$

이때, $x^{6-r}y^r=x^4y^2$이므로 $r=2$

따라서 x^4y^2의 계수는 ${}_6C_2\times(-2)^2=60$

02 답 ②

$(1+2x)^4$의 전개식의 일반항은

${}_4C_r\times1^{4-r}\times(2x)^r={}_4C_r2^rx^r$

x^2항은 $r=2$일 때이므로 x^2의 계수는 ${}_4C_2\times2^2=24$

x^3항은 $r=3$일 때이므로 x^3의 계수는 ${}_4C_3\times2^3=32$

따라서 구하는 합은 $24+32=56$

03 답 ①

$\left(x^2-\dfrac{2}{x}\right)^4$의 전개식의 일반항은

${}_4C_r(x^2)^{4-r}\left(-\dfrac{2}{x}\right)^r={}_4C_r\times(-2)^r\times x^{8-3r}$

(i) x^2항은 $8-3r=2$일 때이므로 $r=2$

따라서 x^2의 계수는 ${}_4C_2\times(-2)^2=24$

(ii) $\dfrac{1}{x}$항은 $8-3r=-1$일 때이므로 $r=3$

따라서 $\dfrac{1}{x}$의 계수는 ${}_4C_3\times(-2)^3=-32$

(i), (ii)에 의하여 $a=24$, $b=-32$이므로

$a+b=-8$

04 답 ③

$(x-\sqrt{3})^5$의 전개식의 일반항은 ${}_5C_r\times(-\sqrt{3})^r\times x^{5-r}$

(i) $r=0$일 때,

x^5의 계수는 ${}_5C_0\times(-\sqrt{3})^0=1$

(ii) $r=2$일 때,

x^3의 계수는 ${}_5C_2\times(-\sqrt{3})^2=30$

(iii) $r=4$일 때,

x의 계수는 ${}_5C_4\times(-\sqrt{3})^4=45$

(i)~(iii)에 의하여 구하는 계수의 합은 $1+30+45=76$

05 답 ②

$\left(x-\dfrac{a}{x^2}\right)^7$의 전개식의 일반항은

${}_7C_rx^{7-r}\left(-\dfrac{a}{x^2}\right)^r={}_7C_r(-a)^rx^{7-3r}$

$7-3r=4$에서 $r=1$

따라서 x^4의 계수는 ${}_7C_1(-a)$이므로

${}_7C_1(-a)=21$에서 $-7a=21$

$\therefore a=-3$

06 답 ③

$\left(x^2+\dfrac{1}{x^5}\right)^n$의 전개식의 일반항은

${}_nC_r(x^2)^{n-r}\left(\dfrac{1}{x^5}\right)^r={}_nC_rx^{2n-7r}$

이때, 상수항은 $2n-7r=0$인 경우이다.

$n=\dfrac{7}{2}r$에서 자연수 n이 가장 작을 때는 $r=2$일 때이므로

$n=7$이고, 이때의 상수항은 $a={}_7C_2=21$이다.

$\therefore a+n=21+7=28$

07 답 ⑤

$(x+1)^3$의 전개식에서 일반항은 ${}_3C_rx^r$이고,

$(x+2)^4$의 전개식에서 일반항은 ${}_4C_s\times2^{4-s}\times x^s$이다.

따라서 $(x+1)^3(x+2)^4$의 일반항은 ${}_3C_r\times{}_4C_s\times2^{4-s}\times x^{r+s}$

이때, $r+s=1$을 만족시키는 경우는 $r=1$, $s=0$일 때와

$r=0$, $s=1$일 때이므로 일차항 x의 계수는

${}_3C_1\times{}_4C_0\times2^4+{}_3C_0\times{}_4C_1\times2^{4-1}=48+32=80$

08 답 3

$(x+a)^4\left(x-\dfrac{1}{x^2}\right)^3=(a+x)^4\left(x-\dfrac{1}{x^2}\right)^3$에서 일반항은

${}_4C_ra^{4-r}x^r\times{}_3C_sx^{3-s}\left(-\dfrac{1}{x^2}\right)^s$

$={}_4C_r\times{}_3C_s\times a^{4-r}\times(-1)^sx^{r-3s+3}$

이므로 x^2의 계수는 $r-3s+3=2$일 때이다.

즉, $r-3s=-1$이고, 가능한 경우는 $r=2$, $s=1$일 때 뿐이다.

$(\because 0\le r\le4,\ 0\le s\le3)$

${}_4C_2\times{}_3C_1\times a^{4-2}\times(-1)^1=-18a^2=-162$

$a^2=9 \qquad \therefore a=3\ (\because a>0)$

09 답 ⑤

주어진 식의 우변에서 ${}_{n-1}C_5+{}_{n-1}C_6={}_nC_6$이므로 ${}_nC_4={}_nC_6$

$n-4=6 \qquad \therefore n=10$

10 답 ④

${}_nC_n=1$, ${}_{n-1}C_{r-1}+{}_{n-1}C_r={}_nC_r$이므로

${}_2C_2+{}_3C_2+{}_4C_2+\cdots+{}_{20}C_2=({}_3C_3+{}_3C_2)+{}_4C_2+\cdots+{}_{20}C_2$

$=({}_4C_3+{}_4C_2)+{}_5C_2+\cdots+{}_{20}C_2$

$=({}_5C_3+{}_5C_2)+{}_6C_2+\cdots+{}_{20}C_2$

$\vdots$

$={}_{20}C_3+{}_{20}C_2={}_{21}C_3$

11 답 ②

${}_nC_0=1$, ${}_{n-1}C_{r-1}+{}_{n-1}C_r={}_nC_r$이므로

${}_3C_0+{}_4C_1+{}_5C_2+\cdots+{}_{24}C_{21}$

$=({}_4C_0+{}_4C_1)+{}_5C_2+\cdots+{}_{24}C_{21}\ (\because {}_3C_0=1={}_4C_0)$

$=({}_5C_1+{}_5C_2)+{}_6C_3+\cdots+{}_{24}C_{21}\ (\because {}_4C_0+{}_4C_1={}_5C_1)$

$=({}_6C_2+{}_6C_3)+\cdots+{}_{24}C_{21}\ (\because {}_5C_1+{}_5C_2={}_6C_2)$

$=({}_7C_3+{}_7C_4)+\cdots+{}_{24}C_{21}\ (\because {}_6C_2+{}_6C_3={}_7C_3)$

$\vdots$

$={}_{24}C_{20}+{}_{24}C_{21}={}_{25}C_{21}={}_{25}C_4$

12 답 ①

${}_{n-1}C_{r-1}+{}_{n-1}C_r={}_nC_r$이고, ${}_nC_0={}_{n+1}C_0=1$이므로

${}_6C_0+{}_7C_1+{}_8C_2+{}_9C_3+{}_{10}C_4+{}_{11}C_5={}_{12}C_5$

13 답 ②

최단 거리로 가는 경우의 수에 의하여

$a={}_2C_0$, $b={}_3C_1$, $c={}_4C_2$, $d={}_5C_3$, $e={}_6C_4$, $f={}_7C_5$

$\therefore a+b+c+d+e+f={}_2C_0+{}_3C_1+{}_4C_2+{}_5C_3+{}_6C_4+{}_7C_5$

이때, 파스칼의 삼각형의 성질에 의하여

${}_2C_0+{}_3C_1+{}_4C_2+{}_5C_3+{}_6C_4+{}_7C_5={}_8C_5=56$

14 답 8개

공 32개를 넣었을 때, 각 갈림길에 떨어지는 공의 개수는 오른쪽 그림과 같다. 따라서 D에는 8개의 공이 떨어진다.

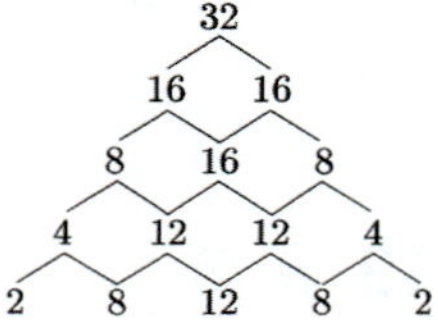

15 답 ③

${}_1C_0+{}_2C_1+{}_3C_2+{}_4C_3+\cdots+{}_{12}C_{11}={}_{13}C_{11}$

$1+{}_1C_1+{}_2C_2+{}_3C_3+{}_4C_4+\cdots+{}_{12}C_{12}={}_{13}C_{12}$

이므로 색칠한 부분의 합은

${}_{13}C_{11}+{}_{13}C_{12}-1={}_{14}C_{12}-1={}_{14}C_2-1$

$=91-1=90$

[다른 풀이]

${}_{13}C_{11}+{}_{13}C_{12}-1={}_{13}C_2+{}_{13}C_1-1$

$=\dfrac{13\times12}{2\times1}+13-1$

$=78+13-1=90$

16 답 ③

${}_nC_0+{}_nC_1+{}_nC_2+{}_nC_3+\cdots+{}_nC_n=2^n$

$64=2^6$이므로 $n=6$

17 답 ④

${}_{5}C_{0}+{}_{6}C_{1}+{}_{7}C_{2}+{}_{8}C_{3}+{}_{9}C_{4}+{}_{10}C_{5}$

$=({}_{6}C_{0}+{}_{6}C_{1})+{}_{7}C_{2}+{}_{8}C_{3}+{}_{9}C_{4}+{}_{10}C_{5}$

$=({}_{7}C_{1}+{}_{7}C_{2})+{}_{8}C_{3}+{}_{9}C_{4}+{}_{10}C_{5}$

$\vdots$

$={}_{10}C_{4}+{}_{10}C_{5}={}_{11}C_{5}$

또,

${}_{5}C_{5}+{}_{6}C_{5}+{}_{7}C_{5}+{}_{8}C_{5}+{}_{9}C_{5}+{}_{10}C_{5}$

$=({}_{6}C_{6}+{}_{6}C_{5})+{}_{7}C_{5}+{}_{8}C_{5}+{}_{9}C_{5}+{}_{10}C_{5}$

$=({}_{7}C_{6}+{}_{7}C_{5})+{}_{8}C_{5}+{}_{9}C_{5}+{}_{10}C_{5}$

$\vdots$

$={}_{10}C_{6}+{}_{10}C_{5}={}_{11}C_{6}$

$\therefore$ (주어진 식)$={}_{11}C_{5}+{}_{11}C_{6}={}_{12}C_{6}$

18 답 ②

$(1+x)^n$의 전개식에 $x=1$을 대입하면

${}_{n}C_{0}+{}_{n}C_{1}+{}_{n}C_{2}+\cdots+{}_{n}C_{n}=2^n$이므로

${}_{n}C_{1}+{}_{n}C_{2}+\cdots+{}_{n}C_{n}=2^n-1$

주어진 부등식은 $200<2^n-1<1000$

즉, $201<2^n<1001$

이때, $2^7=128$, $2^8=256$, $2^9=512$, $2^{10}=1024$이므로

부등식을 만족시키는 자연수 n의 값은 8, 9이다.

따라서 구하는 모든 n의 값의 합은

$8+9=17$

19 답 ③

(i) 원소가 1개인 부분집합의 개수 : ${}_{7}C_{1}$

(ii) 원소가 3개인 부분집합의 개수 : ${}_{7}C_{3}$

(iii) 원소가 5개인 부분집합의 개수 : ${}_{7}C_{5}$

(iv) 원소가 7개인 부분집합의 개수 : ${}_{7}C_{7}$

(i)~(iv)에 의하여

원소의 개수가 홀수인 부분집합의 개수는

${}_{7}C_{1}+{}_{7}C_{3}+{}_{7}C_{5}+{}_{7}C_{7}=2^{7-1}=2^6$

$=64$

20 답 ③

9명의 회원 중 북토론회에 참가할 회원을 4명 이하로 뽑는 경우의 수는

${}_{9}C_{4}+{}_{9}C_{3}+{}_{9}C_{2}+{}_{9}C_{1}+{}_{9}C_{0}$에서

${}_{9}C_{4}+{}_{9}C_{3}+{}_{9}C_{2}+{}_{9}C_{1}+{}_{9}C_{0}={}_{9}C_{5}+{}_{9}C_{6}+{}_{9}C_{7}+{}_{9}C_{8}+{}_{9}C_{9}$이고,

${}_{9}C_{0}+{}_{9}C_{1}+{}_{9}C_{2}+\cdots+{}_{9}C_{8}+{}_{9}C_{9}=2^9$이므로

구하는 경우의 수는

${}_{9}C_{4}+{}_{9}C_{3}+{}_{9}C_{2}+{}_{9}C_{1}+{}_{9}C_{0}$

$=\frac{1}{2}\times({}_{9}C_{0}+{}_{9}C_{1}+{}_{9}C_{2}+\cdots+{}_{9}C_{9})$

$=\frac{1}{2}\times2^9=2^8=256$

21 답 ①

$(1+x)^{19}={}_{19}C_{0}+{}_{19}C_{1}x+{}_{19}C_{2}x^2+\cdots+{}_{19}C_{19}x^{19}$에서

이 식의 양변에 $x=1$을 각각 대입하면

$2^{19}={}_{19}C_{0}+{}_{19}C_{1}+{}_{19}C_{2}+\cdots+{}_{19}C_{9}+{}_{19}C_{10}+\cdots+{}_{19}C_{19}$

이때, ${}_{19}C_{0}={}_{19}C_{19}$, ${}_{19}C_{1}={}_{19}C_{18}$, $\cdots$ 에서

$2^{19}=2({}_{19}C_{10}+{}_{19}C_{11}+{}_{19}C_{12}+\cdots+{}_{19}C_{19})$이므로

${}_{19}C_{10}+{}_{19}C_{11}+{}_{19}C_{12}+\cdots+{}_{19}C_{19}=2^{19-1}=2^{18}$

$\therefore \log_2({}_{19}C_{10}+{}_{19}C_{11}+{}_{19}C_{12}+\cdots+{}_{19}C_{19})$

$=\log_2 2^{18}=18$

22 답 ④

${}_{12}C_{0}-{}_{12}C_{1}\times2+{}_{12}C_{2}\times2^2-\cdots+{}_{12}C_{12}\times2^{12}$

$={}_{12}C_{0}+{}_{12}C_{1}\times(-2)+{}_{12}C_{2}\times(-2)^2+\cdots+{}_{12}C_{12}\times(-2)^{12}$

즉, $(1+x)^n={}_{n}C_{0}+{}_{n}C_{1}x+{}_{n}C_{2}x^2+\cdots+{}_{n}C_{n}x^n$에 $n=12$,

$x=-2$를 대입하면

${}_{12}C_{0}-{}_{12}C_{1}\times2+{}_{12}C_{2}\times2^2-\cdots+{}_{12}C_{12}\times2^{12}$

$=\{1+(-2)\}^{12}=(-1)^{12}=1$

23 답 목요일

$14^7=(1+13)^7$

$={}_{7}C_{0}+{}_{7}C_{1}\times13+{}_{7}C_{2}\times13^2+\cdots+{}_{7}C_{7}\times13^7$

에서 우변의 양 끝 항 ${}_{7}C_{0}$, ${}_{7}C_{7}\times13^7$을 제외한 나머지 항은 모두 7의 배수이고

${}_{7}C_{0}+{}_{7}C_{7}\times13^7=13^7+1$

이므로 오늘부터 14^7일째 되는 날은 수요일 다음날인 목요일이다.

24 답 ①

9^{25}

$=(10-1)^{25}=(-1+10)^{25}$

$={}_{25}C_{0}\times(-1)^{25}+{}_{25}C_{1}\times(-1)^{24}\times10$

$+{}_{25}C_{2}\times(-1)^{23}\times10^2+m\times10^3$

$=-1+250-300\times10^2+m\times10^3$

$=249+(m-30)\times10^3$ (m은 정수)

그런데 $9^{25}>1249$이므로 $m-30\geq1$

$\therefore a=9,\ b=4,\ c=2$

$\therefore a+b-c=9+4-2=11$

Ⅱ-1 확률의 뜻과 활용

01 시행과 사건 ▸ p.70~71

01 답 $\{1, 2, 3, 4, 5, 6\}$

한 개의 주사위를 던지는 시행에서 모든 경우는

1, 2, 3, 4, 5, 6이므로 표본공간을 S라 하면

$S=\{$ 1, 2, 3, 4, 5, 6 $\}$

02 답 $\{1, 3, 5\}$

홀수의 눈은 1, 3, 5이므로 홀수의 눈이 나오는 사건을 A라 하면 $A=\{$ 1, 3, 5 $\}$

03 답 $\{2, 3, 5\}$

소수의 눈은 2, 3, 5 이므로 소수의 눈이 나오는 사건을 B라 하면 $B=\{$ 2, 3, 5 $\}$

04 답 $\{1, 2, 3, 6\}$

6의 약수의 눈은 1, 2, 3, 6 이므로 6의 약수의 눈이 나오는 사건을 C라 하면 $C=\{$ 1, 2, 3, 6 $\}$

05 답 $\{1\}$, $\{2\}$, $\{3\}$, $\{4\}$, $\{5\}$, $\{6\}$

근원사건은 한 개의 원소 로 이루어진 사건이므로

$\{1\}$, $\{2\}$, $\{3\}$, $\{4\}$, $\{5\}$, $\{6\}$ 이다.

06 답 {(앞, 앞), (앞, 뒤), (뒤, 앞), (뒤, 뒤)}

07 답 {(앞, 뒤), (뒤, 앞)}

08 답 {(앞, 앞), (뒤, 뒤)}

09 답 {(앞, 앞)}

10 답 {(앞, 앞)}, {(앞, 뒤)}, {(뒤, 앞)}, {(뒤, 뒤)}

11 답 {(가위, 가위), (가위, 바위), (가위, 보), (바위, 가위), (바위, 바위), (바위, 보), (보, 가위), (보, 바위), (보, 보)}

12 답 {(가위, 가위), (바위, 바위), (보, 보)}

13 답 {(가위, 바위), (가위, 보), (바위, 가위), (바위, 보), (보, 가위), (보, 바위)}

14 답 $\{1, 2, 3, 4, 5, 6, 7\}$

15 답 $\{1\}$, $\{2\}$, $\{3\}$, $\{4\}$, $\{5\}$, $\{6\}$, $\{7\}$

16 답 $\{2, 4, 6\}$

17 답 $\{2, 3, 5, 7\}$

18 답 전사건에 ○표

반드시 일어나는 사건이므로 전사건이다.

19 답 근원사건에 ○표

$\{(6, 6)\}$, 즉 한 개의 원소로 이루어진 사건이므로 근원사건이다.

20 답 공사건에 ○표

절대로 일어나지 않는 사건이므로 공사건이다.

21 답 근원사건에 ○표

$\{(1, 1)\}$, 즉 한 개의 원소로 이루어진 사건이므로 근원사건이다.

22 답 공사건에 ○표

절대로 일어나지 않는 사건이므로 공사건이다.

23 답 (1) 시행 (2) 표본공간, 사건
(3) 근원사건, 전사건, 공사건, $\varnothing$

02 합사건, 곱사건, 배반사건, 여사건 ▸ p.72~74

01 답 $\{1, 2, 3, 5\}$

표본공간을 S라 하면 $S=\{$ 1, 2, 3, 4, 5, 6 $\}$이고,

$A=\{$ 1, 3, 5 $\}$, $B=\{$ 2, 3, 5 $\}$이므로

$A\cup B=\{$ 1, 2, 3, 5 $\}$

02 답 $\{3, 5\}$

$A=\{1, 3, 5\}$, $B=\{2, 3, 5\}$이므로 $A\cap B=\{3, 5\}$

03 답 $\{2, 4, 6\}$

표본공간 $S=\{1, 2, 3, 4, 5, 6\}$이고,

$A=\{1, 3, 5\}$이므로 $A^C=\{2, 4, 6\}$

04 답 $\{1, 4, 6\}$

표본공간 $S=\{1, 2, 3, 4, 5, 6\}$이고,

$B=\{2, 3, 5\}$이므로 $B^C=\{1, 4, 6\}$

05 답 $\{1, 2, 3, 6\}$

표본공간을 S라 하면 $S=\{1, 2, 3, 4, 5, 6\}$이고,
$A=\{3, 6\}$, $B=\{1, 2\}$이므로 $A\cup B=\{1, 2, 3, 6\}$

06 답 $\varnothing$

$A=\{3, 6\}$, $B=\{1, 2\}$이므로 $A\cap B=\varnothing$

07 답 $\{1, 2, 4, 5\}$

표본공간 $S=\{1, 2, 3, 4, 5, 6\}$이고,
$A=\{3, 6\}$이므로 $A^C=\{1, 2, 4, 5\}$

08 답 $\{3, 4, 5, 6\}$

표본공간 $S=\{1, 2, 3, 4, 5, 6\}$이고,
$B=\{1, 2\}$이므로 $B^C=\{3, 4, 5, 6\}$

09 답 $\{3, 6\}$

$A=\{3, 6\}$, $B^C=\{3, 4, 5, 6\}$이므로
$A\cap B^C=\{3, 6\}$

10 답 $\{4, 5\}$

$A^C=\{1, 2, 4, 5\}$, $B^C=\{3, 4, 5, 6\}$이므로
$A^C\cap B^C=\{4, 5\}$

11 답 {(앞, 앞)}

12 답 {(앞, 뒤), (뒤, 앞), (뒤, 뒤)}

13 답 $\varnothing$

14 답 배반사건이다.

$A\cap B=\varnothing$이므로 두 사건 A와 B는 서로 배반사건이다.

15 답 $\{2, 3, 5, 7\}$

16 답 $\{1, 2, 4, 8\}$

17 답 $\{2\}$

18 답 배반사건이 아니다.

$A\cap B\neq\varnothing$이므로 두 사건 A와 B는 서로 배반사건이 아니다.

19 답 64

표본공간을 S라 하면
$S=\{1, 2, 3, 4, 5, 6, 7, 8, 9, 10, 11, 12\}$이고,
$A=\{2, 4, 6, 8, 10, 12\}$이므로 $A^C=\{1, 3, 5, 7, 9, 11\}$
사건 A와 서로 배반인 사건은 A^C의 부분집합이고,
A^C의 원소의 개수가 6이므로 사건 A와 서로 배반인 사건의 개수는 $2^6=64$이다.

수력 UP

- (사건 A와 서로 배반인 사건의 개수)
  =(여사건 A^C의 부분집합의 개수)
- 원소가 n개인 집합의 부분집합의 개수는 2^n

20 답 64

표본공간 $S=\{1, 2, 3, 4, 5, 6, 7, 8, 9, 10, 11, 12\}$이고,
$A=\{1, 2, 3, 4, 6, 12\}$이므로 $A^C=\{5, 7, 8, 9, 10, 11\}$
사건 A와 서로 배반인 사건은 A^C의 부분집합이고,
A^C의 원소의 개수가 6이므로 사건 A와 서로 배반인 사건의 개수는 $2^6=64$이다.

21 답 256

표본공간 $S=\{1, 2, 3, 4, 5, 6, 7, 8, 9, 10, 11, 12\}$이고,
$A=\{1, 5, 7, 11\}$이므로 $A^C=\{2, 3, 4, 6, 8, 9, 10, 12\}$
사건 A와 서로 배반인 사건은 A^C의 부분집합이고,
A^C의 원소의 개수가 8이므로 사건 A와 서로 배반인 사건의 개수는 $2^8=256$이다.

22 답 256

표본공간 $S=\{x\,|\,x$는 $10\leq x\leq 24$인 자연수$\}$의
세 사건 A, B, C가
$A=\{10, 13, 16, 19, 22\}$, $B=\{10, 15, 20\}$,
$C=\{14, 18, 22\}$이므로 각각의 여사건을 구하면
$A^C=\{11, 12, 14, 15, 17, 18, 20, 21, 23, 24\}$,
$B^C=\{11, 12, 13, 14, 16, 17, 18, 19, 21, 22, 23, 24\}$,
$C^C=\{10, 11, 12, 13, 15, 16, 17, 19, 20, 21, 23, 24\}$
두 사건 A, B와 모두 배반인 사건은
$A^C\cap B^C=\{11, 12, 14, 17, 18, 21, 23, 24\}$의 부분집합이고,
$A^C\cap B^C$의 원소의 개수가 8이므로 두 사건 A, B와 모두 배반인 사건의 개수는 $2^8=256$이다.

23 답 512

$B^C\cap C^C=\{11, 12, 13, 16, 17, 19, 21, 23, 24\}$의 원소의 개수가 9이므로 두 사건 B, C와 모두 배반인 사건의 개수는 $2^9=512$이다.

24 답 64

$A^C\cap B^C\cap C^C=\{11, 12, 17, 21, 23, 24\}$의 원소의 개수가 6이므로 세 사건 A, B, C와 모두 배반인 사건의 개수는 $2^6=64$이다.

25 답 $\varnothing$

$A=\{2, 4, 6\}$, $B=\{1, 3, 5\}$이므로
$A\cap B=\varnothing$

26 답 $\{1, 2, 3, 4, 5, 6\}$

$A\cup B=\{1, 2, 3, 4, 5, 6\}$

27 답 $\{1, 3, 5\}$

$A^C=\{1, 3, 5\}$

28 답 $\varnothing$

$A\cup B=\{1, 2, 3, 4, 5, 6\}$이므로

$(A\cup B)^C=\varnothing$

29 답 $A\cap B=\{1, 2\}$, 배반사건이 아니다.

$A=\{1, 2, 3, 6\}$, $B=\{1, 2, 5, 10\}$이므로

$A\cap B=\{1, 2\}\neq\varnothing$이므로 배반사건이 아니다.

30 답 $\{1, 2, 3, 5, 6, 10\}$

$A\cup B=\{1, 2, 3, 5, 6, 10\}$

31 답 $\{3, 4, 6, 7, 8, 9\}$

$B^C=\{3, 4, 6, 7, 8, 9\}$

32 답 $\{3, 4, 5, 6, 7, 8, 9, 10\}$

$A^C=\{4, 5, 7, 8, 9, 10\}$, $B^C=\{3, 4, 6, 7, 8, 9\}$이므로

$A^C\cup B^C=\{3, 4, 5, 6, 7, 8, 9, 10\}$

[다른 풀이]

$$\begin{aligned} A^C\cup B^C &= (A\cap B)^C \\ &= (\{1, 2\})^C \\ &= \{3, 4, 5, 6, 7, 8, 9, 10\} \end{aligned}$$

33 답 B와 C

$A=\{2, 3, 5, 7\}$, $B=\{1, 2, 3, 4, 6\}$, $C=\{5, 10\}$이므로

$A\cap B=\{2, 3\}\neq\varnothing$, $A\cap C=\{5\}\neq\varnothing$이고,

$B\cap C=\varnothing$이므로 서로 배반인 두 사건은 B와 C이다.

34 답 $\{1, 2, 3, 4, 5, 6, 7\}$

$A\cup B=\{1, 2, 3, 4, 5, 6, 7\}$

35 답 $\{1, 2, 3, 4, 5, 6, 10\}$

$B\cup C=\{1, 2, 3, 4, 5, 6, 10\}$

36 답 $\{1, 4, 6, 8, 9, 10\}$

$A=\{2, 3, 5, 7\}$이므로 $A^C=\{1, 4, 6, 8, 9, 10\}$

37 답 $\{1, 2, 3, 4, 6, 7, 8, 9\}$

$C=\{5, 10\}$이므로 $C^C=\{1, 2, 3, 4, 6, 7, 8, 9\}$

38 답 $\{1, 4, 6, 8, 9\}$

$A^C=\{1, 4, 6, 8, 9, 10\}$이고,

$C^C=\{1, 2, 3, 4, 6, 7, 8, 9\}$이므로

$A^C\cap C^C=\{1, 4, 6, 8, 9\}$

39 답 (1) 합사건, $A\cup B$ (2) 곱사건, $A\cap B$

(3) $\varnothing$, 배반사건 (4) 여사건, A^C

03 수학적 확률

▸ p.75

01 답 $\frac{1}{6}$

먼저 두 개의 주사위를 던질 때 나오는 모든 경우의 수는

$6\times6=36$이다.

이 중 두 눈의 수의 합이 4 이하인 경우는 다음과 같다.

두 눈의 수의 합이 2인 경우 : $(1, 1)$

두 눈의 수의 합이 3인 경우 : $(1, 2)$, $(2, 1)$

두 눈의 수의 합이 4인 경우 : $(1, 3)$, $(2, 2)$, $(3, 1)$

따라서 구하는 확률은 $\frac{1+2+3}{36}=\frac{6}{36}=\frac{1}{6}$이다.

02 답 $\frac{1}{6}$

두 눈의 수의 차가 3인 경우의 수는

$(1, 4)$, $(2, 5)$, $(3, 6)$, $(6, 3)$, $(5, 2)$, $(4, 1)$의 6이므로

구하는 확률은 $\frac{6}{36}=\frac{1}{6}$이다.

03 답 $\frac{1}{9}$

두 눈의 수의 곱이 9의 배수이려면 두 개의 주사위에서 모두 3의 배수의 눈이 나와야 한다. 모두 3의 배수가 나오는 경우의 수는 $(3, 3)$, $(3, 6)$, $(6, 3)$, $(6, 6)$의 4이므로 구하는 확률은

$\frac{4}{36}=\frac{1}{9}$이다.

04 답 $\frac{1}{6}$

두 눈의 수가 서로 같은 경우의 수는

$(1, 1)$, $(2, 2)$, $(3, 3)$, $(4, 4)$, $(5, 5)$, $(6, 6)$의 6이므로

구하는 확률은 $\frac{6}{36}=\frac{1}{6}$이다.

05 답 $\frac{1}{4}$

동전 1개와 주사위 1개를 동시에 던질 때 나오는 모든 경우의 수는 $2\times6=12$

순서쌍 ((동전을 던질 때 나오는 면), (주사위의 눈의 수))에 대하여 조건을 만족시키는 경우의 수는

(앞, 2), (앞, 4), (앞, 6)의 3이다.

따라서 구하는 확률은 $\frac{3}{12}=\frac{1}{4}$이다.

06 답 $\frac{1}{6}$

순서쌍 ((동전을 던질 때 나오는 면), (주사위의 눈의 수))에 대하여 조건을 만족시키는 경우의 수는
(뒤, 3), (뒤, 6)의 2이다.

따라서 구하는 확률은 $\frac{2}{12}=\frac{1}{6}$이다.

07 답 $\frac{1}{4}$

순서쌍 ((동전을 던질 때 나오는 면), (주사위의 눈의 수))에 대하여 조건을 만족시키는 경우의 수는
(앞, 2), (앞, 3), (앞, 5)의 3이다.

따라서 구하는 확률은 $\frac{3}{12}=\frac{1}{4}$이다.

08 답 **(1) 확률, $P(A)$ (2) $n(A)$, 수학적 확률**

04 순열을 이용하는 확률

▸ p.76~78

01 답 $\frac{1}{720}$

10명의 학생 중에서 3명을 뽑아 일렬로 나열하는 경우의 수는 ${}_{10}P_3=10\times9\times8=$ [720]이고, A, B, C가 순서대로 1등, 2등, 3등을 하는 경우의 수는 [1]이다.

따라서 구하는 확률은 [$\frac{1}{720}$]

02 답 $\frac{1}{5}$

5명의 학생 중에서 3명을 뽑아 일렬로 앉히는 경우의 수는
${}_5P_3=5\times4\times3=60$이고,
학생 A를 두 번째 자리에 고정하고 나머지 두 자리에 4명의 학생 중에서 2명을 뽑아 일렬로 앉히는 경우의 수는
${}_4P_2=4\times3=12$이다.

따라서 구하는 확률은 $\frac{12}{60}=\frac{1}{5}$

03 답 $\frac{1}{7920}$

A부터 K까지 11개의 알파벳 중에서 서로 다른 4개의 알파벳을 뽑아 한 줄로 나열하는 경우의 수는
${}_{11}P_4=11\times10\times9\times8=7920$이고,
사전순으로 ABCD가 차례로 뽑힐 경우의 수는 1이다.

따라서 구하는 확률은 $\frac{1}{7920}$

04 답 $\frac{1}{4}$

1번부터 8번까지 번호가 각각 붙은 8개의 의자에 8명이 무작위로 앉는 경우의 수는 $8!$이다.
두 학생 A, B를 하나로 묶어서 나열하는 경우의 수는 총 7명을 일렬로 나열하는 것과 같으므로 $7!$이고,
A, B의 자리는 서로 바뀔 수 있으므로 2를 곱하면 $7!\times2$이다.

따라서 구하는 확률은 $\frac{7!\times2}{8!}=\frac{1}{4}$

05 답 $\frac{3}{7}$

1부터 7까지의 7개의 숫자 중에서 짝수의 개수는 2, 4, 6으로 3이다.
서로 다른 5개의 숫자를 뽑아 만들 수 있는 다섯 자리의 자연수의 개수는 ${}_7P_5=7\times6\times5\times4\times3$이고,
이 중에서 짝수의 개수는 일의 자리에 올 짝수를 하나 뽑고 나머지 6개의 숫자 중에서 4개의 숫자를 뽑아 일렬로 나열하는 경우의 수와 같으므로 $3\times{}_6P_4=3\times6\times5\times4\times3$이다.

따라서 구하는 확률은 $\frac{3\times6\times5\times4\times3}{7\times6\times5\times4\times3}=\frac{3}{7}$

06 답 $\frac{1}{7}$

먼저 7권의 책을 일렬로 꽂는 경우의 수는 [$7!$]이다.

수학책 3권을 하나로 묶어서 나열하는 경우의 수는 총 [5]권을 일렬로 나열하는 것과 같으므로 [$5!$]이고, 수학책의 자리를 서로 바꾸는 경우의 수는 [$3!$]이다.

따라서 경우의 수는 [$5!\times3!$]이므로 구하는 확률은 [$\frac{1}{7}$]이다.

07 답 $\frac{1}{35}$

먼저 수학책 3권을 일렬로 세우는 방법은 $3!$이다.

✔ (수) ✔ (수) ✔ (수) ✔

그리고 양 끝과 수학책 사이의 자리에 영어책을 꽂는 경우의 수는 $4!$이다.

따라서 구하는 확률은 $\frac{3!\times4!}{7!}=\frac{1}{35}$

08 답 $\frac{2}{35}$

먼저 책 7권을 일렬로 나열하는 경우의 수는 $7!$이다.
수학책 3권을 하나로, 영어책 4권을 하나로 묶어서 나열하는 경우의 수는 총 2권을 일렬로 나열하는 것과 같으므로 $2!$이다.
이때, 수학책끼리, 영어책끼리 각각 자리를 바꾸는 경우의 수는 $3!\times4!$이므로 전체 경우의 수는 $2!\times3!\times4!$이다.

따라서 구하는 확률은 $\frac{2!\times3!\times4!}{7!}=\frac{2}{35}$

09 답 $\frac{2}{5}$

먼저 5명이 긴 의자에 나란히 앉는 방법의 수는 5!이다.

A, D를 하나로 묶어서 나열하는 경우의 수는 4명을 일렬로 나열하는 것과 같으므로 4!

이때, A, D가 자리를 바꿀 수 있으므로 전체 경우의 수는 $4!\times2$이다.

따라서 구하는 확률은 $\frac{4!\times2}{5!}=\frac{2}{5}$

10 답 $\frac{1}{10}$

먼저 5명이 긴 의자에 나란히 앉는 방법의 수는 5!이다.

C, E를 양 끝에 앉히는 방법의 수는 2, 나머지를 일렬로 나열하는 방법은 3!이므로

이때의 경우의 수는 $2\times3!=12$이다.

따라서 구하는 확률은 $\frac{2\times3!}{5!}=\frac{1}{10}$

11 답 $\frac{1}{5}$

먼저 5명이 긴 의자에 나란히 앉는 방법의 수는 5!이다.

B, E 사이에 2명이 앉아야 하므로 먼저 A, C, D 중에서 2명을 뽑아 나열하는 경우의 수는 ${}_3P_2=3\times2=6$이고, B, E끼리 서로 자리를 바꾸는 경우의 수는 2이다. 또한 (B, ○, ○, E)와 나머지 한 명이 자리를 바꾸는 경우의 수는 2이다.

따라서 구하는 확률은 $\frac{6\times2\times2}{5!}=\frac{1}{5}$

[다른 풀이]

다음과 같이 B, E 사이에 두 명이 앉도록 B, E의 자리를 만드는 경우의 수는 2이다.

(B, E의 자리) (B, E의 자리)

_○ ○_○ ○_○ ○_

이때, B와 E가 서로 자리를 바꾸는 경우의 수는 2이고, 세 개의 빈자리에 A, C, D를 앉히는 경우의 수는 3!이다.

따라서 구하는 확률은 $\frac{2\times2\times3!}{5!}=\frac{1}{5}$

12 답 $\frac{9}{20}$

만들 수 있는 다섯 자리의 자연수의 개수는 5!

1□□□□ 꼴의 자연수의 개수는 4!

2□□□□ 꼴의 자연수의 개수는 4!

31□□□ 꼴의 자연수의 개수는 3!

따라서 32000보다 작은 자연수의 개수는

$4!+4!+3!=24+24+6=54$

따라서 구하는 확률은 $\frac{54}{5!}=\frac{9}{20}$

13 답 $\frac{3}{10}$

만들 수 있는 다섯 자리의 자연수의 개수는 5!

5□□□□ 꼴의 자연수의 개수는 4!

45□□□ 꼴의 자연수의 개수는 3!

43□□□ 꼴의 자연수의 개수는 3!

따라서 43000보다 큰 자연수의 개수는

$4!+3!+3!=24+6+6=36$

따라서 구하는 확률은 $\frac{36}{5!}=\frac{3}{10}$

14 답 $\frac{1}{2}$

세 자리의 자연수의 개수는 100부터 999까지 모두 900이다.

세 자리의 자연수가 짝수이려면 일의 자리에는 0, 2, 4, 6, 8의 5가지가 올 수 있다. 이때, 백의 자리에는 0을 제외한 9가지, 십의 자리에는 0을 포함한 10가지가 올 수 있으므로 짝수의 개수는 $5\times9\times10=450$이다.

따라서 구하는 확률은 $\frac{450}{900}=\frac{1}{2}$

15 답 $\frac{1}{9}$

백의 자리에는 0이 올 수 없으므로 백의 자리에 올 수 있는 짝수는 2, 4, 6, 8로 4가지이다. 십의 자리와 일의 자리에는 각각 0, 2, 4, 6, 8의 5가지가 올 수 있으므로 각 자리의 숫자가 모두 짝수인 경우의 수는 $4\times5\times5=100$이다.

따라서 구하는 확률은 $\frac{100}{900}=\frac{1}{9}$

16 답 $\frac{3}{32}$

전체 경우의 수는 서로 다른 4개의 숫자 중에서 중복을 허용하여 4개를 택하는 중복순열의 수와 같으므로 ${}_4\Pi_4=4^4=256$이고, 이 중에서 모든 자릿수가 서로 다른 암호가 만들어지는 경우의 수는 $4!=24$이다.

따라서 구하는 확률은 $\frac{24}{256}=\frac{3}{32}$

수력 UP

단, 암호의 맨 앞 자리에도 0이 올 수 있음에 주의합니다.

17 답 $\frac{256}{625}$

(i) 만들 수 있는 네 자리의 자연수의 개수

5개의 숫자 중에서 중복을 허용하여 4개를 택하는 중복순열의 수는

${}_5\Pi_4=5^4=625$

(ii) 숫자 2가 한 번만 포함되는 네 자리의 자연수의 개수

먼저 숫자 2가 들어갈 자리를 택하는 경우의 수는 4이고, 나머지 세 자리에 1, 3, 4, 5의 4개의 숫자 중에서 중복을 허용하여 3개를 택하는 중복순열의 수는 ${}_4\Pi_3=4^3=64$이므로 숫자 2가 한 번만 포함되는 네 자리의 자연수의 개수는

$4\times64=256$

(i), (ii)에서 구하는 확률은 $\frac{256}{625}$

18 답 $\frac{24}{125}$

네 사람이 도시를 택하는 전체 경우의 수는

${}_5\Pi_4=5^4=625$이고,

네 사람이 서로 다른 네 도시를 택하는 경우의 수는

${}_5P_4=5\times4\times3\times2=120$이다.

따라서 구하는 확률은 $\frac{120}{625}=\frac{24}{125}$

19 답 $\frac{12}{25}$

X에서 Y로의 함수의 개수는 ${}_5\Pi_3=5^3=125$이고,

X에서 Y로의 일대일함수의 개수는

${}_5P_3=5\times4\times3=60$이다.

따라서 구하는 확률은 $\frac{60}{125}=\frac{12}{25}$

20 답 $\frac{3}{32}$

X에서 X로의 함수의 개수는 ${}_4\Pi_4=4^4=256$이고,

X에서 X로의 일대일대응의 개수는 $4!$이다.

따라서 구하는 확률은 $\frac{4!}{256}=\frac{3}{32}$

21 답 $\frac{2}{5}$

단어 LEVEL에는 L과 E가 각각 2개씩 있으므로

알파벳을 나열하는 모든 경우의 수는 $\frac{5!}{2!\times2!}=30$

이 중에서 L 하나를 맨 앞에 고정하고 남은 E, V, E, L을 나열하는 경우의 수는 $\frac{4!}{2!}=12$

따라서 구하는 확률은 $\frac{12}{30}=\frac{2}{5}$

22 답 $\frac{1}{14}$

단어 SUCCESS에는 S가 3개, C가 2개 있으므로

알파벳을 나열하는 모든 경우의 수는 $\frac{7!}{3!\times2!}=420$

이 중에서 S 하나를 맨 앞에, E를 맨 뒤에 고정하고 남은 U, C, C, S, S를 나열하는 경우의 수는 $\frac{5!}{2!\times2!}=30$

따라서 구하는 확률은 $\frac{30}{420}=\frac{1}{14}$

23 답 $\frac{1}{5}$

1, 2, 3, 4, 4, 5를 일렬로 나열하는 경우의 수는

$\frac{6!}{2!}=360$

짝수 2, 4, 4를 하나로 묶어서 총 4개를 일렬로 나열하는 경우의 수는 $4!$이고, 2, 4, 4의 자리가 서로 바뀌는 경우의 수는

$\frac{3!}{2!}=3$이므로 $4!\times3=72$

따라서 구하는 확률은 $\frac{72}{360}=\frac{1}{5}$

24 답 **(1) 순열, ${}_nP_r$ (2) 중복순열, ${}_n\Pi_r$ (또는 n^r)**

(3) $\frac{n!}{p!\times q!\times\cdots\times r!}$

05 조합을 이용하는 확률 ▸ p.79~80

01 답 $\frac{2}{5}$

전체 경우의 수는 5장 중 2장을 뽑으므로 $\boxed{{}_5C_2}$이다.

이때, 카드에 적힌 숫자의 합이 짝수이려면

$\boxed{\text{두 수가 모두 짝수}}$이거나 $\boxed{\text{두 수가 모두 홀수}}$이어야 한다.

(i) 두 수가 모두 짝수인 경우의 수 : 2, 4의 $\boxed{1}$

(ii) 두 수가 모두 홀수인 경우의 수 : 1, 3, 5 중에서 두 장을 뽑는 것이므로 $\boxed{{}_3C_2}=3$

따라서 구하는 확률은 $\frac{1+3}{{}_5C_2}=\frac{4}{10}=\boxed{\frac{2}{5}}$이다.

02 답 $\frac{1}{10}$

세 수를 곱해서 홀수가 되려면 세 수 모두 홀수이어야 한다.

홀수는 1, 3, 5의 3개이므로 가능한 경우의 수는 ${}_3C_3$이다.

따라서 구하는 확률은 $\frac{{}_3C_3}{{}_5C_3}=\frac{1}{10}$이다.

03 답 $\frac{1}{56}$

전체 경우의 수는 8개 중 3개를 꺼내므로 ${}_8C_3$이다.

이때, 빨간 공만 3개가 나오는 경우의 수는 ${}_3C_3$이다.

따라서 구하는 확률은 $\frac{{}_3C_3}{{}_8C_3}=\frac{1}{56}$

04 답 $\frac{15}{28}$

전체 경우의 수는 8개 중 3개를 꺼내므로 ${}_8C_3$이다.

이때, 빨간 공에서 1개를 꺼내는 경우의 수는 ${}_3C_1$,

파란 공에서 2개를 꺼내는 경우의 수는 ${}_5C_2$이다.

따라서 구하는 확률은 $\frac{{}_3C_1\times{}_5C_2}{{}_8C_3}=\frac{3\times10}{56}=\frac{15}{28}$

05 답 $\frac{1}{2}$

전체 경우의 수는 8개 중 4개를 꺼내므로 ${}_8C_4$

(i) 빨간 공이 3개, 파란 공이 1개 나오는 경우의 수 : ${}_3C_3 \times {}_5C_1$

(ii) 빨간 공이 1개, 파란 공이 3개 나오는 경우의 수 : ${}_3C_1 \times {}_5C_3$

따라서 구하는 확률은

$\frac{{}_3C_3 \times {}_5C_1 + {}_3C_1 \times {}_5C_3}{{}_8C_4} = \frac{5+3\times10}{70} = \frac{1}{2}$

06 답 $\frac{5}{21}$

1부터 10까지의 자연수 중에서 임의로 6개의 서로 다른 수를 뽑는 경우의 수는 ${}_{10}C_6$이다.

이때, 짝수 중에서 2개, 홀수 중에서 4개를 뽑는 경우의 수는 ${}_5C_2 \times {}_5C_4$이므로 구하는 확률은

$\frac{{}_5C_2 \times {}_5C_4}{{}_{10}C_6} = \frac{{}_5C_2 \times {}_5C_1}{{}_{10}C_4} = \frac{5}{21}$

07 답 $\frac{1}{3}$

두 번째로 작은 수가 3이려면 제일 작은 수는 1, 2 중 하나이고, 나머지 4개의 수는 4~10 중에 있다.

따라서 1, 2 중 하나, 4~10의 7개의 수 중 4개를 뽑는 경우의 수는 ${}_2C_1 \times {}_7C_4$이므로 구하는 확률은

$\frac{{}_2C_1 \times {}_7C_4}{{}_{10}C_6} = \frac{{}_2C_1 \times {}_7C_3}{{}_{10}C_4} = \frac{1}{3}$

08 답 $\frac{1}{2}$

10개의 제비 중에서 3개의 제비를 뽑는 모든 경우의 수는 ${}_{10}C_3$이다.

10개의 제비 중에서 당첨 제비는 4개, 당첨 제비가 아닌 제비는 6개가 들어 있으므로 당첨 제비가 1개 뽑히는 경우의 수는 ${}_4C_1 \times {}_6C_2$이다.

따라서 구하는 확률은 $\frac{{}_4C_1 \times {}_6C_2}{{}_{10}C_3} = \frac{4\times15}{120} = \frac{1}{2}$

09 답 $\frac{3}{10}$

10개의 제비 중에서 3개의 제비를 뽑는 모든 경우의 수는 ${}_{10}C_3$이다.

10개의 제비 중에서 당첨 제비는 4개, 당첨 제비가 아닌 제비는 6개가 들어 있으므로 당첨 제비가 2개 뽑히는 경우의 수는 ${}_4C_2 \times {}_6C_1$이다.

따라서 구하는 확률은 $\frac{{}_4C_2 \times {}_6C_1}{{}_{10}C_3} = \frac{6\times6}{120} = \frac{3}{10}$

10 답 $\frac{5}{14}$

같은 종류의 펜 5자루를 4명의 학생에게 나누어 주는 경우의 수는 ${}_4H_5 = {}_{4+5-1}C_5 = {}_8C_5 = {}_8C_3 = \frac{8\times7\times6}{3\times2\times1} = 56$

학생 D가 적어도 2자루의 펜을 받는 경우의 수는 학생 D에게 펜 2자루를 먼저 나누어 주고 나머지 펜 3자루를 4명의 학생에게 나누어 주는 경우의 수와 같으므로

${}_4H_3 = {}_{4+3-1}C_3 = {}_6C_3 = \frac{6\times5\times4}{3\times2\times1} = 20$

따라서 구하는 확률은 $\frac{20}{56} = \frac{5}{14}$

11 답 $\frac{2}{7}$

5가지 맛 사탕 중에서 중복을 허용하여 3개를 동시에 꺼내는 경우의 수는 ${}_5H_3 = {}_{5+3-1}C_3 = {}_7C_3 = \frac{7\times6\times5}{3\times2\times1} = 35$

5가지 맛 사탕 중에서 3개를 동시에 꺼낼 때 3개가 모두 다른 맛 사탕인 경우의 수는 ${}_5C_3 = {}_5C_2 = 10$

따라서 구하는 확률은 $\frac{10}{35} = \frac{2}{7}$

12 답 $\frac{5}{12}$

세 친구가 같은 종류의 과자 7개를 나누어 가지는 경우의 수는

${}_3H_7 = {}_{3+7-1}C_7 = {}_9C_7 = {}_9C_2 = 36$

과자를 받지 못하는 사람이 없는 경우의 수는

세 친구에게 과자를 한 개씩 먼저 나누어 주고 나머지 과자 $7-1-1-1=4$(개)를 3명에게 나누어 주는 경우의 수와 같으므로

${}_3H_4 = {}_{3+4-1}C_4 = {}_6C_4 = {}_6C_2 = 15$

따라서 구하는 확률은 $\frac{15}{36} = \frac{5}{12}$

13 답 (1) 조합, ${}_nC_r$ (2) 중복조합, ${}_nH_r$

06 통계적 확률

▸ p.81

01 답 $\frac{7}{10}$

$\frac{35}{50} = \frac{7}{10}$

02 답 $\frac{123}{125}$

$\frac{492}{500} = \frac{123}{125}$

03 답 $\frac{153}{250}$

$\frac{612}{1000} = \frac{153}{250}$

04 답 $\frac{39}{125}$

05 답 100

2점 슛으로 득점한 점수가 160점이므로 성공한 슛의 개수는

$\frac{160}{2}=80$이다.

이 선수가 10경기에서 던진 2점 슛의 개수를 a라 하면

2점 슛 성공률이 80 %이므로

$\frac{80}{a}=\frac{80}{100}$ $\qquad\therefore a=100$

06 답 40

3점 슛으로 득점한 점수가 60점이므로 성공한 슛의 개수는

$\frac{60}{3}=20$이다.

이 선수가 10경기에서 던진 3점 슛의 개수를 b라 하면

3점 슛 성공률이 50 %이므로

$\frac{20}{b}=\frac{50}{100}$ $\qquad\therefore b=40$

07 답 $\frac{r_n}{n}$, 통계적 확률

07 기하적 확률

p.82~83

01 답 $\frac{1}{4}$

$(\text{구하는 확률})=\frac{(\text{안쪽 원의 넓이})}{(\text{바깥 원의 넓이})}=\frac{4\pi}{16\pi}=\frac{1}{4}$

02 답 $\frac{3}{4}$

$(\text{구하는 확률})=\frac{(\text{바깥 원의 넓이})-(\text{안쪽 원의 넓이})}{(\text{바깥 원의 넓이})}$

$=\frac{16\pi-4\pi}{16\pi}=\frac{3}{4}$

03 답 $\frac{2}{\pi}$

한 변의 길이가 2인 정사각형의 외접원의

반지름의 길이는

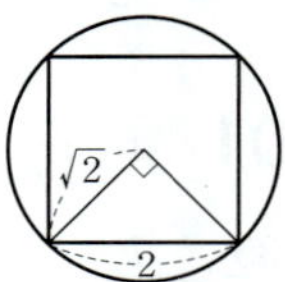

$\frac{(\text{정사각형의 대각선의 길이})}{2}=\frac{2\sqrt{2}}{2}=\sqrt{2}$이다.

또한, 이 정사각형의 내접원의 반지름의

길이는

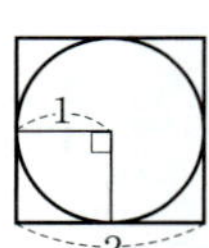

$\frac{(\text{정사각형의 한 변의 길이})}{2}=\frac{2}{2}=1$이다.

이때, 정사각형에 외접하는 원의 내부에서 점을 택해야 하므로

전체 영역의 크기는 반지름의 길이가 $\sqrt{2}$인 원의 내부이므로

$(\sqrt{2})^2\pi=2\pi$이다.

정사각형의 한 변의 길이가 2이므로 넓이는 4이다.

$\therefore (\text{구하는 확률})=\frac{(\text{정사각형의 넓이})}{(\text{외접원의 넓이})}=\frac{4}{2\pi}=\frac{2}{\pi}$

04 답 $1-\frac{2}{\pi}$

구하는 확률은

$\frac{(\text{외접원의 넓이})-(\text{정사각형의 넓이})}{(\text{외접원의 넓이})}$

$=\frac{2\pi-4}{2\pi}=1-\frac{2}{\pi}$

05 답 $\frac{2}{\pi}-\frac{1}{2}$

구하는 확률은

$\frac{(\text{정사각형의 넓이})-(\text{내접원의 넓이})}{(\text{외접원의 넓이})}$

$=\frac{4-\pi}{2\pi}=\frac{2}{\pi}-\frac{1}{2}$

06 답 $\frac{1}{9}$

사각형 전체를 9등분한 도형 중에서 한 개의 영역에

점 P가 있을 확률이므로

$\frac{(\text{색칠한 부분의 넓이})}{(\text{전체의 넓이})}=\frac{1}{9}$

07 답 $\frac{8}{25}$

점 P가 움직이는 전체 영역은 반지름이 5인

원의 내부 및 경계이다.

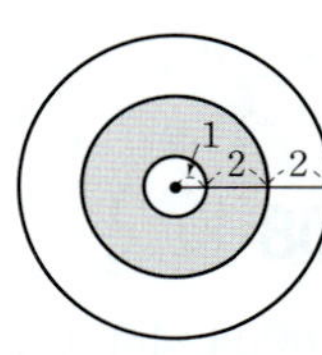

이때, $1\le\overline{OP}\le3$이려면 오른쪽 그림의

어두운 부분에 점 P가 있어야 한다.

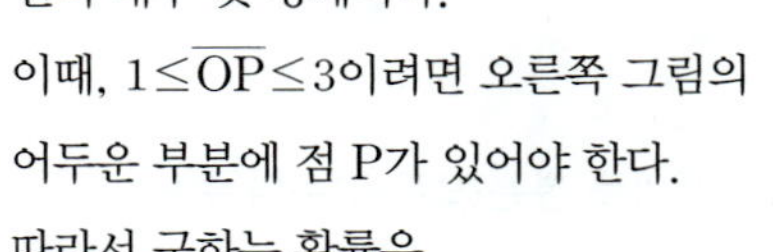

따라서 구하는 확률은

$\frac{3^2\pi-1^2\pi}{5^2\pi}=\frac{8\pi}{25\pi}=\frac{8}{25}$

08 답 $1-\frac{2}{\pi}$

점 P가 움직이는 전체 영역은 반지름의 길이가

$\sqrt{2}$이고 중심각의 크기가 90°인 부채꼴의 내부

및 경계이므로 전체 영역의 넓이는

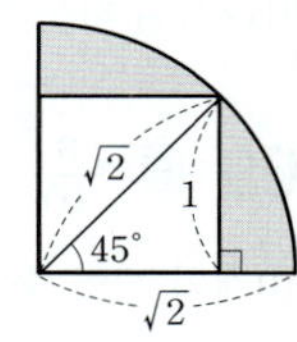

$\frac{1}{4}\times(\sqrt{2})^2\pi=\frac{\pi}{2}$

이때, 부채꼴에 내접하는 정사각형의 한 변의 길이는 1이므로

구하는 확률은

$\frac{(\text{부채꼴의 넓이})-(\text{정사각형의 넓이})}{(\text{부채꼴의 넓이})}=\frac{\frac{\pi}{2}-1}{\frac{\pi}{2}}=1-\frac{2}{\pi}$

09 답 $\frac{3}{7}$

만들 수 있는 삼각형의 개수, 즉 8개의 점에서 3개의 점을

택하는 방법의 수는 ${}_8C_{\boxed{3}}=\boxed{56}$이다.

직각삼각형은 빗변이 외접원의 지름이 되는 성질을 이용하면 하나의 지름에서 만들 수 있는 직각삼각형의 개수는 [6]이고, 원주 위의 8개의 점들 중 두 개를 연결하여 만들 수 있는 지름의 개수는 [4]이므로 가능한 직각삼각형의 개수는 [24]이다.

따라서 구하는 확률은 $\boxed{\frac{3}{7}}$이다.

수력 UP

오른쪽 그림과 같이 주어진 도형에 대하여 하나의 지름에서 만들 수 있는 직각삼각형의 개수는 6이다.

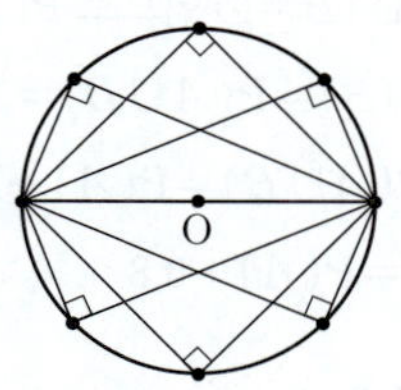

10 답 $1-\frac{\pi}{8}$

지름에 대한 원주각의 크기가 90°이므로 $\overline{BC}$를 지름으로 하는 원의 둘레 위에 점 P가 놓이면 △PBC가 직각삼각형이다. 따라서 △PBC가 예각삼각형이려면 반원의 외부에 점 P가 놓이면 되므로

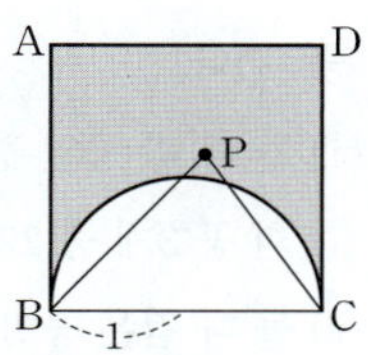

$$(\text{구하는 확률})=\frac{(\text{정사각형의 넓이})-(\text{반원의 넓이})}{(\text{정사각형의 넓이})}$$

$$=\frac{4-\pi\times\frac{1}{2}}{4}=1-\frac{\pi}{8}$$

11 답 (위에서부터) A, S, 기하적 확률

08 확률의 기본 성질

▸ p.84

01 답 $\frac{5}{8}$

02 답 0

꺼낸 공이 노란 공일 사건은 일어날 수 없는 사건이므로 확률은 0이다.

03 답 1

반드시 일어나는 사건이므로 확률은 1이다.

04 답 1

05 답 0

06 답 $\frac{5}{12}$

$\frac{10}{24}=\frac{5}{12}$

07 답 $\frac{7}{12}$

$\frac{14}{24}=\frac{7}{12}$

08 답 1

09 답 0

10 답 (1) 0 (2) 1 (3) 0

09 확률의 덧셈정리

▸ p.85~87

01 답 $\frac{3}{5}$

꺼낸 카드에 적힌 수가 2의 배수인 사건을 A, 5의 배수인 사건을 B라 하면 $A\cap B$는 10의 배수인 사건이다.

$P(A)=\frac{10}{20}$, $P(B)=\frac{4}{20}$이고, $P(A\cap B)=\frac{2}{20}$이다.

$\therefore P(A\cup B)=P(A)+P(B)-P(A\cap B)$

$=\frac{10}{20}+\frac{4}{20}-\frac{2}{20}=\frac{12}{20}=\frac{3}{5}$

02 답 $\frac{1}{2}$

꺼낸 카드에 적힌 수가 3의 배수인 사건을 A, 4의 배수인 사건을 B라 하면 $A\cap B$는 12의 배수인 사건이다.

$P(A)=\frac{6}{20}$, $P(B)=\frac{5}{20}$이고, $P(A\cap B)=\frac{1}{20}$이다.

$\therefore P(A\cup B)=P(A)+P(B)-P(A\cap B)$

$=\frac{6}{20}+\frac{5}{20}-\frac{1}{20}=\frac{10}{20}=\frac{1}{2}$

03 답 $\frac{4}{5}$

꺼낸 카드에 적힌 수가 5 이하인 사건을 A, 10 이상인 사건을 B라 하면 $A\cap B=\varnothing$이다.

$P(A)=\frac{5}{20}$, $P(B)=\frac{11}{20}$이고, $P(A\cap B)=0$이다.

$\therefore P(A\cup B)=P(A)+P(B)-P(A\cap B)$

$=\frac{5}{20}+\frac{11}{20}=\frac{16}{20}=\frac{4}{5}$

04 답 0.5

$P(S)=P(A\cup B)=1$이므로

$P(A\cup B)=P(A)+P(B)-P(A\cap B)$에서

$1=0.7+P(B)-0.2$ $\quad\therefore P(B)=0.5$

05 답 0.9

$P(S)=P(A\cup B)=1$이므로

$P(A\cup B)=P(A)+P(B)-P(A\cap B)$에서

$1=P(A)+0.5-0.4$ $\quad\therefore P(A)=0.9$

06 답 0.1

$P(S)=P(A\cup B)=1$이므로

$P(A\cup B)=P(A)+P(B)-P(A\cap B)$에서

$1=0.6+0.5-P(A\cap B)\qquad \therefore P(A\cap B)=0.1$

07 답 1.2

$P(S)=P(A\cup B)=1$이므로

$P(A\cup B)=P(A)+P(B)-P(A\cap B)$에서

$1=P(A)+P(B)-0.2\qquad \therefore P(A)+P(B)=1.2$

08 답 $\frac{3}{10}$

꺼낸 카드에 적힌 수가 1 이하인 사건을 A, 9 이상인 사건을 B라 하면 $A=\{1\}$, $B=\{9, 10\}$이고,

$A\cap B=\varnothing$, 즉 사건 A와 B는 서로 배반사건이다.

$P(A)=\frac{1}{10}$, $P(B)=\frac{2}{10}$이므로

$P(A\cup B)=P(A)+P(B)=\frac{1}{10}+\frac{2}{10}=\frac{3}{10}$

09 답 $\frac{3}{5}$

꺼낸 카드에 적힌 수가 소수인 사건을 A, 4의 배수인 사건을 B라 하면 $A=\{2, 3, 5, 7\}$, $B=\{4, 8\}$이고,

$A\cap B=\varnothing$, 즉 사건 A와 B는 서로 배반사건이다.

$P(A)=\frac{4}{10}$, $P(B)=\frac{2}{10}$이므로

$P(A\cup B)=P(A)+P(B)=\frac{4}{10}+\frac{2}{10}=\frac{3}{5}$

10 답 $\frac{1}{2}$

꺼낸 카드에 적힌 수가 3의 배수인 사건을 A, 5의 배수인 사건을 B라 하면 $A=\{3, 6, 9\}$, $B=\{5, 10\}$이고,

$A\cap B=\varnothing$, 즉 사건 A와 B는 서로 배반사건이다.

$P(A)=\frac{3}{10}$, $P(B)=\frac{2}{10}$이므로

$P(A\cup B)=P(A)+P(B)=\frac{3}{10}+\frac{2}{10}=\frac{1}{2}$

11 답 1

꺼낸 카드에 적힌 수가 2와 서로소인 사건을 A, 2의 배수인 사건을 B라 하면 $A=\{1, 3, 5, 7, 9\}$,

$B=\{2, 4, 6, 8, 10\}$이고, $A\cap B=\varnothing$,

즉 사건 A와 B는 서로 배반사건이다.

$P(A)=\frac{5}{10}$, $P(B)=\frac{5}{10}$이므로

$P(A\cup B)=P(A)+P(B)=\frac{5}{10}+\frac{5}{10}=1$

12 답 0.6

$P(S)=P(A\cup B)=1$, $P(A\cap B)=0$,

$P(A)=0.4$이므로

$P(A\cup B)=P(A)+P(B)$에서

$1=0.4+P(B)\qquad \therefore P(B)=0.6$

13 답 0.2

$A\cap B=\varnothing$이므로 $P(A\cap B)=0$

$P(S)=P(A\cup B)=1$, $P(B)=0.8$이므로

$P(A\cup B)=P(A)+P(B)$에서

$1=P(A)+0.8\qquad \therefore P(A)=0.2$

14 답 $\frac{2}{5}$

전체 경우의 수는 5개 중 2개를 뽑는 것이므로 ${}_5C_2$이고,

같은 색의 공이 나오는 것은 둘 다 흰 공이거나 둘 다 검은 공인 경우이다.

(i) 둘 다 흰 공인 경우

흰 공 3개 중 2개를 꺼내는 경우의 수는 ${}_3C_2$

(ii) 둘 다 검은 공인 경우

검은 공 2개 중 2개를 꺼내는 경우의 수는 ${}_2C_2$

따라서 구하는 확률은

$\frac{{}_3C_2+{}_2C_2}{{}_5C_2}=\frac{3+1}{10}=\frac{2}{5}$

15 답 $\frac{1}{6}$

전체 경우의 수는 9개 중 3개를 뽑는 것이므로 ${}_9C_3$

(i) 모두 도넛을 꺼낸 경우

도넛 5개 중 3개를 꺼내야 하므로 이 경우의 수는 ${}_5C_3$

(ii) 모두 쿠키를 꺼낸 경우

쿠키 4개 중 3개를 꺼내야 하므로 이 경우의 수는 ${}_4C_3$

따라서 구하는 확률은

$\frac{{}_5C_3+{}_4C_3}{{}_9C_3}=\frac{10+4}{84}=\frac{1}{6}$

16 답 $\frac{1}{10}$

$P(A\cup B)=P(A)+P(B)-P(A\cap B)$이므로

$P(A\cap B)=P(A)+P(B)-\boxed{P(A\cup B)}$

$=\frac{1}{2}+\frac{3}{5}-P(A\cup B)$

$=\boxed{\frac{11}{10}}-P(A\cup B)$

따라서 $P(A\cap B)$가 최소일 때는 $P(A\cup B)$가 [최대]일 때이다.

$P(A\cup B)\le\boxed{1}$이므로 $P(A\cup B)$의 최댓값은 $\boxed{1}$이다.

따라서 $\mathrm{P}(A\cup B)=\boxed{1}$일 때

$\mathrm{P}(A\cap B)$는 최솟값 $\boxed{\frac{1}{10}}$을 가진다.

17 답 $\frac{9}{28}$

$\mathrm{P}(A\cup B)=\mathrm{P}(A)+\mathrm{P}(B)-\mathrm{P}(A\cap B)$이므로

$\mathrm{P}(A\cap B)=\mathrm{P}(A)+\mathrm{P}(B)-\mathrm{P}(A\cup B)$

$=\frac{4}{7}+\frac{3}{4}-\mathrm{P}(A\cup B)=\frac{37}{28}-\mathrm{P}(A\cup B)$

$\mathrm{P}(A\cap B)$가 최소일 때는 $\mathrm{P}(A\cup B)$가 최대일 때이다.

$\mathrm{P}(A\cup B)\le 1$이므로 $\mathrm{P}(A\cup B)$의 최댓값은 1이다.

따라서 $\mathrm{P}(A\cup B)=1$일 때

$\mathrm{P}(A\cap B)$는 최솟값 $\frac{9}{28}$를 가진다.

18 답 $\frac{1}{2}$

$\mathrm{P}(A\cup B)=\mathrm{P}(A)+\mathrm{P}(B)-\mathrm{P}(A\cap B)$이므로

$\mathrm{P}(A\cap B)=\mathrm{P}(A)+\mathrm{P}(B)-\mathrm{P}(A\cup B)$

$=\frac{2}{3}+\frac{5}{6}-\mathrm{P}(A\cup B)=\frac{3}{2}-\mathrm{P}(A\cup B)$

$\mathrm{P}(A\cap B)$가 최소일 때는 $\mathrm{P}(A\cup B)$가 최대일 때이다.

$\mathrm{P}(A\cup B)\le 1$이므로 $\mathrm{P}(A\cup B)$의 최댓값은 1이다.

따라서 $\mathrm{P}(A\cup B)=1$일 때

$\mathrm{P}(A\cap B)$는 최솟값 $\frac{1}{2}$을 가진다.

19 답 $\frac{5}{6}$

$\mathrm{P}(A\cap B)\le\mathrm{P}(A)=\frac{7}{8}$, $\mathrm{P}(A\cap B)\le\mathrm{P}(B)=\frac{5}{6}$에서

$\mathrm{P}(A\cap B)\le\frac{5}{6}<\frac{7}{8}$이므로

$\mathrm{P}(A\cap B)$의 최댓값은 $\frac{5}{6}$이다.

20 답 $\frac{3}{10}$

$\mathrm{P}(A\cap B)\le\mathrm{P}(A)=\frac{8}{11}$, $\mathrm{P}(A\cap B)\le\mathrm{P}(B)=\frac{3}{10}$에서

$\mathrm{P}(A\cap B)\le\frac{3}{10}<\frac{8}{11}$이므로

$\mathrm{P}(A\cap B)$의 최댓값은 $\frac{3}{10}$이다.

21 답 $\frac{5}{12}$

$\mathrm{P}(A\cap B)\le\mathrm{P}(A)=\frac{2}{3}$, $\mathrm{P}(A\cap B)\le\mathrm{P}(B)=\frac{5}{12}$에서

$\mathrm{P}(A\cap B)\le\frac{5}{12}<\frac{2}{3}$이므로

$\mathrm{P}(A\cap B)$의 최댓값은 $\frac{5}{12}$이다.

22 답 **(1)** $\mathrm{P}(A)$, $\mathrm{P}(B)$, $\mathrm{P}(A\cap B)$ **(2)** $\mathrm{P}(A)$, $\mathrm{P}(B)$

10 여사건의 확률

▸ p.88~89

01 답 $\frac{29}{30}$

전체 경우의 수는 10명 중 대표 3명을 뽑는 것이므로

$\boxed{{}_{10}\mathrm{C}_3}$이다.

이때, 여학생이 포함되는 사건은 남학생만 3명 뽑는 사건의 여사건이므로

(구하는 확률)$=1-$(남학생만 3명 뽑을 확률)

$=1-\frac{\boxed{{}_{4}\mathrm{C}_3}}{\boxed{{}_{10}\mathrm{C}_3}}$

$=1-\frac{4}{\boxed{120}}=\boxed{\frac{29}{30}}$

02 답 $\frac{13}{14}$

전체 경우의 수는 10명 중 대표 4명을 뽑는 것이므로 ${}_{10}\mathrm{C}_4$이다.

이때, 남학생이 포함되는 사건은 여학생만 4명 뽑는 사건의 여사건이므로

(구하는 확률)$=1-$(여학생만 4명 뽑을 확률)

$=1-\frac{{}_{6}\mathrm{C}_4}{{}_{10}\mathrm{C}_4}=1-\frac{15}{210}=\frac{13}{14}$

03 답 $\frac{5}{6}$

서로 같은 눈이 나올 경우의 수는

$(1, 1)$, $(2, 2)$, $(3, 3)$, $(4, 4)$, $(5, 5)$, $(6, 6)$

의 6이므로

(구하는 확률)$=1-$(서로 같은 눈이 나올 확률)

$=1-\frac{6}{36}=\frac{30}{36}=\frac{5}{6}$

04 답 $\frac{3}{4}$

두 수 중 어느 한 수만 짝수이면 두 수의 곱이 짝수이므로 여사건으로 해결하자.

두 수 모두 홀수일 확률은 $\frac{3}{6}\times\frac{3}{6}=\frac{1}{4}$이므로

(구하는 확률)$=1-$(모두 홀수일 확률)

$=1-\frac{1}{4}=\frac{3}{4}$

05 답 $\frac{15}{16}$

자연수의 곱에서 어느 한 수만 짝수이면 두 수의 곱이 짝수이므로 여사건으로 해결하자.

치역의 모든 원소의 곱이 짝수인 사건의 여사건은 치역의 모든 원소의 곱이 홀수인 사건이고,

치역의 모든 원소가 홀수일 때, 치역의 모든 원소의 곱이 홀수이므로

(치역의 모든 원소의 곱이 짝수일 확률)

=1−(치역의 모든 원소의 곱이 홀수일 확률)

$=1-\frac{{}_2\Pi_4}{{}_4\Pi_4}=1-\frac{2^4}{4^4}=1-\frac{1}{16}=\frac{15}{16}$

06 답 $\frac{9}{10}$

(적어도 한쪽 끝에는 남학생을 세울 확률)

=1−(양 끝에 모두 [여학생]을 세울 확률)

여학생 2명을 양 끝에 세우는 방법의 수는 [2]이고,

그 사이에 남학생 3명을 세우는 방법의 수는 [3!]이다.

∴ (구하는 확률)$=1-\frac{\boxed{2\times3!}}{5!}=\boxed{\frac{9}{10}}$

07 답 $\frac{7}{10}$

(적어도 한쪽 끝에는 여학생을 세울 확률)

=1−(양 끝에 모두 남학생을 세울 확률)

남학생 2명을 양 끝에 세우는 방법의 수는 3명 중 2명을 뽑아 나열하는 것이므로 ${}_3P_2$, 그 사이에 나머지 3명을 세우는 방법의 수는 3!이다.

∴ (구하는 확률)$=1-\frac{{}_3P_2\times3!}{5!}=1-\frac{3\times2}{5\times4}=\frac{7}{10}$

08 답 $\frac{13}{14}$

(적어도 1개가 당첨 제비일 확률)

=1−(모두 당첨 제비가 아닐 확률)

모두 당첨 제비가 아닌 경우의 수는 6개 중 4개를 뽑는 경우이므로 ${}_6C_4$이다.

∴ (구하는 확률)$=1-\frac{{}_6C_4}{{}_{10}C_4}=1-\frac{15}{210}=\frac{195}{210}=\frac{13}{14}$

09 답 $\frac{23}{42}$

(적어도 2개가 당첨 제비일 확률)

=1−{(모두 당첨 제비가 아닐 확률)+(1개만 당첨 제비일 확률)}

먼저 모두 당첨 제비가 아닌 경우의 수는 6개 중 4개를 뽑는 경우의 수는 ${}_6C_4$이다.

또, 1개만 당첨 제비일 경우의 수는 ${}_4C_1\times{}_6C_3$이다.

∴ (구하는 확률)$=1-\frac{{}_6C_4+{}_4C_1\times{}_6C_3}{{}_{10}C_4}$

$=1-\frac{15+4\times20}{210}$

$=1-\frac{95}{210}=\frac{115}{210}=\frac{23}{42}$

10 답 $\frac{20}{21}$

(적어도 한 개가 흰 공이 나올 확률)

=1−(모두 검은 공이 나올 확률)

$=1-\frac{{}_4C_3}{{}_9C_3}$

$=1-\frac{4}{84}=\frac{80}{84}=\frac{20}{21}$

11 답 $\frac{121}{126}$

(적어도 한 개가 검은 공이 나올 확률)

=1−(모두 흰 공이 나올 확률)

$=1-\frac{{}_5C_4}{{}_9C_4}=1-\frac{5}{126}=\frac{121}{126}$

12 답 $\frac{7}{8}$

(적어도 하나는 뒷면이 나올 확률)

=1−(모두 앞면이 나올 확률)

$=1-\frac{1}{8}=\frac{7}{8}$

13 답 $\frac{8}{15}$

(적어도 한 개의 불량품이 나올 확률)

=1−(3개 모두 불량품이 아닐 확률)

$=1-\frac{{}_8C_3}{{}_{10}C_3}=1-\frac{56}{120}=\frac{64}{120}=\frac{8}{15}$

14 답 P(A)

11 여사건의 확률 – '이상', '이하', '아닌'의 조건이 있는 경우

▸ p.90

01 답 $\frac{31}{32}$

(앞면이 1개 이상일 확률)

=1−(앞면이 1개 [미만]일 확률)

=1−(앞면이 [0]개 나올 확률)

$=1-\boxed{\frac{1}{32}}=\boxed{\frac{31}{32}}$

02 답 $\frac{13}{16}$

(뒷면이 2개 이상일 확률)$=1-$(뒷면이 2개 미만일 확률)

$=1-$(뒷면이 0개 또는 1개 나올 확률)

$=1-\left(\frac{1}{32}+\frac{5}{32}\right)=\frac{26}{32}=\frac{13}{16}$

03 답 $\frac{13}{14}$

검은 구슬이 3개 이하인 사건의 여사건은 검은 구슬이 3개 초과, 즉 검은 구슬만 4개가 나오는 사건이므로

(검은 구슬이 3개 이하일 확률)

$=1-$(검은 구슬이 3개 초과일 확률)

$=1-$(검은 구슬만 4개가 나올 확률)

$=1-\frac{{}_6C_4}{{}_{10}C_4}=1-\frac{15}{210}=\frac{195}{210}=\frac{13}{14}$

04 답 $\frac{5}{9}$

두 눈의 수의 차가 2 이상인 사건을 A라 하면

A^C는 두 눈의 수의 차가 2 미만, 즉 0 또는 1인 사건이므로

$A^C=\{(1, 1), (2, 2), (3, 3), (4, 4), (5, 5), (6, 6),$

$(1, 2), (2, 3), (3, 4), (4, 5), (5, 6),$

$(2, 1), (3, 2), (4, 3), (5, 4), (6, 5)\}$

즉, 두 눈의 수의 차가 0 또는 1인 경우의 수는 16이므로

$P(A^C)=\frac{16}{36}=\frac{4}{9}$

따라서 구하는 확률은

$P(A)=1-P(A^C)=1-\frac{4}{9}=\frac{5}{9}$

> **수력 UP**
> - $P(A^C)=1-P(A)$
> - $P(A)=1-P(A^C)$

05 답 $\frac{11}{20}$

세 자리의 자연수가 590 이하인 사건의 여사건은

세 자리의 자연수가 590 초과, 즉

세 자리의 자연수가 591 이상인 사건이다.

(i) 59□ 꼴의 자연수의 개수는 3

(ii) 7□□ 꼴의 자연수의 개수는 ${}_4P_2=12$

(iii) 9□□ 꼴의 자연수의 개수는 ${}_4P_2=12$

즉, 591 이상인 세 자리의 자연수의 개수는

$3+12+12=27$이다.

∴ (세 자리의 자연수가 590 이하일 확률)

$=1-$(세 자리의 자연수가 590 초과일 확률)

$=1-$(세 자리의 자연수가 591 이상일 확률)

$=1-\frac{27}{{}_5P_3}=1-\frac{27}{60}=\frac{33}{60}=\frac{11}{20}$

06 답 $\frac{219}{256}$

3문제 이상 맞히는 사건의 여사건은 3문제 미만, 즉 2문제 이하로 맞히는 사건이므로

(3문제 이상 맞힐 확률)

$=1-$(3문제 미만 맞힐 확률)

$=1-$(2문제 이하로 맞힐 확률)

$=1-\frac{{}_8C_0+{}_8C_1+{}_8C_2}{{}_2\Pi_8}=1-\frac{1+8+28}{256}=1-\frac{37}{256}=\frac{219}{256}$

07 답 $\frac{31}{35}$

꺼낸 공에 적힌 수가 8의 배수가 아닌 사건의 여사건은 꺼낸 공에 적힌 수가 8의 배수인 사건이다.

1부터 70까지의 자연수 중 8의 배수는

$8\times1=8$부터 $8\times8=64$까지 8개이다.

∴ (꺼낸 공에 적힌 수가 8의 배수가 아닐 확률)

$=1-$(꺼낸 공에 적힌 수가 8의 배수일 확률)

$=1-\frac{8}{70}=\frac{62}{70}=\frac{31}{35}$

08 답 $\frac{5}{7}$

부모님 두 분이 서로 이웃하지 않는 사건의 여사건은 부모님 두 분이 서로 이웃하는 사건이므로

(부모님 두 분이 서로 이웃하지 않을 확률)

$=1-$(부모님 두 분이 서로 이웃할 확률)

$=1-\frac{6!\times2}{7!}=1-\frac{2}{7}=\frac{5}{7}$

> **수력 UP**
> **부모님 두 분이 서로 이웃하는 경우의 수**
> 부모님 두 분을 하나로 묶어서 총 6명을 일렬로 나열하는 경우의 수 6!에 두 분의 자리는 서로 바뀔 수 있으므로 2를 곱하여 구한다.

09 답 **(1) 미만 (2) 초과 (3) 1**

12 확률의 덧셈정리와 여사건의 확률

▸ p.91

01 답 $\frac{5}{6}$

$P(A^C\cap B^C)=1-P(A\cup B)$이므로

$\frac{1}{6}=1-P(A\cup B)$ ∴ $P(A\cup B)=\frac{5}{6}$

02 답 $\frac{1}{4}$

$P(B^C)=1-P(B)=1-\frac{3}{4}=\frac{1}{4}$

03 답 $\frac{5}{12}$

$P(A^C \cup B^C) = P(A^C) + P(B^C) - P(A^C \cap B^C)$이므로

$P(A^C \cup B^C) = \frac{1}{3} + \frac{1}{4} - \frac{1}{6} = \frac{4}{12} + \frac{3}{12} - \frac{2}{12} = \frac{5}{12}$

04 답 $\frac{5}{6}$

$P(A^C \cup B^C) = 1 - P(A \cap B)$이므로

$P(A^C \cup B^C) = 1 - \frac{1}{6} = \frac{5}{6}$

05 답 $\frac{7}{9}$

$P(B) = 1 - P(B^C) = 1 - \frac{5}{9} = \frac{4}{9}$이므로

$$P(A \cup B) = P(A) + P(B) - P(A \cap B)$$
$$= \frac{1}{2} + \frac{4}{9} - \frac{1}{6} = \frac{9}{18} + \frac{8}{18} - \frac{3}{18} = \frac{14}{18} = \frac{7}{9}$$

06 답 $\frac{2}{9}$

$P(A^C \cap B^C) = 1 - P(A \cup B)$이므로

$P(A^C \cap B^C) = 1 - \frac{7}{9} = \frac{2}{9}$

07 답 $\frac{9}{10}$

택한 수가 2의 배수인 사건을 A, 5의 배수인 사건을 B라 하면

택한 수가 2의 배수가 아니거나 5의 배수가 아닌 사건은

$A^C \cup B^C$이고,

택한 수가 2의 배수이면서 5의 배수일 확률, 즉 10의 배수일

확률은 $P(A \cap B) = \frac{6}{60} = \frac{1}{10}$이다.

$\therefore P(A^C \cup B^C) = 1 - P(A \cap B) = 1 - \frac{1}{10} = \frac{9}{10}$

따라서 택한 수가 2의 배수가 아니거나 5의 배수가 아닐 확률은

$\frac{9}{10}$이다.

08 답 $\frac{2}{5}$

택한 수가 2의 배수인 사건을 A, 5의 배수인 사건을 B라 하면

택한 수가 2의 배수도 아니고 5의 배수도 아닌 사건은

$A^C \cap B^C$이고,

$P(A) = \frac{30}{60} = \frac{1}{2}$, $P(B) = \frac{12}{60} = \frac{1}{5}$,

$P(A \cap B) = \frac{6}{60} = \frac{1}{10}$이다.

확률의 덧셈정리에 의해

$$P(A \cup B) = P(A) + P(B) - P(A \cap B)$$
$$= \frac{1}{2} + \frac{1}{5} - \frac{1}{10} = \frac{5}{10} + \frac{2}{10} - \frac{1}{10}$$
$$= \frac{6}{10} = \frac{3}{5}$$

$\therefore P(A^C \cap B^C) = 1 - P(A \cup B) = 1 - \frac{3}{5} = \frac{2}{5}$

따라서 택한 수가 2의 배수도 아니고 5의 배수도 아닐 확률은

$\frac{2}{5}$이다.

09 답 (1) $P(A \cup B)$ (2) $P(A \cap B)$

단원 마무리 평가 [01~12]

▸문제편 p.92~96

01 답 ④

표본공간을 S라 하면

$S = \{1, 2, 3, 4, 5, 6, 7, 8, 9, 10\}$, $A = \{3, 6, 9\}$,

$B = \{2, 3, 5, 7\}$

① $A \cup B = \{2, 3, 5, 6, 7, 9\}$

② $A \cap B = \{3\}$

③ $B^C = \{1, 4, 6, 8, 9, 10\}$이므로 $n(B^C) = 6$

⑤ $A^C = \{1, 2, 4, 5, 7, 8, 10\}$이므로 $A^C \cap B = \{2, 5, 7\}$

02 답 ④

$A = \{2, 4, 6\}$, $B = \{1, 3, 5\}$, $C = \{1, 5\}$이므로

$A \cap B = \varnothing$, $B \cap C = \{1, 5\}$, $A \cap C = \varnothing$

따라서 서로 배반사건인 것은 ㄱ, ㄷ이다.

03 답 8

표본공간을 S라 하면

$S = \{1, 2, 3, 4, 5, 6, 7, 8, 9\}$

사건 A와 서로 배반인 사건은 A^C의 부분집합이고, 사건 B와

서로 배반인 사건은 B^C의 부분집합이므로 두 사건 A, B와

모두 배반인 사건은 $A^C \cap B^C$의 부분집합이다.

이때, $A^C = \{2, 4, 6, 8, 9\}$, $B^C = \{1, 3, 5, 6, 7, 8, 9\}$이므로

$A^C \cap B^C = \{6, 8, 9\}$

따라서 $A^C \cap B^C$의 원소의 개수가 3이고, 구하는 사건의 개수는

$A^C \cap B^C$의 부분집합의 개수와 같으므로 $2^3 = 8$이다.

04 답 ③

두 개의 주사위를 동시에 던질 때, 모든 경우의 수는

$6 \times 6 = 36$

두 눈의 수의 차가 2인 경우의 수는 $(1, 3)$, $(2, 4)$, $(3, 5)$,

$(4, 6)$, $(3, 1)$, $(4, 2)$, $(5, 3)$, $(6, 4)$의 8이다.

따라서 구하는 확률은 $\frac{8}{36} = \frac{2}{9}$

05 답 ②

사건 A의 부분집합의 개수는 $2^6=64$

사건 A의 부분집합 중 6의 약수 1, 2, 3, 6을 모두 포함하는 집합의 개수는 $2^{6-4}=2^2=4$

따라서 구하는 확률은 $\frac{4}{64}=\frac{1}{16}$

06 답 $\frac{17}{36}$

한 개의 주사위를 두 번 던질 때, 모든 경우의 수는

$6\times6=36$

이차방정식 $x^2-ax+b=0$이 서로 다른 두 실근을 가지려면 판별식을 D라 할 때, $D>0$이어야 하므로

$D=a^2-4b>0$

$\therefore a^2>4b$

$a^2>4b$를 만족시키는 a, b의 순서쌍 (a, b)의 개수는

$(3, 1)$, $(3, 2)$,

$(4, 1)$, $(4, 2)$, $(4, 3)$,

$(5, 1)$, $(5, 2)$, $(5, 3)$, $(5, 4)$, $(5, 5)$, $(5, 6)$,

$(6, 1)$, $(6, 2)$, $(6, 3)$, $(6, 4)$, $(6, 5)$, $(6, 6)$

의 17이다.

따라서 구하는 확률은 $\frac{17}{36}$

수력 UP

$a^2>4b$를 만족시키는 순서쌍 (a, b)의 개수를 빠짐없이 구하는 것이 중요하다.

a	b	순서쌍 (a, b)의 개수
1	없음.	0
2	없음.	0
3	1, 2	2
4	1, 2, 3	3
5	1, 2, 3, 4, 5, 6	6
6	1, 2, 3, 4, 5, 6	6
총합		17

07 답 ②

$x+y=100$을 만족시키는 두 자연수 x, y의 순서쌍 (x, y)의 개수는 $(1, 99)$, $(2, 98)$, $(3, 97)$, $\cdots$, $(99, 1)$의 99이다.

이때, $y=100-x$이므로 $xy\geq2400$에서

$x(100-x)\geq2400$, $x^2-100x+2400\leq0$

$(x-40)(x-60)\leq0$

$\therefore 40\leq x\leq60$

$40\leq x\leq60$을 만족시키는 순서쌍 (x, y)의 개수는

$(40, 60)$, $(41, 59)$, $(42, 58)$, $\cdots$, $(60, 40)$의 21이다.

따라서 구하는 확률은 $\frac{21}{99}=\frac{7}{33}$

08 답 $\frac{1}{7}$

(i) 전체 경우의 수

7명의 학생이 일렬로 서는 경우의 수는 $7!$

(ii) 양 끝에 여학생 2명을 세우는 경우의 수

양 끝에 서는 여학생 2명을 택하는 경우의 수는 ${}_3P_2=6$,

나머지 자리에 남은 5명의 학생이 일렬로 서는 경우의 수는 $5!$이므로 양 끝에 여학생이 서는 경우의 수는 $6\times5!$

따라서 구하는 확률은

$\frac{((\text{ii})\text{의 경우의 수})}{((\text{i})\text{의 경우의 수})}=\frac{6\times5!}{7!}=\frac{1}{7}$

09 답 ③

(i) 전체 경우의 수

5개를 일렬로 진열하는 경우의 수는 $5!$

(ii) 사탕끼리 이웃하여 나열하는 경우의 수

사탕 2개를 1개로 생각하여 4개를 일렬로 나열하는 경우의 수는 $4!$이고, 사탕 2개가 자리를 바꾸는 경우의 수는 $2!=2$이므로 사탕끼리 이웃하여 나열하는 경우의 수는 $2\times4!$

따라서 구하는 확률은

$\frac{((\text{ii})\text{의 경우의 수})}{((\text{i})\text{의 경우의 수})}=\frac{2\times4!}{5!}=\frac{2}{5}$

10 답 ①

(i) 전체 경우의 수

6개의 문자를 일렬로 나열하는 경우의 수는 $6!=720$

(ii) h와 t 사이에 2개의 문자가 있도록 나열하는 경우의 수

h와 t 사이에 2개의 문자를 택하여 일렬로 나열하는 경우의 수는 ${}_4P_2=12$이고, h와 t를 포함한 4개의 문자를 한 문자로 생각하여 3개의 문자를 일렬로 나열하는 경우의 수는 $3!=6$이다. 이때, h와 t가 자리를 바꾸는 경우의 수는 $2!=2$이므로 h와 t 사이에 2개의 문자가 있도록 나열하는 경우의 수는 $12\times6\times2=144$

따라서 구하는 확률은

$\frac{((\text{ii})\text{의 경우의 수})}{((\text{i})\text{의 경우의 수})}=\frac{144}{720}=\frac{1}{5}$

11 답 ①

(i) 전체 경우의 수

네 개의 숫자로 세 자리 자연수를 만드는 경우의 수는

${}_4P_3=24$

(ii) 세 자리 자연수가 3의 배수인 경우의 수

세 자리 자연수가 3의 배수이려면 각 자리의 숫자의 합이 3의 배수이어야 한다.

네 개의 숫자 1, 3, 5, 7 중에서 서로 다른 3개를 택할 때, 그 합이 3의 배수가 되는 경우는 (1, 3, 5), (3, 5, 7)의 2가지이고, 이 각각의 경우에 대하여 만들 수 있는 자연수의 개수는 $3!=6$이므로 세 자리 자연수가 3의 배수인 경우의 수는 $2\times6=12$

(i), (ii)에 의하여 3의 배수일 확률은

$\frac{((\text{ii})\text{의 경우의 수})}{((\text{i})\text{의 경우의 수})}=\frac{12}{24}=\frac{1}{2}$

따라서 $p=2$, $q=1$이므로 $p+q=3$

12 답 ③

(i) 집합 X에서 집합 Y로의 함수 f의 개수

$_4\Pi_3=4^3=64$

(ii) 집합 X에서 집합 Y로의 일대일함수의 개수

$_4P_3=24$

따라서 구하는 확률은

$\frac{((\text{ii})\text{의 경우의 수})}{((\text{i})\text{의 경우의 수})}=\frac{24}{64}=\frac{3}{8}$

13 답 ④

(i) 세 자리 자연수의 개수

1, 2, 3, 4, 5 중에서 중복을 허용하여 만들 수 있는 세 자리 자연수의 개수는

$_5\Pi_3=5^3=125$

(ii) 홀수의 개수

이때, 자연수가 홀수이려면 일의 자리에는 1, 3, 5의 3가지 중 하나가 와야 하고, 백의 자리와 십의 자리에는 1, 2, 3, 4, 5 중에서 중복을 허용하여 2개를 택하여 나열하면 되므로 홀수의 개수는

$_5\Pi_2\times3=5^2\times3=75$

따라서 구하는 확률은

$\frac{((\text{ii})\text{의 경우의 수})}{((\text{i})\text{의 경우의 수})}=\frac{75}{125}=\frac{3}{5}$

14 답 ⑤

(i) 4명의 학생이 6개의 동아리에 가입하는 경우의 수

$_6\Pi_4=6^4=1296$

(ii) 4명의 학생이 서로 다른 동아리에 가입하는 경우의 수

$_6P_4=360$

(i), (ii)에 의하여 4명의 학생이 서로 다른 동아리에 가입할 확률은

$\frac{((\text{ii})\text{의 경우의 수})}{((\text{i})\text{의 경우의 수})}=\frac{360}{1296}=\frac{5}{18}$이므로 $p=\frac{5}{18}$

$\therefore 36p=36\times\frac{5}{18}=10$

15 답 ②

(i) 집합 X에서 집합 X로의 함수 f의 개수

$_4\Pi_4=4^4=256$

(ii) $f(1)=f(4)$를 만족시키는 함수 f의 개수

$f(1)$, $f(4)$의 값이 될 수 있는 것의 개수는 1, 2, 3, 4의 4

$f(2)$, $f(3)$의 값을 정하는 경우의 수는 $_4\Pi_2=4^2=16$

즉, $f(1)=f(4)$를 만족시키는 함수 f의 개수는

$4\times16=64$

따라서 구하는 확률은 $\frac{((\text{ii})\text{의 경우의 수})}{((\text{i})\text{의 경우의 수})}=\frac{64}{256}=\frac{1}{4}$

16 답 ②

(i) 7개의 문자를 일렬로 나열하는 경우의 수

$\frac{7!}{2!\times2!}$

(ii) 같은 문자끼리 서로 이웃하도록 나열하는 경우의 수

2개의 g, 2개의 o를 각각 한 묶음으로 생각하면(내부는 같은 문자라 1가지) 서로 다른 문자 5개를 일렬로 나열하는 경우의 수와 같으므로 $5!$

따라서 구하는 확률은

$\frac{((\text{ii})\text{의 경우의 수})}{((\text{i})\text{의 경우의 수})}=\frac{5!}{\frac{7!}{2!\times2!}}=\frac{1}{\frac{7\times6}{2\times2}}=\frac{2}{21}$

17 답 ③

(i) 만들 수 있는 여섯 자리의 자연수의 개수

$\frac{6!}{2!\times2!\times2!}=90$

(ii) 짝수인 자연수의 개수

이때, 여섯 자리의 자연수가 짝수이려면 일의 자리의 수가 짝수이어야 하므로 일의 자리의 수는 2이어야 한다.

두 개의 2 중 하나를 일의 자리에 두고, 남은 숫자 1, 1, 2, 3, 3을 일렬로 나열하는 경우의 수는 $\frac{5!}{2!\times2!}=30$

따라서 구하는 확률은

$\frac{((\text{ii})\text{의 경우의 수})}{((\text{i})\text{의 경우의 수})}=\frac{30}{90}=\frac{1}{3}$

18 답 ②

(i) 집합 A에서 집합 A로의 함수 f의 개수

$_3\Pi_3=3^3=27$

(ii) $f(0)+f(1)+f(2)=1$을 만족시키는 함수 f의 개수

$0+0+1=1$이므로 0, 0, 1을 일렬로 나열한 후 $f(0)$, $f(1)$, $f(2)$에 차례로 대응시키면 되므로 가능한 경우의 수는 $\frac{3!}{2!}=3$

따라서 구하는 확률은 $\frac{((\text{ii})\text{의 경우의 수})}{((\text{i})\text{의 경우의 수})}=\frac{3}{27}=\frac{1}{9}$

19 답 ②

(i) 8개의 공 중에서 4개의 공을 꺼내는 경우의 수

$_8C_4=70$

(ii) 흰 공 2개, 검은 공 2개를 꺼내는 경우의 수

흰 공 3개 중에서 2개, 검은 공 5개 중에서 2개를 꺼내는 경우의 수는 $_3C_2\times{}_5C_2=3\times10=30$

따라서 구하는 확률은 $\frac{((\text{ii})\text{의 경우의 수})}{((\text{i})\text{의 경우의 수})}=\frac{30}{70}=\frac{3}{7}$

20 답 ①

7권 중에서 3권을 선택하는 경우의 수는 $_7C_3=35$

A, B는 포함되고 C는 포함되지 않는 경우의 수는 A, B, C를 제외한 4권 중에서 1권을 선택하고 A, B를 포함시키는 경우의 수와 같으므로 $_4C_1=4$

따라서 구하는 확률은 $\frac{4}{35}$

21 답 ③

(i) 12개의 공 중에서 3개를 꺼내는 경우의 수

$_{12}C_3=220$

(ii) 꺼낸 공에 적힌 수 중에서 가장 작은 수가 6인 경우의 수

먼저 6이 적힌 공을 꺼내고, 7, 8, 9, 10, 11, 12가 적힌 6개의 공 중에서 2개를 꺼내는 경우의 수와 같으므로

$_6C_2=15$

따라서 구하는 확률은 $\frac{15}{220}=\frac{3}{44}$

22 답 ①

동아리에 가입한 여학생의 수를 n이라 하면

$\frac{_nC_2}{_{10}C_2}=\frac{2}{15}$, $\frac{n(n-1)}{10\times9}=\frac{2}{15}$

$n^2-n-12=0$, $(n+3)(n-4)=0$

$\therefore n=4$ ($\because n>0$)

따라서 동아리에 가입한 여학생의 수는 4

23 답 ①

(i) 삼각형이 되는 경우의 수

6개의 점 중에서 3개의 점을 택하면 삼각형이 되므로 경우의 수는 $_6C_3=20$

(ii) 직각삼각형이 되는 경우의 수

직각삼각형이 되려면 삼각형의 한 변이 반원의 지름이어야 하므로 지름 위에 있는 두 점은 반드시 선택하고, 나머지 4개의 점 중 하나를 선택하면 되므로 경우의 수는

$_4C_1=4$

따라서 구하는 확률은 $\frac{((\text{ii})\text{의 경우의 수})}{((\text{i})\text{의 경우의 수})}=\frac{4}{20}=\frac{1}{5}$

24 답 ⑤

(i) 집합 X에서 집합 Y로의 함수 f의 개수

$_5\Pi_3=125$

(ii) $f(a)\le f(b)\le f(c)$를 만족시키는 함수 f의 개수

$f(a)\le f(b)\le f(c)$가 되도록 집합 Y의 원소 중 중복을 허용하여 3개를 선택한 뒤 크기 순서대로 $f(a)$, $f(b)$, $f(c)$의 값을 정하면 되므로

$_5H_3={}_7C_3=35$

따라서 구하는 확률은 $\frac{((\text{ii})\text{의 경우의 수})}{((\text{i})\text{의 경우의 수})}=\frac{35}{125}=\frac{7}{25}$

25 답 ③

(i) 방정식 $x+y+z=9$를 만족시키는 음의 아닌 정수 x, y, z의 순서쌍 (x, y, z)의 개수

$_3H_9={}_{11}C_9={}_{11}C_2=55$

(ii) $x=2$일 때, 방정식 $x+y+z=9$에서 음의 아닌 정수 y, z의 순서쌍 (y, z)의 개수

$x=2$이면 방정식 $y+z=7$의 음이 아닌 정수 y, z의 순서쌍 (y, z)의 개수와 같으므로

$_2H_7={}_8C_7={}_8C_1=8$

따라서 구하는 확률은 $\frac{((\text{ii})\text{의 경우의 수})}{((\text{i})\text{의 경우의 수})}=\frac{8}{55}$

26 답 6개

주머니에 들어 있는 흰색 탁구공의 개수를 n이라 하면

2개의 공을 꺼낼 때 서로 다른 색의 공을 꺼낼 확률은

$\frac{_nC_1\times{}_{8-n}C_1}{_8C_2}=\frac{3}{7}$, $\frac{n(8-n)}{28}=\frac{3}{7}$

$n^2-8n+12=0$, $(n-2)(n-6)=0$

$\therefore n=6$ ($\because n>4$)

따라서 흰색 탁구공은 6개 들어 있다고 볼 수 있다.

27 답 $\frac{3}{4}$

반지름의 길이가 3, 6인 두 원의 넓이는 각각 9π, 36π

이때, 색칠한 부분의 넓이는 $36\pi-9\pi=27\pi$

따라서 다트가 색칠한 부분에 맞을 확률은

$\frac{(\text{색칠한 부분의 넓이})}{(\text{과녁 전체의 넓이})}=\frac{27\pi}{36\pi}=\frac{3}{4}$

28 답 ④

ㄱ. $\varnothing\subset(A\cap B)\subset S$이므로 $P(\varnothing)\le P(A\cap B)\le P(S)$

그러므로 $0\le P(A\cap B)\le1$이다. (참)

ㄴ. 【반례】 $P(A)=\frac{1}{2}$, $P(B)=\frac{1}{2}$, $P(A\cap B)=\frac{1}{4}$이면

$P(A)+P(B)=1$이지만 $P(A\cap B)\ne0$이므로 두 사건 A와 B는 배반사건이 아니다. (거짓)

ㄷ. $0 \le \mathrm{P}(A) \le 1$, $0 \le \mathrm{P}(B) \le 1$이므로

$0 \le \mathrm{P}(A)+\mathrm{P}(B) \le 2$ (참)

따라서 옳은 것은 ㄱ, ㄷ이다.

29 답 ①

$\mathrm{P}(A)=1-\mathrm{P}(A^C)=\frac{3}{10}$이므로

$\mathrm{P}(A\cup B)=\mathrm{P}(A)+\mathrm{P}(B)-\mathrm{P}(A\cap B)$에서

$\frac{1}{2}=\frac{3}{10}+\frac{2}{5}-\mathrm{P}(A\cap B)$ $\qquad \therefore \mathrm{P}(A\cap B)=\frac{1}{5}$

[다른 풀이]

$\mathrm{P}(A)=1-\mathrm{P}(A^C)=\frac{3}{10}$,

$\mathrm{P}(A-B)=\mathrm{P}(A\cup B)-\mathrm{P}(B)=\frac{1}{2}-\frac{2}{5}=\frac{1}{10}$

$\therefore \mathrm{P}(A\cap B)=\mathrm{P}(A)-\mathrm{P}(A-B)$

$=\frac{3}{10}-\frac{1}{10}=\frac{1}{5}$

30 답 ③

$\mathrm{P}(A^C\cap B^C)=\mathrm{P}((A\cup B)^C)=\frac{1}{3}$에서

$\mathrm{P}(A\cup B)=1-\mathrm{P}((A\cup B)^C)$

$=1-\frac{1}{3}=\frac{2}{3}$

두 사건 A, B가 배반사건이므로 확률의 덧셈정리에 의하여

$\mathrm{P}(A\cup B)=\mathrm{P}(A)+\mathrm{P}(B)$

$\frac{2}{3}=\frac{1}{6}+\mathrm{P}(B)$

$\therefore \mathrm{P}(B)=\frac{1}{2}$

31 답 ③

두 사건 A, B가 서로 배반사건이므로

$\mathrm{P}(A\cup B)=\mathrm{P}(A)+\mathrm{P}(B)$에서

$\frac{7}{8}=\mathrm{P}(A)+\mathrm{P}(B)$

$\mathrm{P}(B)=\frac{7}{8}-\mathrm{P}(A)$

이때, $\frac{1}{4}\le \mathrm{P}(A)\le\frac{1}{2}$이므로

$-\frac{1}{2}\le -\mathrm{P}(A)\le -\frac{1}{4}$, $\frac{3}{8}\le\frac{7}{8}-\mathrm{P}(A)\le\frac{5}{8}$

$\therefore \frac{3}{8}\le \mathrm{P}(B)\le\frac{5}{8}$

따라서 $\mathrm{P}(B)$의 최솟값은 $\frac{3}{8}$

[다른 풀이]

$\mathrm{P}(A)=\frac{7}{8}-\mathrm{P}(B)$를 주어진 부등식 $\frac{1}{4}\le \mathrm{P}(A)\le\frac{1}{2}$에

대입하면 $\frac{1}{4}\le\frac{7}{8}-\mathrm{P}(B)\le\frac{1}{2}$

$\frac{1}{4}-\frac{7}{8}\le -\mathrm{P}(B)\le\frac{1}{2}-\frac{7}{8}$

$-\frac{5}{8}\le -\mathrm{P}(B)\le -\frac{3}{8}$

$\therefore \frac{3}{8}\le \mathrm{P}(B)\le\frac{5}{8}$

따라서 $\mathrm{P}(B)$의 최솟값은 $\frac{3}{8}$

32 답 ⑤

A를 포함하여 택하는 사건을 A,

B를 포함하여 택하는 사건을 B라 하면

$\mathrm{P}(A)=\frac{{}_7\mathrm{C}_3}{{}_8\mathrm{C}_4}=\frac{35}{70}=\frac{1}{2}$, $\mathrm{P}(B)=\frac{{}_7\mathrm{C}_3}{{}_8\mathrm{C}_4}=\frac{35}{70}=\frac{1}{2}$,

$\mathrm{P}(A\cap B)=\frac{{}_6\mathrm{C}_2}{{}_8\mathrm{C}_4}=\frac{15}{70}=\frac{3}{14}$

$\therefore \mathrm{P}(A\cup B)=\mathrm{P}(A)+\mathrm{P}(B)-\mathrm{P}(A\cap B)$

$=\frac{1}{2}+\frac{1}{2}-\frac{3}{14}=\frac{11}{14}$

33 답 ③

꺼낸 3켤레의 신발이 모두 파란색 신발인 사건을 A,

모두 빨간색 신발인 사건을 B라 하면

$\mathrm{P}(A)=\frac{{}_4\mathrm{C}_3}{{}_{10}\mathrm{C}_3}=\frac{4}{120}$, $\mathrm{P}(B)=\frac{{}_6\mathrm{C}_3}{{}_{10}\mathrm{C}_3}=\frac{20}{120}$

따라서 두 사건 A, B는 서로 배반사건이므로 구하는 확률은

$\mathrm{P}(A\cup B)=\mathrm{P}(A)+\mathrm{P}(B)$

$=\frac{4}{120}+\frac{20}{120}=\frac{1}{5}$

34 답 ②

한 개의 주사위를 2번 던질 때, 모든 경우의 수는

$6\times 6=36$

$a+b=3$인 사건을 A, $a+b=6$인 사건을 B라 하면

순서쌍 (a, b)에 대하여

$A=\{(1, 2), (2, 1)\}$,

$B=\{(1, 5), (2, 4), (3, 3), (4, 2), (5, 1)\}$

이므로 $\mathrm{P}(A)=\frac{2}{36}$, $\mathrm{P}(B)=\frac{5}{36}$

따라서 두 사건 A, B는 서로 배반사건이므로 구하는 확률은

$\mathrm{P}(A\cup B)=\mathrm{P}(A)+\mathrm{P}(B)$

$=\frac{2}{36}+\frac{5}{36}=\frac{7}{36}$

35 답 ③

카드에 적힌 수가 2의 배수인 사건을 A, 5의 배수일 사건을

B라 하면 2의 배수도 아니고 5의 배수도 아닌 사건은

$A^C\cap B^C=(A\cup B)^C$

이때, $P(A)=\frac{12}{25}$, $P(B)=\frac{5}{25}$이고, $A\cap B$는 카드에 적힌 수가 10의 배수인 사건이므로 $P(A\cap B)=\frac{2}{25}$

그러므로

$$P(A\cup B)=P(A)+P(B)-P(A\cap B)$$
$$=\frac{12}{25}+\frac{5}{25}-\frac{2}{25}=\frac{3}{5}$$

따라서 구하는 확률은

$$P(A^C\cap B^C)=P((A\cup B)^C)=1-P(A\cup B)$$
$$=1-\frac{3}{5}=\frac{2}{5}$$

[다른 풀이]

2의 배수가 아닌 사건을 F, 5의 배수가 아닌 사건을 G라 하자.

$P(F)=\frac{13}{25}$, $P(G)=\frac{20}{25}$, $P(F\cup G)=\frac{23}{25}$이므로

$$P(F\cap G)=P(F)+P(G)-P(F\cup G)$$
$$=\frac{13}{25}+\frac{20}{25}-\frac{23}{25}=\frac{2}{5}$$

36 답 ⑤

a와 b를 이웃하게 나열하는 사건을 A라 하면

$$P(A)=\frac{5!\times 2}{6!}=\frac{1}{3}$$

따라서 구하는 확률은

$$P(A^C)=1-P(A)=1-\frac{1}{3}=\frac{2}{3}$$

37 답 ⑤

주머니에서 임의로 2개의 공을 꺼내는 경우의 수는 ${}_5C_2=10$

9의 약수가 적힌 공이 적어도 한 개 나오는 사건을 A라 하면 A^C는 9의 약수가 적힌 공이 나오지 않는 사건이다.

1, 3, 5, 7, 9 중에서 9의 약수가 아닌 것은 5, 7이므로

$$P(A^C)=\frac{{}_2C_2}{10}=\frac{1}{10}$$

따라서 구하는 확률은

$$P(A)=1-P(A^C)=1-\frac{1}{10}=\frac{9}{10}$$

38 답 ⑤

10개의 구슬 중에서 임의로 3개의 구슬을 꺼낼 때,

빨간 구슬이 2개 이하인 사건을 A라 하면

A^C는 빨간 구슬이 3개인 사건이므로

$$P(A^C)=\frac{{}_6C_3}{{}_{10}C_3}=\frac{20}{120}=\frac{1}{6}$$

따라서 구하는 확률은

$$P(A)=1-P(A^C)=1-\frac{1}{6}=\frac{5}{6}$$

[다른 풀이]

빨간 구슬이 2개 이하일 확률은

(i) 빨간 구슬 2개, 노란 구슬 1개를 꺼내는 경우

$$\frac{{}_6C_2\times{}_4C_1}{{}_{10}C_3}=\frac{15\times 4}{120}=\frac{1}{2}$$

(ii) 빨간 구슬 1개, 노란 구슬 2개를 꺼내는 경우

$$\frac{{}_6C_1\times{}_4C_2}{{}_{10}C_3}=\frac{6\times 6}{120}=\frac{3}{10}$$

(iii) 빨간 구슬 0개, 노란 구슬 3개를 꺼내는 경우

$$\frac{{}_6C_0\times{}_4C_3}{{}_{10}C_3}=\frac{1\times 4}{120}=\frac{1}{30}$$

(i)~(iii)에 의하여 구하는 확률은

$$\frac{1}{2}+\frac{3}{10}+\frac{1}{30}=\frac{15}{30}+\frac{9}{30}+\frac{1}{30}=\frac{25}{30}=\frac{5}{6}$$

39 답 ④

네 개의 숫자 중에서 서로 다른 세 개의 숫자를 이용하여 세 자리 자연수를 만들 때, 세 자리 자연수가 350 이하인 사건을 A라 하면 A^C는 351 이상인 사건이다.

351 이상인 자연수는 4□□ 꼴이다.

4□□ 꼴일 확률은 $\frac{{}_3P_2}{{}_4P_3}=\frac{6}{24}=\frac{1}{4}$이므로 $P(A^C)=\frac{1}{4}$

따라서 구하는 확률은

$$P(A)=1-P(A^C)=1-\frac{1}{4}=\frac{3}{4}$$

40 답 $\frac{6}{7}$

꺼낸 동전의 금액의 합이 1000원 미만인 사건을 A라 하면 A^C는 1000원 이상인 사건이다.

(i) 50원짜리 동전 1개, 500원 짜리 동전 2개를 꺼낼 확률은

$$\frac{{}_2C_1\times{}_2C_2}{{}_7C_3}=\frac{2}{35}$$

(ii) 100원짜리 동전 1개, 500원 짜리 동전 2개를 꺼낼 확률은

$$\frac{{}_3C_1\times{}_2C_2}{{}_7C_3}=\frac{3}{35}$$

(i), (ii)에서 $P(A^C)=\frac{2}{35}+\frac{3}{35}=\frac{1}{7}$

따라서 구하는 확률은

$$P(A)=1-P(A^C)=1-\frac{1}{7}=\frac{6}{7}$$

Ⅱ-2 조건부확률

13 조건부확률

▸ p.97~101

01 답 $\frac{1}{3}$

$$P(A|B)=\frac{P(A\cap B)}{P(B)}=\frac{\frac{1}{5}}{\frac{3}{5}}=\frac{1}{3}$$

02 답 $\frac{2}{5}$

$$P(B|A)=\frac{P(A\cap B)}{P(A)}=\frac{\frac{1}{5}}{\frac{1}{2}}=\frac{2}{5}$$

03 답 $\frac{3}{5}$

$$P(A\cap B^C)=P(A)-P(A\cap B)$$
$$=\frac{1}{2}-\boxed{\frac{1}{5}}=\boxed{\frac{3}{10}}$$

이므로

$$P(B^C|A)=\frac{\boxed{P(A\cap B^C)}}{P(A)}=\frac{\boxed{\frac{3}{10}}}{\frac{1}{2}}=\boxed{\frac{3}{5}}$$

04 답 $\frac{5}{12}$

$$P(A|B)=\frac{P(A\cap B)}{P(B)}=\frac{\frac{1}{6}}{\frac{2}{5}}=\frac{5}{12}$$

05 답 $\frac{2}{9}$

$$P(B|A)=\frac{P(A\cap B)}{P(A)}=\frac{\frac{1}{6}}{\frac{3}{4}}=\frac{2}{9}$$

06 답 $\frac{14}{15}$

$P(A^C)=1-P(A)=1-\frac{3}{4}=\frac{1}{4}$이고

$P(B\cap A^C)=P(B)-P(A\cap B)=\frac{2}{5}-\frac{1}{6}=\frac{7}{30}$이므로

$$P(B|A^C)=\frac{P(B\cap A^C)}{P(A^C)}=\frac{\frac{7}{30}}{\frac{1}{4}}=\frac{14}{15}$$

07 답 $\frac{1}{5}$

$P(B^C)=1-P(B)=\frac{1}{2}$이므로 $P(B)=\frac{1}{2}$

$P(A^C\cap B^C)=P((A\cup B)^C)=1-P(A\cup B)=\frac{3}{10}$이므로

$P(A\cup B)=1-\frac{3}{10}=\frac{7}{10}$

확률의 덧셈정리에 의해

$$P(A\cap B)=P(A)+P(B)-P(A\cup B)$$
$$=\frac{3}{10}+\frac{1}{2}-\frac{7}{10}$$
$$=\frac{3}{10}+\frac{5}{10}-\frac{7}{10}=\frac{1}{10}$$

$$\therefore P(A|B)=\frac{P(A\cap B)}{P(B)}=\frac{\frac{1}{10}}{\frac{1}{2}}=\frac{1}{5}$$

08 답 $\frac{3}{7}$

$P(A^C\cap B)=P(B)-P(A\cap B)$에서

$$P(B)=P(A\cap B)+P(A^C\cap B)$$
$$=\frac{5}{16}+\frac{1}{8}=\frac{7}{16}$$

이므로

$$P(A|B)=\frac{P(A\cap B)}{P(B)}=\frac{\frac{5}{16}}{\frac{7}{16}}=\frac{5}{7},$$

$$P(A^C|B)=\frac{P(A^C\cap B)}{P(B)}=\frac{\frac{1}{8}}{\frac{7}{16}}=\frac{2}{7}$$

$$\therefore P(A|B)-P(A^C|B)=\frac{5}{7}-\frac{2}{7}=\frac{3}{7}$$

[다른 풀이]

표본공간을 S라 하면

$$P(B)=P(S\cap B)=P((A\cup A^C)\cap B)$$
$$=P((A\cap B)\cup(A^C\cap B))$$
$$=P(A\cap B)+P(A^C\cap B)$$
$$=\frac{5}{16}+\frac{1}{8}=\frac{7}{16}$$

(이하 동일)

09 답 $\frac{2}{3}$

$P(B|A)=\frac{P(A\cap B)}{P(A)}$에서

$P(A\cap B)=P(A)P(B|A)=0.4\times0.5=0.2$

$$\therefore P(A|B)=\frac{P(A\cap B)}{P(B)}=\frac{0.2}{0.3}=\frac{2}{3}$$

10 답 $\frac{2}{3}$

$P(B|A)=\frac{P(A\cap B)}{P(A)}$에서

$P(A\cap B)=P(A)P(B|A)=\frac{4}{9}\times\frac{3}{4}=\frac{1}{3}$

따라서 $P(A|B)=\frac{P(A\cap B)}{P(B)}$에서

$$P(B)=\frac{P(A\cap B)}{P(A|B)}=\frac{\frac{1}{3}}{\frac{1}{2}}=\frac{2}{3}$$

11 답 1

두 사건 A, B가 서로 배반사건이므로 $A\cap B=\boxed{\varnothing}$

즉, $\mathrm{P}(A\cap B)=\boxed{0}$이므로

$$\mathrm{P}(A^C|B)=\frac{\mathrm{P}(B\cap A^C)}{\mathrm{P}(B)}=\frac{\mathrm{P}(B)-\mathrm{P}(\boxed{A\cap B})}{\mathrm{P}(B)}$$

$$=\frac{\boxed{\frac{2}{3}}}{\frac{2}{3}}=\boxed{1}$$

12 답 $\frac{5}{6}$

두 사건 A, B가 배반사건이므로 $A\cap B=\varnothing$

즉, $\mathrm{P}(A\cap B)=0$이므로

$$\mathrm{P}(B|A^C)=\frac{\mathrm{P}(B\cap A^C)}{\mathrm{P}(A^C)}=\frac{\mathrm{P}(B)-\mathrm{P}(A\cap B)}{1-\mathrm{P}(A)}$$

$$=\frac{\frac{2}{3}}{1-\frac{1}{5}}=\frac{5}{6}$$

13 답 $\frac{3}{5}$

두 사건 A, B가 배반사건이므로 $A\cap B=\varnothing$

즉, $\mathrm{P}(A\cap B)=0$이므로

$$\mathrm{P}(A|B^C)=\frac{\mathrm{P}(A\cap B^C)}{\mathrm{P}(B^C)}=\frac{\mathrm{P}(A)-\mathrm{P}(A\cap B)}{1-\mathrm{P}(B)}$$

$$=\frac{\frac{1}{5}}{1-\frac{2}{3}}=\frac{3}{5}$$

14 답 $\frac{1}{6}$

두 사건 A, B가 서로 배반사건이므로 $A\cap B=\varnothing$

즉, $\mathrm{P}(A\cap B)=0$이므로

$$\mathrm{P}(B^C|A^C)=\frac{\mathrm{P}(A^C\cap B^C)}{\mathrm{P}(A^C)}=\frac{\mathrm{P}((A\cup B)^C)}{\mathrm{P}(A^C)}$$

$$=\frac{1-\mathrm{P}(A\cup B)}{\mathrm{P}(A^C)}=\frac{1-\{\mathrm{P}(A)+\mathrm{P}(B)\}}{1-\mathrm{P}(A)}$$

$$=\frac{1-\left(\frac{1}{5}+\frac{2}{3}\right)}{1-\frac{1}{5}}=\frac{\frac{2}{15}}{\frac{4}{5}}=\frac{1}{6}$$

[다른 풀이]

$$\mathrm{P}(B^C|A^C)=\frac{\mathrm{P}(A^C\cap B^C)}{\mathrm{P}(A^C)}=\frac{\mathrm{P}(A^C)-\mathrm{P}(A^C\cap B)}{\mathrm{P}(A^C)}$$

$$=\frac{\mathrm{P}(A^C)-\{\mathrm{P}(B)-\mathrm{P}(A\cap B)\}}{\mathrm{P}(A^C)}$$

$$=\frac{\frac{4}{5}-\frac{2}{3}}{\frac{4}{5}}=\frac{\frac{2}{15}}{\frac{4}{5}}=\frac{1}{6}$$

15 답 $\frac{2}{3}$

홀수의 눈이 나올 사건을 A, 소수의 눈이 나올 사건을 B라 하면 구하는 확률은 $\mathrm{P}(B|A)$이다.

이때, $A=\{1, 3, 5\}$에서 $\mathrm{P}(A)=\frac{3}{6}=\frac{1}{2}$이고,

$A\cap B=\{3, 5\}$에서 $\mathrm{P}(A\cap B)=\frac{2}{6}=\frac{1}{3}$이다.

$$\therefore\ \mathrm{P}(B|A)=\frac{\mathrm{P}(A\cap B)}{\mathrm{P}(A)}=\frac{\frac{1}{3}}{\frac{1}{2}}=\frac{2}{3}$$

16 답 $\frac{2}{3}$

홀수의 눈이 나올 사건을 A, 12의 약수의 눈이 나올 사건을 B라 하면 구하는 확률은 $\mathrm{P}(B|A)$이다.

이때, $A=\{1, 3, 5\}$에서 $\mathrm{P}(A)=\frac{3}{6}=\frac{1}{2}$이고,

$B=\{1, 2, 3, 4, 6\}$이므로 $A\cap B=\{1, 3\}$에서

$\mathrm{P}(A\cap B)=\frac{2}{6}=\frac{1}{3}$

$$\therefore\ \mathrm{P}(B|A)=\frac{\mathrm{P}(A\cap B)}{\mathrm{P}(A)}=\frac{\frac{1}{3}}{\frac{1}{2}}=\frac{2}{3}$$

17 답 $\frac{1}{3}$

100원짜리 동전 1개와 500원짜리 동전 2개를 동시에 던져 앞면이 1개 나올 사건을 A, 100원짜리 동전의 앞면이 나올 사건을 B라 하면 구하는 확률은 $\mathrm{P}(B|A)$이다.

이때, 앞면, 뒷면을 각각 H, T라 하고

(100원, 500원, 500원)의 순서쌍으로 나타내면 나올 수 있는 모든 경우의 수는 8가지이고

$A=\{(\mathrm{H, T, T}), (\mathrm{T, H, T}), (\mathrm{T, T, H})\}$,

$A\cap B=\{(\mathrm{H, T, T})\}$이다.

$\mathrm{P}(A)=\frac{3}{8}$, $\mathrm{P}(A\cap B)=\frac{1}{8}$

$$\therefore\ \mathrm{P}(B|A)=\frac{\mathrm{P}(A\cap B)}{\mathrm{P}(A)}=\frac{\frac{1}{8}}{\frac{3}{8}}=\frac{1}{3}$$

18 답 $\frac{3}{13}$

같은 색 구슬이 나올 사건을 A, 2개 모두 파란색 구슬일 사건을 B라 하면 구하는 확률은 $\boxed{\mathrm{P}(B|A)}$이다.

이때, 같은 색 구슬인 경우는 두 개 모두 빨간색이거나 두 개 모두 파란색인 경우이므로

$\mathrm{P}(A)=\frac{5}{8}\times\frac{4}{7}+\boxed{\frac{3}{8}\times\frac{2}{7}}=\boxed{\frac{13}{28}}$, $\mathrm{P}(A\cap B)=\boxed{\frac{3}{28}}$

$$\therefore\ \mathrm{P}(B|A)=\frac{\mathrm{P}(A\cap B)}{\mathrm{P}(A)}=\boxed{\frac{3}{13}}$$

19 답 $\frac{1}{2}$

빨간 카드를 뽑는 사건을 A, 짝수가 적힌 카드를 뽑는 사건을 B라 하면 구하는 확률은 $\mathrm{P}(B|A)$이다.

이때, $\mathrm{P}(A)=\frac{4}{7}$, $\mathrm{P}(A\cap B)=\frac{2}{7}$이다.

$$\therefore \mathrm{P}(B|A)=\frac{\mathrm{P}(A\cap B)}{\mathrm{P}(A)}=\frac{\frac{2}{7}}{\frac{4}{7}}=\frac{1}{2}$$

20 답 $\frac{3}{10}$

당첨제비를 뽑는 사건을 A, 1등 당첨제비를 뽑는 사건을 B라 하면 구하는 확률은 $\mathrm{P}(B|A)$이다.

이때, A의 여사건은 뽑은 제비가 모두 당첨제비가 아닌 사건이다.

$$\mathrm{P}(A)=1-\mathrm{P}(A^C)=1-\frac{{}_6\mathrm{C}_2}{{}_{10}\mathrm{C}_2}=1-\frac{15}{45}=\frac{2}{3}$$

한편, $A\cap B$는 1등 당첨제비 하나와 나머지 9개의 제비 중 아무거나 하나가 뽑히는 사건이므로

$$\mathrm{P}(A\cap B)=\frac{{}_1\mathrm{C}_1\times{}_9\mathrm{C}_1}{{}_{10}\mathrm{C}_2}=\frac{9}{45}=\frac{1}{5}$$

$$\therefore \mathrm{P}(B|A)=\frac{\mathrm{P}(A\cap B)}{\mathrm{P}(A)}=\frac{\frac{1}{5}}{\frac{2}{3}}=\frac{3}{10}$$

21 답 $\frac{5}{16}$

임의로 선택한 한 명이 환경보호 운동에 참여하는 사람인 사건을 A, 그 사람이 남자인 사건을 B라 하면

$\mathrm{P}(A)=\boxed{\frac{4}{5}}$, $\mathrm{P}(B\cap A)=\boxed{\frac{1}{4}}$

$$\therefore \mathrm{P}(B|A)=\frac{\mathrm{P}(A\cap B)}{\mathrm{P}(A)}=\frac{\boxed{\frac{1}{4}}}{\boxed{\frac{4}{5}}}=\boxed{\frac{5}{16}}$$

22 답 $\frac{2}{5}$

임의로 선택한 한 명이 AB형인 사건을 A, 그 사람이 남자인 사건을 B라 하면

$\mathrm{P}(A)=\frac{30}{100}$, $\mathrm{P}(A\cap B)=\frac{12}{100}$

$$\therefore \mathrm{P}(B|A)=\frac{\mathrm{P}(A\cap B)}{\mathrm{P}(A)}=\frac{12}{30}=\frac{2}{5}$$

23 답 $\frac{8}{15}$

$$\frac{(\text{서울에서 생산한 A휴대폰의 개수})}{(\text{A휴대폰의 개수})}=\frac{320}{600}=\frac{8}{15}$$

24 답 $\frac{7}{15}$

$$\frac{(\text{부산에서 생산한 A휴대폰의 개수})}{(\text{A휴대폰의 개수})}=\frac{280}{600}=\frac{7}{15}$$

수력 UP

(단위 : 만 대)

휴대폰 \ 공장	서울	부산	계
A	320	280	600
B	480	120	600
계	800	400	1200

25 답 $\frac{3}{10}$

$$\frac{(\text{부산에서 생산한 B휴대폰의 개수})}{(\text{부산에서 생산한 휴대폰의 개수})}=\frac{120}{400}=\frac{3}{10}$$

수력 UP

(단위 : 만 대)

휴대폰 \ 공장	서울	부산	계
A	320	280	600
B	480	120	600
계	800	400	1200

26 답 $\frac{1}{6}$

$$\frac{(\text{노란 조끼를 입은 여자의 수})}{(\text{노란 조끼를 입은 사람의 수})}=\frac{3}{18}=\frac{1}{6}$$

27 답 $\frac{20}{27}$

$$\frac{(\text{빨간 조끼를 입은 남자의 수})}{(\text{빨간 조끼를 입은 사람의 수})}=\frac{20}{27}$$

28 답 $\frac{4}{7}$

$$\frac{(\text{빨간 조끼를 입은 남자의 수})}{(\text{남자의 수})}=\frac{20}{35}=\frac{4}{7}$$

29 답 $\frac{25}{61}$

나미가 모자를 잃어버리는 사건을 E, 강남, 호동, 현빈의 집에서 모자를 잃어버리는 사건을 각각 A, B, C라 하면

$\mathrm{P}(A\cap E)=\frac{1}{5}$, $\mathrm{P}(B\cap E)=\frac{4}{5}\times\frac{1}{5}=\frac{4}{25}$,

$\mathrm{P}(C\cap E)=\frac{4}{5}\times\frac{4}{5}\times\frac{1}{5}=\frac{16}{125}$이므로

$$\mathrm{P}(E)=\mathrm{P}(A\cap E)+\mathrm{P}(B\cap E)+\mathrm{P}(C\cap E)$$
$$=\frac{1}{5}+\frac{4}{25}+\frac{16}{125}=\frac{61}{125}$$

따라서 나미가 모자를 잃어버렸을 때, 그것이 강남이네 집에 모자를 두고 왔을 확률은

$$\mathrm{P}(A|E)=\frac{\mathrm{P}(A\cap E)}{\mathrm{P}(E)}=\frac{\frac{1}{5}}{\frac{61}{125}}=\frac{25}{61}$$

30 답 $\frac{16}{61}$

나미가 현빈이네 집에 모자를 두고 왔을 확률은

$$P(C|E)=\frac{P(C\cap E)}{P(E)}=\frac{\frac{16}{125}}{\frac{61}{125}}=\frac{16}{61}$$

31 답 (1) 조건부확률, $P(B|A)$, P B 바 A (2) $P(B|A)$

14 확률의 곱셈정리

▸ p.102~103

01 답 $\frac{1}{5}$

$P(A\cap B)=P(A)P(B|A)=\frac{2}{5}\times\frac{1}{2}=\frac{1}{5}$

02 답 $\frac{2}{3}$

$P(A\cap B)=P(B)P(A|B)$에서 $\frac{1}{5}=\frac{3}{10}\times P(A|B)$

$\therefore P(A|B)=\frac{2}{3}$

03 답 $\frac{3}{4}$

$$\frac{P(B|A)}{P(A|B)}=\frac{\frac{P(A\cap B)}{P(A)}}{\frac{P(A\cap B)}{P(B)}}=\frac{P(B)}{P(A)}=\frac{3}{4}$$

04 답 0.2

$P(A\cap B)=P(A)P(B|A)=0.5\times0.4=0.2$

05 답 0.5

$P(A\cap B)=P(B)P(A|B)$에서

$0.2=0.4\times P(A|B)$

$\therefore P(A|B)=\frac{0.2}{0.4}=\frac{1}{2}=0.5$

06 답 $\frac{1}{3}$

$P(B^c)=1-P(B)=1-\frac{1}{3}=\frac{2}{3}$이므로

$P(A^c\cap B^c)=P(B^c)P(A^c|B^c)=\frac{2}{3}\times\frac{1}{2}=\frac{1}{3}$

07 답 $\frac{2}{3}$

$P(A^c\cap B^c)=P(A^c)P(B^c|A^c)$에서

$\frac{1}{3}=\frac{1}{2}\times P(B^c|A^c)$

$\therefore P(B^c|A^c)=\frac{2}{3}$

08 답 $\frac{10}{39}$

첫 번째로 국내 여행지가 적힌 카드를 꺼낸 사건을 A,
두 번째로 해외 여행지가 적힌 카드를 꺼낸 사건을 B라 하면
첫 번째로 국내 여행지가 적힌 카드를 꺼낼 확률은

$P(A)=\frac{\boxed{8}}{13}$

첫 번째로 국내 여행지가 적힌 카드를 꺼냈을 때,
두 번째로 해외 여행지가 적힌 카드를 꺼낼 확률은

$P(B|A)=\boxed{\frac{5}{12}}$

따라서 구하는 확률은

$P(A\cap B)=P(A)P(B|A)$

$=\frac{\boxed{8}}{13}\times\boxed{\frac{5}{12}}=\boxed{\frac{10}{39}}$

09 답 $\frac{2}{19}$

A가 꺼낸 사탕이 초콜릿 맛인 사건을 A,
B가 꺼낸 사탕이 딸기 맛인 사건을 B라 하면
A가 꺼낸 사탕이 초콜릿 맛일 확률은 $P(A)=\frac{5}{20}$
A가 꺼낸 사탕이 초콜릿 맛일 때, B가 꺼낸 사탕이 딸기 맛일 확률은 $P(B|A)=\frac{8}{19}$
따라서 구하는 확률은

$P(A\cap B)=P(A)P(B|A)=\frac{5}{20}\times\frac{8}{19}=\frac{2}{19}$

10 답 $\frac{1}{15}$

A가 택한 감자칩이 매운맛인 사건을 A, B가 택한 감자칩이 매운맛인 사건을 B라 하면
A가 택한 감자칩이 매운맛일 확률은 $P(A)=\frac{3}{10}$
A가 택한 감자칩이 매운맛일 때, B가 택한 감자칩이 매운맛일 확률은 $P(B|A)=\frac{2}{9}$
따라서 구하는 확률은

$P(A\cap B)=P(A)P(B|A)=\frac{3}{10}\times\frac{2}{9}=\frac{1}{15}$

11 답 $\frac{14}{45}$

(i) 두 사람이 사과 맛 젤리를 뽑을 확률
A가 택한 젤리가 사과 맛인 사건을 A, B가 택한 젤리가 사과 맛인 사건을 B라 하면
A가 택한 젤리가 사과 맛일 확률은 $P(A)=\frac{3}{10}$

A가 택한 젤리가 사과 맛일 때, B가 택한 젤리가 사과 맛일 확률은 $P(B|A)=\frac{2}{9}$

$\therefore P(A\cap B)=P(A)P(B|A)=\frac{3}{10}\times\frac{2}{9}=\frac{1}{15}$

(ii) 두 사람이 레몬 맛 젤리를 뽑을 확률

(i)과 같은 방법으로 계산하면 $\frac{5}{10}\times\frac{4}{9}=\frac{2}{9}$

(iii) 두 사람이 민트 맛 젤리를 뽑을 확률

(i)과 같은 방법으로 계산하면 $\frac{2}{10}\times\frac{1}{9}=\frac{1}{45}$

(i), (ii), (iii)에 의해 구하는 확률은

$\frac{1}{15}+\frac{2}{9}+\frac{1}{45}=\frac{3}{45}+\frac{10}{45}+\frac{1}{45}=\frac{14}{45}$

12 답 $\frac{6}{7}$

A가 ★ 표시가 되어 있지 않은 카드를 꺼낸 사건을 A,
B가 ★ 표시가 되어 있지 않은 카드를 꺼낸 사건을 B라 하면
A가 ★ 표시가 되어 있지 않은 카드를 꺼낼 확률은

$P(A)=\frac{6}{15}$

A가 ★ 표시가 되어 있지 않은 카드를 꺼냈을 때,
B가 ★ 표시가 되어 있지 않은 카드를 꺼낼 확률은

$P(B|A)=\frac{5}{14}$

두 사람이 모두 ★ 표시가 되어 있지 않은 카드를 꺼낼 확률은

$P(A\cap B)=P(A)P(B|A)=\frac{6}{15}\times\frac{5}{14}=\frac{1}{7}$

따라서 적어도 한 사람은 ★ 표시가 된 카드를 꺼낼 확률은

$P(A^C\cup B^C)=P((A\cap B)^C)=1-P(A\cap B)=1-\frac{1}{7}=\frac{6}{7}$

13 답 잇달아 / (1) $P(B|A)$ (2) $P(A|B)$

15 확률의 곱셈정리의 응용

▸ p.104~105

01 답 $\frac{1}{5}$

태양이가 당첨되는 사건을 A라 하면

$P(A)=\frac{4}{20}=\frac{1}{5}$

02 답 $\frac{1}{5}$

바다가 당첨되는 사건을 B라 하자.
사건 B가 일어나는 것은 태양이가 당첨되고 바다가 당첨되는 경우이거나, 태양이가 당첨되지 않고 바다가 당첨되는 경우이므로

$P(A\cap B)=P(A)P(B|A)=\frac{4}{20}\times\frac{3}{19}=\boxed{\frac{3}{95}}$

$P(A^C\cap B)=P(A^C)P(B|A^C)$

$=\frac{16}{20}\times\boxed{\frac{4}{19}}=\boxed{\frac{16}{95}}$

$\therefore P(B)=P(A\cap B)+P(A^C\cap B)$

$=\frac{\boxed{3}}{95}+\frac{\boxed{16}}{95}=\boxed{\frac{1}{5}}$

따라서 바다가 당첨될 확률은 $\boxed{\frac{1}{5}}$이다.

03 답 $\frac{1}{10}$

은지가 노란색 구슬을 꺼내는 사건을 A, 명석이가 노란색 구슬을 꺼내는 사건을 B라 하면
구하는 확률은

$P(B)=P(A\cap B)+P(A^C\cap B)$

$=P(A)P(B|A)+P(A^C)P(B|A^C)$

$=\frac{10}{100}\times\frac{9}{99}+\frac{90}{100}\times\frac{10}{99}$

$=\frac{90}{9900}+\frac{900}{9900}=\frac{990}{9900}$

$=\frac{1}{10}$

04 답 $\frac{101}{180}$

연수가 2점 짜리 문제를 푸는 사건을 A, 3점 짜리 문제를 푸는 사건을 B, 4점 짜리 문제를 푸는 사건을 C, 정답을 맞히는 사건을 E라 하면

$P(A)=\frac{3}{30}$, $P(B)=\frac{14}{30}$, $P(C)=\frac{13}{30}$이고,

$P(E|A)=\frac{5}{6}$, $P(E|B)=\frac{5}{7}$, $P(E|C)=\frac{1}{3}$

따라서 구하는 확률은

$P(E)=P(A\cap E)+P(B\cap E)+P(C\cap E)$

$=P(A)P(E|A)+P(B)P(E|B)+P(C)P(E|C)$

$=\frac{3}{30}\times\frac{5}{6}+\frac{14}{30}\times\frac{5}{7}+\frac{13}{30}\times\frac{1}{3}$

$=\frac{1}{12}+\frac{1}{3}+\frac{13}{90}=\frac{15}{180}+\frac{60}{180}+\frac{26}{180}$

$=\frac{101}{180}$

05 답 $\frac{33}{50}$ (또는 66 %)

대중교통 이용자를 고르는 사건을 A, 비 오는 날에 우산을 가지고 온 직원을 고르는 사건을 B라 하면

$P(A)=\frac{40}{100}$, $P(A^C)=\frac{60}{100}$이고,

$P(B|A)=\frac{90}{100}$, $P(B|A^C)=\frac{50}{100}$

따라서 구하는 확률은

$$\begin{aligned}P(B)&=P(A\cap B)+P(A^c\cap B)\\&=P(A)P(B|A)+P(A^c)P(B|A^c)\\&=\frac{40}{100}\times\frac{90}{100}+\frac{60}{100}\times\frac{50}{100}\\&=\frac{36}{100}+\frac{30}{100}\\&=\frac{66}{100}=\frac{33}{50}\end{aligned}$$

[다른 풀이]

대중교통 이용자를 고르는 사건을 A, 자가용 이용자를 고르는 사건을 B, 비 오는 날에 우산을 가지고 온 직원을 고르는 사건을 E라 하면

$P(A)=\frac{40}{100}$, $P(B)=\frac{60}{100}$이고,

$P(E|A)=\frac{90}{100}$, $P(E|B)=\frac{50}{100}$

따라서 구하는 확률은

$$\begin{aligned}P(E)&=P(A\cap E)+P(B\cap E)\\&=P(A)P(E|A)+P(B)P(E|B)\\&=\frac{40}{100}\times\frac{90}{100}+\frac{60}{100}\times\frac{50}{100}\\&=\frac{36}{100}+\frac{30}{100}\\&=\frac{66}{100}=\frac{33}{50}\end{aligned}$$

06 답 $\frac{33}{50}$ (또는 66 %)

안드로이드 사용자를 고르는 사건을 A, 해당 앱 설치자를 고르는 사건을 B라 하면

$P(A)=\frac{70}{100}$, $P(A^c)=\frac{30}{100}$이고,

$P(B|A)=\frac{60}{100}$, $P(B|A^c)=\frac{80}{100}$

따라서 구하는 확률은

$$\begin{aligned}P(B)&=P(A\cap B)+P(A^c\cap B)\\&=P(A)P(B|A)+P(A^c)P(B|A^c)\\&=\frac{70}{100}\times\frac{60}{100}+\frac{30}{100}\times\frac{80}{100}\\&=\frac{42}{100}+\frac{24}{100}\\&=\frac{66}{100}=\frac{33}{50}\end{aligned}$$

[다른 풀이]

안드로이드 사용자를 고르는 사건을 A, 아이폰 사용자를 고르는 사건을 B, 해당 앱 설치자를 고르는 사건을 E라 하면

$P(A)=\frac{70}{100}$, $P(B)=\frac{30}{100}$이고,

$P(E|A)=\frac{60}{100}$, $P(E|B)=\frac{80}{100}$

따라서 구하는 확률은

$$\begin{aligned}P(E)&=P(A\cap E)+P(B\cap E)\\&=P(A)P(E|A)+P(B)P(E|B)\\&=\frac{70}{100}\times\frac{60}{100}+\frac{30}{100}\times\frac{80}{100}\\&=\frac{42}{100}+\frac{24}{100}=\frac{66}{100}=\frac{33}{50}\end{aligned}$$

07 답 $\frac{15}{53}$

H사, K사, D사의 자동차를 구입하는 사건을 각각 A, B, C라 하고, 소형차 한 대를 구입하는 사건을 E라 하면

$$\begin{aligned}P(E)&=P(A\cap E)+P(B\cap E)+\boxed{P(C\cap E)}\\&=0.5\times0.6+0.3\times0.5+\boxed{0.2}\times\boxed{0.4}\\&=0.30+\boxed{0.15}+\boxed{0.08}=\boxed{0.53}\end{aligned}$$

따라서 이 소형차가 K사의 자동차일 확률은

$$P(\boxed{B|E})=\frac{P(B\cap E)}{P(E)}=\frac{0.15}{\boxed{0.53}}=\frac{15}{\boxed{53}}$$

08 답 $\frac{3}{4}$

상자 A를 택하는 사건을 A, 상자 B를 택하는 사건을 B, 흰 공이 나오는 사건을 E라 하면

$$\begin{aligned}P(E)&=P(A\cap E)+P(B\cap E)\\&=P(A)P(E|A)+P(B)P(E|B)\\&=\frac{1}{2}\times\frac{3}{5}+\frac{1}{2}\times\frac{1}{5}=\frac{3}{10}+\frac{1}{10}=\frac{4}{10}=\frac{2}{5}\end{aligned}$$

따라서 흰 공이 상자 A에서 나왔을 확률은

$$P(A|E)=\frac{P(A\cap E)}{P(E)}=\frac{\frac{3}{10}}{\frac{2}{5}}=\frac{3}{4}$$

09 답 $\frac{14}{39}$

A공장에서 생산되는 사건을 A, B공장에서 생산되는 사건을 B, C공장에서 생산되는 사건을 C, 불량품을 뽑는 사건을 E라 하면

$$\begin{aligned}P(E)&=P(A\cap E)+P(B\cap E)+P(C\cap E)\\&=P(A)P(E|A)+P(B)P(E|B)+P(C)P(E|C)\\&=0.4\times0.05+0.35\times0.04+0.25\times0.02\\&=0.02+0.014+0.005=0.039\end{aligned}$$

따라서 뽑힌 불량품이 B공장에서 생산되었을 확률은

$$P(B|E)=\frac{P(B\cap E)}{P(E)}=\frac{0.014}{0.039}=\frac{14}{39}$$

10 답 (1) $P(A^c\cap B)$, $P(A^c)P(B|A^c)$
(2) $P(B|A)$, $P(A^c)P(B|A^c)$

16 사건의 독립과 종속 ▸ p.106

01 답 **독립**

첫 번째에 꺼낸 공을 다시 넣으므로 두 번째에 흰 공을 꺼낼 확률은 첫 번째에 꺼낸 공의 색깔에 영향을

(받는다. , (받지 않는다.))

즉, $\mathrm{P}(B|A)=\boxed{\frac{3}{7}}$, $\mathrm{P}(B|A^C)=\boxed{\frac{3}{7}}$이므로

$\mathrm{P}(B|A)\ (=)\ \mathrm{P}(B|A^C)\ (=)\ \mathrm{P}(B)$

따라서 두 사건 A, B는 서로 ((독립) , 종속)이다.

02 답 **종속**

첫 번째에 꺼낸 공을 다시 넣지 않았으므로 두 번째에 흰 공을 꺼낼 확률은 첫 번째에 꺼낸 공의 색깔에 영향을

((받는다.) , 받지 않는다.)

즉, $\mathrm{P}(B|A)=\boxed{\frac{2}{6}}$, $\mathrm{P}(B|A^C)=\boxed{\frac{3}{6}}$이므로

$\mathrm{P}(B|A)\ (\neq)\ \mathrm{P}(B)$

따라서 두 사건 A, B는 서로 (독립 , (종속))이다.

03 답 $\mathbf{\frac{1}{4}}$

두 사건 A, B가 서로 독립이므로

$\mathrm{P}(B|A)=\mathrm{P}(B)=\frac{1}{4}$

04 답 $\mathbf{\frac{3}{8}}$

두 사건 A, B가 서로 독립이므로

$\mathrm{P}(A|B)=\mathrm{P}(A)=\frac{3}{8}$

05 답 **(1) $\mathrm{P}(B)$, $\mathrm{P}(A)$, 독립 (2) 종속**

17 사건의 독립과 종속의 판정 ▸ p.107~110

01 답 **독립**

$A=\{2, 4, 6, 8, 10\}$, $B=\{\boxed{5, 10}\}$,

$C=\{\boxed{2, 3, 5, 7}\}$이므로

$\mathrm{P}(A)=\frac{5}{10}=\frac{1}{2}$, $\mathrm{P}(B)=\frac{\boxed{2}}{10}=\boxed{\frac{1}{5}}$,

$\mathrm{P}(C)=\frac{\boxed{4}}{10}=\boxed{\frac{2}{5}}$이다.

$A\cap B=\{\boxed{10}\}$이므로

$\mathrm{P}(A\cap B)=\frac{1}{10}\ (=)\ \mathrm{P}(A)\mathrm{P}(B)=\frac{1}{2}\times\boxed{\frac{1}{5}}$

따라서 A와 B는 서로 $\boxed{\text{독립}}$이다.

02 답 **종속**

$B\cap C=\{5\}$이므로

$\mathrm{P}(B\cap C)=\frac{1}{10}\neq\mathrm{P}(B)\mathrm{P}(C)=\frac{1}{5}\times\frac{2}{5}=\frac{2}{25}$

따라서 B와 C는 서로 종속이다.

03 답 **종속**

$A\cap C=\{2\}$이므로

$\mathrm{P}(A\cap C)=\frac{1}{10}\neq\mathrm{P}(A)\mathrm{P}(C)=\frac{1}{2}\times\frac{2}{5}=\frac{1}{5}$

따라서 A와 C는 서로 종속이다.

04 답 **참**

$A=\{2, 4, 6\}$, $B=\{3, 6\}$, $C=\{1, 3, 5\}$이므로

$\mathrm{P}(A)=\frac{3}{6}=\frac{1}{2}$, $\mathrm{P}(B)=\frac{2}{6}=\frac{1}{3}$,

$\mathrm{P}(C)=\frac{3}{6}=\frac{1}{2}$이다.

$A\cap B=\{6\}$이므로

$\mathrm{P}(A\cap B)=\frac{1}{6}=\mathrm{P}(A)\mathrm{P}(B)=\frac{1}{2}\times\frac{1}{3}$

따라서 A와 B는 서로 독립이다. (참)

05 답 **거짓**

$B\cap C=\{3\}$이므로 $B\cap C\neq\varnothing$

따라서 B와 C는 서로 배반사건인 것은 아니다. (거짓)

06 답 **참**

$A\cap C=\varnothing$이므로

$\mathrm{P}(A\cap C)=0\neq\mathrm{P}(A)\mathrm{P}(C)=\frac{1}{2}\times\frac{1}{2}$

따라서 A와 C는 서로 종속이다. (참)

07 답 $\mathbf{\frac{1}{4}}$

두 사건 A, B가 서로 독립이므로 $\mathrm{P}(B)=\mathrm{P}(B|A)=\frac{1}{4}$

08 답 $\mathbf{\frac{1}{12}}$

두 사건 A, B가 서로 독립이므로

$\mathrm{P}(A\cap B)=\mathrm{P}(A)\mathrm{P}(B)=\frac{1}{3}\times\frac{1}{4}=\frac{1}{12}$

09 답 $\frac{1}{2}$

$P(A\cup B)=P(A)+P(B)-P(A\cap B)$
$=\frac{1}{3}+\frac{1}{4}-\frac{1}{12}=\frac{1}{2}$

10 답 0.125

두 사건 A와 B가 서로 독립이므로
$P(A\cap B)=P(A)P(B)=0.25\times0.5=0.125$

11 답 0.625

$P(A\cup B)=P(A)+P(B)-P(A\cap B)$
$=0.25+0.5-0.125=0.625$

12 답 0.5

두 사건 A와 B가 서로 독립이므로
$P(B|A)=P(B)=0.5$

13 답 0.7

$P(A\cap B)=P(A)P(B)$이므로
$0.2=0.5\times P(B)$ $\therefore P(B)=0.4$
$\therefore P(A\cup B)=P(A)+P(B)-P(A\cap B)$
$=0.5+0.4-0.2=0.7$

14 답 $\frac{1}{3}$

$P(A^C\cap B^C)=1-P(A\cup B)$
$=1-\{P(A)+P(B)-P(A\cap B)\}$
$=1-\left(\frac{1}{3}+\frac{1}{2}-\frac{1}{6}\right)=\frac{1}{3}$

15 답 $\frac{1}{2}$ 또는 $\frac{2}{5}$

$P(A)=a$, $P(B)=b$라 하면
$0.7=a+b-0.2$
$\therefore b=0.9-a$ ⋯ ㉠
$P(A\cap B)=P(A)P(B)$에서 $0.2=ab$ ⋯ ㉡
㉠을 ㉡에 대입하면 $a(0.9-a)=0.2$, $10a^2-9a+2=0$
$\therefore a=\frac{1}{2}$ 또는 $a=\frac{2}{5}$
$\therefore P(A)=\frac{1}{2}$ 또는 $P(A)=\frac{2}{5}$

16 답 참

$P(A\cap B^C)=P(A)-P(A\cap B)$
$=P(A)-\boxed{P(A)P(B)}$ ($\because$ A와 B가 서로 독립)
$=P(A)\{1-\boxed{P(B)}\}$
$=P(A)\boxed{P(B^C)}$ (참)

17 답 참

$P(A^C\cap B)=P(B)-P(A\cap B)$
$=P(B)-P(A)P(B)$
$=P(B)\{1-P(A)\}$
$=P(B)P(A^C)$ (참)

18 답 참

$P(A^C\cap B^C)=1-P(A\cup B)$
$=1-\{P(A)+P(B)-P(A\cap B)\}$
$=1-P(A)-P(B)+P(A)P(B)$
$=1-P(A)-P(B)\{1-P(A)\}$
$=\{1-P(A)\}\{1-P(B)\}$
$=P(A^C)P(B^C)$ (참)

19 답 참

$P(A|B)=\frac{P(A\cap B)}{P(B)}=\frac{P(A)P(B)}{P(B)}=P(A)$

$P(A|B^C)=\frac{P(A\cap B^C)}{P(B^C)}=\frac{P(A)P(B^C)}{P(B^C)}=P(A)$

$\therefore P(A|B)=P(A|B^C)$ (참)

20 답 거짓

두 사건 A와 B가 서로 독립이면
$P(A\cap B)=P(A)P(B)$이므로
$P(A\cup B)=P(A)+P(B)-P(A\cap B)$
$P(A\cup B)=P(A)+P(B)-P(A)P(B)$ (거짓)

21 답 참

$P(A|B)P(B|A)=\frac{P(A\cap B)}{P(B)}\times\frac{P(B\cap A)}{P(A)}$
$=\frac{P(A)P(B)}{P(B)}\times\frac{P(B)P(A)}{P(A)}$
$=P(A)P(B)$
$=P(A\cap B)$ (참)

22 답 $\frac{5}{9}$

두 사건 A와 B가 서로 독립이면 A와 B^C, A^C와 B, A^C와 B^C도 각각 서로 독립이므로

$P(B^C|A)=P(B^C)=1-P(B)=1-\frac{4}{9}=\frac{5}{9}$

23 답 $\frac{5}{7}$

두 사건 A^C와 B^C도 서로 독립이므로

$P(A^C|B^C)=P(A^C)=1-P(A)=1-\frac{2}{7}=\frac{5}{7}$

24 답 $\frac{20}{63}$

두 사건 A^c와 B도 서로 독립이므로

$P(A^c \cap B) = P(A^c)P(B) = \frac{5}{7} \times \frac{4}{9} = \frac{20}{63}$

25 답 참

두 사건 A, B가 서로 독립이면 A와 B^c, A^c와 B, A^c와 B^c도 서로 독립이다.

따라서 정의로부터

$P(A|B^c) = P(A|B) = P(A)$

$P(A^c|B) = P(A^c|B^c) = P(A^c)$이므로

$1 - P(A^c|B) = 1 - P(A^c) = P(A)$

$\therefore P(A|B^c) = 1 - P(A^c|B)$ (참)

26 답 참

$\{1-P(A)\}\{1-P(B)\}$

$= 1 - P(A) - P(B) + P(A)P(B)$

$= 1 - \{P(A) + P(B) - P(A)P(B)\}$

$= 1 - \{P(A) + P(B) - P(A \cap B)\}$

$= 1 - P(A \cup B)$ (참)

27 답 $\frac{8}{35}$

두 주머니에서 공을 하나씩 뽑는 사건은 서로 독립이고, 각각 검은 공이 나와야 하므로 구하는 확률은

$\frac{2}{5} \times \frac{4}{7} = \frac{8}{35}$

28 답 $\frac{1}{25}$

뽑은 제비를 다시 넣으므로 두 사람이 제비를 뽑는 것은 서로 독립이다.

따라서 둘 다 당첨제비를 뽑을 확률은

$\frac{2}{10} \times \frac{2}{10} = \frac{1}{25}$

29 답 $\frac{1}{2}$

두 수의 합이 홀수이려면 두 주머니 A, B에서 꺼낸 공에 적힌 수가 각각 홀수, 짝수이거나 짝수, 홀수이어야 한다. 두 주머니 A, B에서 꺼낸 공에 적힌 수가 홀수인 사건을 각각 A, B라 할 때,

(i) A에서 홀수, B에서 짝수가 나올 확률은

$P(A \cap B^c) = P(A)P(B^c) = \frac{3}{5} \times \frac{2}{4} = \frac{3}{10}$

(ii) A에서 짝수, B에서 홀수가 나올 확률은

$P(A^c \cap B) = P(A^c)P(B) = \frac{2}{5} \times \frac{2}{4} = \frac{1}{5}$

(i), (ii)에서 구하는 확률은 $\frac{3}{10} + \frac{1}{5} = \frac{1}{2}$

30 답 0.94

두 선수가 자유투를 던지는 것은 서로 독립이므로

(적어도 한 명이 성공할 확률)

$=1-$(둘 다 실패할 확률)

$= 1 - 0.2 \times 0.3 = 0.94$

31 답 0.96

이 선수가 매회 자유투를 던지는 것은 서로 독립이므로

(적어도 한 번 성공할 확률)$=1-$(둘 다 실패할 확률)

$= 1 - 0.4 \times 0.1 = 0.96$

32 답 3

세 명이 페널티 킥을 하는 것은 각각 독립이므로

(한 명도 성공하지 못할 확률)

$=$(모두 실패할 확률)

$= (1-0.7)(1-0.8)(1-0.9)$

$= 0.3 \times 0.2 \times 0.1$

$= \frac{6}{1000} = \frac{3}{500} = \frac{k}{500}$

$\therefore k = 3$

33 답 (1) $P(A)$, $P(B)$ (2) $\neq$

18 독립시행의 확률

▸ p.111~112

01 답 독립시행

02 답 독립시행이 아니다.

03 답 독립시행

04 답 독립시행

05 답 $\frac{2}{3}$

$A = \{\boxed{1, 2, 3, 6}\}$이므로 $P(A) = \frac{\boxed{4}}{6} = \boxed{\frac{2}{3}}$

06 답 $\frac{80}{243}$

${}_5C_4\left(\frac{2}{3}\right)^4\left(\frac{1}{3}\right)^1 = \frac{80}{243}$

07 답 $\frac{1}{3^8}$

${}_8C_0\left(\frac{2}{3}\right)^0\left(\frac{1}{3}\right)^8 = \frac{1}{3^8}$

08 답 5, 4, 4, 1

과녁을 4번 명중시킨 확률은

$\boxed{5}C_{\boxed{4}}\left(\frac{4}{5}\right)^{\boxed{4}}\times\left(\frac{1}{5}\right)^{\boxed{1}}$이다.

09 답 $\frac{1}{5}$

${}_5C_0\left(\frac{4}{5}\right)^0\times\left(\frac{1}{5}\right)^5=\left(\boxed{\frac{1}{5}}\right)^5$

10 답 $\frac{1}{5}$

(한 번 이상 과녁을 명중시킬 확률)

$=1-$(모두 명중시키지 못할 확률)

$=1-{}_5C_0\left(\frac{4}{5}\right)^0\times\left(\frac{1}{5}\right)^5=1-\left(\boxed{\frac{1}{5}}\right)^5$

11 답 5, 4, 1, 5, 5, 0

(네 번 또는 다섯 번 과녁을 명중시킬 확률)

$=$(네 번 과녁을 명중시킬 확률)$+$(다섯 번 과녁을 명중시킬 확률)

$=\boxed{5}C_4\left(\frac{4}{5}\right)^{\boxed{4}}\times\left(\frac{1}{5}\right)^{\boxed{1}}+\boxed{5}C_5\left(\frac{4}{5}\right)^{\boxed{5}}\times\left(\frac{1}{5}\right)^{\boxed{0}}$

12 답 예 ${}_6C_5\left(\frac{2}{5}\right)^5\left(\frac{3}{5}\right)^1$

한 번의 시행에서 짝수가 적힌 영역을 맞힐 확률은 $\frac{2}{5}$이므로

구하는 확률은 ${}_6C_5\left(\frac{2}{5}\right)^5\left(\frac{3}{5}\right)^1$

13 답 예 ${}_6C_4\left(\frac{3}{5}\right)^4\left(\frac{2}{5}\right)^2$

한 번의 시행에서 홀수가 적힌 영역을 맞힐 확률은 $\frac{3}{5}$이므로

구하는 확률은 ${}_6C_4\left(\frac{3}{5}\right)^4\left(\frac{2}{5}\right)^2$

14 답 예 ${}_6C_4\left(\frac{3}{5}\right)^4\left(\frac{2}{5}\right)^2+{}_6C_5\left(\frac{3}{5}\right)^5\left(\frac{2}{5}\right)^1+{}_6C_6\left(\frac{3}{5}\right)^6$

평균적으로 5문제 중 3문제를 맞히므로 한 번의 시행에서 문제를 맞힐 확률은 $\frac{3}{5}$이다.

이때, 6문제가 출제된 어떤 시험에서 4문제 이상을 맞히는 것은 4문제 또는 5문제 또는 6문제를 맞히는 경우이므로

구하는 확률은 ${}_6C_4\left(\frac{3}{5}\right)^4\left(\frac{2}{5}\right)^2+{}_6C_5\left(\frac{3}{5}\right)^5\left(\frac{2}{5}\right)^1+{}_6C_6\left(\frac{3}{5}\right)^6$

15 답 $\frac{11}{32}$

6개의 동전을 동시에 던지는 시행에서 나온 앞면의 개수와 뒷면의 개수를 순서쌍으로 나타낼 때, 앞면의 개수가 더 많은 경우는 (6, 0), (5, 1), (4, 2)일 때이다.

따라서 동전을 던지는 시행은 독립시행이므로 구하는 확률은

${}_6C_6\left(\frac{1}{2}\right)^6\left(\frac{1}{2}\right)^0+{}_6C_5\left(\frac{1}{2}\right)^5\left(\frac{1}{2}\right)^1+{}_6C_4\left(\frac{1}{2}\right)^4\left(\frac{1}{2}\right)^2$

$=\frac{1}{2^6}({}_6C_6+{}_6C_5+{}_6C_4)=\frac{1}{64}(1+6+15)=\frac{22}{64}=\frac{11}{32}$

16 답 (1) 독립시행 (2) ${}_nC_r p^r(1-p)^{n-r}$

19 독립시행의 확률의 활용

▸ p.113~115

01 답 $\frac{1}{8}$

종수와 서현이가 가위바위보를 할 때 비기는 경우가 없으므로

(종수가 이기는 확률)$+$(종수가 지는 확률)$=1$

이다. 이때,

(종수가 지는 확률)$=$(서현이가 이기는 확률)

$=$(종수가 이기는 확률)

이므로 종수가 이기는 확률은 $\frac{1}{2}$이고, 마찬가지로 서현이가 이기는 확률도 $\frac{1}{2}$이다.

따라서 서현이가 먼저 관문을 통과하려면 3번 모두 서현이가 이기면 되므로 ${}_3C_3\left(\frac{1}{2}\right)^3=\frac{1}{8}$

02 답 $\frac{3}{16}$

가위바위보를 한 지 5번 만에 종수가 통과하려면 4번째까지는 각자 2번씩 이기고 5번째에 종수가 이기면 되므로

${}_4C_2\left(\frac{1}{2}\right)^2\left(\frac{1}{2}\right)^2\times\frac{1}{2}=\frac{3}{16}$

03 답 $\frac{3}{8}$

5번째 경기에서 우승팀이 결정되려면 우승팀은 4번째 경기까지 $\boxed{2}$번 이기고 5번째 경기에서 이겨야 한다.

(i) A팀이 우승할 확률

${}_4C_{\boxed{2}}\left(\frac{1}{2}\right)^{\boxed{2}}\left(\frac{1}{2}\right)^{\boxed{2}}\times\frac{1}{2}=\boxed{\frac{3}{16}}$

(ii) B팀이 우승할 확률

${}_4C_{\boxed{2}}\left(\frac{1}{2}\right)^{\boxed{2}}\left(\frac{1}{2}\right)^{\boxed{2}}\times\frac{1}{2}=\boxed{\frac{3}{16}}$

(i), (ii)에서 구하는 확률은 $\boxed{\frac{3}{16}}+\boxed{\frac{3}{16}}=\boxed{\frac{3}{8}}$

수력 UP

두 팀 A, B가 4번째 경기까지 서로 2번 이기고 2번 지면 5번째 경기 결과에 관계없이 5번째 경기에서 우승팀이 결정되므로

구하는 확률은 ${}_4C_2\left(\frac{1}{2}\right)^2\left(\frac{1}{2}\right)^2=\frac{3}{8}$

04 답 $\frac{3}{16}$

갑이 4차전에서 우승하려면 3차전까지 갑이 2번 이기고, 4차전에서 한번 더 이기면 되므로 구하는 확률은

$${}_3C_2\left(\frac{1}{2}\right)^2\left(\frac{1}{2}\right)^1\times\frac{1}{2}=\frac{3}{16}$$

05 답 $\frac{1}{4}$

5번째 시합에서 A가 우승팀으로 결정될 확률은 4번의 시합에서 A가 3회 이기고 5번째 시합에서 한 번 더 이겨야 하므로

$${}_4C_3\left(\frac{1}{2}\right)^3\left(\frac{1}{2}\right)\times\frac{1}{2}=\frac{1}{8}$$

5번째 시합에서 B가 우승팀으로 결정될 확률도 마찬가지 방법으로 $\frac{1}{8}$이다.

따라서 5번째 시합에서 우승팀이 결정될 확률은

$\frac{1}{8}+\frac{1}{8}=\frac{1}{4}$이다.

06 답 $\frac{5}{16}$

6번째 시합까지 A와 B팀이 각각 3회씩 이기면 7번째 시합에서 이기는 팀이 우승팀으로 결정된다.

따라서 구하는 확률은

$${}_6C_3\left(\frac{1}{2}\right)^3\left(\frac{1}{2}\right)^3=\frac{20}{64}=\frac{5}{16}$$

07 답 $\frac{5}{16}$

한 개의 주사위를 던져서 소수의 눈이 나올 확률은

$\frac{\boxed{3}}{6}=\boxed{\frac{1}{2}}$, 소수가 아닌 눈이 나올 확률은 $\frac{\boxed{3}}{6}=\boxed{\frac{1}{2}}$

(i) 한 개의 주사위를 던져서 소수의 눈이 나오고, 한 개의 동전을 2번 던져서 앞면이 2번 나올 확률

$$\boxed{\frac{1}{2}}\times{}_2C_{\boxed{2}}\left(\frac{1}{2}\right)^{\boxed{2}}=\boxed{\frac{1}{2}}\times\frac{1}{4}=\boxed{\frac{1}{8}}$$

(ii) 한 개의 주사위를 던져서 소수가 아닌 눈이 나오고, 한 개의 동전을 4번 던져서 앞면이 2번 나올 확률

$$\boxed{\frac{1}{2}}\times{}_4C_2\left(\frac{1}{2}\right)^2\left(\frac{1}{2}\right)^{\boxed{2}}=\boxed{\frac{1}{2}}\times\frac{\boxed{6}}{16}=\frac{\boxed{3}}{16}$$

(i), (ii)에서 구하는 확률은 $\boxed{\frac{1}{8}}+\frac{\boxed{3}}{16}=\frac{\boxed{5}}{16}$

08 답 $\frac{7}{27}$

한 개의 주사위를 던져서 3의 배수의 눈이 나올 확률은

$\frac{2}{6}=\frac{1}{3}$, 3의 배수가 아닌 눈이 나올 확률은 $\frac{4}{6}=\frac{2}{3}$

(i) 한 개의 동전을 던져서 앞면이 나오고, 한 개의 주사위를 3번 던져서 3의 배수의 눈이 2번 나올 확률

$$\frac{1}{2}\times{}_3C_2\left(\frac{1}{3}\right)^2\left(\frac{2}{3}\right)^1=\frac{1}{2}\times\frac{6}{3^3}=\frac{1}{9}$$

(ii) 한 개의 동전을 던져서 뒷면이 나오고, 한 개의 주사위를 4번 던져서 3의 배수의 눈이 2번 나올 확률

$$\frac{1}{2}\times{}_4C_2\left(\frac{1}{3}\right)^2\left(\frac{2}{3}\right)^2=\frac{1}{2}\times\frac{24}{3^4}=\frac{4}{27}$$

(i), (ii)에서 구하는 확률은 $\frac{1}{9}+\frac{4}{27}=\frac{7}{27}$

09 답 $\frac{31}{96}$

한 개의 주사위를 던져서 5의 배수의 눈이 나올 확률은 $\frac{1}{6}$,

5의 배수가 아닌 눈이 나올 확률은 $\frac{5}{6}$

(i) 한 개의 주사위를 던져서 5의 배수의 눈이 나오고, 한 개의 동전을 3번 던져서 앞면이 2번 나올 확률

$$\frac{1}{6}\times{}_3C_2\left(\frac{1}{2}\right)^2\left(\frac{1}{2}\right)^1=\frac{1}{6}\times\frac{3}{2^3}=\frac{1}{16}$$

(ii) 한 개의 주사위를 던져서 5의 배수가 아닌 눈이 나오고, 한 개의 동전을 5번 던져서 앞면이 2번 나올 확률

$$\frac{5}{6}\times{}_5C_2\left(\frac{1}{2}\right)^2\left(\frac{1}{2}\right)^3=\frac{5}{6}\times\frac{10}{2^5}=\frac{25}{96}$$

(i), (ii)에서 구하는 확률은 $\frac{1}{16}+\frac{25}{96}=\frac{6}{96}+\frac{25}{96}=\frac{31}{96}$

10 답 $\frac{9}{28}$

주머니에서 임의로 2개의 공을 동시에 꺼낼 때, 서로 다른 색의 공이 나올 확률은 $\frac{{}_4C_1\times{}_3C_1}{{}_7C_2}=\frac{12}{21}=\frac{4}{7}$, 같은 색의 공이 나올 확률은 $1-\frac{4}{7}=\frac{3}{7}$

(i) 주머니에서 임의로 2개의 공을 동시에 꺼낼 때, 같은 색의 공이 나오고, 동전을 2번 던져서 동전의 앞면이 2번 나올 확률

$$\frac{3}{7}\times{}_2C_2\left(\frac{1}{2}\right)^2=\frac{3}{7}\times\frac{1}{4}=\frac{3}{28}$$

(ii) 주머니에서 임의로 2개의 공을 동시에 꺼낼 때, 서로 다른 색의 공이 나오고, 동전을 3번 던져서 동전의 앞면이 2번 나올 확률

$$\frac{4}{7}\times{}_3C_2\left(\frac{1}{2}\right)^2\left(\frac{1}{2}\right)^1=\frac{4}{7}\times\frac{3}{8}=\frac{3}{14}$$

(i), (ii)에서 구하는 확률은 $\frac{3}{28}+\frac{3}{14}=\frac{9}{28}$

수력 UP

주머니에서 임의로 2개의 공을 동시에 꺼낼 때, 같은 색의 공이 나올 확률을 다음과 같이 계산할 수도 있다.

∴ (흰 공 2개가 나올 확률)+(검은 공 2개가 나올 확률)

$$=\frac{{}_4C_2}{{}_7C_2}+\frac{{}_3C_2}{{}_7C_2}=\frac{6}{21}+\frac{3}{21}=\frac{9}{21}=\frac{3}{7}$$

11 답 $\frac{2}{7}$

1에서 7까지의 자연수가 각각 적힌 7장의 카드 중에서 임의로 한 장의 카드를 뽑을 때, 3의 배수가 적힌 카드가 나올 확률은 $\frac{2}{7}$, 3의 배수가 아닌 자연수가 적힌 카드가 나올 확률은 $\frac{5}{7}$이고, 한 개의 주사위를 한 번 던져서 소수의 눈이 나올 확률은 $\frac{3}{6}=\frac{1}{2}$, 소수가 아닌 눈이 나올 확률은 $1-\frac{1}{2}=\frac{1}{2}$

(i) 3의 배수가 적힌 카드가 나오고, 주사위를 3번 던져서 소수의 눈이 한 번 나올 확률

$\frac{2}{7}\times{}_3C_1\left(\frac{1}{2}\right)^1\left(\frac{1}{2}\right)^2=\frac{2}{7}\times\frac{3}{2^3}=\frac{3}{28}$

(ii) 3의 배수가 아닌 자연수가 적힌 카드가 나오고, 주사위를 4번 던져서 소수의 눈이 한 번 나올 확률

$\frac{5}{7}\times{}_4C_1\left(\frac{1}{2}\right)^1\left(\frac{1}{2}\right)^3=\frac{5}{7}\times\frac{4}{2^4}=\frac{5}{28}$

(i), (ii)에서 구하는 확률은 $\frac{3}{28}+\frac{5}{28}=\frac{8}{28}=\frac{2}{7}$

12 답 $\frac{5}{16}$

동전을 5번 던져 앞면이 x번, 뒷면이 y번 나왔다고 하면

$x+y=5$ ⋯ ㉠

이때, 점 P의 위치는

$x-y=-1$ ⋯ ㉡

㉠, ㉡을 연립하여 풀면 $x=2$, $y=3$

즉, 동전을 5번 던져서 점 P가 수직선 위의 -1에 오는 경우는 앞면이 2번, 뒷면이 3번 나올 때이다.

따라서 구하는 확률은 ${}_5C_2\left(\frac{1}{2}\right)^2\left(\frac{1}{2}\right)^3=\frac{10}{2^5}=\frac{5}{16}$

13 답 $\frac{80}{243}$

주사위를 던져서 5의 약수의 눈이 나올 확률은 $\frac{2}{6}=\frac{1}{3}$, 5의 약수가 아닌 눈이 나올 확률은 $\frac{4}{6}=\frac{2}{3}$이다.

주사위를 5번 던져 5의 약수의 눈이 x번, 5의 약수가 아닌 눈이 y번 나왔다고 하면

$x+y=5$ ⋯ ㉠

이때, 점 P의 위치는

$2x-y=-2$ ⋯ ㉡

㉠, ㉡을 연립하여 풀면 $x=1$, $y=4$

즉, 주사위를 5번 던져서 점 P가 수직선 위의 -2에 오는 경우는 5의 약수의 눈이 1번, 5의 약수가 아닌 눈이 4번 나올 때이다.

따라서 구하는 확률은 ${}_5C_1\left(\frac{1}{3}\right)^1\left(\frac{2}{3}\right)^4=\frac{5\times2^4}{3^5}=\frac{80}{243}$

14 답 $\frac{15}{128}$

동전을 10번 던져 앞면이 x번, 뒷면이 y번 나왔다고 하면

$x+y=10$ ⋯ ㉠

이때, 얻은 점수의 합은 $6x+3y=39$ ⋯ ㉡

㉠, ㉡을 연립하여 풀면 $x=3$, $y=7$

즉, 동전을 10번 던져서 39점을 얻는 경우는 앞면이 3번, 뒷면이 7번 나올 때이다.

따라서 구하는 확률은

${}_{10}C_3\left(\frac{1}{2}\right)^3\left(\frac{1}{2}\right)^7=\frac{10\times9\times8}{3\times2\times1}\times\frac{1}{2^{10}}=\frac{15}{128}$

15 답 0.3456

게임을 4번 해서 x번 이기고, y번 졌다고 하면

$x+y=4$ ⋯ ㉠

이때, 얻은 점수의 합은

$5x-3y=4$ ⋯ ㉡

㉠, ㉡을 연립하여 풀면 $x=2$, $y=2$

즉, 4번의 게임에서 4점을 얻는 경우는 2번 이기고, 2번 질 때이다.

따라서 구하는 확률은

${}_4C_2(0.6)^2(0.4)^2=6\times0.36\times0.16=0.3456$

16 답 $\frac{5}{32}$

한 개의 동전을 5번 던져서 앞면이 x번, 뒷면이 y번 나왔다고 하면

$x+y=5$ ⋯ ㉠

정오각형의 다섯 변의 길이의 합이 5이므로 점 P가 점 B에 오려면 5의 배수보다 1만큼 더 움직여야 한다.

점 P가 움직인 거리의 최솟값은 5, 최댓값은 10이므로 점 P는 6만큼 움직여야 한다.

(최솟값 5: 5번 전부 앞면이 나와 1만큼 움직인 경우, 최댓값 10: 5번 전부 뒷면이 나와 2만큼 움직인 경우)

$x+2y=6$ ⋯ ㉡

㉠, ㉡을 연립하여 풀면 $x=4$, $y=1$

즉, 구하는 확률은 한 개의 동전을 5번 던져서 앞면이 4번, 뒷면이 1번 나올 때이다.

따라서 구하는 확률은 ${}_5C_4\left(\frac{1}{2}\right)^4\left(\frac{1}{2}\right)^1=\frac{5}{2^5}=\frac{5}{32}$

17 답 $\frac{85}{256}$

한 개의 주사위를 8번 던져서 홀수의 눈이 x번, 짝수의 눈이 y번 나왔다고 하면

$x+y=8$ ⋯ ㉠

정육각형의 여섯 변의 길이의 합이 6이므로 점 P가 처음 위치로 돌아오려면 6의 배수만큼 움직여야 한다.

점 P가 움직인 거리의 최솟값은 8, 최댓값은 24이므로

8번 전부 홀수의 눈이 나와 1만큼 움직인 경우 / 8번 전부 짝수의 눈이 나와 3만큼 움직인 경우

점 P는 12 또는 18 또는 24만큼 움직여야 한다.

$x+3y=12$ ⋯ ㉡, $x+3y=18$ ⋯ ㉢, $x+3y=24$ ⋯ ㉣

㉠, ㉡을 연립하여 풀면 $x=6$, $y=2$

한 개의 주사위를 8번 던져서 홀수의 눈이 6번, 짝수의 눈이 2번

나오는 확률은 ${}_8\mathrm{C}_6\left(\frac{1}{2}\right)^6\left(\frac{1}{2}\right)^2=\frac{28}{2^8}$

㉠, ㉢을 연립하여 풀면 $x=3$, $y=5$

한 개의 주사위를 8번 던져서 홀수의 눈이 3번, 짝수의 눈이 5번

나오는 확률은 ${}_8\mathrm{C}_3\left(\frac{1}{2}\right)^3\left(\frac{1}{2}\right)^5=\frac{56}{2^8}$

㉠, ㉣을 연립하여 풀면 $x=0$, $y=8$

한 개의 주사위를 8번 던져서 짝수의 눈만 8번 나오는 확률은

${}_8\mathrm{C}_0\left(\frac{1}{2}\right)^8=\frac{1}{2^8}$

따라서 구하는 확률은 $\frac{28}{2^8}+\frac{56}{2^8}+\frac{1}{2^8}=\frac{85}{256}$

18 답 **(1) $n-1$, $r-1$ (2) 독립시행 (3) 방정식**

단원 마무리 평가 [13~19]

▸문제편 p.116~120

01 답 ①

$\mathrm{P}(A)=1-\mathrm{P}(A^C)=1-0.6=0.4$

$\mathrm{P}(A\cup B)=\mathrm{P}(A)+\mathrm{P}(B)-\mathrm{P}(A\cap B)$이므로

$0.7=0.4+0.5-\mathrm{P}(A\cap B)$에서 $\mathrm{P}(A\cap B)=0.2$

$\therefore \mathrm{P}(A|B)=\frac{\mathrm{P}(A\cap B)}{\mathrm{P}(B)}=\frac{0.2}{0.5}=\frac{2}{5}$

02 답 ⑤

$\mathrm{P}(B)=1-\mathrm{P}(B^C)=1-\frac{2}{3}=\frac{1}{3}$

$\mathrm{P}(B|A)=\frac{\mathrm{P}(A\cap B)}{\mathrm{P}(A)}=\frac{\mathrm{P}(A\cap B)}{\frac{1}{4}}=\frac{1}{3}$이므로

$\mathrm{P}(A\cap B)=\frac{1}{12}$

$\therefore \mathrm{P}(A|B)=\frac{\mathrm{P}(A\cap B)}{\mathrm{P}(B)}=\frac{\frac{1}{12}}{\frac{1}{3}}=\frac{1}{4}$

03 답 $\frac{5}{6}$

$\mathrm{P}(A^C)=1-\mathrm{P}(A)=1-\frac{2}{5}=\frac{3}{5}$

두 사건 A, B가 서로 배반사건이므로

$A\cap B=\varnothing$에서 $B\subset A^C$

즉 $A^C\cap B=B$이므로 $\mathrm{P}(A^C\cap B)=\mathrm{P}(B)=\frac{1}{2}$이다.

$\therefore \mathrm{P}(B|A^C)=\frac{\mathrm{P}(A^C\cap B)}{\mathrm{P}(A^C)}=\frac{\mathrm{P}(B)}{\mathrm{P}(A^C)}=\frac{\frac{1}{2}}{\frac{3}{5}}=\frac{5}{6}$

04 답 ④

연극 관람을 희망한 학생을 택하는 사건을 A, 남학생을 택하는 사건을 B라 하면

$\mathrm{P}(A)=\frac{24}{40}=\frac{3}{5}$, $\mathrm{P}(A\cap B)=\frac{15}{40}=\frac{3}{8}$

따라서 구하는 확률은

$\mathrm{P}(B|A)=\frac{\mathrm{P}(A\cap B)}{\mathrm{P}(A)}=\frac{\frac{3}{8}}{\frac{3}{5}}=\frac{5}{8}$

05 답 ④

부서 A에서 근무한 적이 있는 직원을 뽑는 사건을 A, 남성 직원을 뽑는 사건을 B라 하면

$\mathrm{P}(A)=\frac{2}{5}$, $\mathrm{P}(A\cap B)=\frac{2}{7}$

따라서 구하는 확률은

$\mathrm{P}(B|A)=\frac{\mathrm{P}(A\cap B)}{\mathrm{P}(A)}=\frac{\frac{2}{7}}{\frac{2}{5}}=\frac{5}{7}$

06 답 ②

ab가 홀수인 사건을 A, $a+b$가 6의 배수인 사건을 B라 하자.

ab가 홀수이려면 a와 b가 모두 홀수이어야 하므로

ab가 홀수인 경우의 수는 $3\times3=9$

$\therefore \mathrm{P}(A)=\frac{9}{36}=\frac{1}{4}$

ab가 홀수이고, $a+b$가 6의 배수인 경우는

$(1, 5)$, $(3, 3)$, $(5, 1)$의 3가지이다.

$\therefore \mathrm{P}(A\cap B)=\frac{3}{36}=\frac{1}{12}$

따라서 구하는 확률은

$\mathrm{P}(B|A)=\frac{\mathrm{P}(A\cap B)}{\mathrm{P}(A)}=\frac{\frac{1}{12}}{\frac{1}{4}}=\frac{1}{3}$

07 답 ②

첫 번째에 뽑힌 학생이 여자인 사건을 A, 두 번째에 뽑힌 학생이 여자인 사건을 B라 하면

$\mathrm{P}(A)=\frac{25}{40}=\frac{5}{8}$, $\mathrm{P}(B|A)=\frac{24}{39}$

따라서 구하는 확률은

$\mathrm{P}(A\cap B)=\mathrm{P}(A)\mathrm{P}(B|A)=\frac{5}{8}\times\frac{24}{39}=\frac{5}{13}$

[다른 풀이]

전체 학생은 $15+25=40$(명)이므로 2명을 뽑는 경우의 수는 ${}_{40}\mathrm{C}_2$, 여학생 중에서 2명을 뽑는 경우의 수는 ${}_{25}\mathrm{C}_2$이다.

따라서 구하는 확률은 $\frac{{}_{25}\mathrm{C}_2}{{}_{40}\mathrm{C}_2}=\frac{25\times24}{40\times39}=\frac{5}{13}$

08 답 ①

첫 번째에 딸기 주스를 마시는 사건을 A, 두 번째에 망고 주스를 마시는 사건을 B라 하면

$\mathrm{P}(A)=\frac{7}{13}$, $\mathrm{P}(B|A)=\frac{6}{12}=\frac{1}{2}$

따라서 구하는 확률은

$\mathrm{P}(A\cap B)=\mathrm{P}(A)\mathrm{P}(B|A)=\frac{7}{13}\times\frac{1}{2}=\frac{7}{26}$

[다른 풀이]

전체 주스는 $7+6=13$(개)이므로 2개의 주스를 차례로 선택하는 경우의 수는 ${}_{13}\mathrm{P}_2$, 첫 번째에 딸기 주스를, 두 번째에는 망고 주스를 선택하는 경우의 수는 7×6

따라서 구하는 확률은 $\frac{7\times6}{{}_{13}\mathrm{P}_2}=\frac{7\times6}{13\times12}=\frac{7}{26}$

09 답 ③

A 주머니를 택하는 사건을 A, 흰 공을 꺼내는 사건을 E라 하면

$\mathrm{P}(A)=\frac{1}{2}$, $\mathrm{P}(E|A)=\frac{3}{7}$

따라서 구하는 확률은

$$\mathrm{P}(A\cap E)=\mathrm{P}(A)\mathrm{P}(E|A)=\frac{1}{2}\times\frac{3}{7}=\frac{3}{14}$$

10 답 ④

당첨 쿠폰의 개수를 x라 하고, 아정이가 당첨 쿠폰을 꺼내지 못하는 사건을 A, 정우가 당첨 쿠폰을 꺼내는 사건을 B라 하면

$\mathrm{P}(A)=\frac{10-x}{10}$, $\mathrm{P}(B|A)=\frac{x}{9}$

따라서 정우만 당첨 쿠폰을 꺼낼 확률은

$$\mathrm{P}(A\cap B)=\mathrm{P}(A)\mathrm{P}(B|A)=\frac{10-x}{10}\times\frac{x}{9}=\frac{10x-x^2}{90}$$

에서 $\frac{10x-x^2}{90}=\frac{5}{18}$이므로 $x^2-10x+25=0$

$(x-5)^2=0 \qquad \therefore x=5$

따라서 당첨 쿠폰의 개수는 5

수력 UP

낙첨 쿠폰의 개수를 x라 하면

$$\mathrm{P}(A\cap B)=\mathrm{P}(A)\mathrm{P}(B|A)=\frac{x}{10}\times\frac{9-(x-1)}{9}=\frac{10x-x^2}{90}$$

이므로 그 결과는 같다.

11 답 ⑤

수민이가 치즈 케이크를 꺼내는 사건을 A, 인철이가 초코 케이크를 꺼내는 사건을 E라 하자.

$\mathrm{P}(A)=\frac{3}{8}$, $\mathrm{P}(A^C)=1-\mathrm{P}(A)=\frac{5}{8}$

$\mathrm{P}(E|A)=\frac{5}{7}$, $\mathrm{P}(E|A^C)=\frac{4}{7}$

따라서 구하는 확률은

$$\begin{aligned}\mathrm{P}(E)&=\mathrm{P}(A\cap E)+\mathrm{P}(A^C\cap E)\\&=\mathrm{P}(A)\mathrm{P}(E|A)+\mathrm{P}(A^C)\mathrm{P}(E|A^C)\\&=\frac{3}{8}\times\frac{5}{7}+\frac{5}{8}\times\frac{4}{7}=\frac{5}{8}\end{aligned}$$

12 답 $\frac{17}{300}$

전체를 $1(=100\,\%)$로 두고, 주어진 조건을 표로 정리하면 다음과 같다.

구분	독감 걸림	독감 안 걸림	계
주사 맞음 $\left(80\,\%=\frac{4}{5}\right)$	$\frac{4}{5}\times\frac{1}{20}=\frac{1}{25}$	$\frac{4}{5}\times\frac{19}{20}=\frac{19}{25}$	$\frac{4}{5}$
주사 안 맞음 $\left(20\,\%=\frac{1}{5}\right)$	$\frac{1}{5}\times\frac{1}{12}=\frac{1}{60}$	$\frac{1}{5}\times\frac{11}{12}=\frac{11}{60}$	$\frac{1}{5}$
합계	$\frac{17}{300}$	$\frac{283}{300}$	1

따라서 독감에 걸릴 확률은 $\frac{1}{25}+\frac{1}{60}=\frac{12}{300}+\frac{5}{300}=\frac{17}{300}$

[다른 풀이]

이 학생이 독감 예방 주사를 접종한 사건을 A, 독감에 걸린 사건을 E라 하면

$\mathrm{P}(A)=\frac{80}{100}=\frac{4}{5}$, $\mathrm{P}(A^C)=1-\mathrm{P}(A)=1-\frac{4}{5}=\frac{1}{5}$

$\mathrm{P}(E|A)=\frac{1}{20}$, $\mathrm{P}(E|A^C)=\frac{1}{12}$

따라서 구하는 확률은

$$\begin{aligned}\mathrm{P}(E)&=\mathrm{P}(A\cap E)+\mathrm{P}(A^C\cap E)\\&=\mathrm{P}(A)\mathrm{P}(E|A)+\mathrm{P}(A^C)\mathrm{P}(E|A^C)\\&=\frac{4}{5}\times\frac{1}{20}+\frac{1}{5}\times\frac{1}{12}=\frac{12}{300}+\frac{5}{300}=\frac{17}{300}\end{aligned}$$

13 답 ⑤

구분	문제 수	그 과목을 선택할 확률	그때 맞힐 확률	맞힐 거라는 기대 확률
수학	2	$\frac{2}{6}$	$\frac{4}{5}$	$\frac{2}{6}\times\frac{4}{5}=\frac{4}{15}$
영어	4	$\frac{4}{6}$	$\frac{7}{10}$	$\frac{4}{6}\times\frac{7}{10}=\frac{7}{15}$
합계	6	1	−	$\frac{11}{15}$

따라서 문제의 정답을 맞힐 확률은 수학 문제를 선택하고 맞히는 경우 또는 영어 문제를 선택하고 맞히는 경우이므로

$\frac{2}{6}\times\frac{4}{5}+\frac{4}{6}\times\frac{7}{10}=\frac{4}{15}+\frac{7}{15}=\frac{11}{15}$

[다른 풀이]

차윤이가 수학 문제를 푸는 사건을 A, 영어 문제를 푸는 사건을 B, 정답을 맞히는 사건을 E라 하면

$\mathrm{P}(A)=\frac{2}{6}=\frac{1}{3}$, $\mathrm{P}(B)=\frac{4}{6}=\frac{2}{3}$

$\mathrm{P}(E|A)=\frac{4}{5}$, $\mathrm{P}(E|B)=\frac{7}{10}$

$$\begin{aligned}\therefore \mathrm{P}(E)&=\mathrm{P}(A\cap E)+\mathrm{P}(B\cap E)\\&=\mathrm{P}(A)\mathrm{P}(E|A)+\mathrm{P}(B)\mathrm{P}(E|B)\\&=\frac{1}{3}\times\frac{4}{5}+\frac{2}{3}\times\frac{7}{10}\\&=\frac{4}{15}+\frac{7}{15}=\frac{11}{15}\end{aligned}$$

14 답 ④

A 경기장에서 100경기를 했다고 가정하고 주어진 조건을 표로 나타내면 다음과 같다.

장소	경기 수	승리한 경기 수	패한 경기 수
A경기장	30	$30\times0.8=24$	6
타 경기장	70	$70\times0.6=42$	28
합계	100	66	34

따라서 구하는 확률은 $\frac{24}{66}=\frac{4}{11}$

[다른 풀이]

A 경기장에서 경기를 치르는 사건을 A, 경기에서 승리하는 사건을 E라 하면

$\mathrm{P}(A)=\frac{30}{100}=\frac{3}{10}$, $\mathrm{P}(A^c)=1-\mathrm{P}(A)=1-\frac{3}{10}=\frac{7}{10}$

$\mathrm{P}(A\cap E)=\mathrm{P}(A)\mathrm{P}(E|A)=\frac{3}{10}\times\frac{8}{10}=\frac{6}{25}$

$\mathrm{P}(A^c\cap E)=\mathrm{P}(A^c)\mathrm{P}(E|A^c)=\frac{7}{10}\times\frac{6}{10}=\frac{21}{50}$

$$\begin{aligned}\therefore \mathrm{P}(E)&=\mathrm{P}(A\cap E)+\mathrm{P}(A^c\cap E)\\&=\frac{6}{25}+\frac{21}{50}=\frac{33}{50}\end{aligned}$$

따라서 구하는 확률은

$$\mathrm{P}(A|E)=\frac{\mathrm{P}(A\cap E)}{\mathrm{P}(E)}=\frac{\frac{6}{25}}{\frac{33}{50}}=\frac{4}{11}$$

15 답 ③

전체 생산량을 1000개라 가정하고 주어진 조건을 표로 나타내면 다음과 같다.

공장	생산 수	불량 수	정상품 수
A	700	$700\times0.02=14$	686
B	300	$300\times0.01=3$	297
합계	1000	17	983

따라서 구하는 확률은 $\frac{14}{17}$

[다른 풀이]

A 공장에서 생산된 제품을 택하는 사건을 A, B 공장에서 생산된 제품을 택하는 사건을 B, 불량품인 사건을 E라 하면

$\mathrm{P}(A\cap E)=\mathrm{P}(A)\mathrm{P}(E|A)=\frac{7}{10}\times\frac{2}{100}=\frac{14}{1000}$

$\mathrm{P}(B\cap E)=\mathrm{P}(B)\mathrm{P}(E|B)=\frac{3}{10}\times\frac{1}{100}=\frac{3}{1000}$

$$\begin{aligned}\therefore \mathrm{P}(E)&=\mathrm{P}(A\cap E)+\mathrm{P}(B\cap E)\\&=\frac{14}{1000}+\frac{3}{1000}\\&=\frac{17}{1000}\end{aligned}$$

따라서 구하는 확률은

$$\mathrm{P}(A|E)=\frac{\mathrm{P}(A\cap E)}{\mathrm{P}(E)}=\frac{\frac{14}{1000}}{\frac{17}{1000}}=\frac{14}{17}$$

16 답 $\frac{8}{15}$

주머니 A를 택하는 사건을 A, 주머니 B를 택하는 사건을 B, 흰 공 1개, 검은 공 1개를 꺼내는 사건을 E라 하면

$$\begin{aligned}\mathrm{P}(A\cap E)&=\mathrm{P}(A)\mathrm{P}(E|A)\\&=\frac{1}{2}\times\frac{{}_3\mathrm{C}_1\times{}_4\mathrm{C}_1}{{}_7\mathrm{C}_2}=\frac{2}{7}\end{aligned}$$

$$\begin{aligned}\mathrm{P}(B\cap E)&=\mathrm{P}(B)\mathrm{P}(E|B)\\&=\frac{1}{2}\times\frac{{}_1\mathrm{C}_1\times{}_3\mathrm{C}_1}{{}_4\mathrm{C}_2}=\frac{1}{4}\end{aligned}$$

$$\begin{aligned}\therefore \mathrm{P}(E)&=\mathrm{P}(A\cap E)+\mathrm{P}(B\cap E)\\&=\frac{2}{7}+\frac{1}{4}=\frac{15}{28}\end{aligned}$$

따라서 구하는 확률은

$$\mathrm{P}(A|E)=\frac{\mathrm{P}(A\cap E)}{\mathrm{P}(E)}=\frac{\frac{2}{7}}{\frac{15}{28}}=\frac{8}{15}$$

17 답 ③

$A=\{2, 4, 6, 8, 10, 12\}$, $B=\{1, 2, 3, 4, 5, 6\}$, $C=\{1, 2, 5, 10\}$이므로

$\mathrm{P}(A)=\frac{1}{2}$, $\mathrm{P}(B)=\frac{1}{2}$, $\mathrm{P}(C)=\frac{1}{3}$

ㄱ. $A\cap B=\{2, 4, 6\}$에서 $\mathrm{P}(A\cap B)=\frac{1}{4}$이므로

$\mathrm{P}(A\cap B)=\mathrm{P}(A)\mathrm{P}(B)$

따라서 두 사건 A, B는 서로 독립이다.

ㄴ. $B\cap C=\{1, 2, 5\}$에서 $\mathrm{P}(B\cap C)=\frac{1}{4}$이므로

$\mathrm{P}(B\cap C)\neq\mathrm{P}(B)\mathrm{P}(C)$

따라서 두 사건 B, C는 서로 종속이다.

ㄷ. $A\cap C=\{2, 10\}$에서 $\mathrm{P}(A\cap C)=\frac{1}{6}$이므로

$\mathrm{P}(A\cap C)=\mathrm{P}(A)\mathrm{P}(C)$

따라서 두 사건 A, C는 서로 독립이다.

따라서 서로 독립인 사건은 ㄱ, ㄷ이다.

18 답 독립

$\mathrm{P}(A\cup B)=\mathrm{P}(A)+\mathrm{P}(B)-\mathrm{P}(A\cap B)$에서

$\frac{2}{3}=\frac{1}{3}+\frac{1}{2}-\mathrm{P}(A\cap B)$

$\therefore \mathrm{P}(A\cap B)=\frac{1}{3}+\frac{1}{2}-\frac{2}{3}=\frac{1}{6}$

이때, $\mathrm{P}(A)\mathrm{P}(B)=\frac{1}{3}\times\frac{1}{2}=\frac{1}{6}$이므로

$\mathrm{P}(A\cap B)=\mathrm{P}(A)\mathrm{P}(B)$

따라서 두 사건 A, B는 서로 독립이다.

19 답 ②

전체 학생 24명 중 배드민턴을 쳐 본 경험이 있는 학생은 16명, 탁구를 쳐 본 경험이 있는 학생은 12명, 배드민턴과 탁구를 모두 쳐 본 경험이 있는 학생은 n명이므로

$\mathrm{P}(A)=\frac{16}{24}=\frac{2}{3}$, $\mathrm{P}(B)=\frac{12}{24}=\frac{1}{2}$, $\mathrm{P}(A\cap B)=\frac{n}{24}$이다.

두 사건 A, B가 서로 독립이라 하였으므로

$\mathrm{P}(A\cap B)=\mathrm{P}(A)\mathrm{P}(B)$

$\frac{n}{24}=\frac{2}{3}\times\frac{1}{2}\qquad\therefore n=8$

따라서 자연수 n의 값은 8이다.

20 답 2

표본공간을 S라 하면 $S=\{1, 2, 3, 4, 5, 6\}$이므로

$A=\{2, 4, 6\}\qquad\therefore \mathrm{P}(A)=\frac{3}{6}=\frac{1}{2}$

(i) $k=1$일 때

$B_1=\{1\}$, $A\cap B_1=\varnothing$이므로

$\mathrm{P}(B_1)=\frac{1}{6}$, $\mathrm{P}(A\cap B_1)=0$

이때, $\mathrm{P}(A)\mathrm{P}(B_1)=\frac{1}{12}$이므로 $\mathrm{P}(A\cap B_1)\neq\mathrm{P}(A)\mathrm{P}(B_1)$

따라서 두 사건 A, B_1은 서로 종속이다.

(ii) $k=2$일 때

$B_2=\{1, 2\}$, $A\cap B_2=\{2\}$이므로

$\mathrm{P}(B_2)=\frac{2}{6}=\frac{1}{3}$, $\mathrm{P}(A\cap B_2)=\frac{1}{6}$

이때, $\mathrm{P}(A)\mathrm{P}(B_2)=\frac{1}{6}$이므로 $\mathrm{P}(A\cap B_2)=\mathrm{P}(A)\mathrm{P}(B_2)$

따라서 두 사건 A, B_2는 서로 독립이다.

(iii) $k=3$일 때

$B_3=\{1, 2, 3\}$, $A\cap B_3=\{2\}$이므로

$\mathrm{P}(B_3)=\frac{3}{6}=\frac{1}{2}$, $\mathrm{P}(A\cap B_3)=\frac{1}{6}$

이때, $\mathrm{P}(A)\mathrm{P}(B_3)=\frac{1}{4}$이므로 $\mathrm{P}(A\cap B_3)\neq\mathrm{P}(A)\mathrm{P}(B_3)$

따라서 두 사건 A, B_3은 서로 종속이다.

(i), (ii), (iii)에서 구하는 자연수 k의 값은 2뿐이다.

21 답 ⑤

ㄱ. 두 사건 A, B가 서로 독립이므로

$\mathrm{P}(B|A)=\mathrm{P}(B)$, $\mathrm{P}(B|A^C)=\mathrm{P}(B)$

$\therefore \mathrm{P}(B|A)=\mathrm{P}(B|A^C)$ (참)

ㄴ. 두 사건 A, B가 서로 독립이므로

$\mathrm{P}(A\cap B)=\mathrm{P}(A)\mathrm{P}(B)$

$$\begin{aligned}\therefore \mathrm{P}(A^C\cap B^C)&=\mathrm{P}((A\cup B)^C)=1-\mathrm{P}(A\cup B)\\&=1-\{\mathrm{P}(A)+\mathrm{P}(B)-\mathrm{P}(A\cap B)\}\\&=1-\mathrm{P}(A)-\mathrm{P}(B)+\mathrm{P}(A)\mathrm{P}(B)\\&=\{1-\mathrm{P}(A)\}\{1-\mathrm{P}(B)\}\\&=\mathrm{P}(A^C)\mathrm{P}(B^C)\end{aligned}$$

따라서 두 사건 A^C, B^C도 서로 독립이다. (참)

ㄷ. 공사건이 아닌 두 사건 A, B가 서로 독립이면

$\mathrm{P}(A\cap B)=\mathrm{P}(A)\mathrm{P}(B)\neq0$이므로

두 사건 A, B는 서로 배반사건이 아니다. (참)

따라서 옳은 것은 ㄱ, ㄴ, ㄷ이다.

22 답 ③

두 사건 A, B가 서로 독립이므로

$\mathrm{P}(A\cap B)=\mathrm{P}(A)\mathrm{P}(B)=\frac{3}{4}\mathrm{P}(B)$

이때, $\mathrm{P}(A\cup B)=\mathrm{P}(A)+\mathrm{P}(B)-\mathrm{P}(A\cap B)$이므로

$\frac{11}{12}=\frac{3}{4}+\mathrm{P}(B)-\frac{3}{4}\mathrm{P}(B)$

$\frac{1}{4}\mathrm{P}(B)=\frac{1}{6}\qquad\therefore \mathrm{P}(B)=\frac{2}{3}$

23 답 ⑤

두 사건 A, B가 서로 독립이므로

$\mathrm{P}(A\cap B)=\mathrm{P}(A)\mathrm{P}(B)=\frac{1}{2}\mathrm{P}(B)\times\mathrm{P}(B)=\frac{1}{2}\{\mathrm{P}(B)\}^2$

즉, $\frac{1}{2}\{\mathrm{P}(B)\}^2=\frac{2}{9}$이므로 $\{\mathrm{P}(B)\}^2=\frac{4}{9}$

$\therefore \mathrm{P}(B)=\frac{2}{3}$, $\mathrm{P}(A)=\frac{1}{2}\mathrm{P}(B)=\frac{1}{3}$

$\mathrm{P}(A\cap B)=\frac{1}{3}\times\frac{2}{3}=\frac{2}{9}$

$\therefore \mathrm{P}(A\cup B)=\mathrm{P}(A)+\mathrm{P}(B)-\mathrm{P}(A\cap B)$

$=\frac{1}{3}+\frac{2}{3}-\frac{2}{9}=\frac{7}{9}$

24 답 ①

두 사건 A, B가 서로 독립이면 두 사건 A, B^C도 서로 독립이다.

$\mathrm{P}(B^C)=1-\mathrm{P}(B)=1-\frac{2}{3}=\frac{1}{3}$이므로

$\mathrm{P}(A\cap B^C)=\mathrm{P}(A)\mathrm{P}(B^C)=\frac{3}{7}\times\frac{1}{3}=\frac{1}{7}$

$\mathrm{P}(A\cup B^C)=\mathrm{P}(A)+\mathrm{P}(B^C)-\mathrm{P}(A\cap B^C)$

$=\frac{3}{7}+\frac{1}{3}-\frac{1}{7}=\frac{9}{21}+\frac{7}{21}-\frac{3}{21}=\frac{13}{21}$

[다른 풀이]

두 사건 A, B가 서로 독립이므로

$\mathrm{P}(A\cap B)=\mathrm{P}(A)\mathrm{P}(B)=\frac{3}{7}\times\frac{2}{3}=\frac{2}{7}$,

$\mathrm{P}(B-A)=\mathrm{P}(B)-\mathrm{P}(A\cap B)=\frac{2}{3}-\frac{2}{7}=\frac{8}{21}$

이고,

$A\cup B^C=(B\cap A^C)^C=(B-A)^C$

이므로

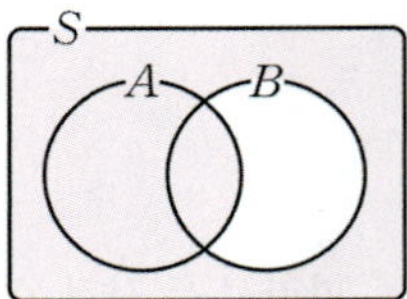

$\mathrm{P}(A\cup B^C)=\mathrm{P}((B-A)^C)$

$=1-\mathrm{P}(B-A)$

$=1-\frac{8}{21}=\frac{13}{21}$

수력 UP

두 사건 A, B가 서로 독립이면
① A와 B^C
② A^C와 B
③ A^C와 B^C
도 각각 서로 독립이다.

25 답 $\frac{2}{3}$

두 사건 B, C는 서로 배반사건이므로

$\mathrm{P}(B\cap C)=0$

$\mathrm{P}(B\cup C)=\mathrm{P}(B)+\mathrm{P}(C)$에서

$\frac{7}{10}=\mathrm{P}(B)+\frac{2}{5}\qquad\therefore \mathrm{P}(B)=\frac{3}{10}$

한편, 두 사건 A, B는 서로 독립이므로

$\mathrm{P}(A\cap B)=\mathrm{P}(A)\mathrm{P}(B)$에서 $\frac{1}{5}=\mathrm{P}(A)\times\frac{3}{10}$

$\therefore \mathrm{P}(A)=\frac{2}{3}$

26 답 ④

내일 두 학생 A, B가 매점에 가는 사건을 각각 A, B라 하면 두 사건 A, B는 서로 독립이고, 적어도 한 명이 매점에 갈 확률은 $\mathrm{P}(A\cup B)$이다.

$\therefore \mathrm{P}(A\cup B)=\mathrm{P}(A)+\mathrm{P}(B)-\mathrm{P}(A\cap B)$

$=\mathrm{P}(A)+\mathrm{P}(B)-\mathrm{P}(A)\mathrm{P}(B)$

$=0.5+0.6-0.5\times0.6$

$=0.5+0.6-0.3$

$=0.8$

27 답 ②

A 상자에서 노란색 구슬을 꺼내는 사건을 A, B 상자에서 노란색 구슬을 꺼내는 사건을 B라 하면 두 사건 A, B는 서로 독립이다.

$\therefore \mathrm{P}(A\cap B)=\mathrm{P}(A)\mathrm{P}(B)=\frac{2}{6}\times\frac{3}{5}=\frac{1}{5}$

28 답 60

손님 한 명을 택하였을 때 40대 미만인 사건을 A, 자장면을 선호하는 사건을 B라 하면

$\mathrm{P}(A)=\frac{120}{200}=\frac{3}{5}$, $\mathrm{P}(B)=\frac{100}{200}=\frac{1}{2}$

$\mathrm{P}(A\cap B)=\frac{a}{200}$

이때, 두 사건 A, B가 서로 독립이므로

$\frac{a}{200}=\frac{3}{5}\times\frac{1}{2}\qquad\therefore a=60$

29 답 $\frac{7}{60}$

동건이와 우빈이가 요리 대회에서 예선을 통과하는 사건을 각각 A, B라 하면 두 사건 A, B는 서로 독립이다.

이때, 동건이만 예선을 통과할 확률은

$\mathrm{P}(A\cap B^C)=\mathrm{P}(A)\mathrm{P}(B^C)$

$=\frac{3}{10}\times(1-p)=\frac{3-3p}{10}$

즉, $\frac{3-3p}{10}=\frac{1}{4}$이므로 $3-3p=\frac{5}{2}$, $3p=\frac{1}{2}$

$\therefore p=\frac{1}{6}$

따라서 A^C와 B도 서로 독립이므로

$\mathrm{P}(A^C\cap B)=\mathrm{P}(A^C)\mathrm{P}(B)=\{1-\mathrm{P}(A)\}\mathrm{P}(B)$

$=\left(1-\frac{3}{10}\right)\times\frac{1}{6}=\frac{7}{10}\times\frac{1}{6}=\frac{7}{60}$

[다른 풀이]

두 사람 중 동건이만 예선을 통과할 확률이 $\frac{1}{4}$이므로

$P(A\cap B^C)=\frac{1}{4}$,

$P(A\cap B)=P(A)-P(A\cap B^C)$

$=\frac{3}{10}-\frac{1}{4}=\frac{6}{20}-\frac{5}{20}=\frac{1}{20}$

또한, 두 사건 A, B는 서로 독립이므로

$P(A\cap B)=P(A)P(B)$

$\frac{1}{20}=\frac{3}{10}p \qquad \therefore p=\frac{1}{6}$

$\therefore P(A^C\cap B)=P(B-A)=P(B)-P(A\cap B)$

$=\frac{1}{6}-\frac{1}{20}=\frac{10}{60}-\frac{3}{60}=\frac{7}{60}$

30 답 ③

두 수의 합이 홀수이려면 두 수 중에서 하나는 홀수이고 다른 하나는 짝수이어야 한다.

두 주머니 A, B에서 홀수가 적힌 카드를 꺼내는 사건을 각각 A, B라 하면 두 사건 A, B는 서로 독립이고, A^C, B^C는 두 주머니 A, B에서 각각 짝수가 적힌 카드를 꺼내는 사건이다.

(i) 주머니 A에서 홀수, 주머니 B에서 짝수가 적힌 카드를 꺼낼 확률

$P(A\cap B^C)=P(A)P(B^C)=\frac{3}{5}\times\frac{2}{3}=\frac{6}{15}$

(ii) 주머니 A에서 짝수, 주머니 B에서 홀수가 적힌 카드를 꺼낼 확률

$P(A^C\cap B)=P(A^C)P(B)=\frac{2}{5}\times\frac{1}{3}=\frac{2}{15}$

(i), (ii)에서 구하는 확률은

$\frac{6}{15}+\frac{2}{15}=\frac{8}{15}$

31 답 $\frac{624}{625}$

자유투를 한 번 이상 성공하는 사건을 A라 하면 A^C는 자유투를 한 번도 성공하지 못하는 사건이므로

$P(A^C)={}_4C_0\left(\frac{1}{5}\right)^4=\frac{1}{5^4}=\frac{1}{625}$

$\therefore P(A)=1-P(A^C)$

$=1-\frac{1}{625}=\frac{624}{625}$

32 답 ①

주사위를 한 번 던질 때 3의 약수의 눈이 나올 확률은 $\frac{1}{3}$이므로

주사위를 3번 던져서 3의 약수의 눈이 두 번 나올 확률은

${}_3C_2\left(\frac{1}{3}\right)^2\left(\frac{2}{3}\right)^1=3\times\frac{2}{3^3}=\frac{2}{9}$

33 답 ④

정사면체 모양의 주사위를 3번 던질 때 바닥에 닿는 면에 적힌 숫자의 최댓값이 4가 되려면 3번 중 적어도 한번은 4의 눈이 나와야 한다.

4의 눈이 한 번 이상 나오는 사건을 A라 하면 A^C는 4의 눈이 한 번도 나오지 않는 사건이므로

$P(A^C)=\left(\frac{3}{4}\right)^3=\frac{27}{64}$

$\therefore P(A)=1-P(A^C)$

$=1-\frac{27}{64}=\frac{37}{64}$

34 답 $\frac{8}{27}$

한 번의 대국에서 A 선수가 B 선수를 이길 확률을 p라 하면 A 선수가 B 선수에게 질 확률, 즉 B 선수가 A 선수를 이길 확률은 $1-p$이다.

두 선수 A, B가 3번의 대국을 할 때, A 선수가 모두 이길 확률이 $\frac{1}{27}$이므로

${}_3C_3p^3(1-p)^0=\frac{1}{27}$

$p^3=\left(\frac{1}{3}\right)^3$

$\therefore p=\frac{1}{3}$

즉, 한 번의 대국에서 A 선수가 B 선수를 이길 확률이 $\frac{1}{3}$이고, B 선수가 A 선수를 이길 확률은 $\frac{2}{3}$이다.

따라서 구하는 확률은

${}_4C_2\left(\frac{2}{3}\right)^2\left(\frac{1}{3}\right)^2=\frac{4\times3}{2\times1}\times\frac{2^2}{3^4}=\frac{8}{27}$

35 답 ①

동전 2개를 동시에 던져 모두 앞면이 나오는 사건을 A라 하면

$P(A)=\frac{1}{4}$

정원이가 3점을 얻을 확률은

${}_4C_3\left(\frac{1}{4}\right)^3\left(\frac{3}{4}\right)^1=4\times\frac{3}{4^4}=\frac{3}{2^6}$

진주가 4점을 얻을 확률은

${}_4C_4\left(\frac{1}{4}\right)^4\left(\frac{3}{4}\right)^0=\frac{1}{4^4}=\frac{1}{2^8}$

두 사람이 점수를 얻는 사건은 서로 독립이므로

두 사람의 점수의 비가 3 : 4로 진주가 이길 확률 p는

$p=\frac{3}{2^6}\times\frac{1}{2^8}=\frac{3}{2^{14}}$

$\therefore 2^{10}\times p=2^{10}\times\frac{3}{2^{14}}=\frac{3}{16}$

36 답 ⑤

A를 포함하여 택하는 사건을 A, B를 포함하여 택하는 사건을 B라 하면 A 또는 B를 포함하여 택할 확률은 $\mathrm{P}(A\cup B)$이고

$\mathrm{P}(A)=\frac{{}_7\mathrm{C}_3}{{}_8\mathrm{C}_4}=\frac{35}{70}=\frac{1}{2}$,

$\mathrm{P}(B)=\frac{{}_7\mathrm{C}_3}{{}_8\mathrm{C}_4}=\frac{35}{70}=\frac{1}{2}$,

$\mathrm{P}(A\cap B)=\frac{{}_6\mathrm{C}_2}{{}_8\mathrm{C}_4}=\frac{15}{70}=\frac{3}{14}$

$\therefore \mathrm{P}(A\cup B)=\mathrm{P}(A)+\mathrm{P}(B)-\mathrm{P}(A\cap B)$

$=\frac{1}{2}+\frac{1}{2}-\frac{3}{14}=\frac{11}{14}$

37 답 $\frac{3}{8}$

앞면이 x번, 뒷면이 y번 나온다고 하면 동전을 네 번 던졌으므로

$x+y=4$ ⋯ ㉠

점 P가 점 A에서 출발하여 점 E에 도착할 때까지 움직인 거리는 6이므로

$2x+y=6$ ⋯ ㉡

㉠, ㉡을 연립하여 풀면 $x=2$, $y=2$

따라서 구하는 확률은 동전을 네 번 던져서 앞면이 2번, 뒷면이 2번 나올 확률과 같으므로

${}_4\mathrm{C}_2\left(\frac{1}{2}\right)^2\left(\frac{1}{2}\right)^2=\frac{4\times3}{2\times1}\times\frac{1}{2^4}=\frac{3}{8}$

38 답 $\frac{11}{162}$

(i) 한 개의 동전을 한 번 던져서 앞면이 나오고, 한 개의 주사위를 3번 던져서 5 이상의 눈이 3번 나올 확률

$\frac{1}{2}\times{}_3\mathrm{C}_3\left(\frac{1}{3}\right)^3\left(\frac{2}{3}\right)^0=\frac{1}{2}\times\frac{1}{27}=\frac{1}{54}$

(ii) 한 개의 동전을 한 번 던져서 뒷면이 나오고, 한 개의 주사위를 4번 던져서 5 이상의 눈이 3번 나올 확률

$\frac{1}{2}\times{}_4\mathrm{C}_3\left(\frac{1}{3}\right)^3\left(\frac{2}{3}\right)^1=\frac{1}{2}\times\frac{8}{81}=\frac{4}{81}$

(i), (ii)에서 구하는 확률은

$\frac{1}{54}+\frac{4}{81}=\frac{3}{162}+\frac{8}{162}=\frac{11}{162}$

39 답 $\frac{9}{20}$

주머니에서 2개의 공을 동시에 꺼낼 때, 서로 다른 색의 공을 꺼낼 확률은 $\frac{{}_3\mathrm{C}_1\times{}_2\mathrm{C}_1}{{}_5\mathrm{C}_2}=\frac{3\times2}{10}=\frac{3}{5}$

(i) 서로 다른 색의 공을 꺼내고, 한 개의 동전을 2번 던져서 앞면이 1번 나올 확률

$\frac{3}{5}\times{}_2\mathrm{C}_1\left(\frac{1}{2}\right)^1\left(\frac{1}{2}\right)^1=\frac{3}{5}\times\frac{2}{4}=\frac{3}{10}$

(ii) 같은 색의 공을 꺼내고, 한 개의 동전을 3번 던져서 앞면이 1번 나올 확률

$\left(1-\frac{3}{5}\right)\times{}_3\mathrm{C}_1\left(\frac{1}{2}\right)^1\left(\frac{1}{2}\right)^2=\frac{2}{5}\times\frac{3}{8}=\frac{3}{20}$

(i), (ii)에 의하여 구하는 확률은 $\frac{3}{10}+\frac{3}{20}=\frac{9}{20}$

40 답 $\frac{81}{128}$

(i) 선수 A가 4번째 경기에서 우승하는 경우

선수 A가 연속으로 4번을 이겨야 하므로 그 확률은

${}_4\mathrm{C}_4\left(\frac{3}{4}\right)^4=\frac{81}{256}$

(ii) 선수 A가 5번째 경기에서 우승하는 경우

선수 A가 4번째 경기까지 3번 이기고, 5번째 경기에서 이겨야 하므로 그 확률은

${}_4\mathrm{C}_3\left(\frac{3}{4}\right)^3\left(\frac{1}{4}\right)^1\times\frac{3}{4}=\frac{81}{256}$

(i), (ii)에서 구하는 확률은 $\frac{81}{256}+\frac{81}{256}=\frac{81}{128}$

Ⅲ-1 이산확률변수와 이항분포

01 평균 ▸ p.124

01 답 **2**

변량이 1, 2, 3으로 3개이므로

$$(\text{평균})=\frac{(\text{변량의 총합})}{(\text{변량의 개수})}$$

$$=\frac{1+\boxed{2}+3}{3}=\frac{\boxed{6}}{3}=\boxed{2}$$

02 답 **55**

변량이 20, 60, 40, 100으로 4개이므로

$$(\text{평균})=\frac{(\text{변량의 총합})}{(\text{변량의 개수})}$$

$$=\frac{20+60+\boxed{40}+100}{\boxed{4}}=\boxed{55}$$

03 답 **9**

변량이 6개이므로

$$(\text{평균})=\frac{4+8+8+8+12+14}{6}=9$$

04 답 **40**

변량이 7개이므로

$$(\text{평균})=\frac{10+20+30+40+50+60+70}{7}$$

$$=\frac{280}{7}=40$$

05 답 **5**

변량이 7개이므로

$$(\text{평균})=\frac{8+2+4+7+7+6+1}{7}=\frac{35}{7}=5$$

06 답 **6**

변량이 8개이므로

$$(\text{평균})=\frac{3+4+6+7+4+8+6+10}{8}$$

$$=\frac{48}{8}=6$$

07 답 **5**

변량이 10개이므로

$$(\text{평균})=\frac{2+3+5+4+10+7+9+3+2+5}{10}$$

$$=\frac{50}{10}=5$$

02 분산, 표준편차 ▸ p.125

01 답 **(분산)=1, (표준편차)=1**

(i) {(편차)^{2}의 총합}

$$=1^2+1^2+(-1)^2+(\boxed{-1})^2=\boxed{4}$$

(ii) $(\text{분산})=\frac{\{(\text{편차})^2\text{의 총합}\}}{(\text{변량의 개수})}=\frac{\boxed{4}}{4}=\boxed{1}$

(iii) $(\text{표준편차})=\sqrt{(\text{분산})}=\sqrt{\boxed{1}}=\boxed{1}$

02 답 **(분산)=5, (표준편차)=$\sqrt{5}$**

(i) {(편차)^{2}의 총합}

$$=(-3)^2+1^2+(-1)^2+3^2=20$$

(ii) $(\text{분산})=\frac{\{(\text{편차})^2\text{의 총합}\}}{(\text{변량의 개수})}=\frac{20}{4}=5$

(iii) $(\text{표준편차})=\sqrt{(\text{분산})}=\sqrt{5}$

03 답 **(분산)=8, (표준편차)=$2\sqrt{2}$**

(i) {(편차)^{2}의 총합}

$$=4^2+0^2+(-2)^2+(-4)^2+2^2=40$$

(ii) $(\text{분산})=\frac{\{(\text{편차})^2\text{의 총합}\}}{(\text{변량의 개수})}=\frac{40}{5}=8$

(iii) $(\text{표준편차})=\sqrt{(\text{분산})}=\sqrt{8}=2\sqrt{2}$

04 답 **(분산)=4, (표준편차)=2**

(i) {(편차)^{2}의 총합}

$$=4^2+1^2+(-2)^2+(-1)^2+(-1)^2+(-1)^2=24$$

(ii) $(\text{분산})=\frac{\{(\text{편차})^2\text{의 총합}\}}{(\text{변량의 개수})}=\frac{24}{6}=4$

(iii) $(\text{표준편차})=\sqrt{(\text{분산})}=\sqrt{4}=2$

03 확률변수 ▸ p.126~128

01 답 **1, 2, 3, 4, 5, 6**

1, 2, $\boxed{3}$, $\boxed{4}$, 5, $\boxed{6}$

02 답 **0, 1, 2**

03 답 **0, 1, 2, 3**

04 답 **1, 3, 5, 7, 9**

05 답 **2, 4, 6**

$\boxed{2}$, $\boxed{4}$, $\boxed{6}$

06 답 **0, 1, 2, 3, 4**

07 답 **0, 1, 2, 3**

08 답 **0, 1, 2, 3, 4, 5**

09 답 **S={HH, HT, TH, TT}**

S={HH, H[T], [T]H, [T][T]}

10 답 **0, 1, 2**

[0], [1], [2]

11 답 **$P(X=0)=\frac{1}{4}$, $P(X=1)=\frac{1}{2}$, $P(X=2)=\frac{1}{4}$**

$P(X=\boxed{0})=\boxed{\frac{1}{4}}$, $P(X=\boxed{1})=\boxed{\frac{1}{2}}$,

$P(X=\boxed{2})=\boxed{\frac{1}{4}}$

12 답 **0, 1, 2**

[0], [1], [2]

13 답 **$P(X=0)=\frac{1}{4}$, $P(X=1)=\frac{1}{2}$, $P(X=2)=\frac{1}{4}$**

$P(X=\boxed{0})=\boxed{\frac{1}{4}}$, $P(X=\boxed{1})=\boxed{\frac{1}{2}}$,

$P(X=\boxed{2})=\boxed{\frac{1}{4}}$

14 답 **S={(1, 1), (1, 2), (1, 3), (1, 4), (1, 5), (1, 6), (2, 1), (2, 2), (2, 3), (2, 4), (2, 5), (2, 6), (3, 1), (3, 2), (3, 3), (3, 4), (3, 5), (3, 6), (4, 1), (4, 2), (4, 3), (4, 4), (4, 5), (4, 6), (5, 1), (5, 2), (5, 3), (5, 4), (5, 5), (5, 6), (6, 1), (6, 2), (6, 3), (6, 4), (6, 5), (6, 6)}**

S={(1, 1), (1, 2), (1, 3), (1, 4), (1, 5), (1, 6),
([2], 1), ([2], 2), ([2], 3), ([2], 4), ([2], 5),
([2], 6), ([3], 1), ([3], 2), ([3], 3), ([3], 4),
([3], 5), ([3], 6), ([4], 1), ([4], 2), ([4], 3),
([4], 4), ([4], 5), ([4], 6), ([5], 1), ([5], 2),
([5], 3), ([5], 4), ([5], 5), ([5], 6), ([6], 1),
([6], 2), ([6], 3), ([6], 4), ([6], 5), ([6], 6)}

15 답 **0, 1, 2**

16 답 **$P(X=0)=\frac{4}{9}$, $P(X=1)=\frac{4}{9}$, $P(X=2)=\frac{1}{9}$**

$P(X=0)=\frac{16}{36}=\frac{4}{9}$, $P(X=1)=\frac{16}{36}=\frac{4}{9}$,

$P(X=2)=\frac{4}{36}=\frac{1}{9}$

17 답 **0, 1, 2**

18 답 **$P(X=0)=\frac{25}{36}$, $P(X=1)=\frac{5}{18}$, $P(X=2)=\frac{1}{36}$**

$P(X=0)=\frac{25}{36}$, $P(X=1)=\frac{10}{36}=\frac{5}{18}$, $P(X=2)=\frac{1}{36}$

19 답 **$S=\{R_1R_2, R_1R_3, R_2R_3, R_1B_1, R_2B_1, R_3B_1, R_1B_2, R_2B_2, R_3B_2, B_1B_2\}$**

$S=\{R_1R_2, R_1R_3, \boxed{R_2R_3}, R_1B_1, R_2B_1, \boxed{R_3B_1}, R_1B_2, R_2B_2, \boxed{R_3B_2}, B_1B_2\}$

20 답 1) **0, 1, 2** 2) **$\frac{1}{10}$** 3) **$\frac{3}{5}$** 4) **$\frac{3}{10}$**

2) $P(X=0)=\frac{{}_2C_2}{{}_5C_2}=\frac{1}{10}$

3) $P(X=1)=\frac{{}_3C_1\times{}_2C_1}{{}_5C_2}=\frac{6}{10}=\frac{3}{5}$

4) $P(X=2)=\frac{{}_3C_2}{{}_5C_2}=\frac{3}{10}$

21 답 1) **0, 1, 2** 2) **$\frac{3}{10}$** 3) **$\frac{3}{5}$** 4) **$\frac{1}{10}$**

2) $P(X=0)=\frac{{}_3C_2}{{}_5C_2}=\frac{3}{10}$

3) $P(X=1)=\frac{{}_2C_1\times{}_3C_1}{{}_5C_2}=\frac{6}{10}=\frac{3}{5}$

4) $P(X=2)=\frac{{}_2C_2}{{}_5C_2}=\frac{1}{10}$

22 답 **84**

노란 구슬 5개와 초록 구슬 4개로 구슬은 모두 9개가 있으므로 표본공간 S에 대하여

$n(S)={}_9C_3=\frac{9\times8\times7}{3\times2\times1}=84$

23 답 1) **0, 1, 2, 3** 2) **$\frac{5}{14}$** 3) **$\frac{5}{42}$**

2) $P(X=1)=\frac{{}_5C_1\times{}_4C_2}{{}_9C_3}=\frac{30}{84}=\frac{5}{14}$

3) $P(X=3)=\frac{{}_5C_3}{{}_9C_3}=\frac{{}_5C_2}{{}_9C_3}=\frac{10}{84}=\frac{5}{42}$

24 답 1) 0, 1, 2, 3　2) $\frac{5}{42}$　3) $\frac{5}{14}$

2) $P(X=0)=\frac{{}_5C_3}{{}_9C_3}=\frac{{}_5C_2}{{}_9C_3}=\frac{10}{84}=\frac{5}{42}$

3) $P(X=2)=\frac{{}_4C_2\times{}_5C_1}{{}_9C_3}=\frac{30}{84}=\frac{5}{14}$

25 답 (1) 확률변수　(2) 확률

04 이산확률변수와 연속확률변수

▸ p.129

01 답 이산확률변수

02 답 연속확률변수

혈압의 수치는 연속적인 값을 취하므로 연속확률변수이다.

03 답 연속확률변수

시간, 길이, 무게 등과 같이 연속적인 값을 취하므로 연속확률변수이다.

04 답 이산확률변수

05 답 연속확률변수

06 답 이산　　**07** 답 연속

08 답 이산　　**09** 답 이산

10 답 연속　　**11** 답 연속

12 답 (1) 이산확률변수, 셀 수 있는 값
(2) 연속확률변수, 범위, 모든 실숫값

05 확률질량함수

▸ p.130~132

01 답 해설 참조

X가 가질 수 있는 값은 1, 2, [3], [4]이고, X의 확률분포를 표로 나타내면 다음과 같다.

X	1	2	[3]	[4]	합계
$P(X=x)$	[$\frac{1}{6}$]	[$\frac{1}{2}$]	[$\frac{1}{6}$]	[$\frac{1}{6}$]	1

02 답 해설 참조

X가 가질 수 있는 값은 0, 1, 2이고,

$P(X=0)=\frac{{}_3C_0\times{}_3C_2}{{}_6C_2}=\frac{1\times3}{15}=\frac{1}{5}$,

$P(X=1)=\frac{{}_3C_1\times{}_3C_1}{{}_6C_2}=\frac{3\times3}{15}=\frac{3}{5}$,

$P(X=2)=\frac{{}_3C_2\times{}_3C_0}{{}_6C_2}=\frac{3\times1}{15}=\frac{1}{5}$

이므로 X의 확률분포를 표로 나타내면 다음과 같다.

X	0	1	2	합계
$P(X=x)$	$\frac{1}{5}$	$\frac{3}{5}$	$\frac{1}{5}$	1

03 답 해설 참조

X가 가질 수 있는 값은 0, 1, 2, 3이고,

$P(X=0)=\frac{{}_5C_0\times{}_{35}C_3}{{}_{40}C_3}=\frac{1\times6545}{9880}=\frac{1309}{1976}$,

$P(X=1)=\frac{{}_5C_1\times{}_{35}C_2}{{}_{40}C_3}=\frac{5\times595}{9880}=\frac{595}{1976}$,

$P(X=2)=\frac{{}_5C_2\times{}_{35}C_1}{{}_{40}C_3}=\frac{10\times35}{9880}=\frac{35}{988}$,

$P(X=3)=\frac{{}_5C_3\times{}_{35}C_0}{{}_{40}C_3}=\frac{10\times1}{9880}=\frac{1}{988}$

이므로 X의 확률분포를 표로 나타내면 다음과 같다.

X	0	1	2	3	합계
$P(X=x)$	$\frac{1309}{1976}$	$\frac{595}{1976}$	$\frac{35}{988}$	$\frac{1}{988}$	1

04 답 해설 참조

X가 가질 수 있는 값은 0, 1, 2, 3이고,

$P(X=0)=\frac{1}{10}$, $P(X=1)=\frac{3}{10}$,

$P(X=2)=\frac{4}{10}=\frac{2}{5}$, $P(X=3)=\frac{2}{10}=\frac{1}{5}$

이므로 X의 확률분포를 표로 나타내면 다음과 같다.

X	0	1	2	3	합계
$P(X=x)$	$\frac{1}{10}$	$\frac{3}{10}$	$\frac{2}{5}$	$\frac{1}{5}$	1

05 답 $P(X=x)=\frac{{}_2C_x\times{}_2C_{2-x}}{{}_2\Pi_2}$ $(x=0, 1, 2)$

이 시행에서 나올 수 있는 경우는 (앞, 앞), (앞, 뒤), (뒤, 앞), (뒤, 뒤)이므로 각 경우에서 뒷면이 나오는 횟수는 [0], [1], [1], [2]이다.

즉, X가 가질 수 있는 값은 [0], [1], [2]이고, X는 셀 수 있는 값을 가지므로 ((이산확률변수), 연속확률변수)이다.

이때, 확률변수 X의 확률질량함수는

$P(X=x)=\frac{{}_2C_x\times\boxed{{}_2C_{2-x}}}{{}_2\Pi_2}$ $(x=0, 1, 2)$

06 답 해설 참조

$P(X=\boxed{0})=\boxed{\frac{1}{4}}$, $P(X=\boxed{1})=\boxed{\frac{1}{2}}$,

$P(X=\boxed{2})=\boxed{\frac{1}{4}}$

X	0	1	2	합계
$P(X=x)$	$\frac{1}{4}$	$\frac{1}{2}$	$\frac{1}{4}$	1

07 답 $P(X=x)=\frac{{}_2C_x\times{}_2C_{2-x}}{{}_2\Pi_2}$ $(x=0, 1, 2)$

이 시행에서 나올 수 있는 경우는 (앞, 앞), (앞, 뒤), (뒤, 앞), (뒤, 뒤)이므로 각 경우에서 앞면이 나오는 횟수는

2, 1, 1, 0이다.

즉, X가 가질 수 있는 값은 0, 1, 2이고, X는 셀 수 있는 값을 가지므로 이산확률변수이다.

이때, 확률변수 X의 확률질량함수는

$P(X=x)=\frac{{}_2C_x\times{}_2C_{2-x}}{{}_2\Pi_2}$ $(x=0, 1, 2)$

08 답 해설 참조

$P(X=0)=\frac{1}{4}$, $P(X=1)=\frac{2}{4}=\frac{1}{2}$, $P(X=2)=\frac{1}{4}$

이므로 X의 확률분포를 표로 나타내면 다음과 같다.

X	0	1	2	합계
$P(X=x)$	$\frac{1}{4}$	$\frac{1}{2}$	$\frac{1}{4}$	1

09 답 $P(X=x)=\frac{5-x}{{}_5C_2}$ $(x=1, 2, 3, 4)$

5장의 카드 중에서 임의로 2장의 카드를 동시에 뽑는 경우의 수는 ${}_5C_2$이고

이 시행에서 나올 수 있는 값은 1, 2, 3, 4이므로

확률변수 X의 확률질량함수는

$P(X=x)=\frac{5-x}{{}_5C_2}$ $(x=1, 2, 3, 4)$

10 답 해설 참조

$P(X=1)=\frac{4}{10}=\frac{2}{5}$, $P(X=2)=\frac{3}{10}$,

$P(X=3)=\frac{2}{10}=\frac{1}{5}$, $P(X=4)=\frac{1}{10}$

이므로 X의 확률분포를 표로 나타내면 다음과 같다.

X	1	2	3	4	합계
$P(X=x)$	$\frac{2}{5}$	$\frac{3}{10}$	$\frac{1}{5}$	$\frac{1}{10}$	1

11 답 $P(X=x)=\frac{{}_4C_x\times{}_3C_{3-x}}{{}_7C_3}$ $(x=0, 1, 2, 3)$

사과의 개수는 0, 1, 2, 3의 값을 취할 수 있으므로

$P(X=x)=\frac{{}_4C_x\times\boxed{{}_3C_{3-x}}}{{}_7C_3}$ $(x=0, 1, 2, 3)$

12 답 해설 참조

$x=0, 1, 2, 3$에 대한 각각의 확률을 구하면

$P(X=0)=\frac{{}_4C_0\times{}_3C_3}{{}_7C_3}=\frac{1}{35}$,

$P(X=1)=\frac{{}_4C_1\times{}_3C_2}{{}_7C_3}=\frac{12}{35}$,

$P(X=2)=\frac{{}_4C_2\times{}_3C_1}{{}_7C_3}=\frac{18}{35}$,

$P(X=3)=\frac{{}_4C_3\times{}_3C_0}{{}_7C_3}=\frac{4}{35}$

따라서 X의 확률분포를 표로 나타내면 다음과 같다.

X	0	1	2	3	합계
$P(X=x)$	$\frac{1}{35}$	$\frac{12}{35}$	$\frac{18}{35}$	$\frac{4}{35}$	1

13 답 $P(X=x)=\frac{{}_2C_x\times{}_3C_{2-x}}{{}_5C_2}$ $(x=0, 1, 2)$

14 답 해설 참조

$P(X=0)=\frac{{}_2C_0\times{}_3C_2}{{}_5C_2}=\frac{3}{10}$

$P(X=1)=\frac{{}_2C_1\times{}_3C_1}{{}_5C_2}=\frac{6}{10}=\frac{3}{5}$

$P(X=2)=\frac{{}_2C_2\times{}_3C_0}{{}_5C_2}=\frac{1}{10}$

따라서 X의 확률분포를 표로 나타내면 다음과 같다.

X	0	1	2	합계
$P(X=x)$	$\frac{3}{10}$	$\frac{3}{5}$	$\frac{1}{10}$	1

15 답 해설 참조

X	0	1	2	합계
$P(X=x)$	$\frac{1}{4}$	$\frac{1}{4}$	$\frac{1}{2}$	1

16 답 해설 참조

X	0	1	2	3	4	합계
$P(X=x)$	$\frac{5}{12}$	$\frac{1}{12}$	$\frac{1}{12}$	$\frac{1}{12}$	$\frac{1}{3}$	1

17 답 **(1) 확률질량함수, 대응 관계, 확률질량함수**

(2) 확률분포, 확률

06 확률질량함수의 성질

▸ p.133

01 답 $\mathbf{P(X=1)=k,\ P(X=2)=2k,\ P(X=3)=3k}$

$P(X=1)=k$

$P(X=2)=2k$

$P(X=\boxed{3})=\boxed{3k}$

02 답 **2에 ○표**

03 답 $\frac{1}{6}$

확률질량함수의 성질에 의하여

$k+2k+\boxed{3k}=1 \quad \therefore k=\frac{1}{\boxed{6}}$

04 답 $\frac{1}{14}$

$P(X=x)=kx^2\ (x=1,\ 2,\ 3)$에서

$P(X=1)=k,\ P(X=2)=4k,\ P(X=3)=9k$

확률의 총합은 1이므로

$k+4k+9k=1 \quad \therefore k=\frac{1}{14}$

05 답 $\frac{11}{10}$

$P(X=x)=\frac{k}{x(x+1)}\ (x=1,\ 2,\ 3,\ \cdots,\ 10)$에서

$P(X=1)=\frac{k}{1\times2},\ P(X=2)=\frac{k}{2\times3},\ \cdots,$

$P(X=10)=\frac{k}{10\times11}$이고 확률의 총합은 1이므로

$\frac{k}{1\times2}+\frac{k}{2\times3}+\cdots+\frac{k}{10\times11}$

$=k\left\{\left(1-\frac{1}{2}\right)+\left(\frac{1}{2}-\frac{1}{3}\right)+\cdots+\left(\frac{1}{10}-\frac{1}{11}\right)\right\}$

$=k\left(1-\frac{1}{11}\right)=\frac{10}{11}k=1$

$\therefore k=\frac{11}{10}$

06 답 $\frac{1}{9}$

확률의 총합은 1이므로

$4a+3a+2a=1 \quad \therefore a=\frac{1}{9}$

07 답 $\frac{2}{27}$

확률의 총합은 1이므로

$a+2a+3a+3a+\frac{1}{3}=1$

$9a+\frac{1}{3}=1,\ 9a=\frac{2}{3} \quad \therefore a=\frac{2}{27}$

08 답 ① **0, 1** ② **1** ③ $\mathbf{p_i+p_{i+1}+p_{i+2}+p_{i+3}+\cdots+p_j}$

07 이산확률변수의 확률과 확률질량함수의 성질

▸ p.134

01 답 $\frac{1}{6}$

확률의 총합은 1이므로

$\frac{1}{6}+\frac{3}{6}+a+\frac{1}{6}=1$에서 $a=\frac{1}{6}$

02 답 $\frac{5}{6}$

$P(1\le X\le3)$

$=P(X=1$ 또는 $\boxed{X=2}$ 또는 $\boxed{X=3})$

$=P(X=1)+\boxed{P(X=2)}+\boxed{P(X=3)}$

$=\frac{3}{6}+\boxed{\frac{1}{6}}+\boxed{\frac{1}{6}}=\boxed{\frac{5}{6}}$

[다른 풀이]

$P(1\le X\le3)=1-P(X=0)$

$=1-\frac{1}{6}=\frac{5}{6}$

03 답 $\frac{5}{6}$

$P(0\le X\le2)$

$=P(X=0$ 또는 $X=1$ 또는 $X=2)$

$=P(X=0)+P(X=1)+P(X=2)$

$=\frac{1}{6}+\frac{3}{6}+\frac{1}{6}=\frac{5}{6}$

04 답 $\frac{1}{3}$

$P(X^2-5X+6=0)$

$=P(X=2$ 또는 $X=3)$

$=P(X=2)+P(X=3)$

$=\frac{1}{6}+\frac{1}{6}=\frac{2}{6}=\frac{1}{3}$

05 답 $\frac{1}{6}$

확률의 총합은 1이므로

$3a+2a+a=1$에서 $a=\frac{1}{6}$

06 답 $\frac{2}{3}$

$P(X^2=1)=P(X=-1$ 또는 $X=1)$

$=P(X=-1)+P(X=1)$

$=\frac{3}{6}+\frac{1}{6}=\frac{2}{3}$

07 답 $\frac{1}{2}$

$P(0\le X\le 1)$
$=P(X=0$ 또는 $X=1)$
$=P(X=0)+P(X=1)$
$=\frac{2}{6}+\frac{1}{6}=\frac{3}{6}=\frac{1}{2}$

08 답 **1**

$P(X^3-X=0)=P((X+1)X(X-1)=0)$
$=P(X=-1$ 또는 $X=0$ 또는 $X=1)$
$=P(X=-1)+P(X=0)+P(X=1)$
$=1$

09 답 $\mathbf{P(X=0)+P(X=1)}$

08 확률질량함수의 성질의 응용

▸ p.135~137

01 답 **1, 1, 2, 3**

02 답 $\frac{1}{5}$

$P(X=1)=\frac{{}_4C_1\times{}_2C_2}{{}_6C_3}=\frac{4}{20}=\frac{1}{5}$

03 답 $\frac{3}{5}$

$P(X=2)=\frac{{}_4C_2\times{}_2C_1}{{}_6C_3}=\frac{12}{20}=\frac{3}{5}$

04 답 $\frac{1}{5}$

$P(X=3)=\frac{{}_4C_3}{{}_6C_3}=\frac{4}{20}=\frac{1}{5}$

05 답 **2**

$P(X=1)=\frac{1}{5}$, $P(X=2)=\frac{3}{5}$이다.

따라서 $P(X\le a)=\frac{4}{5}$일 때의 a의 값은 2이다.

06 답 $\frac{1}{9}$

$X=5$인 경우 : (1, 4), (2, 3), (3, 2), (4, 1)의
4가지이므로 $P(X=5)=\frac{4}{36}=\frac{1}{9}$

07 답 $\frac{5}{36}$

$X=6$인 경우 : (1, 5), (2, 4), (3, 3), (4, 2), (5, 1)의
5가지이므로 $P(X=6)=\frac{5}{36}$

08 답 $\frac{1}{6}$

$X=7$인 경우 : (1, 6), (2, 5), (3, 4), (4, 3), (5, 2),
(6, 1)의 6가지이므로 $P(X=7)=\frac{6}{36}=\frac{1}{6}$

09 답 $\frac{5}{36}$

$X=8$인 경우 : (2, 6), (3, 5), (4, 4), (5, 3), (6, 2)의
5가지이므로 $P(X=8)=\frac{5}{36}$

10 답 $\frac{5}{9}$

$P(5\le X\le 8)$
$=P(X=5$ 또는 $X=6$ 또는 $X=7$ 또는 $X=8)$
$=P(X=5)+P(X=6)+P(X=7)+P(X=8)$
$=\frac{4}{36}+\frac{5}{36}+\frac{6}{36}+\frac{5}{36}=\frac{20}{36}=\frac{5}{9}$

11 답 $\frac{4}{9}$

여사건의 확률에 의하여
$P(X<5$ 또는 $x>8)=1-P(5\le X\le 8)$
$=1-\boxed{\frac{5}{9}}=\boxed{\frac{4}{9}}$

12 답 $\frac{22}{35}$

$P(2\le X\le 3)=P(X=2)+P(X=3)$
각각의 확률을 구하면
$P(X=\boxed{2})=\frac{{}_3C_1\times{}_4C_{\boxed{2}}}{{}_7C_3}=\boxed{\frac{18}{35}}$,
$P(X=\boxed{3})=\frac{{}_3C_0\times{}_4C_{\boxed{3}}}{{}_7C_3}=\boxed{\frac{4}{35}}$
따라서 구하는 확률은 $\boxed{\frac{22}{35}}$

13 답 $\frac{13}{35}$

여사건의 확률에 의하여
$P(X\le 1)=1-\{P(X=2)+P(X=3)\}$
$=1-\boxed{\frac{22}{35}}=\boxed{\frac{13}{35}}$

14 답 $\frac{6}{7}$

$P(1\le X\le 2)=P(X=1)+P(X=2)$
각각의 확률을 구하면
$P(X=1)=\frac{{}_3C_2\times{}_4C_1}{{}_7C_3}=\frac{12}{35}$,
$P(X=2)=\frac{{}_3C_1\times{}_4C_2}{{}_7C_3}=\frac{18}{35}$
따라서 구하는 확률은 $\frac{30}{35}=\frac{6}{7}$

15 답 16

확률변수 X가 가질 수 있는 값 0, 1, 2, 3에 대하여

각 값을 가질 확률은

$$P(X=0)=\frac{3\times\boxed{0}+2}{k}=\frac{\boxed{2}}{k},$$

$$P(X=2)=\frac{3\times\boxed{2}+2}{k}=\frac{\boxed{8}}{k},$$

$$P(X=1)=\frac{5-\boxed{1}}{k}=\frac{\boxed{4}}{k},\ P(X=3)=\frac{5-\boxed{3}}{k}=\frac{\boxed{2}}{k}$$

이고, 확률의 총합은 $\boxed{1}$이므로

$$\frac{\boxed{2}}{k}+\frac{\boxed{8}}{k}+\frac{\boxed{4}}{k}+\frac{\boxed{2}}{k}=\frac{\boxed{16}}{k}=\boxed{1}$$

$\therefore k=\boxed{16}$

16 답 47

확률변수 X가 가질 수 있는 값 0, 1, 2, 3, 4, 5에 대하여

각 값을 가질 확률은

$$P(X=0)=\frac{4\times0+3}{k}=\frac{3}{k},\ P(X=3)=\frac{4\times3+3}{k}=\frac{15}{k}$$

$$P(X=4)=\frac{4\times4+3}{k}=\frac{19}{k},\ P(X=1)=\frac{6-1}{k}=\frac{5}{k}$$

$$P(X=2)=\frac{6-2}{k}=\frac{4}{k},\ P(X=5)=\frac{6-5}{k}=\frac{1}{k}$$

이고, 확률의 총합은 1이므로

$$\frac{3}{k}+\frac{15}{k}+\frac{19}{k}+\frac{5}{k}+\frac{4}{k}+\frac{1}{k}=\frac{47}{k}=1$$

$\therefore k=47$

17 답 $\frac{8}{7}$

$P(X=x)=\frac{k}{2^x}\ (x=1,\ 2,\ 3)$에서

$$P(X=1)=\frac{k}{2},\ P(X=2)=\frac{k}{4},\ P(X=3)=\frac{k}{8}$$

이고, 확률의 총합은 1이므로

$$\frac{k}{2}+\frac{k}{4}+\frac{k}{8}=\frac{7}{8}k=1 \qquad \therefore k=\frac{8}{7}$$

18 답 1) $\frac{42}{25}$ 2) $\frac{6}{125}$

1) $\frac{k}{1\times3}+\frac{k}{2\times4}+\frac{k}{3\times5}+\frac{k}{4\times6}+\frac{k}{5\times7}=1$이므로

$$\boxed{\frac{k}{2}}\left\{\left(1-\frac{1}{3}\right)+\left(\frac{1}{2}-\frac{1}{4}\right)+\left(\frac{1}{3}-\frac{1}{5}\right)+\left(\frac{1}{4}-\frac{1}{6}\right)+\left(\frac{1}{5}-\frac{1}{7}\right)\right\}=1$$

$$\boxed{\frac{k}{2}}\times\frac{50}{42}=1 \qquad \therefore k=\boxed{\frac{42}{25}}$$

2) $P(|X-1|>3)=P(X=5)$

$$=\boxed{\frac{42}{25}}\times\frac{1}{5\times7}=\boxed{\frac{6}{125}}$$

19 답 1) $\frac{7}{6}$ 2) $\frac{1}{36}$

1) $\frac{k}{1\times2}+\frac{k}{2\times3}+\frac{k}{3\times4}+\frac{k}{4\times5}+\frac{k}{5\times6}+\frac{k}{6\times7}=1$이므로

$$k\left\{\left(1-\frac{1}{2}\right)+\left(\frac{1}{2}-\frac{1}{3}\right)+\left(\frac{1}{3}-\frac{1}{4}\right)+\cdots+\left(\frac{1}{6}-\frac{1}{7}\right)\right\}=1$$

$$k\times\frac{6}{7}=1 \qquad \therefore k=\frac{7}{6}$$

2) $P(X=6)=\frac{7}{6}\times\frac{1}{6\times7}=\frac{1}{36}$

20 답 $\frac{2}{3}$

0, 1, 2의 숫자카드에서 두 장을 뽑아 만들 수 있는 두 수의 차는 1, 2이다. $X=1$, 2일 때의 확률을 구하면

(i) $X=1$일 때 : (0, 1), (1, 2)의 2가지이므로

$$P(X=1)=\frac{2}{{}_3C_2}=\frac{2}{3}$$

(ii) $X=2$일 때 : (0, 2)의 1가지므로

$$P(X=2)=\frac{1}{{}_3C_2}=\frac{1}{3}$$

$$\therefore P(X^2-X\le0)=P(X(X-1)\le0)$$
$$=P(0\le X\le1)=P(X=1)$$
$$=\frac{2}{3}$$

21 답 $\frac{3}{5}$

$P(X^2-6X+8\le0)$

$=P((X-2)(X-4)\le0)$

$=P(2\le X\le4)$

$=P(X=2$ 또는 $X=3$ 또는 $X=4)$

$=P(X=2)+P(X=3)+P(X=4)$

$=\frac{2}{15}+\frac{3}{15}+\frac{4}{15}=\frac{9}{15}=\frac{3}{5}$

22 답 ① 확률변수 ② 확률질량함수, 확률질량함수

09 이산확률변수의 기댓값(평균)

▸ p.138

01 답 1) 해설 참조 2) $\frac{35}{18}$

1) 확률변수 X가 가질 수 있는 값은 0, 1, 2, 3, 4, 5이고,

$$P(X=0)=\frac{6}{36}=\frac{1}{6},\ P(X=1)=\frac{10}{36}=\frac{5}{18}$$

$$P(X=2)=\frac{8}{36}=\frac{2}{9},\ P(X=3)=\frac{6}{36}=\frac{1}{6}$$

$P(X=4)=\frac{4}{36}=\frac{1}{9}$

$P(X=5)=\frac{2}{36}=\frac{1}{18}$

따라서 확률변수 X의 확률분포를 표로 나타내면 다음과 같다.

X	0	1	2	3	4	5	합계
$P(X=x)$	$\frac{1}{6}$	$\frac{5}{18}$	$\frac{2}{9}$	$\frac{1}{6}$	$\frac{1}{9}$	$\frac{1}{18}$	1

2) $E(X)$

$=0\times\frac{1}{6}+1\times\frac{5}{18}+2\times\frac{2}{9}+3\times\frac{1}{6}+4\times\frac{1}{9}+5\times\frac{1}{18}$

$=\frac{35}{18}$

02 답 1) 해설 참조 2) 350

1) 확률변수 X가 가질 수 있는 값은 0, 100, 200, 500, 600, 700이고,

$P(X=0)=\frac{{}_2C_0\times{}_1C_0}{{}_2\Pi_3}=\frac{1}{8}$

$P(X=100)=\frac{{}_2C_1\times{}_1C_0}{{}_2\Pi_3}=\frac{2}{8}=\frac{1}{4}$

$P(X=200)=\frac{{}_2C_2\times{}_1C_0}{{}_2\Pi_3}=\frac{1}{8}$

$P(X=500)=\frac{{}_2C_0\times{}_1C_1}{{}_2\Pi_3}=\frac{1}{8}$

$P(X=600)=\frac{{}_2C_1\times{}_1C_1}{{}_2\Pi_3}=\frac{2}{8}=\frac{1}{4}$

$P(X=700)=\frac{{}_2C_2\times{}_1C_1}{{}_2\Pi_3}=\frac{1}{8}$

따라서 확률변수 X의 확률분포를 표로 나타내면 다음과 같다.

X	0	100	200	500	600	700	합계
$P(X=x)$	$\frac{1}{8}$	$\frac{1}{4}$	$\frac{1}{8}$	$\frac{1}{8}$	$\frac{1}{4}$	$\frac{1}{8}$	1

2) $E(X)=0\times\frac{1}{8}+100\times\frac{1}{4}+200\times\frac{1}{8}+500\times\frac{1}{8}+600\times\frac{1}{4}+700\times\frac{1}{8}$

$=350$

03 답 1) 해설 참조 2) 56500

1)

X	5000000	50000	5000	0	합계
$P(X=x)$	$\frac{1}{100}$	$\frac{1}{10}$	$\frac{3}{10}$	$\frac{59}{100}$	1

2) $E(X)=5000000\times\frac{1}{100}+50000\times\frac{1}{10}+5000\times\frac{3}{10}+0\times\frac{59}{100}$

$=56500$

04 답 1) 해설 참조 2) $\frac{11}{3}$

1)

X	1	2	3	4	5	합계
$P(X=x)$	$\frac{1}{15}$	$\frac{2}{15}$	$\frac{1}{5}$	$\frac{4}{15}$	$\frac{1}{3}$	1

2) $E(X)=1\times\frac{1}{15}+2\times\frac{2}{15}+3\times\frac{1}{5}+4\times\frac{4}{15}+5\times\frac{1}{3}$

$=\frac{11}{3}$

05 답 같다에 ○표

10 이산확률변수의 평균, 분산, 표준편차 ▸ p.139~140

01 답 2

$E(X)=x_1p_1+x_2p_2+x_3p_3$

$=1\times\frac{1}{4}+2\times\frac{1}{2}+\boxed{3}\times\boxed{\frac{1}{4}}=\boxed{2}$

02 답 $\frac{1}{2}$

$V(X)=E(X^2)-\{E(X)\}^2$이므로

$E(X^2)=x_1^2p_1+x_2^2p_2+x_3^2p_3$

$=1\times\frac{1}{4}+\boxed{4}\times\frac{1}{2}+\boxed{9}\times\frac{1}{4}=\frac{9}{2}$

$\therefore V(X)=E(X^2)-\{E(X)\}^2$

$=\frac{9}{2}-\boxed{2}^2=\boxed{\frac{1}{2}}$

03 답 $\frac{\sqrt{2}}{2}$

$\sigma(X)=\sqrt{V(X)}=\boxed{\frac{\sqrt{2}}{2}}$

04 답 $\frac{5}{6}$

확률의 총합은 1이므로 $a+\frac{1}{6}+\frac{1}{3}=1$에서 $a=\boxed{\frac{1}{2}}$

$\therefore E(X)=0\times\boxed{\frac{1}{2}}+1\times\frac{1}{6}+2\times\frac{1}{3}=\boxed{\frac{5}{6}}$

05 답 $\frac{29}{36}$

$V(X)=E(X^2)-\{E(X)\}^2$이므로

$E(X^2)=0\times\frac{1}{2}+1\times\frac{1}{6}+4\times\frac{1}{3}=\frac{3}{2}$

$\therefore V(X)=E(X^2)-\{E(X)\}^2$

$=\frac{3}{2}-\left(\frac{5}{6}\right)^2$

$=\frac{29}{36}$

06 답 $\frac{\sqrt{29}}{6}$

$\sigma(X)=\sqrt{V(X)}=\frac{\sqrt{29}}{6}$

07 답 $\frac{3}{2}$

3개의 동전을 동시에 던지는 시행에서 앞면이 나오는 횟수 X는 0, 1, 2, 3의 값을 가질 수 있다. 동전의 앞면을 H, 뒷면을 T라 하면 나올 수 있는 모든 경우는

(H, H, H), (H, H, T), (H, T, H), (T, H, H),
(H, T, T), (T, H, T), (T, T, H), (T, T, T)

이므로 X의 확률분포를 표로 나타내면 다음과 같다.

X	0	1	2	3	합계
$P(X=x)$	$\frac{1}{8}$	$\frac{3}{8}$	$\frac{3}{8}$	$\frac{1}{8}$	1

$\therefore E(X)=0\times\frac{1}{8}+1\times\frac{3}{8}+2\times\frac{3}{8}+3\times\frac{1}{8}=\frac{3}{2}$

08 답 분산 : $\frac{3}{4}$, 표준편차 : $\frac{\sqrt{3}}{2}$

$V(X)=E(X^2)-\{E(X)\}^2$이므로

$E(X^2)=0\times\frac{1}{8}+1\times\frac{3}{8}+4\times\frac{3}{8}+9\times\frac{1}{8}=3$

$\therefore V(X)=E(X^2)-\{E(X)\}^2=3-\left(\frac{3}{2}\right)^2=\frac{3}{4}$

$\therefore \sigma(X)=\sqrt{V(X)}=\frac{\sqrt{3}}{2}$

09 답 350

주사위 1개를 던지는 시행에서 받을 수 있는 금액 X는 100, 200, ⋯, 600의 값을 가질 수 있다.

따라서 X에 대한 확률분포를 표로 나타내면 다음과 같다.

X	100	200	300	400	500	600	합계
$P(X=x)$	$\frac{1}{6}$	$\frac{1}{6}$	$\frac{1}{6}$	$\frac{1}{6}$	$\frac{1}{6}$	$\frac{1}{6}$	1

$\therefore E(X)=\frac{100+200+\cdots+600}{6}=\frac{2100}{6}=350$

10 답 300

100원짜리 동전 1개와 500원짜리 동전 1개를 던져서 나올 수 있는 경우를 (100원, 500원)의 순서쌍으로 나열하면 (H, H), (H, T), (T, H), (T, T)이다. 이때, 받는 금액을 확률변수 X라 하면 X는 0, 100, 500, 600의 값을 가지므로 X의 확률분포를 표로 나타내면 다음과 같다.

X	0	100	500	600	합계
$P(X=x)$	$\frac{1}{4}$	$\frac{1}{4}$	$\frac{1}{4}$	$\frac{1}{4}$	1

$\therefore E(X)=\frac{0+100+500+600}{4}=\frac{1200}{4}=300$

11 답 $\frac{8}{9}$

흰 공의 개수 X는 [0, 1, 2]의 값을 가질 수 있고 각각의 확률을 구하면

$P(X=0)=\frac{{}_5C_2}{{}_9C_2}=\frac{5}{18}$

$P(X=1)=\frac{{}_4C_1\times{}_5C_1}{{}_9C_2}=\frac{5}{9}$

$P(X=2)=\frac{{}_4C_2}{{}_9C_2}=\frac{1}{6}$

따라서 X의 확률분포를 표로 나타내면 다음과 같다.

X	0	1	2	합계
$P(X=x)$	$\frac{5}{18}$	$\frac{5}{9}$	$\frac{1}{6}$	1

$\therefore E(X)=0\times\frac{5}{18}+1\times\frac{5}{9}+2\times\frac{1}{6}=\frac{8}{9}$

12 답 1

앞면이 나오는 횟수 X는 0, 1, 2, 3, 4의 값을 가질 수 있으므로 각각의 확률을 구하면

$P(X=0)={}_4C_0\left(\frac{1}{2}\right)^0\left(\frac{1}{2}\right)^4=\frac{1}{16}$

$P(X=1)={}_4C_1\left(\frac{1}{2}\right)\left(\frac{1}{2}\right)^3=\frac{4}{16}=\frac{1}{4}$

$P(X=2)={}_4C_2\left(\frac{1}{2}\right)^2\left(\frac{1}{2}\right)^2=\frac{6}{16}=\frac{3}{8}$

$P(X=3)={}_4C_3\left(\frac{1}{2}\right)^3\left(\frac{1}{2}\right)=\frac{4}{16}=\frac{1}{4}$

$P(X=4)={}_4C_4\left(\frac{1}{2}\right)^4\left(\frac{1}{2}\right)^0=\frac{1}{16}$

따라서 X의 확률분포를 표로 나타내면 다음과 같다.

X	0	1	2	3	4	합계
$P(X=x)$	$\frac{1}{16}$	$\frac{1}{4}$	$\frac{3}{8}$	$\frac{1}{4}$	$\frac{1}{16}$	1

$E(X)=\frac{0\times1+1\times4+2\times6+3\times4+4\times1}{16}$

$=2$

$E(X^2)=\frac{0\times1+1\times4+4\times6+9\times4+16\times1}{16}$

$=\frac{80}{16}=5$

$\therefore V(X)=E(X^2)-\{E(X)\}^2$

$=5-2^2=1$

13 답 (1) $x_1p_1+x_2p_2+\cdots+x_np_n$ (2) $(X-m)^2$, X^2, X (3) $\sqrt{V(X)}$

11 이산확률변수 $aX+b$의 평균, 분산, 표준편차

▸ p.141~143

01 답 1) $\mathbf{E(2X)=100}$ 2) $\mathbf{V(2X)=12}$ 3) $\boldsymbol{\sigma(2X)=2\sqrt{3}}$

1) $E(2X)=\boxed{2}E(X)=\boxed{2}\times\boxed{50}=\boxed{100}$

2) $V(2X)=\boxed{2}^2V(X)=\boxed{4}\times\boxed{3}=\boxed{12}$

3) $\sigma(2X)=\boxed{|2|}\sigma(X)=\boxed{2\sqrt{3}}$

02 답 1) $\mathbf{E(3X-1)=149}$ 2) $\mathbf{V(3X-1)=27}$ 3) $\boldsymbol{\sigma(3X-1)=3\sqrt{3}}$

1) $E(3X-1)=3E(X)-1=3\times50-1=149$

2) $V(3X-1)=3^2V(X)=9\times3=27$

3) $\sigma(3X-1)=|3|\sigma(X)=3\sqrt{3}$

03 답 1) $\mathbf{E(-3X+2)=-148}$ 2) $\mathbf{V(-3X+2)=27}$ 3) $\boldsymbol{\sigma(-3X+2)=3\sqrt{3}}$

1) $E(-3X+2)=-3E(X)+2$
$=-3\times50+2=-148$

2) $V(-3X+2)=(-3)^2V(X)=9\times3=27$

3) $\sigma(-3X+2)=|-3|\sigma(X)=3\sqrt{3}$

04 답 1) $\mathbf{E(Y)=98}$ 2) $\mathbf{V(Y)=12}$ 3) $\boldsymbol{\sigma(Y)=2\sqrt{3}}$

1) $E(Y)=E(2X-2)=2E(X)-2=2\times50-2=98$

2) $V(Y)=V(2X-2)=2^2V(X)=4\times3=12$

3) $\sigma(Y)=\sigma(2X-2)=|2|\sigma(X)=2\times\sqrt{3}=2\sqrt{3}$

05 답 1) $\mathbf{E(Y)=28}$ 2) $\mathbf{V(Y)=\frac{3}{4}}$ 3) $\boldsymbol{\sigma(Y)=\frac{\sqrt{3}}{2}}$

1) $E(Y)=E\left(\frac{1}{2}X+3\right)=\frac{1}{2}E(X)+3=\frac{1}{2}\times50+3=28$

2) $V(Y)=V\left(\frac{1}{2}X+3\right)=\left(\frac{1}{2}\right)^2V(X)=\frac{1}{4}\times3=\frac{3}{4}$

3) $\sigma(Y)=\sigma\left(\frac{1}{2}X+3\right)=\left|\frac{1}{2}\right|\sigma(X)=\frac{1}{2}\times\sqrt{3}=\frac{\sqrt{3}}{2}$

06 답 1) $\mathbf{E(Y)=-49}$ 2) $\mathbf{V(Y)=3}$ 3) $\boldsymbol{\sigma(Y)=\sqrt{3}}$

1) $E(Y)=E(-X+1)=-E(X)+1=-50+1=-49$

2) $V(Y)=V(-X+1)=(-1)^2V(X)=1\times3=3$

3) $\sigma(Y)=\sigma(-X+1)=|-1|\sigma(X)=\sqrt{3}$

07 답 $\mathbf{-3}$

먼저 $E(X)$를 구하면

$E(X)=2\times\frac{1}{4}+3\times\frac{1}{2}+4\times\frac{1}{4}=3$

$\therefore E(-X)=-E(X)=-3$

08 답 $\mathbf{10}$

$E(4X-2)=4E(X)-2=4\times3-2=10$

09 답 $\mathbf{\frac{1}{2}}$

$V(X)=E(X^2)-\{E(X)\}^2$이므로

$E(X^2)=4\times\frac{1}{4}+9\times\frac{1}{2}+16\times\frac{1}{4}=\frac{19}{2}$

$V(X)=\frac{19}{2}-3^2=\frac{1}{2}$

10 답 $\mathbf{2}$

$V(2X+4)=2^2V(X)=4\times\frac{1}{2}=2$

11 답 $\mathbf{\frac{3\sqrt{2}}{2}}$

$\sigma(-3X+3)=|-3|\sigma(X)=3\times\sqrt{\frac{1}{2}}=\frac{3\sqrt{2}}{2}$

12 답 $\mathbf{E(X)=\frac{1}{4},\ V(X)=\frac{11}{16},\ \boldsymbol{\sigma}(X)=\frac{\sqrt{11}}{4}}$

확률의 총합은 1이므로 $a+a+2a=1$에서 $a=\boxed{\frac{1}{4}}$

따라서 X의 확률분포를 나타낸 표는 다음과 같다.

X	-1	0	1	합계
$P(X=x)$	$\boxed{\frac{1}{4}}$	$\boxed{\frac{1}{4}}$	$\boxed{\frac{1}{2}}$	1

$E(X)=-1\times\boxed{\frac{1}{4}}+0\times\boxed{\frac{1}{4}}+1\times\boxed{\frac{1}{2}}=\boxed{\frac{1}{4}}$

$V(X)=E(X^2)-\{E(X)\}^2$
$=\left\{\boxed{(-1)^2\times\frac{1}{4}+0^2\times\frac{1}{4}+1^2\times\frac{1}{2}}\right\}-\left(\boxed{\frac{1}{4}}\right)^2$
$=\boxed{\frac{11}{16}}$

$\sigma(X)=\sqrt{\boxed{\frac{11}{16}}}=\boxed{\frac{\sqrt{11}}{4}}$

13 答 $\mathbf{-\frac{1}{2}}$

$E(-2X)=-2E(X)=(-2)\times\frac{1}{4}=-\frac{1}{2}$

14 답 $\mathbf{11}$

$V(4X+9)=4^2V(X)=16\times\frac{11}{16}=11$

15 답 $\mathbf{\sqrt{11}}$

$\sigma(-4X+4)=|-4|\sigma(X)=4\times\frac{\sqrt{11}}{4}=\sqrt{11}$

16 답 $\frac{3\sqrt{11}}{16}$

$\sigma\left(\frac{3}{4}X-5\right)=\left|\frac{3}{4}\right|\sigma(X)=\frac{3}{4}\times\frac{\sqrt{11}}{4}=\frac{3\sqrt{11}}{16}$

17 답 풀이 참조

X	1	2	3	4	5	합계
$P(X=x)$	$\frac{1}{5}$	$\frac{1}{5}$	$\frac{1}{5}$	$\frac{1}{5}$	$\frac{1}{5}$	1

18 답 13

$E(4X+1)=4E(X)+1=4\times3+1=13$

19 답 $9\sqrt{2}$

$\sigma(-9X+5)=|-9|\sigma(X)=9\sqrt{2}$

20 답 풀이 참조

X	0	1	2	합계
$P(X=x)$	$\frac{3}{10}$	$\frac{3}{5}$	$\frac{1}{10}$	1

21 답 1

$E(5X-3)=5E(X)-3=5\times\frac{4}{5}-3=1$

22 답 $\frac{9}{25}$

$V(-X+8)=(-1)^2V(X)=\frac{9}{25}$

23 답 $E(Y)=13$, $V(Y)=\frac{200}{3}$, $\sigma(Y)=\frac{10\sqrt{6}}{3}$

확률변수 X가 가질 수 있는 값은 0, 1, 2이므로 확률분포를 표로 나타내면 다음과 같다.

X	0	1	2	합계
$P(X=x)$	$\boxed{\frac{1}{3}}$	$\boxed{\frac{1}{3}}$	$\boxed{\frac{1}{3}}$	1

$E(X)=0\times\boxed{\frac{1}{3}}+1\times\boxed{\frac{1}{3}}+2\times\boxed{\frac{1}{3}}=\boxed{1}$

$E(X^2)=0^2\times\boxed{\frac{1}{3}}+1^2\times\boxed{\frac{1}{3}}+2^2\times\boxed{\frac{1}{3}}=\boxed{\frac{5}{3}}$

$V(X)=E(X^2)-\{E(X)\}^2=\boxed{\frac{2}{3}}$

$\sigma(X)=\sqrt{V(X)}=\frac{\boxed{\sqrt{6}}}{3}$

$\therefore E(Y)=E(10X+3)=\boxed{10}E(X)+3=\boxed{13}$

$V(Y)=V(10X+3)=10^{\boxed{2}}V(X)=\boxed{\frac{200}{3}}$

$\sigma(Y)=\sigma(10X+3)=|\boxed{10}|\sigma(X)=\frac{\boxed{10\sqrt{6}}}{3}$

24 답 $E(Y)=16$, $V(Y)=20$, $\sigma(Y)=2\sqrt{5}$

확률변수 X가 가질 수 있는 값은 1, 2, 3이므로 확률분포를 표로 나타내면 다음과 같다.

X	1	2	3	합계
$P(X=x)$	$\frac{1}{6}$	$\frac{1}{3}$	$\frac{1}{2}$	1

$E(X)=1\times\frac{1}{6}+2\times\frac{1}{3}+3\times\frac{1}{2}=\frac{7}{3}$

$E(X^2)=1^2\times\frac{1}{6}+2^2\times\frac{1}{3}+3^2\times\frac{1}{2}=6$

$V(X)=E(X^2)-\{E(X)\}^2=6-\frac{49}{9}=\frac{5}{9}$

$\sigma(X)=\sqrt{V(X)}=\frac{\sqrt{5}}{3}$

$\therefore E(Y)=E(6X+2)=6E(X)+2=16$

$V(Y)=V(6X+2)=6^2V(X)=36\times\frac{5}{9}=20$

$\sigma(Y)=\sigma(6X+2)=|6|\sigma(X)=6\times\frac{\sqrt{5}}{3}=2\sqrt{5}$

25 답 (1) $aE(X)+b$에 ○표 (2) $a^2V(X)$에 ○표
(3) $|a|\sigma(X)$에 ○표

12 이항분포

▸ p.144~146

01 답 이항분포이다. / $B\left(5, \frac{1}{2}\right)$

동전을 던지는 시행은 독립시행이고 앞면이 나오는 확률은 $\frac{1}{2}$로 일정하므로 X는 이항분포를 (따른다, 따르지 않는다).

따라서 기호로 나타내면 $B\left(\boxed{5}, \boxed{\frac{1}{2}}\right)$

02 답 이항분포이다. / $B\left(100, \frac{1}{3}\right)$

주사위를 던지는 시행은 독립시행이고 3의 배수의 눈이 나올 확률이 $\frac{1}{3}$로 일정하므로 X는 이항분포 $B\left(100, \frac{1}{3}\right)$을 따른다.

03 답 이항분포가 아니다.

04 답 1) $\frac{1}{5}$에 ○표 2) $B\left(10, \frac{1}{5}\right)$에 ○표

1) 사건이 일어날 확률이 ($\frac{1}{5}$, $\frac{4}{5}$)로 일정하다.

2) 기호로 나타내면 ($B\left(5, \frac{1}{5}\right)$, $B\left(10, \frac{1}{5}\right)$)이다.

05 답 1) $\frac{9}{13}$ 2) $B\left(100, \frac{9}{13}\right)$

06 답 1) $\frac{1}{6}$ 2) $\mathrm{B}\left(360, \frac{1}{6}\right)$

07 답 1) ${}_{12}\mathrm{C}_x\left(\frac{1}{3}\right)^x\left(\frac{2}{3}\right)^{12-x}$ $(x=0, 1, 2, \cdots, 12)$

2) $\frac{11\times 2^{11}}{3^{11}}$

1) $\mathrm{P}(X=x)={}_{\boxed{12}}\mathrm{C}_x\left(\frac{1}{3}\right)^x\left(\boxed{\frac{2}{3}}\right)^{\boxed{12}-x}$ $(x=0, 1, 2, \cdots, 12)$

2) $\mathrm{P}(X=2)={}_{\boxed{12}}\mathrm{C}_{\boxed{2}}\left(\frac{1}{3}\right)^2\left(\boxed{\frac{2}{3}}\right)^{\boxed{10}}$

$=\frac{11\times 2^{\boxed{11}}}{3^{\boxed{11}}}$

08 답 1) ${}_5\mathrm{C}_x\left(\frac{1}{8}\right)^x\left(\frac{7}{8}\right)^{5-x}$ $(x=0, 1, 2, \cdots, 5)$ 2) $\frac{5\times 7^3}{2^{14}}$

1) $\mathrm{P}(X=x)={}_5\mathrm{C}_x\left(\frac{1}{8}\right)^x\left(\frac{7}{8}\right)^{5-x}$ $(x=0, 1, 2, \cdots, 5)$

2) $\mathrm{P}(X=2)={}_5\mathrm{C}_2\left(\frac{1}{8}\right)^2\left(\frac{7}{8}\right)^3$

$=10\times\frac{7^3}{8^5}=10\times\frac{7^3}{(2^3)^5}$

$=\frac{5\times 7^3}{2^{14}}$

09 답 1) ${}_{10}\mathrm{C}_x\left(\frac{1}{5}\right)^x\left(\frac{4}{5}\right)^{10-x}$ $(x=0, 1, 2, \cdots, 10)$

2) $\frac{2^{16}\times 3^2}{5^9}$

1) $\mathrm{P}(X=x)={}_{10}\mathrm{C}_x\left(\frac{1}{5}\right)^x\left(\frac{4}{5}\right)^{10-x}$ $(x=0, 1, 2, \cdots, 10)$

2) $\mathrm{P}(X=2)={}_{10}\mathrm{C}_2\left(\frac{1}{5}\right)^2\left(\frac{4}{5}\right)^8=45\times\frac{2^{16}}{5^{10}}=\frac{2^{16}\times 3^2}{5^9}$

10 답 1) ${}_4\mathrm{C}_x\left(\frac{1}{7}\right)^x\left(\frac{6}{7}\right)^{4-x}$ $(x=0, 1, 2, 3, 4)$ 2) $\frac{6^3}{7^4}$

1) $\mathrm{P}(X=x)={}_4\mathrm{C}_x\left(\frac{1}{7}\right)^x\left(\frac{6}{7}\right)^{4-x}$ $(x=0, 1, 2, 3, 4)$

2) $\mathrm{P}(X=2)={}_4\mathrm{C}_2\left(\frac{1}{7}\right)^2\left(\frac{6}{7}\right)^2=6\times\frac{6^2}{7^4}=\frac{6^3}{7^4}$

11 답 $\frac{5\times 3^{15}}{2^{29}}$

X의 확률질량함수는

$\mathrm{P}(X=x)={}_{16}\mathrm{C}_x\left(\frac{1}{4}\right)^x\left(\frac{3}{4}\right)^{16-x}$ $(x=0, 1, 2, \cdots, 16)$

이므로

$\mathrm{P}(X=2)={}_{16}\mathrm{C}_2\left(\frac{1}{4}\right)^2\left(\frac{3}{4}\right)^{14}$

$=120\times\frac{3^{14}}{4^{16}}=2^3\times 3\times 5\times\frac{3^{14}}{(2^2)^{16}}$

$=\frac{5\times 3^{15}}{2^{29}}$

12 답 $\frac{19\times 2^{37}}{5^{19}}$

X의 확률질량함수는

$\mathrm{P}(X=x)={}_{20}\mathrm{C}_x\left(\frac{1}{5}\right)^x\left(\frac{4}{5}\right)^{20-x}$ $(x=0, 1, 2, \cdots, 20)$

이므로

$\mathrm{P}(X=2)={}_{20}\mathrm{C}_2\left(\frac{1}{5}\right)^2\left(\frac{4}{5}\right)^{18}$

$=190\times\frac{4^{18}}{5^{20}}=2\times 5\times 19\times\frac{(2^2)^{18}}{5^{20}}$

$=\frac{19\times 2^{37}}{5^{19}}$

13 답 $\frac{3\times 23\times 7^{22}}{2^{70}}$

X의 확률질량함수는

$\mathrm{P}(X=x)={}_{24}\mathrm{C}_x\left(\frac{1}{8}\right)^x\left(\frac{7}{8}\right)^{24-x}$ $(x=0, 1, 2, \cdots, 24)$이므로

$\mathrm{P}(X=2)={}_{24}\mathrm{C}_2\left(\frac{1}{8}\right)^2\left(\frac{7}{8}\right)^{22}$

$=276\times\frac{7^{22}}{8^{24}}=2^2\times 3\times 23\times\frac{7^{22}}{(2^3)^{24}}$

$=2^2\times 3\times 23\times\frac{7^{22}}{2^{72}}$

$=\frac{3\times 23\times 7^{22}}{2^{70}}$

14 답 $\frac{71\times 5^{70}}{6^{70}}$

X의 확률질량함수는

$\mathrm{P}(X=x)={}_{72}\mathrm{C}_x\left(\frac{1}{6}\right)^x\left(\frac{5}{6}\right)^{72-x}$ $(x=0, 1, 2, \cdots, 72)$

이므로

$\mathrm{P}(X=2)={}_{72}\mathrm{C}_2\left(\frac{1}{6}\right)^2\left(\frac{5}{6}\right)^{70}$

$=6^2\times 71\times\frac{5^{70}}{6^{72}}=\frac{71\times 5^{70}}{6^{70}}$

15 답 $\mathrm{B}\left(10, \frac{1}{2}\right)$

16 답 $\mathrm{P}(X=x)={}_{10}\mathrm{C}_x\left(\frac{1}{2}\right)^{10}$ $(x=0, 1, 2, \cdots, 10)$

$\mathrm{P}(X=x)={}_{10}\mathrm{C}_x\left(\frac{1}{2}\right)^x\left(\frac{1}{2}\right)^{10-x}={}_{10}\mathrm{C}_x\left(\frac{1}{2}\right)^{10}$

$(x=0, 1, 2, \cdots, 10)$

17 답 $\frac{105}{512}$

$\mathrm{P}(X=4)={}_{10}\mathrm{C}_4\left(\frac{1}{2}\right)^{10}=\frac{105}{512}$

18 답 $\mathrm{B}\left(3, \frac{7}{10}\right)$

19 답 $\mathrm{P}(X=x)={}_3\mathrm{C}_x\left(\frac{7}{10}\right)^x\left(\frac{3}{10}\right)^{3-x}$ $(x=0, 1, 2, 3)$

20 답 $\frac{98}{125}$

$$\begin{aligned}\mathrm{P}(X\geq 2)&=\mathrm{P}(X=2)+\mathrm{P}(X=3)\\&={}_3\mathrm{C}_2\left(\frac{7}{10}\right)^2\left(\frac{3}{10}\right)^{3-2}+{}_3\mathrm{C}_3\left(\frac{7}{10}\right)^3\left(\frac{3}{10}\right)^{3-3}\\&=3\left(\frac{7}{10}\right)^2\left(\frac{3}{10}\right)^1+\left(\frac{7}{10}\right)^3\\&=\left(\frac{7}{10}\right)^2\left(\frac{9}{10}+\frac{7}{10}\right)=\frac{98}{125}\end{aligned}$$

21 답 $\mathrm{B}\left(4, \frac{4}{5}\right)$

22 답 $\mathrm{P}(X=x)={}_4\mathrm{C}_x\left(\frac{4}{5}\right)^x\left(\frac{1}{5}\right)^{4-x}$ $(x=0, 1, 2, 3, 4)$

23 답 $\frac{2^9}{5^4}$

$$\begin{aligned}\mathrm{P}(X\geq 3)&=\mathrm{P}(X=3)+\mathrm{P}(X=4)\\&={}_4\mathrm{C}_3\left(\frac{4}{5}\right)^3\left(\frac{1}{5}\right)^{4-3}+{}_4\mathrm{C}_4\left(\frac{4}{5}\right)^4\left(\frac{1}{5}\right)^{4-4}\\&=4\left(\frac{4}{5}\right)^3\left(\frac{1}{5}\right)^1+\left(\frac{4}{5}\right)^4\\&=\left(\frac{4}{5}\right)^3\left(\frac{4}{5}+\frac{4}{5}\right)\\&=\left(\frac{4}{5}\right)^3\left(\frac{8}{5}\right)=\frac{2^9}{5^4}\end{aligned}$$

24 답 $\mathrm{B}\left(12, \frac{1}{2}\right)$

25 답 $\mathrm{P}(X=x)={}_{12}\mathrm{C}_x\left(\frac{1}{2}\right)^{12}$ $(x=0, 1, 2, \cdots, 12)$

$$\mathrm{P}(X=x)={}_{12}\mathrm{C}_x\left(\frac{1}{2}\right)^x\left(\frac{1}{2}\right)^{12-x}={}_{12}\mathrm{C}_x\left(\frac{1}{2}\right)^{12}$$

$(x=0, 1, 2, \cdots, 12)$

26 답 $\frac{13}{2^{12}}$

$$\begin{aligned}\mathrm{P}(X\geq 11)&=\mathrm{P}(X=11)+\mathrm{P}(X=12)\\&={}_{12}\mathrm{C}_{11}\left(\frac{1}{2}\right)^{12}+{}_{12}\mathrm{C}_{12}\left(\frac{1}{2}\right)^{12}\\&=12\left(\frac{1}{2}\right)^{12}+\left(\frac{1}{2}\right)^{12}\\&=\frac{13}{2^{12}}\end{aligned}$$

27 답 $\mathrm{B}\left(4, \frac{2}{5}\right)$

28 답 $\mathrm{P}(X=x)={}_4\mathrm{C}_x\left(\frac{2}{5}\right)^x\left(\frac{3}{5}\right)^{4-x}$ $(x=0, 1, 2, 3, 4)$

29 답 $\frac{7\times 2^4}{5^4}$

$$\begin{aligned}\mathrm{P}(X\geq 3)&=\mathrm{P}(X=3)+\mathrm{P}(X=4)\\&={}_4\mathrm{C}_3\left(\frac{2}{5}\right)^3\left(\frac{3}{5}\right)^{4-3}+{}_4\mathrm{C}_4\left(\frac{2}{5}\right)^4\left(\frac{3}{5}\right)^{4-4}\\&=4\left(\frac{2}{5}\right)^3\left(\frac{3}{5}\right)^1+\left(\frac{2}{5}\right)^4\\&=\left(\frac{2}{5}\right)^3\left(\frac{12}{5}+\frac{2}{5}\right)\\&=\left(\frac{2}{5}\right)^3\left(\frac{14}{5}\right)=\frac{7\times 2^4}{5^4}\end{aligned}$$

30 답 $\frac{41\times 2^3}{5^4}$

29에서 $\mathrm{P}(X\geq 3)=\frac{7\times 2^4}{5^4}$이므로

$$\begin{aligned}\mathrm{P}(X\geq 2)&=\mathrm{P}(X=2)+\mathrm{P}(X\geq 3)\\&={}_4\mathrm{C}_2\left(\frac{2}{5}\right)^2\left(\frac{3}{5}\right)^{4-2}+\mathrm{P}(X\geq 3)\\&=6\left(\frac{2}{5}\right)^2\left(\frac{3}{5}\right)^2+\frac{7\times 2^4}{5^4}\\&=\frac{2^3\times 3^3}{5^4}+\frac{7\times 2^4}{5^4}\\&=\frac{2^3(27+14)}{5^4}=\frac{41\times 2^3}{5^4}\end{aligned}$$

31 답 ${}_n\mathrm{C}_x p^x q^{n-x}$, 이항분포, $\mathrm{B}(n, p)$, 비 n p

13 이항분포의 평균, 분산, 표준편차 – 확률변수

▸ p.147~148

01 답 $\mathrm{E}(X)=60$, $\mathrm{V}(X)=36$, $\sigma(X)=6$

확률변수 X가 이항분포 $\mathrm{B}(n, p)$를 따를 때,

$\mathrm{E}(X)=np$, $\mathrm{V}(X)=np(1-p)$이므로

$\mathrm{B}\left(150, \frac{2}{5}\right)$에서

$\mathrm{E}(X)=150\times\boxed{\frac{2}{5}}=\boxed{60}$,

$\mathrm{V}(X)=150\times\boxed{\frac{2}{5}}\times\boxed{\frac{3}{5}}=\boxed{36}$,

$\sigma(X)=\sqrt{\mathrm{V}(X)}=\boxed{6}$

02 답 $\mathrm{E}(X)=2$, $\mathrm{V}(X)=1.6$, $\sigma(X)=\sqrt{1.6}$

$\mathrm{B}(10, 0.2)$이므로

$\mathrm{E}(X)=10\times 0.2=2$, $\mathrm{V}(X)=10\times 0.2\times 0.8=1.6$

$\sigma(X)=\sqrt{\mathrm{V}(X)}=\sqrt{1.6}$

03 답 $n=100$, $p=\frac{1}{5}$

X의 평균이 20, 분산이 16이므로

$E(X)=np=20$이고, $V(X)=np(1-p)=16$에서

$\boxed{20}(1-p)=16$, $1-p=\boxed{\frac{4}{5}}$ $\therefore p=\boxed{\frac{1}{5}}$

이를 $np=20$에 대입하면

$n\times\boxed{\frac{1}{5}}=20$ $\therefore n=\boxed{100}$

04 답 1) 24 2) 1624

1) $E(X)=\boxed{100}\times p=40$에서 $p=\boxed{\frac{2}{5}}$

$\therefore V(X)=100\times\boxed{\frac{2}{5}}\times\boxed{\frac{3}{5}}=\boxed{24}$

2) $V(X)=E((X-m)^2)=E(X^2)-\{E(X)\}^2$이므로

$E(X^2)=V(X)+\{E(X)\}^2$

$=\boxed{24}+\boxed{40}^2=\boxed{1624}$

05 답 1) 20 2) 2045

1) $E(X)=81p=45$에서 $p=\frac{5}{9}$

$\therefore V(X)=81\times\frac{5}{9}\times\frac{4}{9}=20$

2) $V(X)=E((X-m)^2)=E(X^2)-\{E(X)\}^2$이므로

$E(X^2)=V(X)+\{E(X)\}^2$

$=20+45^2=2045$

06 답 11

$9p=\boxed{3}$이므로 $p=\boxed{\frac{1}{3}}$이다.

확률변수 X는 이항분포 $B\left(9, \boxed{\frac{1}{3}}\right)$을 따르므로

$V(X)=9\times\boxed{\frac{1}{3}}\times\boxed{\frac{2}{3}}=\boxed{2}$

$\therefore E(X^2)=V(X)+\{E(X)\}^2$

$=\boxed{2}+\boxed{3}^2=\boxed{11}$

07 답 125

$E(X)=np=25$이고,

$V(X)=np(1-p)=20$이므로

$25(1-p)=20$, $1-p=\frac{4}{5}$ $\therefore p=\frac{1}{5}$

이를 $np=25$에 대입하면

$n\times\frac{1}{5}=25$ $\therefore n=125$

08 답 20

$V(X)=n\times\frac{2}{5}\times\frac{3}{5}=12$에서 $n=50$

$\therefore E(X)=50\times\frac{2}{5}=20$

09 답 6

$P(X=x)={}_{49}C_x\frac{6^x}{7^{49}}$ $(x=0, 1, 2, \cdots, 49)$에서

$P(X=x)={}_{49}C_x\frac{6^x}{7^{49}}={}_{49}C_x\left(\frac{6}{7}\right)^x\left(\frac{1}{7}\right)^{49-x}$이므로

확률변수 X는 이항분포 $B\left(49, \frac{6}{7}\right)$을 따른다.

$\therefore V(X)=49\times\frac{6}{7}\times\frac{1}{7}=6$

10 답 $E(X)=5$, $V(X)=\frac{25}{6}$, $\sigma(X)=\frac{5\sqrt{6}}{6}$

한 개의 주사위를 한 번 던질 때, 6의 눈이 나올 확률은

$\boxed{\frac{1}{6}}$이므로 X는 이항분포 $\boxed{B\left(30, \frac{1}{6}\right)}$을 따른다.

따라서 평균, 분산, 표준편차를 구하면

$E(X)=np=30\times\frac{1}{6}=\boxed{5}$

$V(X)=np(1-p)=5\times\frac{5}{6}=\boxed{\frac{25}{6}}$

$\sigma(X)=\sqrt{\frac{25}{6}}=\frac{5}{\sqrt{6}}=\boxed{\frac{5\sqrt{6}}{6}}$

11 답 $E(X)=1.2$, $V(X)=0.84$, $\sigma(X)=\sqrt{0.84}$

타율이 3할이면 안타를 칠 확률이 0.3이라는 뜻이므로

X는 이항분포 $B(4, 0.3)$을 따른다.

$E(X)=np=4\times0.3=1.2$

$V(X)=np(1-p)=1.2\times0.7=0.84$, $\sigma(X)=\sqrt{0.84}$

12 답 $E(X)=\frac{5}{2}$, $V(X)=\frac{5}{4}$, $\sigma(X)=\frac{\sqrt{5}}{2}$

승률이 0.5이므로 X는 이항분포 $B\left(5, \frac{1}{2}\right)$을 따른다.

$\therefore E(X)=np=5\times\frac{1}{2}=\frac{5}{2}$

$V(X)=npq=5\times\frac{1}{2}\times\frac{1}{2}=\frac{5}{4}$

$\sigma(X)=\sqrt{npq}=\sqrt{\frac{5}{4}}=\frac{\sqrt{5}}{2}$

13 답 $E(X)=\frac{7}{3}$, $V(X)=\frac{14}{9}$, $\sigma(X)=\frac{\sqrt{14}}{3}$

A가 한 번의 가위바위보에서 이기는 확률은 $\frac{1}{3}$이므로

X는 이항분포 $B\left(7, \frac{1}{3}\right)$을 따른다.

$\therefore$ $\mathrm{E}(X)=np=7\times\frac{1}{3}=\frac{7}{3}$

$\mathrm{V}(X)=npq=7\times\frac{1}{3}\times\frac{2}{3}=\frac{14}{9}$

$\sigma(X)=\sqrt{npq}=\sqrt{\frac{14}{9}}=\frac{\sqrt{14}}{3}$

14 답 (1) np (2) npq (3) $\sqrt{npq}$

14 이항분포의 평균, 분산, 표준편차 – 확률변수 $aX+b$

▸ p.149~150

01 답 1) 13 2) $\frac{4}{25}$ 3) 4

1) $\mathrm{E}(X)=np=25\times\frac{1}{5}=5$이므로

$\mathrm{E}(2X+3)=2\mathrm{E}(X)+3$
$=2\times5+3=13$

2) $\mathrm{V}(X)=npq=25\times\frac{1}{5}\times\frac{4}{5}=4$이므로

$\mathrm{V}\left(\frac{1}{5}X+20\right)=\left(\frac{1}{5}\right)^2\mathrm{V}(X)$
$=\frac{1}{25}\times4=\frac{4}{25}$

3) $\sigma(X)=\sqrt{npq}=\sqrt{4}=2$이므로

$\sigma(2X+100)=|2|\sigma(X)=2\times2=4$

02 답 1) -44 2) 8 3) $\frac{\sqrt{2}}{4}$

1) $\mathrm{E}(X)=np=32\times\frac{1}{2}=16$이므로

$\mathrm{E}(-3X+4)=-3\mathrm{E}(X)+4$
$=-3\times16+4=-44$

2) $\mathrm{V}(X)=npq=32\times\frac{1}{2}\times\frac{1}{2}=8$이므로

$\mathrm{V}(-X)=(-1)^2\mathrm{V}(X)=8$

3) $\sigma(X)=\sqrt{npq}=\sqrt{8}=2\sqrt{2}$이므로

$\sigma\left(-\frac{1}{8}X+50\right)=\left|-\frac{1}{8}\right|\sigma(X)=\frac{1}{8}\times2\sqrt{2}=\frac{\sqrt{2}}{4}$

03 답 174

$\mathrm{V}(3X+6)=63$에서 $\boxed{3^2}\,\mathrm{V}(X)=63$

$\therefore$ $\mathrm{V}(X)=\boxed{7}$

$64p(\boxed{1-p})=\boxed{7}$, $64p^2-64p+\boxed{7}=0$

$(8p-1)(\boxed{8p-7})=0$ $\therefore$ $p=\boxed{\frac{7}{8}}$ $\left(\because p>\frac{1}{2}\right)$

즉, $\mathrm{E}(X)=64\times\boxed{\frac{7}{8}}=\boxed{56}$이므로

$\mathrm{E}(3X+6)=3\mathrm{E}(X)+6$
$=3\times\boxed{56}+6=\boxed{174}$

04 답 89

$\mathrm{V}(2X+5)=24$에서 $2^2\mathrm{V}(X)=24$

$\therefore$ $\mathrm{V}(X)=6$

$49p(1-p)=6$, $49p^2-49p+6=0$

$(7p-1)(7p-6)=0$ $\therefore$ $p=\frac{6}{7}$ $\left(\because p>\frac{1}{2}\right)$

즉, $\mathrm{E}(X)=49\times\frac{6}{7}=42$이므로

$\mathrm{E}(2X+5)=2\mathrm{E}(X)+5=2\times42+5=89$

05 답 $9\sqrt{2}$

한 개의 주사위를 던질 때, 나오는 4의 약수의 눈은

1, 2, 4이므로 확률은 $\frac{\boxed{3}}{6}=\frac{1}{\boxed{2}}$이다.

즉, 확률변수 X는 이항분포 $\mathrm{B}\left(72, \boxed{\frac{1}{2}}\right)$을 따르므로

$\sigma(X)=\sqrt{72\times\boxed{\frac{1}{2}}\times\boxed{\frac{1}{2}}}=\sqrt{\boxed{18}}$

$\therefore$ $\sigma(-3X+1)=|-3|\sigma(X)$
$=3\times\sqrt{\boxed{18}}=\boxed{9\sqrt{2}}$

06 답 $4\sqrt{5}$

당첨 제비 3개를 포함한 18개의 제비가 들어 있으므로 당첨될 확률은 $\frac{3}{18}=\frac{1}{6}$이다.

즉, 확률변수 X는 이항분포 $\mathrm{B}\left(36, \frac{1}{6}\right)$을 따르므로

$\sigma(X)=\sqrt{36\times\frac{1}{6}\times\frac{5}{6}}=\sqrt{5}$

$\therefore$ $\sigma(-4X+3)=|-4|\sigma(X)=4\times\sqrt{5}=4\sqrt{5}$

07 답 15

확률변수 X는 이항분포 $\mathrm{B}\left(100, \frac{9}{10}\right)$를 따르므로

$\sigma(X)=\sqrt{100\times\frac{9}{10}\times\frac{1}{10}}=3$

$\therefore$ $\sigma(-5X+2)=|-5|\sigma(X)=5\times3=15$

08 답 71

서로 다른 세 개의 동전을 던지므로 모두 앞면이 나오는 확률은 $\frac{1}{8}$이다.

즉, 확률변수 X는 이항분포 $\mathrm{B}\left(64, \frac{1}{8}\right)$을 따르므로

$E(X)=64\times\frac{1}{8}=8$

$V(X)=64\times\frac{1}{8}\times\frac{7}{8}=7$

$V(X)=E(X^2)-\{E(X)\}^2$이므로

$E(X^2)=V(X)+\{E(X)\}^2$

$=7+64=71$

09 답 $\frac{32}{5}$

불량인 전구 1개를 포함하여 총 5개의 전구가 들어 있는 상자에서 임의로 한 개의 전구를 꺼낼 때, 불량인 전구가 나오는 확률은 $\frac{1}{\boxed{5}}$이므로 확률변수 X는

이항분포 $B\left(\boxed{10}, \boxed{\frac{1}{5}}\right)$을 따른다.

이때, $V(X)=\boxed{10}\times\boxed{\frac{1}{5}}\times\boxed{\frac{4}{5}}=\boxed{\frac{8}{5}}$

$\therefore V(2X+1)=\boxed{2^2}V(X)=4\times\boxed{\frac{8}{5}}=\boxed{\frac{32}{5}}$

10 답 **630**

불량인 전구 3개를 포함하여 총 10개의 전구가 들어 있는 상자에서 임의로 한 개의 전구를 꺼내어 불량인 전구가 나오는 확률은 $\frac{3}{10}$이므로 확률변수 X는 이항분포 $B\left(30, \frac{3}{10}\right)$을 따른다.

이때, $V(X)=30\times\frac{3}{10}\times\frac{7}{10}=\frac{63}{10}$

$\therefore V(10X)=10^2V(X)=100\times\frac{63}{10}=630$

11 답 $\frac{1}{8}$

불량인 전구 5개를 포함하여 총 25개의 전구가 들어 있는 상자에서 임의로 한 개의 전구를 꺼내어 불량인 전구가 나오는 확률은 $\frac{1}{5}$이므로 확률변수 X는 이항분포 $B\left(50, \frac{1}{5}\right)$을 따른다.

이때, $V(X)=50\times\frac{1}{5}\times\frac{4}{5}=8$

$\therefore V\left(\frac{1}{8}X-8\right)=\left(\frac{1}{8}\right)^2V(X)=\frac{1}{8^2}\times8=\frac{1}{8}$

12 답 (1) $anp+b$ (2) a^2npq (3) $|a|\sqrt{npq}$

15 큰 수의 법칙

▸ p.151

01 답 ×

주사위를 6번 던지더라도 1의 눈이 나오지 않을 수도 있다.

02 답 ○

03 답 ×

주사위를 12번 던지더라도 1의 눈이 반드시 두 번 나오지는 않는다.

04 답 ○

05 답 ○

06 답 $981\le n\le1062$

$0.48\le\frac{X}{n}\le0.52$에서 $\frac{48}{100}\le\frac{510}{n}\le\frac{52}{100}$

부등식의 양변을 510으로 나누고, 역수를 취하면 부등호 방향이 바뀌므로

$\frac{510}{0.52}\le n\le\boxed{\frac{510}{0.48}}$

$\therefore 980.76\times\times\times\le n\le\boxed{1062.5}$

따라서 가능한 자연수 n의 값의 범위는

$\boxed{981\le n\le1062}$

07 답 $1768\le n\le2250$

$\left|\frac{330}{n}-\frac{1}{6}\right|\le0.02$에서

$-\frac{1}{50}\le\frac{330}{n}-\frac{1}{6}\le\frac{1}{50}$, $-\frac{1}{50}+\frac{1}{6}\le\frac{330}{n}\le\frac{1}{50}+\frac{1}{6}$

$\frac{11}{75}\le\frac{330}{n}\le\frac{14}{75}$

부등식의 양변을 330으로 나누고, 역수를 취하면 부등호 방향이 바뀌므로

$\frac{330}{\frac{14}{75}}\le n\le\frac{330}{\frac{11}{75}}$

$\therefore 1767.\times\times\times\le n\le2250$

따라서 가능한 자연수 n의 값의 범위는

$1768\le n\le2250$

08 답 p, 큰 수의 법칙

단원 마무리 평가 [01~15]

▸ 문제편 p.152~155

01 답 풀이 참조

확률변수 X가 가질 수 있는 값은 1, 2, 3이고,

$P(X=1)=\frac{3}{6}=\frac{1}{2}$

$P(X=2)=\frac{2}{6}=\frac{1}{3}$

$P(X=3)=\frac{1}{6}$

따라서 확률변수 X의 확률분포를 표로 나타내면 다음과 같다.

X	1	2	3	합계
$P(X=x)$	$\frac{1}{2}$	$\frac{1}{3}$	$\frac{1}{6}$	1

02 답 ②

$P(X=2)=\frac{{}_4C_2}{{}_7C_2}=\frac{6}{21}=\frac{2}{7}$

03 답 ③

두 개의 주사위를 동시에 던져서 나오는 두 눈의 수의 합이 6이 되는 경우를 순서쌍으로 나타내면

(1, 5), (2, 4), (3, 3), (4, 2), (5, 1)로 5가지이다.

$\therefore P(X=6)=\frac{5}{36}$

04 답 ①

$\sum_{x=1}^{10} P(X=x)=1$이므로

$\sum_{x=1}^{10} kx=k\sum_{x=1}^{10} x=k\times\frac{10\times 11}{2}=55k=1$

$\therefore k=\frac{1}{55}$

05 답 ③

확률의 총합은 1이므로 $\frac{1}{4}+a+\frac{1}{4}=1$

$\therefore a=\frac{1}{2}$

06 답 ④

$P(X\geq 2)=P(X=2)+P(X=3)$

$=\frac{3}{8}+\frac{1}{4}=\frac{5}{8}$

07 답 ④

$P(2\leq X\leq 3)=\frac{1}{3}$에서

$a+\frac{1}{8}=\frac{1}{3}$, $a=\frac{1}{3}-\frac{1}{8}$

$\therefore a=\frac{5}{24}$

확률의 총합은 1이므로

$\frac{1}{12}+\frac{5}{24}+\frac{1}{8}+b=1$, $\frac{10}{24}+b=1$, $\frac{5}{12}+b=1$

$\therefore b=\frac{7}{12}$

$\therefore b-a=\frac{7}{12}-\frac{5}{24}=\frac{9}{24}=\frac{3}{8}$

08 답 ⑤

확률변수 X가 가질 수 있는 값은 0, 1, 2, 3이고,

$P(X=0)=\frac{{}_4C_0\times{}_6C_3}{{}_{10}C_3}=\frac{1\times 20}{120}=\frac{1}{6}$

$P(X=1)=\frac{{}_4C_1\times{}_6C_2}{{}_{10}C_3}=\frac{4\times 15}{120}=\frac{1}{2}$

$P(X=2)=\frac{{}_4C_2\times{}_6C_1}{{}_{10}C_3}=\frac{6\times 6}{120}=\frac{3}{10}$

$P(X=3)=\frac{{}_4C_3\times{}_6C_0}{{}_{10}C_3}=\frac{4\times 1}{120}=\frac{1}{30}$

따라서 확률변수 X의 확률분포를 표로 나타내면 다음과 같다.

X	0	1	2	3	합계
$P(X=x)$	$\frac{1}{6}$	$\frac{1}{2}$	$\frac{3}{10}$	$\frac{1}{30}$	1

$\therefore P(X\geq 1)=1-P(X=0)$

$=1-\frac{1}{6}=\frac{5}{6}$

09 답 ②

(평균)$=\frac{1+5+3+2+4}{5}=\frac{15}{5}=3$(점)

각 편차의 제곱의 총합을 변량의 개수로 나누어 분산을 구하면

(분산)

$=\frac{\{(1-3)^2+(5-3)^2+(3-3)^2+(2-3)^2+(4-3)^2}{5}$

$=\frac{4+4+0+1+1}{5}$

$=2$

10 답 ⑤

확률의 총합은 1이므로

$\frac{1}{4}+k+\frac{1}{2}+\frac{1}{8}=1$

$\therefore k=\frac{1}{8}$

$\therefore E(X)=1\times\frac{1}{4}+2\times\frac{1}{8}+3\times\frac{1}{2}+4\times\frac{1}{8}$

$=\frac{1}{4}+\frac{1}{4}+\frac{3}{2}+\frac{1}{2}=\frac{5}{2}$

11 답 ⑤

$E(X)=5$, $V(X)=E(X^2)-\{E(X)\}^2=3$

$\therefore E(X^2)=3+\{E(X)\}^2$

$=3+25=28$

12 답 ③

$V(X)=E(X^2)-\{E(X)\}^2$

$=108-10^2=108-100=8$

$\therefore \sigma(X)=\sqrt{8}=2\sqrt{2}$

13 답 ②

확률변수 X의 확률분포를 표로 나타내면 다음과 같다.

X	1	2	3	4	합계
$P(X=x)$	$\frac{1}{10}$	$\frac{1}{5}$	$\frac{3}{10}$	$\frac{2}{5}$	1

따라서 확률변수 X에 대하여

$$E(X)=1\times\frac{1}{10}+2\times\frac{1}{5}+3\times\frac{3}{10}+4\times\frac{2}{5}$$
$$=\frac{1+4+9+16}{10}=3$$
$$E(X^2)=1^2\times\frac{1}{10}+2^2\times\frac{1}{5}+3^2\times\frac{3}{10}+4^2\times\frac{2}{5}$$
$$=\frac{1+8+27+64}{10}=10$$
$$\therefore V(X)=E(X^2)-\{E(X)\}^2$$
$$=10-3^2=1$$

14 답 ④

확률의 총합은 1이므로

$\frac{3}{10}+\frac{3}{5}+k=1 \quad \therefore k=\frac{1}{10}$

$$E(X)=1\times\frac{3}{10}+2\times\frac{3}{5}+3\times\frac{1}{10}=\frac{3+12+3}{10}=\frac{18}{10}=\frac{9}{5}$$
$$E(X^2)=1^2\times\frac{3}{10}+2^2\times\frac{3}{5}+3^2\times\frac{1}{10}=\frac{3+24+9}{10}$$
$$=\frac{36}{10}=\frac{18}{5}$$

이므로 분산 $V(X)$는

$$V(X)=E(X^2)-\{E(X)\}^2$$
$$=\frac{18}{5}-\left(\frac{9}{5}\right)^2=\frac{90}{25}-\frac{81}{25}=\frac{9}{25}$$
$$\therefore \sigma(X)=\sqrt{V(X)}=\frac{3}{5}$$

15 답 ③

확률의 총합은 1이므로

$\frac{1}{4}+\frac{1}{4}+b=1 \quad \therefore b=\frac{1}{2}$

확률변수 X의 평균이 $\frac{1}{2}$이므로

$$-a\times\frac{1}{4}+0\times\frac{1}{4}+a\times\frac{1}{2}=\frac{1}{2}$$

$\frac{a}{4}=\frac{1}{2} \quad \therefore a=2$

$$E(X^2)=(-2)^2\times\frac{1}{4}+0^2\times\frac{1}{4}+2^2\times\frac{1}{2}=1+2=3$$

이므로 분산 $V(X)$는

$$V(X)=E(X^2)-\{E(X)\}^2=3-\left(\frac{1}{2}\right)^2=\frac{11}{4}$$
$$\therefore \sigma(X)=\sqrt{V(X)}=\frac{\sqrt{11}}{2}$$

16 답 ①

확률변수 X가 가질 수 있는 값은 1, 2, 3이고,

$$P(X=1)=\frac{1}{{}_4C_2}=\frac{1}{6}$$
$$P(X=2)=\frac{2}{{}_4C_2}=\frac{1}{3}$$
$$P(X=3)=\frac{3}{{}_4C_2}=\frac{1}{2}$$
$$E(X)=1\times\frac{1}{6}+2\times\frac{1}{3}+3\times\frac{1}{2}=\frac{1+4+9}{6}=\frac{14}{6}=\frac{7}{3}$$
$$E(X^2)=1^2\times\frac{1}{6}+2^2\times\frac{1}{3}+3^2\times\frac{1}{2}=\frac{1+8+27}{6}=\frac{36}{6}=6$$
$$\therefore V(X)=E(X^2)-\{E(X)\}^2$$
$$=6-\left(\frac{7}{3}\right)^2=\frac{54}{9}-\frac{49}{9}=\frac{5}{9}$$

17 답 ③

동전의 앞면을 H, 뒷면을 T라 하고, 50원짜리 동전 1개와 100원짜리 동전 2개를 던져서 나오는 결과를 표로 나타내면 다음과 같다.

50원	100원	100원	받는 금액(원)
H	H	H	250
H	H	T	150
H	T	H	150
H	T	T	50
T	H	H	200
T	H	T	100
T	T	H	100
T	T	T	0

놀이에서 받을 수 있는 금액을 확률변수 X라 하면 X가 가질 수 있는 값은 0, 50, 100, 150, 200, 250이고,

$$P(X=0)=\frac{1}{8},\ P(X=50)=\frac{1}{8}$$
$$P(X=100)=\frac{1}{4},\ P(X=150)=\frac{1}{4}$$
$$P(X=200)=\frac{1}{8},\ P(X=250)=\frac{1}{8}$$

이므로 확률변수 X의 확률분포를 표로 나타내면 다음과 같다.

X	0	50	100	150	200	250	합계
$P(X=x)$	$\frac{1}{8}$	$\frac{1}{8}$	$\frac{1}{4}$	$\frac{1}{4}$	$\frac{1}{8}$	$\frac{1}{8}$	1

따라서 구하는 기댓값은

$$E(X)$$
$$=0\times\frac{1}{8}+50\times\frac{1}{8}+100\times\frac{1}{4}+150\times\frac{1}{4}+200\times\frac{1}{8}+250\times\frac{1}{8}$$
$$=\frac{50+200+300+200+250}{8}$$
$$=125$$

18 답 ②

확률변수 X가 가질 수 있는 값은 0, 1000, 10000, 100000이고,

$P(X=0)=\frac{37}{50}$

$P(X=1000)=\frac{20}{100}=\frac{1}{5}$

$P(X=10000)=\frac{5}{100}=\frac{1}{20}$

$P(X=100000)=\frac{1}{100}$

이므로 X의 확률분포를 표로 나타내면 다음과 같다.

X	0	1000	10000	100000	합계
$P(X=x)$	$\frac{37}{50}$	$\frac{1}{5}$	$\frac{1}{20}$	$\frac{1}{100}$	1

따라서 X의 기댓값은

$E(X)=0\times\frac{37}{50}+1000\times\frac{1}{5}+10000\times\frac{1}{20}+100000\times\frac{1}{100}$

$=200+500+1000=1700$

19 답 ③

$E(2X+5)=2E(X)+5$

$=2\times6+5=17$

$V(2X+5)=2^2V(X)$

$=4\times4=16$

$\therefore E(2X+5)+V(2X+5)=17+16=33$

20 답 ⑤

$Y=\frac{1}{5}X-10$에서 $\frac{1}{5}X=Y+10$

$\therefore X=5Y+50$

$E(Y)=-2$, $E(Y^2)=5$이므로

$E(X)=E(5Y+50)=5E(Y)+50=40$

$V(Y)=E(Y^2)-\{E(Y)\}^2=5-(-2)^2=1$

$\therefore V(X)=V(5Y+50)=5^2V(Y)=25$

$\therefore E(X)+V(X)=40+25=65$

21 답 ①

$E(X)=50$, $\sigma(X)=4$이므로

$E(Y)=E(aX+b)=aE(X)+b=0$에서

$50a+b=0$ ⋯ ㉠

$V(Y)=V(aX+b)=a^2V(X)=1$에서

$16a^2=1$, $a^2=\frac{1}{16}$

$a>0$이므로 $a=\frac{1}{4}$

이 값을 ㉠에 대입하면 $b=-\frac{25}{2}$

$\therefore 2a-b=2\times\frac{1}{4}-\left(-\frac{25}{2}\right)=13$

22 답 ②

확률의 총합은 1이므로

$2a+\frac{1}{4}+a=1$

$3a=\frac{3}{4}$ $\therefore a=\frac{1}{4}$

따라서 확률변수 X의 확률분포를 표로 나타내면 다음과 같다.

X	1	2	4	합계
$P(X=x)$	$\frac{1}{2}$	$\frac{1}{4}$	$\frac{1}{4}$	1

$E(X)=1\times\frac{1}{2}+2\times\frac{1}{4}+4\times\frac{1}{4}=2$

$E(X^2)=1^2\times\frac{1}{2}+2^2\times\frac{1}{4}+4^2\times\frac{1}{4}=\frac{11}{2}$

이므로 분산 $V(X)$는

$V(X)=E(X^2)-\{E(X)\}^2$

$=\frac{11}{2}-2^2=\frac{3}{2}$

$\therefore V(-4X+3)=(-4)^2V(X)=16\times\frac{3}{2}=24$

23 답 ①

주사위를 던져서 나온 눈의 수 1, 2, 3, 4, 5, 6을 4로 나눈 나머지는 차례로 1, 2, 3, 0, 1, 2이므로 확률변수 X의 확률분포를 표로 나타내면 다음과 같다.

X	0	1	2	3	합계
$P(X=x)$	$\frac{1}{6}$	$\frac{1}{3}$	$\frac{1}{3}$	$\frac{1}{6}$	1

$E(X)=0\times\frac{1}{6}+1\times\frac{1}{3}+2\times\frac{1}{3}+3\times\frac{1}{6}$

$=\frac{2+4+3}{6}=\frac{9}{6}=\frac{3}{2}$

$E(X^2)=0^2\times\frac{1}{6}+1^2\times\frac{1}{3}+2^2\times\frac{1}{3}+3^2\times\frac{1}{6}$

$=\frac{2+8+9}{6}=\frac{19}{6}$

$V(X)=E(X^2)-\{E(X)\}^2$

$=\frac{19}{6}-\left(\frac{3}{2}\right)^2=\frac{19}{6}-\frac{9}{4}=\frac{38}{12}-\frac{27}{12}=\frac{11}{12}$

$\therefore V(6X+1)=6^2V(X)=6^2\times\frac{11}{12}=33$

24 답 ②

한 개의 주사위를 한 번 던져서 3의 배수의 눈이 나올 확률은

$\frac{2}{6}=\frac{1}{3}$이므로

X는 이항분포 $B\left(5, \frac{1}{3}\right)$을 따른다.

따라서 $a=5$, $b=\frac{1}{3}$이므로 $a+b=5+\frac{1}{3}=\frac{16}{3}$

25 답 ④

확률변수 X가 이항분포 $B\left(10, \frac{1}{5}\right)$을 따르므로

$P(X=x)={}_{10}C_x\left(\frac{1}{5}\right)^x\left(\frac{4}{5}\right)^{10-x}$ $(x=0, 1, 2, \cdots, 10)$

$\therefore P(X\le 9)=1-P(X=10)$

$=1-{}_{10}C_{10}\left(\frac{1}{5}\right)^{10}\left(\frac{4}{5}\right)^0=1-\left(\frac{1}{5}\right)^{10}$

26 답 ①

$P(X=x)={}_{100}C_x\left(\frac{1}{2}\right)^x\left(\frac{1}{2}\right)^{100-x}={}_{100}C_x\left(\frac{1}{2}\right)^{100}$이므로

$$\frac{P(X=50)}{P(X=51)}=\frac{{}_{100}C_{50}\left(\frac{1}{2}\right)^{100}}{{}_{100}C_{51}\left(\frac{1}{2}\right)^{100}}=\frac{\frac{100!}{50!\times 50!}}{\frac{100!}{51!\times 49!}}$$

$$=\frac{51!\times 49!}{50!\times 50!}=\frac{51}{50}$$

27 답 ④

확률변수 X가 이항분포 $B\left(n, \frac{1}{2}\right)$을 따르므로

$P(X=x)={}_nC_x\left(\frac{1}{2}\right)^x\left(\frac{1}{2}\right)^{n-x}={}_nC_x\left(\frac{1}{2}\right)^n$

$P(X=1)={}_nC_1\left(\frac{1}{2}\right)^n$, $P(X=n)={}_nC_n\left(\frac{1}{2}\right)^n$

이므로 $P(X=1)=12P(X=n)$에서

${}_nC_1\left(\frac{1}{2}\right)^n=12{}_nC_n\left(\frac{1}{2}\right)^n$, $n\times\left(\frac{1}{2}\right)^n=12\times 1\times\left(\frac{1}{2}\right)^n$

$\therefore n=12$

28 답 ④

확률변수 X가 이항분포 $B(10, p)$를 따르므로

$E(X)=10p=4$ $\quad\therefore p=\frac{2}{5}$

확률변수 X는 이항분포 $B\left(10, \frac{2}{5}\right)$를 따르므로

$V(X)=10\times\frac{2}{5}\times\frac{3}{5}=\frac{12}{5}$

즉, $V(X)=E(X^2)-\{E(X)\}^2$에서

$E(X^2)=V(X)+\{E(X)\}^2=\frac{12}{5}+4^2=\frac{92}{5}$

29 답 ③

확률변수 X의 확률질량함수가

$P(X=x)={}_{240}C_x\frac{3^x}{4^{240}}$

$={}_{240}C_x\left(\frac{3}{4}\right)^x\left(\frac{1}{4}\right)^{240-x}$ $(x=0, 1, 2, \cdots, 240)$

이므로 확률변수 X는 이항분포 $B\left(240, \frac{3}{4}\right)$을 따른다.

$\therefore V(X)=240\times\frac{3}{4}\times\frac{1}{4}=45$

30 답 ④

확률변수 X가 이항분포 $B(n, p)$를 따르므로

$E(X)=np=9$ $\cdots$ ㉠

$V(X)=np(1-p)=\frac{9}{4}$ $\cdots$ ㉡

㉡에 ㉠을 대입하면

$9(1-p)=\frac{9}{4}$, $1-p=\frac{1}{4}$ $\quad\therefore p=\frac{3}{4}$

이 값을 ㉠에 대입하면

$\frac{3}{4}n=9$ $\quad\therefore n=12$

따라서 확률변수 X는 이항분포 $B\left(12, \frac{3}{4}\right)$을 따르므로

$$\frac{P(X=8)}{P(X=4)}=\frac{{}_{12}C_8\left(\frac{3}{4}\right)^8\left(\frac{1}{4}\right)^4}{{}_{12}C_4\left(\frac{3}{4}\right)^4\left(\frac{1}{4}\right)^8}=\frac{\left(\frac{3}{4}\right)^4}{\left(\frac{1}{4}\right)^4}=3^4=81$$

31 답 ③

확률변수 X는 이항분포 $B\left(180, \frac{1}{6}\right)$을 따르므로

$E(X)=180\times\frac{1}{6}=30$

$V(X)=180\times\frac{1}{6}\times\frac{5}{6}=25$

$\sigma(X)=\sqrt{V(X)}=5$

확률변수 $2X-25$의 평균 m과 표준편차 σ를 구하면

$m=E(2X-25)=2E(X)-25=35$

$\sigma=\sigma(2X-25)=|2|\sigma(X)=10$

$\therefore m-\sigma=35-10=25$

Ⅲ-2 연속확률변수와 정규분포

16 확률밀도함수 ▸ p.156~157

01 답 **이산확률변수** **02** 답 **연속확률변수**

03 답 **이산확률변수** **04** 답 **연속확률변수**

05 답 $\frac{1}{6}$

상수함수 $f(x)=\frac{1}{3}(-2\le x\le 1)$에 대하여

$f(x)\ge \boxed{0}$이고, 구하는 확률은 함수 $y=f(x)$의 그래프와

x축 및 두 직선 $x=\frac{1}{2}$, $x=1$로

둘러싸인 부분의 넓이와 같으므로

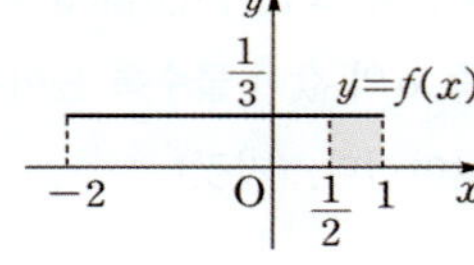

$\mathrm{P}\left(X\ge\frac{1}{2}\right)$

$=\frac{1}{3}\times\left(1-\boxed{\frac{1}{2}}\right)=\boxed{\frac{1}{6}}$

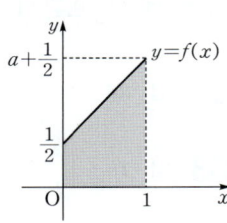

06 답 $\frac{15}{16}$

함수 $f(x)=-2x+2\ (0\le x\le 1)$에 대하여 $f(x)\ge 0$이고,

구하는 확률은 함수 $y=f(x)$의 그래프와

x축, y축 및 직선 $x=\frac{3}{4}$으로

둘러싸인 부분의 넓이와 같으므로

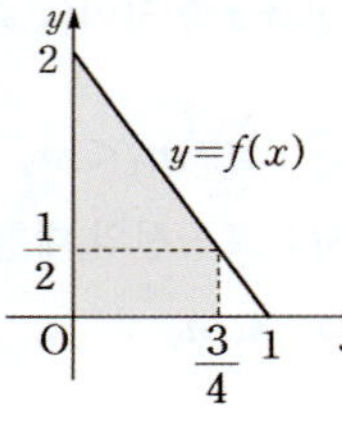

$\mathrm{P}\left(0\le X\le\frac{3}{4}\right)=\frac{3}{4}\times\frac{\left(\frac{1}{2}+2\right)}{2}=\frac{15}{16}$

07 답 $\frac{2}{9}$

$0\le x\le 3$에서 함수 $f(x)$의 그래프와

x축 사이의 넓이가 1이어야 하므로

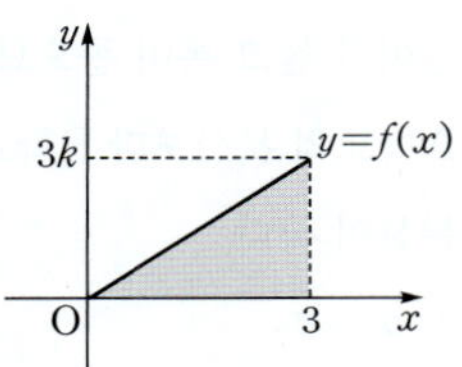

$\frac{1}{2}\times 3\times 3k=1$

$\frac{9}{2}k=1 \qquad \therefore k=\frac{2}{9}$

08 답 $\frac{4}{9}$

$\mathrm{P}(0\le X\le 2)$는 $0\le x\le 2$에서

함수 $f(x)$의 그래프와 x축 사이의

넓이이다.

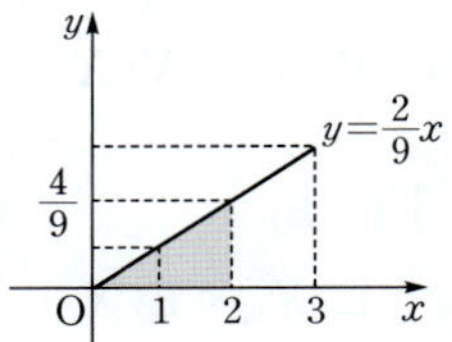

$f(2)=\frac{4}{9}$이므로

$\mathrm{P}(0\le X\le 2)=\frac{1}{2}\times 2\times\frac{4}{9}=\frac{4}{9}$

09 답 1

$-1\le x\le 1$에서 함수 $f(x)$의 그래프와 x축 사이의 넓이가

1이어야 하므로 $2\times k\times\frac{1}{2}=1$

$\therefore k=1$

10 답 $f(x)=\begin{cases} x+1 & (-1\le x<0) \\ -x+1 & (0\le x\le 1)\end{cases}$

$k=1$일 때, 함수 $f(x)$를 구하면

$f(x)=\begin{cases} x+1 & (-1\le x<0) \\ -x+1 & (0\le x\le 1)\end{cases}$

11 답 $\frac{3}{8}$

$f(0)=1$,

$f\left(\frac{1}{2}\right)=-\frac{1}{2}+1=\frac{1}{2}$이므로

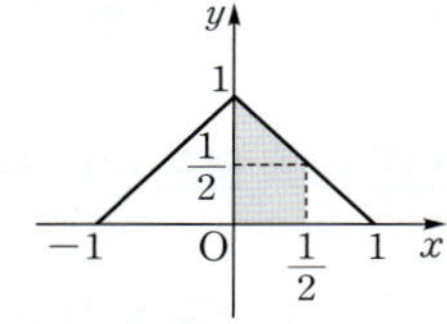

$\mathrm{P}\left(0\le X\le\frac{1}{2}\right)$

$=\frac{1}{2}\times\left(1+\frac{1}{2}\right)\times\frac{1}{2}=\frac{3}{8}$

12 답 $\frac{3}{4}$

함수 $f(x)$의 그래프는 y축에 대하여 대칭이므로

$\mathrm{P}\left(-\frac{1}{2}\le X\le\frac{1}{2}\right)=2\mathrm{P}\left(0\le X\le\frac{1}{2}\right)$

$=2\times\frac{3}{8}=\frac{3}{4}$

13 답 $f(x)=x+\frac{1}{2}\ (0\le x\le 1)$

$f(x)=ax+\frac{1}{2}$로 놓으면 $f(1)=a+\frac{1}{2}$이다.

이때, $0\le x\le 1$에서 함수 $f(x)$의

그래프와 x축 사이의 넓이가 1이므로

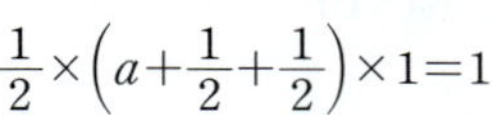

$\frac{1}{2}\times\left(a+\frac{1}{2}+\frac{1}{2}\right)\times 1=1$

$\therefore a=1$

$\therefore f(x)=x+\frac{1}{2}\ (0\le x\le 1)$

14 답 $\frac{5}{8}$

$f\left(\frac{1}{2}\right)=1$, $f(1)=\frac{3}{2}$이므로

$\mathrm{P}\left(\frac{1}{2}\le X\le 1\right)=\frac{1}{2}\times\left(1+\frac{3}{2}\right)\times\frac{1}{2}=\frac{5}{8}$

15 답 $\frac{5}{32}$

$f(0)=\frac{1}{2}$, $f\left(\frac{1}{4}\right)=\frac{3}{4}$이므로

$\mathrm{P}\left(X\le\frac{1}{4}\right)=\mathrm{P}\left(0\le X\le\frac{1}{4}\right)$

$=\frac{1}{2}\times\left(\frac{1}{2}+\frac{3}{4}\right)\times\frac{1}{4}=\frac{5}{32}$

16 답 (1) 연속확률변수 (2) 확률밀도함수, $\geq$, 1, 넓이

17 정규분포

▸ p.158

01 답 N(5, 6)

02 답 N(3, 2)

03 답 $N(3, 3^2)$

04 답 N(1, 8)

05 답 평균 120, 분산 16, 표준편차 4

06 답 평균 -1, 분산 1, 표준편차 1

07 답 평균 5, 분산 25, 표준편차 5

08 답 평균 10, 분산 6, 표준편차 $\sqrt{6}$

09 답 평균 11, 분산 20, 표준편차 $2\sqrt{5}$

10 답 (1) 정규분포 (2) $N(m, \sigma^2)$, N 엠 시그마 제곱

18 정규분포곡선

▸ p.159

01 답 36

02 답 10

03 답 18

04 답 -25

05 답 ×

평균은 16이다.

06 답 ○

07 답 ○

08 답 ×

x축이 점근선이다.

09 답 ×

$P(X \leq 16) = P(X \geq 16)$이다.

10 답 정규분포곡선, $x=m$, x

19 정규분포곡선의 성질

▸ p.160~161

01 답 ㄱ, ㄷ

ㄴ. σ의 값이 일정할 때, m의 값이 달라지면 대칭축의 위치도 바뀐다.

ㄹ. m의 값이 일정할 때, σ의 값이 커지면 곡선의 가운데 부분의 높이는 낮아진다.

ㅁ. m의 값이 일정할 때, σ의 값이 작아지면 곡선이 양쪽으로 좁게 퍼진 모양이 된다.

02 답 참

03 답 참

04 답 거짓

오른쪽 그림에서 $\sigma_1 < \sigma_2 < \sigma_3$이다.

즉, σ의 값이 클수록 높이는 낮아진다. (거짓)

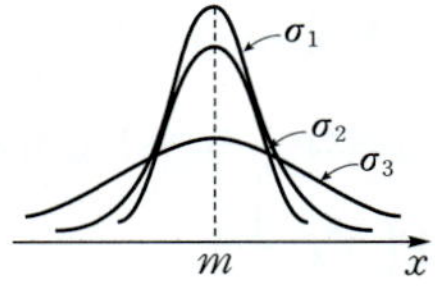

05 답 참

06 답 참

07 답 거짓

곡선과 x축 사이의 넓이는 m의 값에 관계없이 항상 1이다.(거짓)

08 답 $m_1 < m_2$

정규분포곡선의 대칭축이 각각의 평균 m_1, m_2를 의미한다.

$\therefore m_1 < m_2$

09 답 $\sigma_1 > \sigma_2$

A학교의 정규분포곡선보다 B학교의 정규분포곡선이 높이가 높고 폭이 좁으므로 A학교의 분산보다 B학교의 분산이 작다.

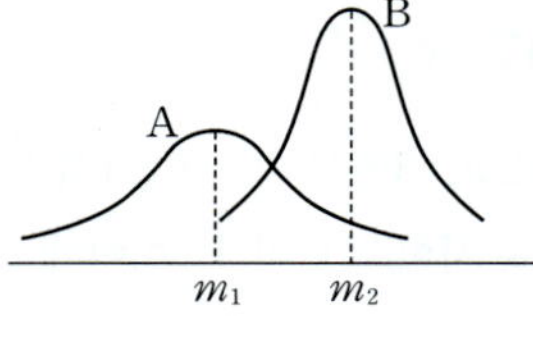

$\therefore \sigma_1 > \sigma_2$

10 답 ㄹ

ㄱ. $E(X_1) = E(X_2)$

ㄴ. $\sigma(X_1) < \sigma(X_2)$

ㄷ. $V(X_1) < V(X_2)$

11 답 ㄷ

ㄱ. $E(X_1) < E(X_2)$

ㄴ. $\sigma(X_1) < \sigma(X_2)$

ㄹ. $P(X_1 \leq -2) < P(X_2 \geq -2)$

12 답 **5**

정규분포곡선은 직선 $x=m$에 대하여 대칭이므로

$m=\dfrac{2+8}{\boxed{2}}=\boxed{5}$

13 답 **11**

정규분포곡선은 직선 $x=m$에 대하여 대칭이므로

$m=\dfrac{9+13}{2}=11$

14 답 $\dfrac{15}{2}$

정규분포곡선은 직선 $x=m$에 대하여 대칭이므로

$m=\dfrac{4+11}{2}=\dfrac{15}{2}$

15 답 **1**

정규분포곡선은 직선 $x=3$에 대하여 대칭이므로

$3=\dfrac{5+a}{\boxed{2}}$, $a+5=\boxed{6}$ $\quad\therefore a=\boxed{1}$

16 답 **−4**

정규분포곡선은 직선 $x=3$에 대하여 대칭이므로

$3=\dfrac{2+(-a)}{2}$, $-a+2=6$ $\quad\therefore a=-4$

17 답 **(1) 1 (2) m, 변하지 않는다에 ○표**
(3) 낮아지고에 ○표, 넓게에 ○표
(4) 높아지고에 ○표, 좁게에 ○표

20 정규분포에서의 확률

▸ p.162

01 답 **2a**

정규분포곡선은 $\boxed{x=m}$에 대하여

대칭이므로

$P(m-\sigma\leq X\leq m+\sigma)$

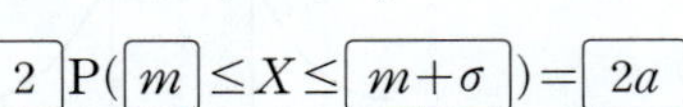
$=\boxed{2}P(\boxed{m}\leq X\leq\boxed{m+\sigma})=\boxed{2a}$

02 답 **0.5−a**

$P(X\geq m)=0.5$이므로

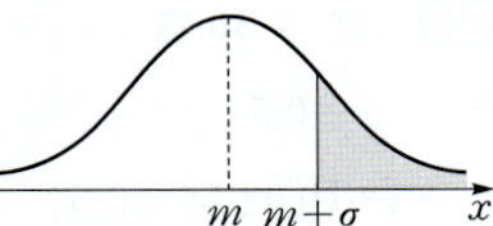

$P(X\geq m+\sigma)$

$=P(X\geq m)$

$\quad-P(m\leq X\leq m+\sigma)$

$=0.5-a$

03 답 a

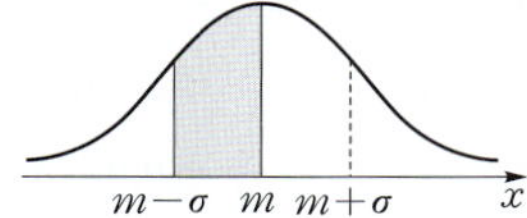

$P(m-\sigma\leq X\leq m)$

$=P(m\leq X\leq m+\sigma)$

$=a$

04 답 **0.5+a**

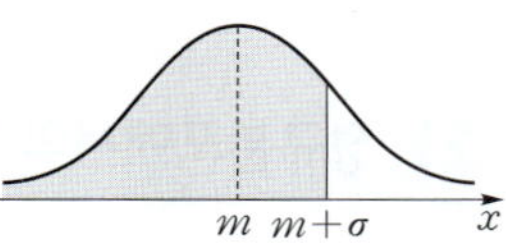

$P(X\leq m+\sigma)$

$=P(X\leq m)$

$\quad+P(m\leq X\leq m+\sigma)$

$=0.5+a$

05 답 **0.4772**

정규분포곡선은 $x=m$에 대하여 대칭임을 이용한다.

$P(m-2\sigma\leq X\leq m+2\sigma)$

$=2P(\boxed{m}\leq X\leq m+2\sigma)$

$=0.9544$

$\therefore P(\boxed{m}\leq X\leq m+2\sigma)=\boxed{0.4772}$

06 답 **0.9772**

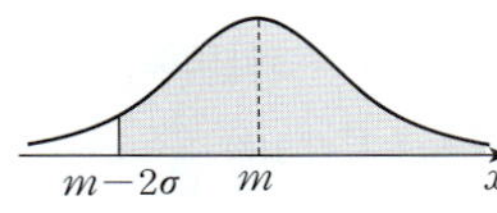

$P(X\geq m-2\sigma)$

$=P(m-2\sigma\leq X\leq m)$

$\quad+P(X\geq m)$

$=P(m-2\sigma\leq X\leq m)+0.5$

$=0.4772+0.5$

$=0.9772$

07 답 **0.0228**

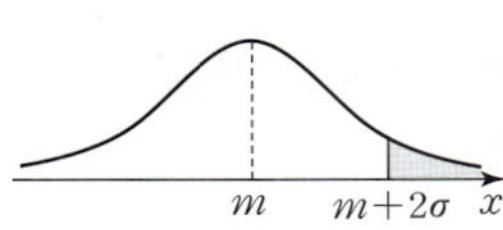

$P(X\geq m+2\sigma)$

$=P(X\geq m)$

$\quad-P(m\leq X\leq m+2\sigma)$

$=0.5-0.4772$

$=0.0228$

08 답 **0.0228**

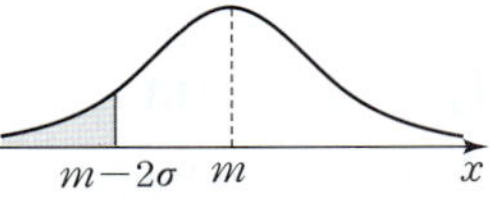

$P(X\leq m-2\sigma)$

$=P(X\geq m+2\sigma)$

$=0.0228$

09 답 **0.9772**

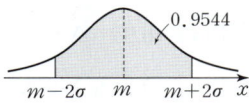

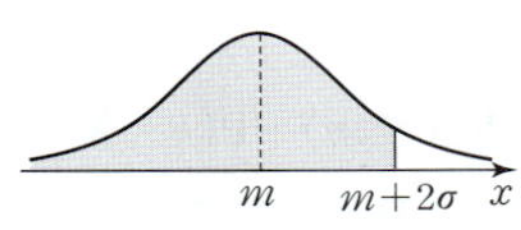

$P(X\leq m+2\sigma)$

$=P(X\leq m)$

$\quad+P(m\leq X\leq m+2\sigma)$

$=0.5+0.4772=0.9772$

[다른 풀이]

$P(X \le m+2\sigma) = 1 - P(m+2\sigma \le X)$

$= 1 - 0.0228$

$= 0.9772$

10 답 $P(m \le X \le m+a)$

21 정규분포에서의 확률 구하는 순서

▸ p.163

01 답 0.5328

$m=5$, $\sigma=2$이므로

$P(4 \le X \le 7)$

$= P(5-1 \le X \le 5+2)$

$= P(m-0.5\sigma \le X \le m+\boxed{\sigma})$

$= P(m-0.5\sigma \le X \le m) + P(m \le X \le m+\sigma)$

$= P(m \le X \le \boxed{m+0.5\sigma}) + P(m \le X \le m+\sigma)$

$= \boxed{0.1915} + \boxed{0.3413} = \boxed{0.5328}$

02 답 0.9544

$m=7$, $\sigma=3$이므로

$P(1 \le X \le 13)$

$= P(7-6 \le X \le 7+6)$

$= P(m-2\sigma \le X \le m+2\sigma)$

$= 2P(m \le X \le m+2\sigma)$

$= 2 \times 0.4772 = 0.9544$

03 답 0.7745

$m=4$, $\sigma=1$이므로

$P(3 \le X \le 5.5)$

$= P(4-1 \le X \le 4+1.5)$

$= P(m-\sigma \le X \le m+1.5\sigma)$

$= P(m-\sigma \le X \le m) + P(m \le X \le m+1.5\sigma)$

$= P(m \le X \le m+\sigma) + P(m \le X \le m+1.5\sigma)$

$= 0.3413 + 0.4332 = 0.7745$

04 답 0.3413

$P(X \le k) = 0.1587 < 0.5$

이므로 k는 오른쪽 그림과 같이 대칭축의 왼쪽에 위치한다.

즉,

$P(X \le m) - P(k \le X \le m) = 0.1587$

$0.5 - P(k \le X \le m) = 0.1587$

$\therefore P(k \le X \le m) = 0.3413$

05 답 42

주어진 표에서 $P(m \le X \le m+\sigma) = 0.3413$이고,

$P(m \le X \le m+\sigma) = P(m-\sigma \le X \le m)$이므로

$k = m-\sigma$이다.

$\therefore k = m-\sigma = 50-8 = 42$

06 답 평균, 표준편차, $m+a$, $m+a$

22 표준정규분포

▸ p.164

01 답 1　　**02** 답 0.1915

03 답 0　　**04** 답 2

05 답 0　　**06** 답 0.84

07 답 0.1　　**08** 답 1.28

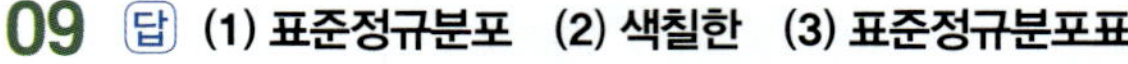

09 답 (1) 표준정규분포　(2) 색칠한　(3) 표준정규분포표

23 표준정규분포에서의 확률

▸ p.165~166

01 답 2　　**02** 답 1

03 답 6　　**04** 답 3

05 답 4　　**06** 답 5

07 답 0.9772

$P(Z \le 2)$

$= 0.5 + P(0 \le Z \le 2)$

$= 0.5 + 0.4772$

$= 0.9772$

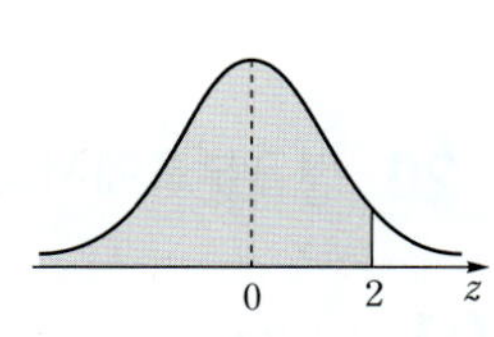

08 답 0.8664

$P(-1.5 \le Z \le 1.5)$

$= 2P(0 \le Z \le 1.5)$

$= 2 \times 0.4332$

$= 0.8664$

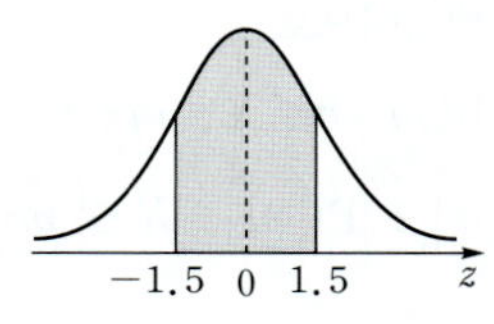

09 답 0.3085

$P(Z \le -0.5)$

$= 0.5 - P(0 \le Z \le 0.5)$

$= 0.5 - 0.1915$

$= 0.3085$

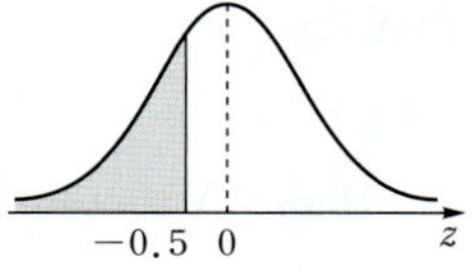

10 답 **0.0228**

$P(Z\geq 2)=P(Z\geq 0)-P(0\leq Z\leq 2)$

$=0.5-P(0\leq Z\leq 2)$

$=0.5-0.4772$

$=0.0228$

11 답 **0.9270**

$P(-1.5\leq Z\leq 2.5)$

$=P(0\leq Z\leq 1.5)+P(0\leq Z\leq 2.5)$

$=0.4332+0.4938$

$=0.9270$

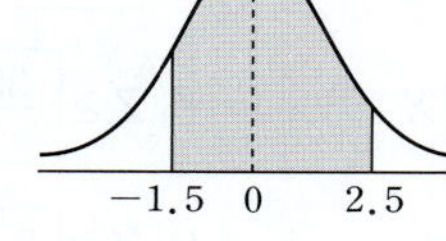

12 답 **0.9987**

$P(Z\geq -3)$

$=0.5+P(0\leq Z\leq 3)$

$=0.5+0.4987$

$=0.9987$

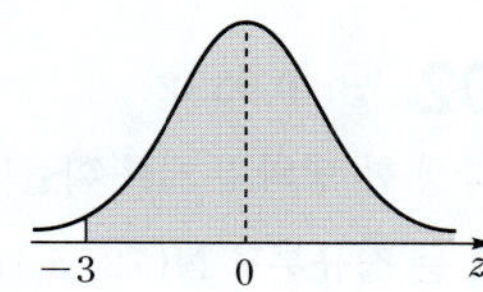

13 답 **0.9759**

$P(-2\leq Z\leq 3)$

$=P(-2\leq Z\leq 0)+P(0\leq Z\leq 3)$

$=P(0\leq Z\leq 2)+P(0\leq Z\leq 3)$

$=0.4772+0.4987$

$=0.9759$

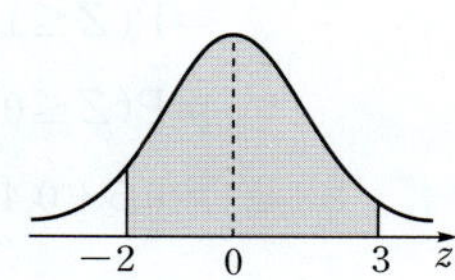

14 답 **(1) 0.5 (2) a (3) 0 (4) 0, 0.5 (5) 0, 0.5 (6) $-a$, 0**

24 정규분포의 표준화

▸ p.167~168

01 답 $Z=\dfrac{X-12}{2}$

$N(12, 4)=N(12, 2^2)$이므로 $Z=\boxed{\dfrac{X-12}{2}}$

02 답 $Z=\dfrac{X-50}{10}$

$N(50, 100)=N(50, 10^2)$이므로 $Z=\dfrac{X-50}{10}$

03 답 $Z=\dfrac{X-24}{4}$

$N(24, 16)=N(24, 4^2)$이므로 $Z=\dfrac{X-24}{4}$

04 답 $Z=2(X-73)$

$N\left(73, \frac{1}{4}\right)=N\left(73, \left(\frac{1}{2}\right)^2\right)$이므로

$Z=\dfrac{X-73}{\frac{1}{2}}=2(X-73)$

05 답 $Z=\dfrac{X-3.5}{0.1}$

$N(3.5, 0.01)=N(3.5, (0.1)^2)$이므로

$Z=\dfrac{X-3.5}{0.1}$

06 답 $Z=\dfrac{X-3}{\sqrt{3}}$

$N(3, 3)=N(3, (\sqrt{3})^2)$이므로

$Z=\dfrac{X-3}{\sqrt{3}}$

07 답 $P(-1\leq Z\leq 0)$

$P\left(\dfrac{3-6}{3}\leq\dfrac{X-\boxed{6}}{3}\leq\dfrac{6-\boxed{6}}{3}\right)=P(-1\leq Z\leq\boxed{0})$

08 답 $P(-4\leq Z\leq 4)$

$N(100, 25)=N(100, 5^2)$이므로

$P\left(\dfrac{80-100}{5}\leq\dfrac{X-100}{5}\leq\dfrac{120-100}{5}\right)$

$=P(-4\leq Z\leq 4)$

09 답 $P(1\leq Z\leq 3)$

$N(50, 16)=N(50, 4^2)$이므로

$P\left(\dfrac{54-50}{4}\leq\dfrac{X-50}{4}\leq\dfrac{62-50}{4}\right)$

$=P(1\leq Z\leq 3)$

10 답 $P(-3.5\leq Z\leq 1)$

$N(10, 4)=N(10, 2^2)$이므로

$P\left(\dfrac{3-10}{2}\leq\dfrac{X-10}{2}\leq\dfrac{12-10}{2}\right)$

$=P(-3.5\leq Z\leq 1)$

11 답 **0.9772**

$P(X\geq 110)$

$=P\left(\dfrac{X-150}{20}\geq\dfrac{110-150}{20}\right)$

$=P(Z\geq -2)$

$=0.5+P(0\leq Z\leq 2)$

$=0.5+0.4772$

$=0.9772$

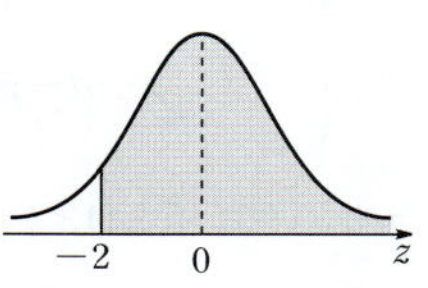

12 답 0.9987

$P(X\le 210)$

$=P\left(\frac{X-150}{20}\le\frac{210-150}{20}\right)$

$=P(Z\le 3)$

$=0.5+P(0\le Z\le 3)$

$=0.5+0.4987=0.9987$

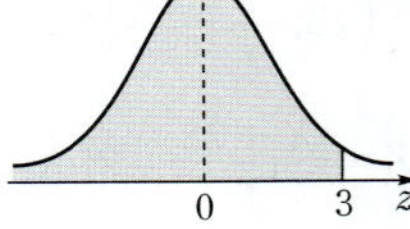

13 답 0.1359

$P(170\le X\le 190)$

$=P\left(\frac{170-150}{20}\le\frac{X-150}{20}\le\frac{190-150}{20}\right)$

$=P(1\le Z\le 2)$

$=P(0\le Z\le 2)-P(0\le Z\le 1)$

$=0.4772-0.3413=0.1359$

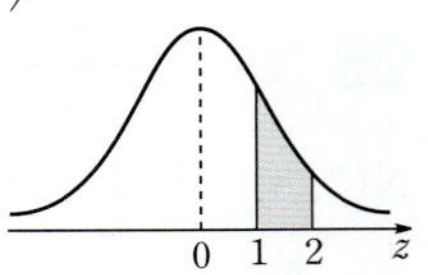

14 답 45

$P(30\le X\le a)=0.4332$를 표준화하면

$P\left(\frac{30-30}{10}\le\frac{X-30}{10}\le\frac{a-30}{10}\right)=0.4332$

$P\left(0\le Z\le\frac{a-30}{10}\right)=0.4332$

이때, 표준정규분포표에서 $P(0\le Z\le 1.5)=0.4332$이므로

$\frac{a-30}{10}=1.5\qquad\therefore a=45$

15 답 32

$P(X\le a)=0.1587$에서

$P\left(Z\le\frac{a-36}{4}\right)$

$=0.1587=0.5-\boxed{0.3413}$

$=0.5-P(0\le Z\le\boxed{1})$

$=0.5-P(\boxed{-1}\le Z\le 0)$

$=P(Z\le\boxed{-1})$

$\frac{a-36}{4}=\boxed{-1}\qquad\therefore a=\boxed{32}$

16 답 60

$P(45\le X\le a)$

$=P\left(\frac{45-50}{5}\le\frac{X-50}{5}\le\frac{a-50}{5}\right)$

$=P\left(-1\le Z\le\frac{a-50}{5}\right)$

$=0.8185=0.3413+0.4772$

$=P(0\le Z\le 1)+P(0\le Z\le 2)$

$=P(-1\le Z\le 0)+P(0\le Z\le 2)=P(-1\le Z\le 2)$

$\frac{a-50}{5}=2\qquad\therefore a=60$

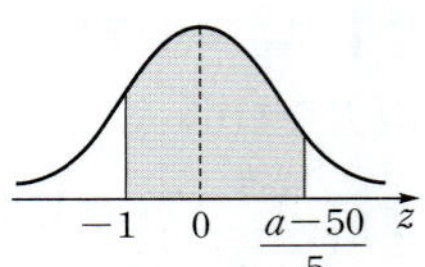

17 답 $\frac{X-m}{\sigma}$, 표준화

25 정규분포의 응용

▸ p.169~170

01 답 0.0228

포도 한 송이의 무게를 확률변수 X라 하면

X는 정규분포 $N(\boxed{300}, \boxed{25^2})$을 따른다.

$P(X\ge 350)=P\left(Z\ge\boxed{\frac{350-300}{25}}\right)$

$=P(Z\ge\boxed{2})$

$=\boxed{0.0228}$

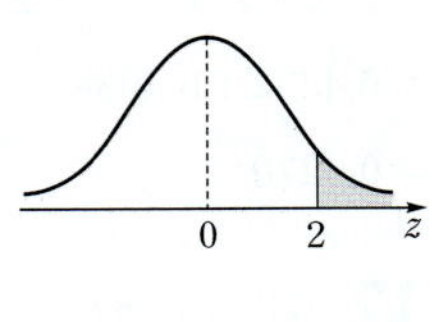

02 답 0.9332

학생 한 명의 무게를 확률변수 X라 하면

X는 정규분포 $N(72, 5^2)$을 따른다.

$P(X\le 79.5)=P\left(Z\le\frac{79.5-72}{5}\right)$

$=P(Z\le 1.5)$

$=P(Z\le 0)+P(0\le Z\le 1.5)$

$=0.5+0.4332=0.9332$

03 답 0.9772

집에서 학교까지의 통학 시간이 X분이고 $X\ge 20$이면 지각하므로

$P(X\ge 20)=P\left(Z\ge\frac{20-30}{5}\right)$

$=P(Z\ge -2)$

$=P(-2\le Z\le 0)+0.5$

$=0.4772+0.5=0.9772$

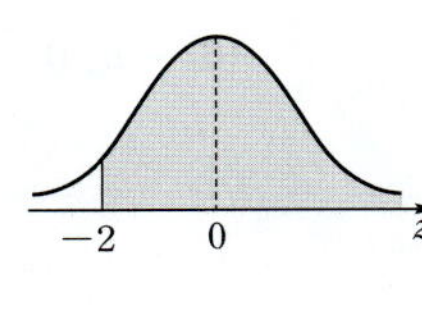

04 답 200

학생들의 키를 확률변수 X라 하면 X는 정규분포 $N(170, 5^2)$을 따르므로 한 명을 뽑았을 때, 키가 172.6 cm 이상 176.4 cm 이하인 학생일 확률은

$P(172.6\le X\le 176.4)$

$=P\left(\frac{172.6-\boxed{170}}{\boxed{5}}\le Z\le\frac{176.4-\boxed{170}}{\boxed{5}}\right)$

$=P(\boxed{0.52}\le Z\le\boxed{1.28})$

$=P(0\le Z\le\boxed{1.28})-P(0\le Z\le\boxed{0.52})$

$=0.4-0.2=\boxed{0.2}$

따라서 조건을 만족시키는 학생 수는

$1000\times\boxed{0.2}=\boxed{200}$(명)이다.

05 답 **174.2 cm**

키가 큰 순서로 200번째인 학생의 키를 a라 하면

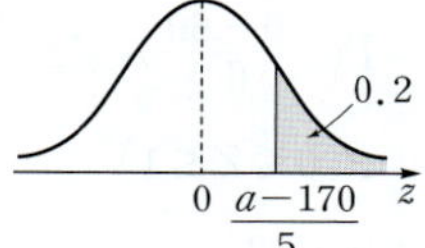

$\mathrm{P}(X\ge a)=\dfrac{\boxed{200}}{1000}=0.2$

$\mathrm{P}\left(Z\ge\dfrac{a-170}{5}\right)=0.2$

$0.5-\mathrm{P}\left(0\le Z\le\dfrac{a-170}{5}\right)=0.5-0.3$

즉, $\mathrm{P}\left(0\le Z\le\dfrac{a-170}{5}\right)=\boxed{0.3}$이고

주어진 표준정규분포표에서 $\mathrm{P}(0\le Z\le\boxed{0.84})=0.3$이므로

$\dfrac{a-170}{5}=\boxed{0.84}$

$\therefore a=\boxed{174.2}\,(\mathrm{cm})$

06 답 **176.4 cm**

키가 큰 순서로 100번째 학생의 키를 a라 하면

$\mathrm{P}(X\ge a)=\dfrac{100}{1000}=0.1$

$\mathrm{P}\left(Z\ge\dfrac{a-170}{5}\right)=0.1$

$0.5-\mathrm{P}\left(0\le Z\le\dfrac{a-170}{5}\right)=0.5-0.4$

즉, $\mathrm{P}\left(0\le Z\le\dfrac{a-170}{5}\right)=0.4$이고, 주어진 정규분포표에서

$\mathrm{P}(0\le Z\le 1.28)=0.4$이므로

$\dfrac{a-170}{5}=1.28 \qquad \therefore a=176.4\,(\mathrm{cm})$

07 답 **0.1587**

$\mathrm{P}(X\ge 35)=\mathrm{P}\left(\dfrac{X-30}{5}\ge\dfrac{35-30}{5}\right)=\mathrm{P}(Z\ge 1)$

$=0.5-\mathrm{P}(0\le Z\le 1)$

$=0.5-0.3413=0.1587$

08 답 **635**

$\mathrm{P}(X\ge 35)=0.1587$이므로 $4000\times 0.1587=634.8$

따라서 불량품의 개수는 635이다.

09 답 **$\mathrm{N}(180, 10^2)$**

시험 성적을 확률변수 X라 하면 X는 정규분포 $\mathrm{N}(180, 10^2)$을 따른다.

10 답 **0.055**

이 시험에서 합격하기 위한 점수의 최솟값을 a라 하면

$\mathrm{P}(X\ge a)=\dfrac{\boxed{55}}{1000}=\boxed{0.055}$

11 답 **$\mathrm{P}\left(Z\ge\dfrac{a-180}{10}\right)$**

$\mathrm{P}(X\ge a)$를 표준화하면

$\mathrm{P}\left(\dfrac{X-180}{10}\ge\dfrac{a-180}{10}\right)=\mathrm{P}\left(Z\ge\dfrac{a-180}{10}\right)$

12 답 **196**

$\mathrm{P}\left(Z\ge\dfrac{a-180}{10}\right)=0.055=0.5-0.445$

$=0.5-\mathrm{P}\left(0\le Z\le\dfrac{a-180}{10}\right)$

$\mathrm{P}(0\le Z\le 1.6)=0.445$이므로

$\dfrac{a-180}{10}=1.6 \qquad \therefore a=180+16=196$

13 답 **정규분포에 ○표, 확률변수에 ○표, 표준화에 ○표**

26 이항분포와 정규분포의 관계

▸ p.171~172

01 답 **100, 75, 100, 75, $\mathrm{P}(Z\ge 1)$**

이항분포 $\mathrm{B}\left(400, \dfrac{1}{4}\right)$을 따르는 확률변수 X는

$\mathrm{E}(X)=400\times\dfrac{1}{4}=100,\ \mathrm{V}(X)=400\times\dfrac{1}{4}\times\dfrac{3}{4}=75$

이므로 X는 정규분포 $\mathrm{N}(100, 75)$를 따른다.

$\therefore \mathrm{P}(X\ge 175)=\mathrm{P}\left(Z\ge\dfrac{175-100}{75}\right)=\mathrm{P}(Z\ge 1)$

따라서 $\mathrm{P}(X\ge 175)$를 표준화하면 $\mathrm{P}(Z\ge 1)$이다.

02 답 **0.9759**

주사위를 던지는 시행은 독립시행이고, 한 번의 시행에서 6의 눈이 나올 확률은 $\dfrac{1}{6}$이므로 6의 눈이 나오는 횟수를 X라 하면 X는 이항분포 $\boxed{\mathrm{B}}\left(720, \dfrac{1}{6}\right)$을 따른다.

즉, X는 정규분포

$\mathrm{N}\left(720\times\dfrac{1}{6},\ 720\times\dfrac{1}{6}\times\boxed{\dfrac{5}{6}}\right)=\mathrm{N}(\boxed{120},\ \boxed{10^2})$을

따른다.

따라서 구하는 확률은

$\mathrm{P}(90\le X\le 140)$

$=\mathrm{P}\left(\dfrac{90-120}{10}\le Z\le\boxed{\dfrac{140-120}{10}}\right)$

$=\mathrm{P}(-3\le Z\le 2)$

$=\mathrm{P}(0\le Z\le 3)+\mathrm{P}(0\le Z\le\boxed{2})$

$=0.4987+\boxed{0.4772}$

$=\boxed{0.9759}$

03 답 0.0668

한 번의 시행에서 짝수의 눈이 나올 확률은 $\frac{1}{2}$이므로

짝수의 눈이 나오는 횟수를 확률변수 X라 하면 X는

$\mathrm{B}\left(400,\ \frac{1}{2}\right)$을 따른다.

즉, X는 정규분포

$\mathrm{N}\left(400\times\frac{1}{2},\ 400\times\frac{1}{2}\times\frac{1}{2}\right)=\mathrm{N}(200,\ 10^2)$을 따른다.

따라서 구하는 확률은

$\mathrm{P}(X\le185)=\mathrm{P}\left(Z\le\frac{185-200}{10}\right)$

$=\mathrm{P}(Z\le-1.5)$

$=0.5-\mathrm{P}(0\le Z\le1.5)$

$=0.5-0.4332$

$=0.0668$

04 답 $\mathrm{N}(12,\ 2^2)$

$\mathrm{E}(X)=18\times\frac{2}{3}=12,\ \mathrm{V}(X)=18\times\frac{2}{3}\times\frac{1}{3}=4$이므로

확률변수 X는 정규분포 $\mathrm{N}(12,\ 2^2)$을 따른다.

05 답 0.0166

$\mathrm{P}(16\le X\le17)$

$=\mathrm{P}\left(\frac{16-12}{2}\le Z\le\frac{17-12}{2}\right)$

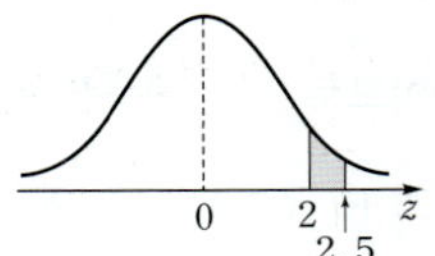

$=\mathrm{P}(2\le Z\le2.5)$

$=\mathrm{P}(0\le Z\le2.5)-\mathrm{P}(0\le Z\le2)$

$=0.4938-0.4772=0.0166$

06 답 0.9332

$\mathrm{P}(X\le15)$

$=\mathrm{P}\left(Z\le\frac{15-12}{2}\right)=\mathrm{P}(Z\le1.5)$

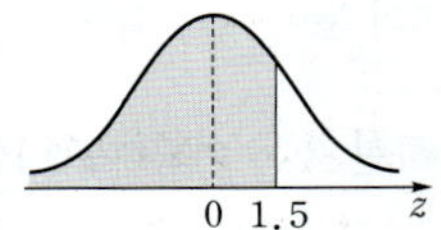

$=0.5+\mathrm{P}(0\le Z\le1.5)$

$=0.5+0.4332$

$=0.9332$

07 답 0.3085

체험학습 장소를 조사한 학생 수를 확률변수 X라 하면

X는 $\mathrm{B}\left(150,\ \frac{2}{5}\right)$를 따르므로 $\mathrm{N}(60,\ 6^2)$을 따른다.

$\mathrm{P}(X\ge63)$

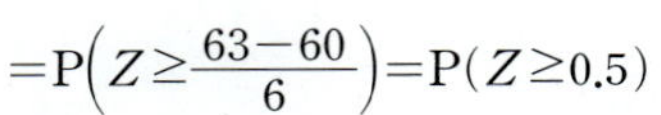

$=\mathrm{P}\left(Z\ge\frac{63-60}{6}\right)=\mathrm{P}(Z\ge0.5)$

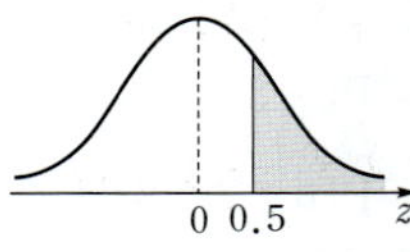

$=0.5-\mathrm{P}(0\le Z\le0.5)$

$=0.5-0.1915$

$=0.3085$

08 답 0.3413

$\mathrm{P}(60\le X\le66)$

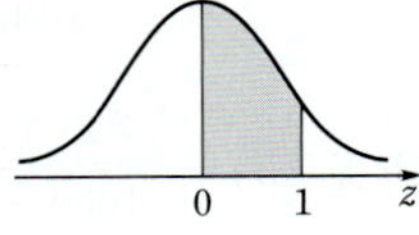

$=\mathrm{P}\left(\frac{60-60}{6}\le Z\le\frac{66-60}{6}\right)$

$=\mathrm{P}(0\le Z\le1)$

$=0.3413$

09 답 0.0668

$\mathrm{P}(X\le51)$

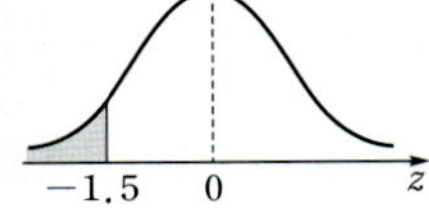

$=\mathrm{P}\left(\frac{X-60}{6}\le\frac{51-60}{6}\right)$

$=\mathrm{P}(Z\le-1.5)$

$=0.5-\mathrm{P}(0\le Z\le1.5)$

$=0.5-0.4332=0.0668$

10 답 0.9332

대중교통을 이용하는 사람의 수를 확률변수 X라 하면

X는 $\mathrm{B}(600,\ 0.6)$을 따르므로 $\mathrm{N}(360,\ 12^2)$을 따른다.

$\therefore\ \mathrm{P}(X\ge342)$

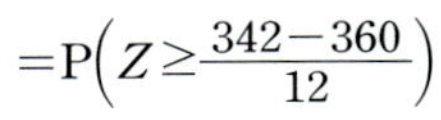

$=\mathrm{P}\left(Z\ge\frac{342-360}{12}\right)$

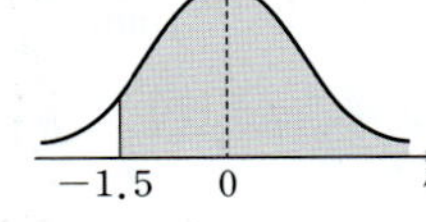

$=\mathrm{P}(Z\ge-1.5)$

$=0.5+\mathrm{P}(0\le Z\le1.5)$

$=0.5+0.4332=0.9332$

11 답 0.6826

완치되는 환자의 수를 X라 하면 X는 $\mathrm{B}(100,\ 0.2)$를 따르므로

$\mathrm{N}(20,\ 4^2)$을 따른다.

$\therefore\ \mathrm{P}(16\le X\le24)=\mathrm{P}\left(\frac{16-20}{4}\le Z\le\frac{24-20}{4}\right)$

$=\mathrm{P}(-1\le Z\le1)$

$=2\mathrm{P}(0\le Z\le1)$

$=2\times0.3413=0.6826$

12 답 $np,\ npq$

27 표준화하여 확률 비교하기

▸ p.173

01 답 $\mathrm{P}(Z_A\ge1.4)$

확률변수 X_A는 정규분포 $\mathrm{N}(75,\ 5^2)$을 따르므로

$Z_A=\frac{\boxed{X_A-75}}{5}$로 놓자.

$\mathrm{P}(X_A\ge82)=\mathrm{P}\left(Z_A\ge\frac{\boxed{82-75}}{5}\right)=\mathrm{P}(Z_A\ge\boxed{1.4})$

02 답 $\mathrm{P}(Z_B\geq2.5)$

확률변수 X_B는 정규분포 $\boxed{\mathrm{N}(55,\ 10^2)}$을 따르므로

$Z_B=\boxed{\dfrac{X_B-55}{10}}$로 놓자.

$$\mathrm{P}(X_B\geq80)=\mathrm{P}\left(Z_B\geq\boxed{\frac{80-55}{10}}\right)=\mathrm{P}(Z_B\geq\boxed{2.5})$$

03 답 $\mathrm{P}(Z_C\geq3)$

확률변수 X_C는 정규분포 $\boxed{\mathrm{N}(55,\ 7^2)}$을 따르므로

$Z_C=\boxed{\dfrac{X_C-55}{7}}$로 놓자.

$$\mathrm{P}(X_C\geq76)=\mathrm{P}\left(Z_C\geq\boxed{\frac{76-55}{7}}\right)=\mathrm{P}(Z_C\geq\boxed{3})$$

04 답 수학

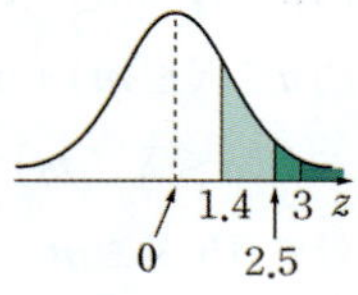

정규분포곡선을 그리면 오른쪽 그림과 같다. 상대적으로 성적이 좋으려면 상위권에 속해야 하고, 이는 표준정규분포곡선과 각각의 직선 $z=1.4$, $z=2.5$, $z=3$으로 둘러싸인 넓이가 가장 (커야 , (작아야)) 한다.
따라서 넓이가 가장 (큰 , (작은)) 확률을 갖는 과목은 $\boxed{수학}$이므로 상대적으로 성적이 가장 좋은 과목은 $\boxed{수학}$이다.

05 답 $\dfrac{X-m_X}{\sigma_X}$, $\dfrac{Y-m_Y}{\sigma_Y}$

단원 마무리 평가 [16~27]

▸문제편 p.174~177

01 답 ④

자녀 수는 음이 아닌 정수 단위로 셀 수 있으므로 이산확률변수이다.

02 답 $\dfrac{1}{3}$

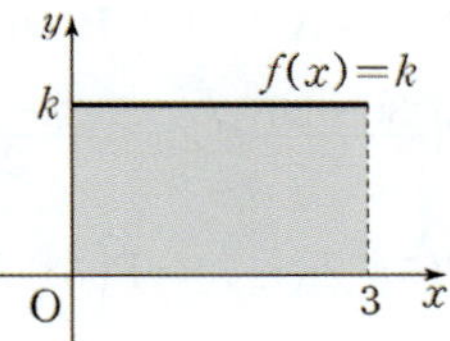

$f(x)=k$가 확률밀도함수이므로 $k\geq0$이고 오른쪽 그림에서 색칠한 부분의 넓이는 1이다.

$3\times k=1$

$\therefore k=\dfrac{1}{3}$

03 답 ②

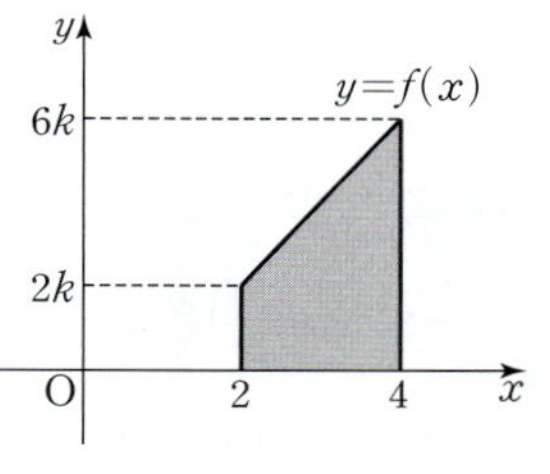

함수 $y=f(x)$의 그래프와 x축 및 두 직선 $x=2$, $x=4$로 둘러싸인 부분의 넓이가 1이므로

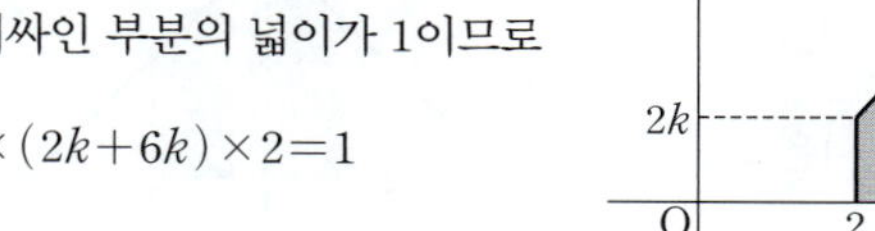

$\dfrac{1}{2}\times(2k+6k)\times2=1$

$8k=1 \qquad \therefore k=\dfrac{1}{8}$

04 답 ④

함수 $f(x)$가 확률밀도함수가 되려면 $-1\leq x\leq1$에서 $f(x)\geq0$이고 함수 $y=f(x)$의 그래프와 x축 및 두 직선 $x=-1$, $x=1$로 둘러싸인 도형의 넓이가 1이어야 한다.
따라서 확률변수 X의 확률밀도함수 $y=f(x)$의 그래프가 될 수 있는 것은 ④이다.

05 답 ⑤

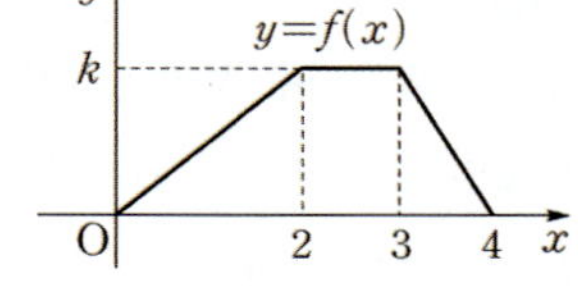

함수 $y=f(x)$의 그래프와 x축으로 둘러싸인 부분의 넓이가 1이므로

$\dfrac{1}{2}\times(1+4)\times k=1$

$\dfrac{5}{2}k=1 \qquad \therefore k=\dfrac{2}{5}$

함수 $y=f(x)$의 그래프에서

$0\leq x\leq2$일 때, $f(x)=\dfrac{1}{5}x$이고,

$2\leq x\leq3$일 때, $f(x)=\dfrac{2}{5}$이므로

$$\begin{aligned}\mathrm{P}(1\leq X\leq3)&=\mathrm{P}(1\leq X\leq2)+\mathrm{P}(2\leq X\leq3)\\&=\frac{1}{2}\times\left(\frac{1}{5}+\frac{2}{5}\right)\times1+1\times\frac{2}{5}\\&=\frac{3}{10}+\frac{2}{5}=\frac{7}{10}\end{aligned}$$

06 답 ③

확률밀도함수 $y=f(x)$의 그래프는 다음 그림과 같고 $\mathrm{P}(X\geq k)$는 그림의 어두운 부분의 넓이와 같다.

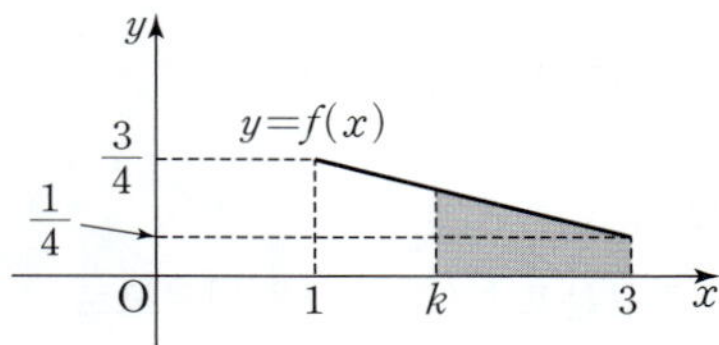

$$\mathrm{P}(X\geq k)=\frac{1}{2}\times\left\{\left(1-\frac{k}{4}\right)+\frac{1}{4}\right\}\times(3-k)=\frac{5}{9}$$

$\left(\dfrac{5}{4}-\dfrac{k}{4}\right)(3-k)=\dfrac{10}{9}$, $9(5-k)(3-k)=40$

$9k^2-72k+95=0$, $(3k-5)(3k-19)=0$

$\therefore k=\dfrac{5}{3}\ (\because 1\leq k\leq3)$

07 답 ⑤

확률변수 X의 확률밀도 함수 $y=f(x)$의 그래프는 오른쪽 그림과 같고 $P\left(\frac{1}{2}\le X\le\frac{3}{2}\right)$은 그림의 어두운 부분의 넓이와 같다.

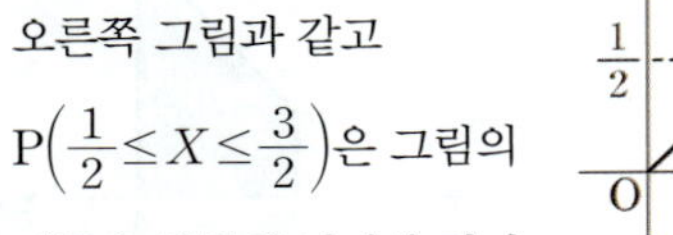

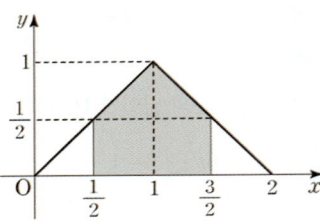

$$\therefore P\left(\frac{1}{2}\le X\le\frac{3}{2}\right)=2\times P\left(\frac{1}{2}\le X\le 1\right)$$
$$=2\times\left\{\frac{1}{2}-P\left(0\le X\le\frac{1}{2}\right)\right\}$$
$$=2\times\left(\frac{1}{2}-\frac{1}{2}\times\frac{1}{2}\times\frac{1}{2}\right)$$
$$=2\times\left(\frac{1}{2}-\frac{1}{8}\right)=2\times\frac{3}{8}$$
$$=\frac{3}{4}$$

08 답 ②

주어진 확률변수 X의 정규분포곡선은 직선 $x=m$에 대하여 대칭이고, $P(X\ge -3)=P(X\le 9)$이므로

$m=\frac{-3+9}{2}=3$

09 답 ①

두 학교 A, B를 다니는 학생들의 하루 평균 공부 시간의 평균 m_1, m_2의 크기는 정규분포곡선의 대칭축이 각각 $x=m_1$, $x=m_2$이므로 $m_1<m_2$

또한, 두 학교 A, B를 다니는 학생들의 하루 평균 공부 시간의 표준편차 σ_1, σ_2의 크기는 정규분포곡선의 가운데 부분이 낮을수록 표준편차가 크므로 $\sigma_1>\sigma_2$

10 답 65

확률변수 X가 정규분포 $N(64,\ 4^2)$을 따르므로 X의 확률밀도함수의 그래프는 직선 $x=64$에 대하여 대칭이다.

즉, $P(a-3\le X\le a+1)$의 값이 최대가 되려면

$\frac{(a-3)+(a+1)}{2}=64$이어야 한다.

$2a-2=128,\ 2a=130 \qquad \therefore a=65$

11 답 0.0215

확률변수 X가 정규분포 $N(30,\ 3^2)$을 따르므로

$m=30,\ \sigma=3$이다.

$P(36\le X\le 39)$

$=P(30+6\le X\le 30+9)$

$=P(m+2\sigma\le X\le m+3\sigma)$

$=P(m\le X\le m+3\sigma)-P(m\le X\le m+2\sigma)$

$=0.4987-0.4772=0.0215$

12 답 0.8185

정규분포곡선은 직선 $x=m$에 대하여 대칭이므로

$m=\frac{40+60}{2}=50$

$V(X)=4$이므로 $\sigma=\sqrt{V(X)}=2$

따라서 확률변수 X가 정규분포 $N(50,\ 2^2)$을 따른다.

$P(46\le X\le 52)$

$=P(50-4\le X\le 50+2)$

$=P(m-2\sigma\le X\le m+\sigma)$

$=P(m-2\sigma\le X\le m)+P(m\le X\le m+\sigma)$

$=P(m\le X\le m+2\sigma)+P(m\le X\le m+\sigma)$

$=0.4772+0.3413=0.8185$

13 답 ③

$P(X\ge a)=0.8849>0.5$이므로 $a<m$이고,

$P(a\le X\le m)+P(X\ge m)=0.8849$

$P(a\le X\le m)+0.5=0.8849$

$\therefore P(a\le X\le m)=0.3849$

한편, $P(X\ge m+1.2\sigma)=0.1151$에서

$P(X\ge m)-P(m\le X\le m+1.2\sigma)=0.1151$

$0.5-P(m\le X\le m+1.2\sigma)=0.1151$

$P(m\le X\le m+1.2\sigma)=0.3849$

$\therefore P(m-1.2\sigma\le X\le m)=0.3849$

따라서 $a=m-1.2\sigma$이므로 $a=60-1.2\times 5=54$

14 답 ②

확률변수 X가 정규분포 $N(18,\ 4^2)$을 따를 때,

확률변수 $Z=\frac{X-18}{4}$은 표준정규분포 $N(0,\ 1)$을 따르므로

$$P(10\le X\le 22)=P\left(\frac{10-18}{4}\le Z\le\frac{22-18}{4}\right)$$
$$=P(-2\le Z\le 1)$$

따라서 □ 안에 알맞은 수를 모두 더하면

$0+1+(-2)=-1$

15 답 ④

두 확률변수 X, Y가 각각 정규분포 $N(20,\ 2^2)$, $N(40,\ 4^2)$을 따르므로

$Z_X=\frac{X-20}{2}$, $Z_Y=\frac{Y-40}{4}$으로 놓으면

Z_X, Z_Y는 모두 표준정규분포 $N(0,\ 1)$을 따른다.

$P(30\le X\le 34)=P(60\le Y\le k)$에서

$$P\left(\frac{30-20}{2}\le Z_X\le\frac{34-20}{2}\right)=P\left(\frac{60-40}{4}\le Z_Y\le\frac{k-40}{4}\right)$$

$$P(5\le Z_X\le 7)=P\left(5\le Z_Y\le\frac{k-40}{4}\right)$$

따라서 $\frac{k-40}{4}=7$이므로 $k=68$

16 답 ②

이차방정식 $x^2+kx+1=0$의 판별식을 D라 하면

$D=k^2-4\geq 0$에서 $k^2\geq 4$

$\therefore |k|\geq 2$

그런데 k는 표준정규분포 $\mathrm{N}(0, 1)$을 따르므로

$$\mathrm{P}(|k|\geq 2)=1-\mathrm{P}(|k|\leq 2)=1-\mathrm{P}\left(\frac{|X-m|}{\sigma}\leq 2\right)$$
$$=1-0.954$$
$$=0.046$$

17 답 ④

$Z=\dfrac{X-18}{3}$로 놓으면 Z는 표준정규분포 $\mathrm{N}(0, 1)$을 따른다.

① $\mathrm{P}(12\leq X\leq 18)=\mathrm{P}(-2\leq Z\leq 0)=\mathrm{P}(0\leq Z\leq 2)$

② $\mathrm{P}(15\leq X\leq 21)=\mathrm{P}(-1\leq Z\leq 1)>0.5$

③ $\mathrm{P}(18\leq X\leq 21)=\mathrm{P}(0\leq Z\leq 1)$

④ $\mathrm{P}(X\leq 15)=\mathrm{P}(Z\leq -1)=0.5-\mathrm{P}(0\leq Z\leq 1)$

⑤ $\mathrm{P}(X\geq 18)=\mathrm{P}(Z\geq 0)=0.5$

이때, ③ $\mathrm{P}(0\leq Z\leq 1)$, ④ $0.5-\mathrm{P}(0\leq Z\leq 1)$ 중에 더 작은 값이 가장 작은 값이고, $\mathrm{P}(-1\leq Z\leq 1)>0.5$에서 $\mathrm{P}(0\leq Z\leq 1)>0.25$이므로 가장 작은 값은

④ $\mathrm{P}(X\leq 15)=0.5-\mathrm{P}(0\leq Z\leq 1)$이다.

18 답 0.3085

$\mathrm{E}(X)=50$, $\mathrm{V}(X)=10^2$이므로

$$\mathrm{E}(Y)=\mathrm{E}(2X-1)=2\mathrm{E}(X)-1$$
$$=2\times 50-1=99$$

$\mathrm{V}(Y)=\mathrm{V}(2X-1)=2^2\mathrm{V}(X)=2^2\times 10^2=20^2$

이때, 확률변수 Y는 정규분포 $\mathrm{N}(99, 20^2)$을 따르므로

$Z=\dfrac{Y-99}{20}$로 놓으면 Z는 표준정규분포 $\mathrm{N}(0, 1)$을 따른다.

$$\therefore \mathrm{P}(Y\leq 89)=\mathrm{P}\left(Z\leq\frac{89-99}{20}\right)$$
$$=\mathrm{P}(Z\leq -0.5)=\mathrm{P}(Z\geq 0.5)$$
$$=0.5-\mathrm{P}(0\leq Z\leq 0.5)$$
$$=0.5-0.1915$$
$$=0.3085$$

19 답 92

확률변수 X가 정규분포 $\mathrm{N}(80, 6^2)$을 따르므로

$Z=\dfrac{X-80}{6}$으로 놓으면 Z는 표준정규분포 $\mathrm{N}(0, 1)$을 따른다.

$\mathrm{P}(74\leq X\leq a)=0.8185$에서

$$\mathrm{P}\left(\frac{74-80}{6}\leq Z\leq\frac{a-80}{6}\right)=0.8185$$
$$\mathrm{P}\left(-1\leq Z\leq\frac{a-80}{6}\right)=0.8185$$
$$\mathrm{P}(-1\leq Z\leq 0)+\mathrm{P}\left(0\leq Z\leq\frac{a-80}{6}\right)=0.8185$$
$$\mathrm{P}(0\leq Z\leq 1)+\mathrm{P}\left(0\leq Z\leq\frac{a-80}{6}\right)=0.8185$$
$$0.3413+\mathrm{P}\left(0\leq Z\leq\frac{a-80}{6}\right)=0.8185$$
$$\therefore \mathrm{P}\left(0\leq Z\leq\frac{a-80}{6}\right)=0.4772$$

이때, $\mathrm{P}(0\leq Z\leq 2)=0.4772$이므로 $\dfrac{a-80}{6}=2$

$\therefore a=92$

20 답 0.8413

참가자의 기록을 확률변수 X라 하면 X는 정규분포 $\mathrm{N}(150, 4^2)$을 따른다.

이때, $Z=\dfrac{X-150}{4}$으로 놓으면 Z는 표준정규분포 $\mathrm{N}(0, 1)$을 따르므로 구하는 확률은

$$\mathrm{P}(X\leq 154)=\mathrm{P}\left(Z\leq\frac{154-150}{4}\right)$$
$$=\mathrm{P}(Z\leq 1)=\mathrm{P}(Z\leq 0)+\mathrm{P}(0\leq Z\leq 1)$$
$$=0.5+0.3413=0.8413$$

21 답 ②

리튬이온 배터리의 수명을 확률변수 X라 하면 X는 정규분포 $\mathrm{N}(1000, 50^2)$을 따르므로

$$\mathrm{P}(X\geq 1150)=\mathrm{P}\left(Z\geq\frac{1150-1000}{50}\right)$$
$$=\mathrm{P}(Z\geq 3)=0.5-\mathrm{P}(0\leq Z\leq 3)$$
$$=0.5-\frac{1}{2}\times\mathrm{P}(-3\leq Z\leq 3)$$
$$=0.5-\frac{1}{2}\times 0.9974$$
$$=0.5-0.4987=0.0013$$

따라서 10000개의 배터리 중 수명이 1150시간 이상인 것의 개수는 $10000\times 0.0013=13$

22 답 ①

도시의 성인 남성의 체중을 확률변수 X라 하면 X는 정규분포 $\mathrm{N}(70, 5^2)$을 따르므로

$$\mathrm{P}(X\geq 75)=\mathrm{P}\left(Z\geq\frac{75-70}{5}\right)$$
$$=\mathrm{P}(Z\geq 1)=0.5-\mathrm{P}(0\leq Z\leq 1)$$
$$=0.5-\frac{1}{2}\times\mathrm{P}(-1\leq Z\leq 1)$$
$$=0.5-\frac{1}{2}\times 0.68$$
$$=0.5-0.34=0.16$$

따라서 이 도시의 체중이 75 kg 이상인 성인 남성의 수는

$500\times 0.16=80$

23 답 ②

학생들의 성적을 확률변수 X라 하면 X는 정규분포 $N(85, 5^2)$을 따르므로 $Z=\frac{X-85}{5}$는 표준정규분포 $N(0, 1)$을 따른다.

한편, 장학금을 받기 위한 확률은 $\frac{250}{1000}=0.25$이므로

장학금을 받기 위한 최저 점수를 a점이라 하면

$$P(X\ge a)=P\left(Z\ge\frac{a-85}{5}\right)$$
$$=0.5-P\left(0\le Z\le\frac{a-85}{5}\right)$$
$$=0.25$$

이때, $P(0\le Z\le 0.7)=0.25$이므로

$\frac{a-85}{5}=0.7 \quad \therefore a=88.5$

따라서 장학금을 받기 위한 최저 점수는 88.5점이다.

24 답 ⑤

참가자의 연주 점수를 확률변수 X라 하면 X는 정규분포 $N(74, 10^2)$을 따르므로 $Z=\frac{X-74}{10}$는 표준정규분포 $N(0, 1)$을 따른다.

상위 20등 안에 들 확률은 $\frac{20}{2000}=0.01$이므로

20등 안에 드는 최저 점수를 a점이라 하면

$$P(X\ge a)=P\left(Z\ge\frac{a-74}{10}\right)$$
$$=0.5-P\left(0\le Z\le\frac{a-74}{10}\right)$$
$$=0.01$$

즉, $P\left(0\le Z\le\frac{a-74}{10}\right)=0.49$이므로

$\frac{a-74}{10}=2.33,\ a-74=23.3 \quad \therefore a=97.3$

따라서 상위 20위 안에 들기 위해서는 최소한 97.3점을 받아야 한다.

25 답 ⑤

학생들의 윗몸일으키기 횟수를 확률변수 X라 하면 X는 정규분포 $N(45, 4^2)$을 따른다.

300등을 한 학생의 윗몸일으키기 횟수를 a라 하면

$P(X\ge a)=\frac{300}{500}=0.6$

$Z=\frac{X-45}{4}$로 놓으면 Z는 표준정규분포 $N(0, 1)$을 따르므로

$P\left(Z\ge\frac{a-45}{4}\right)=0.6$

$P\left(\frac{a-45}{4}\le Z\le 0\right)+P(Z\ge 0)=0.6$

$P\left(\frac{a-45}{4}\le Z\le 0\right)+0.5=0.6$

$P\left(\frac{a-45}{4}\le Z\le 0\right)=0.1,\ P\left(0\le Z\le\frac{45-a}{4}\right)=0.1$

이때, $P(0\le Z\le 0.25)=0.1$이므로

$\frac{45-a}{4}=0.25,\ 45-a=1 \quad \therefore a=44$

따라서 300등을 한 학생의 윗몸일으키기 횟수는 44회이다.

26 답 ⑤

확률변수 X는 이항분포 $B\left(320, \frac{1}{4}\right)$을 따르므로

$m=E(X)=320\times\frac{1}{4}=80$

$V(X)=320\times\frac{1}{4}\times\frac{3}{4}=60$

$\sigma(X)=\sqrt{V(X)}=\sqrt{60}$

즉, X는 근사적으로 정규분포 $N(80, (\sqrt{60})^2)$을 따른다.

따라서 $m=80,\ \sigma^2=60$이므로 $m+\sigma^2=140$

27 답 ④

확률변수 X는 이항분포 $B\left(450, \frac{1}{3}\right)$을 따르므로

$m=450\times\frac{1}{3}=150,\ \sigma=\sqrt{450\times\frac{1}{3}\times\frac{2}{3}}=\sqrt{100}=10$

즉, X는 근사적으로 정규분포 $N(150, 10^2)$을 따른다.

$$\therefore P(140\le X\le 170)$$
$$=P\left(\frac{140-150}{10}\le Z\le\frac{170-150}{10}\right)$$
$$=P(-1\le Z\le 2)$$
$$=P(-1\le Z\le 0)+P(0\le Z\le 2)$$
$$=P(0\le Z\le 1)+P(0\le Z\le 2)$$
$$=0.3413+0.4772$$
$$=0.8185$$

28 답 ③

확률변수 X는 이항분포 $B\left(100, \frac{1}{5}\right)$을 따르므로

$E(X)=100\times\frac{1}{5}=20$

$V(X)=100\times\frac{1}{5}\times\frac{4}{5}=16=4^2$

즉, X는 근사적으로 정규분포 $N(20, 4^2)$을 따른다.

$$\therefore P(16\le X\le 24)=P\left(\frac{16-20}{4}\le Z\le\frac{24-20}{4}\right)$$
$$=P(-1\le Z\le 1)$$
$$=2P(0\le Z\le 1)$$
$$=2\times 0.3413$$
$$=0.6826$$

29 답 ①

1의 눈이 나오는 횟수를 확률변수 X라 하면 X는 이항분포

$\mathrm{B}\left(180, \frac{1}{6}\right)$을 따르므로

$\mathrm{E}(X)=180\times\frac{1}{6}=30$

$\mathrm{V}(X)=180\times\frac{1}{6}\times\frac{5}{6}=25$

즉, X는 근사적으로 정규분포 $\mathrm{N}(30, 5^2)$을 따른다.

$$\begin{aligned}\therefore \mathrm{P}(X\geq 40)&=\mathrm{P}\left(Z\geq\frac{40-30}{5}\right)\\&=\mathrm{P}(Z\geq 2)\\&=\mathrm{P}(Z\geq 0)-\mathrm{P}(0\leq Z\leq 2)\\&=0.5-0.4772\\&=0.0228\end{aligned}$$

30 답 ③

확률변수 X는 이항분포 $\mathrm{B}\left(100, \frac{1}{2}\right)$을 따르므로

$\mathrm{E}(X)=100\times\frac{1}{2}=50$

$\mathrm{V}(X)=100\times\frac{1}{2}\times\frac{1}{2}=25$

즉, X는 근사적으로 정규분포 $\mathrm{N}(50, 5^2)$을 따른다.

이때, $Z=\frac{X-50}{5}$으로 놓으면 Z는 표준정규분포 $\mathrm{N}(0, 1)$을 따르므로

$$\begin{aligned}\mathrm{P}(X\leq 45)&=\mathrm{P}\left(Z\leq\frac{45-50}{5}\right)\\&=\mathrm{P}(Z\leq -1)\\&=\mathrm{P}(Z\leq 0)-\mathrm{P}(-1\leq Z\leq 0)\\&=0.5-\mathrm{P}(0\leq Z\leq 1)\\&=0.5-0.3413\\&=0.1587\end{aligned}$$

31 답 ②

확률변수 X는 이항분포 $\mathrm{B}\left(648, \frac{8}{9}\right)$을 따르므로

$\mathrm{E}(X)=648\times\frac{8}{9}=576$

$\mathrm{V}(X)=648\times\frac{8}{9}\times\frac{1}{9}=64$

즉, X는 근사적으로 정규분포 $\mathrm{N}(576, 8^2)$을 따른다.

이때, $Z=\frac{X-576}{8}$으로 놓으면 Z는 표준정규분포 $\mathrm{N}(0, 1)$을 따르므로

$\mathrm{P}(X\leq k)=0.8$에서 $\mathrm{P}\left(Z\leq\frac{k-576}{8}\right)=0.8$

$\mathrm{P}(Z\leq 0)+\mathrm{P}\left(0\leq Z\leq\frac{k-576}{8}\right)=0.8$

$0.5+\mathrm{P}\left(0\leq Z\leq\frac{k-576}{8}\right)=0.8$

$\therefore \mathrm{P}\left(0\leq Z\leq\frac{k-576}{8}\right)=0.3$

이때, $\mathrm{P}(0\leq Z\leq 0.84)=0.3$이므로

$\frac{k-576}{8}=0.84$, $k-576=6.72$

$\therefore k=582.72$

32 답 ④

중량 미달인 크림빵의 수를 확률변수 X라 하면 X는 이항분포

$\mathrm{B}\left(400, \frac{1}{10}\right)$을 따르므로

$\mathrm{E}(X)=400\times\frac{1}{10}=40$

$\mathrm{V}(X)=400\times\frac{1}{10}\times\frac{9}{10}=36$

즉, X는 근사적으로 정규분포 $\mathrm{N}(40, 6^2)$을 따른다.

이때, $Z=\frac{X-40}{6}$으로 놓으면 Z는 표준정규분포 $\mathrm{N}(0, 1)$을 따르므로

$\mathrm{P}(X\geq k)=0.9772$에서

$\mathrm{P}\left(Z\geq\frac{k-40}{6}\right)=0.9772$

$\mathrm{P}\left(\frac{k-40}{6}\leq Z\leq 0\right)+\mathrm{P}(Z\geq 0)=0.9772$

$\mathrm{P}\left(\frac{k-40}{6}\leq Z\leq 0\right)+0.5=0.9772$

$\mathrm{P}\left(\frac{k-40}{6}\leq Z\leq 0\right)=0.4772$

$\mathrm{P}\left(0\leq Z\leq\frac{40-k}{6}\right)=0.4772$

이때, $\mathrm{P}(0\leq Z\leq 2)=0.4772$이므로

$\frac{40-k}{6}=2$, $40-k=12$

$\therefore k=28$

Ⅲ-3 통계적 추정

28 모집단과 표본

▸ p.178

01 답 모집단 : 예 투표권을 가진 사람들, 표본의 크기 : 1500

02 답 모집단 : 예 어느 공장에서 생산하는 전구,
표본의 크기 : 100

03 답 모집단 : 예 전국의 가구, 표본의 크기 : 2000

04 답 표본조사

05 답 전수조사

06 답 표본조사

07 답 전수조사

08 답 ㄱ, ㄹ

09 답 ㄴ, ㄷ

10 답 (1) 모집단, 전수조사
(2) 표본조사, 표본의 크기, 모집단

29 임의추출

▸ p.179

01 답 4×4

크기가 2인 표본을 임의추출하려면 2번의 시행을 해야 한다.

step 1 1번째 시행 : 경우의 수는 4

step 2 뽑은 공을 다시 상자에 ((넣는), 넣지 않는)
((복원추출), 비복원추출)을 한다.

step 3 2번째 시행 : 경우의 수는 [4]

따라서 경우의 수는 $4\times$[4]

02 답 4×3

step 1 1번째 시행 : 경우의 수는 4

step 2 뽑은 공을 다시 상자에 (넣는 , (넣지 않는))
(복원추출 , (비복원추출))을 한다.

step 3 2번째 시행 : 경우의 수는 [3]

따라서 경우의 수는 $4\times$[3]

03 답 ${}_4C_2$

동시에 뽑으면 뽑는 순서가 영향을 끼치지 않는다는 의미이다.
따라서 (순열 , (조합))을 이용하여 경우의 수를 구하면
(${}_4P_2$, (${}_4C_2$))이다.

04 답 216

$6\times6\times6=216$

05 답 120

$6\times5\times4=120$

06 답 20

${}_6C_3=20$

07 답 같은에 ○표, (1) 복원추출 (2) 비복원추출

30 모평균과 표본평균

▸ p.180

01 답 2, 3, 4, 5, 6

모집단 $\{2, 4, 6\}$에서 임의추출한 크기가 $n=2$인 표본을 X_1과 X_2라 할 때, 각 표본에서 X_1, X_2의 표본평균

$\overline{X}=\dfrac{\boxed{X_1+X_2}}{2}$를 구하면 다음과 같다.

(X_1, X_2)에 대하여

표본이 $(2, 2)$일 때, $\overline{X}=\boxed{2}$

표본이 $(2, 4)$, $(4, 2)$일 때, $\overline{X}=\boxed{3}$

표본이 $(2, 6)$ $(4, 4)$, $(6, 2)$일 때, $\overline{X}=\boxed{4}$

표본이 $(4, 6)$, $(6, 4)$일 때, $\overline{X}=\boxed{5}$

표본이 $(6, 6)$일 때, $\overline{X}=\boxed{6}$ $\quad\therefore \overline{X}=\boxed{2, 3, 4, 5, 6}$

02 답

$\overline{X}$	2	3	4	5	6	합계
$P(\overline{X}=\overline{x})$	$\frac{1}{9}$	$\frac{2}{9}$	$\frac{1}{3}$	$\frac{2}{9}$	$\frac{1}{9}$	1

전체 표본의 개수가 9이고, $\overline{X}=3$인 표본의 개수가 2이므로 $P(\overline{X}=3)=\frac{2}{9}$이다. 마찬가지로 $\overline{X}=6$인 표본의 개수가 1이므로 $P(\overline{X}=6)=\frac{1}{9}$이다.

03 답 $E(\overline{X})=4$, $V(\overline{X})=\frac{4}{3}$, $\sigma(\overline{X})=\frac{2\sqrt{3}}{3}$

$$E(\overline{X})=2\times\frac{1}{9}+3\times\frac{2}{9}+4\times\frac{1}{3}+5\times\frac{2}{9}+6\times\frac{1}{9}$$
$$=\frac{36}{9}=4$$

$$E(\overline{X}^2)=2^2\times\frac{1}{9}+3^2\times\frac{2}{9}+4^2\times\frac{1}{3}+5^2\times\frac{2}{9}+6^2\times\frac{1}{9}$$
$$=\frac{156}{9}=\frac{52}{3}$$

$$V(\overline{X})=E(\overline{X}^2)-\{E(\overline{X})\}^2$$
$$=\frac{52}{3}-4^2=\frac{52}{3}-\frac{48}{3}=\frac{4}{3}$$

$$\sigma(\overline{X})=\sqrt{V(\overline{X})}=\sqrt{\frac{4}{3}}=\frac{2\sqrt{3}}{3}$$

04 답 $\overline{X}=1, \frac{3}{2}, 2$

모집단 {1, 2}에서 임의추출한 크기가 $n=2$인 표본을 X_1과 X_2라 할 때, 표본평균 $\overline{X}=\frac{X_1+X_2}{2}$를 구하면 다음과 같다. (X_1, X_2)에 대하여

표본이 (1, 1)일 때, $\overline{X}=1$

표본이 (1, 2), (2, 1)일 때, $\overline{X}=\frac{3}{2}$

표본이 (2, 2)일 때, $\overline{X}=2$

$\therefore \overline{X}=1, \frac{3}{2}, 2$

05 답

$\overline{X}$	1	$\frac{3}{2}$	2	합계
$P(\overline{X}=\overline{x})$	$\frac{1}{4}$	$\frac{1}{2}$	$\frac{1}{4}$	1

06 답 $E(\overline{X})=\frac{3}{2}, V(\overline{X})=\frac{1}{8}, \sigma(\overline{X})=\frac{\sqrt{2}}{4}$

$E(\overline{X})=1\times\frac{1}{4}+\frac{3}{2}\times\frac{1}{2}+2\times\frac{1}{4}$

$=\frac{6}{4}=\frac{3}{2}$

$E(\overline{X}^2)=1^2\times\frac{1}{4}+\left(\frac{3}{2}\right)^2\times\frac{1}{2}+2^2\times\frac{1}{4}$

$=\frac{19}{8}$

$V(\overline{X})=E(\overline{X}^2)-\{E(\overline{X})\}^2$

$=\frac{19}{8}-\left(\frac{3}{2}\right)^2=\frac{19}{8}-\frac{18}{8}=\frac{1}{8}$

$\sigma(\overline{X})=\sqrt{V(\overline{X})}$

$=\sqrt{\frac{1}{8}}=\frac{\sqrt{2}}{4}$

07 답 **(1) 모평균, 모분산, 모표준편차, m, σ^2, σ**

(2) 표본평균, 표본분산, 표본표준편차

31 표본평균의 평균, 분산, 표준편차 ▸ p.181~183

01 답 $m=2, \sigma^2=\frac{2}{3}, \sigma=\frac{\sqrt{6}}{3}$

$m=E(X)=\frac{1+2+3}{3}=2$

$\sigma^2=1\times\frac{1}{3}+4\times\frac{1}{3}+9\times\frac{1}{3}-4=\boxed{\frac{2}{3}}$

$\sigma=\sigma(X)=\boxed{\frac{\sqrt{6}}{3}}$

02 답

(X_1, X_2)	(1, 1)	(1, 2)	(1, 3)	(2, 1)	(2, 2)	(2, 3)	(3, 1)	(3, 2)	(3, 3)
$\overline{X}$	1	$\frac{3}{2}$	2	$\frac{3}{2}$	2	$\frac{5}{2}$	2	$\frac{5}{2}$	3

03 답

$\overline{X}$	1	$\frac{3}{2}$	2	$\frac{5}{2}$	3	합계
$P(\overline{X}=\overline{x})$	$\frac{1}{9}$	$\frac{2}{9}$	$\frac{1}{3}$	$\frac{2}{9}$	$\frac{1}{9}$	1

04 답 $E(\overline{X})=2, V(\overline{X})=\frac{1}{3}, \sigma(\overline{X})=\frac{\sqrt{3}}{3}$

$E(\overline{X})=1\times\frac{1}{9}+\frac{3}{2}\times\frac{2}{9}+\boxed{2\times\frac{1}{3}}+\boxed{\frac{5}{2}\times\frac{2}{9}}+\boxed{3\times\frac{1}{9}}$

$=\boxed{2}$

$V(\overline{X})=\left\{1^2\times\frac{1}{9}+\left(\frac{3}{2}\right)^2\times\frac{2}{9}+\boxed{2^2\times\frac{1}{3}}+\boxed{\left(\frac{5}{2}\right)^2\times\frac{2}{9}}\right.$

$\left.+\boxed{3^2\times\frac{1}{9}}\right\}-\boxed{2^2}$

$=\frac{13}{3}-\boxed{2^2}=\boxed{\frac{1}{3}}$

$\sigma(\overline{X})=\boxed{\frac{\sqrt{3}}{3}}$

05 답 $E(\overline{X})=m, V(\overline{X})=\frac{\sigma^2}{2}, \sigma(\overline{X})=\frac{\sigma}{\sqrt{2}}$

$E(\overline{X})=\boxed{m}$, $V(\overline{X})=\frac{\sigma^2}{\boxed{2}}$, $\sigma(\overline{X})=\frac{\sigma}{\boxed{\sqrt{2}}}$

06 답 30

$m=30$이므로 $E(\overline{X})=m=30$

07 답 9

$n=9$, $\sigma^2=81$이므로 $V(\overline{X})=\frac{\sigma^2}{n}=\frac{81}{9}=9$

08 답 3

$n=9$, $\sigma^2=81$이므로 $\sigma(\overline{X})=\frac{\sigma}{\sqrt{n}}=\frac{9}{\sqrt{9}}=3$

09 답 $E(\overline{X})=20, \sigma(\overline{X})=\frac{8}{5}$

$E(\overline{X})=20$, $\sigma(\overline{X})=\frac{8}{\sqrt{25}}=\frac{8}{5}$

10 답 $E(\overline{X})=20, \sigma(\overline{X})=\frac{4}{5}$

$E(\overline{X})=20$, $\sigma(\overline{X})=\frac{8}{\sqrt{100}}=\frac{4}{5}$

11 답 1) $\mathbf{E(\overline{X})=10}$ 2) $\mathbf{V(\overline{X})=\frac{9}{4}}$ 3) $\boldsymbol{\sigma(\overline{X})=\frac{3}{2}}$

1) $E(\overline{X})=\boxed{10}$

2) $V(\overline{X})=\boxed{\frac{9}{4}}$

3) $\sigma(\overline{X})=\boxed{\frac{3}{2}}$

12 답 1) $\mathbf{E(\overline{X})=40}$ 2) $\mathbf{V(\overline{X})=\frac{4}{25}}$ 3) $\boldsymbol{\sigma(\overline{X})=\frac{2}{5}}$

13 답 $\boldsymbol{m, \frac{\sigma^2}{n}, \frac{\sigma}{\sqrt{n}}}$

32 표본평균의 분포

▸ p.184

01 답 **64**

모집단이 정규분포 $N(m, \sigma^2)$을 따르면 표본평균 $\overline{X}$는 정규분포 $N\left(m, \frac{\sigma^2}{n}\right)$을 따른다. 즉, 모집단이 정규분포 $N(64, 4^2)$을 따르면 크기가 16인 표본의 표본평균 $\overline{X}$는 정규분포 $N\left(64, \frac{4^2}{16}\right)=N(64, 1^2)$을 따른다.

02 답 **1**

03 답 $\mathbf{N(64, 1^2)}$

04 답 $\mathbf{N\left(80, \frac{1}{4}\right)}$

$E(\overline{X})=80$, $V(\overline{X})=\frac{25}{100}=\frac{1}{4}$, $\sigma(\overline{X})=\frac{1}{2}$이므로

$\overline{X}$는 정규분포 $N\left(80, \frac{1}{4}\right)$을 따른다.

05 답 **10**

$\sigma(\overline{X})=\frac{\sigma}{\sqrt{25}}=\frac{\sigma}{5}=2$이므로 $\sigma=\sigma(X)=10$이다.

06 답 **36**

$\sigma^2=144$이므로 $\sigma=\boxed{12}$이고,

$\sigma(\overline{X})=\frac{\boxed{12}}{\sqrt{n}}=2$이므로 $\sqrt{n}=\boxed{6}$

$\therefore n=\boxed{36}$

07 답 $\mathbf{N\left(m, \frac{\sigma^2}{n}\right)}$

33 표본평균의 확률 구하기

▸ p.185~186

01 답 **0.9987**

표본평균 $\overline{X}$는

$N\left(\boxed{50}, \frac{10^2}{\boxed{25}}\right)=N(\boxed{50}, \boxed{2^2})$을 따르므로

$P(\overline{X}\le 56)=P\left(Z\le\frac{\boxed{56}-50}{\boxed{2}}\right)$

$=P(Z\le\boxed{3})$

$=0.5+P(0\le Z\le\boxed{3})$

$=\boxed{0.9987}$

02 답 **0.0013**

표본평균 $\overline{X}$는 정규분포 $N\left(230, \frac{30^2}{100}\right)=N(230, 3^2)$을 따르므로

$P(\overline{X}\le 221)=P\left(Z\le\frac{221-230}{3}\right)$

$=P(Z\le -3)$

$=0.5-P(0\le Z\le 3)$

$=0.0013$

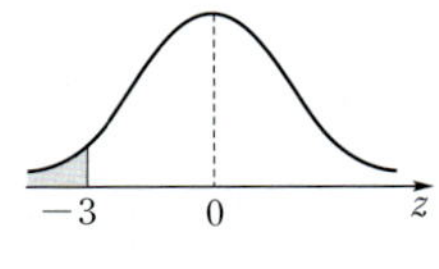

03 답 **0.9974**

표본평균 $\overline{X}$는 정규분포 $N\left(100, \frac{18^2}{9}\right)=N(100, 6^2)$을 따르므로

$P(82\le\overline{X}\le 118)$

$=P\left(\frac{82-100}{6}\le Z\le\frac{118-100}{6}\right)$

$=P(-3\le Z\le 3)$

$=2P(0\le Z\le 3)$

$=2\times 0.4987$

$=0.9974$

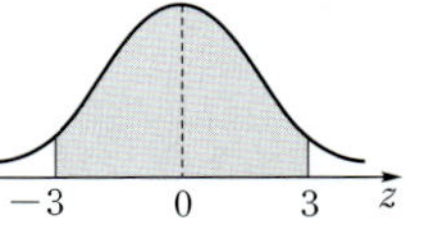

04 답 **0.8185**

감자의 무게 X가 정규분포 $\boxed{N(200, 20^2)}$을 따르므로

$\overline{X}$는 정규분포 $\boxed{N(200, 5^2)}$을 따른다.

$\therefore P(195\le\overline{X}\le 210)$

$=P\left(\frac{195-\boxed{200}}{\boxed{5}}\le Z\le\frac{210-\boxed{200}}{\boxed{5}}\right)$

$=P(-1\le Z\le 2)$

$=P(0\le Z\le\boxed{1})+P(0\le Z\le\boxed{2})$

$=\boxed{0.8185}$

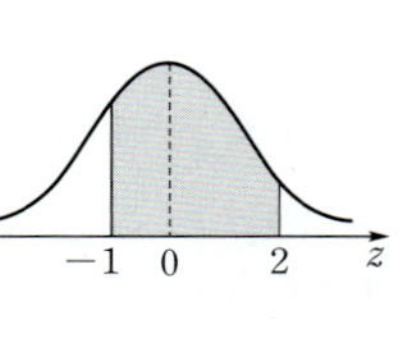

05 답 **0.0013**

$\mathrm{P}(\overline{X}\le 185)$

$=\mathrm{P}\left(Z\le\frac{185-200}{5}\right)=\mathrm{P}(Z\le -3)$

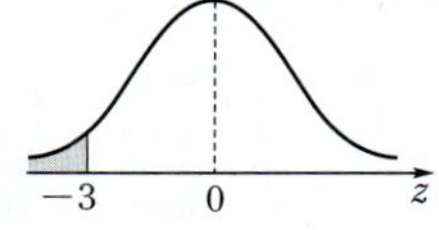

$=\mathrm{P}(Z\le 0)-\mathrm{P}(-3\le Z\le 0)$

$=0.5-\mathrm{P}(0\le Z\le 3)$

$=0.5-0.4987=0.0013$

06 답 **0.9987**

$\mathrm{P}(\overline{X}\ge 185)$

$=\mathrm{P}\left(Z\ge\frac{185-200}{5}\right)=\mathrm{P}(Z\ge -3)$

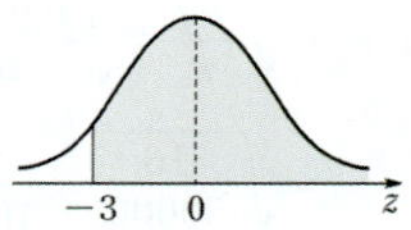

$=\mathrm{P}(Z\ge 0)+\mathrm{P}(-3\le Z\le 0)$

$=0.5+\mathrm{P}(0\le Z\le 3)$

$=0.5+0.4987=0.9987$

07 답 **0.0228**

표본평균 $\overline{X}$는 정규분포 $\mathrm{N}\left(4,\ \frac{4}{4}\right)=\mathrm{N}(4,\ 1^2)$을 따르므로

$\mathrm{P}(\overline{X}\ge 6)$

$=\mathrm{P}\left(Z\ge\boxed{\frac{6-4}{1}}\right)$

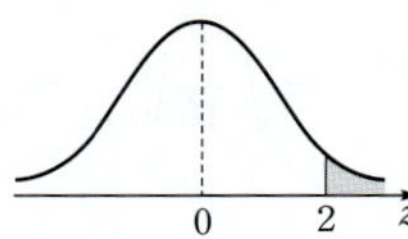

$=\mathrm{P}(Z\ge\boxed{2})$

$=\boxed{0.5}-\mathrm{P}(0\le Z\le 2)$

$=\boxed{0.5}-0.4772=\boxed{0.0228}$

08 답 **4**

$\sigma(\overline{X})=\frac{2}{\sqrt{n}}\le 1$에서 $\sqrt{n}\ge 2$ $\quad\therefore n\ge 4$

따라서 n의 최솟값은 4이다.

09 답 **64**

$\sigma(\overline{X})=\frac{2}{\sqrt{n}}\le\frac{1}{4}$에서 $\sqrt{n}\ge 8$ $\quad\therefore n\ge 64$

따라서 n의 최솟값은 64이다.

10 답 **거짓**

표본의 크기에 관계없이 표본평균의 평균은 항상 모평균과 같다. (거짓)

11 답 **참**

$\overline{X}$는 정규분포 $\mathrm{N}\left(m,\ \frac{\sigma^2}{n}\right)$을 따르므로 표본의 크기 n이 커지면 $\overline{X}$의 표준편차는 작아진다. (참)

12 답 **참**

13 답 **(1)** $\mathrm{N}\left(m,\ \frac{\sigma^2}{n}\right)$ **(2)** $\mathrm{N}\left(m,\ \frac{\sigma^2}{n}\right)$

34 표본평균의 확률 – 미지수의 값 구하기

▸ p.187

01 답 $\mathrm{N}\left(345,\ \left(\frac{40}{\sqrt{n}}\right)^2\right)$

모집단이 정규분포 $\mathrm{N}(345,\ 40^2)$을 따르고, 표본의 크기가 $\boxed{n}$이므로 표본평균 $\overline{X}$는 정규분포 $\boxed{\mathrm{N}\left(345,\ \left(\frac{40}{\sqrt{n}}\right)^2\right)}$을 따른다.

02 답 **16**

$\mathrm{P}(315\le\overline{X}\le 375)=0.9974$에서 표본평균 $\overline{X}$를 표준화하면

$\mathrm{P}\left(\frac{315-345}{\frac{40}{\sqrt{n}}}\le Z\le\frac{375-\boxed{345}}{\boxed{\frac{40}{\sqrt{n}}}}\right)=0.9974$

$\mathrm{P}\left(-\frac{3\sqrt{n}}{4}\le Z\le\boxed{\frac{3\sqrt{n}}{4}}\right)=0.9974$

$2\mathrm{P}\left(0\le Z\le\boxed{\frac{3\sqrt{n}}{4}}\right)=0.9974$

$\therefore \mathrm{P}\left(0\le Z\le\boxed{\frac{3\sqrt{n}}{4}}\right)=\boxed{0.4987}$

이때, $\mathrm{P}(0\le Z\le 3)=0.4987$이므로 $\boxed{\frac{3\sqrt{n}}{4}}=3$

$\therefore n=\boxed{16}$

03 답 **36**

표본평균 $\overline{X}$를 표준화하면

$\mathrm{P}(\overline{X}\ge 9.5)=0.9938,\ \mathrm{P}\left(Z\ge\frac{9.5-10}{\frac{1.2}{\sqrt{n}}}\right)=0.9938$

$\mathrm{P}\left(Z\ge-\frac{5\sqrt{n}}{12}\right)=0.9938$

$0.5+\mathrm{P}\left(0\le Z\le\frac{5\sqrt{n}}{12}\right)=0.5+0.4938$

$\therefore \mathrm{P}\left(0\le Z\le\frac{5\sqrt{n}}{12}\right)=0.4938$

$\mathrm{P}(0\le Z\le 2.5)=0.4938$이므로

$\frac{5\sqrt{n}}{12}=2.5,\ \frac{5\sqrt{n}}{12}=\frac{5}{2}$ $\quad\therefore n=36$

04 답 $\frac{311}{4}$

표본평균 $\overline{X}$를 표준화하면

$\mathrm{P}(\overline{X}\le k)=\mathrm{P}\left(Z\le\frac{k-80}{\frac{15}{\sqrt{100}}}\right)=0.0668$

$\mathrm{P}\left(Z\le\frac{2(k-80)}{3}\right)=0.0668$

$=0.5-0.4332$

$=0.5-\mathrm{P}(0\le Z\le 1.5)$

$=\mathrm{P}(Z\le -1.5)$

$\frac{2(k-80)}{3}=-1.5$, $\frac{2(k-80)}{3}=-\frac{3}{2}$

$4(k-80)=-9$, $4k-320=-9$

$\therefore k=\frac{311}{4}$

05 답 $\frac{a-m}{\sigma}$

35 모비율과 표본비율

▸ p.188

01 답 $\frac{1}{5}$

$p=\frac{100}{500}=\boxed{\frac{1}{5}}$

02 답 $\frac{1}{10}$

크기가 100인 표본 중에서 ISTP인 학생 수를

확률변수 X라 하면 $\hat{p}=\frac{X}{n}=\frac{\boxed{10}}{100}=\boxed{\frac{1}{10}}$

03 답 $\frac{234}{487}$

$p=\frac{\boxed{1170}}{2435}=\frac{\boxed{234}}{487}$

04 답 $\frac{47}{100}$

크기가 300인 표본 중에서 여학생 수를 확률변수 X라 하면

$\hat{p}=\frac{\boxed{X}}{n}=\frac{\boxed{141}}{300}=\frac{\boxed{47}}{100}$

05 답 $\frac{6}{25}$

$\frac{12}{50}=\frac{6}{25}$

06 답 $\frac{3}{5}$

$\frac{240}{400}=\frac{24}{40}=\frac{3}{5}$

07 답 (1) p, 피 (2) 표본비율, $\hat{p}$, 피햇

36 표본비율의 평균, 분산, 표준편차

▸ p.189

01 답 $\mathrm{E}(\hat{p})=0.2$, $\sigma(\hat{p})=0.04$

$p=0.2$이므로 $q=1-p=\boxed{0.8}$

$\mathrm{E}(\hat{p})=p=\boxed{0.2}$

$\sigma(\hat{p})=\sqrt{\frac{pq}{n}}=\sqrt{\frac{0.2\times\boxed{0.8}}{100}}$

$=\sqrt{\frac{\boxed{16}}{10000}}=\frac{\boxed{4}}{100}=\boxed{0.04}$

02 답 $\mathrm{E}(\hat{p})=0.2$, $\sigma(\hat{p})=\frac{\sqrt{5}}{125}$

$p=0.2$이므로 $q=1-p=0.8$

$\mathrm{E}(\hat{p})=p=0.2$

$\sigma(\hat{p})=\sqrt{\frac{pq}{n}}=\sqrt{\frac{0.2\times0.8}{500}}$

$=\sqrt{\frac{16}{50000}}=\frac{4}{100\sqrt{5}}=\frac{\sqrt{5}}{125}$

03 답 $\mathrm{E}(\hat{p})=0.2$, $\sigma(\hat{p})=\frac{\sqrt{10}}{250}$

$p=0.2$이므로 $q=1-p=0.8$

$\mathrm{E}(\hat{p})=p=0.2$

$\sigma(\hat{p})=\sqrt{\frac{pq}{n}}=\sqrt{\frac{0.2\times0.8}{1000}}$

$=\sqrt{\frac{16}{100000}}=\frac{4}{100\sqrt{10}}=\frac{\sqrt{10}}{250}$

04 답 $\mathrm{E}(\hat{p})=0.2$, $\sigma(\hat{p})=\frac{1}{125}$

$p=0.2$이므로 $q=1-p=0.8$

$\mathrm{E}(\hat{p})=p=0.2$

$\sigma(\hat{p})=\sqrt{\frac{pq}{n}}=\sqrt{\frac{0.2\times0.8}{2500}}$

$=\sqrt{\frac{16}{250000}}=\frac{4}{500}=\frac{1}{125}$

05 답 $\mathrm{E}(\hat{p})=\frac{1}{3}$, $\mathrm{V}(\hat{p})=\frac{1}{81}$, $\sigma(\hat{p})=\frac{1}{9}$

$p=\frac{1}{3}$이므로 $q=1-p=\boxed{\frac{2}{3}}$

$\mathrm{E}(\hat{p})=p=\boxed{\frac{1}{3}}$

$\mathrm{V}(\hat{p})=\frac{pq}{n}=\frac{\frac{1}{3}\times\boxed{\frac{2}{3}}}{18}=\boxed{\frac{1}{81}}$

$\sigma(\hat{p})=\sqrt{\frac{pq}{n}}=\sqrt{\boxed{\frac{1}{81}}}=\boxed{\frac{1}{9}}$

06 답 $\mathrm{E}(\hat{p})=\frac{1}{3}$, $\mathrm{V}(\hat{p})=\frac{1}{144}$, $\sigma(\hat{p})=\frac{1}{12}$

$p=\frac{1}{3}$이므로 $q=1-p=\frac{2}{3}$

$\mathrm{E}(\hat{p})=p=\frac{1}{3}$, $\mathrm{V}(\hat{p})=\frac{pq}{n}=\frac{\frac{1}{3}\times\frac{2}{3}}{32}=\frac{1}{144}$

$\sigma(\hat{p})=\sqrt{\frac{pq}{n}}=\sqrt{\frac{1}{144}}=\frac{1}{12}$

07 답 $\mathrm{E}(\hat{p})=\frac{1}{3}$, $\mathrm{V}(\hat{p})=\frac{1}{324}$, $\sigma(\hat{p})=\frac{1}{18}$

$p=\frac{1}{3}$이므로 $q=1-p=\frac{2}{3}$

$\mathrm{E}(\hat{p})=p=\frac{1}{3}$

$\mathrm{V}(\hat{p})=\frac{pq}{n}=\frac{\frac{1}{3}\times\frac{2}{3}}{72}=\frac{1}{324}$

$\sigma(\hat{p})=\sqrt{\frac{pq}{n}}=\sqrt{\frac{1}{324}}=\frac{1}{18}$

08 답 p, pq, $\sqrt{\frac{pq}{n}}$, $1-p$

37 표본비율의 분포

▸ p.190

01 답 $\mathrm{N}(0.8,\ 0.04^2)$

$\mathrm{E}(\hat{p})=\boxed{0.8}$

$\mathrm{V}(\hat{p})=\frac{0.8\times0.2}{100}=\frac{16}{10000}=\left(\frac{\boxed{4}}{100}\right)^2=\boxed{0.04}^2$이므로

$\mathrm{N}(\boxed{0.8},\ \boxed{0.04}^2)$이다.

02 답 $\mathrm{N}\left(0.8,\ \left(\frac{1}{75}\right)^2\right)$

$\mathrm{E}(\hat{p})=0.8$,

$\mathrm{V}(\hat{p})=\frac{0.8\times0.2}{900}=\frac{16}{90000}=\left(\frac{4}{300}\right)^2=\left(\frac{1}{75}\right)^2$이므로

$\mathrm{N}\left(0.8,\ \left(\frac{1}{75}\right)^2\right)$이다.

03 답 $\mathrm{N}(0.8,\ 0.01^2)$

$\mathrm{E}(\hat{p})=0.8$,

$\mathrm{V}(\hat{p})=\frac{0.8\times0.2}{1600}=\frac{16}{160000}=\left(\frac{1}{100}\right)^2=0.01^2$이므로

$\mathrm{N}(0.8,\ 0.01^2)$이다.

04 답 $\mathrm{N}(0.8,\ 0.008^2)$

$\mathrm{E}(\hat{p})=0.8$,

$\mathrm{V}(\hat{p})=\frac{0.8\times0.2}{2500}=\frac{16}{250000}=\left(\frac{4}{500}\right)^2=0.008^2$이므로

$\mathrm{N}(0.8,\ 0.008^2)$이다.

05 답 400

06 답 0.2

$20\,\%=0.2$

07 답 $\mathrm{N}(0.2,\ 0.02^2)$

$\mathrm{E}(\hat{p})=0.2$,

$\mathrm{V}(\hat{p})=\frac{0.2\times0.8}{400}=\frac{16}{40000}=\frac{4}{10000}=0.02^2$이므로

$\mathrm{N}(0.2,\ 0.02^2)$이다.

08 답 100

09 답 0.1

$10\,\%=0.1$

10 답 $\mathrm{N}(0.1,\ 0.03^2)$

$\mathrm{E}(\hat{p})=0.1$,

$\mathrm{V}(\hat{p})=\frac{0.1\times0.9}{100}=\frac{9}{10000}=\left(\frac{3}{100}\right)^2=0.03^2$이므로

$\mathrm{N}(0.1,\ 0.03^2)$이다.

11 답 $\mathrm{N}\left(p,\ \frac{pq}{n}\right)$

38 표본비율의 확률

▸ p.191

01 답 $\mathrm{N}\left(0.5,\ \left(\frac{1}{16}\right)^2\right)$

$\mathrm{E}(\hat{p})=0.5$

$\mathrm{V}(\hat{p})=\frac{pq}{n}=\frac{0.5\times0.5}{64}=\frac{\frac{1}{2}\times\frac{1}{2}}{8\times8}=\left(\frac{1}{\boxed{16}}\right)^2$이므로

정규분포 $\mathrm{N}\left(\boxed{0.5},\ \left(\frac{1}{\boxed{16}}\right)^2\right)$을 따른다.

02 답 0.0548

$Z=\frac{\hat{p}-0.5}{\frac{1}{\boxed{16}}}$로 놓으면 확률변수 Z는 표준정규분포 $\mathrm{N}(0,\ 1)$을 따르므로 구하는 확률은

$\mathrm{P}(\hat{p}\ge0.6)=\mathrm{P}\left(Z\ge\frac{0.6-\boxed{0.5}}{\boxed{\frac{1}{16}}}\right)$

$=\mathrm{P}(Z\ge1.6)$

$=0.5-\boxed{0.4452}$

$=\boxed{0.0548}$

0 1.6 z

03 답 0.8301

$P(0.4 \le \hat{p} \le 0.575)$

$=P\left(\dfrac{0.4-0.5}{\frac{1}{16}} \le Z \le \dfrac{0.575-0.5}{\frac{1}{16}}\right)$

$=P(-1.6 \le Z \le 1.2)$

$=P(0 \le Z \le 1.6)+P(0 \le Z \le 1.2)$

$=0.4452+0.3849=0.8301$

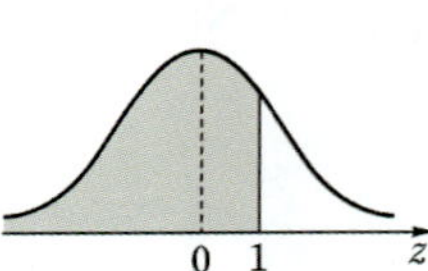

04 답 0.8413

$n=475$, $p=0.05$이므로 표본비율 $\hat{p}$은 정규분포

$N\left(0.05,\ \dfrac{0.05 \times 0.95}{475}\right)=N(0.05,\ 0.01^2)$을 따른다.

$Z=\dfrac{\hat{p}-0.05}{0.01}$로 놓으면 확률변수 Z는 표준정규분포 $N(0,\ 1)$을 따르므로 구하는 확률은

$P(\hat{p} \le 0.06)$

$=P\left(Z \le \dfrac{0.06-0.05}{0.01}\right)$

$=P(Z \le 1)$

$=0.5+0.3413=0.8413$

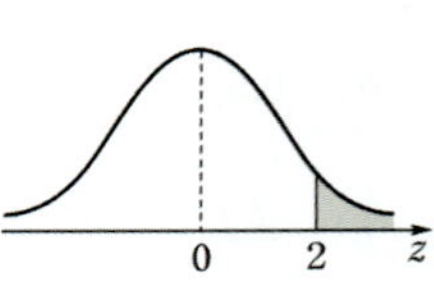

05 답 0.0228

$n=100$, $p=0.2$이므로 표본비율 $\hat{p}$는 정규분포

$N\left(0.2,\ \dfrac{0.2 \times 0.8}{100}\right)=N(0.2,\ 0.04^2)$을 따른다.

$Z=\dfrac{\hat{p}-0.2}{0.04}$로 놓으면 확률변수 Z는 표준정규분포 $N(0,\ 1)$을 따르므로 구하는 확률은

$P(\hat{p} \ge 0.28)=P\left(Z \ge \dfrac{0.28-0.2}{0.04}\right)$

$=P(Z \ge 2)$

$=0.5-P(0 \le Z \le 2)$

$=0.5-0.4772=0.0228$

06 답 0.1587

$n=100$, $p=0.8$이므로 표본비율 $\hat{p}$는 정규분포

$N\left(0.8,\ \dfrac{0.8 \times 0.2}{100}\right)=N(0.8,\ 0.04^2)$을 따른다.

$Z=\dfrac{\hat{p}-0.8}{0.04}$로 놓으면 확률변수 Z는 표준정규분포 $N(0,\ 1)$을 따르므로 구하는 확률은

$P\left(\hat{p} \ge \dfrac{84}{100}\right)=P(\hat{p} \ge 0.84)$

$=P\left(Z \ge \dfrac{0.84-0.8}{0.04}\right)$

$=P(Z \ge 1)$

$=0.5-P(0 \le Z \le 1)$

$=0.5-0.3413=0.1587$

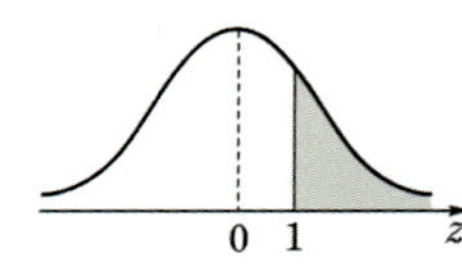

07 답 $N\left(p,\ \dfrac{pq}{n}\right)$

39 모평균의 추정

▸ p.192~193

01 답 $42.06 \le m \le 47.94$

$\bar{x}-1.96 \times \dfrac{3}{\sqrt{4}} \le m \le \bar{x}+1.96 \times \boxed{\dfrac{3}{\sqrt{4}}}$에서

$\bar{x}=\boxed{45}$이므로

$45-2.94 \le m \le \boxed{45}+\boxed{2.94}$

$\therefore \boxed{42.06} \le m \le \boxed{47.94}$

02 답 $48.53 \le m \le 51.47$

$\bar{x}-1.96 \times \dfrac{3}{\sqrt{16}} \le m \le \bar{x}+1.96 \times \dfrac{3}{\sqrt{16}}$에서

$\bar{x}=50$이므로 $50-1.47 \le m \le 50+1.47$

$\therefore 48.53 \le m \le 51.47$

03 답 $69.02 \le m \le 70.98$

$\bar{x}-1.96 \times \dfrac{3}{\sqrt{36}} \le m \le \bar{x}+1.96 \times \dfrac{3}{\sqrt{36}}$에서

$\bar{x}=70$이므로 $70-0.98 \le m \le 70+0.98$

$\therefore 69.02 \le m \le 70.98$

04 답 $95.872 \le m \le 104.128$

$\bar{x}-2.58 \times \dfrac{8}{\sqrt{25}} \le m \le \bar{x}+2.58 \times \dfrac{8}{\sqrt{25}}$에서

$\bar{x}=100$이므로 $100-4.128 \le m \le 100+4.128$

$\therefore 95.872 \le m \le 104.128$

05 답 $197.42 \le m \le 202.58$

$\bar{x}-2.58 \times \dfrac{8}{\sqrt{64}} \le m \le \bar{x}+2.58 \times \dfrac{8}{\sqrt{64}}$에서

$\bar{x}=200$이므로 $200-2.58 \le m \le 200+2.58$

$\therefore 197.42 \le m \le 202.58$

06 답 $347.936 \le m \le 352.064$

$\bar{x}-2.58 \times \dfrac{8}{\sqrt{100}} \le m \le \bar{x}+2.58 \times \dfrac{8}{\sqrt{100}}$에서

$\bar{x}=350$이므로 $350-2.064 \le m \le 350+2.064$

$\therefore 347.936 \le m \le 352.064$

07 답 $\overline{X}-0.196 \le m \le \overline{X}+0.196$

신뢰도 95 %의 신뢰구간은

$\overline{X}-1.96\dfrac{\sigma}{\sqrt{n}} \le m \le \overline{X}+1.96\dfrac{\sigma}{\sqrt{n}}$이므로

$\overline{X}-1.96\times\frac{4}{\sqrt{1600}}\le m\le\overline{X}+\boxed{1.96\times\frac{4}{\sqrt{1600}}}$

$\overline{X}-0.196\le m\le\boxed{\overline{X}+0.196}$

08 답 $\overline{X}-0.258\le m\le\overline{X}+0.258$

신뢰도 99 %의 신뢰구간은

$\overline{X}-2.58\frac{\sigma}{\sqrt{n}}\le m\le\overline{X}+2.58\frac{\sigma}{\sqrt{n}}$이므로

$\overline{X}-2.58\times\frac{4}{\sqrt{1600}}\le m\le\overline{X}+2.58\times\frac{4}{\sqrt{1600}}$

$\therefore\ \overline{X}-0.258\le m\le\overline{X}+0.258$

09 답 $19.02\le m\le 20.98$

신뢰도 95 %의 신뢰구간은

$\overline{x}-1.96\frac{\sigma}{\sqrt{n}}\le m\le\overline{x}+1.96\frac{\sigma}{\sqrt{n}}$이므로

$20-1.96\times\frac{2}{\sqrt{16}}\le m\le 20+1.96\times\frac{2}{\sqrt{16}}$

$20-0.98\le m\le 20+0.98$

$\therefore\ 19.02\le m\le 20.98$

10 답 $48.71\le m\le 51.29$

신뢰도 99 %의 신뢰구간은

$\overline{x}-2.58\frac{\sigma}{\sqrt{n}}\le m\le\overline{x}+2.58\frac{\sigma}{\sqrt{n}}$이므로

$50-2.58\times\frac{2}{\sqrt{16}}\le m\le 50+2.58\times\frac{2}{\sqrt{16}}$

$50-1.29\le m\le 50+1.29$

$\therefore\ 48.71\le m\le 51.29$

11 답 $60.04\le m\le 63.96$

$\overline{x}=62$, $n=100$, $\sigma=10$이므로 신뢰도 95 %의 신뢰구간은

$\overline{x}-1.96\frac{\sigma}{\sqrt{n}}\le m\le\overline{x}+1.96\frac{\sigma}{\sqrt{n}}$에서

$62-1.96\times\frac{10}{\sqrt{100}}\le m\le\boxed{62}+1.96\times\boxed{\frac{10}{\sqrt{100}}}$

$62-1.96\le m\le\boxed{62}+\boxed{1.96}$

$\therefore\ \boxed{60.04}\le m\le\boxed{63.96}$

12 답 $65.7\le m\le 74.3$

표본의 크기가 30 이상으로 충분히 크므로 모표준편차 대신 표본표준편차를 사용할 수 있다. 즉, $\overline{x}=70$, $n=81$, $\sigma=15$이므로 신뢰도 99 %로 추정한 신뢰구간은

$70-2.58\times\frac{15}{\sqrt{81}}\le m\le 70+2.58\times\frac{15}{\sqrt{81}}$

$70-4.3\le m\le 70+4.3$

$\therefore\ 65.7\le m\le 74.3$

13 답 $\overline{x}-1.96\frac{\sigma}{\sqrt{n}}\le m\le\overline{x}+1.96\frac{\sigma}{\sqrt{n}}$,

$\overline{x}-2.58\frac{\sigma}{\sqrt{n}}\le m\le\overline{x}+2.58\frac{\sigma}{\sqrt{n}}$

40 모평균의 신뢰구간의 길이

▸ p.194

01 답 1.96

신뢰도 95 %로 추정한 모평균의 신뢰구간의 길이는

$2\times1.96\times\frac{\sigma}{\sqrt{n}}=2\times1.96\times\boxed{\frac{4}{\sqrt{64}}}=\boxed{1.96}$

02 답 2.58

신뢰도 99 %로 추정한 모평균의 신뢰구간의 길이는

$2\times2.58\times\frac{\sigma}{\sqrt{n}}=2\times2.58\times\frac{4}{\sqrt{64}}=2.58$

03 답 0.392

표본의 크기가 30 이상으로 충분히 크므로 모표준편차 대신 표본표준편차를 사용할 수 있다.

따라서 신뢰도 95 %로 추정한 신뢰구간의 길이는

$2\times1.96\frac{\sigma}{\sqrt{n}}=2\times1.96\times\frac{3}{\sqrt{900}}=0.392$

04 답 0.516

표본의 크기가 30 이상으로 충분히 크므로 모표준편차 대신 표본표준편차를 사용할 수 있다.

따라서 신뢰도 99 %로 추정한 신뢰구간의 길이는

$2\times2.58\frac{\sigma}{\sqrt{n}}=2\times2.58\times\frac{3}{\sqrt{900}}=0.516$

05 답 (1) $2\times1.96\frac{\sigma}{\sqrt{n}}$ (2) $2\times2.58\frac{\sigma}{\sqrt{n}}$

41 모평균의 신뢰구간의 성질

▸ p.195

01 답 참

신뢰구간의 길이는 $2\times k\times\frac{\sigma}{\sqrt{n}}$ (k는 신뢰도 계수)이다.

표본의 크기 n이 일정할 때, 신뢰도가 높아지면 신뢰도 계수 k가 커지므로 신뢰구간의 길이는 길어진다. (참)

02 답 참

$2\times k\times\frac{\sigma}{\sqrt{n}}$에서 신뢰도가 일정하면 k의 값은 고정되므로 표본의 크기 n이 커지면 신뢰구간의 길이는 짧아진다. (참)

03 답 거짓

$2\times k\times\frac{\sigma}{\sqrt{n}}$에서 신뢰도를 낮추면 k의 값은 작아지고, 표본의 크기 n을 크게 하면 분모가 커지므로 신뢰구간의 길이는 짧아진다. (거짓)

04 답 거짓

$2\times k\times\frac{\sigma}{\sqrt{9n}}=\frac{1}{3}\left(2k\times\frac{\sigma}{\sqrt{n}}\right)$이므로 표본의 크기가 $9n$일 때의 신뢰구간의 길이는 표본의 크기가 n일 때의 신뢰구간의 길이의 $\frac{1}{3}$배이다. (거짓)

05 답 (1) $2\times k\times\frac{\sigma}{\sqrt{n}}$

(2) 길어진다에 ○표, 짧아진다에 ○표, 짧아진다에 ○표, 길어진다에 ○표

42 모평균의 추정 – 표본의 크기 구하기 ▸ p.196~197

01 답 385

신뢰도 95 %로 추정한 모평균의 신뢰구간의 길이가 1 이하라 하므로

$2\times1.96\times\frac{5}{\sqrt{n}}\le1$에서 $\sqrt{n}\ge\boxed{19.6}$

$\therefore n\ge(\boxed{19.6})^2=\boxed{384.16}$

따라서 표본의 크기의 최솟값은 $\boxed{385}$이다.

02 답 107

신뢰도 99 %로 추정한 모평균의 신뢰구간의 길이가 3 이하라 하므로

$2\times2.58\times\frac{6}{\sqrt{n}}\le3$에서 $\sqrt{n}\ge2.58\times4=10.32$

$\therefore n\ge(10.32)^2=106.5024$

따라서 표본의 크기의 최솟값은 107이다.

03 답 $9n$

$2\times k\times\frac{\sigma}{\sqrt{n}}=h$에서 양변에 $\frac{1}{3}$을 곱하면

$\frac{h}{3}=\frac{1}{3}\times2\times k\times\frac{\sigma}{\sqrt{n}}=2\times k\times\boxed{\frac{\sigma}{\sqrt{9n}}}$이므로

필요한 표본의 크기는 $\boxed{9n}$이다.

04 답 $16n$

$2\times k\times\frac{\sigma}{\sqrt{n}}=h$에서 양변에 $\frac{1}{4}$을 곱하면

$\frac{h}{4}=\frac{1}{4}\times2\times k\times\frac{\sigma}{\sqrt{n}}=2\times k\times\frac{\sigma}{\sqrt{16n}}$이므로

필요한 표본의 크기는 $16n$이다.

05 답 16

06 답 2

07 답 $2\times k\times\frac{\frac{1}{2}}{\sqrt{16}}=2$

신뢰도 α %로 모평균을 추정할 때, 신뢰구간의 길이를 나타내는 식을 구하면 $2\times k\times\frac{\boxed{\frac{1}{2}}}{\sqrt{\boxed{16}}}=\boxed{2}$이다.

08 답 8

$2\times k\times\frac{\frac{1}{2}}{\sqrt{16}}=2$　　$\therefore k=8$

09 답 256

표본의 크기를 n이라 하고, 같은 신뢰도로 모평균을 추정할 때, 신뢰구간의 길이가 $\frac{1}{2}$ 이하가 되어야 하므로

$2\times\boxed{8}\times\frac{\frac{1}{2}}{\sqrt{n}}\le\boxed{\frac{1}{2}}$

$\sqrt{n}\ge\boxed{16}$　　$\therefore n\ge\boxed{256}$

따라서 표본의 크기의 최솟값은 $\boxed{256}$이다.

10 답 225

표본의 크기는 $\boxed{25}$, 신뢰구간의 길이는 $\boxed{3}$이므로

$2\times k\times\frac{\boxed{1}}{\sqrt{\boxed{25}}}=\boxed{3}$, $k=\boxed{\frac{15}{2}}$

표본의 크기를 n이라 하고 같은 신뢰도로 모평균을 추정할 때, 신뢰구간의 길이가 1 이하가 되어야 하므로

$2\times\boxed{\frac{15}{2}}\times\frac{1}{\sqrt{n}}\le\boxed{1}$

$\sqrt{n}\ge\boxed{15}$　　$\therefore n\ge\boxed{225}$

따라서 n의 최솟값은 $\boxed{225}$이다.

11 답 324

표본의 크기는 36, 신뢰구간의 길이는 1이므로

$2\times k\times\frac{2}{\sqrt{36}}=1$, $k=\frac{3}{2}$

표본의 크기를 n이라 하고 같은 신뢰도로 모평균을 추정할 때, 신뢰구간의 길이가 $\frac{1}{3}$ 이하가 되어야 하므로

$2\times\frac{3}{2}\times\frac{2}{\sqrt{n}}\le\frac{1}{3}$

$\sqrt{n}\ge18$ $\therefore n\ge324$

따라서 n의 최솟값은 324이다.

12 답 1600

모표준편차가 4이므로 표본의 크기를 n이라 하면 모평균 m을 신뢰도 95 %로 추정하면 신뢰구간은

$\overline{x}-2\times\frac{4}{\sqrt{n}}\le m\le\overline{x}+2\times\frac{4}{\sqrt{n}}$

$-\frac{8}{\sqrt{n}}\le m-\overline{x}\le\frac{8}{\sqrt{n}}$

$|m-\overline{x}|\le\frac{8}{\sqrt{n}}$

그런데 m과 $\overline{x}$의 차가 $\frac{1}{5}$ 이하가 되어야 하므로 $\frac{8}{\sqrt{n}}\le\frac{1}{5}$

$\sqrt{n}\ge40$ $\therefore n\ge1600$

따라서 n의 최솟값은 1600이다.

13 답 식, n

43 모비율의 추정

▸ p.198~199

01 답 $0.0804\le p\le0.1196$

$\hat{p}=0.1$이므로 $\hat{q}=1-\hat{p}=\boxed{0.9}$

$0.1-1.96\times\sqrt{\frac{0.1\times0.9}{900}}\le p\le\boxed{0.1}+1.96\times\sqrt{\frac{0.1\times\boxed{0.9}}{\boxed{900}}}$

$0.1-0.0196\le p\le\boxed{0.1}+\boxed{0.0196}$

$\therefore 0.0804\le p\le\boxed{0.1196}$

02 답 $0.1216\le p\le0.2784$

$\hat{p}=0.2$이므로 $\hat{q}=1-\hat{p}=0.8$

$0.2-1.96\times\sqrt{\frac{0.2\times0.8}{100}}\le p\le0.2+1.96\times\sqrt{\frac{0.2\times0.8}{100}}$

$0.2-0.0784\le p\le0.2+0.0784$

$\therefore 0.1216\le p\le0.2784$

03 답 $0.451\le p\le0.549$

$\hat{p}=0.5$이므로 $\hat{q}=1-\hat{p}=0.5$

$0.5-1.96\times\sqrt{\frac{0.5\times0.5}{400}}\le p\le0.5+1.96\times\sqrt{\frac{0.5\times0.5}{400}}$

$0.5-0.049\le p\le0.5+0.049$

$\therefore 0.451\le p\le0.549$

04 답 $0.8742\le p\le0.9258$

$\hat{p}=0.9$이므로 $\hat{q}=1-\hat{p}=0.1$

$0.9-2.58\times\sqrt{\frac{0.9\times0.1}{900}}\le p\le0.9+2.58\times\sqrt{\frac{0.9\times0.1}{900}}$

$0.9-0.0258\le p\le0.9+0.0258$

$\therefore 0.8742\le p\le0.9258$

05 답 $0.3484\le p\le0.4516$

$\hat{p}=0.4$이므로 $\hat{q}=1-\hat{p}=0.6$

$0.4-2.58\times\sqrt{\frac{0.4\times0.6}{600}}\le p\le0.4+2.58\times\sqrt{\frac{0.4\times0.6}{600}}$

$0.4-0.0516\le p\le0.4+0.0516$

$\therefore 0.3484\le p\le0.4516$

06 답 $0.2742\le p\le0.3258$

$\hat{p}=0.3$이므로 $\hat{q}=1-\hat{p}=0.7$

$0.3-2.58\times\sqrt{\frac{0.3\times0.7}{2100}}\le p\le0.3+2.58\times\sqrt{\frac{0.3\times0.7}{2100}}$

$0.3-0.0258\le p\le0.3+0.0258$

$\therefore 0.2742\le p\le0.3258$

07 답 $0.1216\le p\le0.2784$

$\hat{p}=\frac{\boxed{20}}{100}=\boxed{0.2}$이므로

$\hat{q}=1-\hat{p}=\boxed{0.8}$

$\hat{p}-1.96\sqrt{\frac{\hat{p}\hat{q}}{n}}\le p\le\hat{p}+1.96\sqrt{\frac{\hat{p}\hat{q}}{n}}$에서

$\boxed{0.2}-1.96\times\sqrt{\frac{\boxed{0.2}\times\boxed{0.8}}{100}}\le p$

$\le\boxed{0.2}+1.96\times\sqrt{\frac{\boxed{0.2}\times\boxed{0.8}}{100}}$

$\boxed{0.2}-0.0784\le p\le\boxed{0.2}+\boxed{0.0784}$

$\therefore 0.1216\le p\le\boxed{0.2784}$

08 답 $0.0968\le p\le0.3032$

$\hat{p}=\frac{\boxed{20}}{100}=\boxed{0.2}$이므로

$\hat{q}=1-\hat{p}=\boxed{0.8}$

$\hat{p}-2.58\sqrt{\dfrac{\hat{p}\hat{q}}{n}}\le p\le \hat{p}+2.58\sqrt{\dfrac{\hat{p}\hat{q}}{n}}$에서

$\boxed{0.2}-2.58\times\sqrt{\dfrac{\boxed{0.2}\times\boxed{0.8}}{100}}\le p$

$\le\boxed{0.2}+2.58\times\sqrt{\dfrac{\boxed{0.2}\times\boxed{0.8}}{100}}$

$\boxed{0.2}-\boxed{0.1032}\le p\le\boxed{0.2}+0.1032$

$\therefore\ \boxed{0.0968}\le p\le\boxed{0.3032}$

09 답 $\mathbf{0.402\le p\le 0.598}$

$\hat{p}=\dfrac{50}{100}=0.5$이므로 $\hat{q}=1-\hat{p}=0.5$

$0.5-1.96\times\sqrt{\dfrac{0.5\times0.5}{100}}\le p\le 0.5+1.96\times\sqrt{\dfrac{0.5\times0.5}{100}}$

$0.5-0.098\le p\le 0.5+0.098\qquad\therefore\ 0.402\le p\le 0.598$

10 답 $\mathbf{0.8613\le p\le 0.9387}$

$\hat{p}=\dfrac{360}{400}=0.9$이므로 $\hat{q}=1-\hat{p}=0.1$

$0.9-2.58\times\sqrt{\dfrac{0.9\times0.1}{400}}\le p\le 0.9+2.58\times\sqrt{\dfrac{0.9\times0.1}{400}}$

$0.9-0.0387\le p\le 0.9+0.0387$

$\therefore\ 0.8613\le p\le 0.9387$

11 답 $\hat{p}-1.96\sqrt{\dfrac{\hat{p}\hat{q}}{n}}\le p\le \hat{p}+1.96\sqrt{\dfrac{\hat{p}\hat{q}}{n}}$,

$\hat{p}-2.58\sqrt{\dfrac{\hat{p}\hat{q}}{n}}\le p\le \hat{p}+2.58\sqrt{\dfrac{\hat{p}\hat{q}}{n}}$

44 모비율의 신뢰구간의 길이

▸ p.200

01 답 **0.196**

$2\times1.96\sqrt{\dfrac{\hat{p}\hat{q}}{n}}=2\times1.96\times\sqrt{\dfrac{\boxed{0.5}\times\boxed{0.5}}{\boxed{100}}}$

$=\boxed{0.196}$

02 답 **0.258**

$2\times2.58\sqrt{\dfrac{\hat{p}\hat{q}}{n}}=2\times2.58\times\sqrt{\dfrac{\boxed{0.5}\times\boxed{0.5}}{\boxed{100}}}$

$=\boxed{0.258}$

03 답 **0.0784**

$\hat{p}=\dfrac{\boxed{80}}{400}=0.2$이므로 신뢰구간의 길이는

$2\times1.96\times\sqrt{\dfrac{\boxed{0.2}\times\boxed{0.8}}{\boxed{400}}}=\boxed{0.0784}$

04 답 **0.1032**

$\hat{p}=\dfrac{80}{400}=0.2$이므로 신뢰구간의 길이는

$2\times2.58\times\sqrt{\dfrac{0.2\times0.8}{400}}=0.1032$

05 답 **(1)** $2\times1.96\sqrt{\dfrac{\hat{p}\hat{q}}{n}}$ **(2)** $2\times2.58\sqrt{\dfrac{\hat{p}\hat{q}}{n}}$

45 모비율의 신뢰구간의 성질

▸ p.201

01 답 **참**

신뢰구간의 길이는 $2\times k\times\sqrt{\dfrac{\hat{p}(1-\hat{p})}{n}}$ (k는 신뢰도 계수)이다. 표본의 크기 n이 일정할 때, 신뢰도가 높아지면 신뢰도 계수 k가 커지므로 신뢰구간의 길이는 길어진다. (참)

02 답 **참**

$2\times k\times\sqrt{\dfrac{\hat{p}(1-\hat{p})}{n}}$에서 신뢰도가 일정하면 k의 값은 고정되므로 표본의 크기 n이 커지면 신뢰구간의 길이는 짧아진다. (참)

03 답 **거짓**

$2\times k\times\sqrt{\dfrac{\hat{p}(1-\hat{p})}{n}}$에서 신뢰도를 낮추면 k의 값은 작아지고, 표본의 크기 n을 크게 하면 분모가 커지므로 신뢰구간의 길이는 짧아진다. (거짓)

04 답 **거짓**

$2\times k\times\sqrt{\dfrac{\hat{p}(1-\hat{p})}{16n}}=\dfrac{1}{4}\left\{2\times k\times\sqrt{\dfrac{\hat{p}(1-\hat{p})}{n}}\right\}$이므로 표본의 크기가 $16n$일 때의 신뢰구간의 길이는 표본의 크기가 n일 때의 신뢰구간의 길이의 $\dfrac{1}{4}$배이다. (거짓)

05 답 **(1)** $2\times k\times\sqrt{\dfrac{\hat{p}\hat{q}}{n}}$

(2) 길어진다에 ○표, 짧아진다에 ○표,

짧아진다에 ○표, 길어진다에 ○표

46 모비율의 추정 – 표본의 크기 구하기 ▸ p.202

01 답 **0.1548**

표본 100명 중에서 10명이 창업자이므로 표본비율

$\hat{p}=\boxed{\frac{10}{100}}=\boxed{0.1}$, $\hat{q}=1-\hat{p}=\boxed{0.9}$

따라서 신뢰구간의 길이는

$2\times2.58\sqrt{\frac{\hat{p}\hat{q}}{n}}=2\times2.58\times\boxed{\sqrt{\frac{0.1\times0.9}{100}}}=\boxed{0.1548}$

02 답 $\mathbf{2\times1.96\times\frac{0.3}{\sqrt{n}}}$

$2\times1.96\sqrt{\frac{\hat{p}\hat{q}}{n}}=2\times1.96\times\sqrt{\frac{0.1\times0.9}{\boxed{n}}}$

$=2\times1.96\times\frac{\boxed{0.3}}{\sqrt{n}}$

03 답 **959**

$2\times2.58\times\sqrt{\frac{0.1\times0.9}{n}}\le0.05$, $2\times2.58\times\frac{\boxed{0.3}}{\sqrt{n}}\le0.05$

$\sqrt{n}\ge2\times2.58\times\frac{\boxed{0.3}}{0.05}$, $\sqrt{n}\ge\boxed{30.96}$

$\therefore n\ge\boxed{958.\times\times\times}$

따라서 n의 최솟값은 $\boxed{959}$이다.

04 답 **0.1568**

표본 100명 중에서 20명이 자전거로 통학하므로 표본비율

$\hat{p}=\frac{20}{100}=0.2$, $\hat{q}=1-\hat{p}=0.8$

따라서 신뢰구간의 길이는

$2\times1.96\sqrt{\frac{\hat{p}\hat{q}}{n}}=2\times1.96\times\sqrt{\frac{0.2\times0.8}{100}}$

$=0.1568$

05 답 $\mathbf{2\times2.58\times\frac{0.4}{\sqrt{n}}}$

$2\times2.58\sqrt{\frac{\hat{p}\hat{q}}{n}}=2\times2.58\times\sqrt{\frac{0.2\times0.8}{n}}$

$=2\times2.58\times\frac{0.4}{\sqrt{n}}$

06 답 **385**

$2\times1.96\times\sqrt{\frac{0.2\times0.8}{n}}\le0.08$

$2\times1.96\times\frac{0.4}{\sqrt{n}}\le0.08$

$\sqrt{n}\ge2\times1.96\times\frac{0.4}{0.08}$

$\sqrt{n}\ge19.6$

$\therefore n\ge384.\times\times\times$

따라서 n의 최솟값은 385이다.

07 답 **식, n**

01 답 ②

ㄱ. 전국 고등학생의 키 평균 조사는 전수조사가 어려우며 표본으로 충분히 추정 가능하다.

ㄴ. 특정 학생의 생활 습관 분석은 한 사람에 대한 전수조사가 가능하다.

ㄷ. 휴대폰 배터리 수명 테스트는 전수조사가 어려우며 표본으로 충분히 추정 가능하다.

ㄹ. 한 반 학생들의 시험 점수 조사는 소규모로 전수조사가 가능하다.

따라서 표본조사 방법에 해당하는 것은 ㄱ, ㄷ이다.

02 답 **35**

(가) ${}_5\Pi_2=5^2=25$

(나) ${}_5C_2=\frac{5\times4}{2\times1}=10$

$\therefore 25+10=35$

03 답 $\mathbf{\frac{3}{10}}$

모집단 $\{1, 3, 5, 7, 9\}$에서 비복원추출한 크기가 2인 표본을 X_1, X_2라 하자.

표본 (X_1, X_2)는

(1, 3), (1, 5), (1, 7), (1, 9), (3, 5), (3, 7), (3, 9), (5, 7), (5, 9), (7, 9)의 10가지가 있으므로

표본평균 $\overline{X}=\frac{X_1+X_2}{2}$가 취할 수 있는 값은 2, 3, 4, 5, 6, 7, 8이고, 다음과 같은 분포를 이룬다.

$\overline{X}$	2	3	4	5	6	7	8	합계
$P(\overline{X}=\overline{x})$	$\frac{1}{10}$	$\frac{1}{10}$	$\frac{1}{5}$	$\frac{1}{5}$	$\frac{1}{5}$	$\frac{1}{10}$	$\frac{1}{10}$	1

따라서 $a=P(\overline{X}=3)=\frac{1}{10}$, $b=P(\overline{X}=6)=\frac{1}{5}$이므로

$a+b=\frac{3}{10}$

04 답 $\frac{52}{5}$

$m=10$, $\sigma^2=4^2$, $n=100$이므로

$E(\overline{X})=m=10$

$V(\overline{X})=\frac{\sigma^2}{n}=\frac{16}{100}=\frac{4}{25}$

$\sigma(\overline{X})=\frac{\sigma}{\sqrt{n}}=\frac{2}{5}$

$\therefore E(\overline{X})+\sigma(\overline{X})=10+\frac{2}{5}=\frac{52}{5}$

05 답 100

모표준편차가 4, 표본의 크기가 n이므로 표본평균 $\overline{X}$에 대하여

$\sigma(\overline{X})=\frac{4}{\sqrt{n}}\le 0.4$, $\frac{4}{\sqrt{n}}\le\frac{4}{10}$, $\sqrt{n}\ge 10$ $\quad\therefore n\ge 100$

따라서 n의 최솟값은 100이다.

06 답 4

확률의 총합은 1이므로

$\frac{1}{4}+a+\frac{1}{4}=1$ $\quad\therefore a=\frac{1}{2}$

$\therefore E(X)=3\times\frac{1}{4}+4\times\frac{1}{2}+5\times\frac{1}{4}=\frac{3+8+5}{4}=4$

따라서 표본평균 $\overline{X}$의 평균은

$E(\overline{X})=E(X)=4$

07 답 ③

확률변수 X의 확률분포를 표로 나타내면 다음과 같다.

X	1	3	4	합계
$P(X=x)$	$\frac{1}{8}$	$\frac{3}{8}$	$\frac{1}{2}$	1

$E(X)=1\times\frac{1}{8}+3\times\frac{3}{8}+4\times\frac{1}{2}$

$=\frac{1+9+16}{8}=\frac{13}{4}$

$E(X^2)=1^2\times\frac{1}{8}+3^2\times\frac{3}{8}+4^2\times\frac{1}{2}$

$=\frac{1+27+64}{8}=\frac{23}{2}$

$V(X)=E(X^2)-\{E(X)\}^2$

$=\frac{23}{2}-\left(\frac{13}{4}\right)^2=\frac{15}{16}$

$\therefore \sigma(X)=\frac{\sqrt{15}}{4}$

이때, 표본의 크기가 9이므로

$\sigma(\overline{X})=\frac{\frac{\sqrt{15}}{4}}{\sqrt{9}}=\frac{\sqrt{15}}{12}$

$\therefore \sigma(12\overline{X})=|12|\sigma(\overline{X})$

$=12\times\frac{\sqrt{15}}{12}=\sqrt{15}$

08 답 3

주어진 표에서

$E(X)=0\times\frac{1}{8}+1\times\frac{3}{8}+2\times\frac{3}{8}+3\times\frac{1}{8}=\frac{3+6+3}{8}=\frac{3}{2}$

$E(X^2)=0^2\times\frac{1}{8}+1^2\times\frac{3}{8}+2^2\times\frac{3}{8}+3^2\times\frac{1}{8}$

$=\frac{3+12+9}{8}=3$

$V(X)=E(X^2)-\{E(X)\}^2=3-\left(\frac{3}{2}\right)^2=\frac{3}{4}$

표본의 크기가 n일 때, 표본평균 $\overline{X}$의 분산이 $\frac{1}{4}$이므로

$V(\overline{X})=\frac{\frac{3}{4}}{n}=\frac{1}{4}$

$\therefore n=3$

09 답 ②

주머니에서 임의로 1개의 동전을 꺼낼 때, 동전의 금액을 X원이라 하면 확률변수 X에 대하여

$E(X)=100\times\frac{1}{n+1}+500\times\frac{n}{n+1}=\frac{500n+100}{n+1}$

이때, $E(X)=E(\overline{X})=450$이므로

$\frac{500n+100}{n+1}=450$, $500n+100=450n+450$

$50n=350$

$\therefore n=7$

X	100	500	합계
$P(X=x)$	$\frac{1}{8}$	$\frac{7}{8}$	1

$V(X)=E(X^2)-\{E(X)\}^2$

$=\left(100^2\times\frac{1}{8}+500^2\times\frac{7}{8}\right)-450^2$

$=220000-202500=17500$

$\therefore V(\overline{X})=\frac{17500}{2}=8750$

10 답 ④

임의추출한 한 장의 카드에 적힌 숫자를 확률변수 X라 하면

$P(X=x)=\frac{10}{50}=\frac{1}{5}$ $(x=1, 3, 5, 7, 9)$

$E(X)=1\times\frac{1}{5}+3\times\frac{1}{5}+5\times\frac{1}{5}+7\times\frac{1}{5}+9\times\frac{1}{5}=5$

$E(X^2)=1^2\times\frac{1}{5}+3^2\times\frac{1}{5}+5^2\times\frac{1}{5}+7^2\times\frac{1}{5}+9^2\times\frac{1}{5}$

$=\frac{1+9+25+49+81}{5}=33$

$V(X)=E(X^2)-\{E(X)\}^2$

$=33-25=8$

이때, 표본의 크기가 4이므로

$E(\overline{X})=5$, $V(\overline{X})=\frac{8}{4}=2$

따라서 $E(2\overline{X}+3)=2E(\overline{X})+3=13$,

$V(3\overline{X})=3^2V(\overline{X})=18$이므로

$E(2\overline{X}+3)+V(3\overline{X})=13+18=31$

11 답 ④

모집단이 정규분포 $N(m, \sigma^2)$을 따르고 표본의 크기가 24이므로 표본평균 $\overline{X}$는 정규분포 $N\left(m, \frac{\sigma^2}{24}\right)$을 따른다.

$\frac{\sigma^2}{24}=\frac{8}{3}$에서 $\sigma^2=64$

$\therefore \sigma=8$ ($\because \sigma>0$)

따라서 $m=80$, $\sigma=8$이므로 $m+\sigma=88$

12 답 ⑤

모집단은 정규분포 $N(98, 28^2)$을 따르고 표본의 크기가 16이므로 표본평균 $\overline{X}$에 대하여

$E(\overline{X})=m=98$

$V(\overline{X})=\frac{28^2}{16}=7^2$

이므로 $\overline{X}$는 정규분포 $N(98, 7^2)$을 따른다.

$Z=\frac{\overline{X}-98}{7}$로 놓으면 Z는 표준정규분포 $N(0, 1)$을 따르므로

$$\begin{aligned}P(91\le\overline{X}\le112)&=P\left(\frac{91-98}{7}\le Z\le\frac{112-98}{7}\right)\\&=P(-1\le Z\le2)\\&=P(-1\le Z\le0)+P(0\le Z\le2)\\&=P(0\le Z\le1)+P(0\le Z\le2)\\&=0.3413+0.4772\\&=0.8185\end{aligned}$$

13 답 ②

모집단이 정규분포 $N(450, 40^2)$을 따르고 표본의 크기가 100이므로 표본평균 $\overline{X}$는 정규분포 $N\left(450, \frac{40^2}{100}\right)$, 즉 $N(450, 4^2)$을 따른다.

$Z=\frac{\overline{X}-450}{4}$으로 놓으면 Z는 표준정규분포 $N(0, 1)$을 따르므로

$$\begin{aligned}P(\overline{X}\ge452)&=P\left(Z\ge\frac{452-450}{4}\right)\\&=P(Z\ge0.5)\\&=0.5-P(0\le Z\le0.5)\\&=0.5-0.1915\\&=0.3085\end{aligned}$$

14 답 ①

표본평균 $\overline{X}$에 대하여

$E(\overline{X})=3200$, $\sigma(\overline{X})=\frac{80}{\sqrt{64}}=10$

이므로 $\overline{X}$는 정규분포 $N(3200, 10^2)$을 따른다.

$Z=\frac{\overline{X}-3200}{10}$으로 놓으면 Z는 표준정규분포 $N(0, 1)$을 따르므로

$$\begin{aligned}P(\overline{X}\le3180)&=P\left(Z\le\frac{3180-3200}{10}\right)\\&=P(Z\le-2)\\&=P(Z\le0)-P(-2\le Z\le0)\\&=0.5-P(0\le Z\le2)\\&=0.5-0.4772\\&=0.0228\end{aligned}$$

15 답 81

모집단이 정규분포 $N(600, 18^2)$을 따르고 표본의 크기가 n이므로 표본평균 $\overline{X}$는 정규분포 $N\left(600, \frac{18^2}{n}\right)$을 따른다.

$Z=\frac{\overline{X}-600}{\frac{18}{\sqrt{n}}}$으로 놓으면 Z는 표준정규분포 $N(0, 1)$을 따르므로

$$\begin{aligned}P(\overline{X}\ge606)&=P\left(Z\ge\frac{606-600}{\frac{18}{\sqrt{n}}}\right)=P\left(Z\ge\frac{\sqrt{n}}{3}\right)\\&=0.5-P\left(0\le Z\le\frac{\sqrt{n}}{3}\right)=0.0013\end{aligned}$$

$\therefore P\left(0\le Z\le\frac{\sqrt{n}}{3}\right)=0.4987$

이때, $P(0\le Z\le3)=0.4987$이므로

$\frac{\sqrt{n}}{3}=3$, $\sqrt{n}=9$

$\therefore n=81$

16 답 94

모집단이 정규분포 $N(m, 8^2)$을 따르고 표본의 크기가 64이므로 표본평균 $\overline{X}$는 정규분포 $N(m, 1^2)$을 따른다.

$Z=\overline{X}-m$으로 놓으면 Z는 표준정규분포 $N(0, 1)$을 따르므로

$P(\overline{X}\ge92)=P(Z\ge92-m)=0.9772$

$P(92-m\le Z\le0)+0.5=0.9772$

$P(92-m\le Z\le0)=0.4772$

$\therefore P(0\le Z\le m-92)=0.4772$

이때, $P(0\le Z\le2)=0.4772$이므로

$m-92=2$

$\therefore m=94$

17 답 ④

공에 적힌 숫자를 X라 하면 확률변수 X의 분포를 표로 나타내면 다음과 같다.

X	4	5	6	7	합계
$P(X=x)$	$\frac{4}{10}$	$\frac{3}{10}$	$\frac{2}{10}$	$\frac{1}{10}$	1

$$E(X)=4\times\frac{4}{10}+5\times\frac{3}{10}+6\times\frac{2}{10}+7\times\frac{1}{10}$$
$$=\frac{16+15+12+7}{10}$$
$$=5$$
$$V(X)=E(X^2)-\{E(X)\}^2$$
$$=\left(4^2\times\frac{4}{10}+5^2\times\frac{3}{10}+6^2\times\frac{2}{10}+7^2\times\frac{1}{10}\right)-5^2$$
$$=\frac{64+75+72+49}{10}-25$$
$$=26-25$$
$$=1$$

표본의 크기가 144이므로 표본평균 $\overline{X}$는 근사적으로 정규분포 $N\left(5, \left(\frac{1}{12}\right)^2\right)$을 따른다.

이때, $Z=\frac{\overline{X}-5}{\frac{1}{12}}$로 놓으면 Z는 표준정규분포 $N(0, 1)$을 따르므로

$$P(\overline{X}\geq k)=P\left(Z\geq\frac{k-5}{\frac{1}{12}}\right)$$
$$=P(Z\geq 12k-60)$$
$$=0.1587$$

$P(Z\geq 0)-P(0\leq Z\leq 12k-60)=0.1587$

$0.5-P(0\leq Z\leq 12k-60)=0.1587$

$\therefore P(0\leq Z\leq 12k-60)=0.3413$

이때, $P(0\leq Z\leq 1)=0.3413$이므로

$12k-60=1$, $12k=61$

$\therefore k=\frac{61}{12}$

18 답 ④

모집단이 정규분포 $N(200, 9^2)$을 따르고 표본의 크기가 324이므로 표본평균 $\overline{X}$는 정규분포 $N\left(200, \frac{9^2}{324}\right)$, 즉 $N\left(200, \left(\frac{1}{2}\right)^2\right)$을 따른다.

$Z=\frac{\overline{X}-200}{\frac{1}{2}}$으로 놓으면 Z는 표준정규분포 $N(0, 1)$을 따르므로

$P(\overline{X}\leq k)\leq 0.017$에서

$$P(\overline{X}\leq k)=P\left(Z\leq\frac{k-200}{\frac{1}{2}}\right)$$
$$=0.5-P\left(\frac{k-200}{\frac{1}{2}}\leq Z\leq 0\right)$$
$$=0.5-P\left(0\leq Z\leq\frac{200-k}{\frac{1}{2}}\right)\leq 0.017$$

$\therefore P\left(0\leq Z\leq\frac{200-k}{\frac{1}{2}}\right)\geq 0.483$

이때, $P(0\leq Z\leq 2.12)=0.483$이므로 $\frac{200-k}{\frac{1}{2}}\geq 2.12$

$\therefore k\leq 198.94$

따라서 실수 k의 최댓값은 198.94이다.

19 답 ②

표본평균이 165, 모표준편차가 5, 표본의 크기가 25이므로 모평균 m에 대한 신뢰도 95 %의 신뢰구간은

$165-1.96\times\frac{5}{\sqrt{25}}\leq m\leq 165+1.96\times\frac{5}{\sqrt{25}}$

$165-1.96\leq m\leq 165+1.96$

$\therefore 163.04\leq m\leq 166.96$

20 답 ③

표본의 크기 $n=1024$, 표본평균 $\overline{X}=90$, 모표준편차 $\sigma=16$이므로 모평균 m에 대한 신뢰도 95 %의 신뢰구간은

$90-1.96\times\frac{16}{\sqrt{1024}}\leq m\leq 90+1.96\times\frac{16}{\sqrt{1024}}$

$\therefore 89.02\leq m\leq 90.98$

$\therefore \alpha=90.98$

21 답 $8.785\leq m\leq 9.215$

표본의 크기 576이 충분히 크므로 표본표준편차 2를 이용하여 모평균 m에 대한 신뢰도 99 %의 신뢰구간을 구하면

$9-2.58\times\frac{2}{\sqrt{576}}\leq m\leq 9+2.58\times\frac{2}{\sqrt{576}}$

$9-0.215\leq m\leq 9+0.215$ $\qquad\therefore 8.785\leq m\leq 9.215$

22 답 100

표본평균이 15, 모표준편차가 10이므로 모평균 m에 대한 신뢰도 95 %의 신뢰구간은

$15-1.96\times\frac{10}{\sqrt{n}}\leq m\leq 15+1.96\times\frac{10}{\sqrt{n}}$

이고, 이는 $13.04\leq m\leq 16.96$과 같아야 하므로

$15+1.96\times\frac{10}{\sqrt{n}}=16.96$에서

$1.96\times\frac{10}{\sqrt{n}}=1.96$, $\sqrt{n}=10$ $\qquad\therefore n=100$

23 답 ⑤

표본평균이 11.6, 모표준편차가 5이므로 모평균 m에 대한 신뢰도 99 %의 신뢰구간은

$$11.6-2.58\times\frac{5}{\sqrt{n}}\le m\le 11.6+2.58\times\frac{5}{\sqrt{n}}$$

이고, 이는 $10.74\le m\le 12.46$과 같아야 하므로

$$11.6+2.58\times\frac{5}{\sqrt{n}}=12.46$$

$$2.58\times\frac{5}{\sqrt{n}}=0.86,\ \sqrt{n}=15 \qquad \therefore n=225$$

24 답 ①

표본의 크기 $n=900$, 모표준편차 $\sigma=10$이므로 신뢰도 99 %의 신뢰구간의 길이는

$$2\times2.58\times\frac{\sigma}{\sqrt{n}}=2\times2.58\times\frac{10}{\sqrt{900}}=1.72$$

25 답 ②

신뢰구간의 길이는 표본의 크기가 작을수록, 신뢰도가 높을수록 길다.

따라서 신뢰구간의 길이가 가장 긴 것은 ②이다.

26 답 5.16

크기가 25인 표본평균 $\overline{X}$는 정규분포 $N\left(120,\ \frac{10^2}{25}\right)$, 즉 $N(120,\ 2^2)$을 따른다.

$Z=\frac{\overline{X}-120}{2}$으로 놓으면 Z는 표준정규분포 $N(0,\ 1)$을 따르므로 $P(|\overline{X}-120|\le a)=P\left(|Z|\le\frac{a}{2}\right)=0.99$이고

$P(|Z|\le2.58)=0.99$이므로

$$\frac{a}{2}=2.58 \qquad \therefore a=5.16$$

27 답 ②

앱의 실제 알림 클릭률을 $p=\frac{1}{3}$이라 하자.

$$\sigma(\hat{p})=\sqrt{\frac{p(1-p)}{n}}=\sqrt{\frac{\frac{1}{3}\times\frac{2}{3}}{n}}=\sqrt{\frac{2}{9n}}=\frac{1}{21}\text{에서}$$

$$\frac{2}{9n}=\frac{1}{441},\ 9n=882 \qquad \therefore n=\frac{882}{9}=98$$

28 답 ①

표본비율 $\hat{p}$에 대하여 $E(\hat{p})=0.4$

$$V(\hat{p})=\frac{0.4\times0.6}{600}=0.0004=0.02^2$$

이때, 표본의 크기 600은 충분히 크므로 ($\because np\ge5,\ n(1-p)\ge5$)

표본비율 $\hat{p}$은 근사적으로 정규분포 $N(0.4,\ 0.02^2)$을 따른다.

따라서 $m=0.4$, $\sigma=0.02$이므로 $m+\sigma=0.42$

29 답 ④

모비율 $p=0.02$이고 표본의 크기 $n=400$은 충분히 크므로

($\because np\ge5,\ n(1-p)\ge5$)

표본비율 $\hat{p}$은 근사적으로 $N\left(0.02,\ \frac{0.02\times0.98}{400}\right)$을 따른다.

$$\begin{aligned}\therefore P(\hat{p}\le0.027)&=P\left(Z\le\frac{0.027-0.02}{0.007}\right)\\&=P(Z\le1)\\&=0.5+P(0\le Z\le1)\\&=0.5+0.3413\\&=0.8413\end{aligned}$$

30 답 ③

학생 100명 중에서 아침 운동에 참여하는 학생의 비율을 $\hat{p}$이라 하면 구하는 확률은

$P(0.2\le\hat{p}\le0.3)$

이때, 모비율 $p=0.2$이고 표본의 크기 $n=100$은 충분히 크므로

($\because np\ge5,\ n(1-p)\ge5$)

표본비율 $\hat{p}$은 근사적으로 정규분포 $N\left(0.2,\ \frac{0.2\times0.8}{100}\right)$을 따른다.

$$\begin{aligned}\therefore\ &P(0.2\le\hat{p}\le0.3)\\&=P\left(\frac{0.2-0.2}{0.04}\le Z\le\frac{0.3-0.2}{0.04}\right)\\&=P(0\le Z\le2.5)\\&=0.4938\end{aligned}$$

31 답 [0.3484, 0.4516]

표본비율 $\hat{p}=\frac{240}{600}=0.4$이고 표본의 크기 $n=600$은 충분히 크므로 표본비율 $\hat{p}$의 분포는 근사적으로 정규분포 $N\left(0.4,\ \frac{0.4\times0.6}{600}\right)$을 따른다.

따라서 모비율 p에 대한 신뢰도 99 %의 신뢰구간의 양 끝값은

$$0.4-2.58\sqrt{\frac{0.4\times0.6}{600}}=0.4-0.0516=0.3484$$

$$0.4+2.58\sqrt{\frac{0.4\times0.6}{600}}=0.4+0.0516=0.4516$$

이므로 구하는 신뢰구간은 $[0.3484,\ 0.4516]$

32 답 ③

모비율 p에 대한 신뢰도 95 %의 신뢰구간의 길이는

$$\begin{aligned}2\times1.96\times\sqrt{\frac{\hat{p}\hat{q}}{n}}&=2\times1.96\times\sqrt{\frac{0.5\times0.5}{25}}\\&=2\times1.96\times0.1\\&=0.392\end{aligned}$$

memo

memo

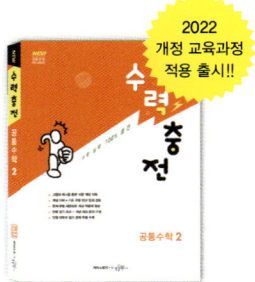

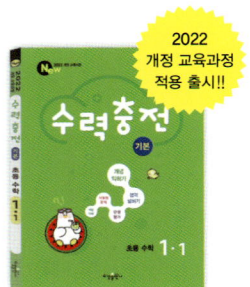

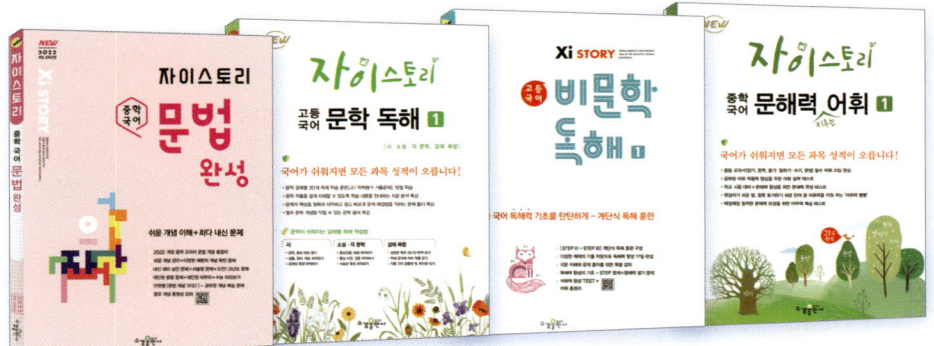

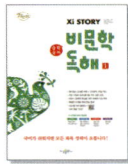

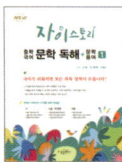

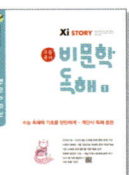

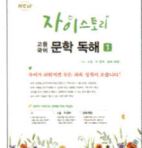

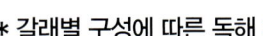

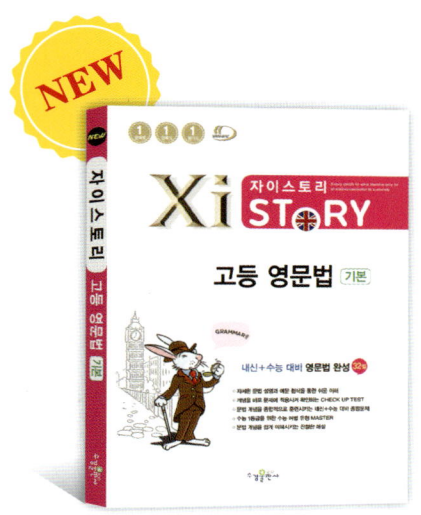

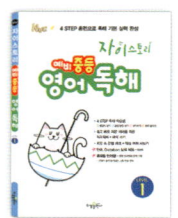

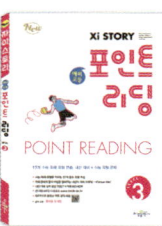